西北工业大学出版基金资助项目

HANGKONG FUZA LINGJIAN SHUKONG JIAGONG GONGYI SHEJI YU YOUHUA

航空复杂零件数控加工工艺设计与优化

任军学　姚倡锋　田卫军　刘维伟　梁永收　著

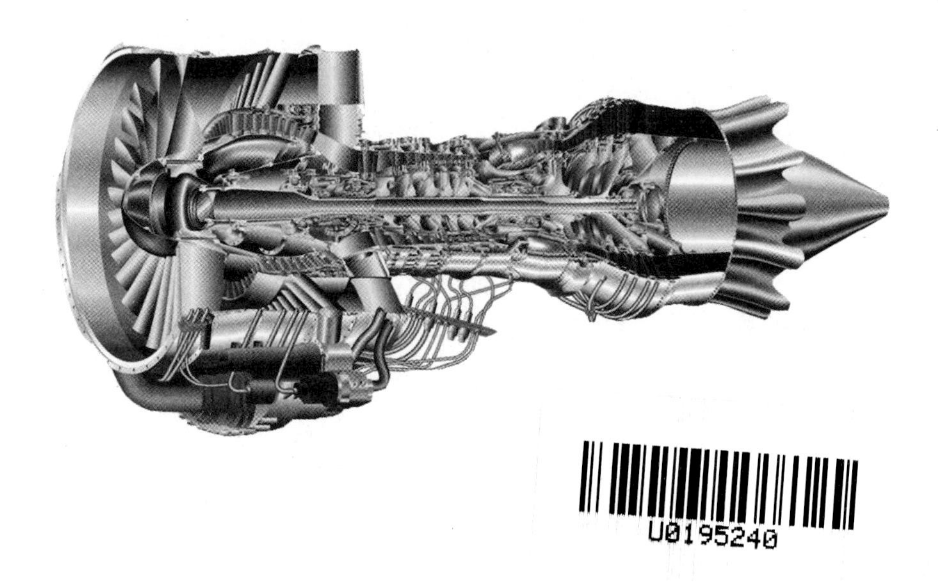

西北工業大學出版社

西　安

【内容简介】 本著作主要讲述航空典型零部件的数控加工工艺及关键编程技术方法。内容共分为7章，主要包括数控加工技术基础、数控加工夹具与工艺设计基础、复杂薄壁件数控加工工艺、整体构件高效数控加工、薄壁件加工变形控制技术、薄壁件加工颤振抑制技术、高速铣削表面完整性控制等。

本著作力求与工程实际紧密联系，最大程度地反映了目前航空制造业的发展现状，论述深入浅出，图文并茂，既给出了相关技术的基本原理，又提供了较多的工程应用，力求让读者能够在实践的基础上深刻理解和掌握航空复杂零件的先进制造手段和方法。

本著作可作为航空宇航制造工程专业本科生和研究生的专业技术课教材，为他们尽快进入科研课题奠定基础；也可作为装备制造企业科学与工程技术人员解决实际问题的参考资料。

图书在版编目(CIP)数据

航空复杂零件数控加工工艺设计与优化/任军学等著.—西安：西北工业大学出版社，2018.11
ISBN 978-7-5612-5858-3

Ⅰ.①航… Ⅱ.①任… Ⅲ.①航空器-机械元件-数控机床-加工 Ⅳ.①V261

中国版本图书馆CIP数据核字(2018)第261576号

策划编辑： 雷 军
责任编辑： 何格夫

出版发行： 西北工业大学出版社
通信地址： 西安市友谊西路127号 **邮编：** 710072
电　　话： (029)88493844 88491757
网　　址： www.nwpup.com
印 刷 者： 兴平市博闻印务有限公司
开　　本： 787 mm×1 092 mm 1/16
印　　张： 20.25
字　　数： 531千字
版　　次： 2018年11月第1版 2018年11月第1次印刷
定　　价： 62.00元

前　言

随着现代航空制造业的高速发展，数控加工技术已经成为飞机制造的关键技术之一。数控加工技术的进步使飞机设计理念发生了转变，零件设计向整体化、复杂化方向发展。同时，设计理念的转变也给数控加工技术提出了新的挑战，如何高质量、高效率、低成本地完成大型零件的数控加工成为了必须攻克的难关。

国外发达国家航空制造史很长，特别是飞机大型复杂结构件的设计、制造技术都已非常成熟。随着近年来国内各类军民机的研制，国内主要航空企业在航空数控加工技术方面积累了大量的技术经验，解决了一系列关键技术难题，初步形成了以飞机大型复杂结构件制造为代表的关键技术优势。但是，随着我国大飞机项目的启动，航空零件数控加工技术将面临更大的挑战，因此，我们在数控加工技术领域还需要不断进行深层次的研究，以缩小和西方国家的差距。

与其他行业产品相比，航空类产品零件具有一些显著的特征，从而决定了航空零件数控加工技术的特点以及发展的方向。这些特征主要体现在以下方面：

(1)产品类型复杂，具有小批量、多样化特点。由于现代飞机结构复杂，零件品种繁多，同时，飞机研制通常为小批量生产，因此无法采用大规模流水线生产方式来提高效率和降低成本，因此航空零件数控加工也必须适应这种特点。

(2)结构趋于复杂化和整体化，工艺难度大，加工过程复杂。现代数控技术的进步促使航空零件的设计趋于复杂化和整体化，简化装配，提高结构性能，这也给数控加工技术提出了更高的要求。

(3)薄壁化、大型化特点突出，变形控制极为关键。为了控制飞机质量，飞机零件的一个显著特点就是进行了薄壁化设计，另外，飞机的大型化也使得零件结构趋于大型化，出现了许多超大型零件，因此加工变形成为了突出的问题。

(4)材料去除量大，切削加工效率问题突出。飞机零件材料去除量一般都在50%以上，切削效率对生产周期和成本影响较大。

(5)质量控制要求高。航空零件由于具有极高的安全性要求，对产品质量控制十分严格。

(6)产品材料多样。随着材料、冶金技术的发展，高强度钛合金、复合材料等的应用范围和用量正在逐步地得到扩展，对航空数控加工技术的适应性提出了广泛的要求。

(7)大型结构件毛料价值高，质量风险大。

以上问题，虽然经过多年的技术应用研究和探索，我国在航空零件数控加工技术研究与应用上取得了较大的进步，但是目前我国数控加工整体技术水平和国外先进水平差距仍较大，尤其在大型结构件研制方面，存在诸多下述亟待解决的问题：

(1)混线生产，专业化、集成化程度低。在目前的生产资源配置中，普遍存在专业化程度低、布局不合理、各种类型产品交叉生产现象严重等问题，这极大地制约了产品效率的提高。

(2)数控加工准备时间、辅助时间占用过多，装夹效率低下。在数控加工中程序调整、工装夹具准备、刀具准备及零件检测等占用的时间较多，加工效率偏低。据统计，机床有效切削时间比例仅为30%,这极大地影响了产品加工效率的提高。

(3)切削加工效率低,高速切削应用比例较低。在数控加工仿真、程序优化、工艺参数库、制造资源管理等方面与高效加工需求存在一定的差距,切削参数不合理、机床利用率低等现状极大地制约了高效数控加工技术的发展。特别是飞机大型零件,材料去除量大、加工周期长、加工效率低等现状成为制约生产研制的突出问题。

(4)信息化程度低,制约了生产研制的高效运作。数控机床是一个孤岛,各环节数据信息传递和交换存在瓶颈,总体上制约了企业的高效运作,影响生产效率。

(5)大型结构件变形控制仍然是亟待突破的难题。不同类型的航空零件结构、尺寸、材料各不相同,难以掌握准确的变形规律,这是数控加工中最大的变数之一。

(6)研制成本高,研制风险大。大型航空结构件、新型材料构件等毛料价值较高,任何质量问题都会给企业带来巨大的经济损失。

本著作是西北工业大学航空宇航制造工程专业教学科研团队在多年教学、科研工作中的知识积累和经验总结。本课题组自从20世纪90年代以来一直致力于航空发动机关键零部件的科研、生产制造、技术攻关工作。著作中主要介绍航空复杂零件数控加工方法、机床、刀具、夹具;制造质量分析与控制;工艺规程设计以及航空典型零件精密加工等先进制造技术。全书以系统的观点构建航空典型零件数控加工知识体系,让读者对航空零部件制造关键技术有一个全面系统的了解。

本著作在内容的编排上力求精练,符合读者的认知规律。首先介绍从加工方法的认识到完成加工成形的装备,其次介绍从加工工艺过程的设计到质量的控制,最后介绍具有代表性航空典型零件的先进制造技术。全书内容系统全面,知识体系科学完整。

本著作具体内容包括:

第1章数控加工技术基础。本章系统介绍数控技术的发展历程与发展方向,数控机床的基本结构与控制原理。同时对数控加工编程技术进行简要的介绍。通过本章学习,读者可以对数控加工技术有一个全面的了解。

第2章数控加工夹具与工艺设计基础。本章主要针对航空零部件的数控加工夹具与工艺设计进行详细的介绍。最后,针对航空复杂零件的夹具的设计特点及设计方法进行介绍。

第3章复杂薄壁件数控加工工艺。本章主要针对典型航空零部件叶片、叶盘、机匣、叶轮等构件的加工特点、数控加工工艺规划、数控加工加工关键技术及编程方法进行详细介绍。通过本章学习,读者可以对复杂薄壁件的数控工艺规划、刀轴矢量控制、刀位轨迹计算方法有进一步深入的掌握。

第4章整体构件高效数控加工。本章主要针对典型航空零部件的高效数控加工技术进行全面阐述,包括高效插铣技术、快速铣削技术、高速加工技术等工艺方法。通过本章学习,读者可以对典型航空零部件高效加工技术有系统的了解。

第5章薄壁件加工变形控制技术。本章主要针对典型航空薄壁零部件的变形控制技术进行阐述,其中反变形补偿技术、对称铣削技术、同步半精铣-精铣工艺技术都是团队多年来实践经验与科研成果的高度总结。通过本章学习,读者可以对典型航空薄壁零件的变形规律及变形控制方法有全面的了解。

第6章薄壁件加工颤振抑制技术。本章主要针对典型航空薄壁件数控加工颤振的产生机理与颤振抑制技术进行阐述，其中非均匀刚度优化理论、刀轴矢量优化控制等包含了团队多年来科研成果的结晶。

第7章高速铣削表面完整性控制。本章主要针对典型航空零部件高速数控加工表面质量完整性进行详细的介绍，涉及表面完整性的内涵、测试方法、高速加工切削参数、刀具参数等对表面完整性的影响规律。通过本章学习，读者可以对表面完整性评价体系与测试方法以及工艺参数的优化方法有全面深入的了解。

本著作力求反映目前航空制造业的发展现状，论述深入浅出，图文并茂，既给出了相关技术的基本原理，又提供了较多的工程应用，力求通过本书的出版，让读者能够在实践的基础上深刻理解和掌握航空复杂零件先进制造手段和方法。

本著作由西北工业大学机电学院任军学教授牵头执笔，姚倡锋教授、刘维伟副教授、田卫军副教授等人共同参与完成。博士研究生梁永收、史恺宁、周金华、黄新春、冯亚洲、李祥宇、冯谦、吴导侠等人和许多硕士研究生在章节校对与书写方面提供了大量的帮助，同时西北工业大学教务处、西北工业大学出版社和“高档数控机床与基础制造装备科技重大专项资助”(2014ZX04012013)在出版方面提供了大量的帮助，在此一并致谢。

虽然笔者在本著作的编写过程中力求叙述准确、完善，但由于水平有限，书中欠妥之处难免，希望读者和同仁能够及时指出，共同促进本专著质量的提高，为我国航空事业发展贡献一份力量。

任军学

2018年8月30日于西安

目　　录

第 1 章　数控加工技术基础 ······ **1**

1.1　数控机床概述 ······ 1
1.2　数控机床控制原理 ······ 11
1.3　数控编程基础 ······ 31
1.4　数控加工编程方法 ······ 38
参考文献 ······ 49

第 2 章　数控加工夹具与工艺设计基础 ······ **50**

2.1　数控机床夹具概述 ······ 50
2.2　工件的定位与夹紧 ······ 53
2.3　夹具设计与优化 ······ 69
2.4　数控加工工艺基础 ······ 74
参考文献 ······ 91

第 3 章　复杂薄壁件数控加工工艺 ······ **92**

3.1　叶片类零件数控加工工艺 ······ 92
3.2　机匣类零件数控加工工艺 ······ 103
3.3　叶盘类零件数控加工工艺 ······ 116
3.4　叶轮类零件数控加工工艺 ······ 128
参考文献 ······ 141

第 4 章　整体构件高效数控加工 ······ **143**

4.1　整体构件插铣工艺及应用 ······ 143
4.2　整体构件快速铣工艺及应用 ······ 165
4.3　整体构件高速铣削工艺及应用 ······ 173
参考文献 ······ 185

第 5 章　薄壁件加工变形控制技术 ······ **186**

5.1　薄壁结构加工变形概述 ······ 186
5.2　弹性变形误差补偿技术 ······ 189
5.3　加工残余应力变形控制技术 ······ 205
参考文献 ······ 222

第 6 章　薄壁件加工颤振抑制技术 …… 223

6.1　颤振抑制技术现状 …… 223
6.2　切削颤振机理及抑制策略 …… 226
6.3　基于转速-切深参数的颤振抑制方法 …… 230
6.4　基于工艺刚度增强的颤振抑制方法 …… 245
6.5　基于刀轨优化的颤振抑制方法 …… 256
6.6　薄壁叶片颤振抑制实验验证 …… 261
参考文献 …… 263

第 7 章　高速铣削表面完整性控制 …… 264

7.1　高速铣削工艺及其特点 …… 264
7.2　表面完整性概念、表征及检测方法 …… 266
7.3　高速铣削表面粗糙度与形貌 …… 274
7.4　高速铣削速度对钛合金表面完整性的影响 …… 288
7.5　立铣刀高速端铣加工工艺对表面完整性的影响 …… 295
7.6　球头刀高速铣削加工工艺对表面完整性的影响 …… 300
参考文献 …… 315

第1章 数控加工技术基础

数控技术是现代先进制造技术的核心。随着科学技术的发展，机械产品的结构越来越复杂，对产品的性能、精度和生产效率的要求越来越高，并且更新换代频繁。为了缩短生产周期，满足市场上不断变化的需求，机械制造业正经历着从大批量到小批量及单件生产的转变过程，而传统的制造手段已满足不了当前技术的发展和市场竞争的要求。数控技术的应用和发展，有效地解决了上述问题，它使传统的制造方式发生了根本的转变。现在数控技术已成为制造业实现自动化、柔性化、集成化生产的基础技术，现代的CAD/CAM、FMS、CIMS、敏捷制造和智能制造等都是建立在数控技术之上的。

1.1 数控机床概述

1.1.1 数控机床的发展史

20世纪中期，随着电子技术的发展，自动信息处理、数据处理以及电子计算机的出现，给自动化技术带来了新的概念，用数字化信号对机床运动及其加工过程进行控制，推动了机床自动化的发展。

采用数字技术进行机械加工，最早是在20世纪40年代初，由美国北密支安的一个小型飞机工业承包商派尔逊斯公司(Parsons Corporation)实现的。他们在制造飞机的框架及直升机的旋翼时，利用全数字电子计算机对机翼加工路径进行数据处理，并考虑到刀具直径对加工路径的影响，使得加工精度达到±0.038 1 mm(±0.001 5 in)，达到了当时的最高水平。

1952年，麻省理工学院在一台立式铣床上，装上了一套实验性的数控系统，成功地实现了同时控制三轴的运动。这台机床是一台实验性机床，被大家称为世界上第一台数控机床。到1954年11月，在派尔逊斯专利的基础上，第一台工业用的数控机床由美国本迪克斯公司(Bendix - Cooperation)正式生产出来。

此后，从1960年开始，其他一些工业国家，如德国、日本都陆续开发、生产及使用了数控机床。由于当时数控系统处于电子管、晶体管和集成电路初期，设备体积大、线路复杂、价格昂贵、可靠性差，数控机床大多是控制简单的数控钻床，数控技术没有普及推广，数控机床技术发展整体进展缓慢。

70年代，出现了大规模集成电路和小型计算机，特别是微处理器的研制成功，实现了数控系统体积小、运算速度快、可靠性提高、价格下降，使数控系统总体性能、质量有了很大提高，同时，数控机床的基础理论和关键技术有了新的突破，从而给数控机床发展注入了新的活力，世界发达国家的数控机床产业开始进入到发展阶段。

80年代以来，数控系统微处理器运算速度快速提高，功能不断完善、可靠性进一步提高，监控、检测、换刀、外围设备得到了应用，使数控机床得到了全面发展，数控机床品种迅速扩展，发达国家数控机床产业进入到发展应用阶段。

90 年代，数控机床得到了普遍应用，数控机床技术有了进一步发展，柔性单元、柔性系统、自动化工厂开始应用，标志着数控机床产业化进入成熟阶段。中国于 1958 年研制出第一台数控机床，发展过程大致可分为两大阶段。1958 — 1979 年间为第一阶段，从 1979 年至今为第二阶段。第一阶段对数控机床特点、发展条件缺乏认识，在人员素质不高、基础薄弱、配套件不过关的情况下，一哄而上又一哄而下，曾三起三落，终因表现欠佳、无法应用于生产而停顿。主要存在的问题是盲目性大，缺乏实事求是的科学精神。第二阶段从日本、德国、美国、西班牙先后引进数控系统技术，从日本、美国、德国、意国、英国、法国、瑞士、匈牙利、奥地利、韩国和中国台湾引进数控机床先进技术和合作、合资生产，解决了可靠性、稳定性问题，数控机床开始正式生产和使用，并逐步向前发展。

1.1.2 数控机床的发展趋势

进入 21 世纪，我国经济与国际全面接轨，进入了一个蓬勃发展的新时期。目前，数控机床的发展日新月异，高速化、高精度化、复合化、智能化、开放化、并联驱动化、网络化、极端化、绿色化已成为数控机床发展的趋势和方向。

1. 高速化

随着汽车、国防、航空、航天等工业的高速发展以及铝合金等新材料的应用，对数控机床加工的高速化要求越来越高。

(1)主轴转速：机床采用电主轴(内装式主轴电机)，主轴最高转速达 200 000 r/min。

(2)进给率：在分辨率为 0.01 μm 时，最大进给率达到 240 m/min 且可获得复杂型面的精确加工。

(3)运算速度：微处理器的迅速发展为数控系统向高速、高精度方向发展提供了保障，开发出 CPU 已发展到 32 位以及 64 位的数控系统，频率提高到数百兆赫甚至上千兆赫。由于运算速度的极大提高，使得当分辨率为 0.1 μm，0.01 μm 时仍能获得高达 24～240 m/min 的进给速度。

(4)换刀速度：目前国外先进加工中心的刀具交换时间普遍已在 1 s 左右，高的已达 0.5 s。德国 Chiron 公司将刀库设计成篮子样式，以主轴为轴心，刀具在圆周布置，其刀到刀的换刀时间仅 0.9 s。

2. 高精度化

数控机床精度的要求现在已经不局限于静态的几何精度，机床的运动精度、热变形以及对振动的监测和补偿越来越获得重视。

(1)提高 CNC 系统控制精度：采用高速插补技术，以微小程序段实现连续进给，使 CNC 控制单位精细化，并采用高分辨率位置检测装置，提高位置检测精度(日本已开发装有 106 脉冲/转的内藏位置检测器的交流伺服电机，其位置检测精度可达到 0.01 μm/脉冲)，位置伺服系统采用前馈控制与非线性控制等方法。

(2)采用误差补偿技术：采用反向间隙补偿、丝杆螺距误差补偿和刀具误差补偿等技术，对设备的热变形误差和空间误差进行综合补偿。研究结果表明，综合误差补偿技术的应用可将加工误差减少 60%～80%。

(3)采用网格解码器检查和提高加工中心的运动轨迹精度,并通过仿真预测机床的加工精度,以保证机床的定位精度和重复定位精度,使其性能长期稳定,能够在不同运行条件下完成多种加工任务,并保证零件的加工质量。

3. 功能复合化

复合机床的含义是指在一台机床上实现或尽可能完成从毛坯至成品的多种要素加工。根据其结构特点可分为工艺复合型和工序复合型两类。工艺复合型机床如镗铣钻复合,加工中心、车铣复合,车削中心、铣镗钻车复合,复合加工中心等;工序复合型机床如多面多轴联动加工的复合机床和双主轴车削中心等。采用复合机床进行加工,减少了工件装卸、更换和调整刀具的辅助时间以及中间过程中产生的误差,提高了零件加工精度,缩短了产品制造周期,提高了生产效率和制造商的市场反应能力,相对于传统的工序分散的生产方法具有明显的优势。

加工过程的复合化也导致了机床向模块化、多轴化发展。德国Index公司最新推出的车削加工中心是模块化结构,该加工中心能够完成车削、铣削、钻削、滚齿、磨削、激光热处理等多种工序,可完成复杂零件的全部加工。随着现代机械加工要求的不断提高,国内外制造商展出了形式各异的多轴加工机床(包括双主轴、双刀架、9轴控制等)以及可实现4～5轴联动的五轴高速门式加工中心、五轴联动高速铣削中心等。

4. 控制智能化

随着人工智能技术的发展,为了满足制造业生产柔性化、制造自动化的发展需求,数控机床的智能化程度在不断提高。具体体现在以下几个方面:

(1)加工过程自适应控制技术:通过监测加工过程中的切削力、主轴和进给电机的功率、电流、电压等信息,利用传统的或现代的算法进行识别,以辨识出刀具的受力、磨损、破损状态及机床加工的稳定性状态,并根据这些状态实时调整加工参数(主轴转速、进给速度)和加工指令,使设备处于最佳运行状态,以提高加工精度、降低加工表面粗糙度并提高设备运行的安全性。

(2)加工参数的智能优化与选择:将工艺专家或技师的经验、零件加工的一般与特殊规律,用现代智能方法,构造基于专家系统或基于模型的"加工参数的智能优化与选择器",利用它获得优化的加工参数,从而达到提高编程效率和加工工艺水平、缩短生产准备时间的目的。

(3)智能故障自诊断与自修复技术:根据已有的故障信息,应用现代智能方法实现故障的快速准确定位。

(4)智能故障回放和故障仿真技术:能够完整记录系统的各种信息,对数控机床发生的各种错误和事故进行回放和仿真,用以确定错误引起的原因,找出解决问题的办法,积累生产经验。

(5)智能化交流伺服驱动装置:能自动识别负载,并自动调整参数的智能化伺服系统,包括智能主轴交流驱动装置和智能化进给伺服装置。这种驱动装置能自动识别电机及负载的转动惯量,并自动对控制系统参数进行优化和调整,使驱动系统获得最佳运行。

(6)智能4M数控系统:在制造过程中,加工、检测一体化是实现快速制造、快速检测和快速响应的有效途径,将测量(Measurement)、建模(Modelling)、加工(Manufacturing)、机器操作(Manipulator)四者(即4M)融合在一个系统中,实现信息共享,促进测量、建模、加工、装夹、操作的一体化。

5. 体系开放化

(1)向未来技术开放:由于软硬件接口都遵循公认的标准协议,只需少量的重新设计和调整,新一代的通用软硬件资源就可能被现有系统所采纳、吸收和兼容,这就意味着系统的开发费用将大大降低而系统性能与可靠性将不断改善并处于长生命周期。

(2)向用户特殊要求开放:更新产品、扩充功能、提供硬软件产品的各种组合以满足特殊应用要求。

(3)数控标准的建立:国际上正在研究和制定一种新的 CNC 系统标准 ISO 14649(STEP - NC),以提供一种不依赖于具体系统的中性机制,能够描述产品整个生命周期内的统一数据模型,从而实现整个制造过程乃至各个工业领域产品信息的标准化。标准化的编程语言,既方便用户使用,又降低了和操作效率直接有关的劳动消耗。

6. 驱动并联化

并联运动机床克服了传统机床串联机构移动部件质量大、系统刚度低、刀具只能沿固定导轨进给、作业自由度偏低、设备加工灵活性和机动性不够等固有缺陷,在机床主轴(一般为动平台)与机座(一般为静平台)之间采用多杆并联联接机构驱动,通过控制杆系中杆的长度使杆系支撑的平台获得相应自由度的运动,可实现多坐标联动数控加工、装配和测量多种功能,更能满足复杂特种零件的加工,具有现代机器人的模块化程度高、质量轻和速度快等优点。

并联机床作为一种新型的加工设备,已成为当前机床技术的一个重要研究方向,受到了国际机床行业的高度重视,被认为是“自发明数控技术以来在机床行业中最有意义的进步”和“21 世纪新一代数控加工设备”。

7. 多媒体技术的应用

多媒体技术集计算机、声像和通信技术于一体,使计算机具有综合处理声音、文字、图像和视频信息的能力,因此也对用户界面提出了图形化的要求。合理的人性化的用户界面极大地方便了非专业用户的使用,人们可以通过窗口和菜单进行操作,便于蓝图编程和快速编程、三维彩色立体动态图形显示、图形模拟、图形动态跟踪和仿真、不同方向的视图和局部显示比例缩放功能的实现。除此以外,在数控技术领域应用多媒体技术可以做到信息处理综合化、智能化,应用于实时监控系统和生产现场设备的故障诊断、生产过程参数监测等,因此有着重大的应用价值。

8. 信息交互网络化

对于面临激烈竞争的企业来说,使数控机床具有双向、高速的联网通信功能,以保证信息流在车间各个部门间畅通无阻是非常重要的。既可以实现网络资源共享,又能实现数控机床的远程监视、控制、培训、教学、管理,还可实现数控装备的数字化服务(数控机床故障的远程诊断、维护等)。例如,日本 Mazak 公司推出新一代的加工中心配备了一个称为信息塔(e - Tower)的外部设备,包括计算机、手机、机外和机内摄像头等,能够实现语音、图形、视像和文本的通信故障报警显示、在线帮助排除故障等功能,是独立的、自主管理的制造单元。

9. 极端化(大型化和微型化)

国防、航空、航天事业的发展和能源等基础产业装备的大型化需要大型且性能良好的数控机床的支撑。而超精密加工技术和微纳米技术是 21 世纪的战略技术,需发展能适应微小型尺寸和微纳米加工精度的新型制造工艺和装备,所以微型机床包括微切削加工(车、铣、磨)机床、微电加工机床、微激光加工机床和微型压力机等的需求量正在逐渐增大。

10. 高可靠性

数控机床与传统机床相比，增加了数控系统和相应的监控装置等，应用了大量的电气、液压和机电装置，易于导致出现失效的概率增大；工业电网电压的波动和干扰对数控机床的可靠性极为不利，而数控机床加工的零件型面较为复杂，加工周期长，要求平均无故障时间在20 000 h以上。为了保证数控机床有高的可靠性，就要精心设计系统、严格制造和明确可靠性目标以及通过维修分析故障模式并找出薄弱环节。国外数控系统平均无故障时间在70 000 h以上，国产数控系统平均无故障时间仅为10 000 h左右，国外整机平均无故障工作时间达800 h以上，而国内最高只有300 h。

11. 加工过程绿色化

随着日趋严格的环境与资源约束，制造加工的绿色化越来越重要，而中国的资源、环境问题尤为突出。因此，近年来不用或少用冷却液、实现干切削、半干切削节能环保的机床不断出现，并在不断发展当中。在21世纪，绿色制造的大趋势将使各种节能环保机床加速发展，占领更多的世界市场。

1.1.3 数控加工的基本概念

数控即为数字控制(Numerical Control，NC)，是用数字化信号对机床的运动及其加工过程进行控制的一种方法。

数控系统：数控机床中的程序控制系统，它能够自动阅读输入载体上事先给定的程序，并将其译码，从而使机床运动和加工工件。

数控机床：就是采用了数控技术的机床，或者说是装备了数控系统的机床。它是一种将数字计算技术应用于机床的控制技术。它把机械加工过程中的各种控制信息用代码化的数字表示，通过信息载体输入数控装置。经运算处理由数控装置发出各种控制信号，控制机床的动作，按图纸要求的形状和尺寸，自动地将零件加工出来。

数控机床较好地解决了复杂、精密、小批量、多品种的零件加工问题，是一种柔性的、高效的自动化机床，代表了现代机床控制技术的发展方向，是一种典型的机电一体化产品。其特点如下所述。

1. 柔性好

由硬件逻辑电路构成的专用硬件数控装置，若想改变系统的功能，必须重新布线；具有灵活性计算机数控系统只要改变相应控制软件，就可改变和扩展其功能，满足用户的不同需要。

2. 功能强

可利用计算机技术及其外围设备，增强数控系统及数控机床的功能。例如，利用计算机图形显示功能，检查编程的刀具轨迹，纠正编程错误，还可校验刀具与机床、夹具碰撞的可能性等；利用计算机网络通信的功能，便于数控机床组成生产线。

3. 可靠性高

计算机数控系统可使用磁带、软盘以及U盘等多种输入装置，避免了以往数控机床由于频繁地开启光电阅读机而造成的信息出错的缺点。与硬件数控相比，计算机数控尽量减少硬件电路，显著地减少了焊点、接插件和外部联线，提高了可靠性。此外，计算机数控系统一般都具备自诊断功能，当数控系统出现故障时，能显示出故障信息，便于维修或预防操作失误，减少维修停机时间。这一切使得现代数控系统的无故障运行时间大为增加。

4. 易于实现机电一体化

由于计算机电路板上采用大规模集成电路和先进的印制电路排版技术，只要采用数块印制电路板即可构成整个控制系统，而将数控装置连同操作面板装入一个不大的数控箱内，有力地促进了机电一体化。

5. 经济性好

采用微机数控系统后，系统的性能价格比大为提高，现在不仅大型企业，就是中小型企业也逐渐采用微机数控系统了。

1.1.4 数控机床的基本组成

现代计算机数控机床由控制介质、输入输出设备、计算机数控装置、伺服系统及机床本体组成，如图 1-1 所示。

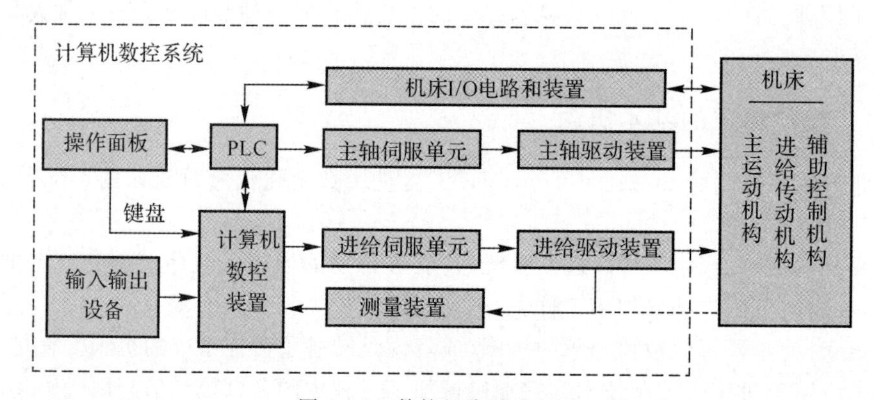

图 1-1 数控机床基本组成

1. 控制介质

控制介质又称信息载体，是人与数控机床之间联系的中间媒介物质，反映了数控加工中的全部信息。早期常用的有穿孔带、磁带、磁盘等，目前常用移动硬盘、Flash(U 盘)、CF 卡等。

2. 输入/输出装置

输入/输出装置是机床数控(CNC)系统与外部设备进行交互的装置。交互的信息通常是零件加工程序。即将编制好的记录在控制介质上的零件加工程序输入 CNC 系统或将调试好了的零件加工程序通过输出设备存放或记录在相应的控制介质上。

3. 数控装置

CNC 装置是数控机床实现自动加工的核心，主要由计算机系统、位置控制板、PLC 接口板、通信接口板、特殊功能模块以及相应的控制软件等组成。其作用就是根据输入的零件加工程序进行相应的处理(如运动轨迹处理、机床输入输出处理等)，然后输出控制命令到相应的执行部件(伺服单元、驱动装置和 PLC 等)，所有这些工作是由 CNC 装置内硬件和软件协调配合，合理组织，使整个系统有条不紊地进行工作的。

4. 伺服系统

伺服系统是数控系统与机床本体之间的传动联系环节，主要由伺服电动机、驱动控制系统以及位置检测反馈装置组成。伺服电机是系统的执行元件，驱动控制系统则是伺服电机的动力源。数控系统发出的指令信号与位置反馈信号比较后作为位移指令，再经过驱动系统的功率放大后，带动机床移动部件作精确定位或按照规定的轨迹和进给速度运动，使机床加工出符合图纸要求的零件。

5. 检测反馈系统

测量反馈系统由检测元件和相应的电路组成，其作用是检测机床的实际位置、速度等信息，并将其反馈给数控装置与指令信息进行比较和校正，构成系统的闭环控制。

6. 机床本体

机床本体指的是数控机床机械机构实体，包括床身、主轴、进给机构等机械部件。由于数控机床是高精度和高生产率的自动化机床，它与传统的普通机床相比，具有更好的刚性和抗振性，相对运动摩擦因数要小，传动部件之间的间隙要小，而且传动和变速系统要便于实现自动化控制。

1.1.5 数控机床的分类

数控机床的种类很多，可以按不同的方法对数控机床进行分类。

1. 按工艺用途分类

按工艺用途可分为数控车床、数控铣床、数控钻床、数控磨床、数控镗铣床、数控电火花加工机床、数控线切割机床、数控齿轮加工机床、数控冲床、数控液压机床等各种用途的数控机床，如图 1-2 所示。

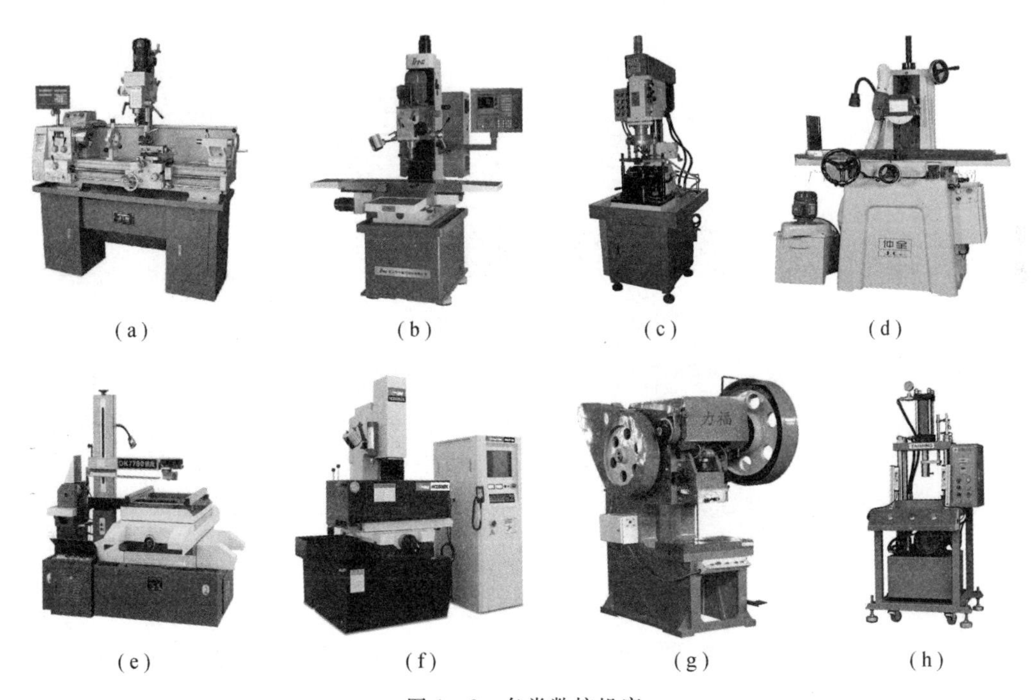

(a) (b) (c) (d)

(e) (f) (g) (h)

图 1-2 各类数控机床

(a)数控车床；(b)数控铣床；(c)数控钻床；(d)数控磨床；

(e)数控线切割机床；(f)数控电火花加工机床；(g)数控冲床；(h)数控液压机床

2. 按运动方式分类

(1)点位控制数控机床：数控系统只控制刀具从一点到另一点的准确位置，而不控制运动轨迹，各坐标轴之间的运动是不相关的，在移动过程中不对工件进行加工，如图 1－3 所示。这类数控机床主要有数控钻床、数控坐标镗床、数控冲床等。

（2）直线控制数控机床：数控系统除了控制点与点之间的准确位置外，还要保证两点间的移动轨迹为一直线，并且对移动速度也要进行控制，也称点位直线控制，如图 1－4 所示。这类数控机床主要有比较简单的数控车床、数控铣床、数控磨床等，而单纯用于直线控制的数控机床已不多见。

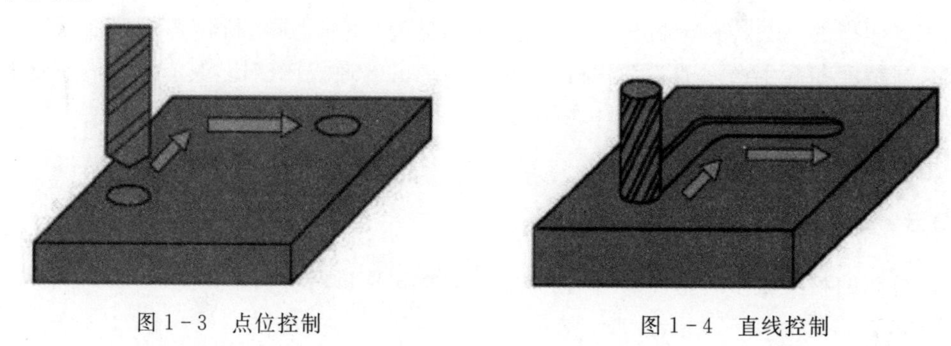

图 1－3　点位控制　　　　图 1－4　直线控制

（3）轮廓控制数控机床：轮廓控制的特点是能够对两个或两个以上的运动坐标的位移和速度同时进行连续相关的控制，它不仅要控制机床移动部件的起点与终点坐标，而且要控制整个加工过程的每一点的速度、方向和位移量，也称为连续控制数控机床，如图 1－5 所示。这类数控机床主要有数控车床、数控铣床、数控线切割机床、加工中心等。

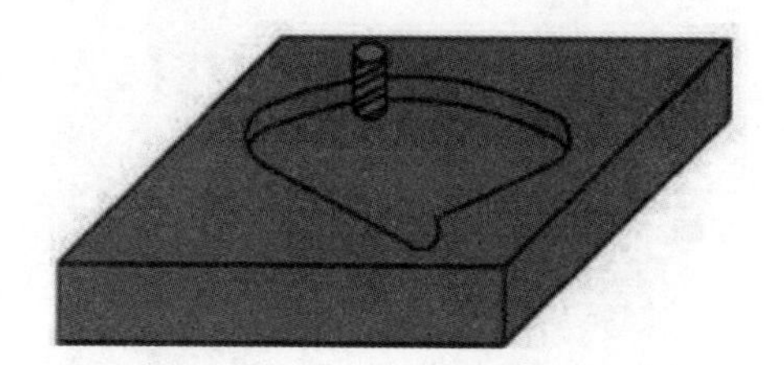

图 1－5　轮廓控制

3. 按伺服控制方式分类

（1）开环控制数控机床：这类机床不带位置检测反馈装置，通常用步进电机作为执行机构。输入数据经过数控系统的运算，发出脉冲指令，使步进电机转过一个步距角，再通过机械传动机构转换为工作台的直线移动，移动部件的移动速度和位移量由输入脉冲的频率和脉冲个数所决定，如图 1－6 所示。

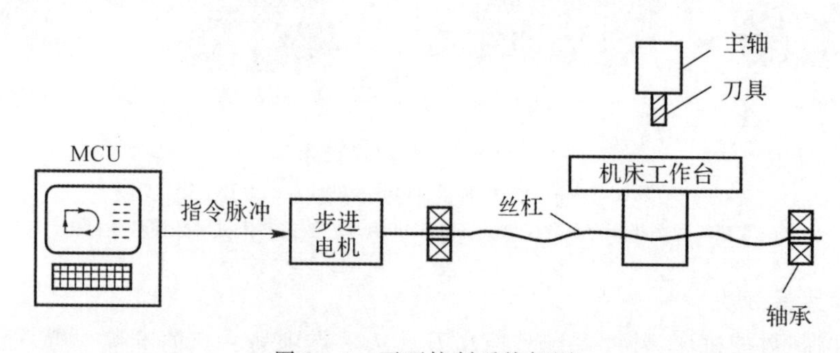

图 1－6　开环控制系统框图

(2)半闭环控制数控机床:在电机的端头或丝杠的端头安装检测元件(如感应同步器或光电编码器等),通过检测其转角来间接检测移动部件的位移,然后反馈到数控系统中。由于大部分机械传动环节未包括在系统闭环环路内,因此可获得较稳定的控制特性。其控制精度虽不如闭环控制数控机床,但调试比较方便,因而被广泛采用,如图 1-7 所示。

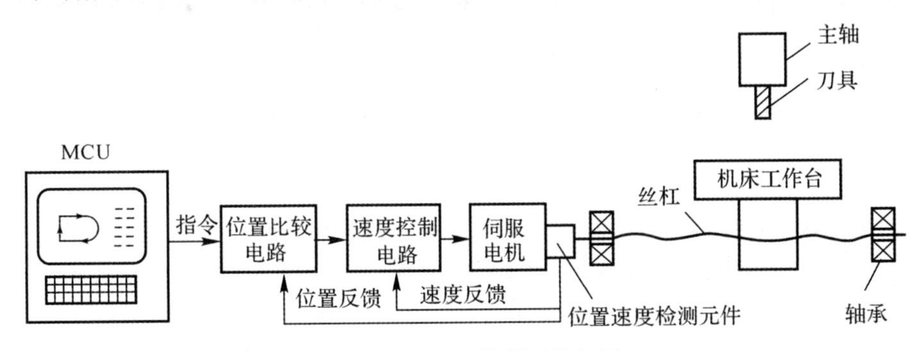

图 1-7 半闭环控制系统框图

(3)闭环控制数控机床:这类数控机床带有位置检测反馈装置,其位置检测反馈装置采用直线位移检测元件,直接安装在机床的移动部件上,将测量结果直接反馈到数控装置中,通过反馈可消除从电动机到机床移动部件整个机械传动链中的传动误差,最终实现精确定位,如图 1-8 所示。

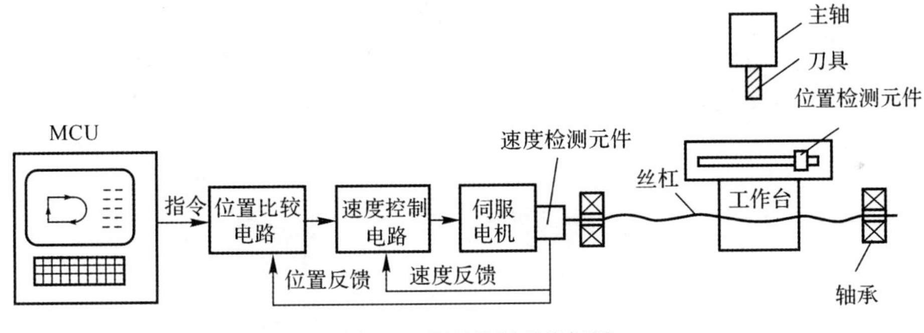

图 1-8 闭环控制系统框图

4. 按功能水平分类

数控机床按数控系统的功能水平可分为低、中、高三档。这种分类方式在我国用得很多。低、中、高档的界限是相对的,不同时期的划分标准有所不同,就目前的发展水平来看,大体可以从以下几个方面区分,见表 1-1。

表 1-1 数控机床按功能水平分类

项 目	低档	中档	高档
分辨率,进给速度	10 μm,8~15 m/min	1 μm,15~24 m/min	0.1 μm,15~100 m/min
伺服进给类型	开环、步进电动机系统	半闭环直流或交流伺服系统	闭环直流或交流伺服系统
联动轴数	2 轴	3~5 轴	3~5 轴
主轴功能	不能自动变速	自动无级变速	自动无级变速、C 轴功能

续 表

项　目	低档	中档	高档
通信能力	无	RS－232C 或 DNC 接口	MAP 通信接口、连网功能
显示功能	数码管显示、CRT 字符	CRT 显示字符、图形	三维图形显示、图形编程
内装 PLC	无	有	有
主 CPU	8 位	16 位或 32 位	64 位

5. 按控制坐标轴数分类

（1）两坐标数控机床：两轴联动，用于加工各种曲线轮廓的回转体，如数控车床。

（2）三坐标数控机床：三轴联动，多用于加工曲面零件，如数控铣床、数控磨床。

（3）多坐标数控机床：四轴或五轴联动，多用于加工形状复杂的零件。其中，五轴联动数控机床的结构布局见表 1－2。

表 1－2　五轴联动数控机床的结构布局

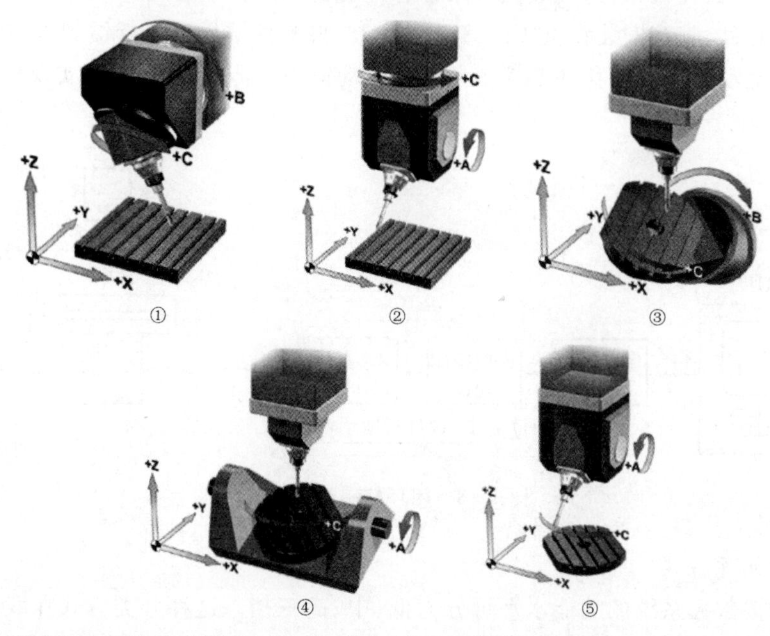

<table>
<tr><td rowspan="6">五轴联动数控机床结构布局形式</td><td rowspan="2">2 个旋转轴在刀具顶端（Head－Head 形式）</td><td>①</td><td>②</td></tr>
<tr><td colspan="2">特点：工作台不动，两个旋转均在主轴上，机床能加工工件尺寸较大</td></tr>
<tr><td rowspan="2">2 个旋转轴在工作台上（Table－Table 形式）</td><td>③</td><td>④</td></tr>
<tr><td colspan="2">特点：刀轴方向不动，两个旋转轴均在工作台上；工件加工时随工作台旋转，必须考虑装夹载重，机床能加工工件尺寸较小</td></tr>
<tr><td rowspan="2">1 个旋转轴在刀具顶端
1 个旋转轴在工作台上（Table－Head 形式）</td><td colspan="2">⑤</td></tr>
<tr><td colspan="2">特点：两个旋转轴分别放在主轴和工作台上，工作台旋转，可装夹较大的工件；主轴摆动，改变刀轴方向灵活</td></tr>
</table>

1.1.6 数控机床工作过程

在数控机床上加工零件的过程通常经过以下几个步骤，如图1-9所示。

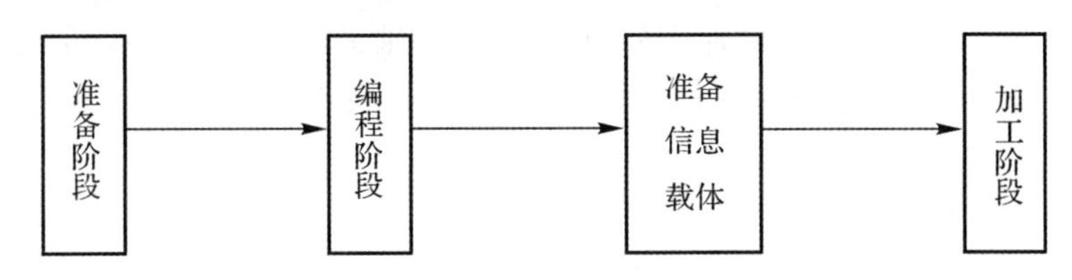

图1-9 数控加工工作步骤

1. 准备阶段

根据加工零件的图纸，确定有关加工数据(刀具轨迹坐标点、加工的切削用量、刀具尺寸信息等)。根据工艺方案、选用的夹具、刀具的类型等选择有关其他辅助信息。

2. 编程阶段

根据加工工艺信息，用机床数控系统能识别的语言编写数控加工程序(对加工工艺过程的描述)，并填写程序单。

3. 准备信息载体

根据已编好的程序单，将程序存放在信息载体(穿孔带、磁带、磁盘等)上，通过信息载体将全部加工信息传给数控系统。当数控加工机床与计算机联网时，可直接将信息传入数控系统。

4. 加工阶段

当执行程序时，机床数控系统将加工程序语句译码、运算，转换成驱动各运动部件的动作指令，在系统的统一协调下驱动各运动部件的适时运动，自动完成对工件的加工。

1.2 数控机床控制原理

实际加工过程中，刀具或工件是一步一步移动的，移动轨迹是由一个个小线段构成的折线，而不是光滑的曲线。也就是说，刀具不能严格地按照所加工的零件廓形(如直线、圆弧或椭圆、抛物线等其他类型曲线)运动，而只能用折线逼近所需加工的零件轮廓线型。根据零件轮廓线型上的已知点(如直线的起点、终点，圆弧的起点、终点和圆心等)，机床数控系统按进给速度的要求、刀具参数和进给方向的要求等，计算出轮廓线上中间点位置坐标值的过程即称为"插补"。

插补的实质就是"以折代直、以弦代弧、以直代曲、分段逼近"，根据有限的信息完成"数据密化"的工作。数控系统就是根据这些坐标值控制刀具或工件的运动，实现数控加工。因此，插补运算具有实时性，其运算速度和精度直接影响数控系统的性能指标。

1.2.1 插补技术分类

CNC系统中直线插补和圆弧插补是两种最基本功能。在三坐标以上联动的CNC系统中，一般还具有螺旋线插补。在一些高档CNC系统中，已经出现了抛物线插补、渐开线插补、正弦线插补、样条曲线插补和球面螺旋线插补等功能。

插补的方法和原理很多，根据数控系统输出到伺服驱动装置的信号的不同，插补方法可归纳为基准脉冲插补和数据采样插补两种类型。

1. 基准脉冲插补

基准脉冲插补又称脉冲增量插补或行程标量插补，其特点是数控装置在每次插补结束时向各个运动坐标轴输出一个基准脉冲序列，驱动各坐标轴进给电动机的运动。每个脉冲代表了刀具或工件的最小位移，脉冲的数量代表了刀具或工件移动的位移量，脉冲序列的频率代表了刀具或工件运动的速度。

基准脉冲插补的插补运算简单，容易用硬件电路实现，运算速度很快。早期的 NC 系统都是采用这类方法，在目前的 CNC 系统中也可用软件来实现，但仅适用于一些由步进电机驱动的中等精度或中等速度要求的开环数控系统。有的数控系统也将其用于数据采样插补中的精插补。

基准脉冲插补的方法很多，如逐点比较法、数字积分法、比较积分法、数字脉冲乘法器法、最小偏差法、矢量判别法、单步追踪法、直接函数法等。其中应用较多的是逐点比较法和数字积分法。

2. 数据采样插补

数据采样插补又称为数据增量插补、时间分割法或时间标量插补。这类插补方法的特点是数控装置产生的不是单个脉冲，而是标准二进制字。插补运算分两步完成。第一步为粗插补，采用时间分割思想，把加工一段直线或圆弧的整段时间细分为许多相等的时间间隔，称为插补周期。在每个插补周期内，根据插补周期 T 和编程的进给速度 F 计算轮廓步长，即 $l=F\cdot T$，将轮廓曲线分割为若干条长度为轮廓步长 l 的微小直线段。第二步为精插补，数控系统通过位移检测装置定时对插补的实际位移进行采样，根据位移检测采样周期的大小，采用直线的基准脉冲插补，在轮廓步长内再插入若干点，即在粗插补算出的每一微小直线段的基础上再做“数据点的密化”工作。一般将粗插补运算称为插补，由软件完成，而精插补可由软件实现，也可由硬件实现。

计算机除了完成插补运算外，还要执行显示、监控、位置采样及控制等实时任务，所以插补周期应大于插补运算时间与完成其他实时任务所需的时间之和。插补周期与采样周期可以相同，也可以不同，一般取插补周期为采样周期的整数倍，该倍数应等于对轮廓步长 l 实时精插补时的插补点数。

由上述分析可知，数据采样插补算法的核心问题是如何计算各坐标轴的增量 Δx 或 Δy，有了前一插补周期末的动点坐标值和本次插补周期内的坐标增量值，就很容易计算出本次插补周期末的动点指令位置坐标值。对于直线插补来讲，由于坐标轴的脉冲当量很小，再加上位置检测反馈的补偿，可以认为插补所形成的轮廓步长 l 与给定的直线重合，不会造成轨迹误差。而在圆弧插补中，一般将轮廓步长 l 作为内接弦线或割线（又称内外差分弦）来逼近圆弧，因而不可避免地会带来轮廓误差。如图 1-10 所示，设用内接弦线或割线逼近圆弧时产生的最大半径误差为 δ，在一个插补周期 T 内逼近弦线 l 所对应的圆心角（角步距）为 θ，圆弧半径为 R，刀具进给速度为 F，则采用弦线对圆弧进行逼近时，由图 1-10(a)(b) 可知

$$R^2-(R-\delta)^2=\left(\frac{l}{2}\right)^2$$

舍去高阶无穷小 δ^2，则由上式可得

$$2R\delta - \delta^2 = \frac{l^2}{4}$$

$$\delta = \frac{l^2}{8R} = \frac{(FT)^2}{8R} \tag{1-1}$$

采用割线对圆弧进行逼近时,假设内外差分弦的半径误差相等,即 $\delta_1 = \delta_2 = \delta$,则由图 1-10(b) 可知

$$(R+\delta)^2 - (R-\delta)^2 = \left(\frac{l}{2}\right)^2$$

$$4R\delta = \frac{l^2}{4}$$

$$\delta = \frac{l^2}{16R} = \frac{(FT)^2}{16R} \tag{1-2}$$

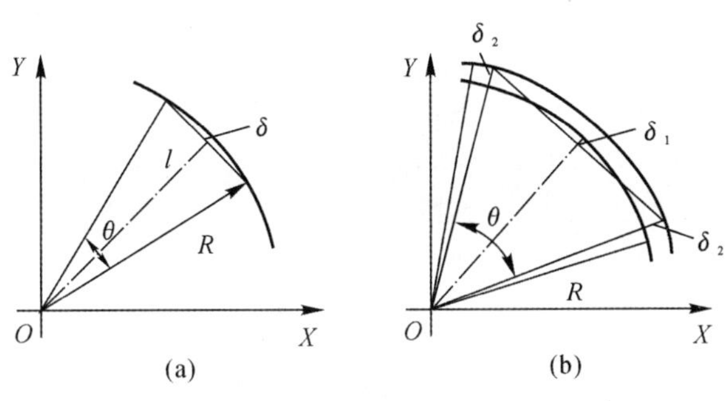

图 1-10 弦线、割线逼近圆弧的径向误差

(a) 弦线; (b) 割线

显然,当轮廓步长 l 相等时,内外差分弦的半径误差是内接弦的一半;若令半径误差相等,则内外差分弦的轮廓步长 l 或角步距 θ 是内接弦的 $\sqrt{2}$ 倍。但由于采用割线对圆弧进行逼近时计算复杂,应用较少。

从以上分析可以看出,逼近误差 δ 与进给速度 F、插补周期 T 的二次方成正比,与圆弧半径 R 成反比。由于数控机床的插补误差应小于数控机床的分辨率,即应小于一个脉冲当量,所以,在进给速度 F、圆弧半径 R 一定的条件下,插补周期 T 越短,逼近误差 δ 就越小。在 δ 给定及插补周期 T 确定之后,可根据圆弧半径 R 选择进给速度 F,以保证逼近误差 δ 不超过允许值。

以直流或交流电机为驱动装置的闭环或半闭环系统都采用数据采样插补方法,粗插补在每一个插补周期内计算出坐标实际位置增量值,而精插补则在每一个采样周期反馈实际位置增量值及插补程序输出的指令位置增量值。然后算出各坐标轴相应的插补指令位置和实际反馈位置的偏差,即跟随误差,根据跟随误差算出相应坐标轴的进给速度,输出给驱动装置。

数据采样插补的方法也很多,有直线函数法、扩展数字积分法、二阶递归扩展数字积分法、双数字积分插补法等。其中应用较多的是直线函数法、扩展数字积分法。

1.2.2 逐点比较法

逐点比较法又称代数运算法或醉步法,是早期数控机床开环系统中广泛采用的一种插补

方法，可实现直线插补、圆弧插补，也可用于其他非圆二次曲线（如椭圆、抛物线和双曲线等）的插补。其特点是运算直观，最大插补误差不大于一个脉冲当量，脉冲输出均匀，调节方便。

逐点比较法的基本原理是每次仅向一个坐标轴输出一个进给脉冲，每走一步都要将加工点的瞬时坐标与理论的加工轨迹相比较，判断实际加工点与理论加工轨迹的偏移位置，通过偏差函数计算二者之间的偏差，从而决定下一步的进给方向。每进给一步都要完成偏差判别、坐标进给、新偏差计算和终点判别四个工作节拍。下面分别介绍逐点比较法直线插补和圆弧插补的原理。

1. 逐点比较法直线插补

(1)偏差函数构造。对于第一象限直线 OA 上任一点(X,Y)：$X/Y=X_e/Y_e$，若刀具加工点为 $P_i(X_i,Y_i)$，则该点的偏差函数 F_i 可表示为

$$F_i=Y_iX_e-X_iY_e$$

若 $F_i=0$，表示加工点位于直线上；若 $F_i>0$，表示加工点位于直线上方；若 $F_i<0$，表示加工点位于直线下方。

(2) 偏差函数字的递推计算。采用偏差函数的递推式（迭代式），即由前一点计算后一点，$F_i=Y_iX_e-X_iY_e$，其基本原理如图 1-11 所示。

若 $F_i\geqslant 0$，规定向 $+X$ 方向走一步，则有

$$X_{i+1}=X_i+1 \tag{1-3}$$

$$F_{i+1}=X_eY_i-Y_e(X_i+1)=F_i-Y_e \tag{1-4}$$

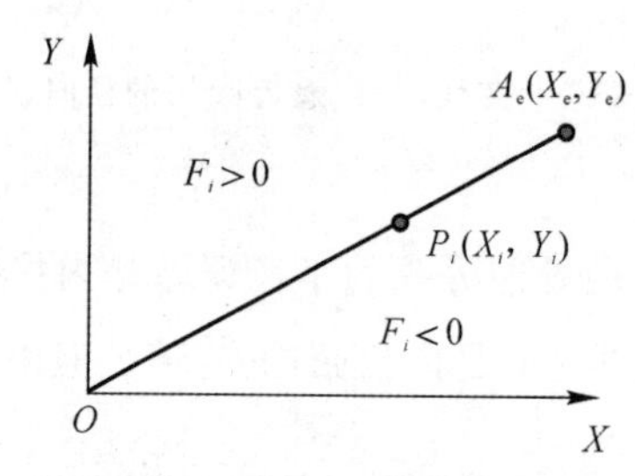

图 1-11　逐点比较法插补原理

若 $F_i<0$，规定向 $+Y$ 方向走一步，则有

$$Y_{i+1}=Y_i+1 \tag{1-5}$$

$$F_{i+1}=X_e(Y_i+1)-Y_eX_i=F_i+X_e \tag{1-6}$$

(3) 终点判别。直线插补的终点判别可采用三种方法。

1) 判断插补或进给的总步数；

2) 分别判断各坐标轴的进给步数；

3) 仅判断进给步数较多的坐标轴的进给步数。

(4) 逐点比较法直线插补举例。如图 1-12 所示，对于第一象限直线 OA，终点坐标 $X_e=6$，$Y_e=4$，插补从直线起点 O 开始，故 $F_0=0$。终点判别是判断进给总步数 $N=6+4=10$，将其存入终点判别计数器中，每进给一步减 1，若 $N=0$，则停止插补。应用第一象限直

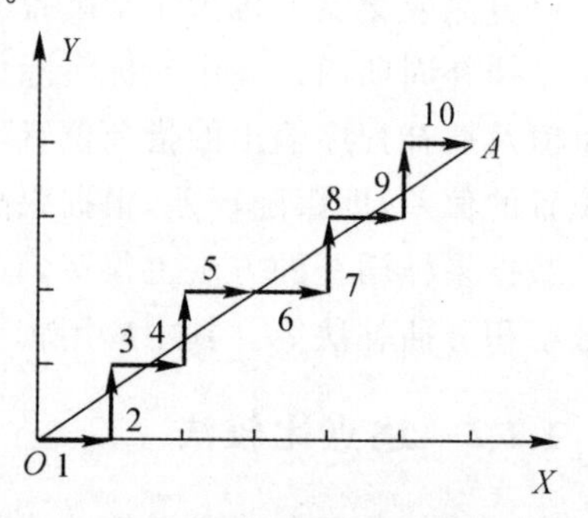

图 1-12　逐点比较法直线插补示例

线插补计算公式,其插补运算过程见表 1-3,插补轨迹如图 1-12 所示。

表 1-3　逐点比较法第一象限直线插补运算举例

步数	判别	坐标进给	偏差计算	终点判别
0			$F_0 = 0$	$E = 10$
1	$F = 0$	$+X$	$F_1 = F_0 - Y_e = 0 - 4 = -4$	$E = 10 - 1 = 9$
2	$F < 0$	$+Y$	$F_2 = F_1 + X_e = -4 + 6 = 2$	$E = 9 - 1 = 8$
3	$F > 0$	$+X$	$F_3 = F_2 - Y_e = 2 - 4 = -2$	$E = 8 - 1 = 7$
4	$F < 0$	$+Y$	$F_4 = F_3 + X_e = -2 + 6 = 4$	$E = 7 - 1 = 6$
5	$F > 0$	$+X$	$F_5 = F_4 - Y_e = -4 - 4 = 0$	$E = 6 - 1 = 5$
6	$F = 0$	$+X$	$F_6 = F_5 - Y_e = 0 - 4 = -4$	$E = 5 - 1 = 4$
7	$F < 0$	$+Y$	$F_7 = F_6 + X_e = -4 + 6 = 2$	$E = 4 - 1 = 3$
8	$F > 0$	$+X$	$F_8 = F_7 - Y_e = 2 - 4 = -2$	$E = 3 - 1 = 2$
9	$F < 0$	$+Y$	$F_9 = F_8 + X_e = -2 + 6 = 4$	$E = 2 - 1 = 1$
10	$F > 0$	$+X$	$F_{10} = F_9 - Y_e = 4 - 4 = 0$	$E = 1 - 1 = 0$

2. 逐点比较法圆弧插补

(1) 偏差函数构造。如图 1-13 所示,任意加工点 $P_i(X_i, Y_i)$,偏差函数 F_i 可表示为

$$F_i = X_i + Y_i^2 - R^2 \tag{1-7}$$

若 $F_i = 0$,表示加工点位于圆上;若 $F_i > 0$,表示加工点位于圆外;若 $F_i < 0$,表示加工点位于圆内。

(2) 偏差函数的递推计算。

X 方向运动递推为

$$\left.\begin{aligned} X_{i+1} &= X_i - 1 \\ F_{i+1} &= (X_i - 1)^2 + Y_i^2 - R^2 = F_i - 2X_i + 1 \end{aligned}\right\} \tag{1-8}$$

Y 方向运动递推为

$$\left.\begin{aligned} Y_{i+1} &= Y_i + 1 \\ F_{i+1} &= X_i^2 + (Y_i + 1)^2 - R^2 = F_i + 2Y_i + 1 \end{aligned}\right\} \tag{1-9}$$

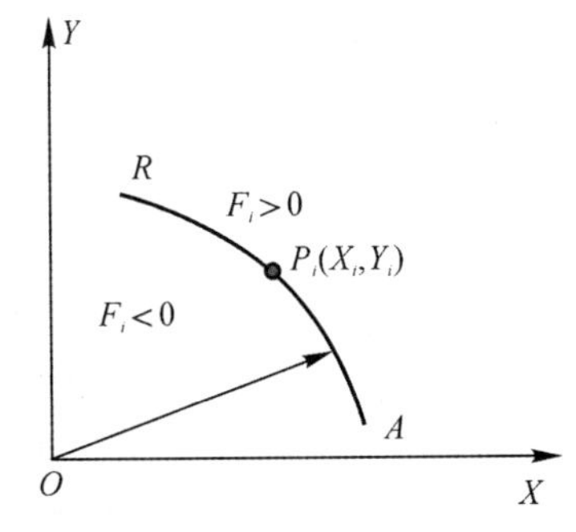

图 1-13　逐点比较法圆弧插补示例

1) 针对逆圆弧插补。若 $F_i \geqslant 0$,规定向 $-X$ 方向走一步;若 $F_i < 0$,规定向 $+Y$ 方向走一步。

2) 针对顺圆弧插补。若 $F_i \geqslant 0$,规定向 $-Y$ 方向走一步;若 $F_i < 0$,规定向 $+Y$ 方向走一步。

(3) 终点判别。

1) 判断插补或进给的总步数;

2) 分别判断各坐标轴的进给步数。

(4) 逐点比较法圆弧插补举例。如图 1-14 所示,设加工第一象限逆圆弧 AB,起点 $A(6,0)$,终点 $B(0,6)$。试用逐点比较法对其进行插补并画出插补轨迹图。插补从圆弧的起点开始,故 $F_{0,0}=0$;终点判别寄存器 E 存入 X 和 Y 两个坐标方向的总步数,即 $E=6+6=12$,每进给一步减 1,$E=0$ 时停止插补。应用第一象限逆圆弧插补计算公式,其插补运算过程见表 1-4,插补轨迹如图 1-14 所示。

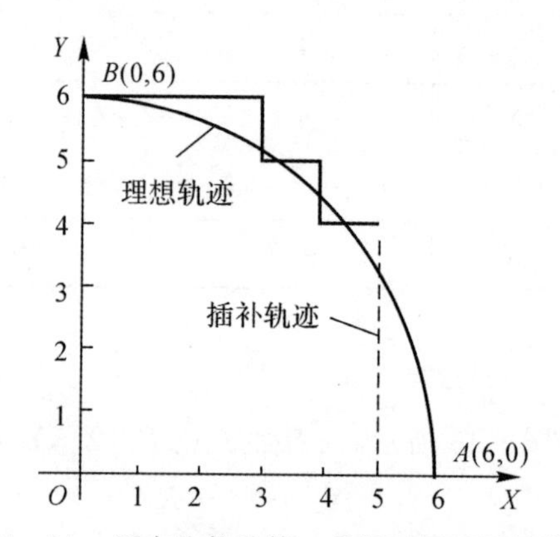

图 1-14　逐点比较法第一象限逆圆弧插补举例

表 1-4　逐点比较法第一象限逆圆弧插补运算举例

步数	偏差判别	坐标进给	偏差计算	坐标计算	终点判断
起点			$F_{0,0}=0$	$x_0=6$ $y_0=0$	$E=12$
1	$F_0=0$	$-X$	$F_1=F_0-2x_0+1=0-12+1=-11$	$x_1=6-1=5$ $y_1=0$	$E=12-1=11$
2	$F_1<0$	$+Y$	$F_2=F_1+2y_1+1=-11+0+1=-10$	$x_2=5$ $y_2=0+1=1$	$E=11-1=10$
3	$F_2<0$	$+Y$	$F_3=F_2+2y_2+1=-10+2+1=-7$	$x_3=5$ $y_3=1+1=2$	$E=10-1=9$
4	$F_3<0$	$+Y$	$F_4=F_3+2y_3+1=-7+4+1=-2$	$x_4=5$ $y_4=2+1=3$	$E=9-1=8$
5	$F_4<0$	$+Y$	$F_5=F_4+2y_4+1=-2+6+1=5$	$x_5=5$ $y_5=3+1=4$	$E=8-1=7$

续表

步数	偏差判别	坐标进给	偏差计算	坐标计算	终点判断
6	$F_5>0$	$-X$	$F_6=F_5-2x_5+1=5-10+1=-4$	$x_6=5-1=4$ $y_6=4$	$E=7-1=6$
7	$F_6<0$	$+Y$	$F_7=F_6+2y_6+1=-4+8+1=5$	$x_7=4$ $y_7=4+1=5$	$E=6-1=5$
8	$F_7>0$	$-X$	$F_8=F_7-2x_7+1=5-8+1=-2$	$x_8=4-1=3$ $y_8=5$	$E=5-1=4$
9	$F_8<0$	$+Y$	$F_9=F_8+2y_8+1=-2+10+1=9$	$x_9=3$ $y_9=5+1=6$	$E=4-1=3$
10	$F_9>0$	$-X$	$F_{10}=F_9-2x_9+1=9-6+1=4$	$x_{10}=3-1=2$ $y_{10}=6$	$E=3-1=2$
11	$F_{10}>0$	$-X$	$F_{11}=F_{10}-2x_{10}+1=4-4+1=1$	$x_{11}=2-1=1$ $y_{11}=6$	$E=2-1=1$
12	$F_{11}>0$	$-X$	$F_{12}=F_{11}-2x_{11}+1=1-2+1=0$	$x_{12}=1-1=0$ $y_{12}=6$	$E=1-1=0$

3. 逐点比较法的速度分析

刀具进给速度是插补方法的重要性能指标，也是选择插补方法的重要依据。

(1) 直线插补的速度分析。直线加工时，有

$$\frac{L}{v}=\frac{N}{f} \tag{1-10}$$

式中，L 为直线长度；v 为刀具进给速度；N 为插补循环数；f 为插补脉冲的频率。

插补循环数为

$$N=X_e+Y_e=L\cos\alpha+L\sin\alpha \tag{1-11}$$

式中，α 为直线与 X 轴的夹角。

则

$$v=\frac{Lf}{N}=\frac{Lf}{L\cos\alpha+L\sin\alpha}=\frac{f}{\sin\alpha+\cos\alpha} \tag{1-12}$$

式(1-12)说明刀具进给速度与插补脉冲的频率 f、直线与 X 轴的夹角 α 有关。若保持 f 不变，加工 0° 和 90° 倾角的直线时刀具进给速度最大(为 f)，加工 45° 倾角的直线时刀具进给速度最小(为 $0.707f$)，如图 1-15 所示。

(2) 圆弧插补的速度分析。如图1-16所示，P 是圆弧AB上任意一点，cd 是圆弧在P点的切线，切线与 X 轴夹角为 α。显然刀具在 P 点的速度可认为与插补切线 cd 的速度基本相等，因此，由式(1-12)可知加工圆弧时刀具的进给速度是变化的，除了与插补脉冲频率 f 成正比外，还与切削点处半径同 Y 轴的夹角 α 有关，在 0° 和 90° 附近进给速度最快(为 f)，在 45° 附近速度为最慢(为 $0.707f$)，进给速度在$(1\sim0.707)f$ 间变化。可见，无论加工直线还是圆弧时，刀具的进给速度变化范围较小，一般不做调整。

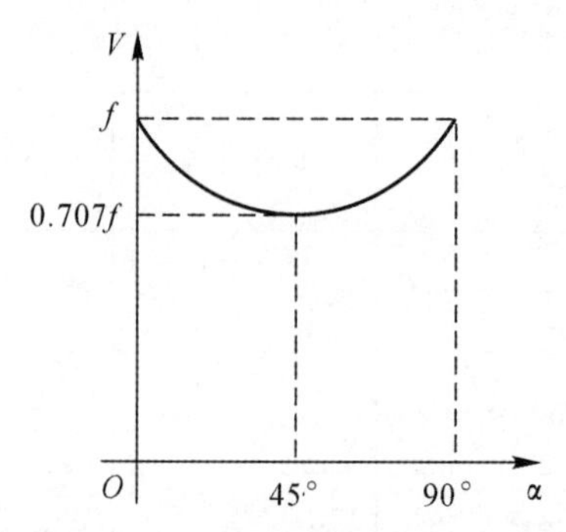

图 1-15　直线插补速度变化曲线

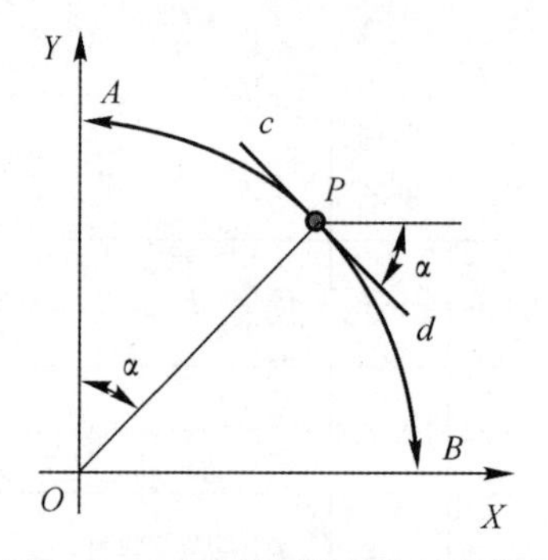

图 1-16　圆弧插补速度变化曲线

1.2.3　数字积分法

数字积分法又称数字微分分析器(简称"DDA")法,是利用数字积分的原理,计算刀具沿坐标轴的位移,使刀具沿着所加工的轨迹运动。采用数字积分法进行插补,运算速度快,脉冲分配均匀,易于实现多坐标联动或多坐标空间曲线的插补,所以在轮廓控制数控系统中得到了广泛应用。

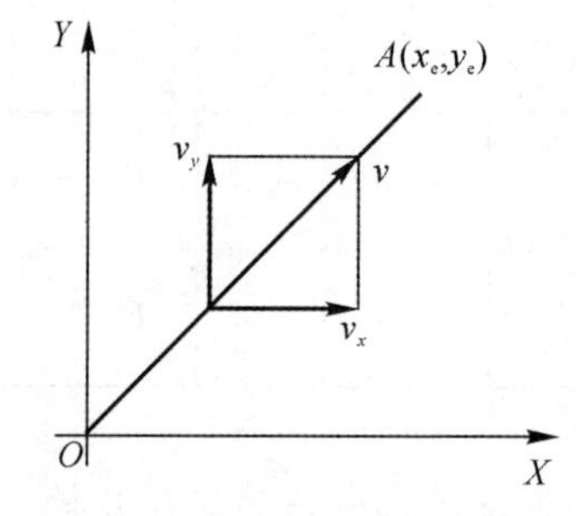

图 1-17　DDA 法直线插补原理

1. DDA 法直线插补

在 XOY 平面上对直线$\overline{OA}$ 进行插补,如图 1-17 所示,直线的起点在原点 $O(0,0)$,终点为 $A(x_e,y_e)$,设进给速度 v 是均匀的,直线$\overline{OA}$ 的长度为 L,则有

$$\frac{v}{L}=\frac{v_x}{x_e}=\frac{v_y}{y_e}=k \tag{1-13}$$

式中,v_x,v_y 分别表示动点在 X 和 Y 方向的移动速度,k 为比例系数。由式(1-13)可得

$$\left.\begin{aligned}v_x&=kx_e\\v_y&=ky_e\end{aligned}\right\} \tag{1-14}$$

在 Δt 时间内,X 和 Y 方向上的移动距离微小增量 Δx 和 Δy 应为

$$\left.\begin{aligned}\Delta x&=v_x\Delta t\\\Delta y&=v_y\Delta t\end{aligned}\right\} \tag{1-15}$$

将式(1-13)代入式(1-15)得

$$\left.\begin{aligned}\Delta x&=v_x\Delta t=kx_e\Delta t\\\Delta y&=v_y\Delta t=ky_e\Delta t\end{aligned}\right\} \tag{1-16}$$

因此,动点从原点走向终点的过程,可以看作是各坐标每经过一个单位时间间隔 Δt 分别以增量 kx_e,ky_e 同时累加的结果。设经过 m 次累加后,X 和 Y 方向分别都到达终点 $A(x_e,y_e)$,则

$$\left.\begin{aligned}x_e&=\sum_{i=1}^{m}(kx_e)\Delta t=mkx_e\Delta t\\y_e&=\sum_{i=1}^{m}(ky_e)\Delta t=mky_e\Delta t\end{aligned}\right\} \tag{1-17}$$

取 $\Delta t=1$,则有

$$\left.\begin{aligned}x_e &= mkx_e\\ y_e &= mky_e\end{aligned}\right\} \tag{1-18}$$

式(1-16)也变为

$$\left.\begin{aligned}\Delta x &= kx_e\\ \Delta y &= ky_e\end{aligned}\right\} \tag{1-19}$$

由式(1-18)可知 $mk=1$，即

$$m=\frac{1}{k} \tag{1-20}$$

因为累加次数 m 必须是整数，所以比例系数 k 一定为小数。选取 k 时主要考虑 Δx 和 Δy 应不大于1，以保证坐标轴上每次分配的进给脉冲不超过一个单位步距，即由式(1-19)得

$$\left.\begin{aligned}\Delta x &= kx_e < 1\\ \Delta y &= ky_e < 1\end{aligned}\right\} \tag{1-21}$$

另外，x_e 和 y_e 的最大容许值受寄存器的位数 n 的限制，最大值为 2^n-1，所以由式(1-21)可得

$$k(2^n-1)<1\text{，即 } k<\frac{1}{2^n-1}$$

一般取

$$k=\frac{1}{2^n} \tag{1-22}$$

则有

$$m=2^n \tag{1-23}$$

这说明，DDA直线插补的整个过程要经过 2^n 次累加才能到达直线的终点。

当 $k=1/2^n$ 时，对二进制数来说，kx_e 与 x_e 的差别只在于小数点的位置不同，将 x_e 的小数点左移 n 位即为 kx_e。因此在 n 位的内存中存放 x_e(整数)和 kx_e 存放的数字是相同的，只是认为后者的小数点出现在最高位数 n 的前面。这样，对 kx_e 与 ky_e 的累加就分别可转变为对 x_e 与 y_e 的累加。

数字积分法插补器的关键部件是累加器和被积函数寄存器，每一个坐标方向都需要一个累加器和一个被积函数寄存器。以插补 XOY 平面上的直线为例，一般情况下，插补开始前，累加器清零，被积函数寄存器分别寄存 x_e 和 y_e；插补开始后，每来一个累加脉冲 Δt，被积函数寄存器里的坐标值在相应的累加器中累加1次，累加后的溢出作为驱动相应坐标轴的进给脉冲 Δx 或 Δy，而余数仍寄存在累加器中；当脉冲源发出的累加脉冲数 m 恰好等于被积函数寄存器的容量 2^n 时，溢出的脉冲数等于以脉冲当量为最小单位的终点坐标，表明刀具运行到终点。XOY 平面的DDA直线插补器的示意图如图1-18所示。

数字积分法直线插补的终点判别比较简单。由以上的分析可知，插补一直线段时只需完成 $m=2^n$ 次累加运算，即可到达终点位置。因此，可以将累加次数 m 是否等于 2^n 作为终点判别的依据，只要设置一个位数亦为 n 位的终点计数寄存器，用来记录累加次数，当计数器记满 2^n 个数时，停止插补运算。

设直线$\overline{OA}$ 的起点在原点 $O(0,0)$，终点为 $A(8,6)$，采用四位寄存器，试写出直线$\overline{OA}$ 的DDA插补过程并画出插补轨迹图。

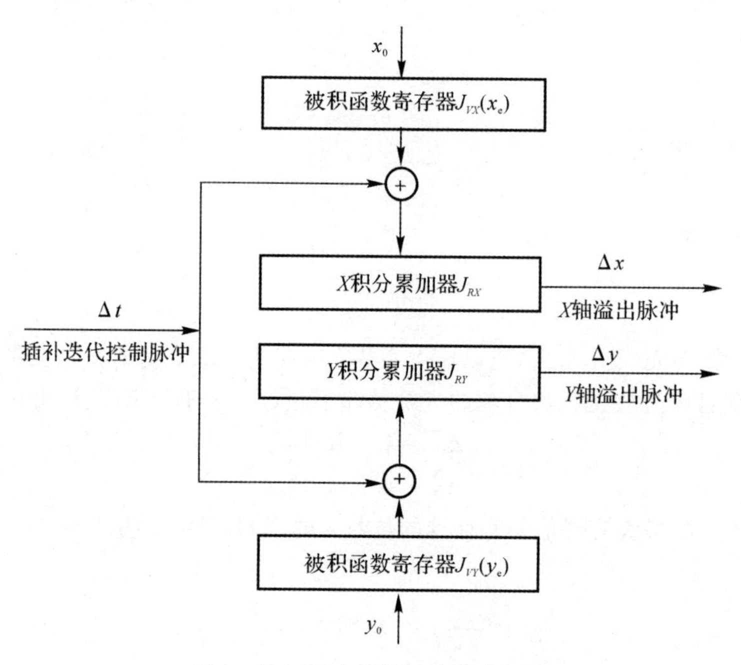

图 1-18　DDA 直线插补器示意图

由于采用四位寄存器，所以累加次数 $m=2^4=16$。插补计算过程见表 1-5，插补轨迹如图 1-19 所示。

表 1-5　DDA 直线插补运算过程

累加次数 m	X 积分器			Y 积分器		
	$J_{VX}(x_e)$	$J_{RX}(\sum x_e)$	Δx	$J_{VY}(y_e)$	$J_{RY}(\sum y_e)$	Δy
0	1000	0	0	0110	0	0
1		1000	0		0110	0
2		0000	1		1100	0
3		1000	0		0010	1
4		0000	1		1000	0
5		1000	0		1110	0
6		0000	1		0100	1
7		1000	0		1010	0
8		0000	1		0000	1
9		1000	0		0110	0
10		0000	1		1100	0
11		1000	0		0010	1

续 表

累加次数 m	X积分器			Y积分器		
	$J_{VX}(x_e)$	$J_{RX}(\sum x_e)$	Δx	$J_{VY}(y_e)$	$J_{RY}(\sum y_e)$	Δy
12		0000	1		1000	0
13		1000	0		1110	0
14		0000	1		0100	1
15		1000	0		1000	0
16		0000	1		0000	1

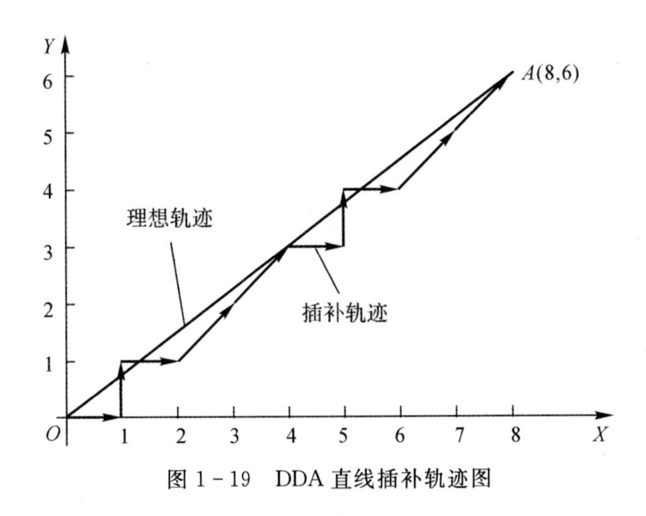

图1-19 DDA直线插补轨迹图

2. DDA法圆弧插补

下面以第一象限逆圆弧为例，说明DDA圆弧插补原理。如图1-20所示，设刀具沿半径为R的圆弧AB移动，刀具沿圆弧切线方向的进给速度为v，$P(x_i,y_j)$为动点，则有如下关系式：

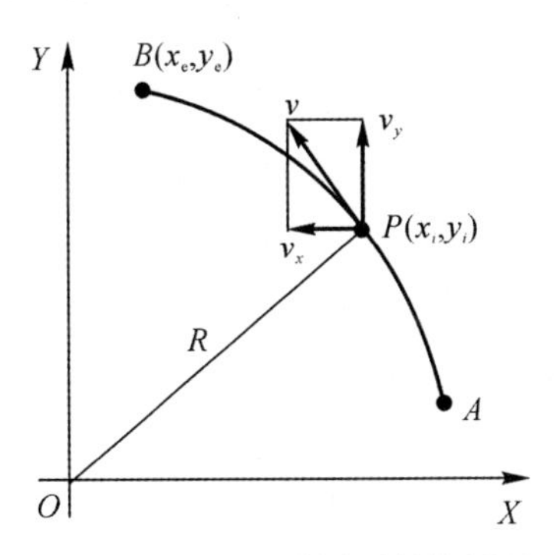

图1-20 DDA法圆弧插补原理

$$\frac{v}{R}=\frac{v_x}{y_j}=\frac{v_y}{x_i}=k \tag{1-24}$$

由此可得

$$\left.\begin{aligned} v_x &= ky_j \\ v_y &= kx_i \end{aligned}\right\} \tag{1-25}$$

当刀具沿圆弧切线方向匀速进给，即 v 为恒定值时，可以认为比例常数 k 为常数。

在一个单位时间间隔 Δt 内，X 和 Y 方向上的移动距离微小增量 Δx，Δy 应为

$$\left.\begin{aligned} \Delta x &= v_x \Delta t = ky_j \Delta t \\ \Delta y &= v_y \Delta t = kx_i \Delta t \end{aligned}\right\} \tag{1-26}$$

根据式(1-26)，仿照直线插补的方法也用两个积分器来实现圆弧插补，如图1-21所示。图中系数 k 的省略原因与直线DDA时类同。但必须注意圆弧DDA插补与直线插补的区别：

(1) 坐标值 x_i，y_j 存入被积函数寄存器 J_{VX}，J_{VY} 的对应关系与直线不同，恰好位置互调，即 y_j 存入 J_{VX}，而 x_i 存入 J_{VY} 中。

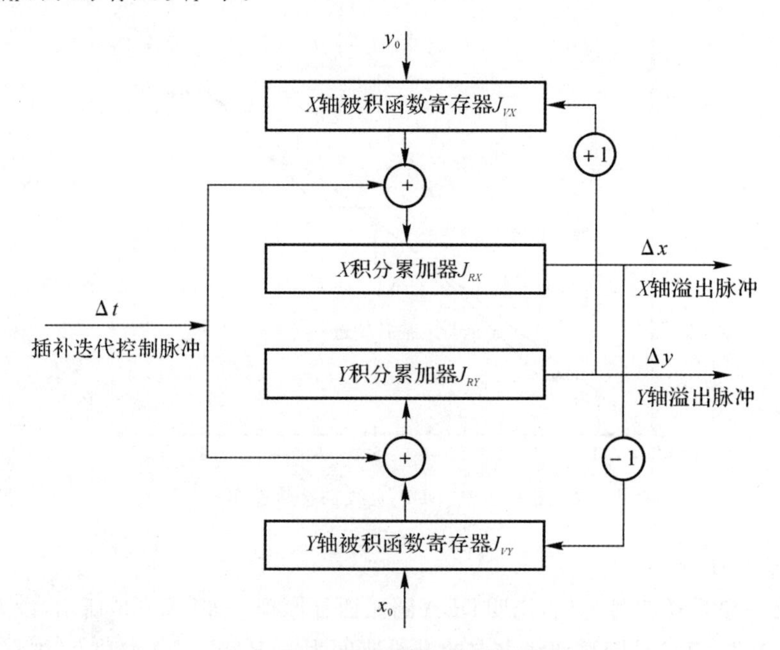

图1-21　DDA圆弧插补器示意图

(2) 被积函数寄存器 J_{VX}，J_{VY} 寄存的数值与直线插补时还有一个本质的区别：直线插补时 J_{VX}，J_{VY} 寄存的是终点坐标 x_e 或 y_e 是常数；而在圆弧插补时寄存的是动点坐标 x_i 或 y_j，是变量。因此在刀具移动过程中必须根据刀具位置的变化来更改寄存器 J_{VX}，J_{VY} 中的内容。在起点时，J_{VX}，J_{VY} 分别寄存起点坐标值 y_0，x_0；在插补过程中，J_{RY} 每溢出一个 Δy 脉冲，J_{VX} 寄存器应该加"1"；反之，当 J_{RX} 溢出一个 Δx 脉冲时，J_{VY} 应该减"1"。减"1"的原因是刀具在作逆圆运动时 x 坐标作负方向进给，动点坐标不断减少。

x 对于其他象限的顺圆、逆圆插补运算过程和积分器结构基本上与第一象限逆圆弧是一致的，但区别在于，控制各坐标轴 Δx，Δy 的进给方向不同，以及修改 J_{VX}，J_{VY} 内容时是加"1"还是减"1"，要由 x_i 和 y_j 坐标值的增减而定，见表1-6。表中SR1，SR2，SR3，SR4分别表示第一、第二、第三、第四象限的顺圆弧，NR1，NR2，NR3，NR4分别表示第一、第二、第三、第四象限的逆圆弧。

表1-6 DDA圆弧插补时坐标值的修改

	SR1	SR2	SR3	SR4	NR1	NR2	NR3	NR4
$J_{VX}(y_j)$	-1	$+1$	-1	$+1$	$+1$	-1	$+1$	-1
$J_{VY}(x_i)$	$+1$	-1	$+1$	-1	-1	$+1$	-1	$+1$
Δx	+	+	−	−	−	−	+	+
Δy	−	+	+	−	+	−	−	+

数字积分法圆弧插补的终点判别一般采用各轴各设一个终点判别计数器、分别判别其是否到达终点，每进给一步，相应轴的终点判别计数器减"1"，当某轴的终点判别计数器减为0时，该轴停止进给。当各轴的终点判别计数器都减为0时表明到达终点，停止插补。另外，也可根据J_{VX}，J_{VY}中的存数来判断是否到达终点，如果J_{VX}中的存数是y_e，J_{VX}中的存数是x_e，则圆弧插补到终点。

设第一象限逆圆弧的起点为$A(5,0)$，终点B为$(0,5)$，采用三位寄存器，试写出DDA插补过程并画出插补轨迹图。

在X和Y方向分别设一个终点判别计数器E_X，E_Y，$E_X=5$，$E_Y=5$，X积分器和Y积分器有溢出时，就在相应的终点判别计数器中减"1"，当两个计数器均为0时，插补结束。插补计算过程见表1-7，插补轨迹如图1-22所示。

表1-7 DDA圆弧插补运算过程

累加次数 m	X积分器			E_X	Y积分器			E_Y
	$J_{VX}(y_j)$	J_{RX}	Δx		$J_{VY}(x_i)$	J_{RY}	Δy	
0	000	000	0	101	101	000	0	101
1	000	000	0	101	101	101	0	101
2	000	000	0	101	101	010	1	100
	001							
3	001	001	0	101	101	111	0	100
4	001	010	0	101	101	100	1	011
	010							
5	010	100	0	101	101	001	1	010
	011							
6	011	111	0	101	101	110	0	010
7	011	010	1	100	101	011	1	001
	100				100			
8	100	110	0	100	100	111	0	001

续 表

累加次数 m	X 积分器			E_X	Y 积分器			E_Y
	$J_{VX}(y_j)$	J_{RX}	Δx		$J_{VY}(x_i)$	J_{RY}	Δy	
9	100	010	1	011	100	011	1	000
	101				011			
10	101	111	0	011	011			
11	101	001	1	001	011			
					010			
12	101	001	1	001	010			
					001			
13	101	110	0	001	001			
14	101	001	1	000	001			
					000			

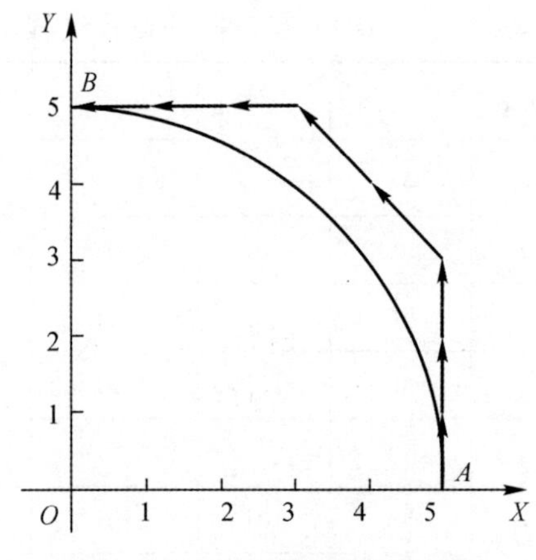

图 1-22 DDA 圆弧插补轨迹图

1.2.4 直线函数法

直线函数法又称弦线法，是典型的数据采样插补方法之一。在圆弧插补时，以内接弦进给代替弧线进给，提高了圆弧插补的精度。日本 FANUC 公司的 7M 系统就采用了直线函数插补法。

1. 直线函数法直线插补

设要求刀具在 XOY 平面内作如图 1-23 所示的直线运动，X 和 Y 轴的位移增量分别为 Δx 和 Δy。插补时，取增量大的作长轴，增量小的为短轴，要求 X 和 Y 轴的速度保持一定的比例，且同时到达终点。

设刀具移动方向与长轴夹角为 α，OA 为一次插补的进给步长 l。根据程序段所提供的终点坐标 $P(x_e,y_e)$，可得到

$$\tan\alpha = \frac{y_e}{x_e}$$

$$\cos\alpha = \frac{1}{\sqrt{1+\tan^2\alpha}}$$

从而求得本次插补周期内长、短轴的插补进给量分别为

$$\Delta x = l\cos\alpha \tag{1-27}$$

$$\Delta y = \frac{y_e}{x_e}\Delta x \tag{1-28}$$

2. 直线函数法圆弧插补

如图1-24所示，要加工圆心在原点 $O(0,0)$、半径为 R 的第一象限顺圆弧，在顺圆弧上的 B 点是继 A 点之后的插补瞬时点，两点的坐标分别为 $A(x_i,y_i)$，$B(x_i+1,y_i+1)$，现求在一个插补周期 T 内 X 轴和 Y 轴的进给量 Δx，Δy。图中的弦 AB 是圆弧插补时每个插补周期内的进给步长 l，AP 是 A 点的圆弧切线，M 是弦的中点。显然，$ME\perp AF$，E 是 AF 的中点，而 $OM\perp AB$。由此，圆心角具有下列关系：

$$\phi_{i+1} = \phi_i + \phi \tag{1-29}$$

式中，ϕ 为进给步长 l 所对应的角增量，称为角步距。

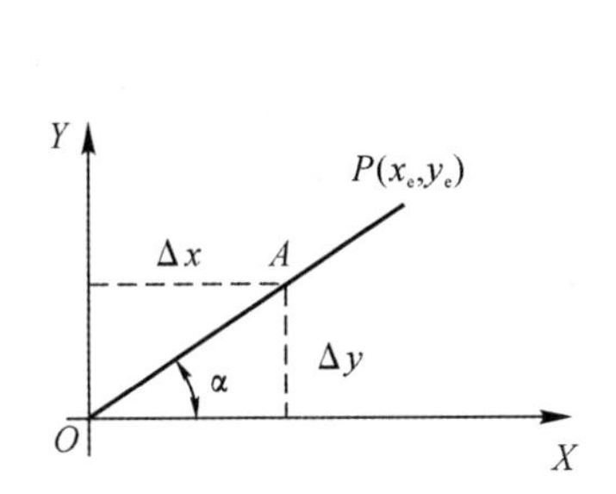

图1-23 直线函数法直线插补

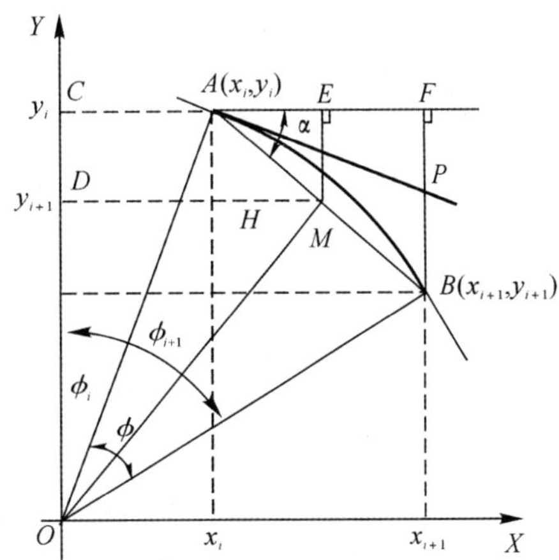

图1-24 直线函数法圆弧插补

由于三角形 $\triangle AOC$ 与三角形 $\triangle PAF$ 相似，所以

$$\angle AOC = \angle PAF = \phi_i$$

显然

$$\angle BAP = \frac{1}{2}\angle AOB = \frac{1}{2}\phi$$

因此

$$\alpha = \angle PAF + \angle BAP = \phi_i + \frac{1}{2}\phi$$

在三角形 $\triangle MOD$ 中，有

$$\tan\left(\phi_i+\frac{\phi}{2}\right)=\frac{DH+HM}{CO-CD}$$

因为 $\tan\alpha=\frac{FB}{FA}=\frac{\Delta y}{\Delta x}$，将 $DH=x_i$，$CO=y_i$，$HM=\frac{1}{2}\Delta x=\frac{l}{2}\cos\alpha\Delta CD=\frac{1}{2}\Delta y=\frac{l}{2}\sin\alpha$ 代入上式，则有

$$\tan\alpha=\tan\left(\phi_i+\frac{\phi}{2}\right)=\frac{\Delta y}{\Delta x}=\frac{x_i+\frac{1}{2}\Delta x}{y_i-\frac{1}{2}\Delta y}=\frac{x_i+\frac{l}{2}\cos\alpha}{y_i-\frac{l}{2}\sin\alpha} \tag{1-30}$$

式中，$\sin\alpha$ 和 $\cos\alpha$ 都是未知数，7M 系统中采用 $\sin45°$ 和 $\cos45°$ 来取代 $\sin\alpha$ 和 $\cos\alpha$ 近似求解 $\tan\alpha$，这样 $\tan\alpha$ 的偏差最小，即

$$\tan\alpha\approx\frac{x_i+\frac{l}{2}\cos45°}{y_i-\frac{l}{2}\sin45°} \tag{1-31}$$

再由关系式

$$\cos\alpha=\frac{1}{\sqrt{1+\tan^2\alpha}} \tag{1-32}$$

进而求得

$$\Delta x=l\cos\alpha \tag{1-33}$$

为使偏差不会造成插补点离开圆弧轨迹，Δy 的计算不能采用 $l\sin\alpha$，而采用由式(1-30)得到的下式计算：

$$\Delta y=\frac{\left(x^i+\frac{1}{2}\Delta x\right)\Delta x}{y_i-\frac{1}{2}\Delta y} \tag{1-34}$$

因此，可以按下式求出新的插补点坐标：

$$\left.\begin{aligned}x_{i+1}&=x_i+\Delta x\\ y_{i+1}&=y_i-\Delta y\end{aligned}\right\} \tag{1-35}$$

采用近似计算引起的偏差能够保证圆弧插补的每一插补点位于圆弧轨迹上，仅造成每次插补的轮廓步长 l 的微小变化，所造成的进给速度误差小于指令速度的 1%，这种变化在加工中是允许的，完全可以认为插补的速度仍然是均匀的。

1.2.5 刀具半径补偿

在轮廓加工中，由于刀具总有一定的半径，刀具中心轨迹并不等于零件轮廓轨迹。应使刀具中心轨迹偏离轮廓一个刀具半径值，这种偏移习惯上称为刀具半径补偿。刀具半径补偿方法主要分为 B 刀具半径补偿和 C 刀具半径补偿。

1. B 刀具半径补偿

B 刀具半径补偿为基本的刀具半径补偿，它根据程序段中零件轮廓尺寸和刀具半径计算出刀具中心的运动轨迹。对于一般的 CNC 装置，所能实现的轮廓控制仅限于直线和圆弧。对直线而言，刀具补偿后的刀具中心规迹是与原直线相平行的直线，因此刀具补偿计算只要计

算出刀具中心轨迹的起点和终点坐标值。对于圆弧而言,刀具补偿后的刀具中心轨迹是一个与原圆弧同心的一段圆弧,因此对圆弧的刀具补偿计算只需要计算出刀具补偿后圆弧的起点和终点坐标值以及刀具补偿后的圆弧半径值。

B刀具半径补偿要求编程轮廓的过渡方式为圆角过渡,即轮廓线之间以圆弧连接,并且连接处轮廓线必须相切,如图1-25所示。切削内轮廓角时,过渡圆弧的半径应大于刀具半径。

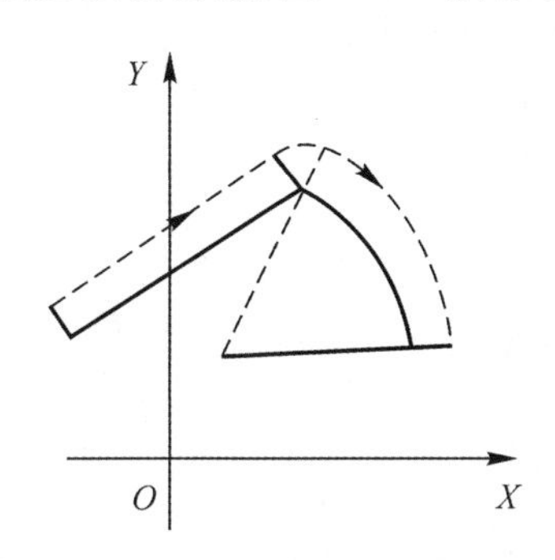

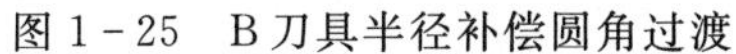

图1-25 B刀具半径补偿圆角过渡

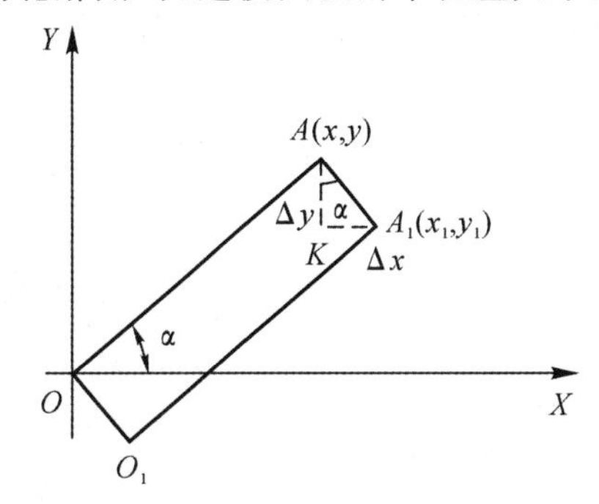

图1-26 直线B刀具半径补偿

直线的B刀具半径补偿如图1-26所示。被加工直线段的起点为原点$O(0,0)$,终点A的坐标为(x,y),假定上一程序段加工完后,刀具中心在点O_1且坐标值已知。刀具半径为r,现计算刀具补偿后直线O_1A_1的终点坐标(x_1,y_1)。设刀具补偿矢量AA_1的投影坐标为Δx和Δy,则有

$$\begin{cases} x_1 = x + \Delta x \\ y_1 = y + \Delta y \end{cases}$$

由于$\angle XOA = \angle A_1AK = \alpha$,则有

$$\begin{cases} \Delta x = r\sin\alpha = \dfrac{ry}{\sqrt{x^2+y^2}} \\ \Delta y = r\cos\alpha = \dfrac{rx}{\sqrt{x^2+y^2}} \end{cases}$$

$$\left.\begin{aligned} x_1 &= x + \frac{ry}{\sqrt{x^2+y^2}} \\ y_1 &= y + \frac{rx}{\sqrt{x^2+y^2}} \end{aligned}\right\} \tag{1-36}$$

圆弧的B刀具半径补偿如图1-27所示。设被加工圆弧的圆心坐标为(0,0),圆弧半径为R,圆弧起点为$A(x_0,y_0)$,终点为$B(x_e,y_e)$,刀具半径为r。

设$A_1(x_{01},y_{01})$为前一段程序刀具中心轨迹的终点,且坐标为已知。因为是圆角过渡,A_1点一定在半径OA或其延长线上,与A点的距离为r。A_1点即为本段程序刀具中心轨迹的起点。现在计算刀具中心轨迹的终点$B_1(x_{e1},y_{e1})$和半径R_1。因为B_1在半径OB或其延长线上,三角形$\triangle OBP$与$\triangle OB_1P_1$相似。根据相似三角形定理,有

$$\frac{x_{e1}}{x_e} = \frac{y_{e1}}{y_e} = \frac{R+r}{R}$$

则有

$$\left.\begin{aligned} x_{e1} &= \frac{x_e(R+r)}{R} \\ y_{e1} &= \frac{y_e(R+r)}{R} \\ R_1 &= R+r \end{aligned}\right\} \quad (1-37)$$

以上为刀具偏向圆外侧的情况，刀具偏向圆内侧时与此类似。

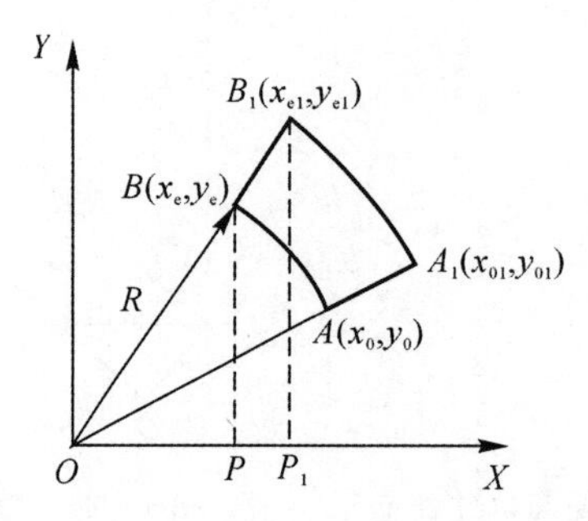

图 1-27　圆弧 B 刀具半径补偿

对于具有 B 刀具半径补偿的 CNC 装置，编程人员必须事先估计轮廓上的尖角点（斜率不连续的点），并人为在程序中加以处理，显然很不方便。

2. C 刀具半径补偿

C 刀具半径补偿则能自动处理两个相邻程序段之间连接（即尖角过渡）的各种情况，并直接求出刀具中心轨迹的转接交点，然后再对原来的刀具中心轨迹作伸长或缩短修正。

数控系统中 C 刀具半径补偿方式如图 1-28 所示，在数控系统内，设置有工作寄存器 AS，存放正在加工的程序段信息；刀补寄存器 CS 存放下一个加工程序段信息；缓冲寄存器 BS 存放着再下一个加工程序段的信息；输出寄存器 OS 存放运算结果，作为伺服系统的控制信号。因此，数控系统在工作时，总是同时存储有连续三个程序段的信息。

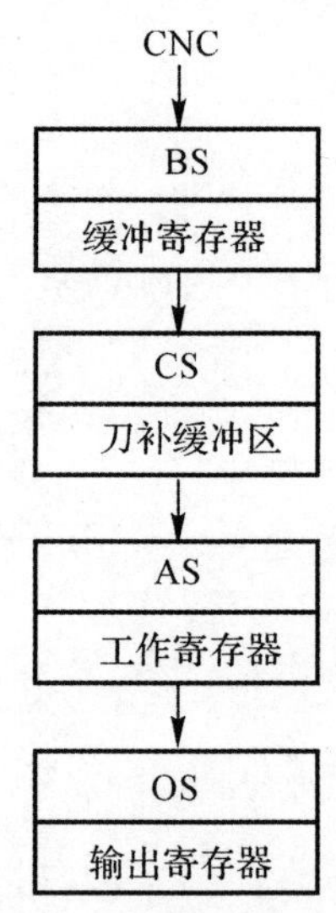

图 1-28　C 刀具半径补偿方式

CNC 系统启动后，第一段程序首先被读入 BS，在 BS 中算得的第一段编程轨迹被送到 CS 暂存，又将第二段程序读入 BS，算出第二段的编程轨迹。接着，对第一、二段编程轨迹的连接方式进行判别，根据判别结果再对 CS 中的第一段编程轨迹作相应的修正，修正结束后，顺序地将修正后的第一段编程轨迹由 CS 送到 AS，第二段编程轨迹由 BS 送入 CS。随后，由 CPU 将 AS 中的内容送到 OS 进行插补运算，运算结果送往伺服机构以完成驱动动作。在修正了的第一段编程轨迹开始被执行后，利用插补间隙，CPU 又命令第三段程序读入 BS，随后又将 BS，CS 中的第三、第二段编程轨迹的连接方式，对 CS 中的第二段编程轨迹进行修正。如此往复，可见 C 刀补工作状态 CNC 装置内总是同时存有三个程序段的信息，以保证刀补的实现。

在具体实现时，为了便于交点的计算以及对各种编程情况进行综合分析，从中找出规律，必须将C刀具半径补偿方法中所有的输入轨迹当作矢量进行分析。显然，直线段本身就是一个矢量，而圆弧则将圆弧的起点、终点、半径及起点到终点的弦长都作为矢量。刀具半径也作为矢量，在加工过程中，它始终垂直于编程轨迹，大小等于刀具半径，方向指向刀具圆心。直线加工时，刀具半径矢量始终垂直于刀具的移动方向；圆弧加工时，刀具半径矢量始终垂直于编程圆弧的瞬时切点的切线，方向始终在改变。

在CNC系统实际加工过程中，随着前、后两段编程轨迹的连接方式不同，相应刀具中心的加工轨迹也会产生不同的转接形式，主要有以下几种：直线与直线转接；直线与圆弧转接；圆弧与圆弧转接。根据两段程序轨迹的矢量夹角 α 和刀具补偿方向的不同，又有伸长型、缩短型和插入型几种转接过渡方式。

(1)直线与直线转接的情况。图1-29所示为直线$\overline{OA}$与直线$\overline{AF}$在刀具半径补偿G41的情况下，刀具中心轨迹在连接处的过渡形式。

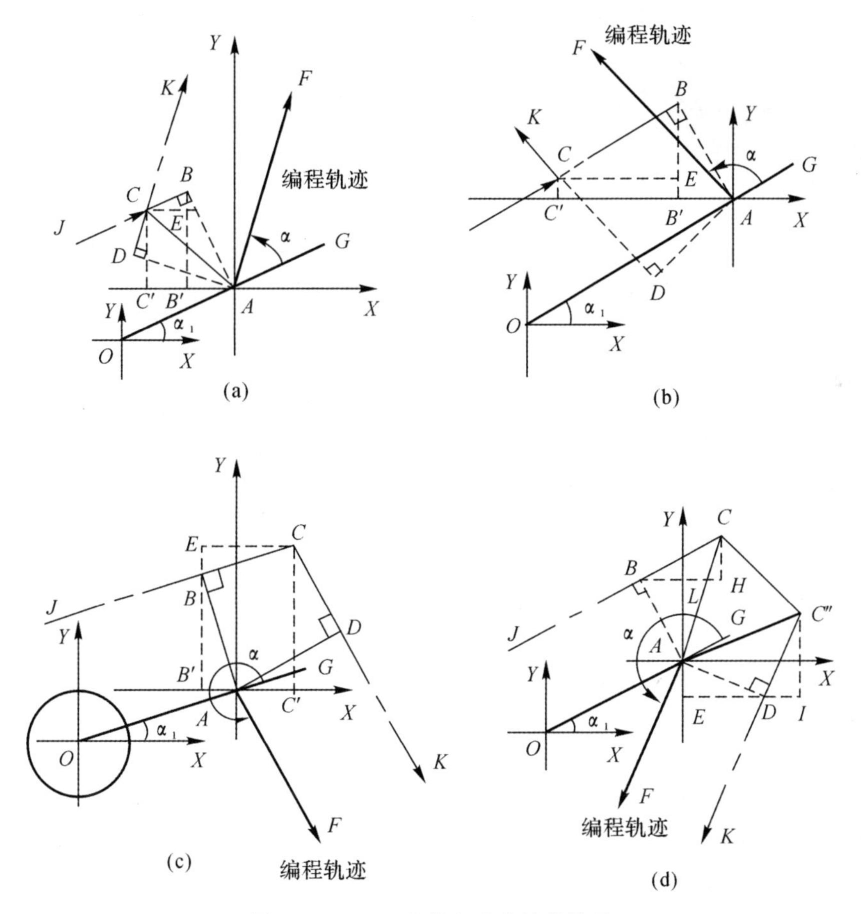

图1-29 G41直线与直线转接情况

在图1-29(a)和(b)中，$\overrightarrow{AB}$，$\overrightarrow{AD}$ 为刀具半径矢量。对应于编程轨迹$\overrightarrow{OA}$，$\overrightarrow{AF}$，刀具中心轨迹$\overrightarrow{JB}$ 与$\overrightarrow{DK}$ 将在C点相交。这样，相对于$\overrightarrow{OA}$ 与$\overrightarrow{AF}$ 而言，将缩短一个CB与DC的长度。这种转接称为缩短型转接。

在图 1-29(c) 中，C 点处于$\overrightarrow{JB}$ 与$\overrightarrow{DK}$ 的延长线上，因此称之为伸长型转接。而在图 1-29(d) 中，若仍采用伸长型转接，势必会增加刀具非切削的空行程时间。为解决这一不足，令 BC 等于 $C''D$ 且等于刀具半径，同时，在中间插入过渡直线 $C''C$。即刀具中心除沿原编程轨迹伸长移动一个刀具半径外，还必须增加一个沿直线 $C''C$ 的移动，对于原来的程序而言，等于中间插入了一个程序段，这种转接称为插入型转接。

在同一坐标平面内直线转接直线时，α 在 $0^\circ \sim 360^\circ$ 范围内变化，相应刀具中心轨迹的转接将按伸长型转接、缩短型转接以及插入型转接这三种类型顺序地进行。

(2) 圆弧与圆弧的转接情况。图 1-30 所示为圆弧 PA 与圆弧 AQ 在刀具半径补偿 G41 情况下的转接情况。圆弧接圆弧时转接类型的区分也可以通过两圆的起点和终点半径矢量的夹角 α 的大小来判断。这与直线转接直线时一样。

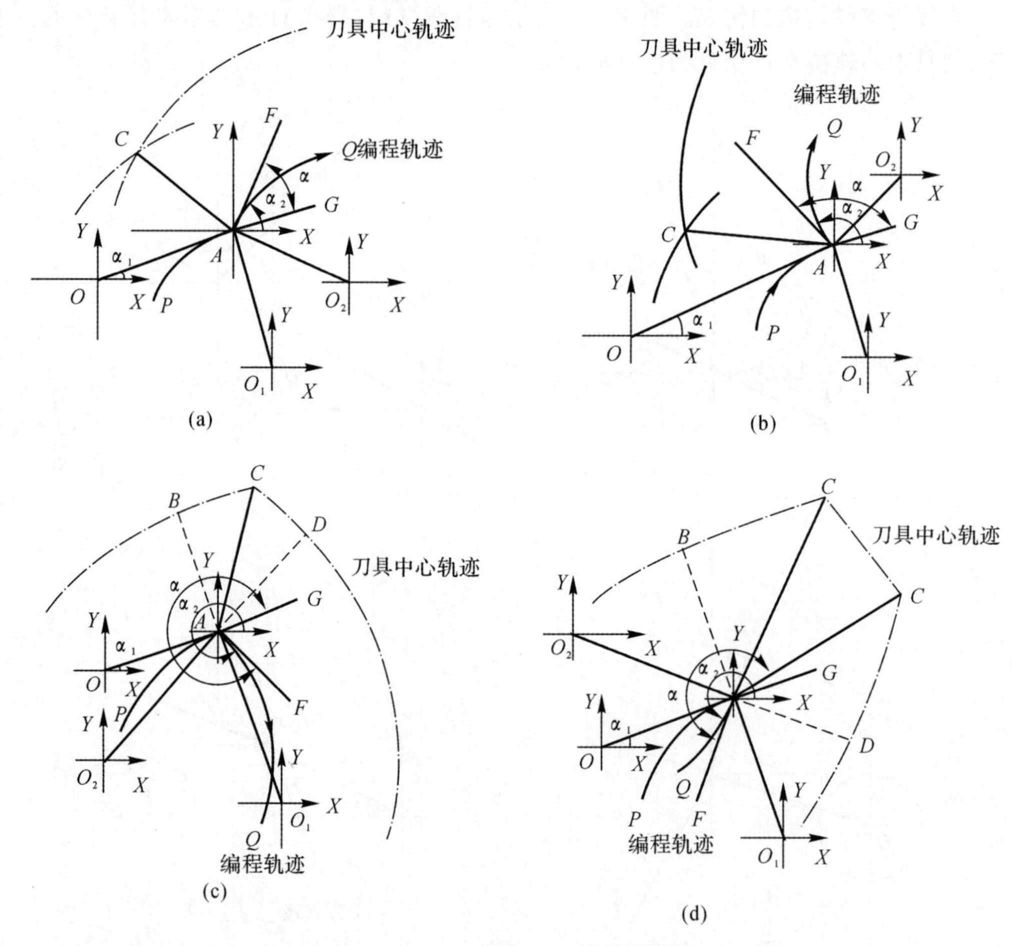

图 1-30　G41 圆弧与圆弧转接情况

在图 1-30 中，$\overrightarrow{O_1A}$ 和$\overrightarrow{O_2A}$ 分别为两段转接圆弧在 A 点的半径矢量，α 角为 $\angle GAF$，即 $\alpha = \angle XO_2A - \angle XO_1A = \angle XO_2A - 90^\circ - (\angle XO_1A - 90^\circ) = \angle GAF$。

比较图 1-29 与图 1-30，它们转接形式的分类和判别是完全相同的，即当左偏置刀具补偿顺圆接顺圆时，它们的转接类型的判别等效于左刀具补偿直线接直线。

(3) 直线与圆弧转接情况。直线与圆弧的转接类型的判别也等效于直线与直线转接，读者可以自行推导。

由以上分析可知，根据刀具补偿方向、等效规律及角 α 的变化三个条件，各种轨迹间的转接形式分类是不难区分的。转接矢量的计算可采用三角函数法和解析几何法等进行。

1.3 数控编程基础

1.3.1 数控编程基本概念

数控机床所以能加工出不同形状、不同尺寸和精度的零件，是因为有程编人员为它编制不同的加工程序。所以说，数控编程工作是数控机床使用中最重要的一环。它对于产品质量控制有着重要的作用。数控编程技术涉及制造工艺、计算机技术、数学、人工智能、微分几何等众多学科领域知识。

在数控编程前，首先对零件图纸规定的技术要求、几何形状、加工内容、加工精度等进行分析；在分析的基础上确定加工方案、加工路线、对刀点、刀具和切削用量等；然后进行必要的坐标计算。在完成工艺分析并获得坐标的基础上，将确定的工艺过程、工艺参数、刀具位移量与方向以及其他辅助动作，按走刀路线和所用数控系统规定的指令代码及程序格式编制出程序单，经验证后通过 MDI、RS232C 接口、USB 接口、DNC 接口等多种方式输入到数控系统，以控制机床自动加工。这种从分析零件图纸开始，到获得数控机床所需的数控加工程序的全过程叫作数控编程。

1.3.2 数控编程基本指令

为了满足设计、制造、维修和普及的需要，在输入代码、坐标系统、加工指令、辅助功能及程序格式等方面，国际上已经形成了两种通用的标准，即国际标准化组织(ISO)标准和美国电子工业学会(EIA)标准。我国机械工业部根据 ISO 标准制定了 JB3050 — 1982《数字控制机床用七单位编码字符》、JB3051 — 1982《数字控制机床坐标和运动方向的命名》、JB3208 — 1983《数字控制机床穿孔带程序段格式中的准备功能 G 和辅助功能 M 代码》。但是由于各个数控机床生产厂家所用的标准尚未完全统一，其所用的代码、指令及其含义不完全相同，因此在编制程序时必须按所用数控机床编程手册中的规定进行。

1. G 指令(准备功能)

G 指令用来规定刀具和工件的相对运动轨迹(即指令插补功能)、机床坐标系、坐标平面、刀具补偿和坐标偏置等多种加工操作，见表 1-8。它由字母 G 及其后面的两位数字组成，从 G00～G99 共有 100 种代码。这些代码中虽然有些常用的准备功能代码的定义几乎是固定的，但也有很多代码其含义及应用格式对不同的机床系统有着不同的定义，因此，在编程前必须熟悉了解所用机床的使用说明书或编程手册。

表 1-8　常用数控编程准备功能指令

代码	组别	意　义	代码	组别	意　义	代码	组别	意　义
G00	aa	快速点定位	G20	b	英制单位	G80	e	固定循环取消
G01		直线插补	G21		公制单位	G81～G89		固定循环
G02		顺圆插补	G27	g	回参考点检查			
G03		逆圆插补	G28		回参考点	G90	i	绝对坐标编程
G32～G33		螺纹切削	G29		参考点返回	G91		增量坐标编程
					刀补取消	G92	00	预置寄存
G04	00	暂停延时	G40	d	左刀补			
G17	cc	*XOY* 平面选择	G41		右刀补			
G18		*ZOX* 平面选择	G42	ff	零点偏置			
G19		*YOZ* 平面选择	G54～G59					

2. M 指令(辅助功能)

M 指令由字母 M 和两位数字组成。该指令与控制系统插补器运算无关,一般书写在程序段的后面,是加工过程中对一些辅助器件进行操作控制用的工艺性指令。例如,机床主轴的启动、停止、变换;冷却液的开关;刀具的更换;部件的夹紧或松开等;在从 M00～M99 的 100 种代码中,同样也有些因机床系统而异的代码,也有相当一部分代码是不指定的。常用 M 指令代码见表 1-9。

表 1-9　常用数控编程辅助功能指令

代码	作用时间	组别	意　义	代码	作用时间	组别	意　义	代码	作用时间	组别	意　义
M00	★	0	程序暂停	M06		00	自动换刀	M19	★		主轴准停
M01	★	0	条件暂停	M07	#	0	开切削液	M30	★	00	程序结束并返回
M02	★	0	程序结束	M08	#		开切削液	M60	★	00	更换工件
M03	#		主轴正转	M09	★		关切削液	M98		00	子程序调用
M04	#		主轴反转	M10		c	夹紧	M99		00	子程序返回
M05	★		主轴停转	M11			松开				

注:①组别为“00”的属非模态代码;其余为模态代码,同组可相互取代。②作用时间为“★”号者,表示该指令功能在程序段指令运动完成后开始作用;为“#”号者,则表示该指令功能与程序段指令运动同时开始。

3. F 指令、S 指令和 T 指令

F 指令为进给速度指令,是表示刀具向工件进给的相对速度,单位一般为 mm/min,当进给速度与主轴转速有关(如车螺纹)时,单位为 mm/r。进给速度一般有如下两种表示方法。

(1)代码法:即 F 后跟的两位数字并不直接表示进给速度的大小,而是机床进给速度序列的代号,可以是算术级数,也可以是几何级数。

(2)直接指定法:即 F 后跟的数字就是进给速度的大小。如 F100 表示进给速度是 100 mm/min。这种方法较为直观,目前大多数数控机床都采用此方法。

S 指令为主轴转速指令,用来指定主轴的转速,单位为 r/min。同样也可有代码法和直接指定法两种表示方法。

T 指令为刀具指令,在加工中心机床中,该指令用以自动换刀时选择所需的刀具。在车床中,常为 T 后跟 4 位数,前两位为刀具号,后两位为刀具补偿号。在铣镗床中,T 后常跟两位数,用于表示刀具号,刀补号则用 H 代码或 D 代码表示。

1.3.3 数控机床的坐标轴与运动方向

数控机床上的坐标系采用右手直角笛卡尔坐标系。如图 1-31 所示,X,Y,Z 直线进给坐标系按右手定则规定,而围绕 X,Y,Z 轴旋转的圆周进给坐标轴 A,B,C 则按右手螺旋定则判定。下面介绍机床各坐标轴及其正方向的确定原则。

1. Z 轴确定

以平行于机床主轴的刀具运动坐标为 Z 轴,若有多根主轴,则可选垂直于工件装夹面的主轴为主要主轴,Z 坐标则平行于该主轴轴线。若没有主轴,则规定垂直于工件装夹表面的坐标轴为 Z 轴。Z 轴正方向是使刀具远离工件的方向。如立式铣床,主轴箱的上、下或主轴本身的上、下即可定为 Z 轴,且是向上为正;若主轴不能上下动作,则工作台的上、下便为 Z 轴,此时工作台向下运动的方向定为正向。

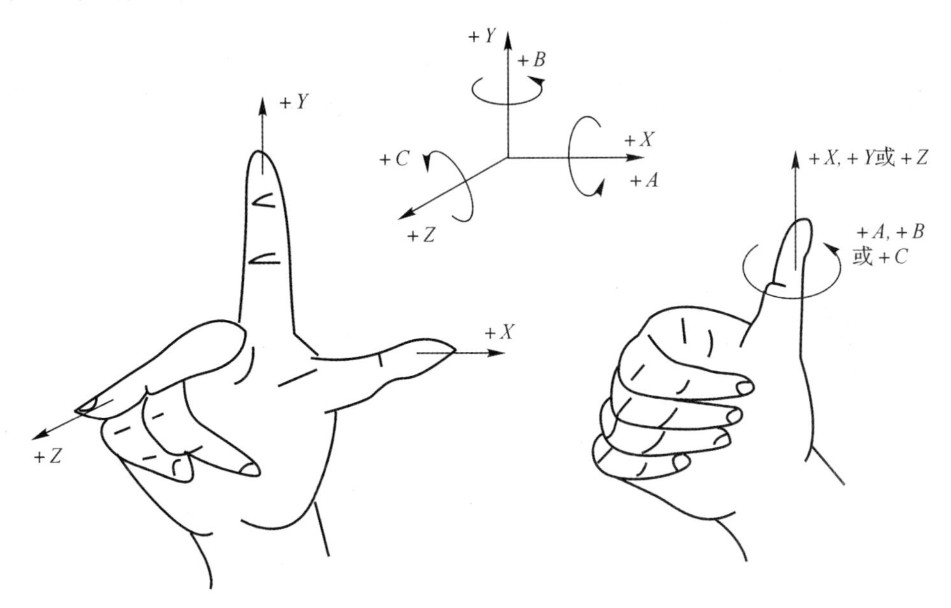

图 1-31 笛卡尔直角坐标系统

2. X 轴确定

X 轴为水平方向且垂直于 Z 轴并平行于工件的装夹面。在工件旋转的机床(如车床、外圆磨床）上，X 轴的运动方向是径向的，与横向导轨平行。刀具离开工件旋转中心的方向是正方向。对于刀具旋转的机床，若 Z 轴为水平（如卧式铣床、镗床），则沿刀具主轴后端向工件方向看，右手平伸出方向为 X 轴正向，若 Z 轴为垂直（如立式铣、镗床，钻床），则从刀具主轴向床身立柱方向看，右手平伸出方向为 X 轴正向。

3. Y 轴确定

在确定了 X，Z 轴的正方向后，即可按右手定则定出 Y 轴正方向。图 1-32 所示是机床坐标系示例。

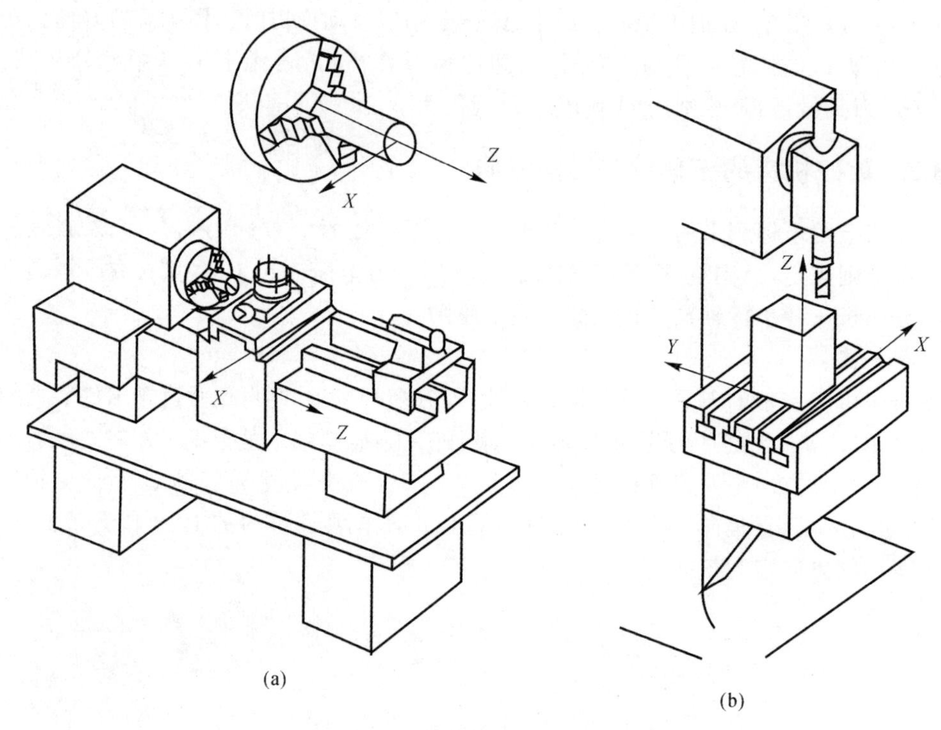

图 1-32　数控机床坐标系示例

1.3.4　数控加工刀具

数控加工刀具必须适应数控机床高速、高精度、高效自动化程度高的特点，使用时，一般应包括通用刀具、通用连接刀柄及少量专用刀柄。刀柄要连接刀具并装在机床动力头上，因此已逐渐标准化、系列化。

1. 数控刀具分类

(1)根据刀具结构进行分类。

1)整体式：钻头、立铣刀等。

2)镶嵌式：采用焊接或机夹式连接。机夹式又可分为不转位、可转位两种。

3)特殊式：如复合式刀具、减震式刀具等。

(2)根据制造刀具所用材料进行分类。

1)高速钢刀具。

2)硬质合金刀具。

3)金刚石刀具。

4)其他材料刀具,如立方氮化硼刀具、陶瓷刀具等。

(3)根据切削工艺进行分类。

1)车削刀具,分外圆、内孔、螺纹、切割刀具等多种,如图1-33所示。

2)钻削刀具,包括钻头、铰刀、丝锥等,如图1-34所示。

3)镗削刀具,如图1-35所示。

4)铣削刀具,如图1-36所示。

为了适应数控机床对刀具耐用、稳定、易调、可换等要求,近几年机夹式可转位刀具得到广泛应用,数量上达到整个数控刀具30%~40%,金属切除量占总数80%~90%。

2. 数控刀具主要特点

(1)刚性好(尤其粗加工刀具),精度高,抗振及热变形小,互换性好,便于快速换刀;

(2)寿命高,切削性能稳定、可靠;

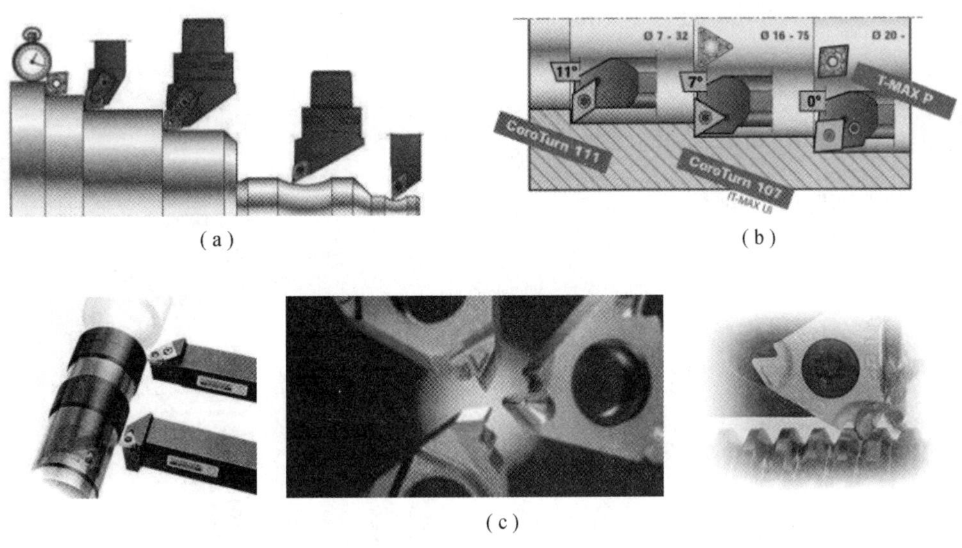

(a) (b)

(c)

图1-33 常用车刀类型

(a)外圆车刀;(b)内孔车刀;(c)螺纹车刀

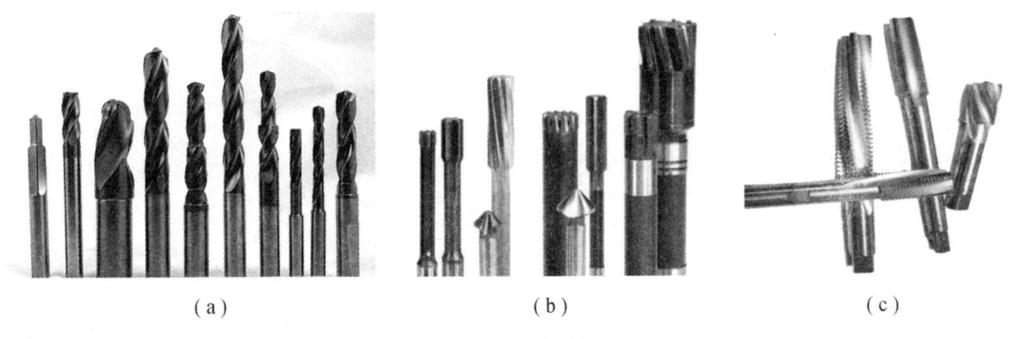

(a) (b) (c)

图1-34 常用钻削刀具

(a)钻头;(b)铰刀;(c)丝锥

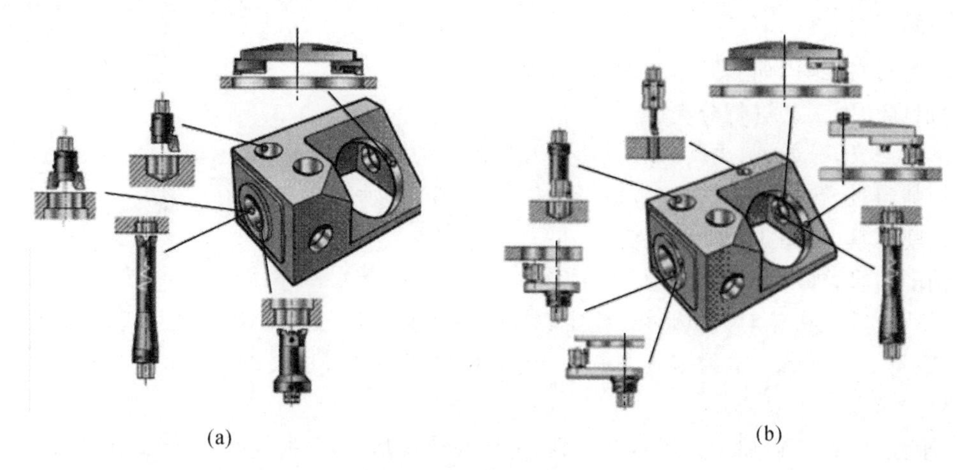

图 1-35　常用镗削刀具

(a)粗镗刀;(b)精镗刀

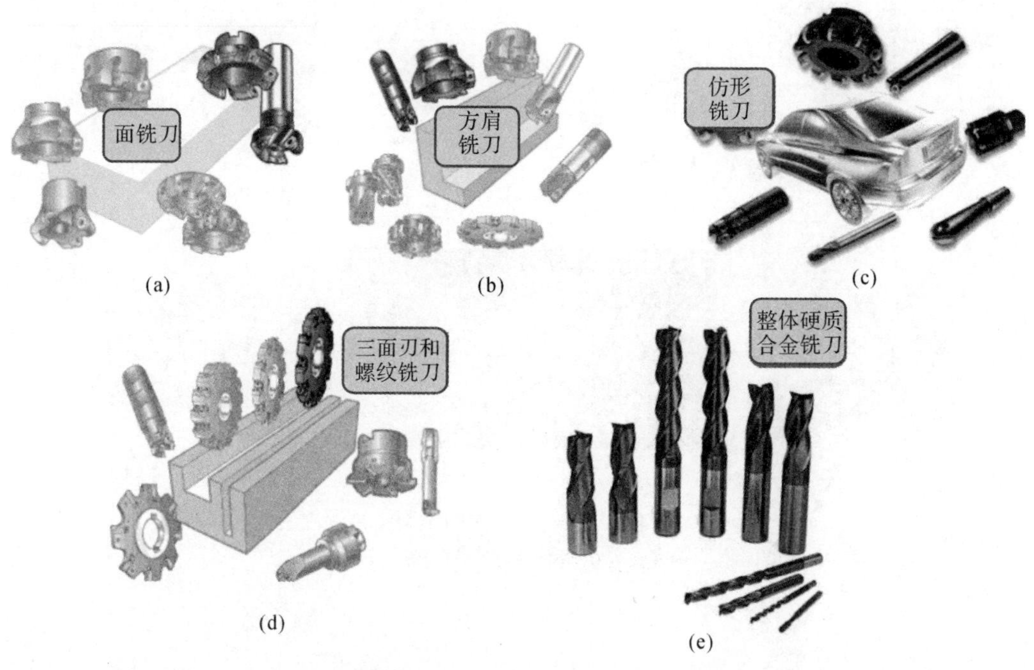

图 1-36　常用铣刀类型

(a)面铣刀;(b)方肩铣刀;(c)仿形铣刀;(d)三面刃和螺纹铣刀;(e)整体硬质合金铣刀

(3)刀具尺寸便于调整,以减少换刀调整时间;

(4)刀具能可靠地断屑或卷屑,以利于切屑排除;

(5)系列化、标准化,以利于编程刀具管理。

3. 刀具主要材料

(1)高速钢(HSS):高速钢刀具曾经是切削工具主流。随着数控机床设备等现代制造设备的广泛应用,大力新开发的各种涂层和不涂层高性能、高效率的高速钢刀具,在强度、韧性、热硬性及工艺性等方面具有优良的综合性能,在切削某些难加工材料以及复杂刀具(特别是切齿刀具、拉刀和立铣刀）中仍占有较大的比重。但经过市场发展探索，一些高端产品的切削加工，高速钢刀具目前正在被硬质合金刀具代替。

（2）硬质合金刀具：普通硬质合金分为钨钴类（YG）、钨钴钛类（YT）和碳化钨类（YW）。加工钢料时，YG类硬质合金的强度和韧性好，但高温硬度和高温韧性较差。重型车削时工件塑性变形大，摩擦剧烈，切削温度高，因此在重型车削中很少用YG类硬质合金。YT类硬质合金有高硬度和耐磨性、高耐热性、抗粘结扩散能力和抗氧化能力，是重型车削常用的刀具材料，适于加工钢料。然而在低速车削时，切削过程不平稳会造成YT类合金的韧性差，产生崩刃；尤其是加工一些高强度合金材料时，YT类硬质合金耐用度下降快，无法满足使用要求。在这种情况下应选用YW类刀具。随着现代硬质合金研制技术的重要进展，已经出现了超细晶粒硬质合金，其晶粒直径在1 μm以下，这种材料具有硬度高、韧性好、切削力可靠性高等优异性能。进一步又出现涂层硬质合金，该种合金刀具保持了普通硬质合金机体的强度和韧性，又使表面有很高的硬度和耐磨性。例如：金属陶瓷及TiC(N)基硬质合金，其性能介于陶瓷和硬质合金之间。

（3）陶瓷刀具：是以氧化铝（Al_2O_3）或氮化硅（Si_3N_4）为基体，再添加少量金属，在高温下烧结而成的一种刀具材料。一般适用于高速下精细加工硬材料。一些新型复合陶瓷刀也可用于半精加工或粗加工、难加工的材料或间断切削。目前，陶瓷材料被认为是提高生产率的最有希望的刀具材料之一。

（4）超硬刀具：是指比陶瓷材料更硬的刀具材料，包括单晶金刚石、聚晶金刚石（PCD）、聚晶立方氮化硼（PCBN）和CVD金刚石等。超硬刀具主要是以金刚石和立方氮化硼为材料制作的刀具，其中以人造金刚石复合（PCD）刀具以及立方氮化硼（PCBN）刀具占主导地位。许多新的加工概念，如绿色加工、以车代磨、以铣代磨、硬态加工、高速切削、干式切削等都因超硬刀具的应用而起，故超硬刀具已成为切削加工中不可缺少的重要手段。

图1-37给出了切削刀具材料的硬度和韧性比较。

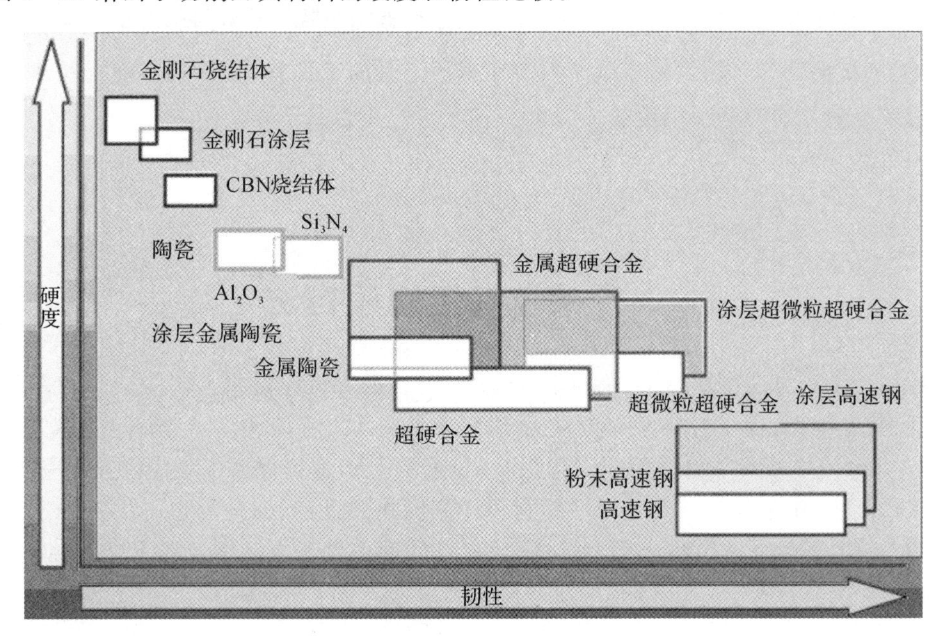

图1-37　切削刀具材料的硬度和韧性比较

4. 刀具刀柄系统

数控刀柄根据结构形式分为模块式刀柄和整体式刀柄两种，如图 1－38 所示。

(1)模块式刀柄：通过将基本刀柄、接杆和加长杆(如需要)进行组合，可以用很少的组件组装成很多种刀柄。

(2)整体式刀柄：用于刀具装配中装夹不改变或不宜使用模块式刀柄的场合。

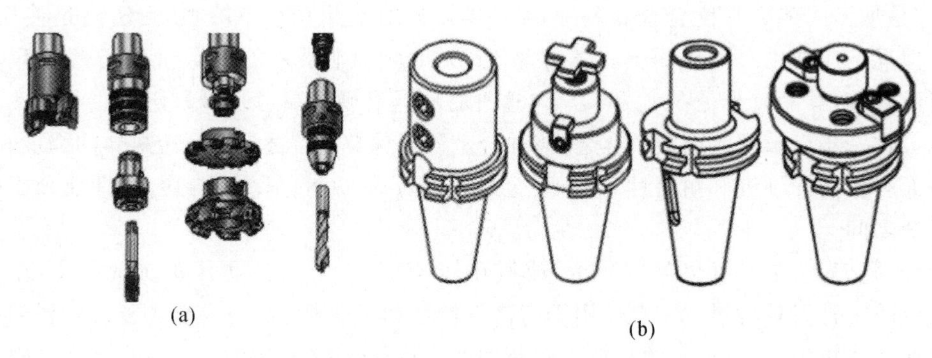

图 1－38　刀柄系统

(a)模块式刀柄；(b)整体式刀柄

刀柄系统型号表示一般由三组数字构成。第一组数字代表柄部形式及尺寸。JT 表示采用国际标准 ISO7388 号加工中心机床用锥柄柄部，BT 表示采用日本标准 MAS403 号加工中心机床用锥柄柄部。其后数字为相应的 ISO 锥度号，如 50 和 40 分别代表大端直径 69.95 mm 和 44.45 mm 的 7∶24 锥度。第二组数字代表刀柄用途及主要参数，XD 表示装三面铣刀刀柄，MW 表示装无扁尾氏锥柄刀柄，XS 表示装三面刃铣刀刀柄，M 表示装有扁尾氏锥柄刀柄，XP 表示装削平柄铣刀刀柄。用途后面的数字表示工具的工作特性，其含义随工具不同而异。第三组数字一般代表刀柄工作长度。

例如：JT(BT)40－XS16－75；表示采用国际标准(日本标准)，其工作长度为 75 mm 的三面刃铣刀。

1.4　数控加工编程方法

数控加工编程方法主要有手工编程和自动编程。手工编程是指人工完成零件图纸分析、工艺处理、数学处理、程序编制等工作，主要适用于点位加工零件和直线、圆弧类轮廓零件的编程，流程如图 1－39 所示。自动编程是指由 CAD/CAM、语言编程系统等代替人工完成大部分的编程工作，主要用于复杂零件的程序编制和计算机辅助设计、辅助制造一体化加工，其基本流程如图 1－40 所示。本节将以数控车床、数控铣床两个例子介绍手工编程方法和自动编程方法。

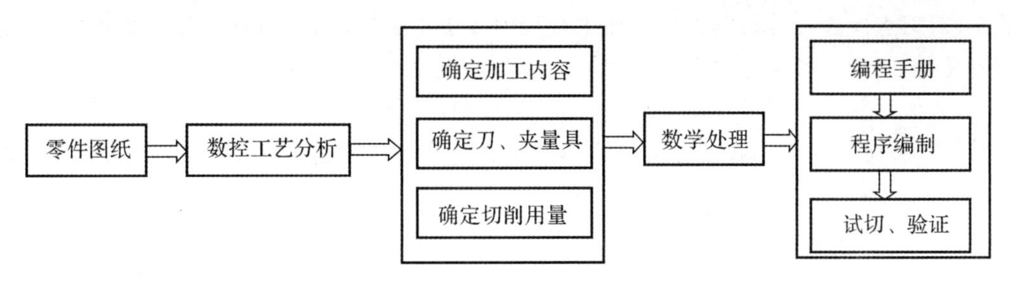

图1-39 手工编程基本流程

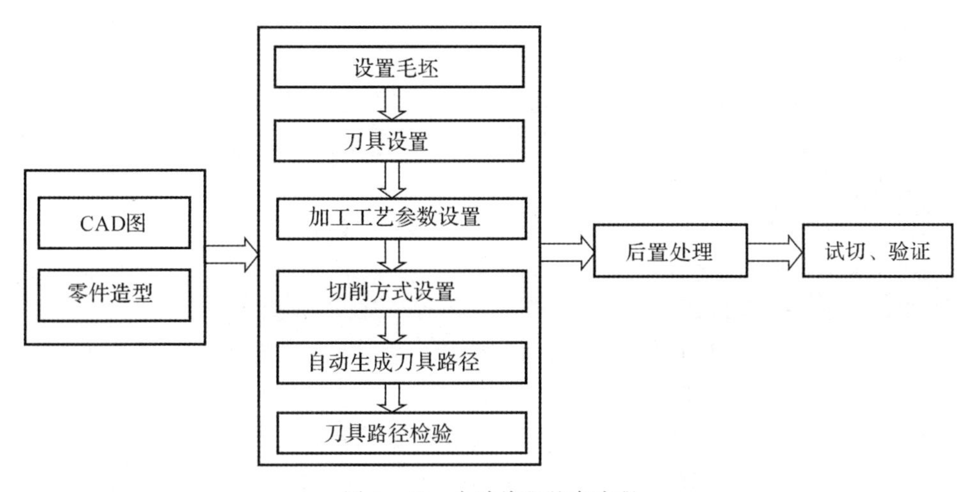

图1-40 自动编程基本流程

1.4.1 手工编程

1. 手工编程的基本概念及特点

(1)手工编程指主要由人工来完成数控编程中各个阶段的工作。一般对几何形状不太复杂的零件,所需的加工程序不长,计算比较简单,用手工编程比较合适。

(2)手工编程的特点:耗费时间较长,容易出现错误,无法胜任复杂形状零件的编程。据国外资料统计,当采用手工编程时,一段程序的编写时间与其在机床上运行加工的实际时间之比,平均约为30∶1,而数控机床不能开动的原因中有20%～30%是由于加工程序编制困难,编程时间较长。

2. 手工编程流程

(1)分析工件图样。分析工件的材料、形状、尺寸、精度及毛坯形状和热处理要求等,以便确定该零件是否适合在数控机床上加工,或适合在哪种类型的数控机床上加工。只有那些属于批量小、形状复杂、精度要求高及生产周期要求短的零件,才最适合数控加工。同时要明确加工内容和要求。

(2)确定加工工艺过程。在对零件图样作了全面分析的前提下,确定零件的加工方法(如采用的工装夹具、装夹定位方法等)、加工路线(如对刀点、换刀点、进给路线)及切削用量(如进给速度、主轴转速、切削宽度和切削深度等)等工艺参数。制定数控加工工艺时,除考虑数控机床使用的合理性及经济性外,还须考虑所用夹具应便于安装、便于协调工件和机床坐标系的尺寸关系，对刀点应选在容易找正并在加工过程中便于检查的位置，刀具路径尽量短，并使数值计算容易、加工安全可靠等因素。

(3)数值计算。根据工件图、确定的加工路线和切削用量，计算出数控机床所需的输入数据。数值计算主要包括计算工件轮廓的基点和节点坐标等。这部分内容详见第3章。

(4)编写零件的加工程序

根据加工路线，计算出刀具运动轨迹坐标值和已确定的切削用量以及辅助动作，依据数控装置规定使用的指令代码及程序段格式，逐段编写零件加工程序单。编程人员必须对所用的数控机床的性能、编程指令和代码都非常熟悉，这样才能正确编写出加工程序。

(5)程序输入数控系统。程序单编好之后，需要通过一定的方法将其输入给数控系统。常用的输入方法有：

1)手动数据输入。按所编程序单的内容，通过操作数控系统键盘上各数字、字母、符号键进行输入，同时利用CRT显示内容进行检查。即将程序单的内容直接通过数控系统的键盘手动键入数控系统。

2)用控制介质输入。控制介质多采用穿孔纸带、磁带、磁盘等。穿孔纸带上的程序代码通过光电阅读机输入给数控系统，控制数控机床工作。而磁带、磁盘是通过磁带收录机、磁盘驱动器等装置输入数控系统的。

3)通过机床的通信接口输入。将数控加工程序，通过与机床控制的通信接口连接的电缆直接快速输入到机床的数控装置中。

(6)校对加工程序。通常数控加工程序输入完成后，需要校对其是否有错误。一般是将加工程序上的加工信息输入给数控系统进行空运转检验，也可在数控机床上用笔代替刀具，以坐标纸代替工件进行画图模拟加工，以检验机床动作和运动轨迹的正确性。

(7)首件试加工。校对后的加工程序还不能确定出因编程计算不准确或刀具调整不当造成加工误差的大小，因而还必须经过首件试切的方法进行实际检查，进一步考察程序单的正确性并检查工件是否达到加工精度。根据试切情况反过来进行程序单的修改以及采取尺寸补偿措施等，直到加工出满足要求的零件为止。

例1：子弹模型手工编程(零件加工图见图1-41)。

机床设备：FTC350数控车床1台，FANUC-OI数控系统。

工件材料：Q235-Q，直径为ϕ16 mm棒料。

刀具选择：T0101为90°外圆偏刀，T0202为硬质合金切断刀。

工艺路线：T0101首先粗车外形；T0101精车；T0202切断。

切削用量：切削速度为120 m/min；背吃刀量为0.5 mm；进给速度为0.1 mm/r。

```
%
O2015;                        注释：程序名；
G50S2000;                     注释：设定主轴最高转速2 000 r/min；
G96S120;                      注释：设定切削速度120 m/min；
M03;                          注释：设定主轴正向旋转；
T0326;                        注释：选择1号刀具；
G0X12Z5;                      注释：设定固定循环起点；
G71U0.5R0.5;                  注释：每次背吃刀量0.5 mm，退刀量0.5 mm；
```

G71P10Q20U0.2W0.1F0.1；　　注释：X 方向精加工余量 0.1 mm，Z 方向 0.1 mm；

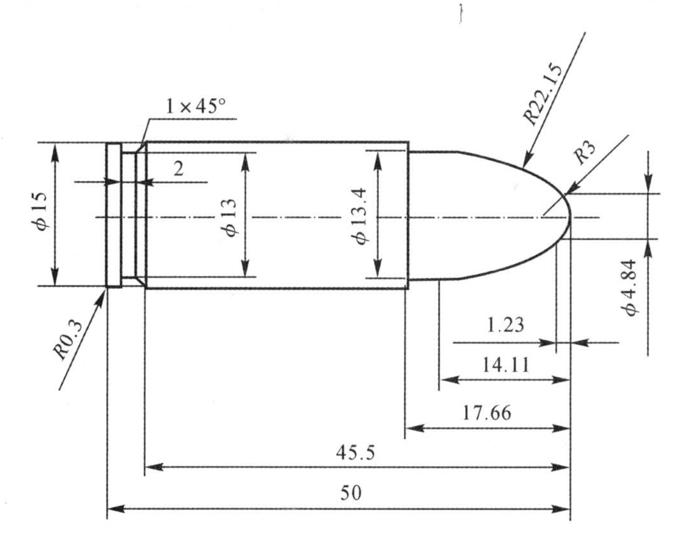

图 1-41　零件加工图

N10G00X0W0；
G01Z0F0.1；
G03X2.48Z－0.72R5；
G03X7.8Z－10.6R20；
G1X7.8Z－12.1；
G1X8.2；
G1Z－14.16；
G02X8.5Z－15.01R2.5；
G1X8.93Z－15.61；
G03X9.52Z－17.33R5；
G1X10Z－33.4；
X8.5Z－34.4；

注释：精加工轮廓循环；

Z－35.6；
X10；
Z－36.8；
N20X11；
G70P10Q20；　　注释：精加工；
G0X50Z150；　　注释：退刀；
T0202；　　注释：选择 2 号刀具；
G0X17 Z－49.5；　　注释：切槽起点；
G1X13 F0.05；　　注释：切槽；
G0X17；　　注释：退刀；
Z－54；　　注释：切断定位；

```
G1X0 F0.05;          注释:切断;
G0X100Z150;          注释:退刀;
M05;                 注释:主轴停止;
M08;                 注释:冷却液关闭;
M30;                 注释:程序结束返回起始;
%
```

1.4.2 自动编程方法

自动编程方法是快速、准确地编制复杂零件或空间曲面零件的主要方法。自动编程方法主要有数控语言编程方法和图形交互编程方法。语言编程方法首先采用数控语言编写零件源程序,用它来描述零件图的几何形状、尺寸、几何元素间的相互关系以及加工时的走刀路线、工艺参数;接着由数控语言编程系统对源程序进行翻译、计算;最后经后置处理程序处理后自动输出符合特定数控机床要求的数控加工程序。数控语言编程系统研究较早,最先应用的国家是美国。1953年,美国麻省理工学院伺服机构研究室在美国空军的资助下,着手研究数控自动编程问题,并于1955年公布了第一个数控语言编程系统,即APT(Automatically Programmed Tools)系统。其后,一方面APT几经发展,形成了诸如APTⅡ、APTⅢ(立体切削用)、APT(算法改进,增加多坐标曲面加工编程功能)、APTAC(增加切削数据库管理系统)和APT/SS(增加雕塑曲面加工编程功能)等版本;另一方面,其他国家也在APT基础上相继研究和开发了许多数控语言编程系统。数控语言编程系统在数控机床使用的早期起到了很大的作用,即使在现在数控机床普遍使用的情况下,也还有企业在使用。但总的趋势是使用者越来越少,主要原因是用数控语言来表达图形和加工过程比较抽象,缺乏几何直观性;缺少对零件形状、刀具运动轨迹的直观图形显示和刀具轨迹的验证手段;难以和CAD,CAPP系统有效集成;不容易做到高度的自动化。为此,世界各国都在开发集产品设计、分析、加工为一体的图形交互编程方法。1978年,法国达索公司开发了CATIA系统,随后很快出现了Pro/E,UG,CATIA,IDEAS等系统。图形交互编程建立在CAD/CAM系统的基础上,具有编程速度快、精度高、直观性好、便于检查、使用方便等优点。

1. 主要CAD/CAM系统简介

目前在我国流行的CAD/CAM软件主要有Pro/E,UG,CATIA,IDEAS等,已广泛应用于汽车、航空航天、服装、通用机械以及电子工业的产品设计与数控编程中。下面简单介绍几种常用的软件及CAD/CAM系统的主要功能。

(1)CATIA软件(见图1-42)。CATIA软件是由法国著名飞机制造公司Dassault(达索)开发,并由IBM公司负责销售的一个应用较为广泛的CAD/CAM应用系统。CATIA具有一个独特的装配草图生成工具,支持欠约束的装配草图绘制以及装配图中各零件之间的连接定义,可以进行快速概念设计。它支持参数化造型和布尔操作等造型手段,支持绘图与数控加工的双向数据关联,具有很强的曲面造型功能,可进行有限元分析和数控编程。其最新工作站版的CATIA V5还能够模拟观察者的视野进入到零件的内部去观察零件,并且还能够模拟真人进行装配。CATIA具有一个数控加工工艺数据库,存有刀具、刀具组件、材料和切削状态等信息,可自动计算加工时间,并对刀具路径进行重放和验证,用户可通过图形化显示来检查和修改刀具轨迹。该软件的后置处理程序支持铣床、车床等。目前世界60%以上的航空和汽车业都使用CATIA软件。

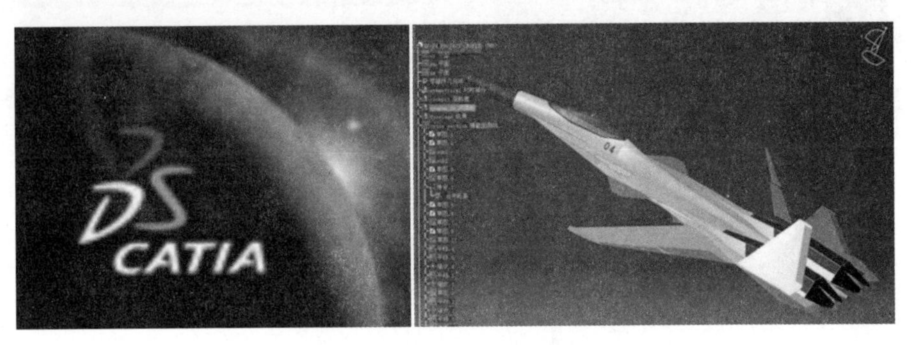

图1-42 CATIA软件界面

(2)Creo软件(见图1-43)。Creo是美国PTC公司于2010年10月推出的CAD设计软件包。Creo是整合了PTC公司的三个软件,即Pro/Engineer的参数化技术、CoCreate的直接建模技术和ProductView的三维可视化技术的新型CAD设计软件包,是PTC公司闪电计划所推出的第一个产品。

图1-43 Creo软件界面

Creo针对不同的任务应用将采用更为简单化子应用的方式,所有子应用采用统一的文件格式。Creo目的在于解决CAD系统难用及多CAD系统数据共用等问题。该软件还支持高速加工和多轴加工,带有多种图形文件接口。

(3)MasterCAM软件(见图1-44)。MasterCAM是由美国CNC_Software公司基于微机开发的CAD/CAM软件,V5.0以上版本运行于Windows操作系统。当前最新版本是12X,较为常用的是9.0版本,在操作上总体区别不大。由于其价格较低且功能齐全,因此有很高的市场占有率。该软件的CAD功能可以构建2D或3D图形,特别适用于具有复杂外形及各种空间曲面的模具类零件的建模和造型设计。MasterCAM拥有车削、铣削、钻削、线切割等多种加工模块,允许用户通过观察刀具运动来图形化地编辑和修改刀具路径。另外,软件提供多种图形文件接口,包括DXF,IGES,STL,STA,ASCⅡ等。

(4)UG软件(见图1-45)。UG(Unigraphics)软件是美国EDS(Electronic Date Systems)电子资讯系统有限公司的产品,它集CAD/CAE/CAM为一体,是当今世界最先进的计算机辅助设计、分析和制造软件之一,广泛应用于航空航天、汽车、造船、通用机械和电子等工业领域。

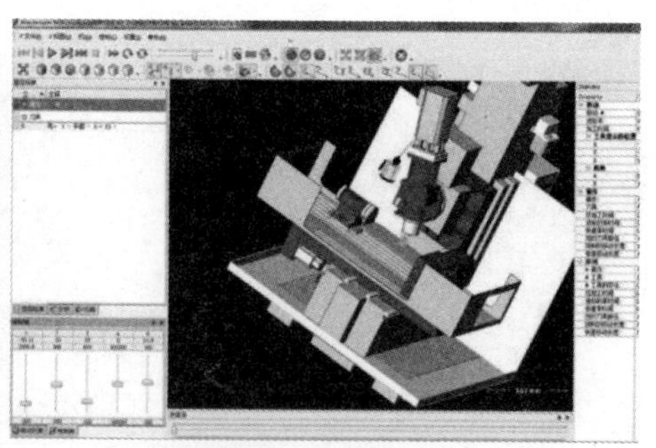

图 1-44　MasterCAM 软件界面

图 1-45　UG 软件界面

目前已发布了 UG NX 10.0 版本。它将优越的参数化和变量化技术与传统的实体、线框和表面功能结合在一起，具有建模的灵活性、协同化装配建模、直观的二维绘图、功能强大的数控加工、领先的钣金件制造、集成的数字分析、广泛的用户开发工具、内嵌的工程电子表格、照片真实效果渲染及可分阶段实施的数据管理等特点。UG 的 CAM 模块提供了一种生成精确刀具路径的方法，该模块允许用户通过观察刀具运动来图形化地编辑刀具轨迹，如进行延伸、修剪等。其所带的后置处理程序支持多种数控机床。

(5)PowerMILL 软件(见图 1-46)。Delcam PowerMILL 是一独立运行的世界领先的 CAM 系统，它是 Delcam 的旗舰多轴加工产品。Delcam PowerMILL 可通过 IGES，STEP，VDA，STL 和多种不同的专用数据接口直接读取来自任何 CAD 系统的数据。它功能强大，可快速、准确地生成能最大限度发挥 CNC 数控机床生产效率的、无过切的粗加工和精加工刀具路径，确保加工出高质量的零件和工模具。Delcam PowerMILL 独有的最新 5 轴加工策略、高效粗加工策略以及高速精加工策略，可生成最有效的加工路径，确保最大限度地发挥机床潜能。Delcam PowerMILL 计算速度极快，支持 64 位系统、多线程以及后台处理技术，同时也为使用者提供了极大的灵活性。先进的加工切削实体仿真，可节省上机床实际试切的加工成本。独特的 5 轴加工自动碰撞避让功能，可确保机床和工件的安全。先进的集成一体的机床加工实体仿真，方便用户在加工前了解整个加工过程及加工结果，节省加工时间。

(6)Cimatron 软件(见图 1-47)。Cimatron 是以色列 Cimatron Technologies 公司开发的，可运行于 DOS，Windows 或 NT。其 CAD 部分支持复杂曲线和复杂曲面造型设计，在中小型模具制造业有较大的市场。在确定工序所用的刀具后，其NC模块能够检查出应在何处保留材料不加工，对零件上符合一定几何或技术规则的区域进行加工。通过保存技术样板，可以指示系统如何进行切削，可以重新应用于其他加工零件，即所谓基于知识的加工。该软件能够对含有实体和曲面的混合模型进行加工。它还具有IGES，DXF，STA，CADL等多种图形文件接口。

图1-46　PowerMILL软件界面

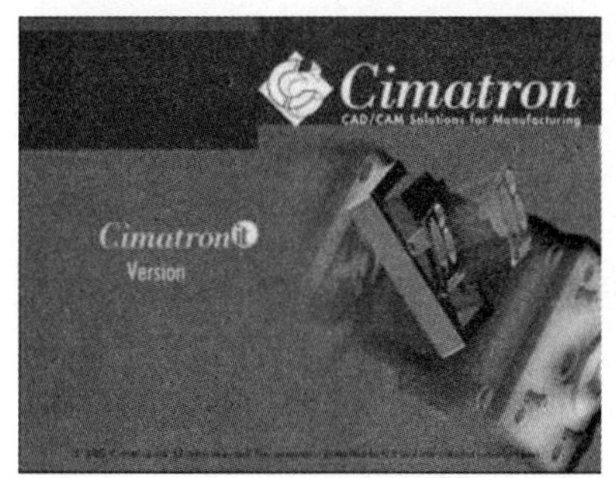

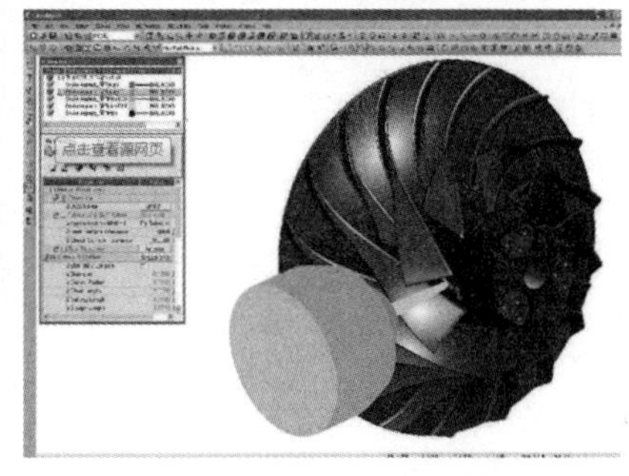

图1-47　Cimatron软件界面

2. CAD/CAM系统功能分析

一个集成化的CAD/CAM系统，从编程的角度看，一般由几何造型、刀具轨迹生成、刀具轨迹编辑、刀具轨迹仿真、后置处理、计算机图形显示、用户界面和运行控制等部分组成。

(1)几何造型模块。其功能是包括各种曲线曲面的设计，曲线曲面的求交、过渡、拼接和裁剪等几何处理，数控加工特征单元定义，曲面零件几何数据表示模型的生成等。

(2)刀具轨迹生成模块。其功能是对多坐标点位加工、曲面区域加工、曲面交线加工、曲面腔槽加工等，直接采用几何数据库中加工(特征)单元的几何数据表示模型，根据所选用的刀具和加工方式进行刀位计算，生成数控加工刀具轨迹。

(3)刀具轨迹编辑模块。其功能是根据加工单元的约束条件，对刀具轨迹进行变换、裁剪、修正、删除、转置、匀化、分割及连接等。

(4)刀具轨迹校验模块。其功能有两个方面，一方面是校验刀具轨迹是否正确；另一方面是校验刀具是否与加工单元的约束面发生干涉、碰撞，以及校验与加工表面是否产生“过切”。

(5)计算机图形显示模块。其功能是各种曲线曲面、刀位点数据、刀具轨迹等的图形显示，图形显示贯穿整个图形交互编程过程的始终。

(6)用户界面模块。其功能是给用户提供一个良好的操作环境。

(7)运行控制模块。其功能是支持用户界面所有的输入方式到各功能模块之间的接口。

(8)后置处理模块。后置处理的功能是形成各个机床所需的数控加工程序文件。由于各种机床使用的控制系统不同,其数控加工程序指令代码及格式也有所不同。为解决这个问题,软件通常为各种数控系统设置一个后置处理用的数控指令对照表文件。在进行后置处理前,编程人员应根据具体数控机床指令代码及程序的格式事先编辑好这个文件,然后,后置处理软件利用这个文件,经过处理,输出符合数控加工格式要求的数控加工程序。

3. 图形交互编程的主要过程

(1)几何造型。从 CAD 公共数据库中调入被加工零件图形,显示在屏幕上,并根据数控工艺要求,删除图形上不需要的部分,增加所需要的内容,形成数控加工的工艺模型。如果不存在 CAD 零件模型,则需根据纸质图纸以及数控工艺要求,建出数控加工用的工艺模型。

(2)生成加工轨迹。根据工艺模型,利用 CAD/CAM 提供的曲面、槽腔、二维轮廓、孔系等加工方法,灵活选定需要加工的实体部分,输入相关的工艺参数和要求,生成刀具轨迹和刀具切削路径。

(3)加工轨迹编辑。加工轨迹生成后,利用刀位编辑、轨迹连接和参数修改功能对相关轨迹进行编辑修改。

(4)加工与仿真。加工仿真方法主要有刀位轨迹仿真法和虚拟加工法。加工仿真方法是较早采用的图形仿真方法,比较成熟且应用较为广泛,一般在刀位轨迹生成后、后置处理之前进行。主要检查刀位轨迹是否正确,加工过程中刀具与约束面是否发生干涉和碰撞。虚拟加工法是应用虚拟现实技术实现加工过程仿真的方法,是建立在工艺系统基础之上的高一级的仿真,不仅只解决刀具与工件之间的相对运动仿真,更重视对整个工艺系统的仿真,该法目前应用不多。

(5)后置处理。加工轨迹生成并经过仿真后,需要由加工轨迹生成加工程序,由于不同机床的数控系统其 G 代码功能不尽相同,加工程序的格式也有所区别,所以要对加工程序进行后置处理,以对应于相应的数控机床。利用后置处理功能,可以通过修改某些设置而适用于各种常见的机床数控系统(如日本法那克、德国西门子等)的要求,生成所需数控系统的加工程序,经过适当调整后满足特定数控机床型号的加工需要。

机床根据接收到的数控加工程序,进行在线 DNC 加工或单独加工。

上述是图形交互数控编程的一般过程。应当指出,在使用一个图形交互编程系统编制零件数控加工程序之前,应对该系统的功能及使用方法有一个较全面了解,首先应了解系统的编程能力,如适用范围、可编程的坐标数、可编程的对象,是否具有刀具轨迹的编辑功能以及是否具备刀具轨迹校验的能力等等,其次应熟悉系统的用户界面及输入方式;最后还应了解系统的文件类型和文件管理方式。

例 2:S27 航模飞机的数控编程与加工(见图 1-48)。

机床设备:VMP850 数控加工中心 1 台,FANUC-OI 数控系统。

工件材料:Al6061,190 mm×150 mm×40 mm。

刀具选择:粗加工,选择 10 mm 立铣刀;

半精加工,选择 6 mm 立铣刀;

精加工,选择 6 mm 球头铣刀。

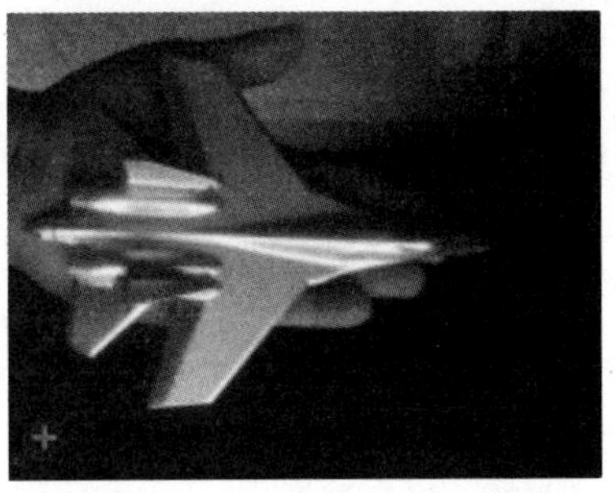

图 1-48 航模飞机自动编程

工艺路线:粗加工,去除大部分余量;

半精加工,保证余量的均匀性;

精加工,保证加工精度与表面粗糙度。

切削用量:开粗加工,切深 2 mm;0.5 mm 余量;转速 1 200 r/min;

半精加工,0.2 mm 余量;转速 2 000 r/min;

精加工,转速 2 500 r/min;

冷却方式:乳化液。

工装规划:机翼翼尖变形设计辅助支撑;

翻面装夹设计定位柱;

设计工艺安装板。

(1)几何造型,如图 1-49 所示。根据 S27 飞机三视图基于 UG 软件,建出数控加工用的三维模型。

图 1-49 基于 UG 环境三维建模

(2)规划加工轨迹,如图 1-50 和图 1-51 所示。

后置处理,如图 1-51 所示。

加工程序传输和机床在线加工,如图 1-52 所示。

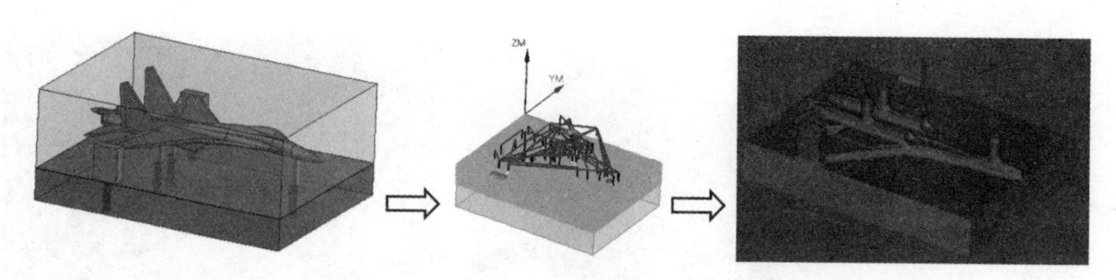

图 1-49　基于 UG 环境粗加工编程仿真

图 1-50　基于 UG 环境精加工编程仿真

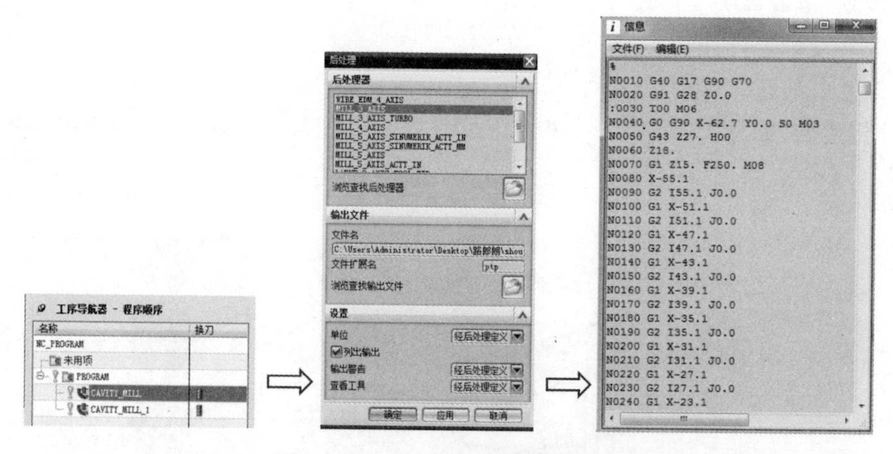

图 1-51　基于 UG 环境后置处理

图 1-52　机床在线加工

参考文献

[1] 朱晓春.数控技术[M].2版.北京:机械工业出版社,2011.

[2] 斯密德.数控编程手册[M].3版.罗学科,等译.北京:化学工业出版社,2012.

[3] 蒋丽.数控原理与系统[M].北京:国防工业出版社,2011.

[4] 陈蔚芳,王宏涛.机床数控技术及应用[M].2版.北京:科学出版社,2008.

[5] 邓三鹏.数控机床结构及维修[M].北京:国防工业出版社,2011.

[6] 李斌,李曦.数控技术[M].武汉:华中科技大学出版社,2010.

[7] 何雪明,吴晓光,刘有余.数控技术[M].武汉:华中科技大学出版社,2014.

[8] 卜昆,汪文虎,任军学,等.计算机辅助制造[M].北京:科学出版社,2003.

[9] 卜昆,汪文虎.计算机辅助制造[M].2版.北京:科学出版社,2006.

[10] 卜昆,等.计算机辅助制造[M].3版.北京:科学出版社,2014.

第2章 数控加工夹具与工艺设计基础

机床夹具是机械加工工艺系统的一个重要组成部分。在机械制造中,为了完成所需要的加工工序、装配工序及检验工序等,使用着大量的夹具。利用夹具,可以提高劳动生产率,提高加工精度,减少废品,还可以扩大机床的工艺范围,改善操作的劳动条件。因此,夹具是机械制造中一项重要的工艺装备。应用机床夹具,有利于保证工件的加工精度、稳定产品质量;有利于提高劳动生产率和降低成本;有利于改善工人劳动条件,保证安全生产;有利于扩大机床工艺范围,实现“一机多用”。本章将重点介绍数控机床夹具的基本概念及相关设计,最后,重点介绍航空发动机关键零部件夹具的设计思路及具体应用。

2.1 数控机床夹具概述

2.1.1 夹具基本概念

在机械制造中,用来固定加工对象,使其占有正确位置,以接受加工或检测的装置,统称为夹具。它广泛应用于机械制造过程中,如焊接过程中用于拼焊的焊接夹具,零件检验过程中用的检验夹具,装配过程中用的装配夹具,机械加工过程中用的机床夹具等,都属于这一范畴。在金属切削机床上使用的夹具统称为机床夹具。在现代生产中,机床夹具是一种不可缺少的工艺装备,它直接影响着零件的加工精度、劳动生产率和产品的制造成本等。

夹具一般是由定位元件、夹紧元件、导向元件(钻套、对刀块)、夹具体、连接元件、分度机构、操作元件等组成的,如图2-1所示。

使用夹具装夹工件,应满足三个条件:①一批工件在夹具中占有正确的加工位置,这是通过工件的定位面与夹具的定位元件接触来实现的;②夹具装夹在机床上应先保证有准确的相对位置;③刀具相对夹具的位置要正确。“定位”是指工件在夹具上的定位,夹具相对于机床的定位,刀具相对于机床的定位。

2.1.2 数控机床夹具类型

机床夹具的种类繁多,可以从不同的角度对机床夹具进行分类。常用的分类方法有以下几种。

1. 按夹具的使用特点分类

根据夹具在不同生产类型中的通用特性,机床夹具可分为通用夹具、专用夹具、可调夹具、组合夹具和拼装夹具五大类。

(1)通用夹具。已经标准化的可加工一定范围内不同工件的夹具,称为通用夹具。其结构、尺寸已规格化,而且具有一定通用性,如三爪自定心卡盘、机床用平口虎钳、四爪单动卡盘、台虎钳、万能分度头、顶尖、中心架和磁力工作台等。这类夹具适应性强，可用于装夹一定形状和尺寸范围内的各种工件。这些夹具已作为机床附件由专门工厂制造供应，只需选购即可。其缺点是夹具的精度不高，生产率也较低，且较难装夹形状复杂的工件，故一般适用于单件小批量生产中。

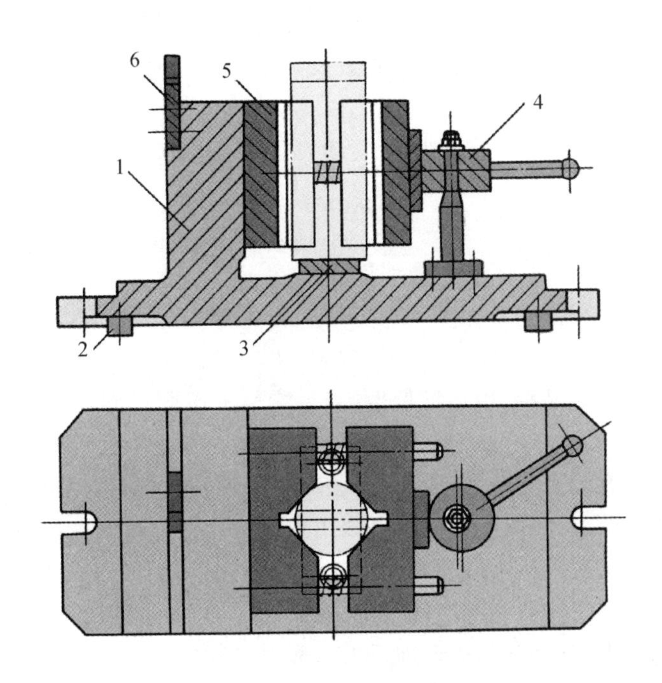

图 2-1 铣轴端槽的夹具

1—夹具体；2—定向键；3—定位支撑板；4—偏心轮；5—V形块；6—对刀块

(2)专用夹具。专为某一工件的某道工序设计制造的夹具，称为专用夹具。在产品相对稳定、批量较大的生产中，采用各种专用夹具，可获得较高的生产率和加工精度。专用夹具的设计周期较长、投资较大。

专用夹具一般在批量生产中使用。除大批量生产之外，中小批量生产中也需要采用一些专用夹具，但在结构设计中要进行具体的技术经济分析。

(3)可调夹具。某些元件可调整或更换，以适应多种工件加工的夹具，称为可调夹具。可调夹具是针对通用夹具和专用夹具的缺陷而发展起来的一类新型夹具。对不同类型和尺寸的工件，只需调整或更换原来夹具上的个别定位元件或夹紧元件便可使用。它一般又可分为通用可调夹具和成组夹具两种。前者的通用范围比通用夹具更大；后者则是一种专用可调夹具，它按成组原理设计并能加工一族相似的工件，故在多品种，中小批量生产中使用有较好的经济效果。

(4)组合夹具。采用标准的组合元件、部件，专为某一工件的某道工序组装的夹具，称为组合夹具。组合夹具是一种模块化的夹具。标准的模块元件具有较高的精度和耐磨性，可组装成各种夹具。夹具用毕可拆卸，清洗后留待组装新的夹具。由于使用组合夹具可缩短生产准备周期，元件能重复多次使用，并具有减少专用夹具数量等优点，因此组合夹具在单件、中小批量多品种生产和数控加工中是一种较经济的夹具。

(5)拼装夹具。用专门的标准化、系列化的拼装零部件拼装而成的夹具,称为拼装夹具。它具有组合夹具的优点,但比组合夹具精度高、效能高、结构紧凑。它的基础板和夹紧部件中常带有小型液压缸。此类夹具更适合在数控机床上使用。

2. 按使用机床分类

夹具按使用机床不同,可分为车床夹具、铣床夹具、钻床夹具、镗床夹具、齿轮机床夹具、数控机床夹具、自动机床夹具、自动线随行夹具以及其他机床夹具等。

3. 按夹紧的动力源分类

夹具按夹紧的动力源可分为手动夹具、气动夹具、液压夹具、气液增力夹具、电磁夹具以及真空夹具等。

2.1.3 机床夹具类型特点

作为机床夹具,首先要满足机械加工对工件的装夹要求。同时,数控加工的夹具还有它本身的特点。这些特点是:

(1)数控加工适用于多品种、中小批量生产,为能装夹不同尺寸、不同形状的多品种工件,数控加工的夹具应具有柔性,经过适当调整即可夹持多种形状和尺寸的工件。

(2)传统的专用夹具具有定位、夹紧、导向和对刀四种功能,而数控机床上一般都配备有接触式测头、刀具预调仪及对刀部件等设备,可以由机床解决对刀问题。数控机床上由程序控制的准确的定位精度,可实现夹具中的刀具导向功能。因此数控加工中的夹具一般不需要导向和对刀功能,只要求具有定位和夹紧功能,就能满足使用要求,这样可简化夹具的结构。

(3)为适应数控加工的高效率,数控加工夹具应尽可能使用气动、液压、电动等自动夹紧装置快速夹紧,以缩短辅助时间。

(4)夹具本身应有足够的刚度,以适应大切削用量切削。数控加工具有工序集中的特点,在工件的一次装夹中既要进行切削力很大的粗加工,又要进行达到工件最终精度要求的精加工,因此夹具的刚度和夹紧力都要满足大切削力的要求。

(5)为适应数控方面加工,要避免夹具结构包括夹具上的组件对刀具运动轨迹的干涉,夹具结构不要妨碍刀具对工件各部位的多面加工。

(6)夹具的定位要可靠,定位元件应具有较高的定位精度,定位部位应便于清屑,无切屑积留。如工件的定位面偏小,可考虑增设工艺凸台或辅助基准。

(7)对刚度小的工件,应保证夹紧变形最小,如使夹紧点靠近支撑点,避免把夹紧力作用在工件的中空区域等。当粗加工和精加工同在一个工序内完成时,如果上述措施不能把工件变形控制在加工精度要求的范围内,应在精加工前使程序暂停,让操作者在粗加工后精加工前变换夹紧力(适当减小),以减小夹紧变形对加工精度的影响。

2.1.4 数控机床夹具作用

夹具是机床上用以装夹工件和引导刀具的装置。其作用:

(1)保证加工精度。零件加工精度包括尺寸精度、几何形状和相互位置精度。夹具的最大功用是保证加工表面的位置精度。

(2)提高生产率,降低生产成本。快速将工件定位、夹紧,免除了找正、对刀等过程,缩短了辅助时间,提高了成品率,降低了成本。

(3)扩大机床的加工范围,如在车床上加装镗孔夹具,可完成镗孔加工。

(4)降低工人劳动强度。

(5)降低对工人的技术要求。

2.2 工件的定位与夹紧

机械加工中,为了保证工件的位置精度和用调整法获得尺寸精度,工件相对于机床与刀具必须占有一个正确位置,即工件必须定位。而工件装夹定位的方式有直接找正、划线找正和用夹具装夹三种方式。下面讨论工件在夹具中的定位问题。

工件在夹具中的定位涉及定位原理、定位误差、夹具上采用的定位元件和工件上选用的定位基准等几方面的问题。

2.2.1 工件定位的原理

1. 六点定位原理

任一工件在夹具中未定位前,可以看成空间直角坐标系中的自由物体,它可以沿三个坐标轴平行方向放在任意位置,即具有沿三个坐标轴移动的自由度 X,Y,Z;同样,工件沿三个坐标轴转角方向的位置也是可以任意放置的,即具有绕三个坐标轴转动的自由度 A,B,C。因此,要使工件在夹具中占有一致的正确位置,就必须限制工件的 X,Y,Z,A,B,C 六个自由度。为了限制工件的自由度,在夹具中通常用一个支撑点限制工件一个自由度,这样用合理布置的六个支撑点限制工件的六个自由度,使工件的位置完全确定,称为“六点定位规则”,简称“六点定则”,如图 2-2 所示。

如图 2-3 所示,支撑点 1,2,3 限制了三个自由度,称为主支撑点;支撑点 4,5 限制了两个自由度,称为导向支撑点;支撑点 6 限制了一个自由度,称为止推支撑点。六点共限制了工件的六个自由度。

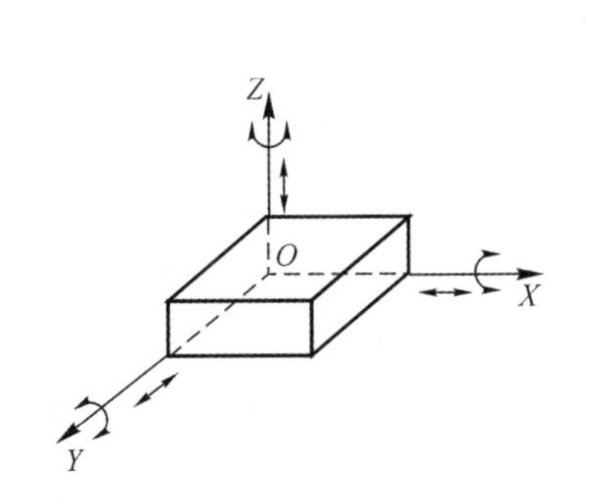

图 2-2 六点定位原理

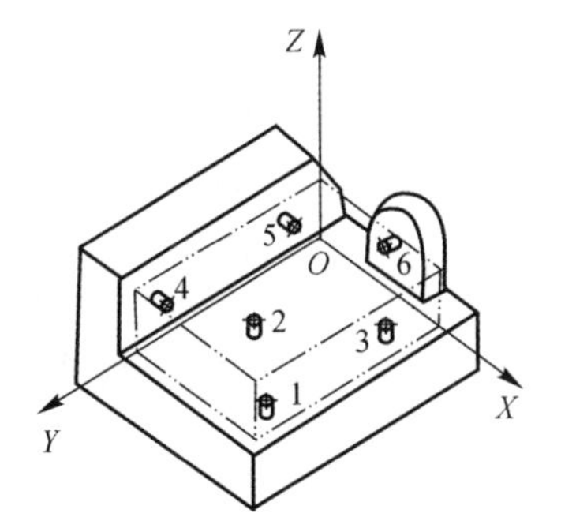

图 2-3 长方体工件六点定位

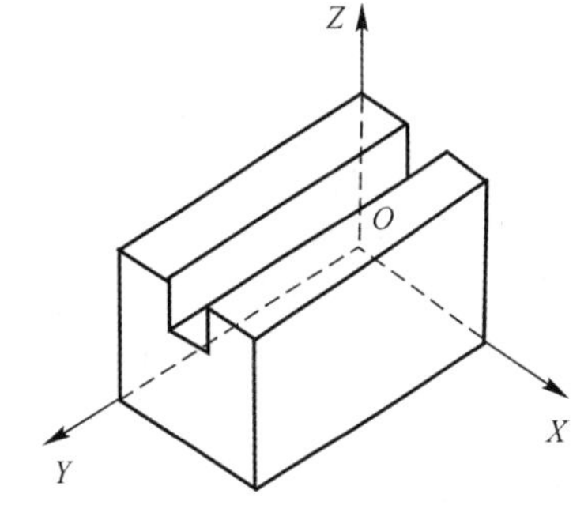

图 2-4 工件铣削通槽

2. 工件定位时应限制的自由度与加工要求的关系

工件定位时,应该限制的自由度数目,主要由工件加工要求确定,一般来讲,工件定位所需限制自由度的数目≤6 个。各定位元件限制的自由度原则上不允许重复或干涉。

如图 2-4 所示,在工件上铣通槽,为保证槽底面与工件底面的平行度和尺寸两项加工要求,必须限制三个自由度;这保证槽侧面与工件前后侧面的平行度和尺寸两项加工要求,还必须限制两个自由度,共计五个自由度。由此可知,加工时工件的定位需要限制几个自由度,完全由工件的技术要求所决定。

3. 工件定位的几种方式

根据定位元件消除的自由度数可以将定位分为以下四种方式。

(1)完全定位:工件的六个自由度全部被限制的定位。如图 2-5 所示,在工件上铣槽,为保证槽在三个方向上的位置要求,必须限制六个自由度。

(2)欠定位:工件定位时,应该限制的自由度没有被全部限制的定位。实际定位时不允许发生。

(3)不完全定位:工件的部分自由度被限制的定位,其没有完全限制自由度,但不影响加工要求。如图 2-6 所示,在工件上铣通槽,保证槽宽和槽的上下、左右位置要求,沿槽方向的自由度可不限制。允许不完全定位的几种情况:①加工通槽或通孔时,沿贯通轴的移动自由度可不限制。②毛坯(本工序加工前)是轴对称时,绕对称轴的转动自由度可不限制,如车光轴的内、外圆。③加工贯通的平面时除可不限制沿两个贯通轴的移动自由度外,还可不限制绕垂直加工面的轴的转动自由度。

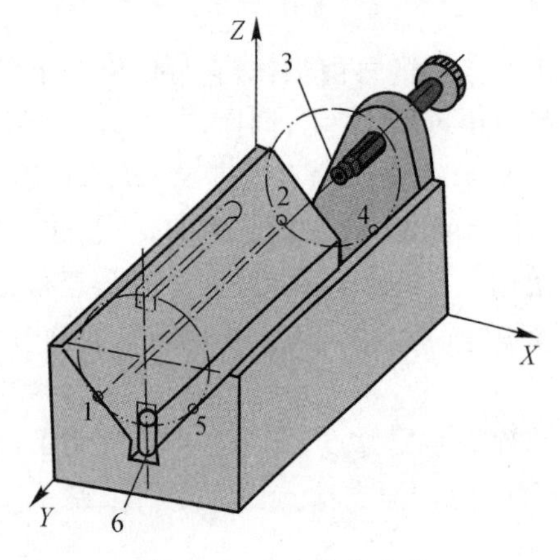

图 2-5　完全定位方式

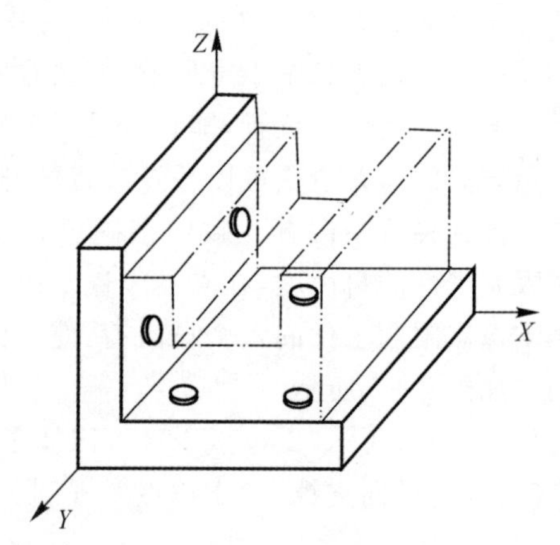

图 2-6　不完全定位方式

(4)重复定位(过定位):工件定位时,几个定位元件重复限制工件一个或几个自由度的定位。重复定位分两种情况:不可用重复定位和可用重复定位。当工件的一个或几个自由度被重复限制时,对加工产生有害影响的重复定位,称为不可用重复定位,如图 2-7 所示。当工件的一个或几个自由度被重复限制时,仍能满足加工要求,即不但不产生有害影响,反而可增加装夹刚度的定位,称为可用重复定位。如图 2-8 所示的插齿常用夹具,工件 3 以内孔在心轴 1 上定位,限制工件四个自由度;又以端面在支撑凸台 2 上定位,限制工件三个自由度,其中,两个自由度被重复限制了。当齿坯孔与端面的垂直度较高时可能是可用重复定位。其判断条件是:齿坯孔与端面的垂直度误差小于孔与定位轴的最小间隙和允许的定位副弹性变形量时,为可用重复定位,否则为不可用重复定位。

在研究工件在夹具中的定位时,容易产生两种错误的理解。一种错误的理解认为,工件在夹具中被夹紧了,也就没有自由度而言,因此,工件也就定位了。这种把定位和夹紧混为一谈,是概念上的错误。通常所说的工件的定位是指所有加工工件在夹紧前要在夹具中按加工要求占有一致的正确位置(不考虑定位误差的影响),而夹紧是在任何位置均可夹紧,不能保证各个工件在夹具中处于同一位置。

另一种错误的理解认为，工件定位后，仍具有沿定位支撑相反的方向移动的自由度，这种理解显然也是错误的。因为工件的定位是以工件的定位基准面与定位元件相接触为前提条件的，如果工件离开了定位元件也就不成为定位，也就谈不上限制其自由度了。至于工件在外力的作用下，有可能离开定位元件，那是由夹紧来解决的问题。

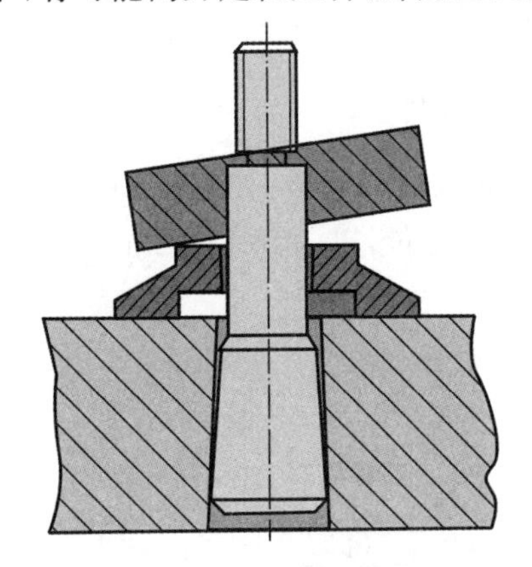

图 2－7　不可用重复定位

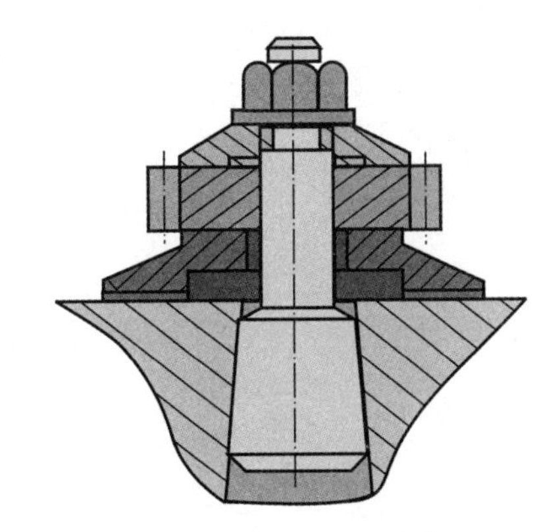

图 2－8　可用重复定位

2.2.2　工件定位基面与定位元件

工件在实际定位过程中，常见的定位方式及其定位元件有以下几种。

1. 工件以平面定位时的定位元件

(1)固定支撑。支撑的高矮尺寸是固定的，使用时不能调整高度。

1)支撑钉。图 2－9 所示为用于平面定位的几种常用支撑钉。其中，图 2－9(a)所示为平顶支撑钉，常用于精基准面的定位；图 2－9(b)所示为圆顶支撑钉，多用于粗基准面的定位；图 2－9(c)所示为网纹顶支撑钉，常用在要求较大摩擦力的侧面定位；图 2－9(d)所示为带衬套支撑钉，由于它便于拆卸和更换，一般用于批量大、磨损快、需要经常修理的场合。一个支撑钉只限制一个自由度。

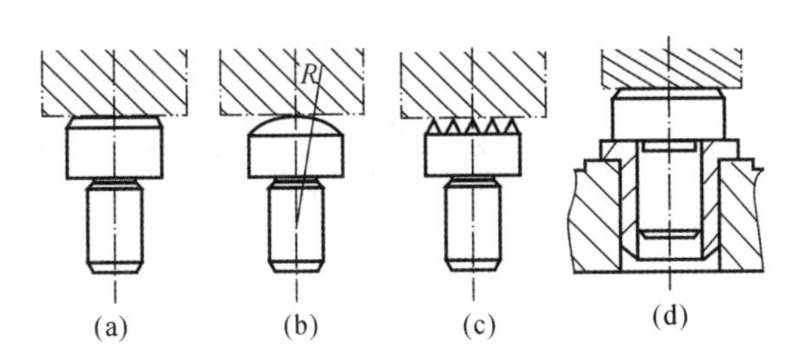

图 2－9　几种常用支撑钉

2)支撑板。支撑板有较大的接触面积，工件定位稳固。一般较大的精基准平面定位多用支撑板作为定位元件。图 2－10 所示为两种常用的支撑板。其中，图 2－10(a)所示为平板式支撑板，结构简单、紧凑，但不易清除落入沉头螺孔中的切屑，一般用于侧面定位；图 2－10(b)所示为斜槽式支撑板，清屑容易，适用于底面定位。

一个短支撑板限制一个自由度，一个长支撑板限制两个自由度。支撑钉、支撑板的结构、尺寸均已标准化，设计时可查有关国家标准手册。

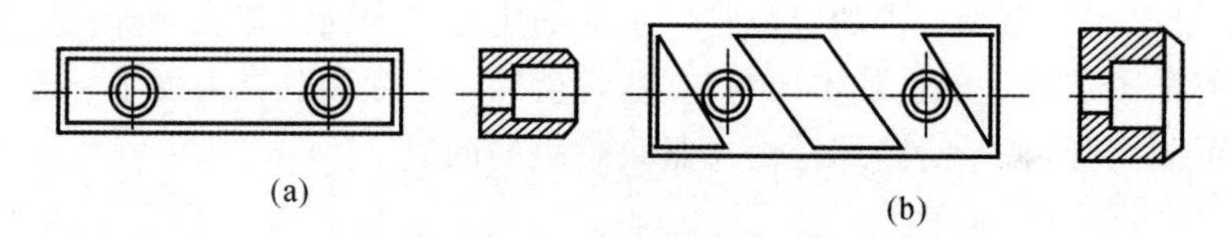

图 2-10　两种常用的支撑板

(2)可调支撑。可调支撑的顶端位置可以在一定的范围内调整。图 2-11 所示为几种常用的可调支撑典型结构。可调支撑用于未加工过的平面定位，以调节补偿各批毛坯尺寸误差。

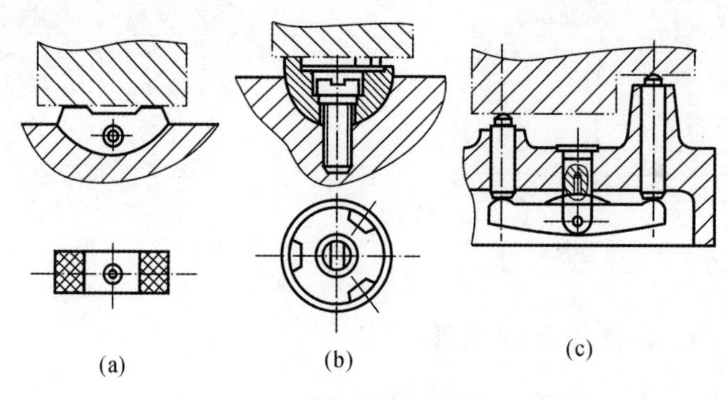

图 2-11　几种常用的可调支撑

(3)自位支撑。自位支撑又称浮动支撑，在定位过程中，支撑本身所处的位置随工件定位基准面的变化而自动调整并与之相适应。图 2-12 所示为几种常见的自位支撑结构，尽管每一个自位支撑与工件间可能是两点或三点接触，但实质上仍然只起一个定位支撑点的作用，只限制工件的一个自由度，常用于毛坯表面、断续表面、阶梯表面定位。

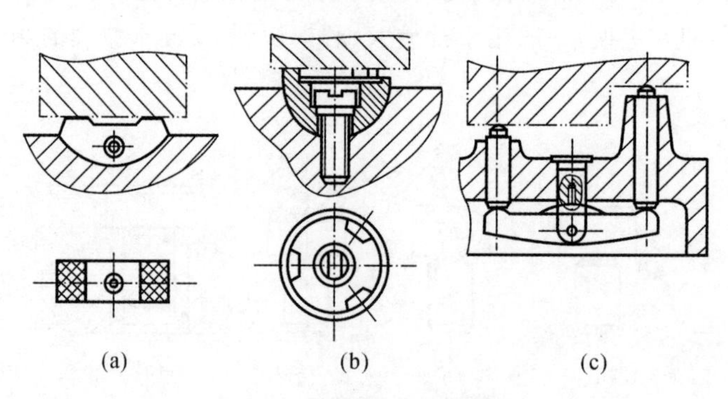

图 2-12　常见的几种自位支撑结构

(4)辅助支撑。辅助支撑是在工件实现定位后才参与支撑的定位元件，不起定位作用，只能提高工件加工时的刚度或起辅助定位作用。图 2-13 所示为常用的几种辅助支撑类型。其中，图 2-13(a)(b)所示为螺旋式辅助支撑，用于小批量生产；图 2-13(c)所示为推力式辅助支撑，用于大批量生产。

图 2-14 所示为辅助支撑应用实例。其中，图 2-14(a)所示的辅助支撑用于提高工件的稳定性和刚度；图 2-14(b)所示的辅助支撑起预定位作用。

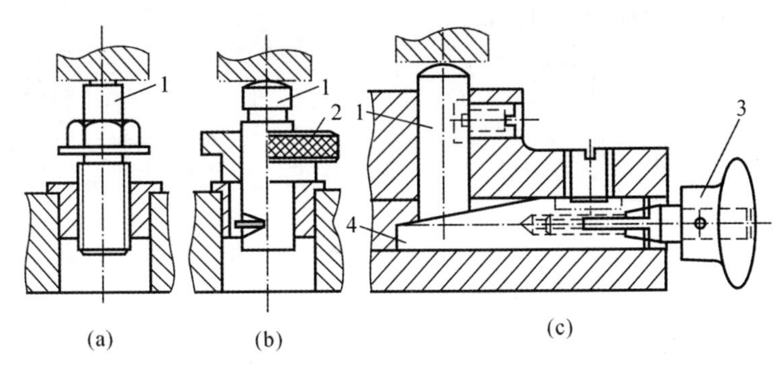

图 2-13 常见的几种辅助支撑

1—支撑;2—螺母;3—手轮;4—楔块

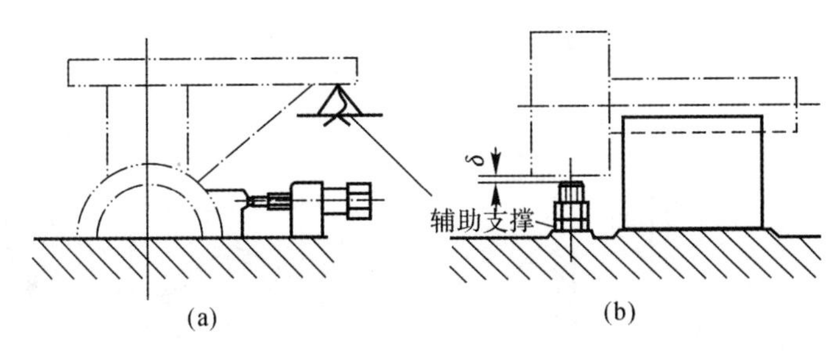

图 2-14 辅助支撑应用实例

2. 工件以外圆定位时的定位元件

工件以外圆柱面作定位基准时,根据外圆柱面的完整程度、加工要求和安装方式,可以用V形块、定位套、半圆套及圆锥套定位。其中最常用的是V形块。

(1)V形块。V形块有固定式和活动式之分。V形块上两斜面间的夹角一般选用60°,90°或120°,其中以90°应用最多。其典型结构和尺寸均已标准化,设计时可查有关国家标准手册。V形块的材料一般用20钢,渗碳深0.8～1.2 mm,淬火硬度为HRC60～64。

图2-15所示为常用固定式V形块。其中,图2-15(a)所示用于较短的精基准定位;图2-15(b)所示用于较长的粗基准(或阶梯轴)定位;图2-15(c)所示用于两段精基准面相距较远的场合;图2-15(d)中的V形块在铸铁底座上镶有淬火钢垫,用于定位基准直径与长度较大的场合。图2-16中的活动式V形块除具有限制工件移动自由度功能外,还兼有夹紧作用。

根据工件与V形块的接触母线长度,固定式V形块可以分为短V形块和长V形块,前者限制工件两个自由度,后者限制工件四个自由度。

V形块定位的优点是:①对中性好,可使工件的定位基准轴线对中在V形块两斜面的对称平面上,不会发生偏移,且安装方便;②应用范围较广,不论定位基准是否经过加工,不论是完整的圆柱面还是局部圆弧面,都可采用V形块定位。

(2)定位套。工件以定位套定位的方法一般适用于精基准定位。图2-17(a)所示为短定位套定位,限制工件两个自由度;图2-17(b)所示为长定位套定位,限制工件四个自由度。

(3)半圆套。图2-18所示为半圆套结构简图,下半圆起定位作用,上半圆起夹紧作用。图2-18(a)所示为可卸式,图2-18(b)所示为铰链式,装卸工件方便。短半圆套限制工件两个自由度，长半圆套限制工件四个自由度。

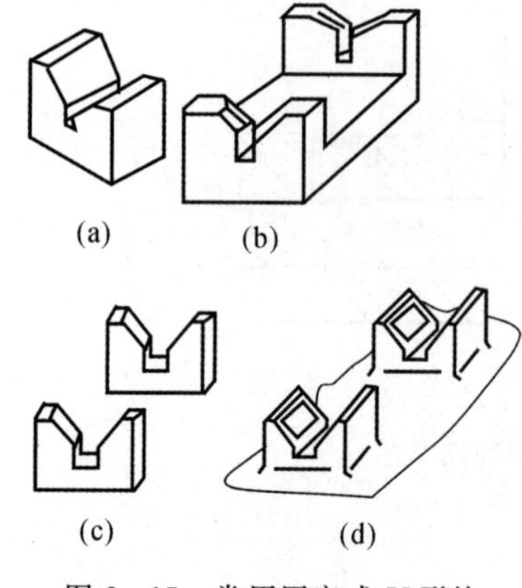

图 2-15　常用固定式 V 形块

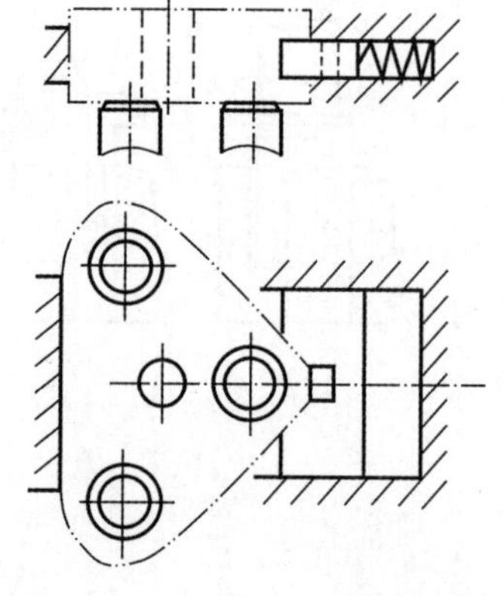

图 2-16　活动 V 形块应用实例

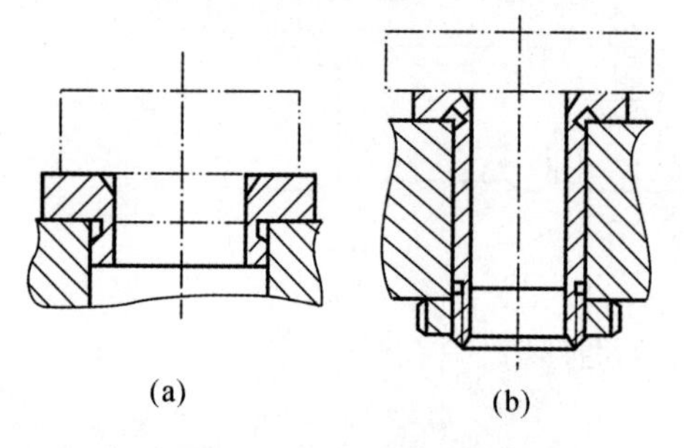

图 2-17　工件在定位套内定位

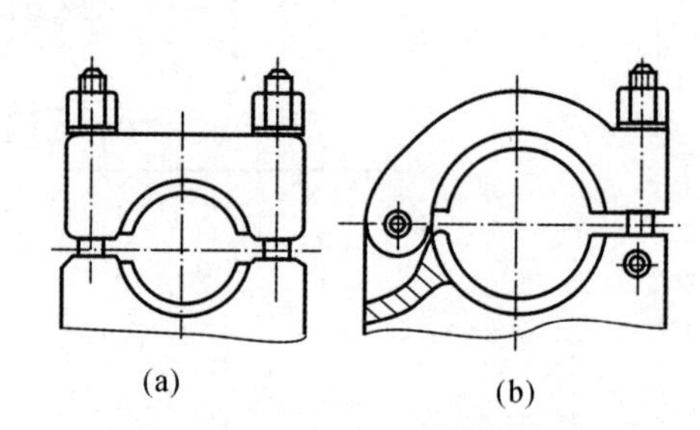

图 2-18　半圆套结构简图

(4)圆锥套。工件以圆锥套定位时，常与后顶尖配合使用。如图 2-19 所示，夹具体锥柄 1 插入机床主轴孔中，通过传动螺钉 2 对定位圆锥套 3 传递转矩，工件 4 圆柱左端部在定位圆锥套 3 中通过齿纹锥面进行定位，限制工件的三个自由度；工件圆柱右端锥孔在后顶尖 5 上定位，限制工件两个转动自由度。

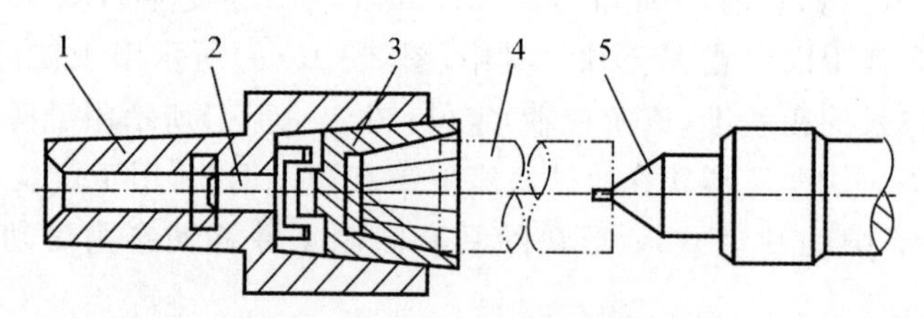

图 2-19　工件在圆锥套中定位

1 —夹具体锥柄；2 —传动螺钉；3 —定位圆锥套；4 —工件；5 —后顶尖

3. 工件以圆孔定位时的定位元件

工件以圆孔定位的常用定位元件有定位销、圆柱心轴、圆锥销、圆锥心轴等。圆孔定位还经常与平面定位联合使用。

(1)定位销。图 2-20 所示为几种常用的圆柱定位销，其工作部分直径 d 通常根据加工和装夹要求，按 g5 或 g6 制造。图 2-20(a)(b)(c)所示定位销与夹具体的连接采用过盈配合；图 2-20(d)所示为带衬套的可换式圆柱销结构，定位销与衬套的配合采用间隙配合，位置精度较固定式定位销低，一般用于大批量生产中。为便于工件顺利装入，定位销的头部应有 15°倒角。短圆柱销限制工件两个自由度,长圆柱销限制工件四个自由度。

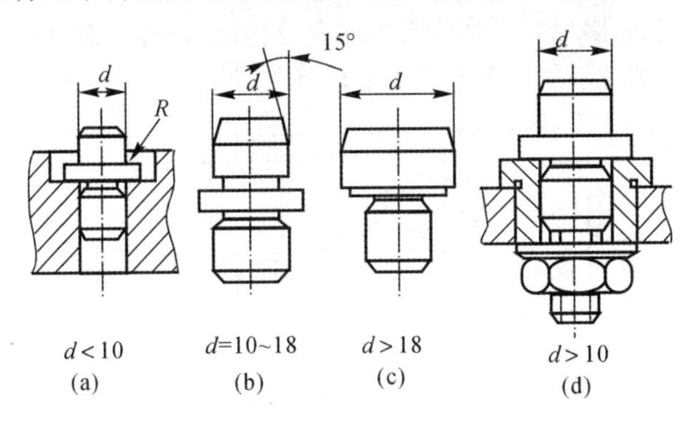

图 2-20 几种常用的圆柱定位

(2)圆锥销。在加工套筒、空心轴等类工件时,也经常用到圆锥销,如图 2-21 所示。图 2-21(a)所示用于粗基准,图 2-21(b)所示用于精基准。圆锥销限制了工件 X,Y,Z 三个自由度。工件在单个圆锥销上定位容易倾斜,所以圆锥销一般与其他定位元件组合定位。如图 2-22 所示,工件以底面作为主要定位基面,采用活动圆锥销,只限制了 X,Y 两个转动自由度,即使工件的孔径变化较大,也能准确定位。

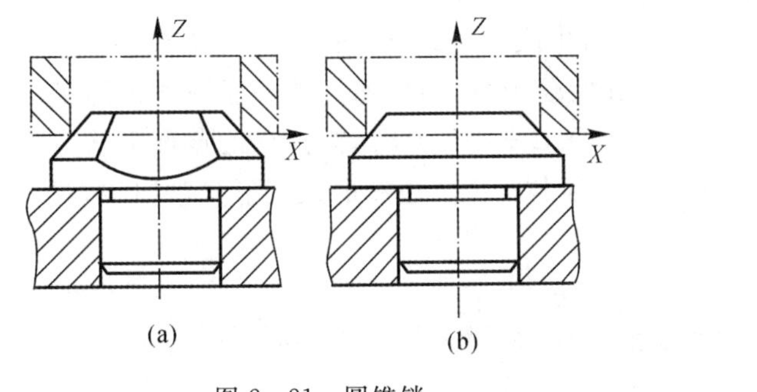

图 2-21 圆锥销

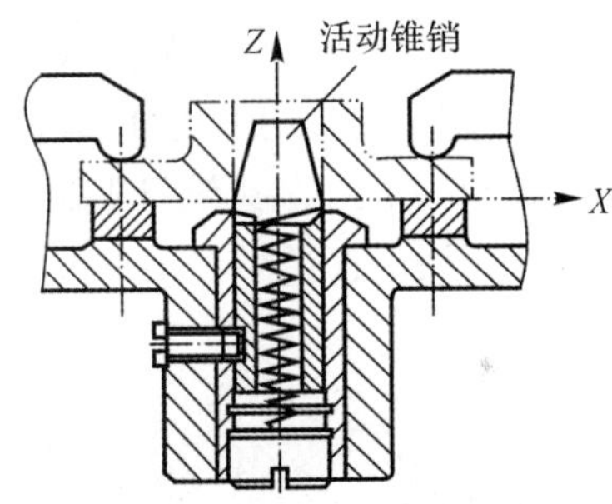

图 2-22 圆锥销组合定位

(3)定位心轴。主要用于套筒类和空心盘类工件的车、铣、磨及齿轮加工。常见的有圆柱心轴和圆锥心轴等。

1)圆柱心轴。图 2-23(a)所示为间隙配合圆柱心轴,定位精度不高,但装卸工件方便;图 2-23(b)所示为过盈配合圆柱心轴,常用于对定心精度要求高的场合;图 2-23(c)所示为花键心轴,用于以花键孔为定位基准的场合。当工件孔的长径比 $L/D>1$ 时,工作部分可略带锥度。短圆柱心轴限制工件的两个自由度,长圆柱心轴限制工件的四个自由度。

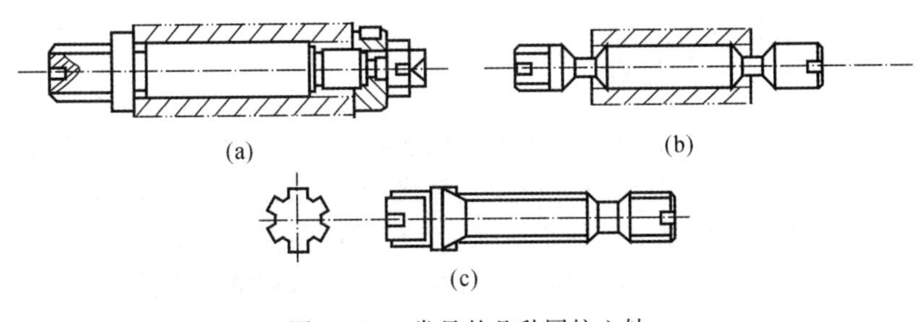

图 2-23 常见的几种圆柱心轴

2)圆锥心轴。图 2-24 所示为某工件以圆锥孔在圆锥心轴上定位的情形。定位时,圆锥孔和圆锥心轴的锥度相同,因此定心精度与角向定位精度均较高,而轴向定位精度取决于工件孔和心轴的尺寸精度。圆锥心轴可限制除绕其轴线转动的自由度之外的其他五个自由度。

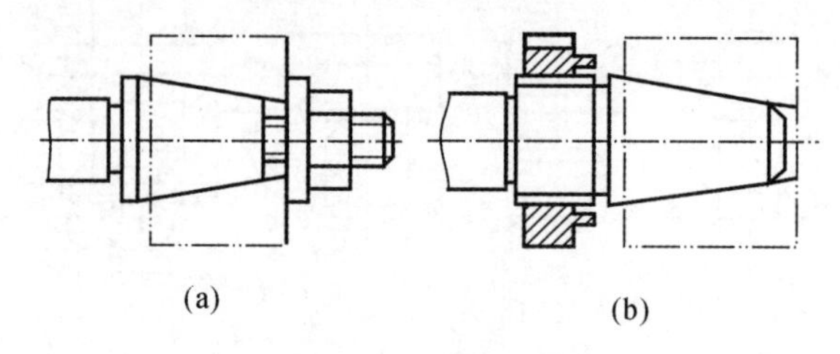

图 2-24 圆锥心轴

4. 工件以组合表面定位

在实际加工过程中,工件往往不是采用单一表面的定位,而是以组合表面定位。常见的有平面与平面组合、平面与孔组合、平面与外圆柱面组合、平面与其他表面组合、锥面与锥面组合等。

如图 2-25 所示,在加工箱体工件时,往往采用一面两孔组合定位,即一个平面及与该平面垂直的两孔为定位基准。当采用一平面、两短圆柱销为定位元件时,此时平面限制 $\widehat{X}$,$\widehat{Y}$,$\vec{Z}$ 三个自由度,第一个定位销限制 $\vec{X}$、$\vec{Y}$ 两个移动自由度,第二定位销限制 $\vec{X}$ 和 $\widehat{Z}$,因此 $\vec{X}$ 过定位。解决过定位的常用方法,即真正的一面两孔定位方式是:将第二个销子采用削边销结构,如图 2-25(b)所示,削边销只限制一个自由度。图 2-25(c)所示削边销的截面形状为菱形,又称菱形销,用于直径小于 50 mm 的孔;图 2-25(d)所示削边销的截面形状常用于直径大于 50 mm 的孔。

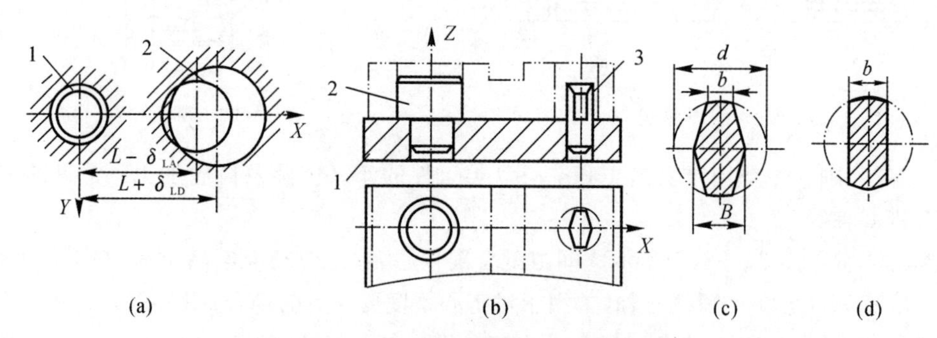

图 2-25 一面两孔组合定位情况

(a)1,2 —孔;(b)1 —平面,2 —短圆柱销,3 —短削边销;(c)(d)削边销

2.2.3 工件定位基准的选择

在定位的原理中已讲到,工件在夹具中的定位实际上是以工件上的某些基准面与夹具上的定位元件保持接触,从而限制工件的自由度。那么,究竟选择工件上哪些面与夹具的定位元件相接触为好呢?这就是定位基准的选择问题。定位基准的选择是工艺上一个十分重要的问题,它不仅影响零件表面间的位置尺寸和位置精度,而且还影响整个工艺过程的安排和夹具的结构,必须十分重视。

1. 基准的概念及分类

基准的广义含义就是“依据”的意思。机械制造中所说的基准是指用来确定生产对象上几何要素间的几何关系所依据的那些点、线、面。根据作用和应用场合不同，基准可分为设计基准和工艺基准两大类。工艺基准又可分为工序基准、定位基准、测量基准和装配基准。

(1)设计基准。零件图上用以确定零件上某些点、线、面位置所依据的点、线、面，称为设计基准。

(2)工艺基准。零件加工与装配过程中所采用的基准，称为工艺基准。它包括以下几种。

1)工序基准：工序图上用来标注本工序加工的尺寸和形位公差的基准。就其实质来说，与设计基准有相似之处，只不过是工序图的基准。工序基准大多与设计基准重合，有时为了加工方便，也有与设计基准不重合而与定位基准重合的。

2)定位基准：加工中，使工件在机床上或夹具中占据正确位置所依据的基准。如用直接找正法装夹工件，找正面是定位基准；用划线找正法装夹，所划线为定位基准；用夹具装夹，工件与定位元件相接触的面是定位基准。作为定位基准的点、线、面，可能是工件上的某些面，也可能是看不见摸不着的中心线、中心平面、球心等，往往需要通过工件某些定位表面来体现，这些表面称为定位基面。例如用三爪自定心卡盘夹持工件外圆，体现以轴线为定位基准，外圆面为定位基面。严格地说，定位基准与定位基面有时并不是一回事，但可以替代，这中间存在一个误差问题。

3)测量基准：工件在加工中或加工后测量时所用的基准。

4)装配基准：装配时，用以确定零件在部件或产品中的相对位置所采用的基准。如图2-26所示。床头箱箱体的D面和E面，就是确定箱体在床身上相对位置的装配基准。

上述各类基准应尽可能使其重合。如在设计机器零件时，应尽可能以装配基准作为设计基准，以便直接保证装配精度。在编制零件加工工艺规程时，应尽量以设计基准作为工序基准，以便直接保证零件的加工精度。在加工和测量工件时，应尽量使定位基准和测量基准与工序基准重合，以便消除基准不重合误差。

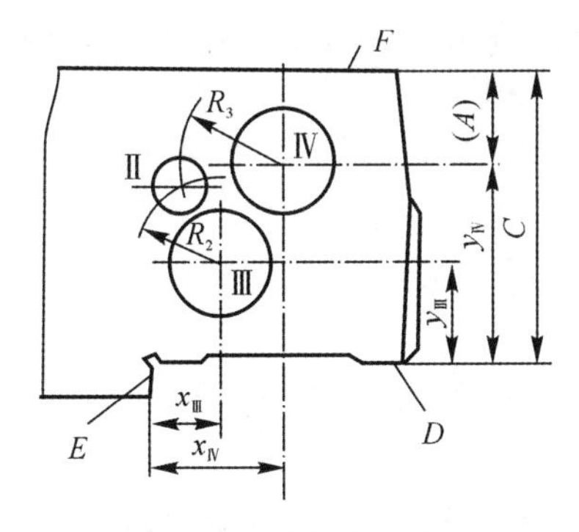

图2-26 主轴箱体装配基准

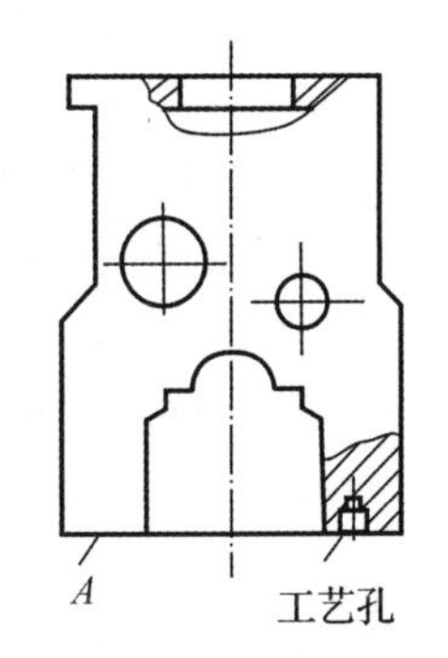

图2-27 基准统一原则

2. 定位基准的选择

定位基准有粗基准和精基准之分。零件开始加工时，所有的面均未加工，只能以毛坯面作为定位基准，这种以毛坯面为定位基准的称为粗基准。以后的加工，必须以加工过的表面作为定位基准，这种以加工过的表面为定位基准的称为精基准。

在加工中，首先使用的是粗基准；但在选择定位基准时，为了保证零件的加工精度，首先考虑的是选择精基准，精基准选定以后，再考虑合理地选择粗基准。

(1)精基准的选择原则。选择精基准时，重点考虑是如何减少工件的定位误差，保证工件的加工精度，同时也要考虑工件装卸方便，夹具结构简单。一般应遵循下列原则：

1)基准重合原则：所谓基准重合原则是指以设计基准作为定位基准，以避免基准不重合误差。

2)基准统一原则：当零件上有许多表面需要进行多道工序加工时，尽可能在各工序的加工中选用同一组基准定位，称为基准统一原则。基准统一可较好地保证各个加工面的位置精度，同时各工序所用夹具定位方式统一，夹具结构相似，可减少夹具的设计、制造工作量。

基准统一原则在机械加工应用较为广泛，如阶梯轴的加工，大多采用顶尖孔作为统一的定位基准；齿轮的加工，一般都以内孔和一端面作为统一定位基准加工齿坯、齿形；箱体零件加工大多以一组平面或一面两孔作为统一定位基准加工孔系和端面，如图 2-27 所示；在自动机床或自动线上，一般也需遵循基准统一原则。

3)自为基准原则：有些精加工工序，为了保证加工质量，要求加工余量小而均匀，采用加工面自身作为定位基准，称为自为基准原则。例如在导轨磨床上磨削床身导轨时，为了保证加工余量小而均匀，采用百分表找正床身表面的方式装夹工件，如图 2-28 所示，又如浮动镗孔、浮动铰孔、珩磨及拉削孔等，均是采用加工面自身作定位基准。

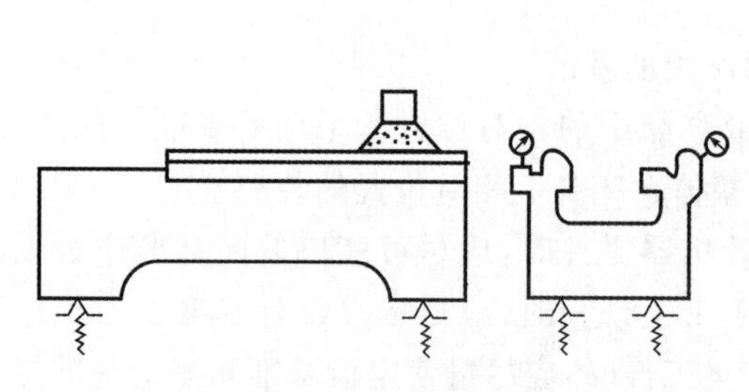

图 2-28　导轨磨床自为基准

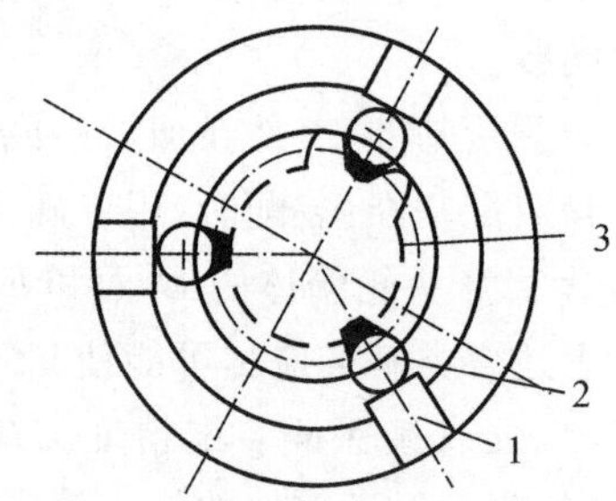

图 2-29　加工精密齿轮互为基准

4)互为基准原则：为了使加工面获得均匀的加工余量和加工面间有较高的位置精度，可采用加工面间互为基准反复加工。例如加工精度和同轴度要求高的套筒类零件，精加工时，一般先以外圆定位磨内孔，再以内孔定位磨外圆。又如加工精密齿轮时，通常是齿面淬硬后再磨齿面及内孔。由于齿面磨削余量很小，为了保证加工要求，采用如图 2-29 所示装夹方式，先以齿面为基准磨孔，再以内孔为基准磨齿面，这样不但使齿面磨削余量小而均匀，而且能较好地保证内孔与齿切圆有较高的同轴度。

5)装夹方便原则：所选定位基准应能使工件定位稳定，夹紧可靠，操作方便，夹具结构简单。

以上介绍了精基准选择的几项原则，每项原则只能说明一个方面的问题，理想的情况是使基准既“重合”又“统一”，同时又能使定位稳定、可靠，操作方便，夹具结构简单。但实际运用中往往出现相互矛盾的情况，这就要从技术和经济两方面进行综合分析，抓住主要矛盾，进行合理选择。

还应该指出，工件上的定位精基准一般应是工件上具有较高精度要求的重要工作表面，但有时为了使基准统一或定位可靠、操作方便，人为地制造一种基准面，这些表面在零件的工件中并不起作用，仅仅在加工中起定位作用，如顶尖孔、工艺搭子等。这类基准称为辅助基准。

(2)粗基准的选择原则。选择粗基准时,重点考虑如何保证各个加工面都能分配到合理的加工余量,保证加工面与不加工面的位置尺寸和位置精度,同时还要为后续工序提供可靠精基准。具体选择一般应遵循下列原则:

1)为了保证零件各个加工面都能分配到足够的加工余量,应选加工余量最小的面为粗基准。

2)为了保证零件上加工面与不加工面的相对位置要求,应选不加工面为粗基准。当零件上有多个加工面时,应选与加工面的相对位置要求高的不加工面为粗基准。

3)为了保证零件上重要表面加工余量均匀,应选重要表面为粗基准。零件上有些重要工作表面,精度很高,为了达到加工精度要求,在粗加工时就应使其加工余量尽量均匀。

例如:车床床身导轨面是重要表面,不仅精度和表面质量要求很高,而且要求导轨表面的耐磨性好,整个表面具有大体一致的物理力学性能。床身毛坯铸造时,导轨面是朝下放置的,其表面层的金属组织细微均匀,没有气孔、夹砂等缺陷。因此,导轨面粗加工时,希望加工余量均匀,这样不仅有利于保证加工精度,同时也能使粗加工中切去的一层金属尽可能薄一些,以便留下一层组织紧密而耐磨的金属层。为了达到上述目的,在粗基准选择时,应以床身导轨面为粗基准先加工床脚平面,如图 2-30(a)所示,再以床脚面为精基准加工导轨面,如图 2-30(b)所示,这样就可以使导轨面的粗加工余量小而均匀。反之,若以床脚为粗基准先加工导轨面,由于床身毛坯的平行度误差,不得不在床身的导轨面上切去一层不均匀的较厚金属,这不利于床身加工质量的保证。

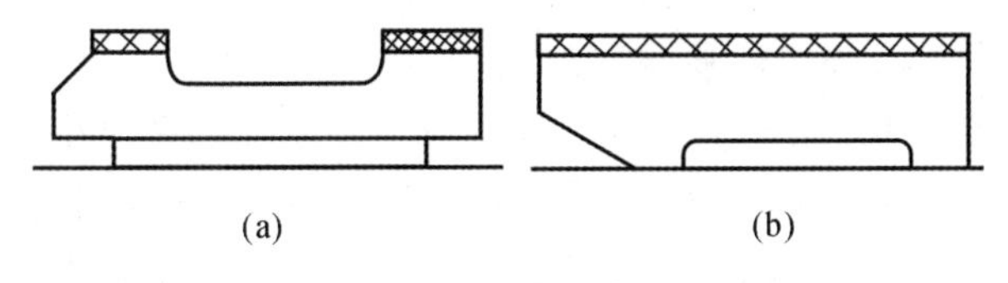

图 2-30 导轨磨床自为基准

以重要表面作为粗基准,在重要零件的加工中得到较多的应用。例如机床主轴箱箱体的加工,通常是以主轴孔为粗基准先加工底面或顶面,再以加工好的平面为精基准加工主轴孔及其他孔系,可以使精度要求高的主轴孔获得均匀的加工余量。

4)为了使定位稳定、可靠,应选毛坯尺寸和位置比较可靠、平整的光洁面作为粗基准。作为粗基准的面,应无锻造飞边和铸造浇冒口、分型面及毛刺等缺陷,用夹具装夹时,还应使夹具结构简单,操作方便。

5)粗基准应尽量避免重复使用,特别是在同一尺寸方向上只允许装夹使用一次。因粗基准是毛面,表面粗糙、形状误差大,如果二次装夹使用同一粗基准,两次装夹中加工出的表面就会产生较大的相互位置误差。

2.2.4 定位误差分析与计算

1. 定位误差产生的原因

按照六点定位原理可以设计和检查工件在夹具上的正确位置,但能否满足工件对工序加工精度的要求,则取决于刀具与工件之间正确的相互位置。而影响这个正确的位置关系的因素很多,如夹具在机床上的装夹误差、工件在夹具中的定位误差和夹紧误差、机床的调整误差、工艺系统的弹性变形和热变形误差、机床和刀具的制造误差及磨损误差等。

产生上述误差的主要原因有以下两点：①定位基准与工序基准不重合，产生基准不重合误差，用 Δ_B 表示；②定位基准与限位基准不重合，产生基准位移误差，用 Δ_Y 表示。

如图 2－31 所示，加工 A 和 B 两个尺寸，加工尺寸 A 时，其定位基准与工序基准不重合，安装一批工件逐个在夹具上定位时，受尺寸 $S\pm\delta_S/2$ 的影响，工序基准的位置是变动的，导致尺寸误差，这就是基准不重合误差。

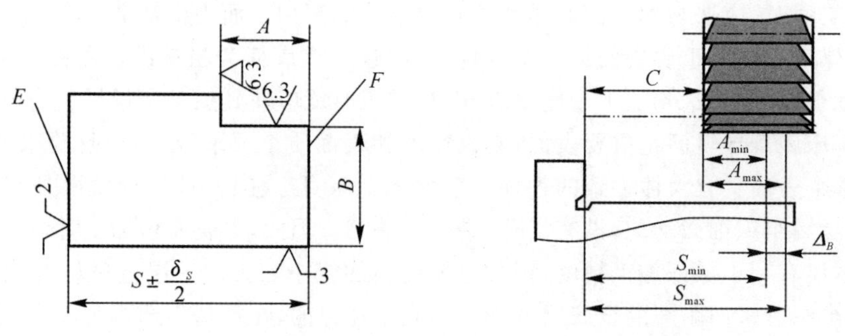

图 2－31　基准不重合误差

基准不重合误差的大小为

$$\Delta_B = A_{max} - A_{min} = S_{max} - S_{min} = \delta_S$$

当工序基准的变动方向与加工尺寸的方向不一致，存在一夹角 α 时，$\Delta_B=\delta_S\cos\alpha$。

加工尺寸 B 的工序基准与定位基准重合，$\Delta_B=0$。

如图 2－32 所示，加工尺寸 A 时，其定位基准和工序基准都是内孔轴线。但是，由于工件内孔和心轴圆柱面有制造公差，而且两者配合还有间隙，导致定位基准和限位基准不重合，在夹紧力作用下，定位基准与限位基准发生偏移，从而产生误差，这就是基准位移误差。

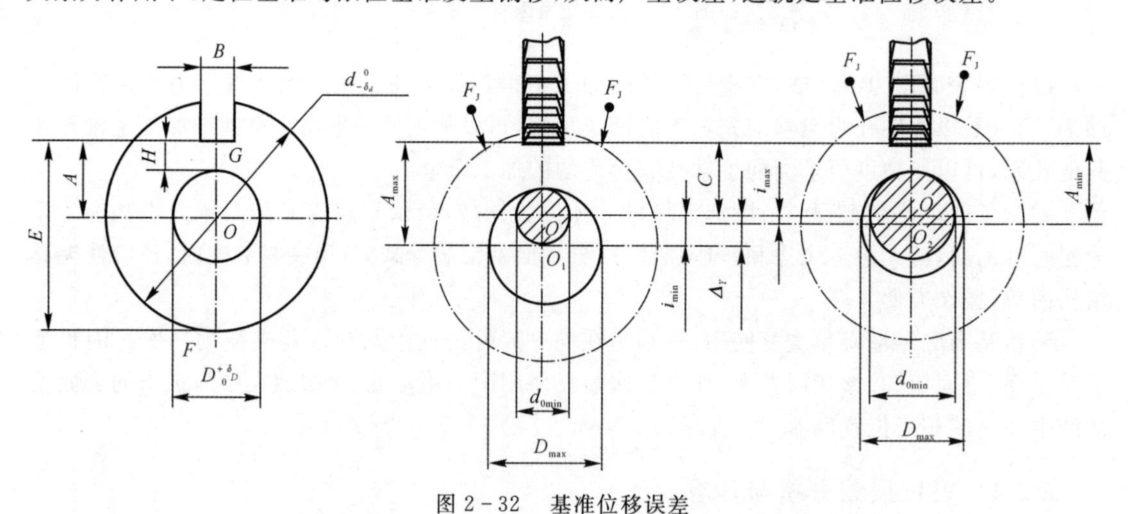

图 2－32　基准位移误差

由图 2－32 可知

$$\Delta_Y = A_{max} - A_{min} = i_{max} - i_{min} = \delta_i$$

式中，i 为定位基准的位移量；δ_i 为批工件定位基准的变动范围。

当定位基准的变动方向与加工尺寸的方向不一致，两者之间成夹角 α 时，$\Delta_Y=\delta_i\cos\alpha$。

2. 定位误差 Δ_D 的计算方法

(1) 合成法。工件定位时，同时出现基准不重合和基准位移误差，定位误差为两项误差的合成。

1) 当 Δ_B 与 Δ_Y 无相关公共变量时，$\Delta_D=\Delta_Y+\Delta_B$；

2) 当 Δ_B 与 Δ_Y 有相关公共变量时，$\Delta_D=\Delta_Y+\Delta_B$。

在定位基面尺寸变动方向一定(由大变小或由小变大)的条件下，Δ_B 与 Δ_Y 的变动方向相同时，取"+"号；变动方向相反时，取"−"号。

例：用合成法求图 2-32 所示加工尺寸 E 的定位误差。

解　1) $\Delta_B=\delta_d/2$；

2) $\Delta_Y=(\delta_D+\delta_{d0})/2$；

3) 因为工序基准不在定位基面上，即 Δ_B 与 Δ_Y 无相关公共变量，所以

$$\Delta_D=\Delta_Y+\Delta_B=(\delta_D+\delta_{d0}+\delta_d)/2$$

例：求图 2-32 中加工尺寸 H 的定位误差。

解　1) $\Delta_B=\delta_D/2$；

2) $\Delta_Y=(\delta_D+\delta_{d0})/2$

3) 工序基准在定位基面上，两者有相关的公共变量 δ_D。当定位孔由小变大时，Δ_B 与 Δ_Y 变动方向相反。

$$\Delta_D=\Delta_Y-\Delta_B=\delta_{d0}/2$$

(2) 极限位置法。此法直接计算出由于定位而引起的加工尺寸的最大变动范围。

例：求图 2-33 中的加工尺寸 A 的定位误差 Δ_{DA}。

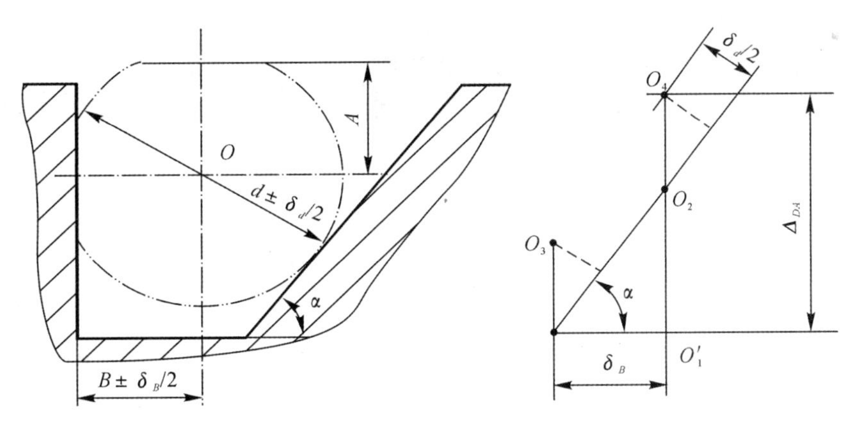

图 2-33　用极限位置法求定位误差

计算定位误差时，需先画出工件定位时加工尺寸变动范围的几何图形，直接按几何关系确定加工尺寸的最大变动范围，即为定位误差。

$$\Delta_{DA}=A_{\max}-A_{\min}$$

工件的外径 $d\pm\delta_d/2$ 与已加工平面的尺寸 $B\pm\delta_B/2$ 是两个变量，可用作图法画出 B，d 两个变量在极限尺寸时工序基准的各个位置。

当 $B_{\min}$，$d_{\min}$ 时，工件中心为 O_1 点；

当 B_{max}，d_{min} 时，工件中心为 O_2 点；

当 B_{min}，d_{max} 时，工件中心为 O_3 点；

当 B_{max}，d_{max} 时，工件中心为 O_4 点。

在加工尺寸 A 方向上工件中心 O 的最大变化量，即为定位误差 Δ_{DA}。

$$\Delta_{DA}=O'_1O_4=O'_1O_2+O_2O_4=\delta_B\tan\alpha+\frac{\delta_d}{2\cos\alpha}$$

2.2.5 工件的夹紧

夹紧装置是夹具的重要组成部分，合理设计夹紧装置有利于保证工件的加工质量、提高生产率和减轻工人的劳动强度。

1. 夹紧装置组成与基本要素

夹紧装置一般是由以下三部分组成。

(1)力源装置：产生夹紧力的装置(夹紧力的来源，一是人力，二是机动夹紧装置)，如气压装置、液压装置、电动装置、磁力装置等。

(2)夹紧元件：压紧工件的元件。

(3)中间递力机构：介于(1)(2)之间的机构。其作用：①改变夹紧作用力的方向，变水平力为垂直力；②改变夹紧作用力的大小，斜楔具有增力作用；③保证安全自锁，斜楔具有自锁性。

如图 2－34 中由活塞杆 4、活塞 5 和气缸 6 组成的就是一种气压机动夹紧装置，铰链杆 3 是中间传力机构，压板 2 是夹紧元件。

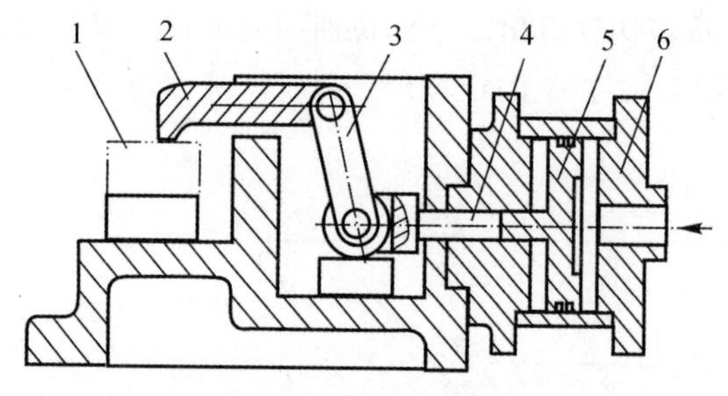

图 2－34　夹紧装置的组成

1—工件；2—压板；3—铰链杆；4—活塞杆；5—活塞；6—气缸

2. 设计夹紧装置的基本准则

设计和选用夹紧装置的关键是如何正确施加夹紧力 F_W，也就是如何确定夹紧力的大小、方向和作用点。

(1)主要夹紧力方向应尽量垂直主要定位面。夹紧力的作用方向应不破坏工件定位的准确性和可靠性，一般要求夹紧力的方向应指向主要定位基准面，把工件压向定位元件的主要定位表面上。根据上述原则可知，图 2－35 所示(b)(c)错误，(d)正确。

(2)切削力应尽量传给夹具体，使夹紧力尽可能小。在保证夹紧可靠的前提下，减小夹紧力可以减轻工人的劳动强度，提高生产效率，同时可以使机构轻便、紧凑以及减少工件变形。为此，应使夹紧力 Q 的方向最好与切削力 F、工件重力 G 的方向重合，这时所需要的夹紧力最小。一般在定位与夹紧同时考虑时，切削力 F、工件重力 G、夹紧力 Q 三力的方向与大小也要同时考虑。

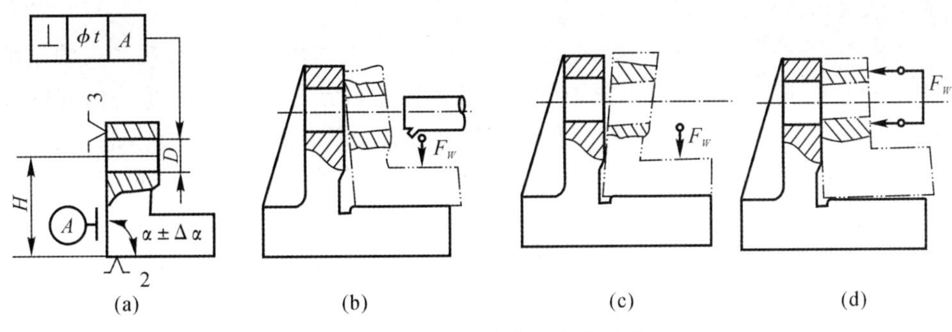

图 2-35　夹紧力作用方向示意

图 2-36 所示为夹紧力、切削力和重力之间关系的几种示意情况。显然,图 2-36(a) 所示情况最合理,图 2-36(f) 所示情况最差。

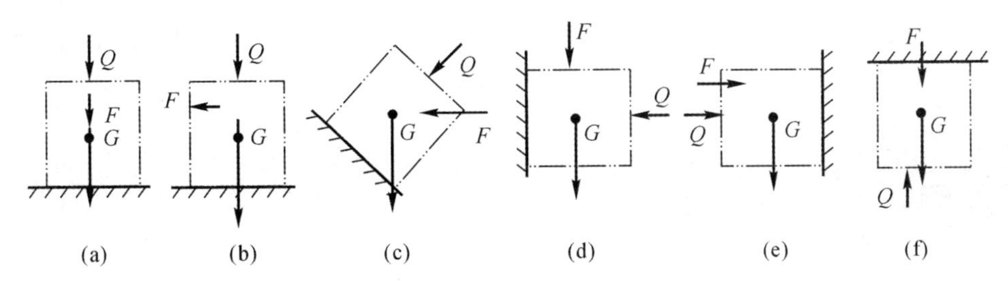

图 2-36　夹紧力、切削力和重力之间关系

(3) 夹紧力的方向应是工件刚度较高的方向,有利于减小变形。图 2-37 所示薄壁套筒零件,用三爪自定心卡盘夹紧外圆(见图 2-37(a)),显然要比用特制螺母从轴向夹紧工件(见图 2-37(b)) 所引起的变形要大。

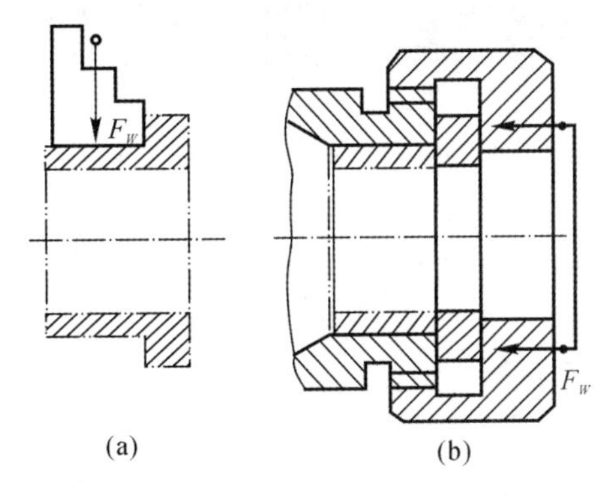

图 2-37　薄壁套筒零件的夹紧方法

基于夹紧装置的设计原则,在选择夹紧力作用点的位置和数目将直接影响工件定位后的可靠性和夹紧后的变形,应注意以下几个方面。

1) 夹紧力作用点应靠近支撑元件的几何中心或几个支撑元件所形成的支撑面内。

2) 夹紧力作用点应落在工件刚度较好的部位上,这对刚度较差的工件尤其重要。

3) 夹紧力作用点应尽可能靠近被加工表面,这样可减小切削力对工件造成的翻转力矩,必要时应在工件刚性差的部位增加辅助支撑并施加附加夹紧力,以免振动和变形。

3. 夹紧装置的夹紧力估算

加工过程中，工件受到切削力、离心力、惯性力及重力的作用。理论上，夹紧力的作用应与上述力(矩) 的作用平衡;实际上，夹紧力的大小还与工艺系统的刚性、夹紧机构的传递效率等有关。切削力的大小在加工过程中是变化的，因此，夹紧力的计算是个很复杂的问题，只能进行粗略的估算。估算时应找出对夹紧最不利的瞬时状态，估算此状态下所需的夹紧力，并只考虑主要因素在力系中的影响。

如图 2-38 所示，夹紧力作用点靠近加工表面略去次要因素在力系中的影响。估算步骤如下：

1) 建立理论夹紧力 $F_{J理}$ 与主要最大切削力 F_P 的静平衡方程:$F_{J理}=\phi_{(FP)}$。

2) 实际需要的夹紧力 $F_{J需}$，应考虑安全系数，$F_{J需}=KF_{J理}$。

3) 校核夹紧机构产生的夹紧力 F_J 是否满足条件:$F_J>F_{J需}$。

如图 2-38 所示，估算所需的夹紧力。由于是小型工件，工件重力略去不计。因为压板是活动的，所以压板对工件的摩擦力也略去不计。不设置止推销时，对夹紧最不利的瞬时状态是铣刀切入全深、切削力 F_P 达到最大时，工件可能沿的方向移动，需用夹紧力 F_{J1}、F_{J2} 产生的摩擦力 F_1、F_2 与之平衡，建立静平衡方程如下：

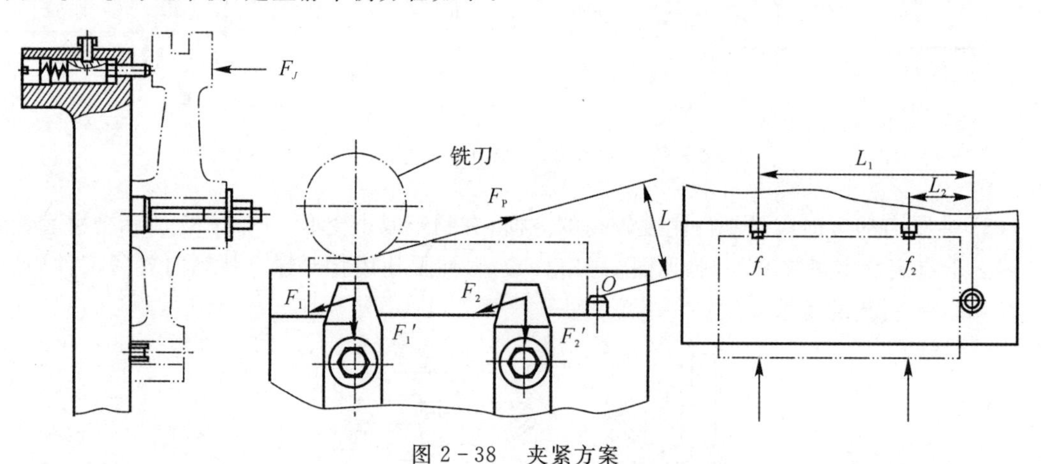

图 2-38　夹紧方案

设置止推销后，工件不可能斜向移动了，对夹紧最不利的瞬时状态是铣刀切入全深、切削力达到最大时，工件绕 O 点转动，形成切削力矩 F_PL，需用夹紧力产生的摩擦力矩 F'_1L_1，F'_2L_2 与之平衡，建立静平衡方程如下：

$$F'_1L_1+F'_2L_2=F_PL;F_{J1}f_1L_1+F_{J2}f_2L_2=F_PL;F_{J1}=F_{J2}=F_{J理};f_1=f_2=f$$

$$F_{J理}f(L_1+L_2)=F_PL;\quad F_{J理}=\frac{F_PL}{f(L_1+L_2)}$$

考虑安全系数，每块压板需给工件的夹紧力为

$$F_{J需}=\frac{F_PLK}{f(L_1+L_2)}$$

式中，L 为切削力作用方向至挡销的距离；L_1，L_2 为两支撑钉至挡销的距离。

安全系数可按下式计算：$K=K_0K_1K_2K_3$。

通常情况下，取 $K=1.5\sim2.5$。

当夹紧力与切削力方向相反时，取 $K = 2.5 \sim 3$。

2.3 夹具设计与优化

夹具设计一般是在零件的机械加工工艺过程制订之后按照某一工序的具体要求进行的。制定工艺过程，应充分考虑夹具实现的可能性，而设计夹具时，如确有必要也可以对工艺过程提出修改意见。夹具设计质量的高低，应以能否稳定地保证工件的加工质量，生产效率高，成本低，排屑方便，操作安全、省力和制造、维护容易等为其衡量指标。

2.3.1 夹具设计的步骤

一般情况下，夹具设计大致可分为四个步骤：收集和研究有关资料，确定夹具的结构方案，绘制夹具总图和确定并标注有关尺寸、公差及技术条件等。

1. 收集和研究有关资料

工艺人员在编制零件的机械加工工艺过程中，应提出相应的夹具设计任务书，对其中定位基准、夹紧方案及有关要求作出说明。夹具设计人员，则应根据夹具设计任务书进行夹具的结构设计。为了使所设计的夹具能够满足上述基本要求，设计前要认真收集和研究如下有关资料。

(1)生产批量。被加工零件的生产批量对工艺过程的制定和夹具设计都有着十分重要的影响。夹具结构的合理性及经济性与生产批量有着密切的关系。大批量生产多采用气动、液动或其他机动夹具，其自动化程度高，同时夹紧的工件数量多，结构也比较复杂。中小批量生产宜采用结构简单、成本低廉的手动夹具，以及万能通用夹具或组合夹具。

(2)零件图及工序图。零件图是夹具设计的重要资料之一，它给出了工件在尺寸、位置等方面精度的总要求。工序图则给出了所用夹具加工工件的工序尺寸、工序基准、已加工表面、待加工表面、工序加工精度要求等等，它是设计夹具的主要依据。

(3)零件工艺规程。零件的工艺规程表明了该工序所用的机床、刀具、加工余量、切削用量、工步安排、工时定额及同时加工的工数目等，这些都是确定夹具的结构尺寸、形式、夹紧装置以及夹具与机床连接部分的结构尺寸的主要依据。

(4)夹具典型结构及有关标准。设计夹具还要收集典型夹具结构图册和有关夹具零部件标准等资料，了解本厂制造、使用夹具情况以及国内外同类型夹具的资料，以便使所设计的夹具能够适合本厂实际，吸取先进经验，并尽量采用国家标准。

2. 确定夹具的结构方案

在广泛收集和研究有关资料的基础上，着手拟定夹具的结构方案，主要包括：

(1)根据工件的定位原理，确定工件的定位方式、选择定位元件。

(2)确定工件的夹紧方式，选择适宜的夹紧装置。

(3)确定刀具的对准及导引方式，选取刀具的对刀及导引元件。

(4)确定其他元件或装置的结构型式，如定向元件、分度装置等。

(5)协调各元件、装置的布局，确定夹具体的总体结构及尺寸。

在确定夹具结构方案的过程中，工件定位、夹紧、对刀和夹具在机床上定位等各部分的结构以及总体布局都会有几种不同的方案可供选择，因此，都应画出草图，并通过必要的计算(如定位误差及夹紧力计算等）和分析比较，从中选取较为合理的方案。

3. 绘制夹具总图

绘制夹具总图应遵循国家制图标准，绘图比例应尽量取 1∶1，以便使图形有良好的直观性。如被加工工件的尺寸过大，夹具总图可按 1∶2 或 1∶5 的比例绘制；被加工工件尺寸过小，总图也可按 2∶1 或 5∶1 的比例绘制。夹具总图中视图的布置也应符合国家制图标准，在能清楚表达夹具内部结构和各元件、装置位置关系的情况下，视图的数目应尽量少。

总图的主视图应取操作者实际工作时的位置，以便于夹具装配及使用时参考。被加工工件在夹具中被看作为“透明体”，所画的工件轮廓线与夹具上的任何线彼此独立，不相干涉，其外廓以黑色双点画线表示。

绘制总图的顺序是先用双点画线绘出工件轮廓外形和主要表面的几个视图，并用网纹线表示出加工余量。围绕工件的几个视图依次绘出定位元件、夹紧机构、对刀及夹具定位元件以及其他元件、装置，最后绘制出夹具体及连接元件，把夹具的各组成元件和装置连成一体。

夹具总图上，还应画出零件明细表和标题栏，写明夹具名称及零件明细表上所规定的内容。

4. 确定并标注有关尺寸及技术条件

(1)应标注的尺寸及公差。在夹具总图上应标注的尺寸、公差有下列五类：

1)工件与定位元件的联系尺寸：常指工件以孔在心轴或定位销上（或工件以外圆在内孔中）定位时，工件定位表面与夹具上定位元件间的配合尺寸。

2)夹具与刀具的联系尺寸：用来确定夹具上对刀、导引元件位置的尺寸。对于铣、刨床夹具，是指对刀元件与定位元件的位置尺寸；对于钻、镗床夹具，则是指钻（镗）套与定位元件间的位置尺寸，钻（镗）套之间的位置尺寸，以及钻（镗）套与刀具导向部分的配合尺寸等。

3)夹具与机床的联系尺寸：用于确定夹具在机床上正确位置的尺寸。对于车、磨床夹具，主要是指夹具与主轴端的配合尺寸；对于铣、刨床夹具，则是指夹具上的定向键与机床工作台上的 T 形槽的配合尺寸。

4)夹具内部的配合尺寸：它们与工件、机床、刀具无关，主要是为了保证夹具装配后满足规定的使用要求。

5)夹具的外廓尺寸：一般指夹具最大外形轮廓尺寸。若夹具上有可动部分，应包括可动部分处于极限位置所占的空间尺寸。

上述诸尺寸公差的确定可分为两种情况处理：一是夹具上定位元件之间，对刀、导引元件之间的件之间的尺寸公差，直接对工件上相应的加工尺寸发生影响，因此可根据工件的加工尺寸公差确定，一般可取工件加工尺寸公差的 1/3～1/5。二是定位元件与夹具体的配合尺寸公差，夹紧装置各组成零件间的配合尺寸公差等，则应根据其功用和装配要求，按一定公差与配合原则决定。

(2)应标注的技术条件。夹具总图上应标注的技术条件（位置精度要求）有如下几个方面：

1)定位元件之间或定位元件与夹具体底面间的位置要求，其作用是保证工件加工面与工件定位基准面间的位置精度。

2)定位元件与连接元件（或找正基面）间的位置要求。例如为保证键槽与工件轴心线平行，定位元件 V 形块的中心线必须与夹具定向键侧面平行。

3)对刀元件与连接元件(或找正基面)间的位置要求。例如对刀块的侧对刀面相对于两定向键侧面平行度的要求,是为了保证所铣键槽与工件轴心线的平行度。

4)定位元件与导引元件的位置要求。若要求所钻孔的的轴心线与定位基准面垂直,必须以夹具上钻套轴线与定位元件工作表面 A 垂直及定位元件工作表面 A 与夹具体底面 B 平行为前提。

上述技术条件是保证工件相应的加工要求所必需的,其数值应取工件相应技术要求数值的 1/3～1/5。

2.3.2 夹具设计优化案例

1. 轮盖铣削夹具设计方案

合理的装夹方案对于保证加工过程的稳定性、零件表面质量和精度,缩短辅助时间、提高生产效率起着重要的作用。如果夹具设计不合理,在夹具夹持力的作用下,很容易引起零件的整体变形以及加工过程振动的发生。根据轮盖的结构特点,轮盖的夹具设计应满足如下基本要求:

(1)定位准确性:满足定位的基本准则,完全限制轮盖的六个自由度。

(2)定位可靠性:轮盖装夹多采用过定位方式以充分提高定位的可靠性。

(3)结构合理性:夹具设计应结构简单、方便操作,且不干涉零件加工。

(4)夹持力的均匀性:夹持力应均匀作用在轮盖回转结构上,作用力不集中。

(5)夹持力的直线传递性:作用在零件上的压紧力以直线传递到夹具底座上。

在轮盖不同的加工工艺阶段,采用的夹具结构形式不同。

(1)加工过渡毛坯。加工过渡毛坯是将棒料车削加工到过渡毛坯的形状,所以选用车床专用的三爪卡盘对棒料毛坯进行夹持定位。

(2)铣削加工。轮盖铣削加工包括流道开槽加工、扩槽加工、叶片型面加工、轮毂面加工、清根加工,这一系列加工都要求在同一基准下进行。特别是轮盖加工时需要翻面,对接加工是对夹具的精度要求较高,因此必须采用专用夹具对其进行夹紧定位。

为了轮盖的装夹定位方便,在轮盖毛坯上设计了工艺台,借助工艺台实现轮盖的装夹定位。最终设计的轮盖铣削夹具及其装夹状态如图 2-39 所示。其中工艺台和夹具体上止口的配合可以限制轮盖的五个自由度,通过定位键侧面和工艺台上键槽侧面的配合可以限制轮盖的角向转动自由度。轮盖的径向利用轮盖工艺台的外圆定位;将轮盖的角向定位键槽设计在工艺台外轮毂的最大外圆处,可以等比例线性减小由于翻面装夹所引起的角向误差;为了保证角向定位的可靠性,工艺上一般通过使用双键的过定位方式限制轮盖的角向转动;零件上的角向定位键槽在具有回转工作台的数控机床上加工,使用同一个程序先加工一侧键槽,工作台回转 180°后,再加工另一边,从而保证了左右一致性;轴向采用多个压板均匀分布在工艺台四周的方式将轮盖压紧,该作用力垂直传递到夹具底座上,不会由于压紧力引起零件的整体变形;机床连接槽用于夹具体和机床的连接。

2. 开式整体叶盘夹具设计方案

针对整体叶盘的典型结构,以在研型号整体叶盘为例,进行基于工件装卡优化的叶盘夹具设计。

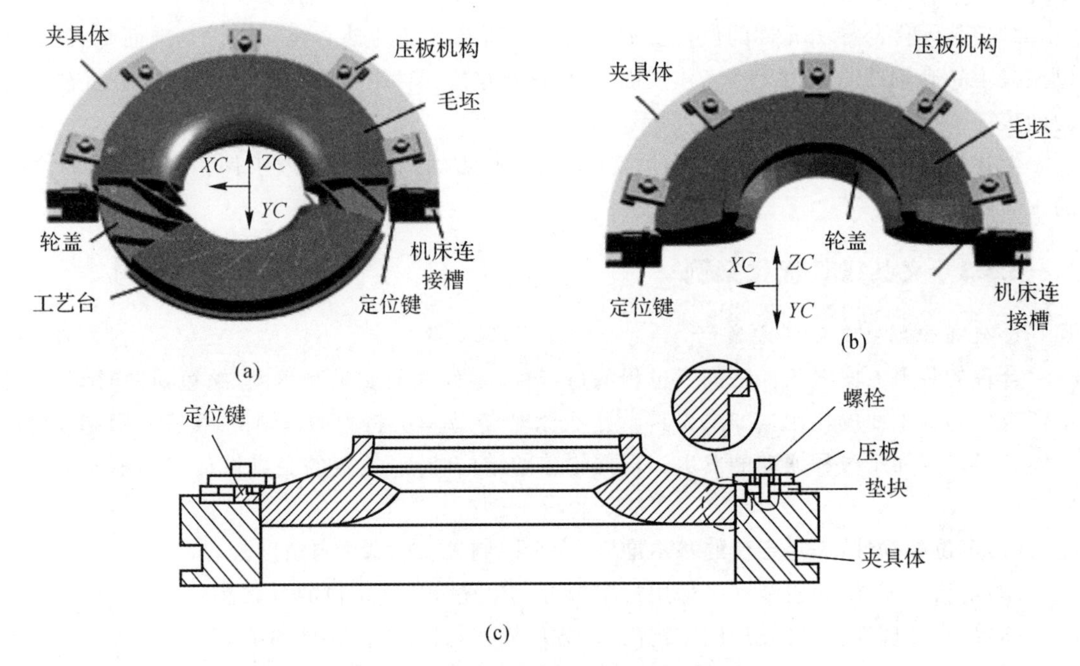

图 2-39 轮盖铣削加工夹具示意图

(a)轮盖正面装夹；(b)轮盖反面装夹；(c)轮盖正面装夹状态剖面图

开式整体叶盘的夹具如图 2-40 所示，由于该类叶盘叶片分布在叶盘外侧，刀具通常从叶尖处进刀加工，因此在设计夹具时采用中心定位的策略。叶盘的径向定位利用腹板中心孔进行中心定位；叶盘的角向定位利用叶盘腹板上的装配孔或采用预留加工余量的方式以两销孔定位；叶盘的轴向固定采用大盖盘将螺钉产生的压近力沿轮毂一周均匀作用在轮毂上，从而实现轴向定位。由于在叶盘轮毂的内侧预留了工艺余量，该压紧力又可沿轴向方向直接传递到夹具底座上，所以该压紧力垂直传递不会引起叶盘的整体变形。另外，由于压紧部位设计在与叶片相邻的轮毂上，提高了叶片加工过程叶盘的整体稳定性。该夹具设计也保障了零件加工的开敞性，可通过一次装夹，完成叶片所有加工内容。

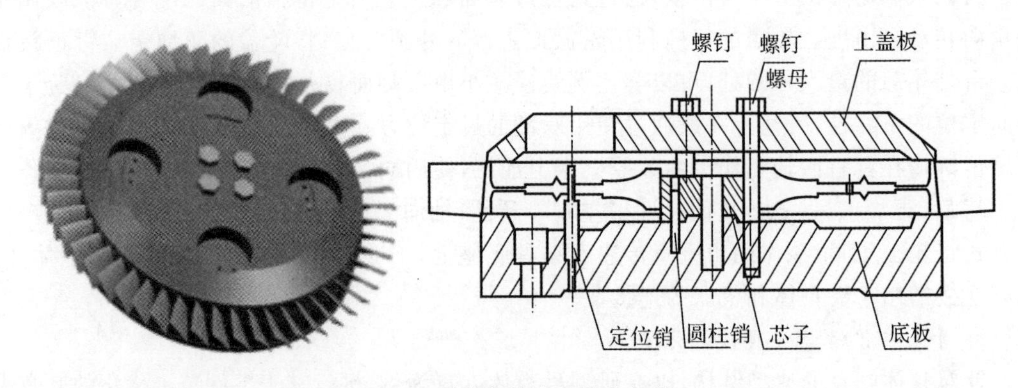

图 2-40 开式整体叶盘装夹方式

3. 闭式整体叶盘夹具设计方案

由于闭式整体叶盘的结构限制，通常需要采用双侧对接的加工方法，在夹具设计中必须充分考虑翻面加工的精度控制问题。闭式整体叶盘装夹方式如图 2-41 所示。同样，叶盘的径向利用叶盘的中心孔定位，但该孔与夹具轴的配合精度要求比开式叶盘高一等级；通过预留余量，将叶盘的角向定位键槽设计在外轮毂的最大外圆处，该设计方法对由于翻面装夹角向误差所引起的叶片加工误差具有比例缩小作用；轴向采用多个压板均匀分布在叶盘四周方式将叶盘压紧，该作用力垂直传递到夹具底座上，减少由于压紧力引起零件的整体变形；零件上的角向定位键槽采用具有回转工作台的数控机床加工，使用同一个程序先将一边上下两个键槽一次性加工完成，工作台回转 180°后，再加工另一组，既保证了键槽的上下一致性，又保证了左右一致性。

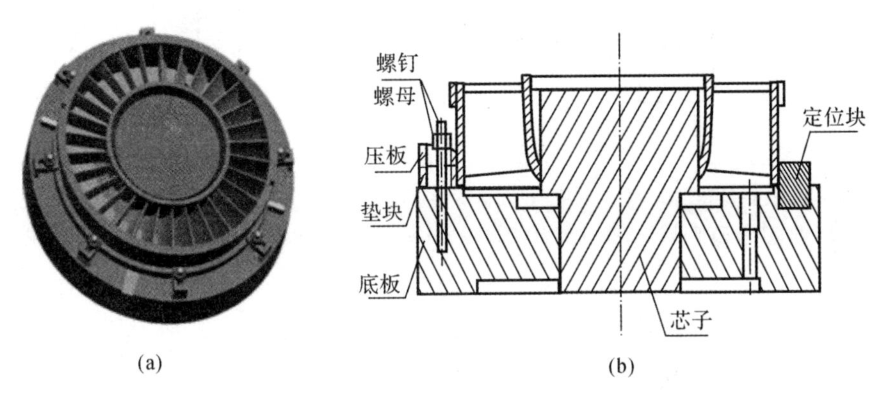

图 2-41 闭式整体叶盘装夹示意图

(a)闭式整体叶盘装夹示意图；(b)闭式整体叶盘夹具剖面图

4. 薄壁叶片夹具设计方案

航空发动机叶片工艺特点为：叶片为薄壁结构，具有复杂自由曲面，为提高气动性能，叶片曲面弯扭剧烈，结构具有弯、扭、掠形等特点，精度高，这些特点对叶片加工前的装夹提出了相当高的要求。现有技术中的叶片加工夹具类型有很多，通常有通用夹具、可调整夹具、组合夹具等，一般都采用一端固定、一端顶尖式结构，该结构在加工薄壁结构叶片时很容易造成叶片的夹紧变形，而且其定位方式不稳定，影响了叶片的加工精度和整体质量。

为了克服现有技术叶片夹紧容易变形、定位不稳的不足，设计了一种叶片数控加工精密定位夹具，如图 2-42 和图 2-43 所示，通过采用两端预拉紧的固定夹紧结构，能有效地解决现有技术中的问题。

本定位夹具采用的技术方案是夹具体由装夹叶片榫根端部的榫根定位块和装夹叶片叶尖端的定位芯轴构成，榫根定位块通过底座安装在旋转工作台上，榫根定位块上设有叶片榫根安装槽和用于夹紧的第一偏心销轴，第一偏心销轴安装在叶片榫根安装槽底部，第一偏心销轴的轴向外表面与叶片榫根接触；定位芯轴通过连接轴套与尾座相连，尾座和旋转工作台安装在机床工作台上，定位芯轴通过定位销与叶片叶尖端工艺台相连，叶片叶尖端工艺台接触叶片叶尖端。

使用本夹具的有益效果是：在叶片装夹过程中，对叶片榫根部位进行过定位，叶尖端工艺台与定位芯轴相连，通过偏心销轴的设置，利用偏心销轴的自锁来实现夹紧，即使叶片加工的时候有一个预紧的拉力，这样可以有效减小加工中的叶片在切削力的作用下产生加工变形，使叶片在加工过程中能承受由于刀具切削力产生的冲击和振动，使叶片的加工变得稳定且不易变形。该夹具不但可以提高航空发动机叶片的加工精度和质量，而且可提高数控加工效率，用螺钉和榫根部位的定位件实现叶片的过定位，提高定位精度，减小阻尼振动。利用榫根处的定位件和定位面实现对称定位，使装夹的对称性好。此夹具结构简单，安装方便，定位精度高，可多次装拆而不影响定位精度。

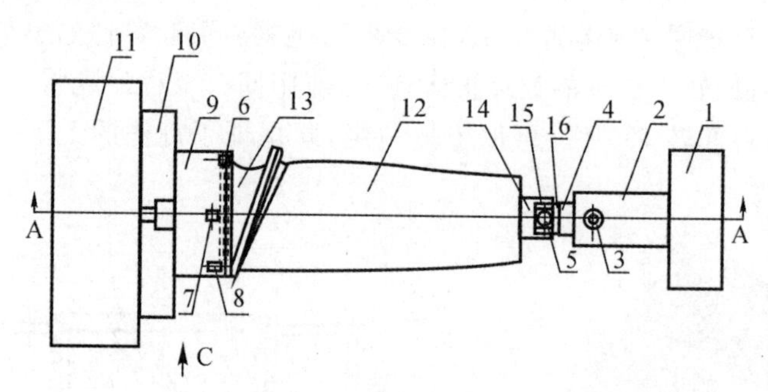

图 2-42　叶片夹具示意图

1—尾座；2—轴套；3—第二偏心销轴；4—定位芯轴；5—定位销；6—夹紧销钉；7—第一偏心销轴；8—定位销轴；9—榫根定位块；10—底座；11—旋转工作台；12—叶片；13—叶片榫根；14—叶尖端工艺台；15—槽孔；16—槽

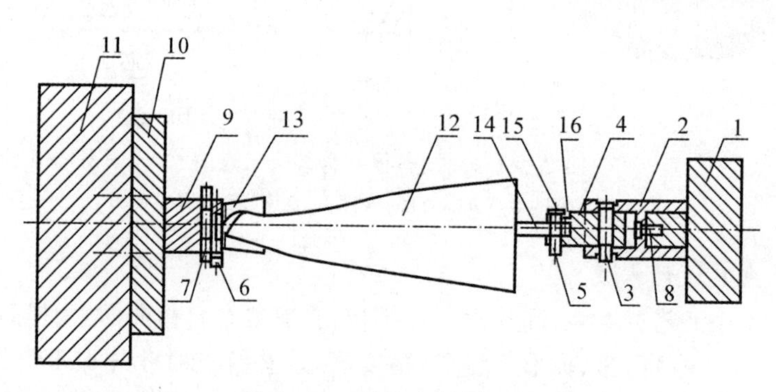

图 2-43　叶片夹具剖面图

1—尾座；2—轴套；3—第二偏心销轴；4—定位芯轴；5—定位销；6—夹紧销钉；7—第一偏心销轴；8—定位销轴；9—榫根定位块；10—底座；11—旋转工作台；12—叶片；13—叶片榫根；14—叶尖端工艺台；15—槽孔；16—槽

2.4　数控加工工艺基础

2.4.1　数控加工工艺概述

1. 数控加工工艺的特点

数控加工工艺是采用数控机床加工零件时所运用各种方法和技术手段的总和，应用于整个数控加工工艺过程。数控加工工艺是伴随着数控机床的产生、发展而逐步完善起来的一种应用技术，它是人们大量数控加工实践的经验总结。

由于数控加工采用了计算机控制系统和数控机床，使得数控加工具有加工自动化程度高、精度高、质量稳定、生成效率高、周期短、设备使用费用高等特点。在数控加工工艺上也与普通加工工艺具有一定的差异。

(1)数控加工工艺内容要求更加具体、详细。对于普通加工工艺,许多具体工艺问题,如加工步的划分与安排、刀具的几何形状与尺寸、走刀路线、加工余量、切削用量等,在很大程度上由操作人员根据实际经验和习惯自行考虑和决定,一般无须工艺人员在设计工艺规程时进行过多的规定,零件的尺寸精度也可由试切保证。而对于数控加工工艺,所有工艺问题必须事先设计和安排好,并编入加工程序中。数控工艺不仅包括详细的切削加工步骤,还包括夹具型号、规格、切削用量和其他特殊要求的内容,以及标有数控加工坐标位置的工序图等。在自动编程中更需要确定详细的各种工艺参数。

(2)数控加工工艺要求更严密、精确。对于普通加工工艺,加工时可以根据加工过程中出现的问题比较自由地进行人为调整。而对于数控加工工艺,自适应性较差,加工过程中可能遇到的所有问题必须事先精心考虑,否则导致严重的后果。

(3)制定数控加工工艺要进行零件图形的数学处理和编程尺寸设定值的计算。数控加工工艺当中,编程尺寸并不是零件图上设计尺寸的简单再现,在对零件图进行数学处理和计算时,编程尺寸设定值要根据零件尺寸公差要求和零件的形状几何关系重新调整计算,这样才能确定合理的编程尺寸。

(4)数控加工工艺考虑进给速度对零件形状精度的影响。在数控加工中,制定数控加工工艺时,选择切削用量要考虑进给速度对加工零件形状精度的影响。刀具的移动轨迹是由插补运算完成的。根据差补原理分析,在数控系统已定的条件下,进给速度越快,则插补精度越低,导致工件的轮廓形状精度越差。尤其在高精度加工时这种影响非常明显。

(5)数控加工工艺强调刀具选择的重要性。复杂形面的加工编程通常采用自动编程方式,自动编程中必须先选定刀具,再生成刀具中心运动轨迹,因此对于不具有刀具补偿功能的数控机床来说,若刀具预先选择不当,所编程序只能推倒重来。

(6)数控加工工艺的特殊要求。由于数控机床比普通机床的刚度高,所配的刀具也较好,因此在同等情况下,数控机床切削用量比普通机床大,加工效率也较高。数控机床的功能复合化程度越来越高,因此现代数控加工工艺的明显特点是工序相对集中,表现为工序数目少,工序内容多,并且由于在数控机床上尽可能安排较复杂的工序,所以数控加工的工序内容比普通机床加工的工序内容复杂。由于数控机床加工的零件比较复杂,因此在确定装夹方式和夹具设计时,要特别注意刀具与夹具、工件的干涉问题。

(7)数控加工程序的编写、校验与修改是数控加工工艺的一项特殊内容。普通工艺中,划分工序、选择设备等重要内容对数控加工工艺来说属于已基本确定的内容,所以制定数控加工工艺的着重点在整个数控加工过程的分析,关键在确定进给路线及生成刀具运动轨迹。复杂表面的刀具运动轨迹生成需借助自动编程软件,既是编程问题,当然也是数控加工工艺问题。这也是数控加工工艺与普通加工工艺最大的不同之处。

随着计算机技术突飞猛进的发展,数控技术正不断采用计算机、控制理论等领域的最新技术成就,使其朝着高速化、高精化、复合化、智能化、高柔性化及信息网络化等方向发展。整体数控加工技术向着计算机集成制造系统(CIMS)方向发展。

2. 数控加工工艺的主要内容

(1)数控工艺内容。数控加工工艺过程是利用切削刀具在数控机床上直接改变加工对象的形状、尺寸、表面位置、表面状态等,使其成为成品或半成品的过程。

其数控加工工艺的内容主要包括以下几个方面：

1)选择并确定进行数控加工的零件及内容；

2)对零件图纸进行数控加工的工艺分析；

3)数控加工的工艺设计；

4)对零件图纸的数学处理；

5)编写加工程序单；

6)按程序单制作控制介质；

7)程序的校验与修改；

8)首件试加工与现场问题处理；

9)数控加工工艺文件的定型与归档。

(2)数控加工零件的合理选择。在数控机床上加工零件时，一般有两种情况：①有零件图样和毛坯，要选择适合加工该零件的数控机床；②已经有了数控机床，要选择适合在该机床上加工的零件。无论哪种情况，考虑的主要因素主要有毛坯的材料和类型、零件轮廓形状复杂程度、尺寸大小、加工精度、零件数量、热处理要求等。概括起来有三点，即零件技术要求能否保证，对提高生产率是否有利，经济上是否合算。

根据国内外数控技术应用实践，数控机床通常最适合加工具有以下特点的零件：①多品种、小批量生产的零件或新产品试制中的零件；②轮廓形状复杂，对加工精度要求较高的零件；③用普通机床加工时，需要有昂贵的工艺装备(工具、夹具和模具)的零件；④需要多次改型的零件；⑤价值昂贵，加工中不允许报废的关键零件；⑥需要最短生产周期的急需零件。

数控加工工艺性分析涉及面很广，在此仅从数控加工的可能性和方便性两方面加以分析。

1)零件图样上尺寸数据的给出应符合编程方便的原则。

其一，零件图样上尺寸标注方法应适应数控加工的特点，在数控加工零件图上，应以同一基准引注尺寸直接给出坐标尺寸。

其二，构成零件轮廓的几何元素的条件应充分，在手工编程时，要计算每个节点坐标。在自动编程时，要对构成零件轮廓的所有几何元素进行定义。因此在分析零件图时，要分析几何元素的给定条件是否充分。如果构成零件的几何元素条件不充分，编程时则无法下手。

2)零件各加工部位的结构工艺性应符合数控加工的特点。

其一，零件的内腔和外形最好采用统一的几何类型和尺寸。这样可以减少刀具规格和换刀次数，使编程方便，生产效益提高。

其二，内槽圆角的大小决定着刀具直径的大小，因而内槽圆角半径不应过小。

内槽圆角的大小决定着刀具直径的大小，如果太小，刀具刚度不足，影响表面加工质量，工艺性较差，因而内槽圆角半径应大一些。图 2-44 所示表明零件工艺性的好坏与被加工轮廓的高低、内槽圆角的大小等有关。

其三，零件铣削底平面时，槽底圆角半径不应过大，否则铣刀端刃铣削平面的能力差、效率低。如图 2-45 所示，圆角 r 越大，d 越小($d=D-2r$，D 为铣刀直径)，即铣刀端刃铣削平面的面积越小，加工表面的能力越差，工艺性也越差。当 r 大到一定程度时，甚至必须用球头刀加工，此时切削性能较差，应尽量避免。

其四，应采用统一的基准定位。在数控加工中，若没有统一的基准定位，会因工件重新安装而导致加工后的两个面的轮廓位置及尺寸不协调现象。

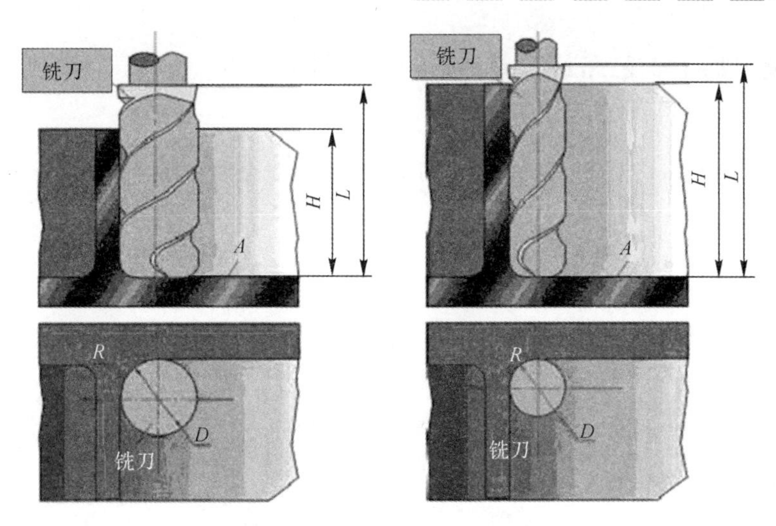

图 2-44 数控加工工艺性对比

其五,增加工艺凸台。在零件数控加工过程中,对正反两面都采用数控加工的零件,为保证加工精度,最好采用统一的定位基准。如果零件本身没有合适的定位基准,则可设置工艺孔作为定位基准,完成定位和加工后再加以去除,如图 2-46 所示。

此外,还应分析零件所要求的加工精度、尺寸公差是否已得到保证,有无引起矛盾的多余尺寸或影响工序安排的封闭尺寸等。

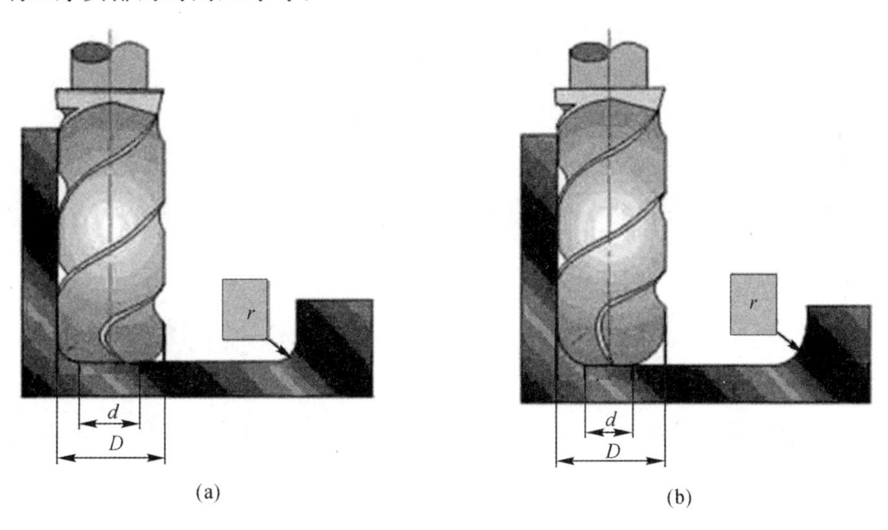

图 2-45 槽底圆角半径 r 对加工工艺的影响

图 2-46 增加工艺凸台示例

2.4.2 数控加工工艺路线设计

1. 复杂通道可加工判断与区域划分

航空复杂零件叶盘、机匣、叶片等的数控加工由于自身结构的复杂性，必须根据结构特征进行加工区域划分。加工区域规划即对加工对象进行分析，按其形状特征、功能特征及精度、粗糙度要求将加工对象分成若干个加工区域。通过对加工区域进行合理规划，可以达到提高加工效率和加工质量的目的，尤其在航空零件的加工上有着重要的意义。

图 2-47 所示为某航空发动机叶片，该叶片的叶身是自由曲面，叶片截面之间扭曲大，并且叶身的每个截面由叶盆、叶背两条样条曲线和进排气边圆弧光滑拼接而成。榫头部分轮廓度达到 0.02 mm，由于采用钛合金难加工材料，此材料强度比高，弹性模量小，变形不易消除。加工过程区域划分为榫头部分、叶身(叶盆、叶背)、缘头等部分加工。

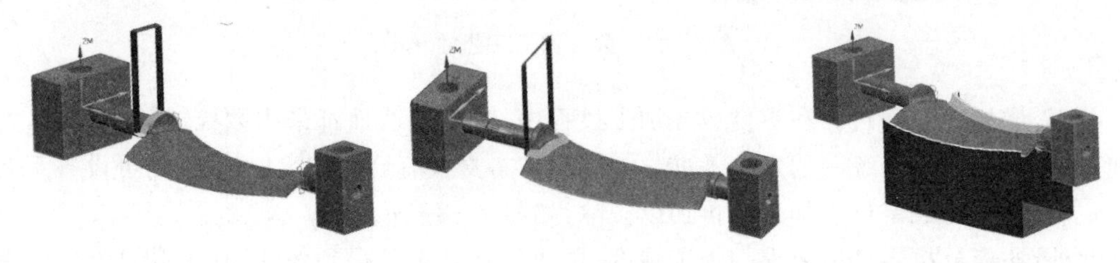

图 2-47　某发动机叶片

图 2-48 所示是某航空发动机机匣，该非完全回转机匣是以回转轮毂为主体，沿周向呈一定角度分布若干类不同形状的岛屿凸台(安装座)，结构复杂、尺寸较大。由于一周结构特征各不相同，因此，可以对每个环形加工区域按周向角度划分成扇形加工区域，使其部分区域具有相同加工特征。然后，对具有相同加工特征的区域只需规划其中一处加工轨迹，其余区域加工轨迹可通过坐标变换获得，从而以最少的加工区域刀位轨迹规划完成整个零件的加工。

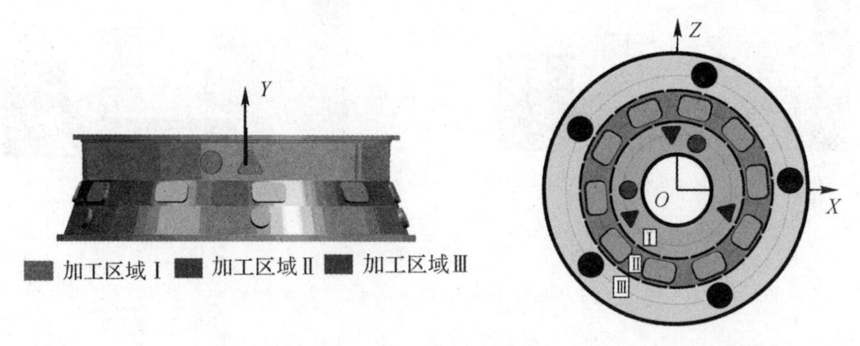

图 2-48　某发动机机匣

而对于叶轮、叶盘类多约束通道结构复杂零件的数控加工，远比上述两个零件加工难度大，加工过程中刀杆易发生碰撞干涉，因此在数控加工之前必须进行通道可加工性分析，并判定单双面加工方式，然后划分通道加工区域，以及确定可用的最大刀具。

对通道特征进行分析，分析的内容包括：通道的最窄宽度、约束状态；叶片的性质(包括叶片是直纹面还是自由曲面)、叶片的扭曲度、各个截面的厚度、前后缘大小及变化情况、过渡圆角半径及其是否变化;加工可行性等。

对图2-49(a)所示的叶盘通道,刀具是可达的,即该叶盘是可加工的;而对图2-49(b)所示的通道,刀具是不可达的,即该零件不可采用数控加工完成。对图2-49(c)所示的闭式整体叶盘,由于受相邻叶片及内、外环的约束,或受刀具长度和刚度等限制,五轴联动数控加工设备通常无法从一端完成整个通道和叶片的加工,而必须采用从进排气边双侧对接方式。因此,合理划分对接加工区域,既可缩短加工刀具长度,又可增加切削刀具刚性、提高加工效率。通过上述区域划分可以看出,其对接加工区域划分准则是:在分界处从两端加工的刀具长度相近,使得叶盘加工总体刀具长度控制到最短。

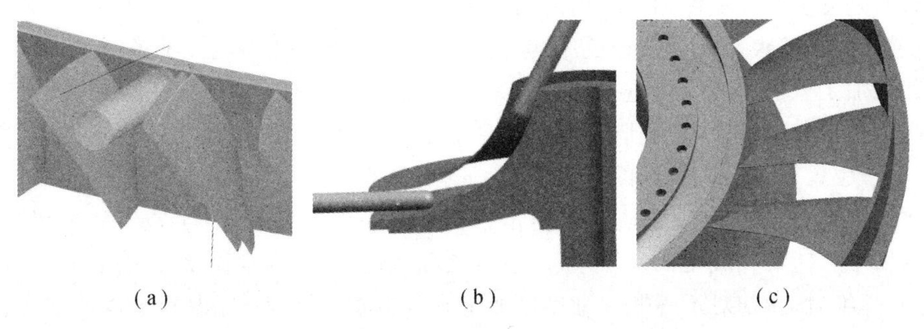

图2-49 通道加工可行性分析与对接区域划分

(a)可达区域;(b)不可达区域;(c)对接区域

2. 加工方法的选择与加工方案的确定

加工方法的选择应以满足加工精度和表面粗糙度的要求为原则。由于获得同一级加工精度及表面粗糙度的加工方法一般有许多,在实际选择时,要结合零件的形状、尺寸和热处理要求等全面考虑。例如,对于叶盘加工而言,除满足精度要求外,还应兼顾考虑生产率和经济性的要求,以及生产设备的实际情况。一般叶盘采用钛合金毛料整体锻件结构,因此,对毛坯首先应该进行基准面的车削加工,加工出整体叶盘回转体的基本形状。然后,进行叶盘气流通道的开槽加工,此处,既可采用侧铣进行通道余量去除,也可采用插铣方式进行余量快速去除,实现叶盘气流通道的粗加工。最后,再进行精车型面、半精加工及精加工的叶盘气流通道。

加工方法的选择总原则是保证加工表面的加工精度和表面粗糙度的要求。由于获得同一级精度及表面粗糙度的加工方法一般有许多,因而在实际选择时,要结合零件的形状、尺寸大小和热处理要求等全面考虑。

零件上比较精密的尺寸及表面的加工,常常是通过粗加工、半精加工和精加工逐步达到的。对这些加工部位仅仅根据质量要求选择相应的加工方法是不够的,还应正确地确定从毛坯到最终成形的加工方案。

确定加工方案时,首先应根据主要表面的精度和表面粗糙度的要求,初步确定为达到这些要求所需要的加工方法。例如,对于孔径不大的IT7级精度的孔,最终的加工方法选择精铰孔时,则精铰孔前通常要经过钻孔、扩孔和粗铰孔等加工。

加工方案确定的总原则:零件上比较精确表面的加工,常常是通过粗加工、半精加工和精加工逐步达到的。对这些表面仅仅根据质量要求选择相应的最终加工方法是不够的,还应正确地确定从毛坯到最终成形的加工方案。

3. 典型构件工序划分

加工工序规划是指整个工艺过程而言的，不能以某一工序的性质和某一表面的加工来判断。例如有些定位基准面，在半精加工阶段甚至在粗加工阶段中就需加工得很准确。有时为了避免尺寸链换算，在精加工阶段中，也可以安排某些次要表面的半精加工。在确定了零件表面的加工方法和加工阶段后，就可以将同一加工阶段中各表面的加工组合成若干个工步。零件是由多个表面构成的，这些表面有自己的精度要求，各表面之间也有相应的精度要求。为了达到零件的设计精度要求，加工顺序安排应遵循一定的原则。

(1)先粗后精的原则。各表面的加工顺序按照粗加工、半精加工、精加工和光整加工的顺序进行，目的是逐步提高零件加工表面的精度和表面质量。

如果零件的全部表面均由数控机床加工，工序安排一般按粗加工、半精加工、精加工的顺序进行，即粗加工全部完成后再进行半精加工和精加工。粗加工时可快速去除大部分加工余量，再依次精加工各个表面，这样既可提高生产效率，又可保证零件的加工精度和表面粗糙度。该方法适用于位置精度要求较高的加工表面。航空典型零件叶片、机匣、叶盘等都是基于先粗后精加工的原则。例如机匣，毛坯经过粗车和粗铣建立粗基准，然后半精车和半精铣修基准面，再经过精车和精铣完成型面加工，最后进行孔加工，整个过程遵循了先粗后精的原则。

这并不是绝对的，如对于一些尺寸精度要求较高的加工表面，考虑到零件的刚度、变形及尺寸精度等要求，也可以考虑这些加工表面分别按粗加工、半精加工、精加工的顺序完成。对于精度要求较高的加工表面，在粗、精加工工序之间，零件最好搁置一段时间，使粗加工后的零件表面应力得到完全释放，减小零件表面的应力变形程度，这样有利于提高零件的加工精度。

(2)基准面先加工原则。加工一开始，总是把用作精加工基准的表面加工出来，因为定位基准的表面精确，装夹误差就小，所以任何零件的加工过程，总是先对定位基准面进行粗加工和半精加工，必要时还要进行精加工。例如，轴类零件总是对定位基准面进行粗加工和半精加工，再进行精加工。再如，轴类零件总是先加工中心孔，再以中心孔面和定位孔为精基准加工孔系和其他表面。如果精基准面不止一个，则应该按照基准转换的顺序和逐步提高加工精度的原则来安排基准面的加工。例如，叶片精密数控加工是以锻造毛坯为基准，经过粗、半精、精加工等多道加工工序，以数控铣削方式将叶型加工至最终尺寸，其中榫头是叶片精度最高的部分，是叶片的安装基准，也作为叶片加工基准。但是对于叶片类薄壁零件，只有榫根一端悬臂式定位，不能保证切削过程零件的刚性要求，难以满足叶片精度要求，为此，还需在叶尖增加辅助工艺定位基准——叶尖工艺台和定位工艺孔，并与榫根一起构成定位基准。

(3)先面后孔原则。对于箱体类、支架类、机体类等零件，平面轮廓尺寸较大，用平面定位比较稳定可靠，故应先加工平面，后加工孔。这样，不仅使后续的加工有一个稳定可靠的平面作为定位基准面，而且在平整的表面上加工孔，加工变得容易一些，也有利于提高孔的加工精度。通常，可按零件的加工部位划分工序，一般先加工简单的几何形状，后加工复杂的几何形状；先加工精度较低的部位，后加工精度较高的部位；先加工平面，后加工孔。

(4)先内后外原则。对于精密套筒，其外圆与孔的同轴度要求较高，一般采用先孔后外圆的原则，即先以外圆作为定位基准加工孔，再以精度较高的孔作为定位基准加工外圆，这样可以保证外圆和孔之间具有较高的同轴度要求，而且使用的夹具结构也很简单。

(5)减少换刀次数的原则。在数控加工中，应尽可能按刀具进入加工位置的顺序安排加工顺序，减少加工过程中的换刀次数。

4. 工步与工序顺序安排

(1)工步划分原则。工步的划分主要从加工精度和效率两方面考虑。在一个工序内往往采用不同刀具和切削用量,对不同表面进行加工。为了便于分析和描述复杂的工序,在工序内又细分为工步。下面以加工中心为例说明工步划分的原则。

1)同一表面按粗加工、半精加工、精加工依次完成,整个加工表面按先粗后精分开进行。

2)对于既有铣面又有镗孔的零件,可先铣面后镗孔,以提高孔的加工精度。因铣削时切削力较大,工件易发生变形,先铣面后镗孔,使其有一段时间恢复,可减少变形对孔精度的影响。

3)某些机床的工作台回转时间比换刀时间短,可采用按刀具划分工步,以减少换刀次数,提高加工效率。

总之,工序与工步的划分要根据零件的结构特点、技术要求等情况综合考虑。

(2)加工顺序的安排。加工顺序的安排应根据零件的结构、毛坯状态、定位安装与夹紧的要求来考虑,重点是不能破坏工件的刚性。

加工顺序安排的原则如下:

1)上道工序的加工不能影响下道工序的定位与夹紧,中间穿插有通用机床加工工序的也要综合考虑。

2)先进行内形、内腔的加工,再进行外形的加工。

3)以相同定位、夹紧方式或同一刀具加工的工序,最好连续进行,以减少重复定位次数、换刀次数与挪动压板次数。

4)在同一安装中进行的多道工序,应先安排对工件刚性破坏较小的工序。

2.4.3 数控加工工艺工序设计

1. 走刀路线确定

走刀路线就是刀具在整个加工工序中的运动轨迹,它不但包括了工步的内容,也反映出工步顺序。走刀路线是编写程序的依据之一。确定走刀路线时应注意以下几点。

(1)寻求最短加工路线。如加工图 2-50(a)所示零件上的孔系。图 2-50(b)所示的走刀路线为先加工完外圈孔后,再加工内圈孔。若改用图 2-50(c)所示的走刀路线,减少空刀时间,则可节省定位时间近一倍,提高了加工效率。

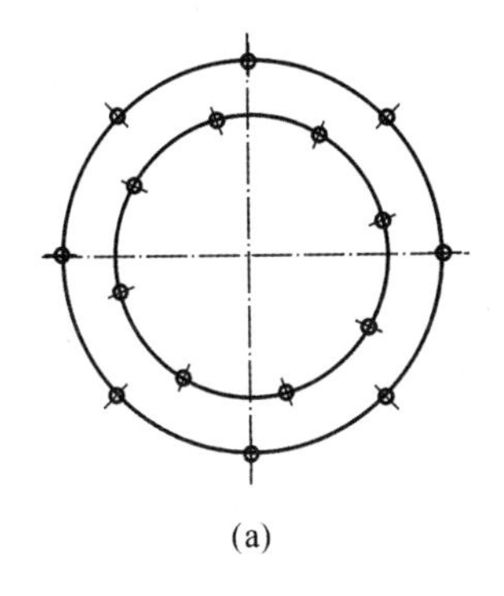

(a)

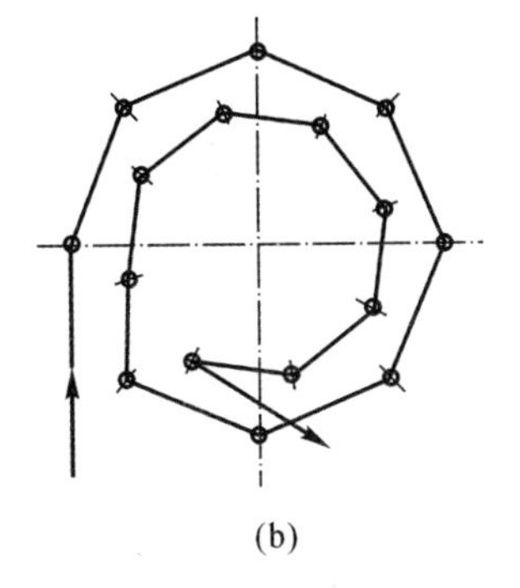

(b)

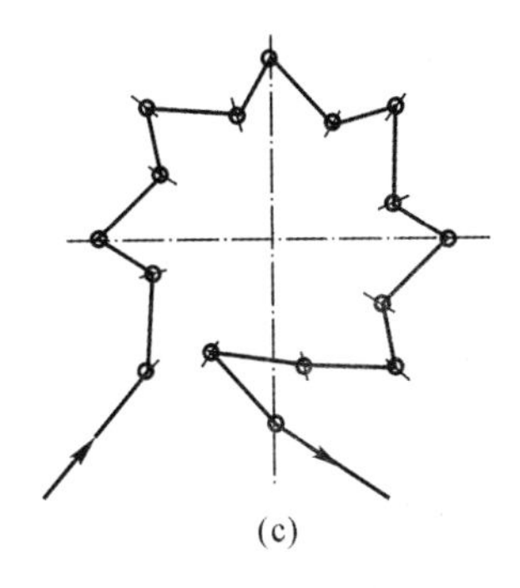

(c)

图 2-50 孔系走刀路线的设计

(a)零件图样;(b)路线 1;(c)路线 2

传统的叶盘与机匣零件粗加工采用分层侧铣加工,加工时刀具主要受径向力作用,随着通道铣削深度的逐步加深，刀具刚性变差，在径向力的作用下刀具变形，产生颤振，磨损加剧，加工效率显著下降，严重时甚至导致刀具折断，对保证生产安全和提高加工效率不利。而改用插铣法后，如图2-51所示，实现了对较深腔槽的高效率加工方法，其变径向进给为轴向直线进给，从而大幅降低了走刀路线，同时降低了刀具的径向切削力，并能保持切削力大小的稳定，可有效抑制刀具的振动现象，提高加工效率。

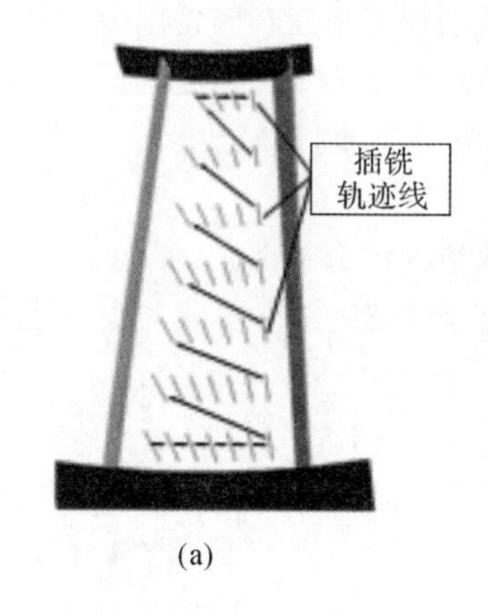

(a)

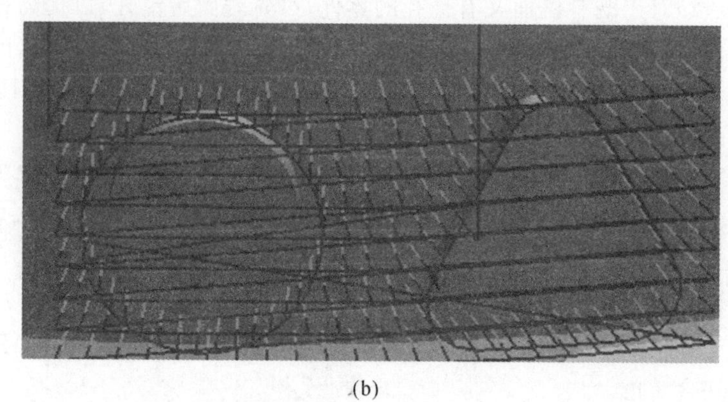

(b)

图2-51　插铣工艺路线设计

(a)叶盘通道；(b)机匣特征区域

(2)最终轮廓一次走刀完成。为保证工件轮廓表面加工后的粗糙度要求，最终轮廓应安排在最后一次走刀中连续加工出来。图2-52(a)所示为用行切方式加工内腔的走刀路线，这种走刀能切除内腔中的全部余量，不留死角，不伤轮廓。但行切法将在两次走刀的起点和终点间留下残留高度，从而达不到要求的表面粗糙度。所以采用图2-52(b)所示的走刀路线，先用行切法，最后沿周向环切一刀，光整轮廓表面，能获得较好的效果。图2-52(c)所示也是一种较好的走刀路线方式。

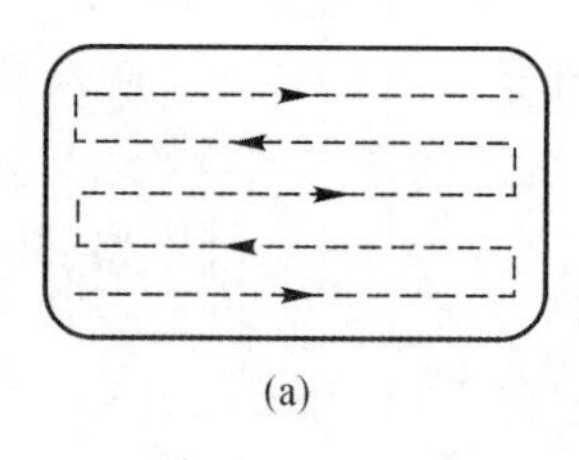

(a)

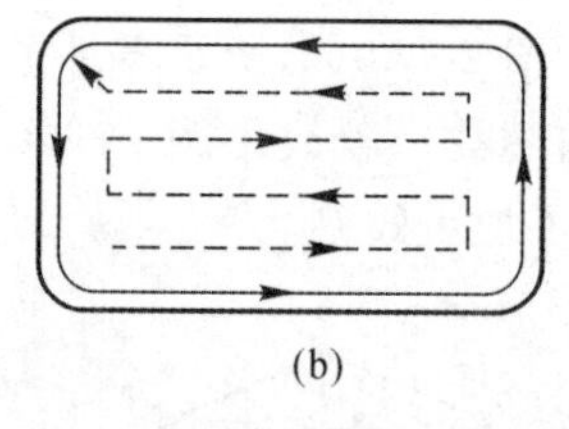

(b)

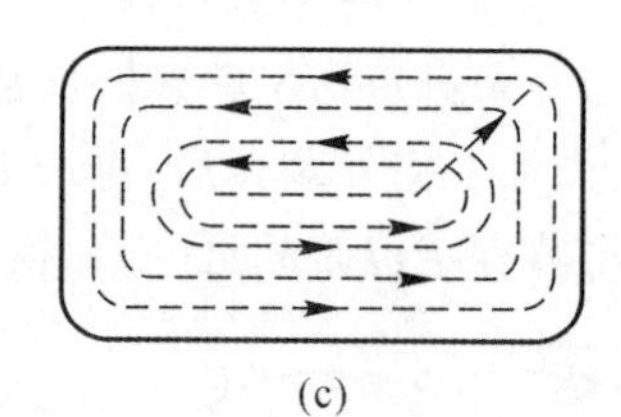

(c)

图2-52　铣削内腔的三种走刀路线

(a)路线1；(b)路线2；(c)路线3

开式整体叶盘叶片是典型的复杂薄壁结构零件，叶片只在根部与轮毂固连，属于悬臂梁结构，其外形复杂、叶型厚度薄、工艺刚性差、加工刀具切削力较大，传统通常采用行切加工方式，对整个叶片曲面分成叶盆、叶背、前椽及后椽四个区域分别行切加工完成刀位轨迹规划，如图2-53(a)所示。而针对复杂自由曲面的螺旋铣削加工工艺方法，其工艺特征是，在一个螺旋周期内交替切除零件两侧型面的加工余量，如图2-53(b)所示，相比于常规的行切法有显著的优势：一次性加工整个曲面，避免了翻面装夹分片加工和横向进退刀，减少了刀具在进给方向的大角度转向及空行程，可实现高速铣削；螺旋铣也属于双面对称铣削法，这种工艺方法，不仅可以提高加工精度和轮廓精度，减少加工中的弹性变形，而且可以降低铣削残余应力对叶片扭曲变形的影响。这是因为在一个切削周期内，加工两侧的铣削残余应力在很小的一个范围内逐步产生和释放始终保持着近似的平衡状态，如此交替往复始终处于一种稳定切削的过程中，引起的变形也互相抵消被控制在很小的范围内，可以有效解决薄壁叶片切削残余应力引起的扭曲变形问题。

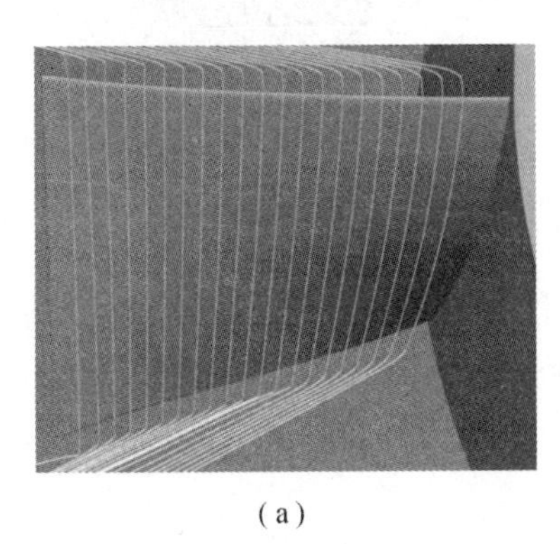

(a)

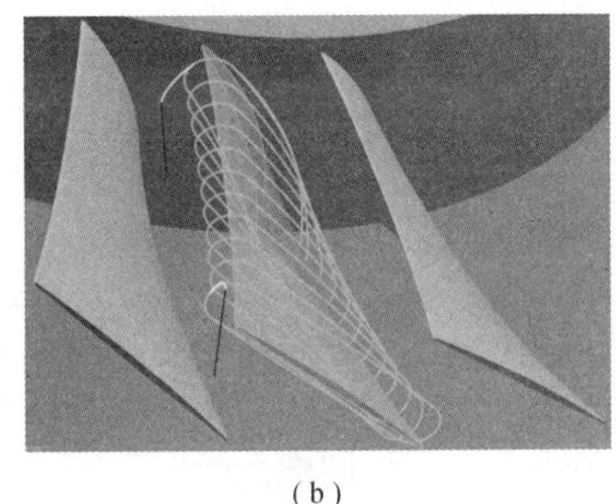

(b)

图 2-53　叶片曲面两种数控加工走刀方式

(a)叶背行切刀位轨迹；(b)螺旋铣刀位轨迹

机匣回转轮毂面上分布着喷油嘴安装座、孔探仪安装座等不同功能与形状的多达几十个的安装座凸台，凸台平面上最终会加工不同类型、大小的通孔以实现相应的功能。因此安装座凸台平面加工精度、表面质量对机匣最终性能具有重要影响。平面铣刀是专门应用于大平面铣削加工的一种端铣刀，目前平面铣刀多采用可转位机夹结构，即采用机械夹固的方法，将若干硬质合金刀片装夹在刀体上，刀片的一个切削刃用钝后，只要调换使用另一切削刃，便可使切削持续进行，如图 2-54(b)所示。由于可转位平面铣刀只是在刀体底面边缘安装有一些刀片，刀底中心不参与切削，因此相比普通立铣刀加工，平面铣刀具有加工效率高、刀具成本低、平面加工质量好等优点，相对普通小直径立铣刀(见图 2-54(a))需要多行切削，而大直径平面铣刀只需单行切削即可一次走刀完成。

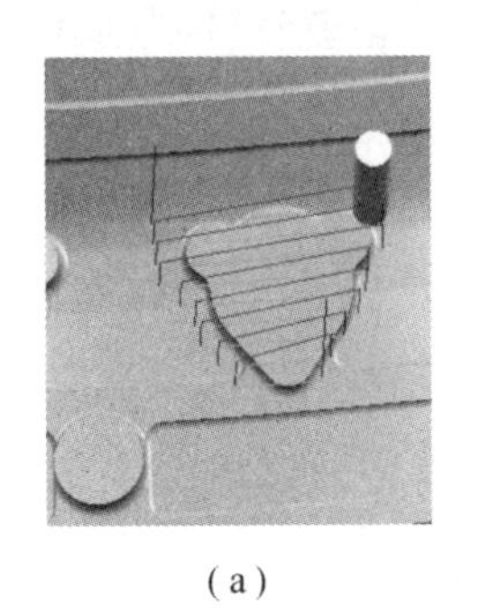

(a)

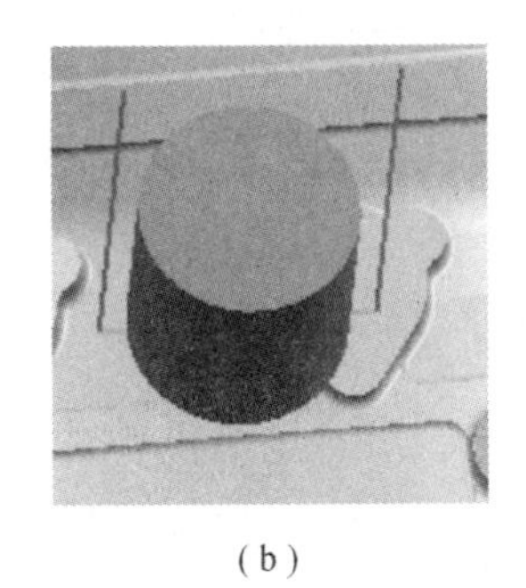

(b)

图 2-54　两种平面加工方法对比

(a)普通立铣刀；(b)平面铣刀

(3)选择切入切出方向。考虑刀具的进刀、退刀(切入、切出)路线时，刀具的切出或切入点应在沿零件轮廓的切线上，以保证工件轮廓光滑；应避免在工件轮廓面上垂直进刀、退刀而划伤工件表面；尽量减少在轮廓加工切削过程中的暂停(切削力突然变化造成弹性变形)，以免留下刀痕，如图 2－55(a)所示。但是上述也不是绝对的，如图 2－55(b)所示，叶片榫头加工时，考虑到刀具空间干涉问题就采用了直接直线进退刀方式。

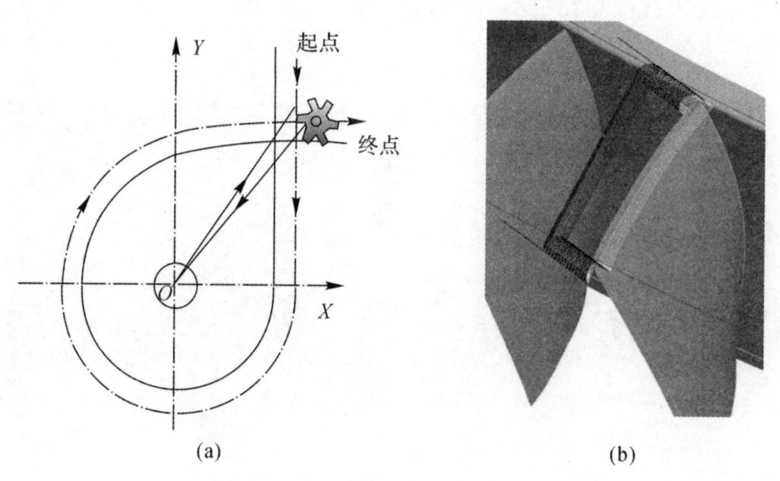

图 2－55　刀具切入和切出时的外延

(a)切线进退刀方式；(b)直线进退刀方式

(4)选择使工件在加工后变形小的路线。对横截面积小的细长零件或薄板零件应采用分几次走刀加工到最后尺寸或对称去除余量法安排走刀路线。安排工步时，应先安排对工件刚性破坏较小的工步。例如图 2－56 中采用双面对称铣削工艺，沿壁板顶部至根部进行铣削，每一个铣削层作为一个铣削周期，在一个周期内采用同步切除壁板两个型面的加工余量，切削过程中，始终保持“切削位置点对称”“刀轴矢量夹角对称(近似相等)”“切除顺序对称(一致顺铣)”，即“三对称原则”。可以看出，“双面对称”铣削过程应力是在很小的一个切削范围内逐步释放的，是同步平衡的一个过程，它在一个切削周期内始终保持着近似的平衡状态，下一周期小范围的切削产生的残余应力对上步的影响很小，属于一种“双稳态”切削，整个过程保证了残余应力的变形量很小。因此，“双面对称”加工方式成为薄壁叶片切削残余应力与扭曲变形控制的有效解决方案。

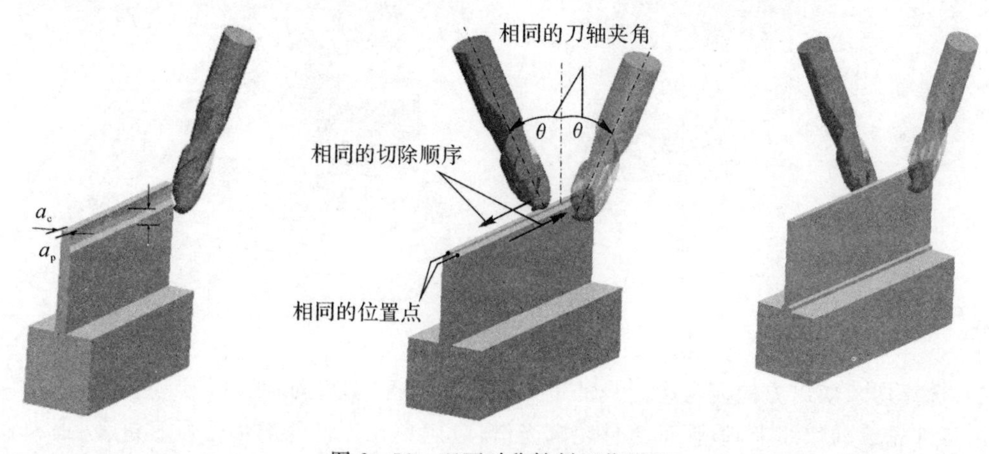

图 2－56　双面对称铣削工艺原理

2. 刀具合理选择

刀具的选择是在数控编程的人机交互状态下进行的。应根据机床的加工能力、工件材料的性能、加工工序切削用量以及其他相关因素正确选用刀具及刀柄。刀具选择原的总则是安装调整方便、刚性好、耐用度和精度高。在满足加工要求的前提下，尽量选择较短的刀柄，以提高刀具加工的刚性。

(1)选取刀具时，要使刀具的尺寸与被加工工件的表面尺寸相适应。生产中，平面零件周边轮廓的加工，常采用立铣刀；铣削平面时，应选硬质合金刀片铣刀；加工凸台、凹槽时，选高速钢立铣刀；加工毛坯表面或粗加工孔时，可选取镶硬质合金刀片的玉米铣刀；对一些立体型面和变斜角轮廓外形的加工，常采用球头铣刀、环形铣刀、锥形铣刀和盘形铣刀。

(2)在进行自由曲面(模具)加工时，由于球头刀具的端部切削速度为零，因此，为保证加工精度，切削行距一般采用顶端密距，故球头常用于曲面的精加工。而平头刀具在表面加工质量和切削效率方面都优于球头刀，因此，只要在保证不过切的前提下，无论是曲面的粗加工还是精加工，都应优先选择平头刀。另外，刀具的耐用度和精度与刀具价格关系极大，必须引起注意的是，在大多数情况下，选择好的刀具虽然增加了刀具成本，但由此带来的加工质量和加工效率的提高，则可以使整个加工成本大大降低。

(3)在加工中心上，各种刀具分别装在刀库上，按程序规定随时进行选刀和换刀动作。因此必须采用标准刀柄，以便使钻、镗、扩、铣削等工序用的标准刀具迅速、准确地装到机床主轴或刀库上去。编程人员应了解机床上所用刀柄的结构尺寸、调整方法以及调整范围，以便在编程时确定刀具的径向和轴向尺寸。目前我国的加工中心采用 TSG 工具系统，其刀柄有直柄(3 种规格)和锥柄(4 种规格)2 种，共包括 16 种不同用途的刀柄。

(4)在经济型数控机床的加工过程中，由于刀具的刃磨、测量和更换多为人工手动进行，占用辅助时间较长，因此，必须合理安排刀具的排列顺序。一般应遵循以下原则：①尽量减少刀具数量；②一把刀具装夹后，应完成其所能进行的所有加工步骤；③粗精加工的刀具应分开使用，即使是相同尺寸规格的刀具；④先铣后钻；⑤先进行曲面精加工，后进行二维轮廓精加工；⑥在可能的情况下，应尽可能利用数控机床的自动换刀功能，以提高生产效率等。

3. 切削用量选择

合理选择切削用量的原则是：粗加工时，一般以提高生产率为主，但也应考虑经济性和加工成本；半精加工和精加工时，应在保证加工质量的前提下，兼顾切削效率、经济性和加工成本。具体数值应根据机床说明书切削用量手册，并结合经验而定。

具体要考虑以下几个因素：

(1)切削深度 a_p。在机床、工件和刀具刚度允许的情况下，a_p 就等于加工余量，这是提高生产率的一个有效措施。为了保证零件的加工精度和表面粗糙度，一般应留一定的余量进行精加工。数控机床的精加工余量可略小于普通机床。

(2) 切削宽度 a_e。一般 a_e 与刀具直径 D 成正比，与切削深度成反比。经济型数控机床的加工过程中，一般 a_e 的取值范围为 $a_e=(0.6\sim0.9)D$。

(3) 切削速度 v。提高 v 也是提高生产率的一个措施，但 v 与刀具耐用度的关系比较密切。随着 v 的增大，刀具耐用度急剧下降，故 v 的选择主要取决于刀具耐用度。另外，切削速度与加工材料也有很大关系，例如，用立铣刀铣削合金钢 30CrNi2MoVA 时，v 可采用 8 m/min 左右；而用同样的立铣刀铣削铝合金时，v 可选 200 m/min 以上。

(4) 主轴转速 n。一般根据切削速度 v 来选定。计算公式为 $v=\pi nD/1\ 000$。数控机床的控制面板上一般备有主轴转速修调(倍率)开关,可在加工过程中对主轴转速进行整倍数调整。

(5) 进给速度 v_f。v_f 应根据零件的加工精度和表面粗糙度要求以及刀具和工件材料来选择。v_f 的增加也可以提高生产效率。加工表面粗糙度要求低时,v_f 可选择得大些。在加工过程中,v_f 也可通过机床控制面板上的修调开关进行人工调整,但是最大进给速度要受到设备刚度和进给系统性能等的限制。

4. 对刀点和换刀点确定

对于数控机床来说,在加工开始时,确定刀具与工件的相对位置是很重要的,它是通过对刀点来实现的。对刀点是指在数控机床上加工零件,刀具相对零件运动的起始点。对刀点也称作程序起始点或起刀点,如图 2-57 所示。其目的就是确定程序原点在机床坐标系中的位置,对刀点可与程序原点重合,也可在任何便于对刀之处,但该点与程序原点之间必须有确定的坐标联系。例如,当 $x_1=0$,$y_1=0$ 时,对刀点与编程原点重合。

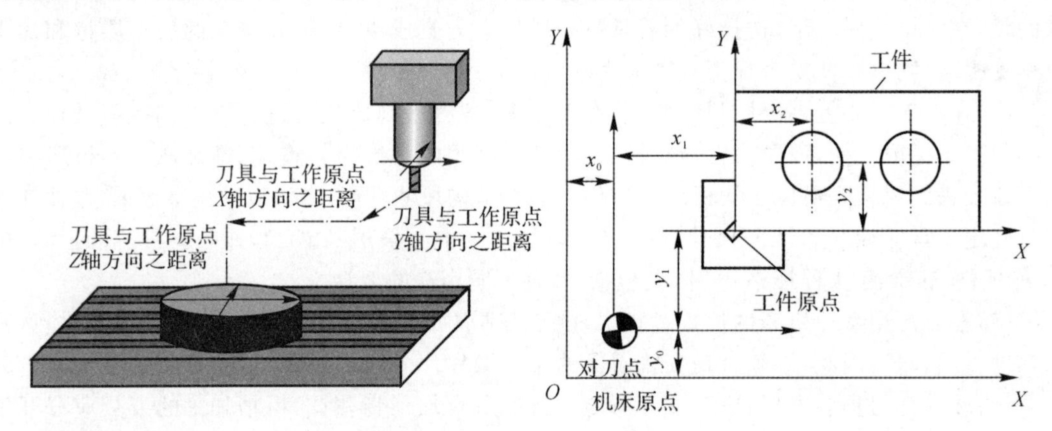

图 2-57 对刀点示意图

对刀点可以设置在零件、夹具或机床上,但必须与零件的定位基准有已知准确关系。当对刀精度要求较高时,对刀点应尽量选择在零件的设计基准或工艺基准上。对于以孔定位的零件,可以取孔的中心作为对刀点。

对刀点选择的一般性原则:

(1)便于用数字处理和简化程序编制;

(2)在机床上找正容易,加工中便于检查;

(3)引起加工误差最小。

需要注意的是,对刀时应使对刀点与刀位点重合。而刀位点是指刀具位置的基准点。常用刀具的刀位点规定:

立铣刀、端铣刀的刀位点是刀具轴线与刀具底面的交点;球头铣刀的刀位点为球心;镗刀、车刀刀位点为刀尖或刀尖圆弧中心;钻头是钻尖或钻头底面中心;线切割的刀位点则是线电极的轴心与零件面的交点,如图 2-58 所示。

常用的对刀方式:试切对刀、自动对刀、机外对刀仪对刀。

除了上述的对刀点、刀位点外,还有一个加工中需要注意的,就是换刀点。

换刀点主要针对数控车床、镗铣床、加工中心等多刀加工数控机床，在加工过程中需要进行换刀，编程时应考虑不同工序之间的换刀位置，设置换刀点。换刀点的位置应保证换刀时刀具与工件或机床不发生碰撞，同时要尽量减少换刀时的空行程距离。

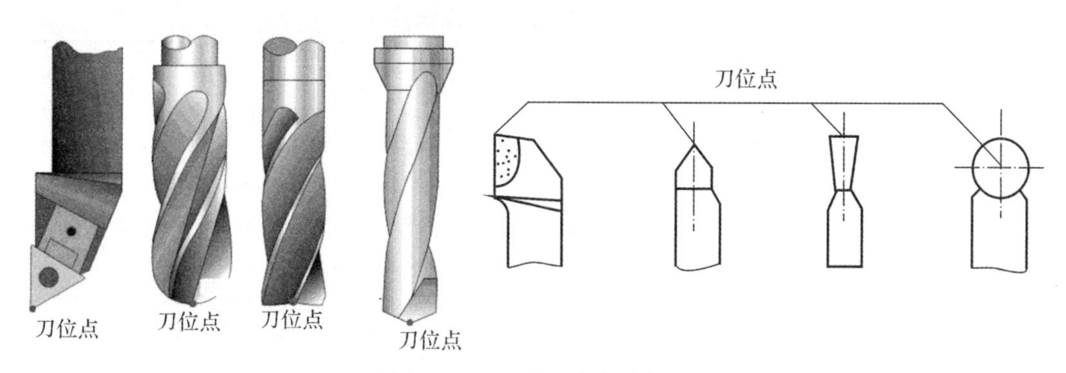

图 2-58　刀具刀位点示意图

2.4.4　数控加工工艺文件

数控加工工艺文件是数控加工工艺设计的内容之一。这些文件既是数控加工的依据、产品验收的依据，也是操作者遵守、执行的规程。工艺文件是对数控加工的具体说明，目的是让操作者更明确加工程序的内容、装夹方式、各个加工部位所选用的刀具及其他技术问题。数控加工工艺文件主要有数控编程任务书、工件安装和原点设定卡片、数控加工工序卡片、数控加工走刀路线图、数控刀具卡片等。以下提供了常用文件格式，文件格式可根据企业实际情况自行设计。

1. 数控编程任务书

它阐明了工艺人员对数控加工工序的技术要求和工序说明，以及数控加工前应保证的加工余量。它是编程人员和工艺人员协调工作和编制数控程序的重要依据之一，见表 2-1。

表 2-1　数控编程任务书

<table>
<tr><td colspan="2" rowspan="3">工艺处</td><td colspan="3" rowspan="3">数控编程任务书</td><td>产品零件图号</td><td></td><td>任务书编号</td></tr>
<tr><td>零件名称</td><td></td><td></td></tr>
<tr><td>使用数控设备</td><td></td><td>共 页 第 页</td></tr>
<tr><td colspan="5" rowspan="3">零件图、主要工序说明及技术要求等</td><td colspan="3"></td></tr>
<tr><td>编程收到日期</td><td>月 日</td><td>经手人</td></tr>
<tr><td></td><td></td><td></td></tr>
<tr><td>编制</td><td></td><td>编程</td><td></td><td>审核</td><td></td><td>批准</td><td></td></tr>
</table>

2. 装夹图和零件设定卡

数控加工工件安装和原点设定卡片(简称装夹图和零件设定卡)应表示出数控加工原点定位方法和夹紧方法,并应注明加工原点位置和坐标方向,使用的夹具名称和编号等,详见表 2-2。

表 2-2 工件安装和原点设定卡片

零件图号	J30102-4	数控加工工件安装和原点设定卡片			工序号	
零件名称	行星架				装夹次数	
零件图				3	梯形槽螺栓	
				2	压板	
				1	镗铣夹具板	GS53-61
编制(日期)	审核(日期)	批准(日期)	第　页			
			共　页	序号	夹具名称	夹具图号

3. 数控加工工序卡片

数控加工工序卡与机械加工工序卡有许多相似之处,所不同的是:工序简图中应注明编程原点与对刀点,要进行简要编程说明(如所用机床型号、程序编号、刀具半径补偿、镜向对称加工方式等)及切削参数(即程序编入的主轴转速、进给速度、最大背吃刀量等)的选择,见表 2-3。

表 2-3 数控加工工序卡片

(单位)	数控加工工序卡片	产品名称或代号		零件名称		零件图号	
(工序简图)		车　间		使用设备			
		工艺序号		程序编号			
		夹具名称		夹具编号			
工步号	工步作业内容	刀具号	刀补量	主轴转速 $n/(\mathrm{r\cdot min^{-1}})$	进给速度 $v_f/(\mathrm{mm\cdot min^{-1}})$	背吃刀量 a_p/mm	备注
编制	审核		批准	年月日		共　页	第　页

4. 数控加工走刀路线图

在数控加工中，常常要注意并防止刀具在运动过程中与夹具或工件发生意外碰撞，为此必须设法告诉操作者关于编程中的刀具运动路线（如从哪里下刀、在哪里抬刀、哪里是斜下刀等）。为简化走刀路线图，一般可采用统一约定的符号来表示。不同的机床可以采用不同的图例与格式，表 2 - 4 为一种常用格式。

表 2 - 4　数控加工走刀路线图

数控加工走刀路线图		零件图号		NC01	工序号		工步号		程序号	
机床型号		程序段号		加工内容	铣轮廓周边				共 1 页	第 1 页
Y, G, Ⅱ, Z - 16, I, F, O, E, Z40, D, X, A, Z40, B, C									编程	
									校对	
									审批	

符号										
含义	抬刀	下刀	编程原点	起刀点	走刀方向	走刀线相交	轨迹重叠	爬斜坡	铰孔	行切

5. 数控刀具卡片

数控加工时，对刀具的要求十分严格，一般要在机外对刀仪上预先调整刀具直径和长度。刀具卡片反映刀具编号、刀具结构、刀柄规格、组合件名称代号、刀片型号和材料等。它是组装刀具和调整刀具的依据，见表 2 - 5。

不同的机床或不同的加工目的可能会需要不同形式的数控加工专用技术文件。在工作中，可根据具体情况设计文件格式。

表 2-5　数控刀具卡片

零件图号	J30102-4	数　控　刀　具　卡　片				使用设备
刀具名称	镗刀					TC-30
刀具编号	T13 006	换刀方式	自动	程序编号		
	序号	编号	刀具名称	规格	数量	备注
刀具组成	1	T013960	拉钉		1	
	2	390,140-50 50 027	刀柄		1	
	3	391,01-50 50 100	接杆	$\phi 50\times 100$	1	
	4	391,68-03650 085	镗刀杆	$\phi 41 \sim \phi 53$	1	
	5	R416.3-122053 25	镗刀组件		1	
	6	TCMM110208-52	刀片		2	GC435

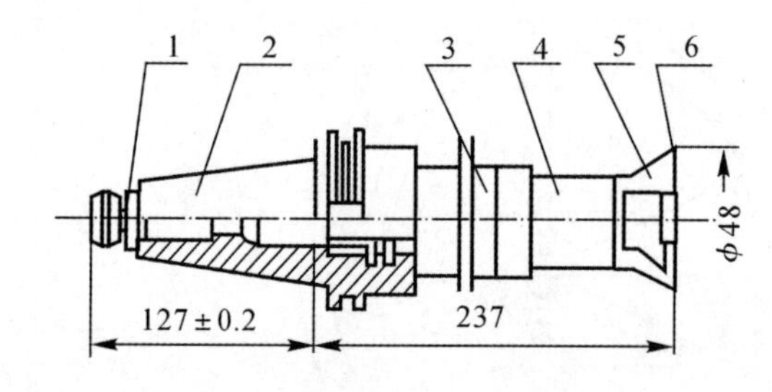

备注							
编制		审校		批准		年　月　日	共　页	第　页

2.4.5　数控加工工艺守则

数控加工除遵守普通加工通用工艺守则的有关规定外，还应遵守额外的“数控加工工艺守则”的规定。

1. 加工前的准备

(1)操作者必须根据机床使用说明书熟悉机床的性能、加工范围和精度，并要熟练地掌握机床及其数控装置或计算机各部分的作用及操作方法。

(2)检查各开关、旋钮和手柄是否在正确位置。

(3)启动控制电气部分，按规定进行预热。

(4)开动机床使其空运转，并检查各开关、按钮、旋钮和手柄的灵敏性及润滑系统是否正常等。

(5)熟悉被加工件的加工程序和编程原点。

2. 刀具与工件的装夹

(1)安放刀具时应注意刀具的使用顺序，刀具的安放位置必须与程序要求的顺序和位置一致。

(2)工件的装夹除应牢固可靠外,还应注意避免在工作中刀具与工件或刀具与夹具发生干涉。

3. 实际数控加工

(1)进行首件加工前,必须经过程序检查(试走程序)、轨迹检查、单程序段试切及工件尺寸检查等步骤。

(2)在加工时,必须正确输入程序,不得擅自更改程序。

(3)在加工过程中操作者应随时监视显示装置,发现报警信号时应及时停车排除故障。

(4)零件加工完后,应将程序纸带、磁带或磁盘等收藏起来妥善保管,以备再用。

参考文献

[1] 朱耀祥,浦林祥.现代夹具设计手册[M].北京:机械工业出版社,2010.

[2] 吴拓.机床夹具设计实用手册[M].北京:化学工业出版社,2014.

[3] 肖继德,陈宁平.机床夹具设计[M].北京:机械工业出版社,2011.

[4] 吴拓.简明机床夹具设计手册[M].北京:化学工业大学出版社,2010.

[5] 王启平.机床夹具设计[M].哈尔滨:哈尔滨工业大学出版社,2005.

[6] 孙丽媛.机械制造工艺及专用夹具设计指导[M].北京:冶金工业出版社,2010.

[7] 融亦鸣,张发平,卢继平.现代计算机辅助夹具设计[M].北京:北京理工大学出版社,2010.

[8] 张权民.机床夹具设计[M].北京:科学出版社,2013.

[9] 刘维伟.航空发动机叶片精密数控加工技术研究[D].西安:西北工业大学现代设计与集成制造技术教育部重点实验室,2009.

[10] 李垒栋.闭式整体叶盘数控加工编程技术研究[D].西安:西北工业大学现代设计与集成制造技术教育部重点实验室,2013.

[11] 孙登科.轮盖类零件数控加工编程算法研究[D].西安:西北工业大学现代设计与集成制造技术教育部重点实验室,2015.

第3章
复杂薄壁件数控加工工艺

航空航天工业整体结构件具有薄壁化、轻量化、强度高和耐腐蚀的特点，可有效满足飞行器高速、高机动性对零件的要求，因此在航空航天领域得到了越来越广泛的应用。这类零件目前大量采用数控铣削的加工方法生产，但在加工过程中，由于薄壁零件结构复杂，相对刚度较低，在切削加工中极易发生加工变形，造成壁厚、尺寸超差等问题，影响零件尺寸精度和表面质量。因此，选择合理的加工工艺对航空复杂薄壁件的数控加工至关重要。本章将针对复杂整体薄壁零件进行工艺分析，重点分析几个典型航空复杂零件的数控加工工艺。

3.1 叶片类零件数控加工工艺

3.1.1 叶片零件工艺特点分析

叶片是发动机最具代表性的重要零件，一般都处在高温、高压和腐蚀的环境下工作。叶片一般形状复杂，加工要求严格，加工工作量大，占航空发动机制造总工作量的1/4～1/3。叶片加工质量直接影响到机组的运行效率和可靠性。因此，叶片的加工工艺对发动机工作质量及生产经济性有很大的影响。

近年来高性能航空发动机风扇叶片采用了新结构，典型的叶片结构如图3-1所示。叶片主要由叶身、榫根、缘板三部分组成，叶身是三维自由曲面，叶背呈外凸形状，叶盆部分为内凹结构。图3-1(a)所示为带有阻尼台的转子叶片，阻尼台可减小工作中的振动，同时给加工带来不便；图3-1(b)所示为新型叶片结构，去掉了阻尼台结构，增宽弦长，使风扇和压气机的长度缩短，抗外物损伤能力、抗疲劳特性和失速裕度得到提高，还可使风扇和压气机零件数减少。

叶片结构不断改进，具有如下结构特点：

1)壁厚更薄。推重比是高性能发动机追求的重要性能指标，为此需要叶片质量尽可能轻，图3-1(b)所示是近年来新型叶片结构，叶尖截面薄壁最大厚度C_{max}只有图3-1(a)所示风扇叶片的1/2，壁厚大幅减薄减弱了叶片刚度，使加工难度更高。

2)大掠形结构。发动机叶片设计计算更加精确，弯掠结构具有更高气动效率，目前常用的掠形结构有前掠和后掠两种。

3)宽弦结构。宽弦结构可提高压缩比，如高性能发动机风扇部分常采用宽弦叶片结构，其级数可由四级改为三级。

4)弯扭结构。图3-1(b)中的新型叶片具有两次弯曲，并有大扭转。弯扭结构使得叶盆部位曲率半径较小，与缘板相交部分空间小，易发生加工干涉。

风扇、压气机叶片是涡扇发动机的核心部件。随着近年来高性能航空发动机风扇叶片新结构的出现，其形状复杂，具有弯、扭、薄、掠、轻等特点，加工变形等技术难题越来越突出，其精密加工技术是发动机叶片制造面临的挑战性课题，是当前航空发动机制造的关键技术之一。

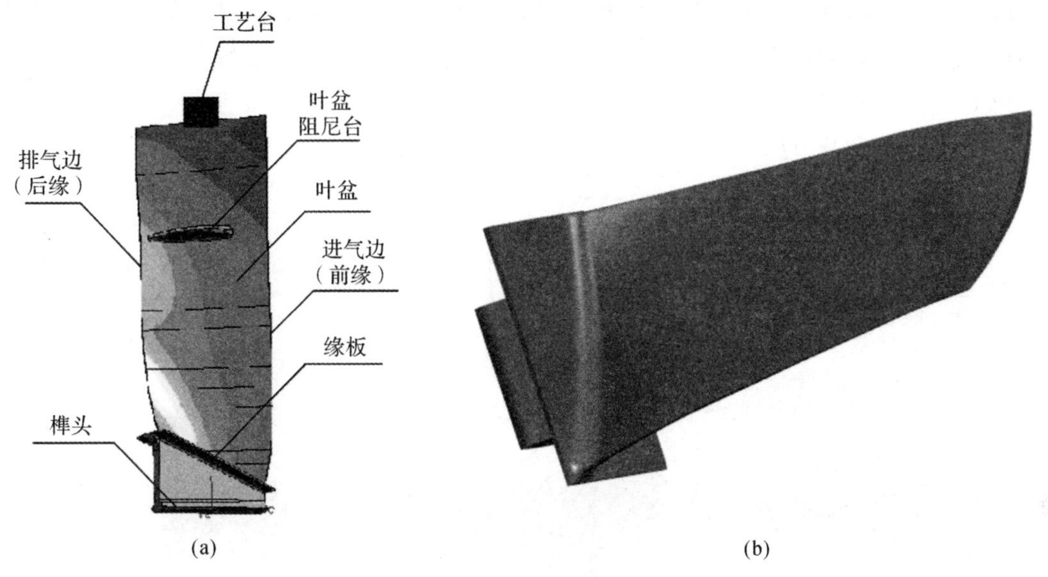

图 3-1 叶片结构形式示意图

(a)带阻尼台叶片；(b)新型叶片结构

装配面部分又叫叶根部分，它使叶片安全可靠、准确合理地固定在叶盘上，以保证气道部分正常工作。因此，装配面的结构和精度需按照气道部分的作用、尺寸、精度要求以及所受应力的性质和大小决定。由于各类叶片气道部分的作用、尺寸、形式和工作各不相同，所以装配部分的结构种类也很多。有时由于密封、调频、减振和受力的要求，叶片往往还带有叶冠(或称围带)和拉筋(或称减振凸台)。叶冠和拉筋也可归为装配面部分。气道部分又叫型线部分，它形成工作气流的通道，完成叶片应起的作用，因此气道部分加工质量的好坏直接影响到机组的效率。一级叶片材料一般为钛合金，具有实心、窄弦、带阻尼凸台结构，该结构可以增强刚性，防止振动或颤振，提高风扇叶片的气动效率，用宽弦结构可代替窄弦、带阻尼凸台结构。

3.1.2 叶片零件工艺规划基本方法

叶片采用的材料种类多属不锈钢、钛合金、耐热合金和高温合金，机械加工性能较差，叶片形状结构复杂，尺寸精度、位置度和表面质量要求高，品种繁多，刚性差。由此形成的叶片工艺特点如下：

1)叶片为薄壁结构：为追求更高的推重比，在满足强度的条件下质量更轻，叶片采用薄壁结构，刚性很弱，容易产生加工变形。

2)具有复杂自由曲面：为提高气动性能，叶片曲面弯扭剧烈，结构具有弯、扭、掠形等特点，这些特点增加了加工、检验、抛光等环节的难度。

3)材料难切削：采用了钛合金、高温合金等材料，切削难度高。

4)精度高:叶片具有严格的尺寸公差和形位公差要求,对加工精度要求很高。

5)缘头部位是加工的难点:叶片轮廓精度要求最高的部位是排气边和进气边缘头,缘头部位连接叶盆叶背曲面,曲率变化剧烈,也是精密加工难度最高的区域。

图 3-2 所示为叶片叶身的曲率变化,在叶盆叶背部分的曲率变化平稳,缘头处变化剧烈,椭圆内是两个缘头部分的曲率梳。如果造型时两个缘头的数据是测量数据,情况会更严重。缘头曲率不连续直接导致加工过程的跳刀、啃切,甚至拉断毛坯。无扭曲造型可保证叶片缘头部分的参数规整、曲率有序变化。

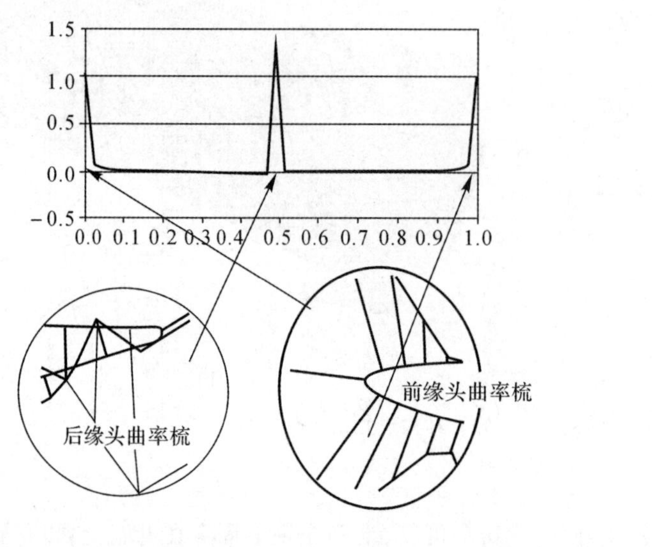

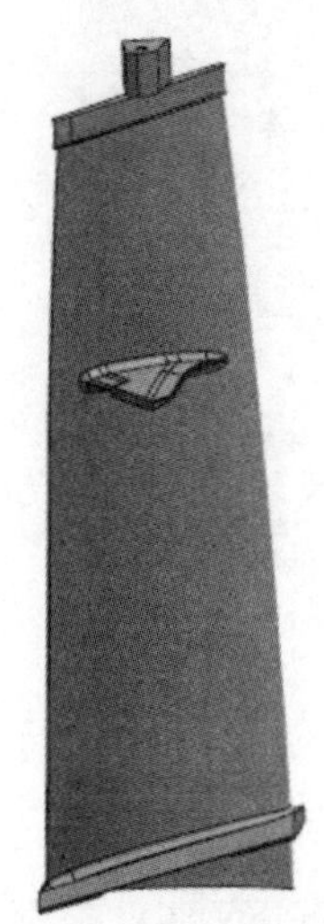

图 3-2　前后缘头曲率变化图

针对发动机叶片类零件,课题组采用了高效精密数控铣削加工工艺方案,制定了叶片加工工艺规范,综合考虑效率与精度、成本的关系,在设备允许的情况下,综合考虑选择适用的工艺方法。叶片精密加工有以下三种基本工艺方法。

(1)分面铣削工艺。分面铣削是叶片主要的数控加工方法,分别对叶片叶盆、叶背铣削,以完成曲面加工。分面铣削会将前面铣削工序的变形积累到后续加工中,适应于刚性较大的叶片。目前企业分面铣削还没有完全实现无余量工艺,在叶型“精铣”之后,叶片表面采用抛光等工序保证叶片表面光洁度。这种方法适用于叶片的批量生产,目前在 430,420,410,170 等叶片制造企业中使用,留余量抛光叶型仍然是主要生产方式。叶型曲面无余量精加工最终成型依靠数控加工,仅留微小的余量供抛光提高叶片表面光洁度。

(2)螺旋铣削工艺。在叶片型面铣削过程中,刀具切削轨迹是不间断的螺旋线方式,可以保证叶片加工表面质量,螺旋铣削可消除行切过程的抬刀、进刀等加工痕迹,减少辅助行程。目前大多采用左旋螺旋线切削(顺铣),这是实现叶片型面高质量加工的重要工艺方法。该方法需要机床旋转坐标具有很高的伺服响应速度,以保证获得高的加工效率和加工精度。

(3)对称铣削工艺。对称铣削是对叶盆叶背曲面采用特定顺序以交叉、对称行切的方式实现曲面加工,以减小切削应力导致的加工变形。叶片加工过程中,按照对称方式去除余量,以减小加工残余应力释放产生的变形,而且在切除余量的过程中,由外而内的对称切削方式保证加工部位刚性具有尽可能高的刚性，以减小弹性让刀变形。对称铣削适用于薄壁弯掠或者弯扭组合叶片，与变形补偿技术组合应用可获得很高的加工精度。

3.1.3 叶片零件编程关键技术

1. 叶片螺旋加工轨迹生成方法

(1)单曲面等参数螺旋线构造。如图3-3(a)给出了单张叶片曲面模型，设叶片曲面S_0与榫头端面的交线为C_0，S_0与叶尖端面的交线为C_1，S_0采用样条曲面表示法，沿叶片截面线方向为参数域u方向，沿叶片径向为参数域v方向，参数域u，v取值范围为[0,1]。如图3-3(b)所示，曲面S_0上的等u参数族为$T_i(i=1,\cdots,n)$，旋转曲线经过m圈从C_0过渡到C_1，T_i与C_0的交点为P_i，T_i与C_1的交点为Q_i，T_i的等分点为$L_{ij}(i=1,\cdots,n,j=1,\cdots,m)$，$P_i=L_{0i}$，$Q_i=L_{mi}$，按照下列公式计算$A_{ij}$点：

$$A_{i,j}(u,v)=(L_{i-1,j}(u,v)+L_{i,j}(u,v))j/m, \quad j=0,\cdots,m \tag{3-1}$$

$$A_{i,j}(u,v)=(L_{i-1,j}(u,v)+L_{i,j}(u,v))(m-j)/m, \quad j=0,\cdots,m \tag{3-2}$$

u，v参数区间自0到1连接A_{ij}点就在参数域内构造了一条单值连续的折线，该折线在模型空间里对应着叶片曲面在C_0和C_1区域内部的均匀向右的旋转曲线。若要构造向左的旋转曲线，只要对u参数区间自1到0，v参数区间自0到1计算A_{ij}，并连接各A_{ij}点即可。

从上面的算法可以看出，为了计算加工轨迹切触点A_{ij}，需要提取参数域内的控制曲线T_i，然后对每一条曲线进行类似的等参数或等弧长分割。为了保证连续两个切触点之间的加工误差要求，控制曲线T_i要相当密集才能满足加工要求，当加工误差要求很高时，计算量将逐渐加大，因此导致计算效率降低。为了尽可能达到上述要求，应对上述方法进行一定的简化。

对于同样的上述单张叶片模型，参数域u取值范围为[0,1]，参数域v取值范围为[v_0,v_n]。当参数u从0到1变化，参数v从v_0变化到v_n时形成的旋转曲线经过n圈从C_0过渡到C_1，采用二分法计算切触点，为了保证相邻切触点之间的误差要求，在参数域内构造了一条单值连续的折线，该折线在模型空间里对应着叶片曲面在C_0和C_1区域内部的均匀向右的旋转曲线。若要构造向左的旋转曲线，只要对u参数区间自1到0，v参数区间自v_0到v_n计算各点即可。

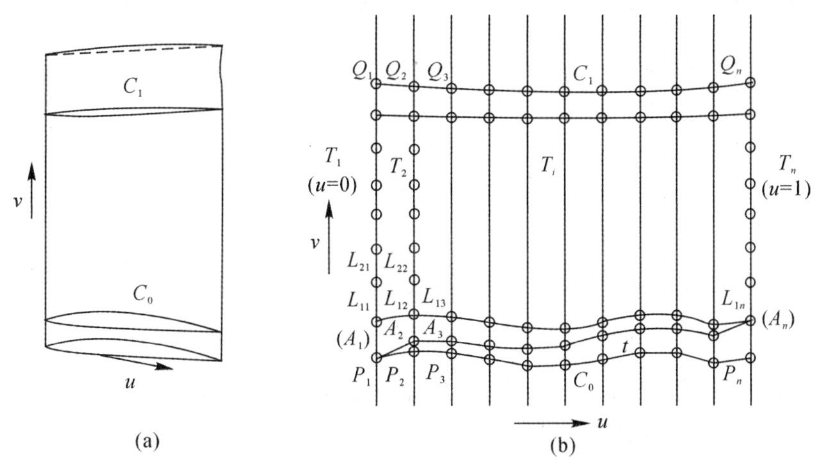

图3-3 单张叶片模型及参数域控制曲线、等分点和网格

(a)叶片模型；(b)参数域内控制曲线、等分点和网络

(2) 多曲面等参数螺旋线构造。当采用螺旋铣削方法加工多张曲面造型的叶片时，单曲面等参数螺旋线计算处理方式已经不能满足要求，因此需要对原计算公式进行一些改造，以便能够成功应用于多张曲面叶片的加工。

进行多张曲面叶片加工轨迹规划缝合的原因有两点：① 叶片曲面数据有可能以缘头圆弧和叶盆、叶背曲面的形式定义，叶片本身由四张曲面组成；② 出于加工工艺的需要，缘头部位需要特殊处理。因为缘头部分厚度很薄，是叶片最难加工的部位，零件薄弱部分的切削振动、机床的响应延迟、刀具啃切等因素均可能导致零件报废，所以需要把缘头作为特殊的编程单元处理。在叶片加工中，在以前的曲面参数驱动固定刀轴加工方法中，缘头处往往需要单独加工，增加了加工的复杂度。为了加工出质量较高的叶片，在螺旋加工方法中，采用多张曲面造型叶片，目的是将叶盆叶背和缘头区域分开，在缘头处根据需要将控制曲线适当加密，使得切触点螺旋线更加平滑过渡，以便提高螺旋加工精度。

图 3-4 所示为关于多张曲面叶片螺旋铣削加工的参数计算示意图，图中的五条纵向粗实线 $S_i(i=0,1,\cdots,z)$ 将叶片模型分成了四部分，也就是四张曲面；叶身曲面与叶尖端面的交线为 C_0，与榫头缘板内表面的交线为沿叶身方向上相距一个安全距离的等距线 C_1，C_0 和 C_1 是自由曲线，此处将其简化为直线表示；控制区线 T_j 用短划线表示；连接点 A_{ij} 的曲线为切触点螺旋线。每张曲面上的参数都是针对该张曲面的，表示意义等同于单张曲面叶片的情况，在运算过程中以曲面 ID 号进行区别。

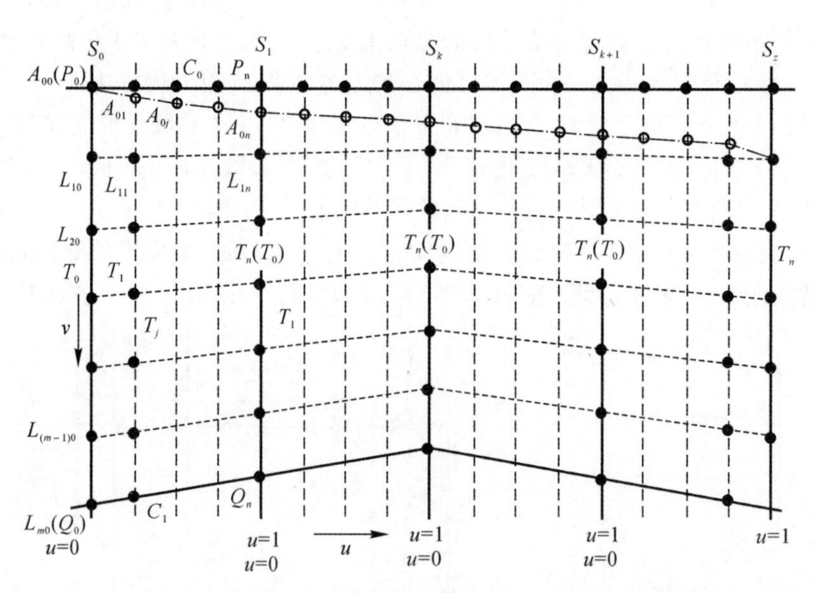

图 3-4　多张曲面叶片的螺旋加工控制曲线、等分点和螺旋线构造

与单张曲面叶片的螺旋加工方法一样，无论控制曲线采用何种方式取得，A_{ij} 点对应于所在曲面上的参数 u 都可以根据控制曲线得到。而第 $k(k=1,2,\cdots,z)$ 张曲面上的 A_{ij} 点对应于所属曲面上的参数 v 需要采用下式计算：

$$\left.\begin{aligned}
&\text{Start}=\frac{|S_0S_{k-1}|}{|S_0S_z|},\quad 令|S_0S_0|=0,k=1,2,\cdots,z\\
&\text{End}=\frac{|S_0S_k|}{|S_0S_z|}\\
&A_{ij}(u,v)=L_{ij}(u,v)+[L_{(i+1)j}(u,v)-L_{ij}(u,v)]\left[(\text{End}-\text{Start})\frac{j}{n}+\text{Start}\right]
\end{aligned}\right\}\tag{3-3}$$

$$\left.\begin{aligned}
&\text{Start}=\frac{|S_zS_k|}{|S_0S_z|},\quad 令|S_zS_z|=0,k=1,2,\cdots,z\\
&\text{End}=\frac{|S_zS_{k-1}|}{|S_0S_z|}\\
&A_{ij}(u,v)=L_{ij}(u,v)+[L_{(i+1)j}(u,v)-L_{ij}(u,v)]\left[(\text{End}-\text{Start})\frac{n-j}{n}+\text{Start}\right]
\end{aligned}\right\}\tag{3-4}$$

与单张曲面叶片的螺旋加工方法类似，当u,v参数按照从小到大的变化趋势计算时，连接一些列的A_{ij}点的折线便是近似的螺旋线，可是仅有这些A_{ij}点仍不能满足加工步长要求，还需要以$A_{i(j-1)}$和A_{ij}两点的参数u,v为端点条件，采用二分法求出螺旋线所经过的点。多张曲面造型叶片的螺旋切触点轨迹规划效果如图3-5所示，实际加工螺旋铣削轨迹如图3-6所示。

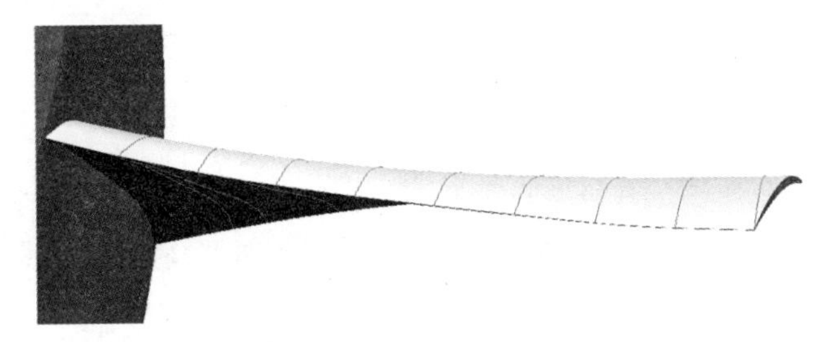

图3-5 多张曲面造型叶片的螺旋切触点轨迹规划结果

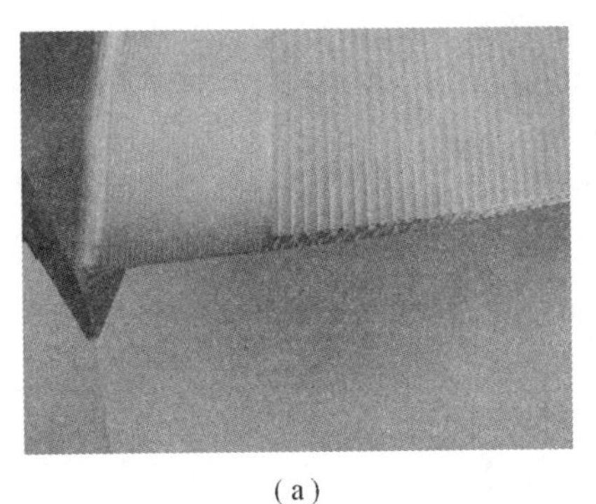

(a)

(b)

图3-6 叶片螺旋铣削加工

(a)叶片螺旋铣削；(b)螺旋铣削加工效果

2. 叶片分面加工轨迹生成方法

(1)叶片分面铣削构造方法。叶片分面铣削编程包含几何定义、工艺参数确定、后置处理、程序校验等过程,叶片加工的几何定义包括加工对象定义、驱动体定义、刀具定义等;工艺参数确定包括编程模式、走刀模式、切削参数、精度定义等,刀位轨迹规划检验无误后即可进行后置处理;后置处理包括坐标转换、格式定义等,生成的数控代码即可用于加工。

加工叶片类零件的叶片型面刀位轨迹通用编程流程如图 3-7 所示。

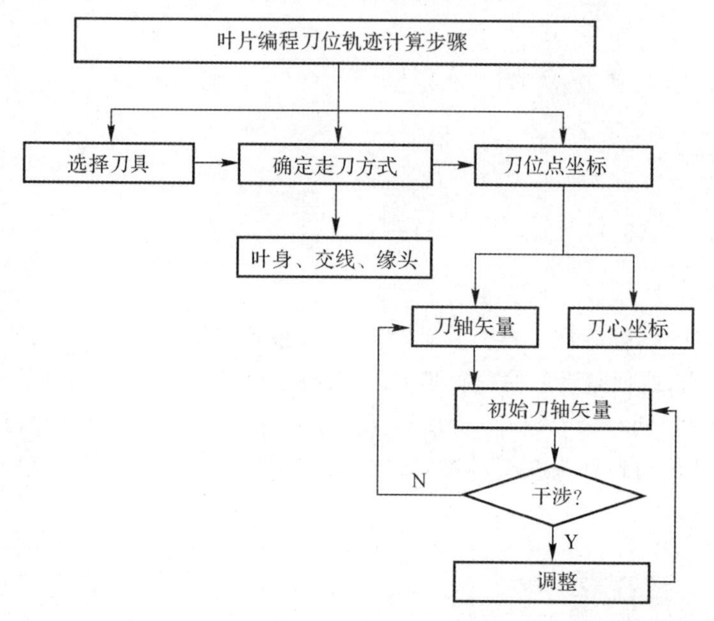

图 3-7　叶片分面铣削编程刀位轨迹编制流程

叶片分面铣削数控程序编制与复杂自由曲面数控程序编制具有很大的相似性,如叶片三维造型、刀位轨迹计算、切削仿真、机床运动碰撞仿真、后置处理等关键技术均可通用,可借助现有商品化 CAD/CAM 系统进行数控编程,也可根据叶片特点进行二次开发,根据加工设备开发具有特殊要求的编程软件工具包。叶片分面铣削编程的要点在于保证加工精度和效率,这由航空发动机叶片的弱刚性和高精度决定,所以在工艺参数确定时会极大影响加工效率和精度。为了提高效率,叶片曲面加工时可首先考虑固定刀轴方式加工,不仅效率高,而且加工表面质量高。叶片刀位轨迹反映了刀具计算的基本过程,根据加工部位的不同,编程方法也各不相同。叶身曲面刀位轨迹计算通常选用边界驱动的刀位生成方法,其特点是边界定义简单,化繁为简;缺点是计算对象如为不规整的曲面,则刀位轨迹并不规则,甚至有叶身曲面上直接进刀的情况。精加工时,一般选用曲面驱动的刀位轨迹生成方法,因为参数线驱动方式便于保证切削轨迹规整,从而保证最终加工曲面的质量。

加工叶片曲面及清根时,由于约束条件较多,如保证叶片表面的加工能够满足公差要求,相邻叶片结构易产生碰撞干涉,自动生成无干涉刀位轨迹较困难,必须进行刀位干涉检验及修正。

(2)叶片分面铣削工艺方法。叶片分面加工技术简单易行,普通多坐标机床即可进行加工,与传统仿形铣削相比,可大大减少工装设计制造费用,缩短叶片研制周期,具有低成本、高效率的特点。图 3-8 所示为实际生产中的叶片分面铣削加工。

分面铣削工艺适用于刚性较好、加工变形较小的叶片。不锈钢、高温合金叶片、钛合金叶片等均可采取此种加工方法。铝合金叶片单面切削后变形较大，在相同的厚度情况下，较薄叶片精密加工采用此工艺较难保证精度，采取小的切削参数可保证精度，但效率受到限制。

叶片分面铣削方法的关键在于加工余量的合理分配，余量分配数量根据叶片的形状、结构、弦展比率确定。叶片尺寸越小，半精加工和精加工工序切削去除的余量应越小；叶片越薄，精加工去除的余量越小，但是小的限度必须保证余量可以包络叶片在精加工过程中的变形量。

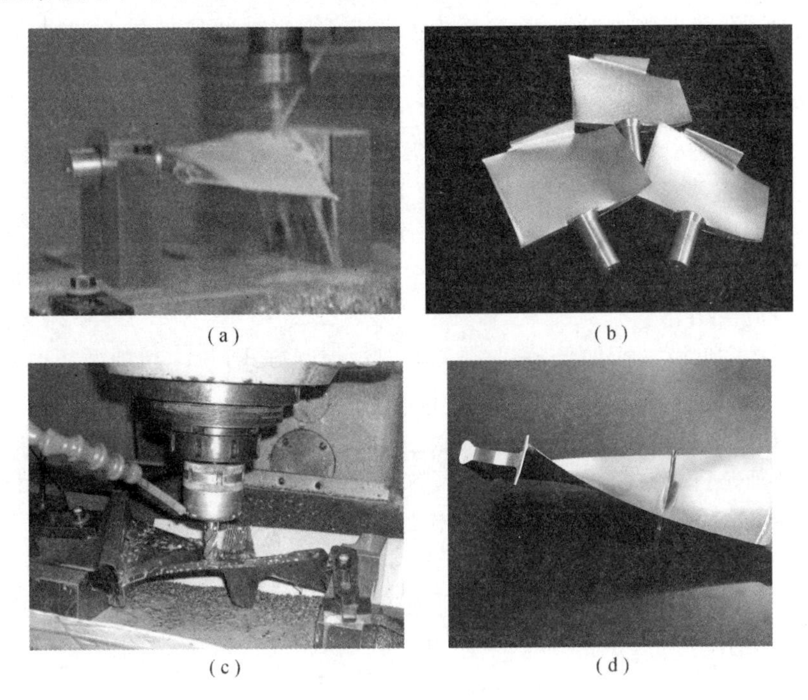

(a) (b) (c) (d)

图 3-8 叶片分面铣削加工

(a)铝合金导向叶片分面铣削；(b)分面精密加工效果；(c)钛合金转子叶片分面铣削；(d)分面精密铣削的某型号叶片

分面铣削技术的优点如下：

1)抛光去除的余量很小，有利于提高叶片表面光洁度；

2)加工工序集中，工装数量减少，研制周期短；

3)叶片加工一致性高，平衡性能良好；

4)叶片表面波纹度小，轮廓度理想。

分面铣削技术的缺点如下：

1)只能适用于加工中刚性比较好的叶片；

2)对于较薄叶片需要增加辅助支撑；

3)对于较薄的叶片，由于加工内应力的分次释放，加工后叶片扭曲变形较大。

由于在航空发动机中薄壁叶片的使用越来越多，传统的分面铣削加工已不能满足薄壁叶片的加工要求。针对薄壁叶片加工中存在的问题，本文在传统分面铣削加工的基础上发展了对称铣削工艺，这种加工工艺可以有效地减少因应力释放产生的加工变形，提高加工精度。

3. 叶片对称加工轨迹生成方法

叶片对称精密行切加工的技术含义：残余应力变形是薄壁件加工变形的主要因素，切削轨迹的对称可有效保证切削刚性变化的对称性，避免单面切削的变形误差积累，加工切削应力的对称释放，可将叶片变形控制在尽可能小的范围内；叶片精加工后缘头部位厚度只有 0.3～

0.4 mm，刚性非常弱，而留给精加工的余量仅在 0.3 mm 左右，对称铣削可将缘头加工刚性提高 50%～200%，有效减小颤振；沿叶身的纵向走刀可保证机床较小的转角速度，保证切削过程的平稳性，也可灵活调整刀具切削姿态，以保证良好的切削状态。这既提高了航空发动机叶片的加工精度和型面质量，又提高了数控加工的效率。

薄壁叶片精密对称铣削加工方法的实施步骤：

1)把叶身曲面分为四张曲面加工，分别为进气边、排气边、叶盆曲面、叶背曲面。

2)把叶片缘头加工按照进气边和排气边参数分为两部分，分别为进气边盆侧、进气边背侧、排气边盆侧、排气边背侧四个区域。

3)在对叶片型面进行半精加工或者精加工时，整个叶身曲面按照先加工缘头(进、排气边)，然后叶盆叶背的方式加工。

4)加工时按照以上顺序各个区域先加工一个循环，然后再按照以上顺序加工第二个循环，直至缘头加工完成，每个循环中每次可进行一个行切加工，也可进行两个行切动作，但是各个区域的行切数目应该相等。

5)然后进行叶盆叶背曲面加工，采取类似的刀位控制方式，每一切削循环中，按照进气边叶盆→进气边叶背→排气边叶盆→排气边叶背的顺序进行加工，直至曲面对接完成，曲面加工结束时，最后的接刀部位保留在积叠轴附近。

薄壁叶片曲面是自由曲面，通常采用点铣方式进行半精加工或者精加工。目前通用的商品化 CAM 软件编制的程序只能进行单面点铣加工，因为一侧零件材料的切除，导致本来就很薄的叶片发生残余应力变形，出现扭曲现象，将在加工另一侧时产生较大误差，采用对称铣削可有效克服残余应力变形，提高加工精度。下面给出对称铣削叶片进气边刀位轨迹计算实现原理，如图 3-9 所示。

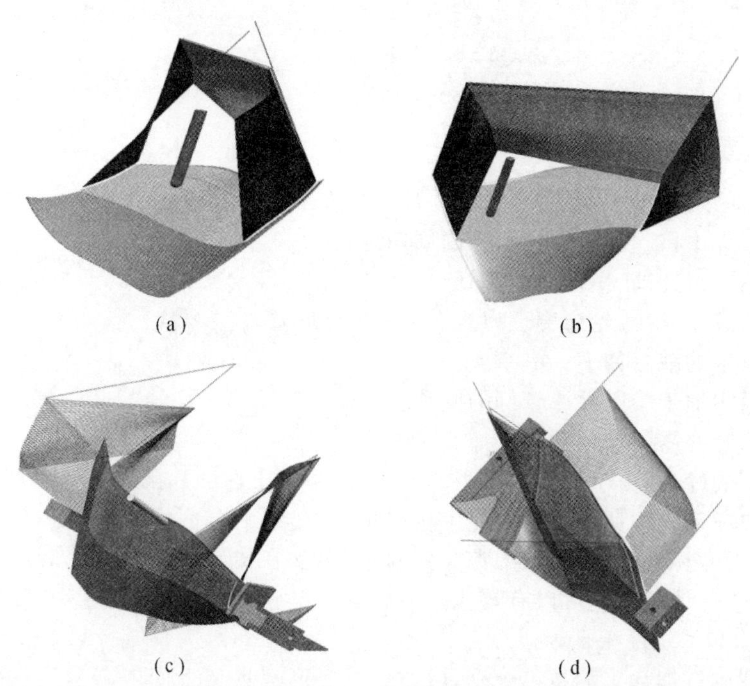

图 3-9 参数曲面驱动对称铣削刀位轨迹

(a)排气边前区参数驱动刀位轨迹；(b)排气边后区参数驱动刀位轨迹；(c)叶身刀位轨迹合并；(d)叶身对称铣削刀位轨迹

3.1.4 叶片数控加工工艺实例

叶片分面加工技术简单易行，普通多坐标设备即可进行加工，与传统仿形铣削相比，可大大减少工装设计制造费用，缩短叶片研制周期，具有低成本、高效率的特点。课题组针对叶片分面数控加工工艺的规划如3-10所示。

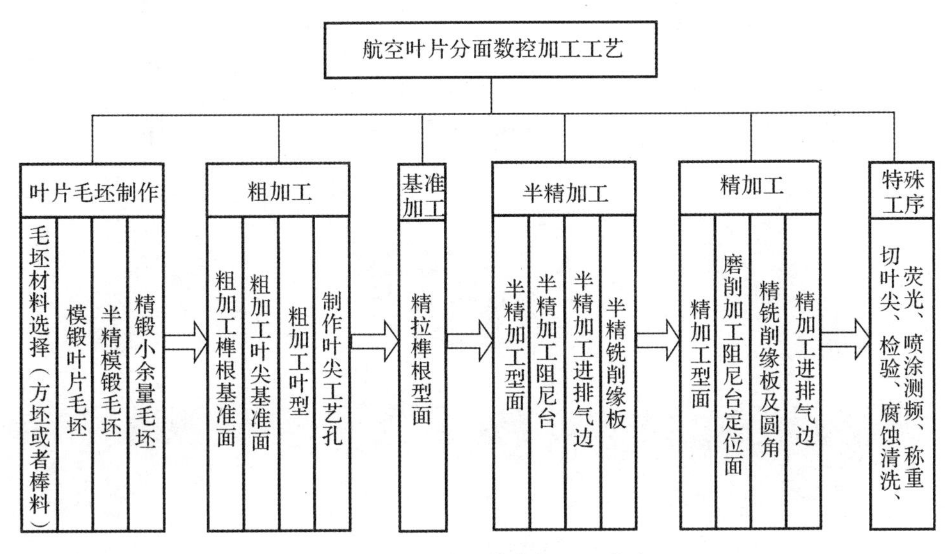

图3-10 叶片分面数控加工工艺流程

叶片各个部位的精度及结构不同，在加工过程中采取的工艺方法也就不尽相同，叶片的榫根、叶身、缘板三个重要组成部分的加工工艺如图3-11所示。

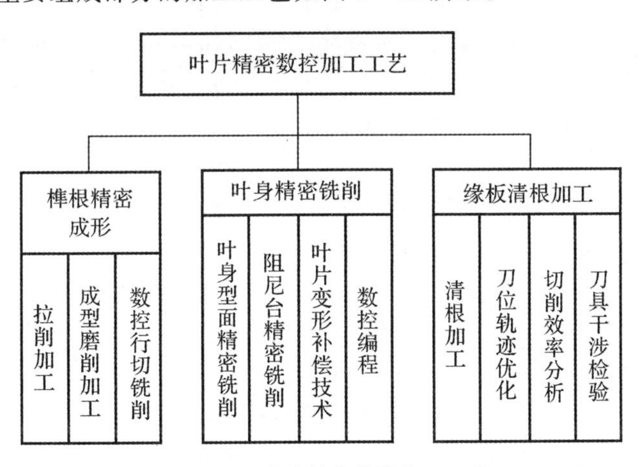

图3-11 叶片精密数控加工工艺

图3-12所示为叶片分面精密加工详细工艺，采取工序集中的原则，缩短工序数量、减少生产准备，体现了工艺充分发挥制造设备效率的原则，更多地按照工序集中原则制定工艺流程。叶片加工按照锻造→粗铣基准→线切割基准→钻顶尖孔→镗铣榫根顶尖孔→粗铣叶背→粗铣叶盆→去应力热处理→磨基准→精铣叶型→检测→抛光→特种工序加工的流程安排制造流程，最大程度地体现了数控加工的优点和特长。

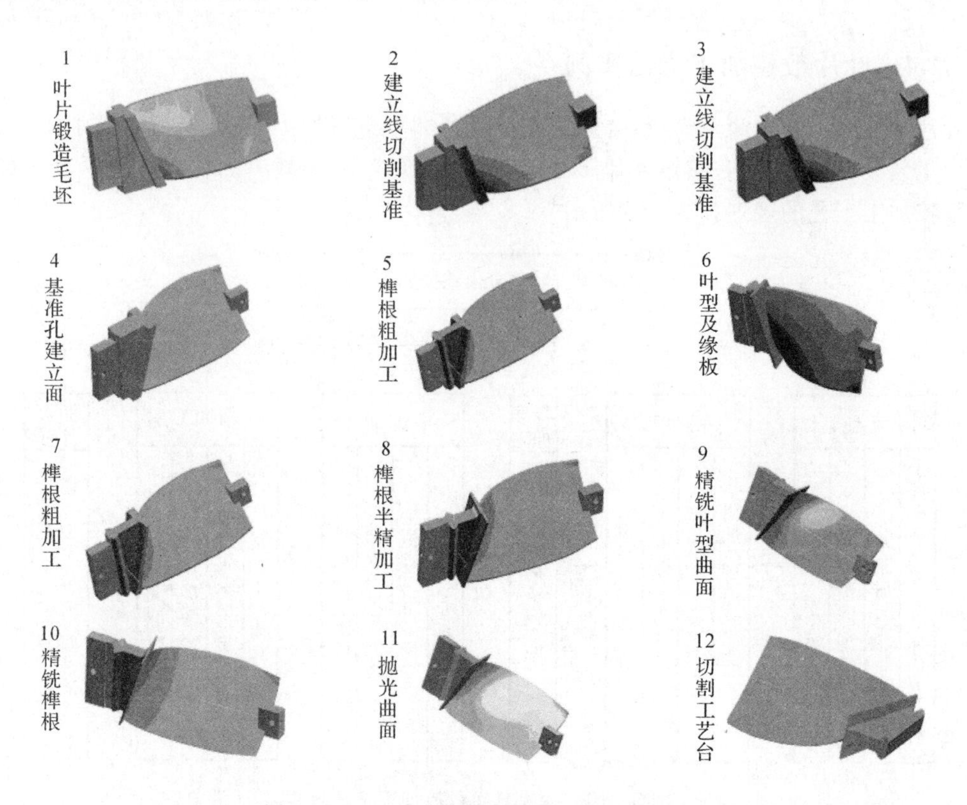

图 3-12 叶片分面精密铣削工艺实现过程

课题组以某型发动机一级风扇转子叶片为应用对象进行分面铣削实验。该叶片最大弦宽为 160 mm，叶尖截面最大厚度为 10.6 mm，缘头半径为 0.32～0.40 mm。实验在西北工业大学现代设计与集成制造技术教育部重点实验室开展，采用的加工设备为 MAHO 600E 四坐标数控加工中心。实验过程如下：

1)叶片分粗加工、半精加工、精加工三个阶段。

2)粗加工后进行真空退火热处理，以消除粗加工残余应力。

3)精加工采用无余量精密数控加工工艺。

4)利用三坐标测量机检测叶片加工精度。

叶片分面精密铣削制造工艺，将叶片毛坯(通常为模锻)较大的余量通过不同的工艺步骤逐步分阶段切除，直至叶片曲面余量达到或者接近叶片最终设计型面尺寸；叶片的榫根通常也采取精密铣削工艺加工，或者用磨削、拉削、车削等机械加工方式去除毛坯余量直至叶片最终成形。

最终得到分面精密铣削的风扇叶片的精加工结果如图 3-13(c)所示。通过三坐标测量机检测并对测量结果进行处理，可以得到该叶片的叶身轮廓度超差不大于 0.02 mm，叶片积叠轴位置偏移小于 0.1 mm；叶片扭转角度在叶尖处最大为 $8'$，小于设计要求的 $\pm 12'$；叶片厚度在叶尖处靠近上差，即加厚 0.08 mm。叶片加工精度满足实际生产加工要求。

通过对实验过程及结果的分析和总结，得到的实验结论主要包括：

1)叶片分面铣削应用于航空发动机转子叶片精密加工，具有传统抛光方法叶片曲面成型不可比拟的优势。叶片精密加工后留有的余量非常小，只有 0.01～0.02 mm，此余量仅供提高叶片表面精糙度抛光工序所用，采取抛光的方法满足设计要求。

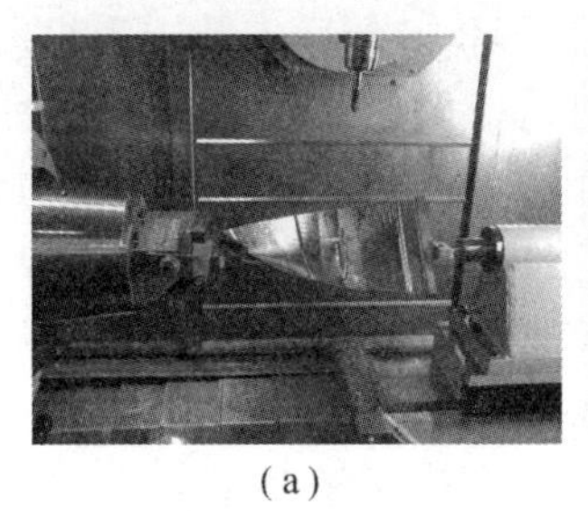
(a)

(b)
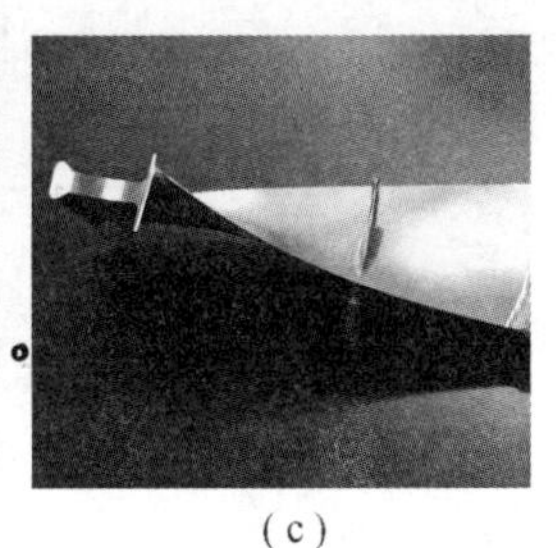
(c)

图 3-13 叶片分面铣削加工
(a)叶片分面铣削粗加工结果;(b)叶片分面铣削过程;(c)分面精密铣削的风扇叶片

2)分面铣削工艺的应用发挥了数控加工优势,加工工序更为集中,工装数量减少,从而大大缩短了研制周期;叶片加工一致性高,平衡性能良好;叶片表面波纹度小,轮廓度理想;由于加工内应力的分次释放,叶片扭曲变形较小。

3)叶片的分面铣削工艺适用于刚性较好、加工变形较小的叶片。不锈钢、高温合金叶片、钛合金叶片等均可采取此种加工方法。铝合金叶片单面切削后变形较大,在相同的厚度情况下,较薄叶片精密加工采用此工艺较难保证精度,采取小的切削参数可保证精度,但效率受到限制。为减小加工变形,在粗精加工之间可安排去应力退火以消除加工应力;对于较薄的叶片可考虑增加辅助支撑。

4)分面铣削方法的关键在于加工余量的合理分配,余量分配的大小根据叶片的形状、结构、弦展比率确定。叶片尺寸越小,半精加工和精加工工序切削去除的余量越小;叶片越薄,精加工去除的余量越小,但是小的限度必须保证余量可以包络叶片在精加工过程中的变形量。

与传统按样板抛光工艺方法对比,分面铣削技术主要存在的应用特点包括:

1)制造效率差别:采用传统的工艺方法(按样板抛光)加工钛合金薄壁风扇叶片需要夹具、测具共100余套,制造周期约24个月;采用精密数控加工技术需要工装夹具10余套,研制周期不超过6个月,可大大缩短研制周期,降低制造成本。

2)加工质量的区别:分面铣削工艺中叶片的形位公差等由数控加工保证,抛光工序去除的余量很小,叶片的表面粗糙度大为提高。

3)叶片性能大大提高:采用精密数控技术加工的叶片,与传统方法加工的叶片相比,质量有很大提高。主要表现在:①叶型轮廓度有明显改善,传统抛光方式往往因为表面质量问题产生叶片报废现象,而分面铣削技术加工的叶片表面非常光滑,对提高曲面气动特性非常有利;②采用精密数控加工技术加工的叶片精度高,叶片一致性好,叶片装机后平衡性能优良,经试车,发动机各项性能明显改善;③分面铣削技术可保证叶片进排气边轮廓光滑性。

3.2 机匣类零件数控加工工艺

3.2.1 机匣类零件工艺特点分析

机匣零件的功能决定了机匣的形状。作为发动机的承载、连接部件,它的主体结构大多为薄壁回转体,且内型、外型复杂。机匣类零件按照设计结构可以分为两大类:环形机匣和箱体机匣。环形机匣可以进一步分为整体环形机匣、对开环形机匣和带整流支板的环形机匣,如图

3-14所示。对开式环形机匣总体结构是由圆柱形体或圆锥形体及端面安装边和纵向安装边构成的。型面上有环形加强筋,多处异形凸台、安装座等,由于大部分机匣都选用了钛合金、高温合金等难加工材料,并且毛坯余量较大,外形表面机械加工只能选择多轴数控铣削加工和镗加工。对开式环形机匣的加工属于半回转体的外表面加工与回转体的内表面加工,与整体式环形机匣相比,对开式环形机匣增加了纵向安装边,由于增加了纵向安装边,此机匣的外表面主要有大端端面、小端端面、大端内止口、小端内止口、纵向安装边结合表面及T形槽各表面。

(a)　　　　　　　　　　(b)

图3-14　机匣类零件示意图

(a)整体环形机匣;(b)对开环形机匣

3.2.2　机匣类零件工艺规划

机匣壳体许多表面都有相互位置关系尺寸,并且位置精度都很高,要特别注意各表面的先后加工次序。为了减少加工过程变形对定位基准表面精度的影响,要增加修复基准的工序,同时也要十分重视加工阶段的划分,夹紧力方向的选择和夹紧力大小的控制以及切削用量和刀具的选择。

环形机匣壳体结构复杂、壁薄、容易产生加工变形等特点对制造精度的影响特别大,因此加工时应划分阶段进行。通常划分成粗加工阶段、半精加工阶段和精加工阶段。

粗加工阶段:主要是去除各表面的大部分余量,对尺寸精度和表面精度要求不高。

半精加工阶段:去除热处理产生的变形,完成各次要表面的最后加工,并为精加工打下良好基础。

精加工阶段:完成全部表面的最终加工,并保证机匣的全部技术要求,特别是对主要表面的要求。这一阶段的加工余量比较小。

环形机匣上的主要安装定位表面,一般都需要在组合件中进行加工。这些表面在机匣壳体精加工时不能加工到最终尺寸,应留有一定的余量,加工精度应与组合加工精度相同或略低,但是要给组合加工提供一个良好的定位基准。根据机匣的特征及以上分析,最终确定的工艺路线如图3-15所示。

3.2.3　机匣类零件编程关键技术

1. 机匣粗加工轨迹生成方法

(1)走刀路线规划。针对机匣这类多岛屿复杂结构件可采用行切与环切相结合的方式进行插铣加工,如图3-16所示。为最大限度地去除毛坯,对凸台外围的区域,采用等高行切法可改善插铣加工时因插铣深度不同引起的刀具磨损加剧，提高加工效率，降低加工成本；然后在内岛屿 $\{I\}$ 周围以凸台平面法向为刀轴矢量绕凸台插铣走刀。

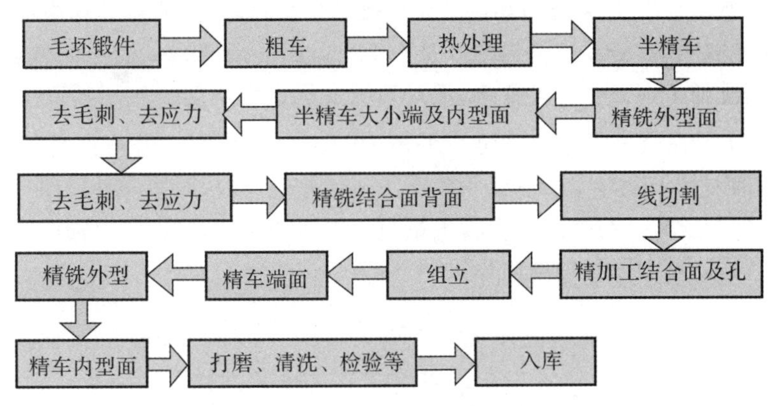

图 3-15　机匣工艺流程图

插铣加工走刀路线求取步骤如下：

1) 计算加工区域轮毂面 H_s 处回转母线弧长记为 L_c，根据插铣加工参数及 L_c 大小在轮毂上沿回转轴(Y 轴)方向按等弧长提取 n 条等参线 $\{c_i(v)\}$，其中 $1 \leqslant i \leqslant n$，$0 \leqslant u, v \leqslant 1$，由于轮毂面为回转面，故任一等高行切线为等高圆弧。

2) 分别将岛屿凸台平面边界向外偏置距离 D(D = 刀具半径 r + 凸台侧壁加工余量 Δ)得到曲线 C_{off}，将曲线 C_{off} 沿该岛屿凸台平面法向向轮毂面投影，得到封闭曲线集 $\{l_j\}$，其中 $1 \leqslant j \leqslant N$，$N$ 为凸台个数。

3) 利用曲线求交算法，分别求取等高行切线 $c_i(v)$ 位于封闭曲线列 $\{l_j\}$ 之外的部分，得到第 i 行曲线组 $c_i'(v)$，最终得到曲线组列 $\{c_i'(v)\}$。

曲线组列 $\{c_i'(v)\}$ 与曲线组 $\{l_j\}$ 即为插铣走刀路径，插铣加工时首先分别沿曲线组 $c_i'(v)$ 等高插铣，然后分别沿曲线列 l_j 插铣。

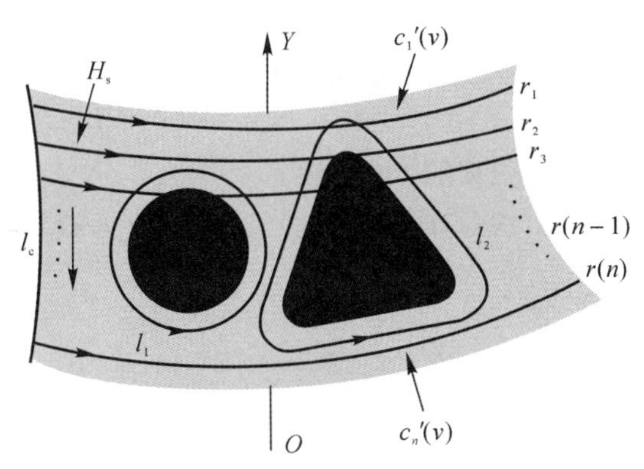

图 3-16　走刀路径规划

(2) 插铣刀轴的计算。根据机匣插铣加工路径规划所述，对机匣进行五坐标插铣加工时，沿岛屿凸台周围环切采用该凸台平面法向作为插铣刀轴，保证不与凸台发生干涉并最大限度地去除凸台周围毛坯。而在等高行切插铣中，一方面取与刀位点处轮毂面法向呈小倾角的刀轴作为插铣加工刀轴以减小加工后零件表面残留量;另一方面应使插铣加工中刀轴矢量均匀变化。

如图 3-17 所示,$\widehat{AB}$ 为某等高切削行中的某一切削段,以刀位点处轮毂面法向作为插铣加工刀轴,由于端点 A,B 处受岛屿凸台干涉影响,A,B 处以凸台平面法向作为插铣刀轴,为保证该切削段插铣加工中刀轴均匀变化,应对刀轴矢量进行调整。在切削段头尾各取一刀轴调整区间$\widehat{AA_1}$,$\widehat{BB_1}$,在该区间对刀轴进行调整使刀轴变化均匀。若采用简单的线性插值方法,会使插值后的刀轴矢量与刀位点处轮毂面法矢偏差过大,从而增大轮毂面毛料残留量。因此,应通过计算切削段起点与终点的刀轴矢量与轮毂面法矢偏差值,在刀轴调整区间逐步减小实现均匀过渡。任一切削段刀轴插值算法如下:

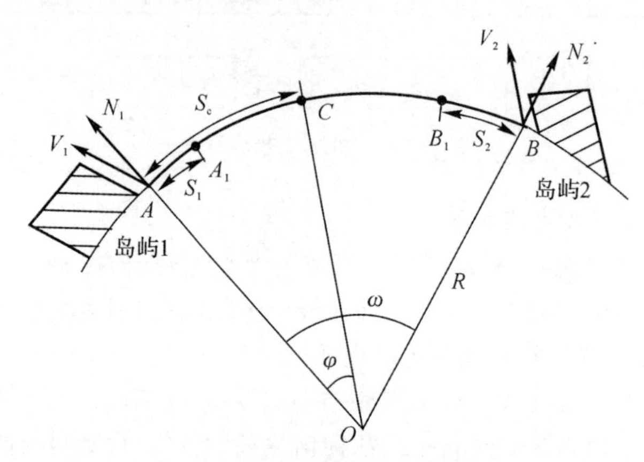

图 3-17　插铣刀轴计算示意图

1) 计算切削段两端点 A,B 处单位化刀轴矢量 $\boldsymbol{V}_1$(沿岛屿凸台 1 平面法向)、$\boldsymbol{V}_2$(沿岛屿凸台 2 平面法向),及其沿轮毂面法矢单位化矢量 $\boldsymbol{N}_1$,$\boldsymbol{N}_2$,计算$\widehat{AB}$ 弧长 S。

$$S=\omega \cdot R,\quad \text{其中 } \omega \text{ 为} \widehat{AB} \text{ 夹角} \tag{3-5}$$

2) 计算预调整区间$\widehat{AA_1}$,$\widehat{BB_1}$ 弧长 S_1,S_2。

$$S_1=|\boldsymbol{V}_1-\boldsymbol{N}_1|/\Lambda \tag{3-6}$$

$$S_2=|\boldsymbol{V}_2-\boldsymbol{N}_2|/\Lambda \tag{3-7}$$

式中,Λ 为单位弧长刀轴变化量,根据加工参数确定。

3) 判断若 $S \geqslant S_1+S_2$,则与起点成角度 $\varphi(0 \leqslant \varphi \leqslant \omega)$ 处的刀位点 C 处刀轴矢量 $\boldsymbol{V}_C$ 为

$$\boldsymbol{V}_C=\begin{cases}(\boldsymbol{V}_1-\boldsymbol{N}_1)\times \boldsymbol{M}(\varphi)\cdot \dfrac{S_1-S_C(\varphi)}{S_1}+\boldsymbol{N}_1\times \boldsymbol{M}(\varphi) & (0 \leqslant S_C(\varphi) \leqslant S_1) \\ \boldsymbol{N}_1\times \boldsymbol{M}(\varphi) & (S_1<S_C(\varphi) \leqslant S-S_2) \\ (\boldsymbol{V}_2-\boldsymbol{N}_2)\cdot \dfrac{(S_2-S+S_c(\varphi))}{S_2}\times \boldsymbol{M}(\varphi-\omega)+\boldsymbol{N}_1\times M(\varphi) & (S-S_2<S_C(\varphi) \leqslant S)\end{cases} \tag{3-8}$$

式中,$S_C(\varphi)$ 表示$\widehat{AC}$ 弧长;$\boldsymbol{M}(\chi)$ 表示过圆弧$\widehat{AB}$ 圆心绕回转轴(Y 轴)顺时针旋转角度 χ 的旋转变换矩阵,有

$$\boldsymbol{M}(\chi)=\begin{bmatrix}\cos \chi & 0 & -\sin \chi \\ 0 & 1 & 0 \\ -\sin \chi & 0 & \cos \chi\end{bmatrix} \tag{3-9}$$

4）若 $S < S_1 + S_2$，则在需要整个切削段圆弧$\overset{\frown}{AB}$上进行刀轴调整，在这种情况下与起点 A 成任意角度 φ 处的刀位点 C 刀轴矢量 $\boldsymbol{V}_C$ 为

$$\boldsymbol{V}_C = \frac{(\boldsymbol{V}_1 - \boldsymbol{N}_1) \cdot (S - S_C(\varphi)) \times \boldsymbol{M}(\varphi) + (\boldsymbol{V}_2 - \boldsymbol{N}_2) \cdot S_C(\varphi) \times \boldsymbol{M}(\varphi - \omega)}{S} + \boldsymbol{N}_1 \times \boldsymbol{M}(\varphi) \tag{3-10}$$

图 3-18 所示为利用该方法计算求取的某插铣切削段刀轴变化示意图，在该切削段中刀轴变化平稳。

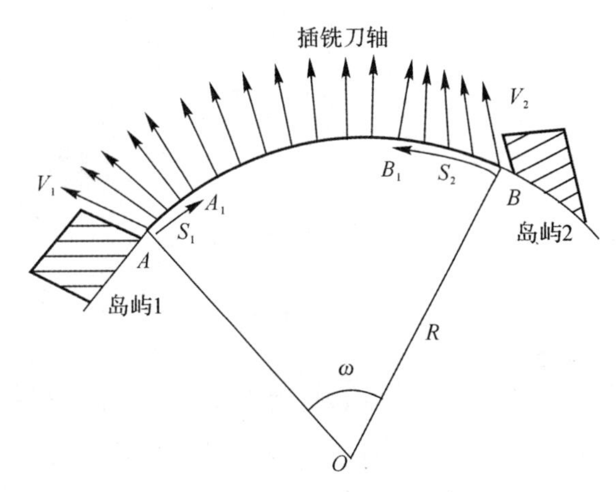

图 3-18　插铣刀轴变化示意图

（3）刀轴干涉判断与处理方法。为保证加工过程中刀具与零件不发生碰撞，对机匣插铣刀轴计算后，应与加工特征中内、外岛屿进行干涉判断，由于岛屿凸台形状简单，可通过快速干涉判断并根据结果对刀轴矢量进行调整，从而提高计算效率。按照前面所提到的插铣路径规划方法可保证在插铣加工过程中刀具与岛屿凸台底部不发生干涉，并且插铣刀轴与轮毂面法向成小倾角，实际加工中若刀具与岛屿凸台平面不发生干涉，则刀具与该凸台不发生干涉。

岛屿凸台一般由若干在同一平面内的直线与圆弧组成的封闭曲线集沿某该平面法向拉伸而成，在进行判断干涉之前，需要对凸台进行预定义。以插铣加工区域中的第 i 个岛屿凸台为例对其进行预定义，如图 3-19 所示，步骤如下：

1）提取岛屿凸台上表面 F_i 及其法向 n_i。

2）以 F_i 所在平面为 xOy 面，凸台面中心为原点，n_i 为 Z 轴建立局部坐标系 $O^i x^i y^i z^i$，其中 X，Y 轴方向可根据笛卡尔坐标系右手定则任意确定，计算该局部坐标系与全局坐标系 $Oxyz$ 之间的映射关系。

3）在凸台表面边界上提取所有直线在局部坐标系 $O^i x^i y^i z^i$ 下的端点坐标 P_1，P_2，构成直线数列 $\{L(P_1, P_2)\}$；

4）提取凸台表面边界上所有圆弧在局部坐标系 $O^i x^i y^i z^i$ 下圆心坐标 P_c、圆弧起始角 α、终止角 β，构成圆弧数列 $\{\mathrm{arc}(P_c, \alpha, \beta)\}$。

重复上述步骤，将插铣加工时涉及到的所有内外岛屿凸台进行预定义，获取其局部坐标系、直线数列和圆弧数列。

在对岛屿凸台预定义后，根据刀具与岛屿凸台的位置关系判断是否发生干涉，若发生干涉

则计算过切程度并据此调整刀轴方向。

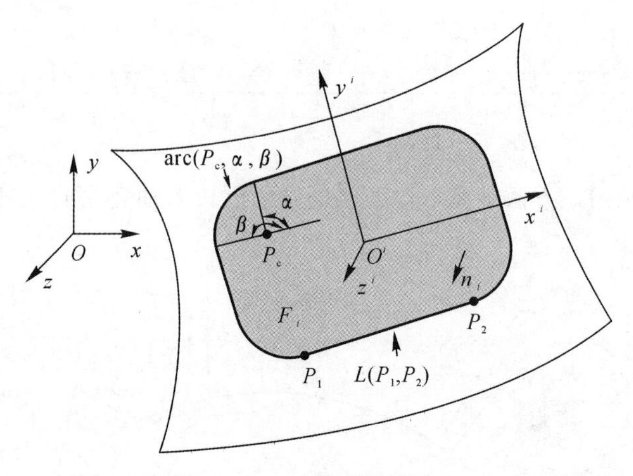

图 3-19　岛屿凸台预定义

现取某刀位点 B_p，以$\overrightarrow{B_pT_p}$为初始刀轴和其中一岛屿凸台干涉判断与调整进行说明，如图 3-20(a) 所示，计算方法如下：

1) 求取刀位点 B_p 与刀轴方向$\overrightarrow{B_pT_p}$ 在该岛屿凸台预定义局部坐标系 $O^ix^iy^iz^i$ 下的坐标分别为点(x_t^i, y_t^i, z_t^i) 与单位化刀轴矢量(i_t^i, j_t^i, k_t^i)，则刀具轴线方程为

$$\frac{x-x_t^i}{i_t^i}=\frac{y-y_t^i}{j_t^i}=\frac{z-z_t^i}{k_t^i} \tag{3-11}$$

2) 以刀具轴线为中心线，半径为 R(R=刀具半径 r+凸台侧壁加工余量 Δ) 作圆柱面 S_t，S_t 参数方程为

$$|(x-x_t^i, y-y_t^i, z-z_t^i)\times(i_t^i, j_t^i, k_t^i)|=R$$

即

$$[k_t^i(y-y_t^i)-j_t^i(z-z_t^i)]^2+[i_t^i(z-z_t^i)-k_t^i(x-x_t^i)]^2+$$
$$[(j_t^i(x-x_t^i)-i_t^i(y-y_t^i)]^2=R^2 \tag{3-12}$$

3) 在局部坐标系 $O^ix^iy^iz^i$ 下，求取平面 $z=0$ 与圆柱面 S_t 截交线，得到一个 $z=0$ 平面上的椭圆 E，在式(3-12) 中令 $z=0$，得椭圆 E 参数方程为

$$[k_t^i(y-y_t^i)+j_t^iz_t^i]^2+[i_t^iz_t^i+k_t^i(x-x_t^i)]^2+[(j_t^i(x-x_t^i)-i_t^i(y-y_t^i)]^2=R^2 \tag{3-13}$$

4) 在平面 $O^ix^iy^i$ 平面上根据椭圆 E 方程与凸台平面上圆弧、直线经预处理后的信息 $\{\mathrm{arc}(P_c,\alpha,\beta)\}$，$\{L(P_1,P_2)\}$，判断椭圆 E 是否与凸台平面相交，若椭圆 E 与凸台平面不相交，则刀轴方向与该凸台不发生干涉。

5) 若椭圆 E 与凸台平面相交，根据计算几何知识，计算椭圆 E 嵌入凸台平面最内点 C_p，以及 C_p 至凸台面边界最近点 F_p 的距离 d。

6) 将椭圆 E 中心点 E_p 沿$\overrightarrow{C_pF_p}$方向移动距离 $\delta\cdot d$ 得到新点 E'_p，将$\overrightarrow{B_pE'_p}$方向作为新的刀轴方向，其中 δ 为调整系数，取 1.2 ~ 1.5。

7) 重复步骤 3) ~ 5)，直至得到与该凸台不干涉的刀轴矢量，如图 3-20(b) 所示，经坐标转换求取在全局坐标系下的刀轴坐标方向。

利用上述方法再将刀具与其他岛屿凸台进行干涉判断并调整刀轴，最终得到与所有凸台都不发生干涉的刀轴作为最终插铣加工刀轴。

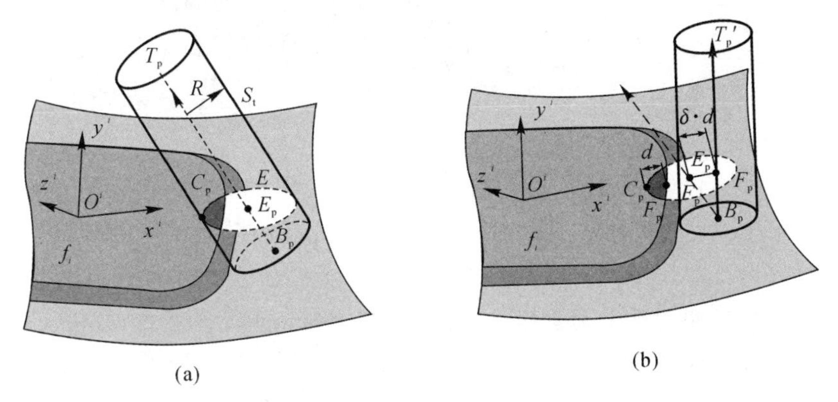

图 3-20　干涉判断与刀轴调整

(a) 干涉判断与调整；(b) 刀轴调整后

2. 机匣精加工轨迹生成方法

(1) 开敞区域轨迹加工。机匣轮毂面是由直线与圆弧或样条，根据其母线形式不同可分为以直线绕回转轴旋转的锥形轮毂面片、以非直线(圆弧或样条曲线) 绕回转轴旋转的非锥形轮毂面片。对其不同特征采用不同的刀具、刀轴控制方式可缩短加工时间，减少加工成本。

设某一轮毂面由位于 XOZ 面内的直线 L_1, L_2 与圆弧 C_1 绕 OZ(机匣零件回转轴) 回转形成，如图 3-21 所示。

在 XOZ 二维坐标系下，令 L_1 方程式为 $z=Kx+b$，取 L_1 上任一点 P 处的垂线方向，将其三维化为 $\mathbf{V}(i_t, j_t, k_t)$，定义以 $P(x_t, y_t, z_t)$ 点为刀位点，$\mathbf{V}(i_t, j_t, k_t)$ 为刀轴的刀具 T，L_1 与刀具 T 底面重合并不发生干涉。将 L_1 绕 OZ 旋转得到圆锥面 S 为 $z=Kr+b$，其中 $r=\sqrt{x^2+y^2}$。当刀具 T 随点 P 绕 OZ 旋转运动时，刀具与圆锥面接触线扫掠的曲面正好与该圆锥面重合，因此，利用平底刀在圆锥形回转面上以曲面法向为刀轴方向等高环形走刀，可完成圆锥回转轮毂面的精加工。设与点 P 在圆周逆时针方向成 θ 角度处的刀位点 $P'(x'_t, y'_t, z'_t)$ 处的刀轴矢量 $\mathbf{V}'(i'_t, j'_t, k'_t)$，$\mathbf{M}(\theta)$ 为绕 OZ 逆时针旋转 θ 角的旋转变换矩阵。

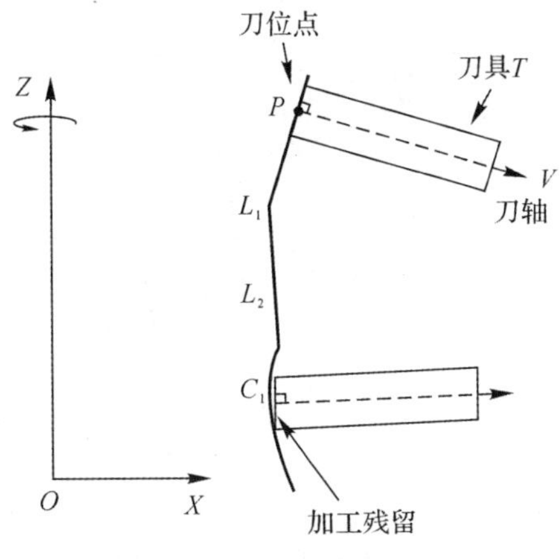

图 3-21　轮毂面回转母线

$$\boldsymbol{M}(\theta)=\begin{bmatrix}\cos\theta & \sin\theta & 0\\ -\sin\theta & \cos\theta & 0\\ 0 & 0 & 1\end{bmatrix}$$

$$(x'_t,y'_t,z'_t)=(x_t,y_t,z_t)\times\begin{bmatrix}\cos\theta & \sin\theta & 0\\ -\sin\theta & \cos\theta & 0\\ 0 & 0 & 1\end{bmatrix}=[x_t\cos\theta-y_t\sin\theta,x_t\sin\theta+y_t\cos\theta,z_t]$$

$$(i'_t,j'_t,k'_t)=(i_t,j_t,k_t)\times\begin{bmatrix}\cos\theta & \sin\theta & 0\\ -\sin\theta & \cos\theta & 0\\ 0 & 0 & 1\end{bmatrix}=[i_t\cos\theta-j_t\sin\theta,i_t\sin\theta+j_t\cos\theta,k_t]$$

对旋转角为 A,C 角的五坐标机床,令刀位点在 $P(x_t,y_t,z_t)$ 处的 A 角、C 角值分别为 A_P,C_P 值,根据后置处理算法空间任意刀轴矢量(i,j,k),其 C,A 轴摆角分别为

$$\left.\begin{aligned}&C=\arctan\left|\frac{i}{j}\right|, && i\leqslant 0,j>0\\ &C=-\arctan\left|\frac{i}{j}\right|, && i>0,j\geqslant 0\\ &C=-\pi+\arctan\left|\frac{i}{j}\right|, && i\geqslant 0,j<0\\ &C=\pi-\arctan\left|\frac{i}{j}\right|, && i<0,j\leqslant 0\end{aligned}\right\}\tag{3-14}$$

$$\left.\begin{aligned}&A=-\arctan\frac{\sqrt{i^2+j^2}}{|k|}, && k\geqslant 0\\ &A=-\pi+\arctan\frac{\sqrt{i^2+j^2}}{|k|}, && k<0\end{aligned}\right\}\tag{3-15}$$

根据式(3-14)与式(3-15)计算后,得 $P'(x'_t,y'_t,z'_t)$ 处的 C 角值 $C'_P=C_P-\theta$,A 角值 $A'_P=A_P$。在对圆锥形轮毂面联动加工过程中,A 角不变,C 角随 θ 角变化,当进给速度恒定时,C 角与 θ 角的加速度均为零,加工稳定性好,满足刀轴矢量均匀变化原则,可提高轮毂面表面加工质量。对锥形轮毂面利用平底刀采用等高环切四轴联动加工,并根据凸台位置抬刀以避免干涉问题,该方法可大大提高加工效率,如图 3-22 所示。

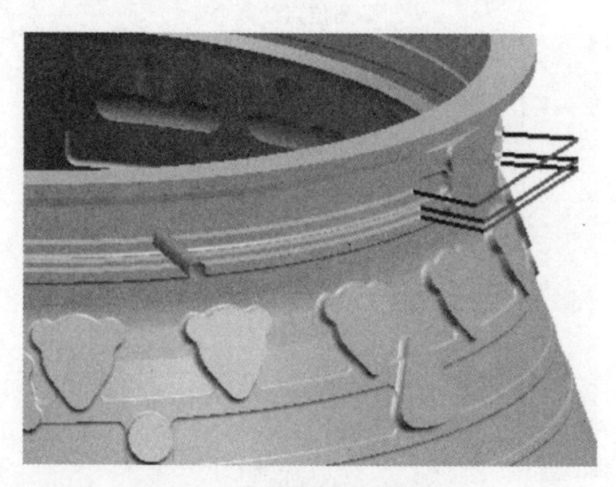

图 3-22 轮毂面四轴联动加工

机匣非锥形轮毂面片轴向位置通常位于喷油嘴安装座附近，若使用平底刀加工，采用任何刀轴方向都会在轮毂面上留有残留，如图 3-23 所示。因此应根据其结构特点及刀具耐用度，对相邻喷油嘴安装座之间的非锥形轮毂面片，采用固定轴球头刀点铣加工方法以提高零件表面质量，如图 3-23(a) 所示。受安装座凸台干涉影响，在对该区域加工时需计算采用该固定刀轴加工的最大可加工边界。

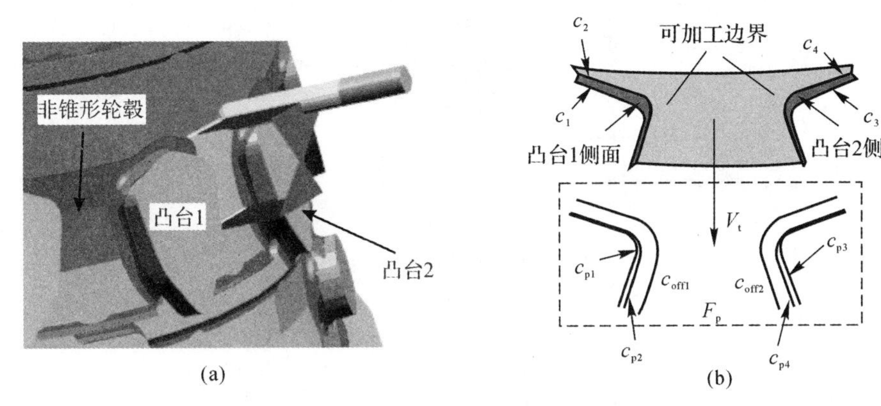

图 3-23 轮毂面固定轴加工

(a) 固定轴加工；(b) 最大可加工边界

设相邻凸台 I_1，I_2 围成的轮毂面加工区域 S，采用半径为 R 的球头刀以刀轴 $\mathbf{V}_t(i_t, j_t, k_t)$ 点铣加工时。如图 3-23(b) 所示，最大可加工边界求取方法如下：

1) 提取凸台 I_1，I_2 上可能发生干涉侧壁的上边界 c_1，c_2，及下边界 c_3，c_4。

2) 作以刀轴方向为法向的平面 F_P，分别将曲线 c_1，c_2 和 c_3，c_4 沿刀轴方向向平面 F_P 投影，得到曲线。

3) 在平面 F_P 上，利用二维曲线求交算法，根据 c_{P_1}，c_{P_2} 和 c_{P_3}，c_{P_4} 分别求取两边最内侧壁界 $c_{\lim 1}$ 和 $c_{\lim 2}$，并将其向区域内偏置刀具半径 R 得到曲线 c_{off1} 和 c_{off2}。

4) 将曲线 c_{off1}，c_{off2} 沿刀轴向加工曲面 S 投影，得到的边界即为最大可加工边界线。

根据上述方法求得固定轴点铣最大可加工边界，对于最大可加工边界外的区域可与凸台圆角清根时一并加工。

由于机匣零件结构上比较开敞，利用上述加工方法可完成整个轮毂面上大部分区域精铣加工，部分相邻凸台形成的非开敞轮毂面残留区域受凸台全局干涉影响，必须采用合适的刀具及刀轴控制方法才能对其加工。

(2) 非开敞区域加工。机匣部分安装座凸台距离较近，形成非开敞区域，该区域轮毂面不能采用平底刀四轴联动或球头刀固定轴点铣的方式完成整个精加工过程。在对非开敞轮毂面区域加工时，考虑加工效率与最终表面质量，可先用平底刀或大直径球头刀对其半精加工，最终选用球头刀可变轴点铣完成整个区域的精加工。小直径刀具比大直径加工时更不易发生干涉，但是随着刀具直径降低，刚性变差，零件的最终尺寸、表面质量难于保证，因此必须采用合适的刀具与刀轴控制方式以避免加工干涉。

如图 3-24(a) 所示为两个凸台之间所围成的残留加工区域，由于凸台矢量为面朝方向，采用固定轴或四轴联动不能完成该区域的加工，必须采用变轴加工，对该区域的加工刀具直径及刀轴应按下述方法求解，如图 3-24(b) 所示。

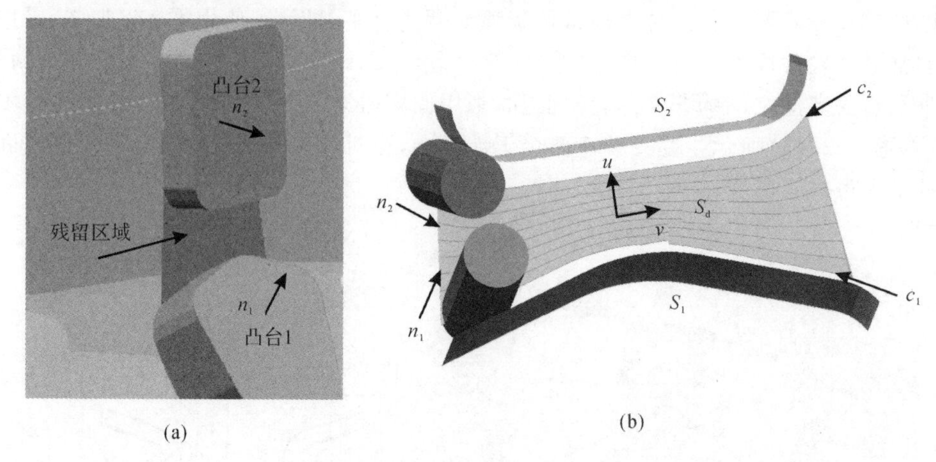

图 3-24　非开敞区域加工

(a) 非开敞加工区域;(b) 加工方法

1) 求取凸台 1、凸台 2 侧面(柱面)$\boldsymbol{S}_1$,$\boldsymbol{S}_2$。

$$\boldsymbol{S}_1(u,v)=\boldsymbol{p}_1(u)+v\cdot\boldsymbol{n}_1 \tag{3-16}$$

$$\boldsymbol{S}_2(u,v)=\boldsymbol{p}_2(u)+v\cdot\boldsymbol{n}_2 \tag{3-17}$$

式中。$0\leqslant u,v\leqslant 1$,$p_1$,$p_2$ 分别为 $\boldsymbol{S}_1$,$\boldsymbol{S}_2$ 准线,$\boldsymbol{n}_1$,$\boldsymbol{n}_2$ 分别为凸台 1、凸台 2 平面法向。

2) 计算柱面 $\boldsymbol{S}_1$,$\boldsymbol{S}_2$ 之间最小距离 $d=d_{\min}(\boldsymbol{S}_1,\boldsymbol{S}_2)$,取半径为 R($R\leqslant d/2$,R 取最大值)的球头刀。

3) 将 $\boldsymbol{S}_1$,$\boldsymbol{S}_2$ 向加工区域内偏置刀具半径 R,分别求取偏置面与曲面 $\boldsymbol{S}$ 的交线 $\boldsymbol{c}_1(v)$,$\boldsymbol{c}_2(v)$,以 $\boldsymbol{c}_1(v)$,$\boldsymbol{c}_2(v)$ 为边界按等参数插值作直纹面 $\boldsymbol{S}_\mathrm{d}(u,v)$。

$$\boldsymbol{S}_\mathrm{d}(u,v)=\boldsymbol{c}_1(v)+u(\boldsymbol{c}_2(v)-\boldsymbol{c}_1(v)),\quad 0\leqslant u,v\leqslant 1 \tag{3-18}$$

$\boldsymbol{S}_\mathrm{d}$ 即为加工刀位点范围。

4) 为避免发生干涉,在加工刀位点范围 $\boldsymbol{S}_\mathrm{d}$ 内以 $\boldsymbol{n}_1$,$\boldsymbol{n}_2$ 为边界刀轴进行线性插值,如图 3-25 所示。以 $\boldsymbol{S}_\mathrm{d}$ 面上任意一点 $\boldsymbol{S}_\mathrm{d}(u,v)$ 为刀位点的刀轴矢量 $\mathbf{V}(u_0,v_0)$。

$$\mathbf{V}(u_0,v_0)=(1-u_0)\cdot\boldsymbol{n}_1+u_0\cdot\boldsymbol{n}_2 \tag{3-19}$$

经单位化后,可得

$$\mathbf{V}(u_0,v_0)=\frac{(1-u_0)\cdot\boldsymbol{n}_1+u_0\cdot\boldsymbol{n}_2}{|(1-u_0)\cdot\boldsymbol{n}_1+u_0\cdot\boldsymbol{n}_2|} \tag{3-20}$$

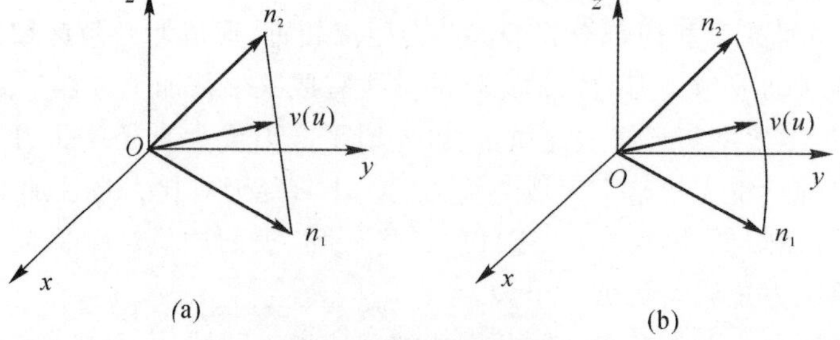

图 3-25　线性插值

(a) 未单位化;(b) 单位化后

由式(3-20)可知刀位点的刀轴矢量只与参数 u 相关，当刀具沿 $\boldsymbol{S}_{\mathrm{d}}$ 曲面 v 向走刀时 u 恒定，刀轴 $\boldsymbol{V}(u,v)$ 不变，加工过程中任一切削行的刀轴固定，即分行定轴，如图 3-26 所示。该方法不仅在加工过程中可避免干涉，而且能获得较好的表面加工质量。

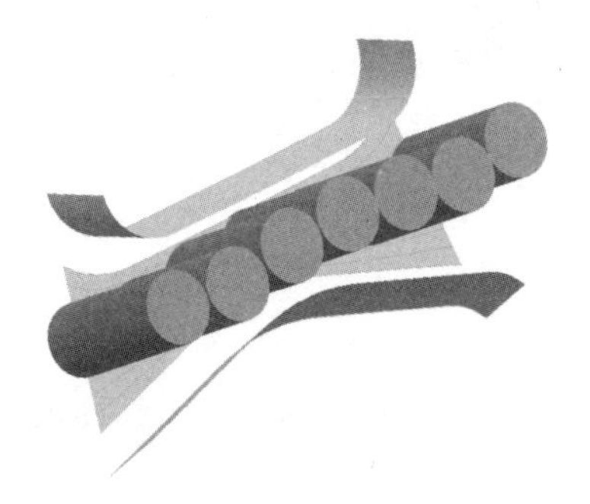

图 3-26　切削行刀轴变化

3. 机匣清根轨迹生成方法

清根加工是机匣精铣的最后阶段，在凸台平面与轮毂面加工完毕后才能进行。机匣精铣时需要清根的部位主要包含安装座凸台侧壁与轮毂面之间的过渡圆角，加强筋与轮毂面之间的过渡圆角，相邻轮毂面片之间的过渡圆角。

机匣零件上圆角通常为固定半径圆角。过渡圆角从结构上可分为完全过渡圆角和非完全过渡圆角，通常情况下凸台侧面高出轮毂面较长距离，凸台侧壁与轮毂面之间的过渡圆角与凸台侧壁相切，构成完全过渡圆角，如图 3-27(a) 所示(曲面用直线示意，曲线用点示意)。在某些情况下凸台高度比较低，轮毂面与凸台平面距离小于刀具半径值，过渡圆角曲面与凸台侧壁相交而非相切，构成不完全过渡圆角；另外，加强筋厚度一般小于圆角半径，故加强筋与轮毂面之间的圆角也属不完全过渡圆角，如图 3-27(b) 所示(曲面用直线示意，曲线用点示意)。加工圆角时，通常采用与圆角半径相同的球头刀刀心沿圆角刀心线运动，刀具走过后留下的曲面与圆角曲面重合。

(1) 清根刀心线求解。如图 3-27 所示，由于两种圆角结构特征不同，故其刀心线求解方法也不同。

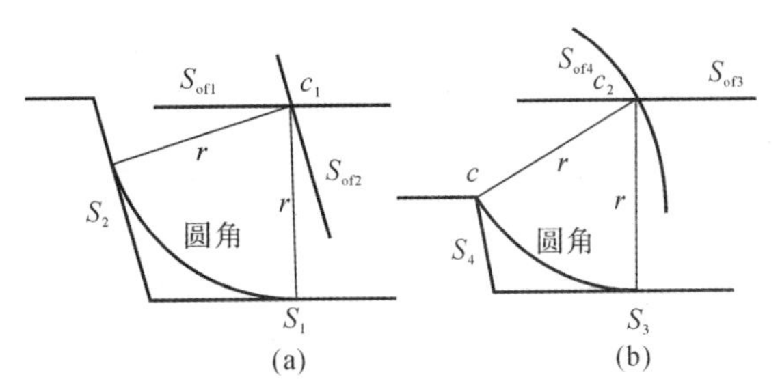

图 3-27　两种过渡圆角

(a) 完全过渡圆角；(b) 不完全过渡圆角

对完全过渡圆角，如图 3-27(a) 所示，两曲面 $\boldsymbol{S}_1$，$\boldsymbol{S}_2$ 间半径为 r 的圆角圆心线求解步骤如下：

1) 分别将曲面 $\boldsymbol{S}_1$，$\boldsymbol{S}_2$ 向圆角内侧偏置距离 r，得到等距偏置面 $\boldsymbol{S}_{\mathrm{of1}}$，$\boldsymbol{S}_{\mathrm{of2}}$。

$$\boldsymbol{S}_{\mathrm{of1}}(u,v)=\boldsymbol{S}_1(u,v)+r\cdot\boldsymbol{n}_1(u,v) \tag{3-21}$$

$$\boldsymbol{S}_{\mathrm{of2}}(u,v)=\boldsymbol{S}_2(u,v)+r\cdot\boldsymbol{n}_2(u,v) \tag{3-22}$$

式中，$\boldsymbol{n}_1(u,v)$，$\boldsymbol{n}_2(u,v)$为曲面单位法矢，$\boldsymbol{n}(u,v)=\dfrac{\boldsymbol{S}_u(u,v)\times\boldsymbol{p}_v(u,v)}{|\boldsymbol{S}_u(u,v)\times\boldsymbol{p}_v(u,v)|}$，均取其指向圆角内侧方向。

2）计算等距偏置面 $\boldsymbol{S}_{\mathrm{of1}}$，$\boldsymbol{S}_{\mathrm{of2}}$ 交线得到曲线 $\boldsymbol{c}_1$，$\boldsymbol{c}_1$ 即为圆角圆心线。

对不完全过渡圆角，如图 3-27(b) 所示，两曲面 $\boldsymbol{S}_1$，$\boldsymbol{S}_2$ 间半径为 r 的不完全圆角圆心线求解步骤如下：

1）按式(3-21) 求取与圆角相切的曲面 $\boldsymbol{S}_3$ 偏置刀具半径 r 后的曲面 $\boldsymbol{S}_{\mathrm{of3}}$。

2）求取圆角与曲面 $\boldsymbol{S}_4$（$\boldsymbol{S}_4$ 与圆角相交，非完全相切）交线 c 距离为圆角半径值的等距面 $\boldsymbol{S}_{\mathrm{of4}}$，$\boldsymbol{S}_{\mathrm{of4}}$ 的参数化方程为

$$\left.\begin{aligned}\|\boldsymbol{S}_{of4}(u,v)-\boldsymbol{c}(v)\|&=r\\(\boldsymbol{S}_{\mathrm{of4}}(u,v)-\boldsymbol{c}(v))\cdot\boldsymbol{c}'(v)&=0\end{aligned}\right\} \tag{3-23}$$

3）计算等距偏置面 $\boldsymbol{S}_{\mathrm{of3}}$，$\boldsymbol{S}_{\mathrm{of4}}$ 交线得到曲线 $\boldsymbol{c}_2$，$\boldsymbol{c}_2$ 即为圆角圆心线。

根据过渡圆角的不同特征，利用上述方法即可求取两种过渡圆角的圆心线，采用半径与圆角半径 r 相同的球头刀加工，选择合适的刀轴控制方式（与零件其他位置不发生干涉），刀心沿过渡圆角圆心线运动即可完成圆角的加工。通常清根加工需由外向里多次走刀才能满足设计要求，因此初始求取偏置面或等距面时增加偏置距离 d（即 $d>r$），根据加工要求 d 逐步减小至 r 时分别求取刀心轨迹线，从外往里分多次走刀，由此完成机匣的清根加工。

(2) 刀轴控制及走刀方式。安装座凸台侧壁与轮毂面之间的过渡圆角清根通常与凸台侧壁一起加工，因此采用凸台面法向作为加工刀轴绕凸台侧壁加工，刀具底刃加工过渡圆角，侧刃加工凸台侧壁，圆角与凸台侧壁的整体加工不仅可提高加工效率，还可减少接刀痕，提高加工表面质量。加强筋与轮毂面的圆角清根通常将其分为两类，对于与安装座凸台依附在一起的圆角通常与安装座圆角一并加工，如图 3-28(a) 所示；对于与凸台无依附关系的加强筋圆角及相邻轮毂面片之间的过渡圆角通常采用四轴联动加工，如图 3-28(b) 所示。

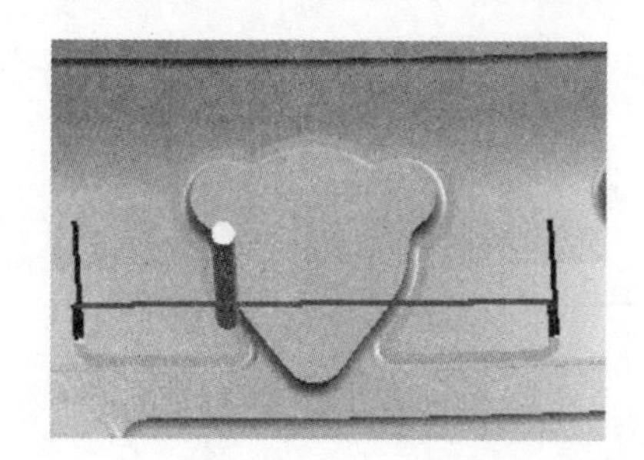
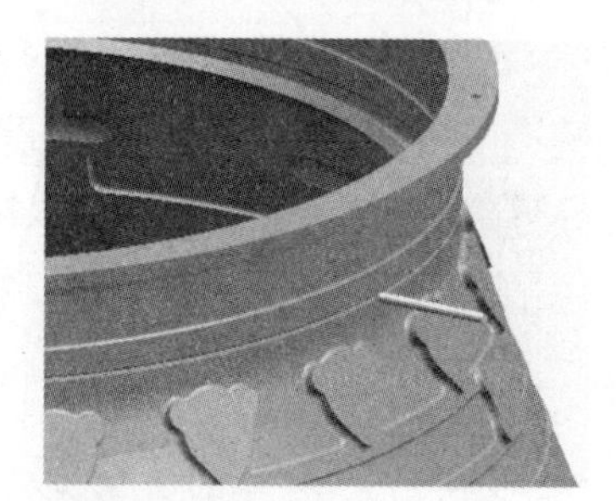

图 3-28　清根加工刀轴控制

(a) 固定轴清根；(b) 四轴联动清根

根据刀轴控制方式及清根加工刀心线，即可计算刀尖点坐标，将刀心线向刀轴负方向移动刀具半径即可得到刀尖轨迹线 $\boldsymbol{c}_{\mathrm{p}}$，有

$$\boldsymbol{c}_{\mathrm{p}}(v)=\boldsymbol{c}_{\mathrm{o}}(v)-r\cdot\boldsymbol{V}_{\mathrm{T}} \tag{3-24}$$

式中，$\boldsymbol{c}_{\mathrm{p}}$ 为刀尖点轨迹线，$\boldsymbol{c}_{\mathrm{o}}$ 为刀心点轨迹线，$\boldsymbol{V}_{\mathrm{T}}$ 为加工刀轴方向。

3.2.4 机匣零件编程方法

环形机匣壳体由于前述结构复杂、壁薄，容易产生加工变形等特点，对制造精度影响特别大，因此加工时应划分阶段进行。通常划分成粗加工阶段、半精加工阶段和精加工阶段。根据上述工艺规划，机匣数控精密加工在保证加工余量的前提下，采用新型插铣工艺和合适的刀具迅速可去除大部分材料。插铣加工可大幅提高机匣粗铣加工效率。为实现机匣高效插铣粗加工，针对航空发动机机匣结构特征提出一种插铣粗加工刀位轨迹生成方法，根据机匣零件结构进行加工区域划分，规划插铣走刀路径，插铣刀轴计算，加工干涉判断与处理，刀位点计算，最终生成插铣加工轨迹(见图 3-29)。

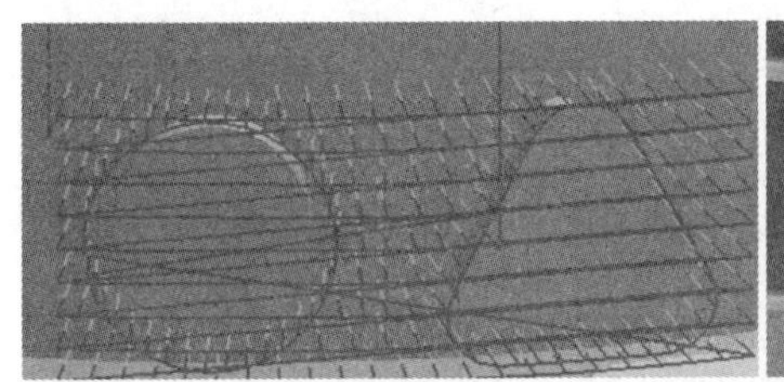
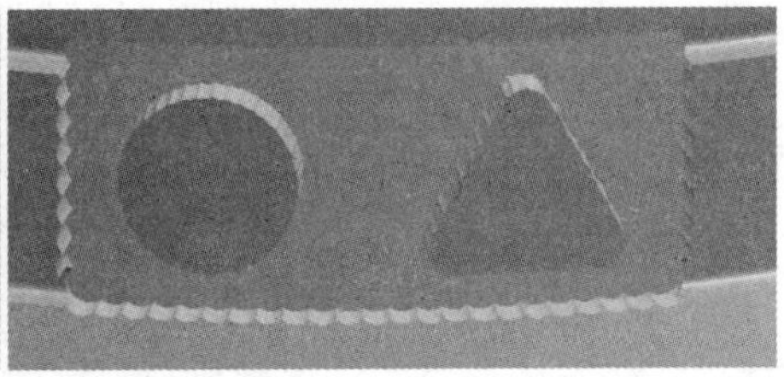

图 3-29 插铣粗加工刀位轨迹

外圆面粗铣完毕后，由于凸台之间距离较近而外圆面铣削时行距较宽，部分凸台之间的槽仍未铣开。另外，由于机匣凸台较多，包括集气盒凸台，为保证精加工时凸台周围余量较小，粗铣加工中凸台必须清根。为保证粗铣效率，可不采用小尺寸整体刀具，可采用 $\phi32$ 铣刀进行快速铣削清根。采用凸台外表面的回转面偏置面作为驱动面，在经过干涉面裁剪之后，用 UG CAM 模块中的 FIX CONTOUR，将裁剪后的偏置面作为驱动面，工件体选定为检查面生成刀位轨迹，部分实例如图 3-30(a)所示。

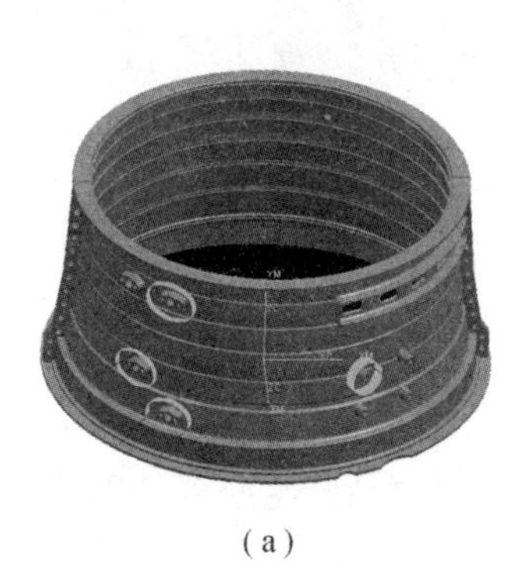

(a)

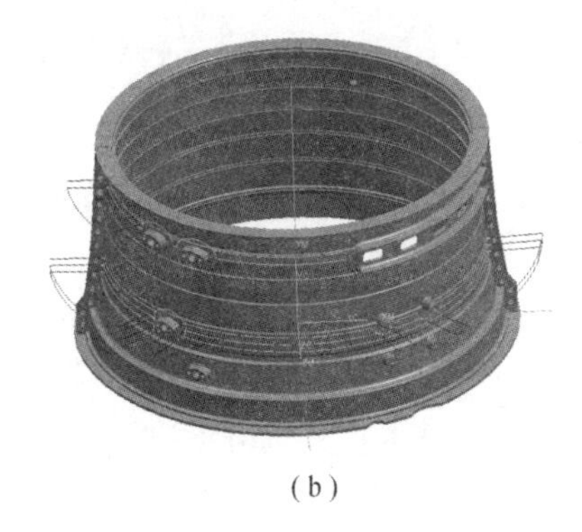

(b)

图 3-30 机匣精加工刀位轨迹

(a)凸台清根数控编程示意图；(b)外形精铣刀位轨迹规划示意图

机匣外形精铣是机匣加工中的最关键一环，机匣外形尺寸复杂，精度要求高，变形严重，加工难度大。机匣外形复杂，使用刀具种类多，加工程序繁多，课题组针对机匣外形特点，详细对刀位轨迹路径进行规划，创建了适合机匣加工的刀位轨迹。机匣外形精铣采用成形刀具，将外形及转接内倒角一次性铣削到位。外形回转面采用法线方向作为刀轴方向，编制多轴联动加工程序进行加工，刀位轨迹为外圆回转面上的参数线。在凸台附近刀位轨迹较为复杂，简单的处理方式为在接近凸台前结束外形铣削刀轨，为凸台去余量和精铣清根建立单独的加工程序。采用此种方式加工，增加了外形铣削刀轨数量，并且凸台周围仍必须进行多坐标外形精铣，效率较低，加工程序复杂，数量多。课题组采用外形结合凸台的铣削方式，将凸台周围的外圆铣削整合到外形铣削中，虽然增加了刀位轨迹的创建难度，但是减少了加工程序的数量，提高了加工效率。图 3 - 30(b)所示为其中部分刀位轨迹。图中围绕凸台的刀位轨迹为凸台侧面留余量 2.5 mm，保证在铣削外回转面时，刀具侧刃不会碰到凸台轮廓，避免打刀和啃刀现象发生。

3.3 叶盘类零件数控加工工艺

3.3.1 叶盘类零件工艺特点分析

航空发动机中常用的整体叶盘结构可分为闭式、开式和大小叶片转子三种结构，如图 3 - 31 所示。其内盘包括内轮毂、腹板、封严齿及装配孔等，均采用薄壁结构，在结构上存在多处闭斜角结构；叶片设计采用薄壁结构，扭曲程度大；叶盘通道狭窄，甚至成倒梯形结构。

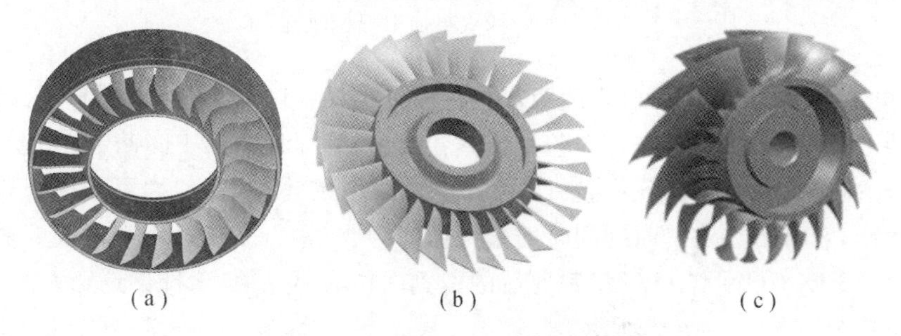

(a)　　(b)　　(c)

图 3 - 31　三种典型的整体叶盘结构

(a)闭式结构；(b)开式结构；(c)大小叶片转子结构

叶盘加工工艺的特点如下：

(1)结构复杂，开敞性差，数控编程难度大；

(2)材料难加工，切除率大，加工效率低；

(3)叶片薄，悬臂结构，加工颤振控制难度大；

(4)叶片薄，刚性差，残余应力变形控制难度大。

整体叶盘加工属于自由曲面多轴数控加工的技术范畴，其研究的核心问题如下：

(1)通道分析与加工区域的划分。

(2)最佳刀轴方向的确定与光滑处理。

(3)叶盘通道的高效粗加工技术。

(4)叶片型面的精确加工技术。

3.3.2 叶盘类零件工艺规划

目前，叶盘设计上一般采用整体高强度合金材料。为了提高整体叶盘的机械强度，毛坯一般采用锻压件，在一个毛坯上直接加工出内盘和叶片，其所采用的加工工艺步骤如下：

(1)对毛坯进行基准面的车削加工,加工出整体叶盘回转体的基本形状。即加工出内盘及叶片的基本轮廓。

(2)叶盘气流通道的开槽加工。一般情况下,开槽加工的开始位置选在气流通道的中间位置,可采用四坐标联动铣削进行通道余量去除,或者采用插铣方式进行余量快速去除。

(3)叶盘气流通道的粗加工。开槽加工完毕后,叶片型面上的余量并不均匀,为后续加工需要,必须将叶片表面余量加工到较为均匀,以使叶片加工变形程度和表面应力较为均匀,以利于后续加工中对叶片精度进行控制。采用球头刀点铣方式完成叶盘气流通道的粗加工,包括叶片粗加工和内轮毂粗加工。

(4)叶盘去应力热处理。开槽加工和粗加工完成后,叶片上累积了非常大的表面残余应力,必须通过人工实效的方式,将应力释放,使叶片变形量提前出现,避免粗加工应力影响精加工精度。

(5)叶盘气流通道的半精加工。为预留叶盘去应力热处理中变形量,叶盘通道粗加工留的余量比较大,如果直接进行精加工,叶片变形量仍较大,残余应力较高,不能保证精加工叶片精度,必须进行叶盘气流通道的半精加工,将粗加工后的大部分余量去除,控制精加工工序的余量,使精加工变形量在可接受的范围内。

(6)叶盘气流通道的精加工。半精加工完毕后,进行叶盘气流通道的精加工,将叶片型面一次性加工出,并对叶盘内轮毂进行精铣。

(7)叶盘的清根加工。在叶片与内盘接合处要求为变半径圆滑过渡区域,必须采用小直径球形锥柄棒铣刀对过渡区域进行单独加工。

为保证叶片表面粗糙度,数控加工后还要进行抛光和钳工修理,将叶片表面质量和表面粗糙度进一步提高,减小叶片使用中的应力集中和腐蚀损坏的概率,整个工艺流程如图3-32所示。

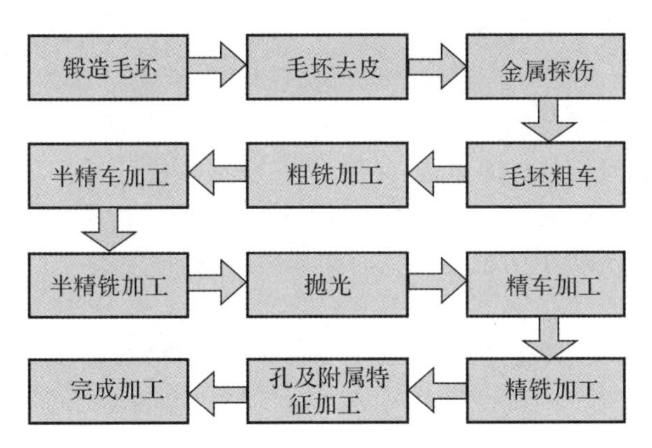

图3-32 开式整体叶盘工艺流程图

3.3.3 叶盘类零件编程关键技术

开式整体叶盘叶片是典型的复杂薄壁结构零件,具有以下两个特点:①叶片之间相互遮掩,通道狭窄,可加工性差;②叶片壁薄,且只在根部与轮毂相联,属于悬臂梁结构,刚性差。开式整体叶盘叶片的特点决定了其数控加工过程的复杂性。在开式整体叶盘叶片加工中,通常将叶片分为叶背、叶盆、前缘、后缘四张曲面。

1.叶片型面螺旋加工轨迹规划

整体叶盘属于典型的通道加工，当采用五坐标数控设备进行加工时，其可加工性的分析是决定工艺过程设计的主要因素，提前避免刀具无法到达通道的某些区域等不可加工现象，以及选择合理的刀具参数和制定适当的加工工艺参数。

【螺旋可加工性准则】 如果对于叶片曲面上的任意位置刀具均可达(刀具不干涉)，并且存在一个刀轴序列，使得刀轴在连续变化的过程中也不发生干涉，则从几何上是可达的，否则属于不可加工的范畴；若可达且同时满足加工刀具刚性要求(如刀具的长径比小于允许的最大值)，则通道为可加工，否则为不可加工。

开式整体叶盘叶片螺旋铣的可加工性分析可以分两层：第一层从通道结构的几何参数，大致判定采用刀具的几何尺寸，决定是否可行，对于可加工的通道，初选出合适的刀具几何参数；第二层通过刀轴可行空间确定，可判定几何上螺旋铣可达，规划好切触点的刀轴方向后，通过最短刀长(加工刚度)精确计算，即可确定是否可加工。

(1)通道结构几何参数分析。开式整体叶盘结构的几何参数对其可加工性起着决定性的影响，综合分析主要有叶尖通道宽度、通道最窄宽度、叶片展长等。

1)叶尖通道宽度：叶尖通道宽度对于开式整体叶盘的可加工性影响非常关键，叶尖通道是叶片螺旋铣加工过程中刀具的必经区域，该区域的开阔程度决定了刀具直径的大小以及刀轴矢量的摆动范围。

2)通道最窄宽度：通道最窄宽度是指通道内相对叶型面(叶背一叶盆)之间指定区域间的最小距离。通道加工所能选择的刀具最大直径必须小于通道最窄宽度。

3)叶片最大展长：叶片最大展长指在垂直于叶盘轴向的平面内，叶尖线到叶根线的最大距离。开式叶盘的通道深度一般取决于叶片的展长，就螺旋铣加工而言，其最大展长决定了加工所采用的刀具长度。

一般可依据上述三个因素初步计算叶盘加工所需刀具长度、直径及长径比，初步判断叶盘的可加工性。

(2)基于刀轴可行空间的可加工性分析。对于某一个切触点，其刀轴可行空间是刀具与工件不产生干涉时的刀轴可以自由摆动的空间范围。根据螺旋可加工性准则，在几何上从刀轴可行空间角度描述螺旋铣的可行性判定条件如下：

判定条件1：所有切触点的刀轴可行空间均非空，否则即使有一点不可加工，则整体不可加工。

判定条件2：所有相邻切触点的刀轴可行空间必须具有公共交集，否则两切触点之间无法过渡，也即不可加工。

判定条件3：能够找到一组刀轴序列，使得各刀轴及刀轴之间的过渡均在连续的多个刀轴可行空间的并集里，否则仍不可加工。

如果上述三个判定条件均满足，则可准确判定在几何上螺旋铣可行。如果刀轴可行空间区域位置及形状不合适，则判定条件3可能不满足，其判定方法较为复杂，需要结合高等几何的相关理论给出明确的判定条件。图3-33所示为几何上螺旋铣可加工，图3-34所示为几何上螺旋铣不可加工，图3-34(a)不满足判定条件2，图3-34(b)比较极端，其满足判定条件1和判定条件2，但不满足判定条件3。

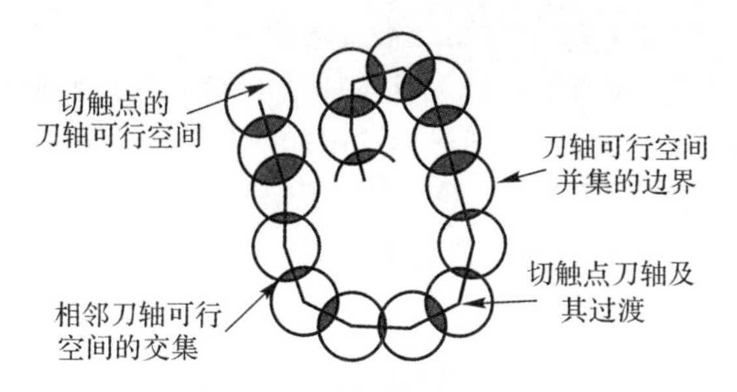

图 3-33 几何上螺旋铣可加工

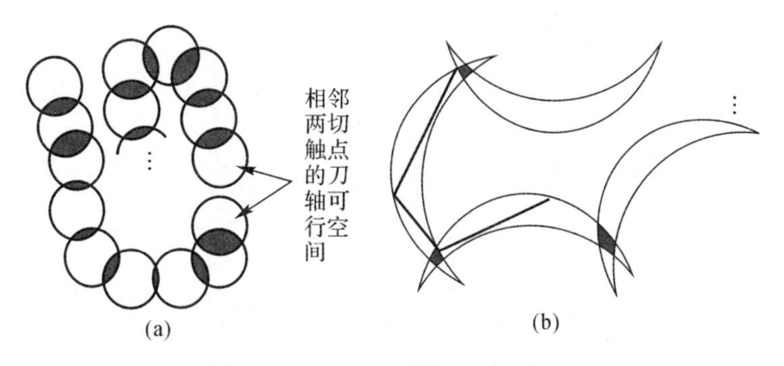

图 3-34 几何上螺旋铣不可加工

(a)情况 1； (b)情况 2

(3)螺旋铣切触点轨迹规划。对于开式整体叶盘叶片的螺旋加工,其螺旋方式按起点位置(叶尖或叶根)及螺旋方向(左旋或右旋)可分为四种,如图 3-35 所示。从刀轴的方向看过去,如果螺旋轨迹的旋向与刀具主轴的转向相同,则为顺铣,否则为逆铣。一般的机床其主轴的转向为顺时针转动,即右旋方式。因此,Ⅰ和Ⅲ为左旋且为逆铣,Ⅱ和Ⅳ为右旋且为顺铣。一般顺铣的加工质量较好,因此,在精加工过程中一般选用顺铣,即Ⅱ或Ⅳ螺旋方式。叶片的螺旋铣粗加工可以任意选用一种螺旋方式。

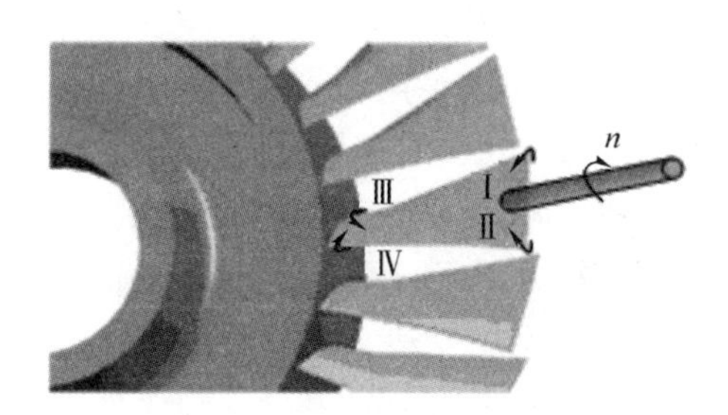

图 3-35 螺旋方式选择判断

螺旋方式Ⅱ和Ⅳ的区别在于螺旋轨迹的起始位置不同,Ⅱ从叶尖逐渐过渡到叶根,Ⅳ正相反。由于刀轴方向大致沿着叶片的悬伸方向,对于一般的环形刀等刀具,Ⅳ的前倾角一般大于零为"拖刀"加工,刀具受力均匀,加工质量相对较好,而Ⅱ正相反为"顶刀"加工,加工质量一般稍差。由于叶片是悬伸结构,从加工刚度角度考虑,Ⅱ相对于Ⅳ,其加工过程是从挠度最大、最易加工变形的叶尖处逐渐过渡到挠度最小的叶根处,基本保证叶片各处在其最大刚度时去除余量,提高了加工系统的刚性,可有效降低精加工时的叶片变形量。螺旋加工方式Ⅱ和Ⅳ各有利弊，但综合考虑叶片加工时的工艺刚性，通常采用螺旋加工方式Ⅱ。

确定螺旋方式后，即可确定螺旋轨迹的具体规划形式。为了保证加工区域边界处的走刀完整，沿着叶尖和叶根的起止边界至少走一圈。因此螺旋轨迹的形式为：从空处进刀到螺旋线起点，从螺旋线起点沿着起始边界线走一圈，再沿着螺旋过渡线走刀到螺旋终点，从螺旋终点沿着终止边界线走一圈，抬刀到空处，完成加工。以采用螺旋方式Ⅳ为例，螺旋轨迹形式如图3-36所示。

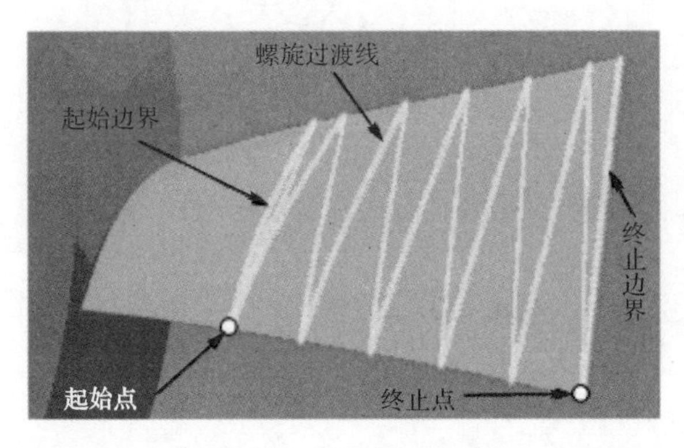

图3-36 螺旋轨迹的形式

(4)螺旋铣切轨迹边界确定。螺旋轨迹的边界主要包括起始边界和终止边界，另外，需要附加确定轨迹线的起始点与终止点。

一般边界线可取叶片曲面上沿着流道方向的等参数线作为边界线，对于叶尖叶根处的边界线均可采用这种简单的确定方式。叶根处涉及刀具与叶片曲面的干涉问题，相对叶尖处更复杂，这里仅讨论叶根处的边界线确定方法。有时为了尽可能多地加工叶片型面，应保证叶根处的螺旋轨迹边界与清根区域的边界(可采用滚球法确定)重合或是尽可能地接近(如果不重合，该部分叶型曲面后期需要采用清根的小尺寸刀具完成加工，加工效率较低)，从而在后期清根时，尽量使得沿着叶根处环形走刀一圈，即可完成整个叶片的加工，提高叶型面加工的效率。因此问题即转化为叶片上清根边界的确定。

对于球头刀而言，叶根处的边界线可采用如下方法：将轮毂面和叶片均向通道偏置刀具半径(R)或清根圆角半径(R_{root})，取两偏置面的交线，对于交线上的任意一点，采用点搜索方法，取曲面上距离该点的最近距离即为边界线上的一点，对交线上所有点处理后即确定了边界线。对于环形刀，同样可采用上述方法保证不干涉，这是由于环形刀的顶部环状切削刃可被半径为刀具半径的球包围，如图3-37所示。但当环形刀半径大于清根半径时，清根边界和螺旋铣叶根边界之间会残留一段环状区域未加工。当然对于具体零件，结合叶根处环形刀的刀轴方向范围，可建立确定环形刀最大加工区域精确边界的方法，如点搜索等方法，则该边界即为最佳叶根处螺旋轨迹边界。

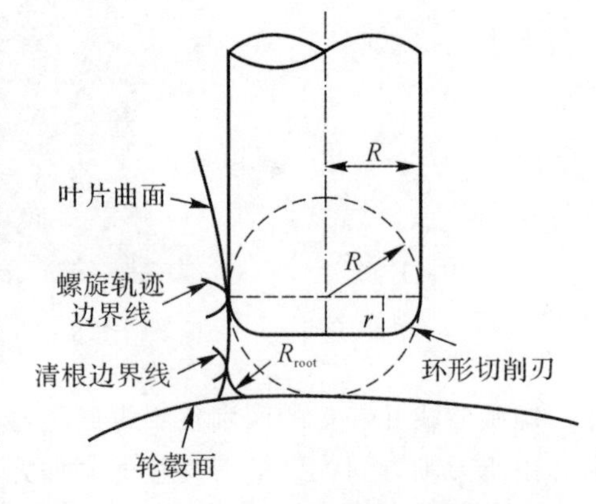

图3-37 叶根处螺旋轨迹边界线的确定

尽管可根据需要将螺旋轨迹起止点位置设定在边界线的任意处，但从提高叶片加工时的刚性角度考虑，螺旋轨迹起止点选在其所在边界线的缘点处（叶盆与叶背的设计理论分界点），更有利于提高边界线上前后缘处加工时的刚度。

以终止点在叶根处为例分析，如图 3－38 所示。图 3－38(a)中，在刀具切除 A 处余量后，后期切除 C 时，由于 A 处余量已经去除，工件刚性减弱，当切削 B 时，A 处及对面叶型面的余量均已去除，工件刚性更弱。而图 3－38(b)中，当刀具切除 C 处余量时，这时 A 处余量仍在，C 处的工件刚性仍然较大，虽然切削 B 时，A 处对面叶型面的余量已经去除，B 的工件刚性有所减弱，但总体相对于终止点在叶片型面中点的方式，终止点在缘点处仍具有提高工件加工刚性的优势。对于终止点在叶尖处、起始点在叶尖处和起始点在叶根处，也可得出同样的结论。

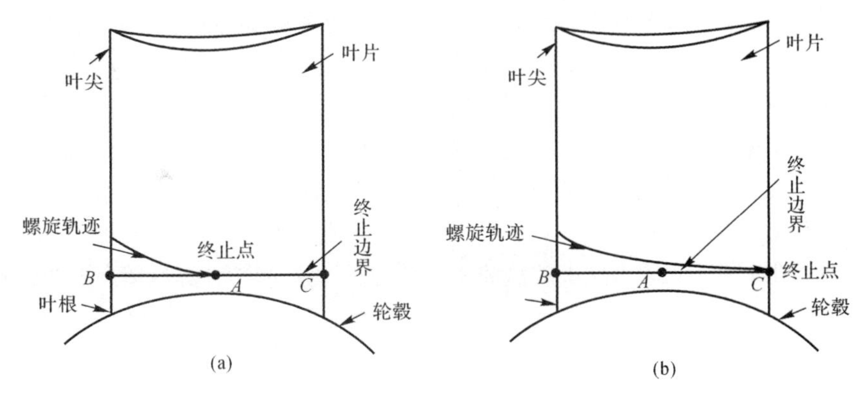

图 3－38　终止点位置不同对刚度的影响

(a)终止点在叶片型面中点；(b)终止点在缘点处

(5)螺旋铣叶片型面重新参数化。根据确定的螺旋轨迹边界裁剪叶片曲面，即可确定螺旋铣削的加工区域边界。这种对曲面的裁剪、偏置、求交等操作，会破坏曲面本身的参数匀化特性，造成参数线“断线”，如图 3－39(a)所示，而后续的等参数线法螺旋轨迹规划时又要求加工区域具有参数均匀的特征，从而保证刀轨的连续性和均匀性及刀轨规划的方便性。因此需要对螺旋加工区域进行重新参数化。缘点是叶身中弧线和叶身截面线的交点，是叶背和叶盆的分界点，该点处空气流动速度为零，在造型时必须保证此点的位置。因此选择前缘线（进气边所有缘点构成的叶片上的曲线）和后缘线（排气边所有缘点构成的叶片上的曲线）作为叶片重新参数化的两个重要边界。

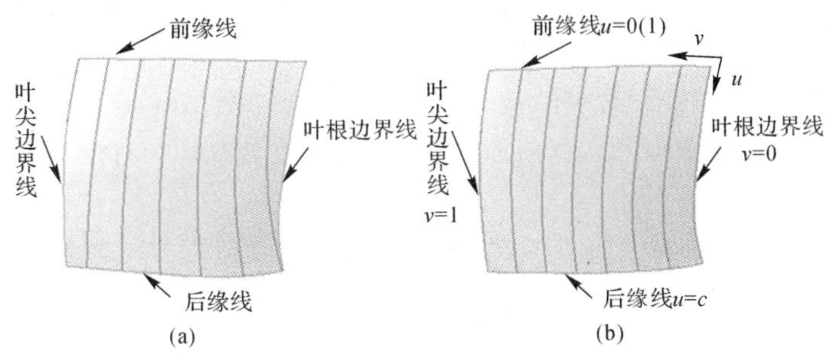

图 3－39　曲面参数化

(a)非均匀参数化曲面；(b)重新参数化后的曲面

课题组为了便于规划螺旋轨迹，曲面重新参数化时，将叶片曲面重新构造成封闭的单张曲面。假定叶片沿流道方向为曲面的 u 向，叶片径向为 v 向，则重新参数化的边界条件为：前橼线是 $u=0$ 的等参数线，而后橼线是 $u=c$（为常数不一定为 0.5）的等参数线。另一方向上，叶根边界线是 $v=0$ 等参数线，叶尖外边界线是 $v=1$ 等参数线。具体的重新参数化方法，可参考文献[12]，为了保证上述边界条件，需要对文献中的方法做一定的修正。重新参数化后的叶片加工区域如图 3-39(b) 所示。

(6) 螺旋铣行距与步距确定。

1) 最佳行距确定。加工行距的大小是影响曲面加工效率和加工质量的重要因素。行距过大，将使得相邻切削行间残留高度过大，加工表面质量下降；行距过小，将导致走刀行数的增加，降低加工效率。若采用等残留高度方法进行加工，切削行距往往比较大，会导致切削力过大，易引起薄壁叶片扭曲变形。螺旋铣可以采用相对较高的进给速度加工，若适当减小行宽则可以提高加工表面质量，且加工效率并不一定降低。

在螺旋铣加工中，加工带宽可以采用指定螺旋周期数（切削行数）或最大行距等方法进行计算。如果指定螺旋周期数及起点位置，根据图 3-36 可规划出螺旋轨迹，结合叶片径向的长度，即可大致确定螺旋线间的最大行距。一般环形刀的切削带宽是根据切触点处环形刀的有效切削半径和被加工曲面在垂直于走刀方向上的法曲率半径进行计算，参考计算残留高度的公式

$$\delta=\frac{D^2}{8}\left(\frac{1}{r}-\frac{\cos^2\omega}{r+\dfrac{r^2}{(R-r)}\sin\lambda}+k_{S\pi/2}\right)$$

即可确定螺旋周期或最大行距是否合适，如果不合适，进行反馈调整，直至刚好满足即可。

2) 最佳步距确定。多轴加工编程的加工误差包括直线逼近误差和刀轴摆动误差。直线逼近误差是机床直线插补刀位点过程中产生的弦高误差，一般来讲，直线逼近误差发生在插补段的中心附近，与段长度的二次方成正比。刀轴摆动误差是由于刀具的轴线在插补过程中发生了摆动，刀具底面转动产生的误差。因此课题组螺旋铣的步距控制策略是：在比较平坦的叶盆和叶背表面处可采用等参数或等弧长方法初步控制步距，再采用弦高误差检验及插值即可；而在曲率较大的橼头处采用弦高误差法及“刀具切触点偏置法”结合的方式，适当地调整切触点理想位置并合理控制步长，可很好地实现对叶片加工误差的控制。

2. 叶片螺旋铣切触点轨迹构造

螺旋切触点轨迹构造有多种方式，包括基于最大行距的螺旋切触点规划方法和等参数螺旋切触点轨迹规划。等参数螺旋铣是叶片螺旋铣削加工中最常用、最基本的加工方法之一。经加工区域重新参数化处理后，螺旋轨迹是在曲面的完整参数域($0\leqslant u,v\leqslant 1$)内处理的。下面分别按叶片曲面为单张曲面和多张曲面的情形，说明按参数均匀过渡方式生成螺旋切触点轨迹的具体方法。

(1) 叶片曲面为单张曲面。如图 3-39(b) 所示，沿叶片流道方向为参数域 u 方向，沿叶片径向为参数域 v 方向。课题组定义一条螺旋线的方式为：起点参数(u_0,0)(其中 $u_0\in[0,1)$)和螺旋周期数 q(q 为大于 1 的任意实数，不一定为整数)。如图 3-40 所示，为便于推导描述，建立两个重合的直角坐标系(uOv 与 xOy)，螺旋线上任意一点的参数记为 $[u(t)\quad v(t)]^{\mathrm{T}}$，螺旋升角为 θ，将螺旋线展开，其上任意一点的参数记为 $[x(t)\quad y(t)]^{\mathrm{T}}$，则有

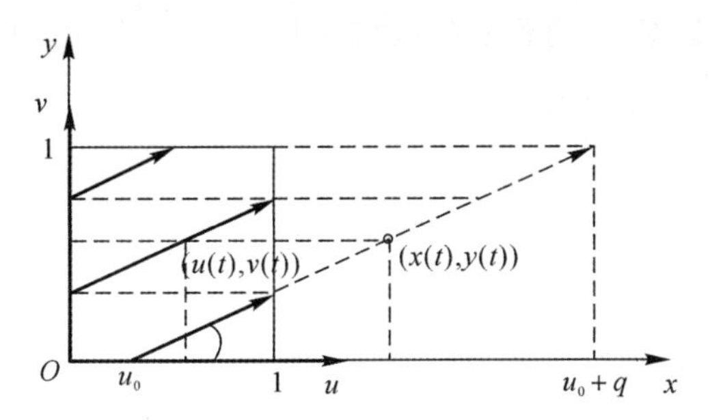

图 3-40 单张曲面螺旋切触点轨迹线的参数表示

$$\theta = \operatorname{arccot}(q) \tag{3-25}$$

$$\begin{bmatrix} x(t) \\ y(t) \end{bmatrix} = \begin{bmatrix} u_0 & u_0 + q \\ 0 & 1 \end{bmatrix} \begin{bmatrix} 1-t \\ t \end{bmatrix} \tag{3-26}$$

$$\begin{bmatrix} u \\ v \end{bmatrix} = \begin{bmatrix} x - [x] \\ y \end{bmatrix} \tag{3-27}$$

式中,$[x]$为取整函数,取不超过 x 的最大整数。因此,得单张曲面的螺旋切触点的参数连续表示形式为

$$\begin{bmatrix} u(t) \\ v(t) \end{bmatrix} = \begin{bmatrix} u_0 + qt - [u_0 + qt] \\ t \end{bmatrix}, \quad t \in [0,1] \tag{3-28}$$

(2) 叶片曲面为多张曲面。如果叶片由多个完整参数域的曲面片构成,常见的划分为前缘面、叶盆面、后缘面和叶背面四个曲面片,可以将单曲面的螺旋切触点参数连续表示形式进行拓展,得到适用于多张曲面的螺旋切触点参数连续表示形式。记共 m 有个面,其公共边为等 u 线,构成封闭的叶片表面。为了便于描述将螺旋轨迹的起点所在的面记为第一个面,沿着螺旋方向,依次记为第 2,3,…,m(共 m 个面) 个面,其对应的参数域分别记为$(u_{(1)}, v_{(1)})$,$(u_{(2)}, v_{(2)})$,…,$(u_{(m)}, v_{(m)})$,如图 3-41 所示,则有

$$\theta = \operatorname{arccot}(mq) \tag{3-29}$$

$$\begin{bmatrix} x(t) \\ y(t) \end{bmatrix} = \begin{bmatrix} u_0 & u_0 + mq \\ 0 & 1 \end{bmatrix} \begin{bmatrix} 1-t \\ t \end{bmatrix} \tag{3-30}$$

$$\begin{bmatrix} u_{(s)} \\ v_{(s)} \end{bmatrix} = \begin{bmatrix} x\%m - [x\%m] \\ y \end{bmatrix}, \quad s = [x\%m] + 1 \tag{3-31}$$

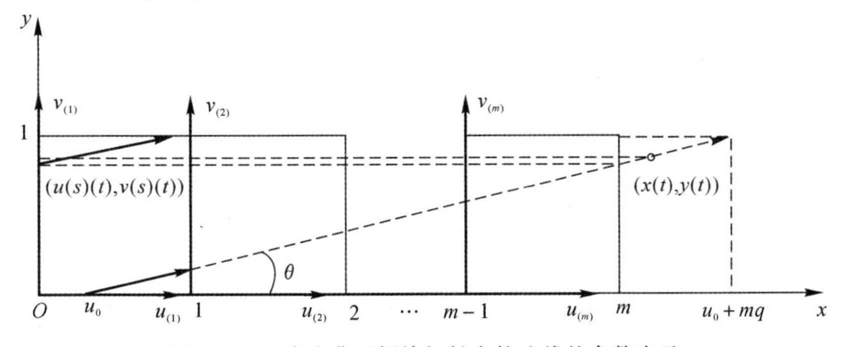

图 3-41 多张曲面螺旋切触点轨迹线的参数表示

式中，$[x\%m]$为x对m取余后，再作取整函数运算。将式(3-30)代入式(3-31)得多张曲面的螺旋切触点参数连续表示形式为

$$\left.\begin{aligned}&\begin{bmatrix}u_{(s)}(t)\\v_{(s)}(t)\end{bmatrix}=\begin{bmatrix}(u_0+mqt)\%m-[(u_0+mqt)\%m]\\t\end{bmatrix}\\&s=[(u_0+mqt)\%m]+1\\&t\in[0,1]\end{aligned}\right\}\tag{3-32}$$

给定周期数q和螺旋起点参数u_0，即对应参数域$u-v$内的唯一“连续”折线，也对应模型空间里叶片曲面上的唯一一条螺旋曲线。根据螺旋曲线的参数，反求曲面上对应切触点坐标，即可确定叶片曲面上的螺旋切触点轨迹线。若要构造其他形式(不同旋向、不同起止点)的螺旋线，可采取类似方法快速构建。

叶片曲面上的螺旋切触点轨迹确定后，为了满足加工误差要求，需要适当地提取螺旋线上的点作为切触点。可采取前面所述关于步距的确定方法，即可生成满足要求的切触点。叶片的等参数螺旋切触点轨迹规划效果如图3-42所示。

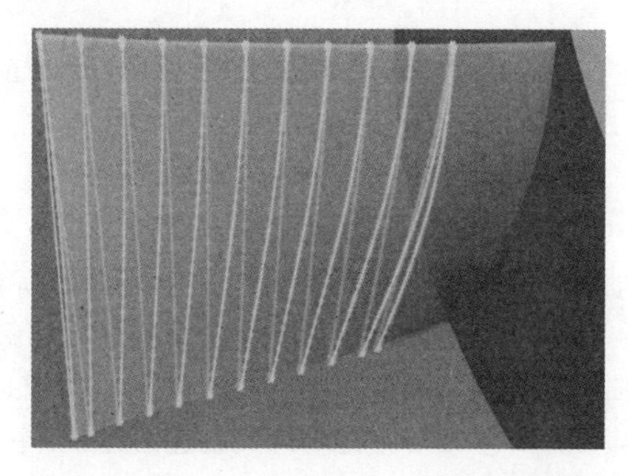

图3-42 叶片的螺旋切触点轨迹规划结果

3. 叶片型面螺旋加工刀轴矢量规划

(1)叶盆叶背曲面刀轴矢量规划方法。叶盆叶背曲面占叶片的面积比率较大，并且该部分曲面较为平坦，刀轴变化缓慢，加工时可以采用较高的速度，因此该部分曲面的加工应尽量保证加工的稳定性。反映在刀轴控制方面，是刀轴之间的变化较小及对应机床的旋转坐标变化较小。课题组考虑建立旋转坐标线性变化的刀轴矢量规划方法，可以使得机床旋转轴的角加速度接近为零，可以很好地保证加工时的稳定性。

(2)缘头部位刀轴矢量过渡方法。叶片本身的气动外形特点，决定了叶片前后缘处比较薄、曲率半径小、形状变化剧烈。叶片缘头加工较难保证质量，一直是叶片加工中的技术难点。目前国内螺旋铣(包括四轴、五轴)主要应用在单个叶片的加工中，通过榫头固定在附加转台的旋转轴上，另一端用顶尖顶紧，叶片随附加转台作旋转运动，实现刀具相对叶身的连续环绕螺旋运动轨迹，刀轴一般在叶片的截平面内摆动。这种叶片旋转方式，前后缘处的刀位点相对密集，刀轴基本垂直于叶片曲面，刀轴转角很大(刀轴需要转过180°左右的角度)且变化剧烈，如图3-43(a)所示，刀具滞留时间过长引起刀轴的晃动，最后发生啃切，严重影响零件表面质量。

为了减少刀轴之间的变化程度，开式整体叶盘叶片椽头的螺旋铣削，刀轴应在不干涉的前

提下尽量靠近叶片曲面。刀轴靠近叶片的程度可以由刀轴与切触点法矢的夹角即侧倾角来衡量，当然也要综合考虑到刀轴之间的变化。图 3-43(b)所示为开式整体叶盘叶片前缘的刀轴变化控制示意图。

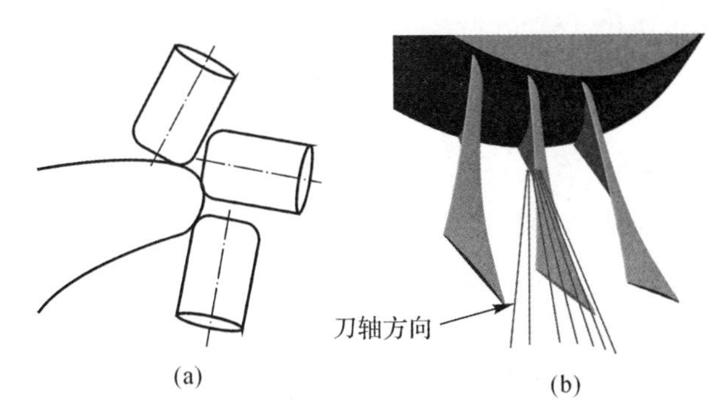

图 3-43 螺旋铣刀轴变化

(a)单个叶片螺旋铣缘头刀轴变化；(b)开式整体叶盘叶片螺旋铣前缘刀轴变化

4. 叶片型面螺旋最短刀长计算

开式叶盘叶片大多采用宽弦、大弯扭、大展长、叶片多的结构，使得叶盘通道狭窄，完成加工必须采用细长刀具，应尽量使刀具的长径比小，可保证刀具的刚性，否则会导致刀具严重变形，加工效率低下，所以在编程中尽量选择满足长径比且刀长较短的刀具。

最短可用刀长计算的思路是：从叶根处的切触点逐渐到叶尖的切触点，所有切触点的最短刀长中的最大值即为螺旋轨迹的可加工最短刀长。由于刀轴方向大致沿着叶身径向方向，一般叶根处的可用最短刀长大于叶尖处的，计算时将前一切触点的最短刀长代入后一切触点的计算中，判断刀柄是否干涉，可很大程度上减少计算量。

单个切触点的某刀轴方向下，其按刀柄能否伸进通道内分两种情况讨论：

刀柄不允许伸进通道内，相当于两个回转体(整体叶盘外轮廓是回转体，刀具的刀柄运动后也是回转体)之间相对位置关系的讨论，参考文献[13]提供了一种不需迭代直接计算最短刀长的方法。

刀柄允许伸进通道，情况复杂，需要采用最近点距离判断。根据数学上的罗尔定理，在其初始刀长区间 $[L_1^i$(干涉刀长)，L_2^i(不干涉刀长)$]$ 里面，采用“黄金分割法”迭代求刀具体与零件的最小距离，确定满足精度的最短刀长，这种方法可适用于上述两种情况。

假设给定的刀柄安全距离为 d_{safe}。初始干涉刀长 $L_1^0=r$，本文采用最小矮圆柱(轴向为叶盘轴向)包围叶盘，如图 3-44 所示。

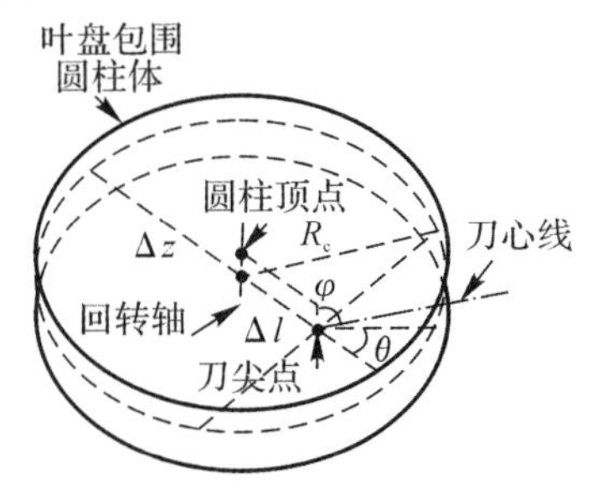

图 3-44 初始不干涉刀长计算示意图

则初始不干涉刀长为

$$L_2^0 = \sqrt{\Delta z^2 + (R_c - \Delta l \cos\theta)^2} \cos\left(\varphi - \arctan\frac{R_c - \Delta l \cos\theta}{\Delta z}\right) \tag{3-33}$$

计算最短刀长的具体迭代计算步骤如下：

1) 在刀长区间$[L_1^i, L_2^i]$里，令$L_3^i = (L_1^i + L_2^i)/2$，该位置对应的刀具体(包括刀柄) 与零件的最小距离为$d_{\min}^i$。

2) 如果$d_{\min}^i > d_{\text{safe}}$，说明刀具体与零件不发生干涉，则取$L_2^{i+1} = L_3^i$，$L_1^{i+1} = L_1^i$；如果$d_{\min}^i < d_{\text{safe}}$，说明刀具体与零件发生干涉，则取$L_1^{i+1} = L_3^i$，$L_2^{i+1} = L_2^i$.

3) 如果$|d_{\min}^{i+1} - d_{\min}^i| < \varepsilon$(迭代终止条件) 不成立，则重复步骤1) ～ 2)；反之，则L_2^{i+1}即为此切触点处该刀轴方向的最短刀长。

根据切触点轨迹、刀轴矢量及最佳刀长等即可确定螺旋切削运动轨迹，但其并不是加工中全部刀具路径，刀具路径还包括非切削运动路径，因此必须进行进退刀、避让几何等设置。设置避让几何的主要目的是为了避免切入、退出工件时产生碰撞干涉。进、退刀运动是刀具切入和退出切削工件的运动形式，可有助于刀具顺利切入和退出零件，保护刀具并防止过切工件。设置避让几何过程中，选择叶尖回转面的偏置面作为安全圆柱面，刀具可快速移动至此，之后慢速接近工件或退出工件。这里选用螺旋进退刀方式，使刀具在起止点处沿着切削进给方向切入或退出工件。通过上述设置即可生成螺旋铣刀位轨迹，以某开式整体叶盘叶片为例，规划出的螺旋铣刀位轨迹如图 3-45 所示。

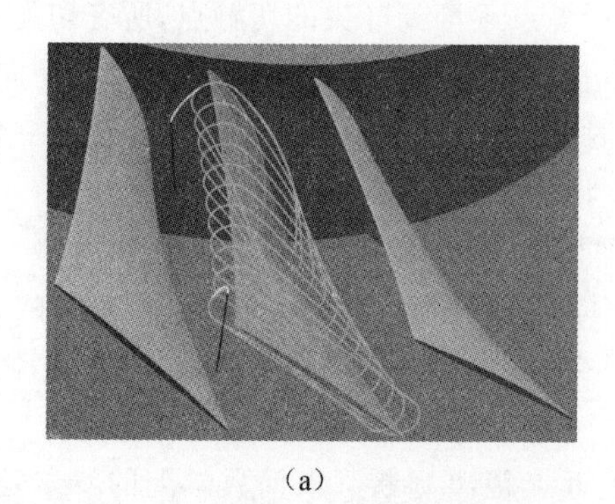

(a)

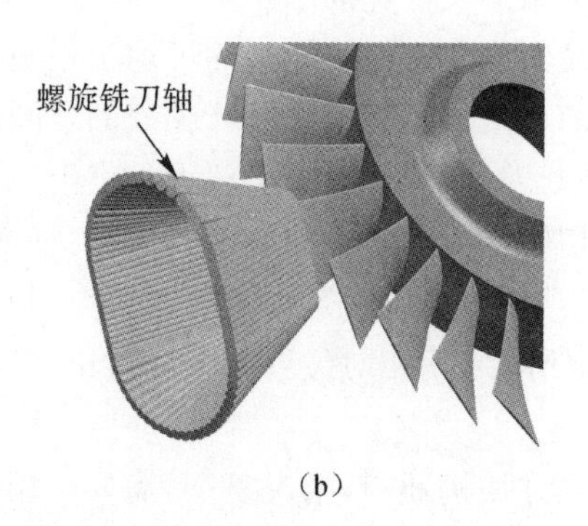

(b)

图 3-45　开式整体叶盘叶片螺旋铣加工刀位轨迹

3.3.4　叶盘零件编程方法

整体叶盘毛坯(见图 3-46)采用整体锻件结构，为了提高叶盘的机械强度和叶片流线型，在毛坯上直接锻压出叶片的形状。

整体叶盘由于尺寸大，加工余量大，难度高，周期长，工艺复杂，加工中的刀具选择关系到加工效率和加工质量，在叶盘制造中是非常重要的一环。

整体叶盘粗加工完成了整体叶盘从锻坯加工成各独立叶片的过程。整体叶盘加工余量大，材料硬度高，采用整体锻坯结构使叶盘通道全部被余量布满，粗加工工序必须将大余量去除并匀化叶片加工余量。粗铣加工是钛合金整体叶盘数控加工中余量最大的一步，它加工的效率对整个叶盘的加工效率有很大的影响，必须采用高效的粗铣方式才能符合叶盘加工的要求。

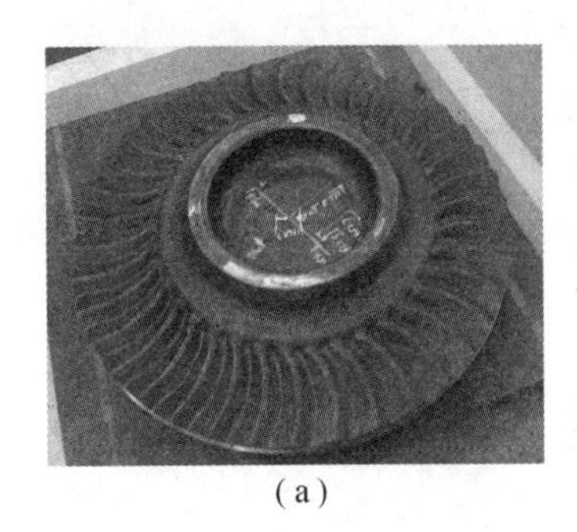

(a)

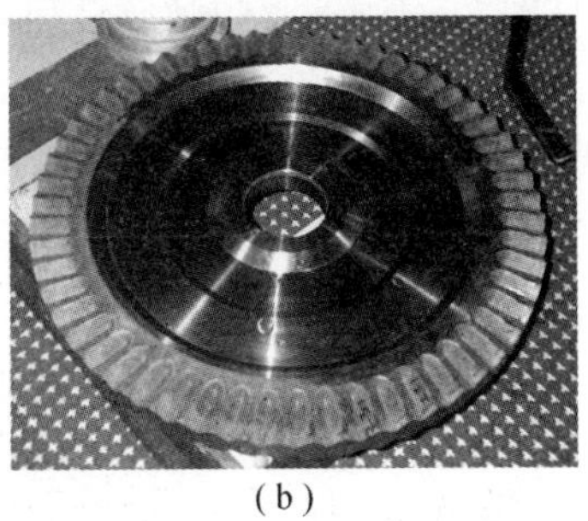

(b)

图 3-46 整体叶盘毛料图

1. 整体叶盘开槽粗加工

整体叶盘通道开槽的材料切除量最大，占整体叶盆材料切除总量的 90%以上，其工艺的优劣对加工效率具有非常重要的影响。传统的侧铣开槽方式适用于通道开敞、叶片较厚以及刀具长径比较小的情况。但是钛合金整体叶盘通道窄，叶片长而宽，刀具比较长，不适合侧铣层切的方式。根据前期的粗铣工艺实验，采用插铣的方式来进行开槽加工，如图 3-47(a)所示。为了提高开式整体叶盘的粗加工稳定性以及加工效率，采用 3+2 插铣的方式(见图 3-47(b))，虽然使粗加工的编程难度提高，但使叶片粗铣加工的余量实现了均匀分布。

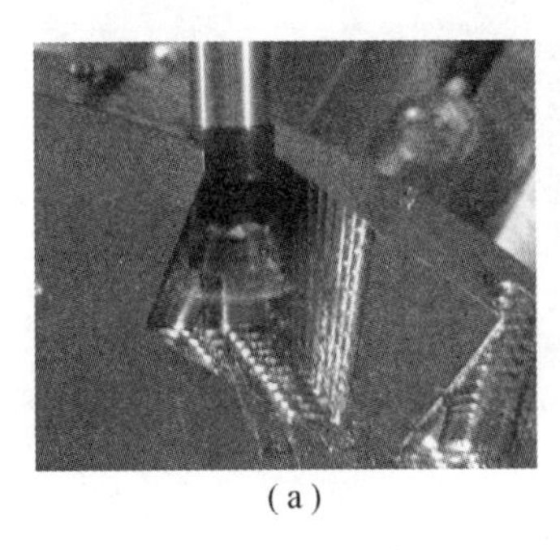

(a)

```
X-5.758Y76.678Z342.296B12.956A0.967F16.667
X-5.821Y76.464Z342.319B12.908A0.967F16.667
X-5.884Y76.250Z342.341B12.861A0.967F16.667
X-5.946Y76.036Z342.364B12.813A0.967F16.667
X-6.009Y75.822Z342.386B12.766A0.967F16.667
(MSG, FEED 5000.0 )
X-6.072Y75.607Z342.409B12.719A0.967F16.667
(MSG, FEED   75.0 )
X-6.072Y76.080Z314.413B12.719A0.967F0.045
(MSG, FEED 5000.0 )
X-6.072Y75.607Z342.409B12.719A0.967F2.976
(MSG, FEED 9999.0 )
X-6.122Y75.375Z342.433B12.672A0.967F16.667
X-6.172Y75.143Z342.458B12.626A0.967F16.667
X-6.223Y74.911Z342.483B12.580A0.967F16.667
X-6.273Y74.679Z342.507B12.533A0.967F16.667
```

(b)

图 3-47 整体叶盘开槽粗加工

(a)叶型插铣开槽；(b)叶型开槽 3+2 插铣程序

2. 整体叶盘叶片粗加工

在粗铣加工过程中刀具由于让刀易造成刀具损伤。以高效完成整个叶片粗铣为原则，利用五坐标的功能在粗铣过程中将叶片分成不同区域，采用不同加工策略和不同刀具进行加工，如图 3-48 所示。区域划分是按照最佳刀具直径和长度的原则，充分发挥刀具的切削效率。在曲率变化不大的区域采用侧铣方式，将该区域的自由曲面在公差范围内转化成直纹曲面，利用刀具侧刃直接将叶片粗铣出来。在曲率变化大的区域采用点接触行切完成，开始采用传统的球头刀进行粗铣加工时发现加工周期长，而且易打刀。为了提高加工效率，降低刀具成本，现在采用圆鼻刀(带底 R 的棒铣刀)进行粗铣加工。圆鼻刀在加工时增大了与材料接触部分的强度，减少了崩刃现象，刀具在切削时振动降低而且稳定。在相同切削条件下，圆鼻刀的进给速度可以提高 30%以上。

3. 整体叶盘叶片精加工

叶盘精加工(见图 3-49)编程包括精铣程序和半精铣程序。精铣程序仅对叶片留抛光余量,采用叶片最终型面进行精加工编程,并采用螺旋对称铣削的方式进行精加工编程。半精铣程序编制必须首先进行余量确定,根据叶片工艺刚度优化原理,在叶片长度和宽度方向均采用不同的余量处理原则,通过叶片刚度计算,获得半精加工余量分布,并根据分布情况构建加工型面,按型面编制加工程序。

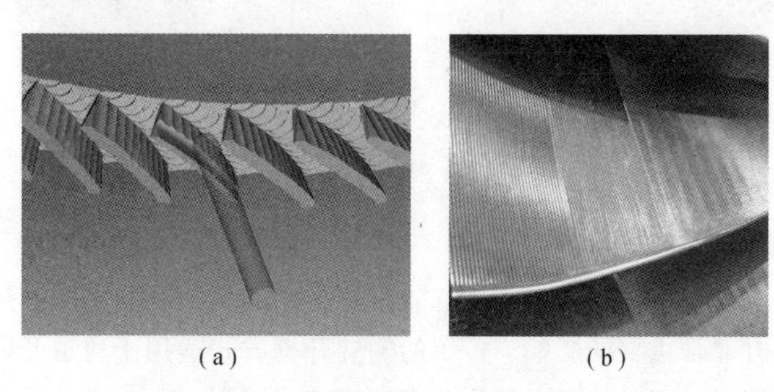

(a) (b)

图 3-48 叶型按区域粗铣加工

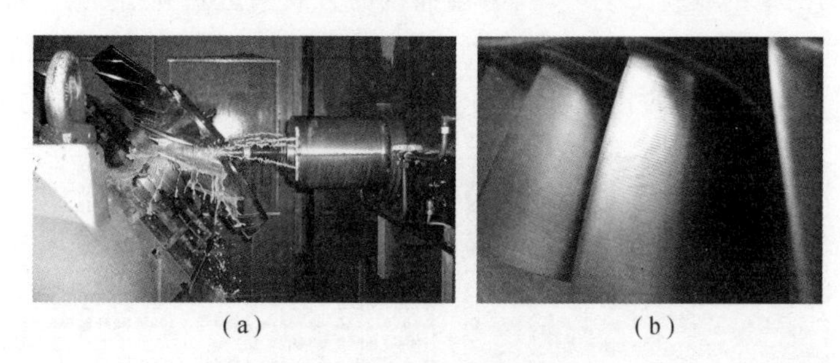

(a) (b)

图 3-49 叶型螺旋铣精加工

(a)五坐标精加工叶型;(b)叶型精铣加工

3.4 叶轮类零件数控加工工艺

3.4.1 叶轮类零件工艺特点分析

整体叶轮已经广泛应用于航空、航天及其他工业领域,是典型的复杂通道类零件。与传统装配结构的叶轮相比,整体叶轮省去了轮毂榫槽、叶片榫槽及锁紧连接装置,大大简化了航空发动机的结构,减轻了叶轮的质量,避免了榫槽与榫头间的微动磨损、微观裂纹、锁片损坏等意外事故,改善了叶轮工作时的应力分布及传热性能,延长了发动机的使用寿命,提高了发动机的可靠性,消除了气流在榫槽与榫头间的逸流损失,使得发动机效率大大提高。

根据叶轮流体流向可将其分为轴流式叶轮、离心式叶轮和斜流式叶轮。叶轮主要由轮毂和叶片构成,叶片包括压力面、吸力面和轮毂面,轮毂面与压力面和吸力面间变圆角过渡,如图 3-50 所示。叶轮结构图相邻叶片之间的轮毂称为流道,由根部曲线绕旋转轴旋转而成;叶轮盖由顶部曲线绕旋转轴旋转而成。在整体叶轮的建模过程中,将叶片的建模放在流道和叶尖面建模之后，并采用旋转阵列的方式获得均匀分布的叶片。

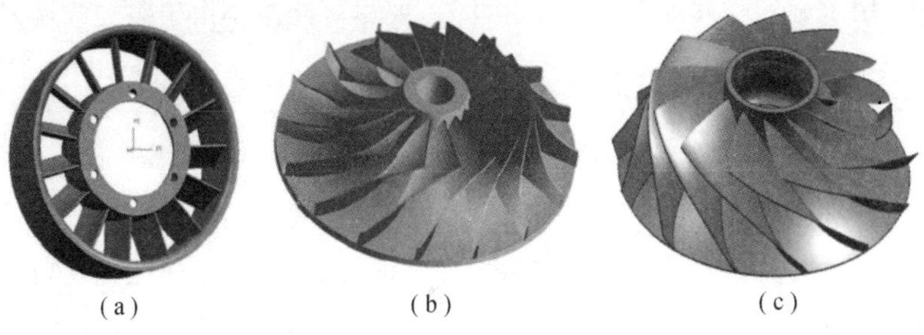

(a) (b) (c)

图 3-50 叶轮机基本分类

(a)轴流式叶轮；(b)离心式叶轮；(c)斜流式叶轮

整体叶轮的流道、叶片和圆角等是叶轮主要曲面加工部位。加工流道需要去除大量余量。为了使叶轮满足气动性的要求，叶片常采用大扭角、根部变圆角的结构，这给叶轮的加工提出了更高的要求。其加工难点如下：

(1)流道过窄，叶片又薄又长，属于薄壁类零件，刚度低，加工过程中极易变形，要合理选择刀具和切削用量。

(2)流道最窄处的叶片深度超过刀具直径 8 倍以上，相邻叶片空间狭窄，在清角加工时刀具直径小，易折断，控制切削深度是关键。

(3)叶片为自由曲面，扭曲严重，并有明显的后仰趋势，加工时极易产生干涉，加工难度大。为了避免干涉，有的曲面要分段加工，因此很难保证加工表面的一致性。

(4)前缘圆角曲率半径变化大，加工过程中机床角度变化大，由于槽道窄、叶片高，变圆角加工是个难点。

3.4.2 叶轮类零件工艺规划

叶轮的一般构成形式是若干组叶片均匀分布在轮毂上，相邻两个叶片间构成流道，叶片与轮毂的连接处有一个过渡圆角，使叶片与轮毂之间光滑连接。叶片曲面为直纹面或自由曲面。整体叶轮的几何形状比较复杂，一般流道较狭窄且叶片扭曲程度大，容易发生干涉碰撞。因此主要难点在于流道和叶片的加工，刀具空间、刀尖点位和刀轴方位要精确控制，这样才能加工到其几何形状的每个角落，并使刀具合理摆动，避免发生干涉碰撞。

叶轮加工首先由最初的毛坯——棒料、铸造件或者锻压件采用车床进行外轮廓的车削加工，得到叶轮回转体的基本形状。通过对叶轮结构和加工工艺的分析，叶轮加工主要由粗加工叶片间流道(叶轮开粗)、流道曲面的半精加工、叶片精加工、流道精加工和过渡圆角部分的清根加工等工序组成。

整体叶轮加工技术要求包括尺寸、形状、位置、表面粗糙度等几何方面的要求，也包括机械、物理、化学性能的要求。为了提高整体叶轮的强度，毛坯一般采用锻压件。叶轮叶片必须具有良好的表面质量。精度一般集中在叶片表面、流道表面和叶根表面，表面粗糙度值应小于 $R_a3.2\mu m$，截面间的型面平滑过渡，叶片的表面纹理要求一致，从而限制了走刀方向，也就限制了刀具轨迹。整体叶轮在工作中为了降低噪声，防止振动，要求具有很高的动平衡性能，所以在加工过程中要综合考虑叶轮的动平衡问题。在进行 CAD/CAM 编程时，利用叶片、流道等关于旋转轴的对称性，采用对某一表面的加工来完成对相同加工内容不同位置的操作，如本例对流道和叶片采用了旋转阵列加工的操作。此外，要尽可能减小由于装夹或换刀造成的误差。

3.4.3 叶轮类零件编程关键技术

1. 叶轮五轴加工刀轴可摆动区间确定

(1)刀具可达方向锥的建立。空间刚体的 C 空间为欧式运动群 $SE(3)$，回转刀具由于具有回转对称性，其 C 空间为 $\mathbf{R}^3 \times S^2$。在规划数控加工的刀具路径时，往往先规划刀触点，再规划刀轴方向，这样就将任务分解为 $\mathbf{R}^3$ 和 C^2 两个空间中的问题。如果刀触点已知，可以认为 S^2 就是刀具的 C 空间。因此刀具和工件之间的接触约束降低了刀具干涉检查的难度。

如果在曲面上的一个刀触点 P 处刀具沿方向 V 是可达的，表明在此刀位下除刀具的切削刃部分与工件曲面接触，刀具与工件的其他部分和周围障碍物没有干涉。可达方向 V 可以表示为球心在原点的单位球面 S^2 上的一点，这个球面为高斯球面。一个刀触点的所有可达方向映射为高斯球面上的一片区域，由这片区域和原点构成了一个锥体，如图 3-51 所示。

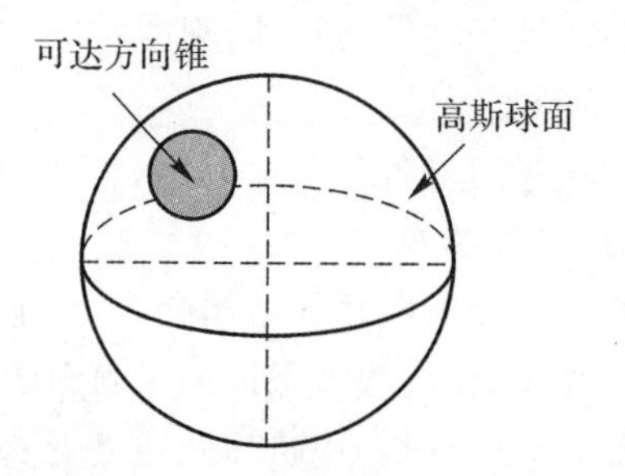

图 3-51　刀具的可达方向锥

刀具的连续可达方向锥：给定刀触点 P 和障碍物 S，刀具 C 的连续可达方向锥定义为

$$AC(p,S)=\{v \in S^2 \mid C(p,v) \cap S=\varnothing\} \tag{3-34}$$

刀具的可达方向锥表示了其可行空间。理论上，一个刀触点的可达方向锥是高斯球面上的一片连续区域，由无数个可达方向组成，但在实际应用中，为降低计算量，一般采用离散方法描述刀具可达方向锥。首先将高斯球面离散化，获得一组刀具参考方向 S_c^2，然后判断刀具沿每一个参考方向的可达性，无干涉的刀具参考方向组成了该刀触点处的可达方向锥。

刀具的离散可达方向锥：给定刀触点 P、障碍物 S 和刀具的一组参考方向 S_c^2，刀具 C 的离散可达方向锥定义为

$$AC(p,S)=\{v \in S_c^2 \mid C(p,v) \cap S=\varnothing\} \tag{3-35}$$

若无特别说明，以后提及的方向可达锥均指离散方向可达锥。为计算刀具可达方向锥，首先要三角化高斯曲面获得离散的刀具参考方向，有两点需要考虑：① 刀具离散参考方向在高斯球面上的分布要尽可能均匀，因为每一个离散参考方向要代表高斯球面上的一片区域；② 刀具离散参考方向的邻域要能够方便地获得，因为一个离散参考方向代表了一个刀轴方向，在五轴联动加工时，刀具方向需要连续变化，因此规划刀轴方向时要用到可达方向的邻域信息。本文从球面离散点均匀分布角度考虑，建立球面的细分拓扑规则，采用细分正二十面体的三角形面，经过 4 次递归剖分以后，可以在高斯曲面上获得由三角形组成的三角形网格，如图 3-52 所示，从图中可以看出用正二十面体做基本形体时刀具参考方向比较均匀。

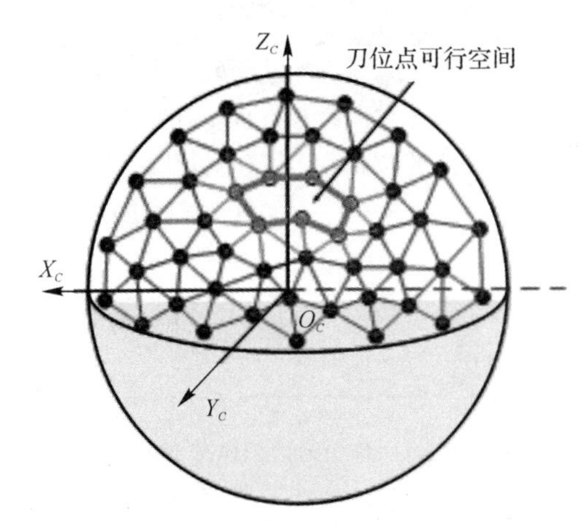

图 3-52　高斯球面上的三角网格和刀具的离散参考方向

(2) 刀位点刀轴可行域确定。刀具可达性分析的传统方法是忽略刀具半径，将刀具可达性问题转化为可视性问题。但可视仅仅是刀具可达的必要条件，而不是充分条件，还需要后续进行精确的干涉检测，而且因为忽略了刀具半径，无法判断刀具的最短安全长度。在本小节中，首先讨论可视性分析的基本概念，然后通过新的刀具可达性定义，将刀具的全局干涉检测问题转化为圆盘与圆锥面的完全可视性问题，因此可以用高效的可视性方法来判断刀具的可达性。该方法直接考虑了刀具和刀柄的半径，避免了复杂的后处理。

可视锥：对于一点 P 和障碍物模型 S，如果 $(p-\lambda v)\cap S=\varnothing, \forall\lambda>0$，则点 P 在观察方向 V 可视，点 P 的可视锥 $v\in VC(p,S)$ 定义为

$$VC(p,S)=\{v\in S_c^2 \mid (p-\lambda v)\cap S=\varnothing, \forall\lambda\geqslant 0\} \tag{3-36}$$

可以直观地理解，假设在点 P 处存在一个点光源，追踪从点光源发出的所有光线，如果某一光线能够到达无穷远处，那么该光线的反方向就是点 P 的一个可视方向，所有可视方向构成了点 P 的可视锥 $VC(p,S)$。

完全可视锥：设特征 F 表示某一个几何体，障碍物模型为 S，单位方向 V 表示某一个观察方向，如果针对特征 F 中的任意点 P，都有 $v\in VC(p,S)$，则认为特征方向 v 完全可视，特征 F 的完全可视锥 $CVC(F,S)$ 定义为

$$CVC(F,S)=\bigcap_{P\in F} VC(p,S) \tag{3-37}$$

为与刀具可达性的描述相一致，这里直接用刀轴方向矢量 $\boldsymbol{V}$ 来表示刀具姿态。设刀触点为 P，设计曲面上 P 点处的单位外矢为 $\boldsymbol{n}$，对于半径为 R 的球头铣刀，刀位点的位置分量为

$$p_c=p+R\boldsymbol{n} \tag{3-38}$$

对于球头刀，刀具的全局可达性判断可以转化为刀具圆柱与周围环境的干涉检验问题。斜流式叶轮某一刀位点刀具的可视锥为刀具与相邻叶片、内轮毂以及自身叶片均不发生干涉。

斜流式叶轮的精加工采用球头刀加工，仅需要判断刀具圆柱与周围环境的干涉问题。从图 3-53 可以看出，当视线方向沿刀轴反方向时，刀具圆柱的干涉情况可以由刀位球面(CLD)的可视性决定。

在 $\mathbf{R}^3$ 中，球面由球心点 P，球面半径 r 和垂直于球面的单位向量 $\boldsymbol{v}$ 决定，可以表示为 $D(p,v,r)$。设球头刀半径为 r_c，刀位参考点为 p_c，刀轴方向为 v_c，则该球头刀的刀位球面

$CLD(p_c,v_c)$ 为

$$CLD(p_c,v_c)=D(p_c,v_c,r_c) \tag{3-39}$$

对于如图 3-53 所示的球头刀，如果沿参考方向 v_c 的反方向，刀位球 $CLD(p_c,v_c)$ 完全可视，则刀具沿方向 v_c 是可达的，刀具的全局可达方向锥为

$$AC(p,S)=\{v_c\in S_c^2 \mid -v_c\in CVC(CLD(p_c,v_c),s)\} \tag{3-40}$$

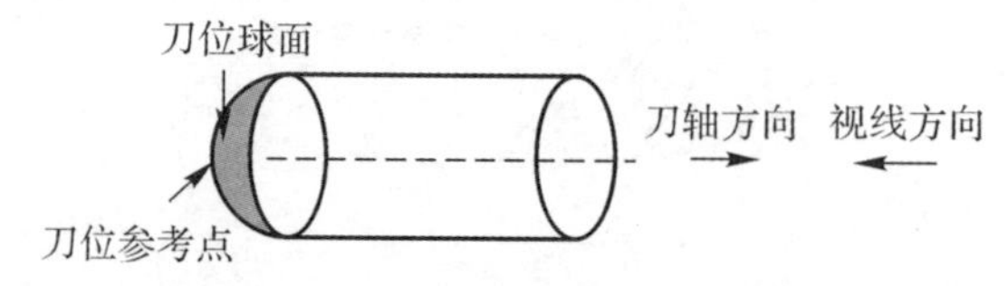

图 3-53　球头刀的刀位球面的定义

因此通过检测刀位球面沿参考方向的完全可视性可以判别该方向的全局可达性，所有可达方向组成了刀具的刀轴可行空间。斜流式叶轮叶片型面某一刀位点的刀轴可摆动区间如图 3-54 所示。

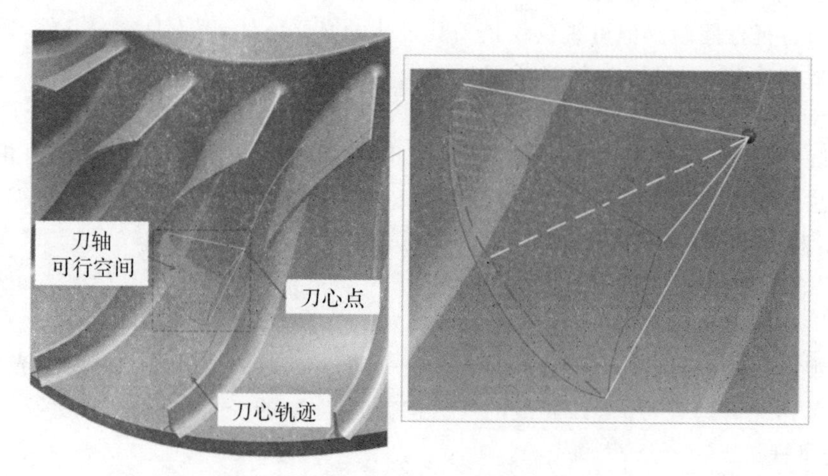

图 3-54　某一刀位点的刀轴可摆动区间

(3) 摆刀平面的生成算法。五轴加工中，为了降低刀轴求解的计算量，将刀轴的选择范围限定在一个合适的平面内，该平面称为刀轴摆刀平面。摆刀平面的选择需要保证刀具摆动空间开阔、刀轴整体变化趋势符合叶片型面的变化等。根据叶轮的结构特征采用线性插值的方法生成一系列摆刀平面。

以如图 3-55 所示某斜流式叶轮为例详细说明摆刀平面生成过程。设叶片径向为 v 参数方向，叶片沿流道方向为 u 参数方向，参数范围均为(0,1)。文中所有矢量均为单位矢量，不作一一说明。

根据一定的映射关系将待加工曲面向非材料侧偏置刀具半径加余量，即可得到刀心曲面。即

$$f_{\text{offset}}:S\rightarrow S_0^d \tag{3-41}$$

式中，S 为待加工曲面，S_0^d 为刀心曲面。

图 3-55　斜流式叶轮结构示意图

而这种映射关系可以是均匀余量的等距偏置，也可以是考虑加工变形的非均匀余量偏置或更为复杂的偏置映射关系。即

$$f_{\text{offset}}:\begin{Bmatrix} s^{d}_{0(u,v)} = s_{(u,v)} + n_{(u,v)} \cdot \bar{d} \\ s^{d}_{0(u,v)} = s_{(u,v)} + n_{(u,v)} \cdot \hat{d}_{(u,v)} \end{Bmatrix} \tag{3-42}$$

式中，$s^{d}_{0(u,v)}$ 为刀心曲面的点矢，$s_{(u,v)}$ 为待加工曲面的点矢，$n_{(u,v)}$ 为待加工曲面上的点的法矢，$\bar{d}$ 为等距偏置的偏置距离，其为常量，$\hat{d}_{(u,v)}$ 为待加工曲面参数为(u,v)的偏置距离，其为变量。

不失一般性，这里采用等距偏置方法。采用球头刀精加工叶轮时，即将待加工叶片型面向通道内等距偏置距离 $L=R$（刀具半径）$+\Delta$（叶型面精加工余量），得精加工刀心面。其他加工特征（如相邻叶片型面及内轮毂面等加工特征）元素也采用向通道内等距偏置的方法，得到加工干涉检查面。

由于刀心面为复杂曲面，当采用摆刀平面截取时，在进排气边往往出现“断线”的现象，不利于算法的描述及实施。为了保证本文所提的控制线能够完全适用于整个叶片曲面，需要对刀心面进行预处理。如图 3-56 所示，具体处理方法为：

1）将刀心面 S^{d}_{0} 在进排气边处沿 u 向切向扩大并裁剪，得到边界齐整的刀心面 S^{d}_{1}。以进气边为例，为保证进气边完全在第一个摆刀平面下，以指定法矢的平面包络进气边的方式，确定裁剪的边界，如图 3-56 所示。具体做法是：以刀心面上进气边上 $v=0.5$ 处的摆刀平面法矢 n_1 为包络平面的法矢，n_1 由排气边指向进气边，过进气边在 n_1 方向上的最高点做包络平面，该包络平面与切向扩大后的叶片的交线即为进气边处新的 u 向边界。

2）重新参数化边界齐整的刀心面 S^{d}_{1}，得到最终刀心面 S^{d}。可采用本书 4.2 节中所述的叶片重新参数化方法，进行叶片重新参数化。保证参数方向不变即叶片径向为 v 参数方向，沿流道方向为 u 参数方向，参数范围均为(0,1)。

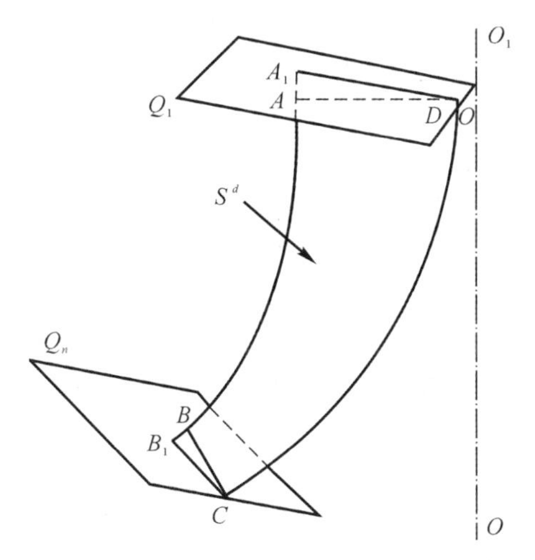

图 3-56　对加工叶片偏置曲面预处理

对于五轴加工而言，摆刀平面的选择应保证刀具可摆动空间开阔、刀轴整体变化趋势符合

叶片型面的变化。对于斜流式叶轮,过刀位点的摆刀平面与回转轴的夹角定义为摆锥角。沿流道方向的刀轨线上刀位点对应的摆锥角由大到小均匀变化,可以保证刀轴变化的整体趋势符合叶片型面的变化,这与实际的加工期望相同。因此,这里采用摆锥角插值的方式规划摆刀平面。

1)指定一些关键基准刀位点的摆锥角。关键基准刀位点的选取需要综合考虑加工零件特征,包括待加工曲面变化特征及干涉几何体的特征、切削性能等因素。对于叶轮类零件而言,沿着流道方向的刀轨线,可以选择进排气边刀位点、叶片径向变化剧烈处的刀位点作为关键刀位点。

关键刀位点处的摆锥角是在该点叶片径向切矢与回转轴矢量的夹角基础上附加一个调整量所得,即

$$\psi = \arccos \frac{\boldsymbol{\tau n}_{OO_1}}{|\boldsymbol{\tau}||\boldsymbol{n}_{OO_1}|} + \delta \tag{3-43}$$

式中,$\boldsymbol{\tau} = \frac{\partial \boldsymbol{S}^d_{(u,v)}}{\partial v}$,$\boldsymbol{S}$ 为刀心曲面方程,u,v 分别为刀心曲面的参数方向;$\boldsymbol{n}_{OO_1}$ 为由排气边指向进气边的回转轴矢量,δ 为调整量。

值得注意的是,实际加工中受机床运动行程限制以及保证切削效果,进气边处需保证摆锥角小于 90°,一般取 85°。排气边处摆锥角一般大于 0°,一般取 5°。即摆锥角 ψ 一般满足 $0° < \varphi < 90°$。

2)任意基准刀位点处摆刀平面的插值求解。设从进气边到排气边共 m 个关键刀位点,其参数分别为 $u_1,u_2,\cdots,u_m$,摆锥角分别为 $\psi_1,\psi_2,\cdots,\psi_m$。对于刀轨线上参数为 u_x 的任意刀位点,其所处的关键刀位点参数区间为(u_i,u_{i+1}),对应的摆锥角区间为(ψ_i,ψ_{i+1}),采用摆锥角线性插值的方式,得其摆锥角 ψ_x 为

$$\psi_x = \psi_i + \frac{u_x - u_i}{u_{i+1} - u_i}(\psi_{i+1} - \psi_i) \tag{3-44}$$

过刀位点作以叶轮回转轴为中心线,以半顶角为摆锥角的圆锥面,圆锥面上刀位点处的法矢即为摆刀平面的法矢。

如图 3-57 所示。选取回转轴上任意点作为参考点 O。K_i 为刀心点 P_i 在回转轴 OO_1 上的垂直投影点,则 $\boldsymbol{n}_{K_iP_i} = (\boldsymbol{n}_{OO_1} \times \boldsymbol{n}_{OP_i}) \times \boldsymbol{n}_{OO_1}$。$\boldsymbol{n}_{OO_1}$ 为由排气边指向进气边回转轴矢量方向。则 P_i 点处摆刀平面的法矢可表示为

$$n_i = \frac{\sin[(1-\alpha_i)\varphi]}{\sin\varphi}\boldsymbol{n}_{OO_1} + \frac{\sin(\alpha_i\varphi)}{\sin\varphi}\boldsymbol{n}_{K_iP_i} \tag{3-45}$$

式中,$\varphi = \arccos(\boldsymbol{n}_{OO_1} \cdot \boldsymbol{n}_{K_iP_i}) = \pi/2$,$\alpha_i = -(\pi/2 - \psi_i)/\varphi$ 。

因此,过任意刀位点的摆刀平面 M_i 可表示为

$$M_i(P_i,n_i) = 0 \tag{3-46}$$

为了提高算法的求解精度,可在关键刀位点之间适当插入一些刀位点,过这些刀位点分别作摆刀平面 M_i 与刀心面 S^d 相交,产生一系列截面线 C_i^d,称之为刀心截面线。刀心截面线上的所有刀心点均共摆刀平面,其刀轴均受同一个刀轴控制点控制。摆刀平面与各加工干涉检查面 S_k^g 的一系列截交线 $C_{i,k}^g$ 为干涉检查线,用来确定刀轴的摆动空间,如图 3-58 所示。即

$$\left.\begin{array}{l}C_i^d = M_i \cap S^d \\ C_{i,k}^g = M_i \cap S_k^g\end{array}\right\} \tag{3-47}$$

式中，M_i 为第 i 个摆刀平面，S^d 为刀心面，C_i^d 为第 i 个刀心截面线，S_k^g 为第 k 个加工干涉检查面，$C_{i,k}^g$ 为第 i 个刀心截面线的第 k 个干涉检查线，$i=1,2,\cdots,m$，$k=1,2,\cdots,n$，m，n 分别为摆刀平面的数量和加工干涉检查面的数量。

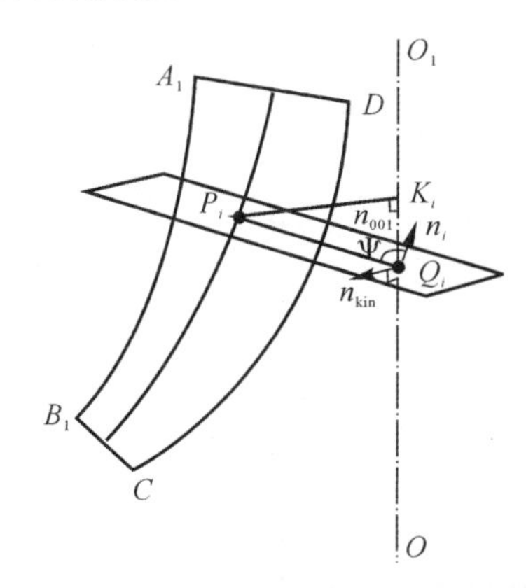

图 3-57 过基准刀位点的摆刀平面示意图

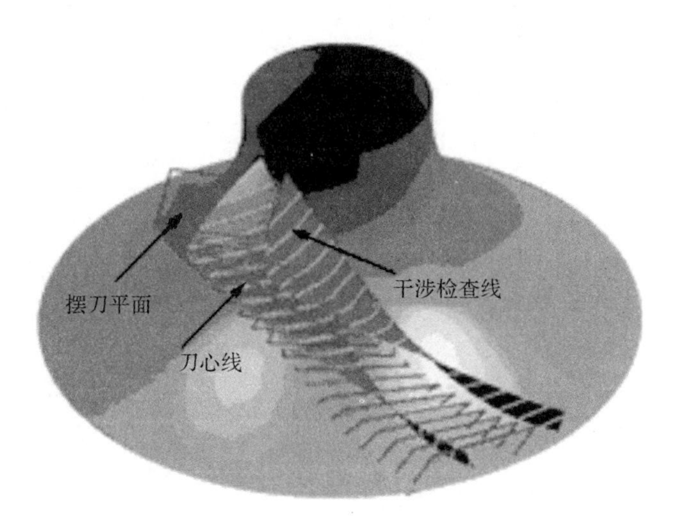

图 3-58 摆刀平面与刀心面和加工干涉检查面的截交示意图

2. 基于摆刀平面的刀轴可行域的确定

确定了刀轴摆刀平面后，需要确定该摆刀平面内刀轴可行域。摆刀平面内，使得所有刀轴无干涉的区域即构成无干涉刀轴可行域。基于控制线的思想，每个摆刀平面所有刀位点对应一个刀轴控制点，因此控制点的可行域应是摆刀平面内所有刀位点刀轴可行域的公共交集，即

$$\zeta = \bigcap_{i=1}^{s} \zeta_i \tag{3-48}$$

式中，ζ 为刀轴控制点可行域，ζ_i 为第 i 个刀位点的刀轴可行域，s 为该摆刀平面内的所有刀位点的个数，如图 3-59 所示。

当采用有限个离散刀位点的刀轴可行域 ζ_i 求交来近似代替刀轴控制点可行域时，刀轴控

制点可行域 ζ 由一系列线段和射线包围而成。刀轴控制点可行域可分为半开式和封闭式，如图 3－60 所示。

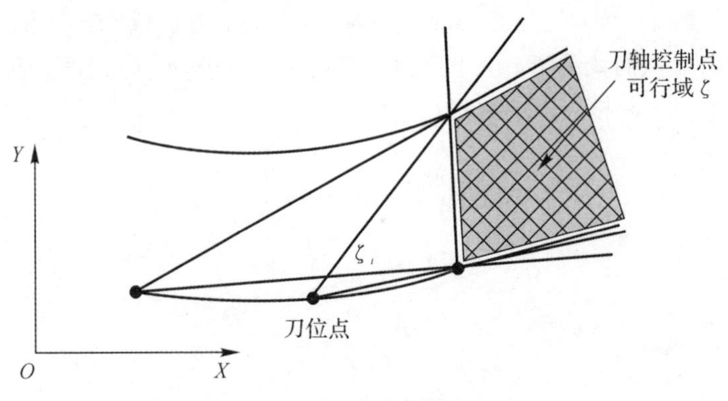

图 3－59　刀轴控制点可行域

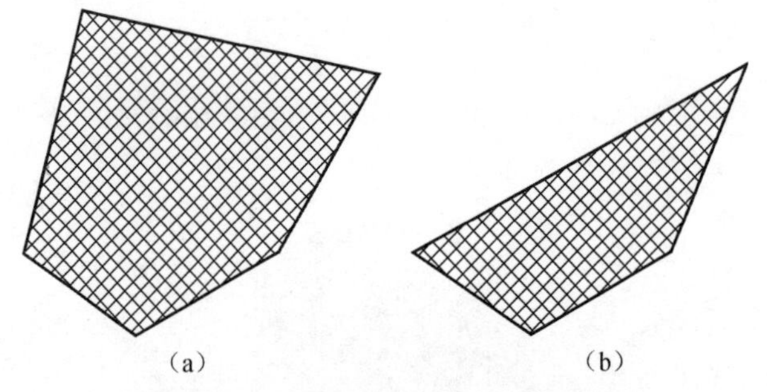

图 3－60　不同类型的刀轴控制点可行域

(a) 半开式；(b) 封闭式

刀位点的刀轴可行域从避免干涉及保证良好的切削性能考虑，如避免全局干涉、限制侧偏角以保证切削性能等。从避免全局干涉考虑，刀轴应当避免刀杆受潜在约束元素的干涉。基于可视的思想，对于斜流式叶轮而言，摆刀平面内刀位点的刀轴可行域是一个以刀心点为圆心的扇形。其可行域的边界搜索目标为

$$\min\left\{\arccos\frac{(\boldsymbol{r}_0(t)-\boldsymbol{P})\cdot(\boldsymbol{r}_1(s)-\boldsymbol{P})}{|(\boldsymbol{r}_0(t)-\boldsymbol{P})\cdot(\boldsymbol{r}_1(s)-\boldsymbol{P})|}\right\} \tag{3-49}$$

式中，$\boldsymbol{r}_0(t)$ 为当前刀心截面线方程，$\boldsymbol{P}$ 为刀位点，$\boldsymbol{r}_1(s)$ 为与被加工曲面相邻叶片上的干涉检查线方程。

不失一般性，假定 $\boldsymbol{r}_0(t)$ 和 $\boldsymbol{r}_1(s)$ 的参数方向从叶根到叶尖是 0 到 1。s_i 为切触点 $\boldsymbol{P}$ 的摆刀平面内的法线与 $\boldsymbol{r}_1(s)$ 的交点的曲线参数。利用点搜索方法在 $\{(t,s)\mid t\in(t_i,1),s\in(s_i,1)\}$ 范围内获得满足式(3－49)的一组 (t,s)，则射线 $\boldsymbol{Pr}_0(t_0)$ 与射线 $\boldsymbol{Pr}_1(s_0)$ 围成的扇形区域即为刀轴可行域 ζ_i，如图 3－61 所示。

3. 基于控制线的五轴刀轴矢量控制

(1) 五轴刀轴控制基本原理。在五坐标加工中，刀轴矢量为自由矢量，可以实现任意的空间位置和刀轴位置。传统的加工方法中，通过对自由曲面多坐标加工中的刀倾角和刀摆角进行合理的约束来实现五轴联动加工。

图 3-61 同一摆刀平面的刀轴可行域

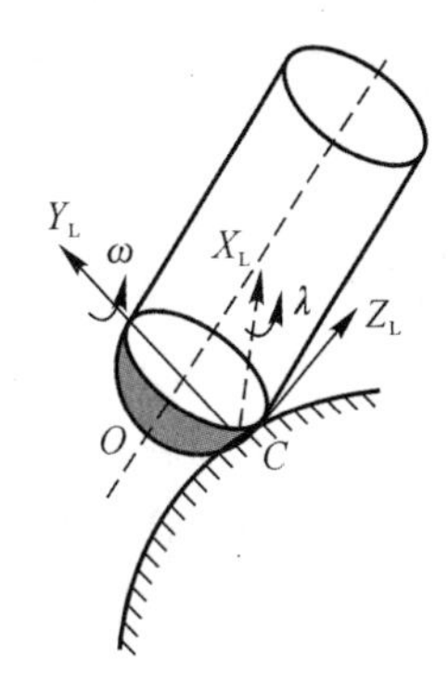

图 3-62 加工中的局部坐标系

如图 3-62 所示，以切触点 C 为坐标原点建立局部坐标系，$\boldsymbol{X}_L$ 为切削进给方向，$\boldsymbol{Y}_L$ 为被加工曲面 S 在点 C 的外法矢方向，$\boldsymbol{Z}_L=\boldsymbol{X}_L\times\boldsymbol{Y}_L$。在五坐标加工中取初始刀轴矢量与 $\boldsymbol{Z}_L$ 方向一致。在数控加工过程中，由于刀心点的线速度为 0，为避免刀心点“参与”切削，通常将刀具绕 $\boldsymbol{X}_L$ 轴旋转一个刀具前倾角 λ，同时避免出现切削过程的“顶刀”加工，规定 $0°<\lambda<90°$。另外，为避免刀具与流道两侧叶型产生干涉，常需将刀轴矢量绕 $\boldsymbol{Y}_L$ 旋转一刀具侧摆角 ω $(-90°<\omega<90°)$，对应的旋转矩阵分别为 $\boldsymbol{M}_\lambda$，$\boldsymbol{M}_\omega$。

$$\boldsymbol{M}_\lambda=\begin{pmatrix}1 & 0 & 0\\ 0 & \cos\lambda & \sin\lambda\\ 0 & -\sin\lambda & \cos\lambda\end{pmatrix}$$

$$\boldsymbol{M}_\omega=\begin{pmatrix}\cos\omega & -\sin\omega & 0\\ \sin\omega & \cos\omega & 0\\ 0 & 0 & 1\end{pmatrix}$$

由此可得，旋转矩阵为

$$\boldsymbol{M}_{TC}=\boldsymbol{M}_\lambda\boldsymbol{M}_\omega=\begin{pmatrix}\cos\omega & -\sin\omega & 0\\ \cos\lambda\sin\omega & \cos\lambda\cos\omega & \sin\lambda\\ -\sin\lambda\sin\omega & -\sin\lambda\cos\omega & \cos\lambda\end{pmatrix} \tag{3-50}$$

刀轴矢量 $\boldsymbol{V}_{\mathrm{TOOL}}$ 在局部坐标系 $\{C;X_L,Y_L,Z_L\}$ 中为

$$\boldsymbol{V}_{\mathrm{TOOL}}=l(\boldsymbol{i}_c,\boldsymbol{j}_c,\boldsymbol{k}_c)\times M_{TC}=-\boldsymbol{i}_c\sin\lambda\sin\omega-\boldsymbol{j}_c\sin\lambda\cos\omega+\boldsymbol{k}_c\cos\lambda \tag{3-51}$$

在工件坐标系中，令

$$a_{11}=X_L(1),\ a_{21}=X_L(2),\ a_{31}=X_L(3)$$
$$a_{12}=Y_L(1),\ a_{22}=Y_L(2),\ a_{32}=Y_L(3)$$
$$a_{13}=Z_L(1),\ a_{23}=Z_L(2),\ a_{33}=Z_L(3)$$

则由工件坐标系向局部坐标系的变化矩阵为

$$\boldsymbol{M}_0=\begin{bmatrix}a_{11} & a_{12} & a_{13}\\ a_{21} & a_{22} & a_{23}\\ a_{31} & a_{32} & a_{33}\end{bmatrix} \tag{3-52}$$

矩阵 $\boldsymbol{M}$ 为正交矩阵，因此刀轴矢量 $\boldsymbol{V}_{\mathrm{TOOL}}$ 在工件坐标系中为

$$\boldsymbol{V}=\boldsymbol{V}_{\mathrm{TOOL}}\boldsymbol{M}_0 \tag{3-53}$$

由式(3-51)可见，刀轴矢量 $\boldsymbol{V}$ 与曲面法矢 $\boldsymbol{Y}_L$ 及切削进给方向 $\boldsymbol{X}_L$ 有关。当曲面不光滑或者曲率变化较大时，相邻点的刀轴矢量就会变化比较剧烈，甚至引起刀轴突然转向，或机床工作台频繁正反转，造成加工表面缺陷。因此，提出一种针对斜流式叶轮的基于控制线的五轴刀轴矢量控制方法是十分必要的。

刀轴控制线是控制刀轴变化的一条光滑样条曲线。在刀轴矢量规划中，每个刀位点在刀轴控制线上按一定的映射关系有相应点与之对应，将这些相应点称为刀轴控制点。把每个刀位点指向其对应的刀轴控制点的方向作为刀具在该刀位点的刀轴矢量方向，由刀位点和刀轴矢量共同确定刀具加工的姿态。为了降低刀轴求解的计算量，将刀轴的选择范围限定在一个合适的平面内，该平面即为摆刀平面。一个摆刀平面内有且仅有一个刀轴控制点，该控制点决定摆刀平面内的所有刀位点的刀轴矢量。刀心点和其对应的刀轴矢量共同确定了基于刀轴控制线的多坐标加工方式。由于摆刀平面内只有一个刀轴控制点，为了兼顾摆刀平面内所有刀位点的刀轴变化，课题组采用点搜索的方法在所有摆刀平面的可行空间内进行线性插值，以使刀轴的 A，C 角度变化最小为目标函数，求出最终的刀轴控制点。将刀轴控制点连接成一条均匀的 B 样条曲线，并且对曲线进行光滑处理，由于刀具路径和刀轴控制线均是光滑的，则生成的刀轴的变化就是均匀的。

下面具体阐述控制线控制刀轴变化过程的基本原理。控制线控制刀轴的过程是通过刀位轨迹线（刀心线）和控制刀轴变化的一条光滑样条曲线共同完成的。因此在计算刀轴矢量之前要先对走刀方式进行规划，确定刀具加工过程中的走刀方式。然后根据走刀方式和刀具的具体参数计算出刀心轨迹线，由刀心线和刀轴控制线计算出基于刀轴控制线的刀轴矢量。如图 3-63 所示，C_{kzx} 为刀轴控制线，C_{tp} 为刀心轨迹线，首先在刀心轨迹线上离散一定密度的刀心点 $Q_1^d,Q_2^d,\cdots,Q_{i-1}^d,Q_i^d$，然后按一定的映射方法在刀轴控制线上对应确定相同数量的点 $P_1^k,P_2^k,\cdots,P_{i-1}^k,P_i^k$，这些点即为刀心点对应的刀轴控制点。用这些刀轴控制点的坐标减去其对应的刀心点坐标获得的矢量作为控制数控加工过程中刀轴方向的矢量，把对应的矢量进行单位化即获得基于刀轴控制线的刀轴矢量方向，刀心点和其对应的刀轴矢量就可以共同确定基于控制线的多坐标数控加工方式。

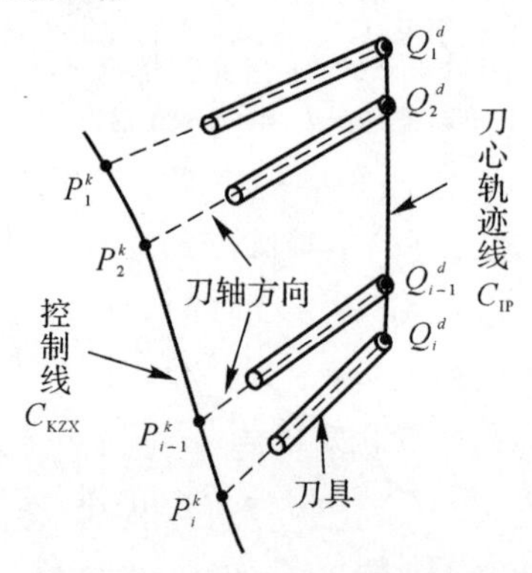

图 3-63　控制线控制刀轴原理图

对于基于五轴控制线的刀轴控制方式,特殊情况下:① 如果摆刀平面均垂直于某直线轴,则该方法就退化为基于四轴控制线的刀轴控制方式;② 如果摆刀平面内的刀轴控制点距离刀位点无限远,则该摆刀平面内的所有刀轴均相同,即为摆刀平面内的定轴加工,此时整体加工曲面上的加工方法即为分行定轴加工,与参考文献的刀轴规划形式相同。

由以上基于控制线的五轴刀轴控制原理可知,其刀轴变化不依赖于曲面的性质,只依赖于控制刀轴变化的控制线,只要控制线是光滑的,则生成的刀轴的变化就是光滑的。

由上述分析可知,基于控制线的五轴刀轴控制方式可使加工过程中的刀轴变化更加平稳,从而得到更好的加工表面质量。基于控制线的五轴刀轴矢量仅与控制线的光滑性有关,因此需要对控制线进行光滑处理,以保证沿着流道方向的刀轴变化缓慢。采用控制线的平均能量来表征其光滑性以优化控制点的距离。这里,曲线曲率二次方和形式的能量函数为

$$\bar{E}_{\text{curve}}=\frac{1}{n-1}E_{\text{curve}}=\frac{1}{n-1}\int\Big(\sum_{i=1}^{n-1}V_iB''_{i,s}(u)\Big)^2\mathrm{d}u \tag{3-54}$$

以使能量函数达到最小的控制线作为最终刀轴控制线。

根据刀轴控制线确定任意刀心点的刀轴矢量的具体方法为:如图3-64所示,S^d 为刀心曲面,C_{kz} 为刀轴控制线,$C_{tp,b}$ 为任意一条刀心轨迹线,C_j^d 为一条共摆刀平面的刀心线。对于曲面上任意的刀位点 $Q_{j,i}^d$,其对应的摆刀平面交刀轴控制线于点 P_j^k,该点即为刀心点对应的刀轴控制点,由刀心点指向刀轴控制点的矢量$\overrightarrow{Q_{j,i}^dP_j^k}$ 为刀心点 $Q_{j,i}^d$ 对应的刀轴矢量。

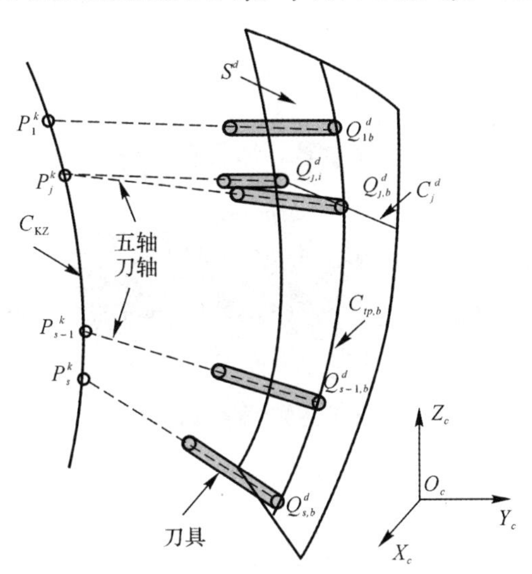

图3-64 刀心点矢量确定示意图

3.4.4 叶轮零件编程方法

叶轮类零件编程工艺流程一般先进行流道粗加工,然后进行叶片加工,其中都包括粗铣和精铣两道工序,最后进行叶轮清根与倒角处理。其中叶轮粗加工是以快速切除毛坯余量为目的,课题组考虑的重点是加工效率,要求大的进给量和尽可能大的切削深度。以便在较短的时间内切除尽可能多的余量,粗加工对表面质量的要求不高,因此,插铣对于提高粗加工效率对曲面加工效率及降低加工成本具有重要意义。插铣层所有插铣行的插铣刀位轨迹线,如图3-65所示。

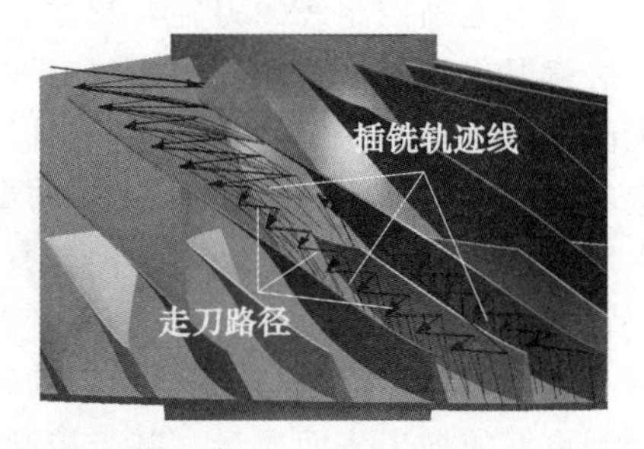

图 3-65　粗加工刀位轨迹示意图

叶轮精加工刀具路径规划针对斜流式叶轮进气口叶片长度远大于出气口叶片长度的结构特点采用行距等宽度方法进行了刀具路径规划，提高可斜流式叶轮自由曲面叶片的加工效率。

在均匀余量下进行精加工，保证良好的表面加工质量，当采用球头刀对斜流式叶轮叶片型面进行五轴加工时，刀位轨迹的刀心点都分布在叶片型面的刀具半径偏置面上，该偏置面称为刀心曲面，刀心曲面的光滑性直接影响着刀位轨迹的光滑性。课题组采用偏置截面线放样法对斜流式叶轮叶片曲面进行偏置以获得加工轨迹刀心点。假定需将叶片曲面沿法矢方向偏置距离 d(d =刀具半径＋加工余量) 得到曲面 $S_1(u,v)$ ，叶片偏置后叶型面会出现变形，因此需要对偏置后的曲面重新参数化，参数化后作为驱动面可以进行叶片精加工，如图 3-66 所示。之后同理，以轮毂曲面作为驱动面进行轮毂加工。大、小叶片的根部圆角是变化的，变圆角可以通过多次驱动线一次加工完成，如图 3-67 所示。

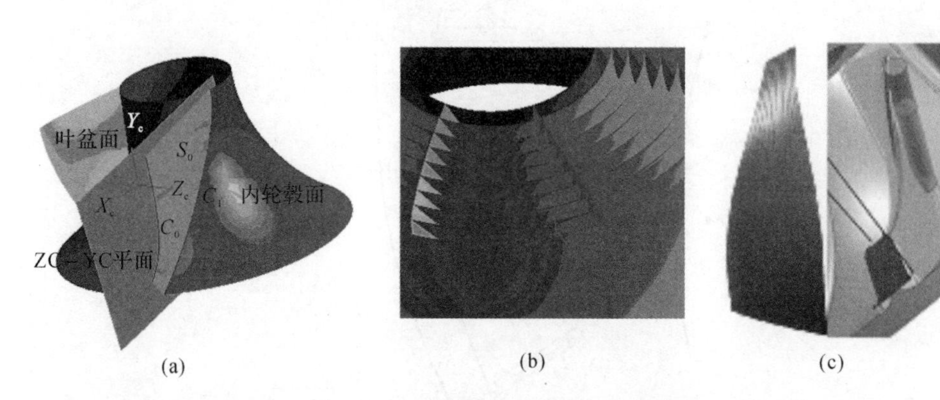

图 3-66　叶片精加工偏置面生成过程

(a)生成直纹面；(b)旋转面序列；(c)重新参数化后的叶型面

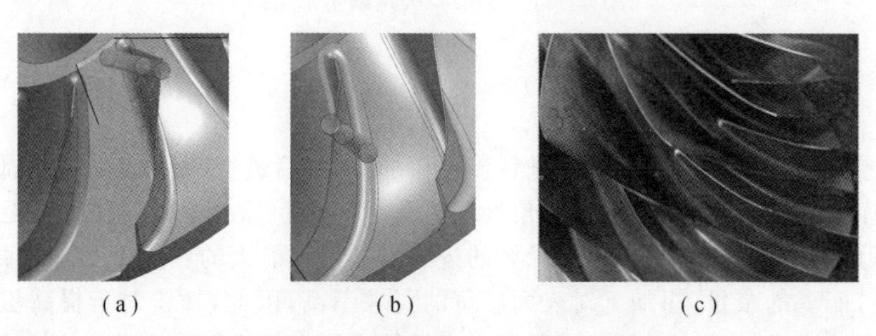

图 3-67　轮毂精加工刀位轨迹示意图

(a)轮毂面加工；(b)清角加工；(c)叶轮加工现场

参考文献

[1] 《透平机械现代制造技术丛书》委员会.叶片制造技术[M].北京:科学出版社,2002.

[2] 《透平机械现代制造技术丛书》委员会.机匣制造技术[M].北京:科学出版社,2002.

[3] 《透平机械现代制造技术丛书》委员会.盘轴制造技术[M].北京:科学出版社,2002.

[4] 《透平机械现代制造技术丛书》委员会.结构件制造技术[M].北京:科学出版社,2002.

[5] 杨叔子.数控加工(机械加工工艺手册单行本)[M].北京:机械工业出版社,2012.

[6] 杨断宏.数控加工工艺手册[M].北京:化学工业出版社,2008.

[7] 吴晓光.数控加工工艺与编程[M].武汉:华中科技大学出版社,2010.

[8] 任军学.航空发动机整体叶盘高效精密数控加工技术研究[D].西安:西北工业大学现代设计与集成制造技术教育部重点实验室,2009.

[9] 刘维伟.航空发动机叶片精密数控加工技术研究[D].西安:西北工业大学现代设计与集成制造技术教育部重点实验室,2009.

[10] 龚仔华.航空发动机机匣高效精密加工技术研究[D].西安:西北工业大学现代设计与集成制造技术教育部重点实验室,2013.

[11] 李杰光.航空发动机薄壁叶片加工变形补偿技术研究[D].西安:西北工业大学现代设计与集成制造技术教育部重点实验室,2009.

[12] 杨大望.开式整体叶盘叶片四轴加工刀轴控制方法[D].西安:西北工业大学现代设计与集成制造技术教育部重点实验室,2012.

[13] 任军学,姜振南,姚倡锋,等.开式整体叶盘四坐标高效开槽插铣工艺方法刀位[J],航空学报,2008,29(6):1692-1698.

[14] 任军学,刘雄伟,汪文虎,等.五坐标数控机床后置处理算法[J].航空计算技术,2000(3):40-43.

[15] 田荣鑫,任军学,史耀耀,等.直摆头与斜摆头五坐标机床数控加工程序互换求解算法[J].航空学报,2010,11:027.

[16] 任军学,杨大望,姚倡锋,等.基于控制线的开式整体叶盘叶片四轴数控加工刀轴控制方法[J].航空学报,2012,33(8):1515-1523.

[17] 田荣鑫.开式大小叶片整体叶盘数控加工编程技术研究[D].西安:西北工业大学现代设计与集成制造技术教育部重点实验室,2009.

[18] 谢志丰.开式整体叶盘叶片数控加工方法研究[D].西安:西北工业大学现代设计与集成制造技术教育部重点实验室,2011.

[19] 李垒栋.闭式整体叶盘数控加工编程技术研究[D].西安:西北工业大学现代设计与集成制造技术教育部重点实验室,2013.

[20] 何卿功.闭式整体叶盘通道精铣刀轴控制方法研究[D].西安:西北工业大学现代设计与集成制造技术教育部重点实验室,2012.

[21] 张莹.叶片类零件自适应数控加工关键技术研究[D].西安:西北工业大学现代设计与集

成制造技术教育部重点实验室,2011.

[22] 罗明,吴宝海,李山.自由曲面五轴加工刀轴矢量的运动学优化方法[J].机械工程学报,2009,45(9):158-163.

[23] LIANG Yongshou, ZHANG Dinghua, CHEN Zezhong, et al. Tool Orientation Optimization and Location Determination for Four-Axis Plunge Milling of Open Blisks [J]. International Journal of Advanced Manufacturing Technology, 2014: 2249-2261.

[24] 李祥宇,任军学,梁永收,等.复杂通道类零件五轴加工刀轴规划方法[J].航空学报,2014,35(9):2641-2651.

第4章 整体构件高效数控加工

目前，航空航天领域的新型材料不断涌现，整体薄壁的复杂结构件广泛应用，这对传统的加工提出了更高要求。从零件材料方面来说，如高强钢、钛合金、高温合金、陶瓷材料和复合材料等广泛应用。从零件结构方面来说，越来越多的产品日益重视轻量化，在零件结构设计中开始大量采用整体薄壁结构的设计，导致零件几何尺寸大、结构与形面复杂、壁厚小、过渡圆角半径小等，同时对加工精度和表面完整的要求进一步提高。因此，高效数控加工技术等也应运而生。本章将重点介绍针对航空典型零件所采用的高效数控加工工艺。

4.1 整体构件插铣工艺及应用

4.1.1 侧铣与插铣工艺原理

1. 侧铣工艺原理

侧铣是利用分布在铣刀圆周表面的刀齿相对于工件做连续进给运动的铣削方式。刀具受力可以分解为：作用于铣刀圆周切线方向主切削力 F_c，也称圆周力，消耗功率最多；作用于铣刀半径方向的径向力 F_p，它使刀杆弯曲，影响铣削的平稳性；沿铣刀轴线方向的轴向力 F_o。侧铣工艺中这三种力示意图如图4-1所示。

由侧铣工艺的铣削力可知，侧铣的切削深度要受到刀具直径和悬伸量的限制，适应各种形面、腔槽较浅等特征的加工。

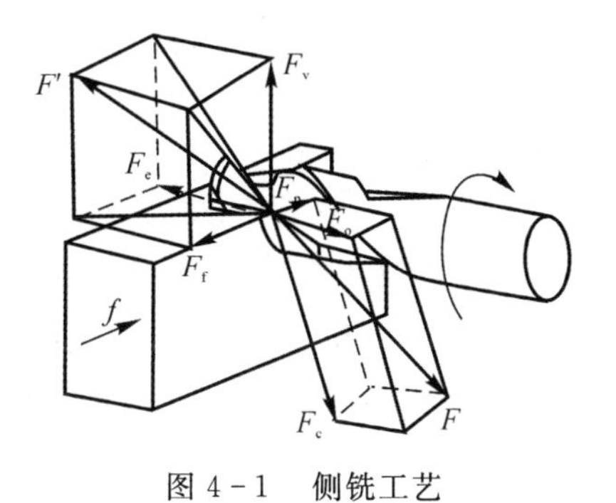

图4-1 侧铣工艺

2. 插铣工艺原理

插铣（亦称为Z轴铣削法或陷入式加工）是一种固定轴加工方式，类似于钻削，通常刀具相对工件做向下轴向切削运动，如图4-2所示。在插铣过程中，铣刀受到工件材料变形抗力和切屑与侧壁间摩擦力的作用，可以将其受力情况分解为轴向抗力 F_f、径向抗力 F_p 和切向力 F_c，如图 4－2 所示。

由插铣工艺加工特征和铣削力可知，插铣过程主要沿轴向方向做进给运动，功率消耗主发生在轴向方向，所以对刀具的约束限制较少，尤其是其在轴向承受大的切削力，对刀具的刚性影响不大。

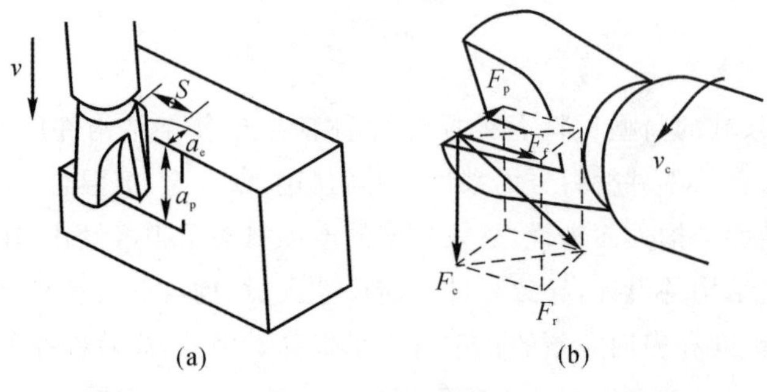

图 4－2　插铣工艺

3. 侧铣和插铣切屑厚度对比

图 4－3 所示为侧铣加工切屑厚度示意图，可以看出，在一个周期切削过程中，侧铣的切屑厚度 h 动态变化，由 h_m 到零，其平均切屑厚度 h_f 计算公式为

$$h_f = \frac{360 f_z a_e}{\pi D \omega_e} \sin \kappa \tag{4-1}$$

式中，f_z 为每齿进给量，a_e 为径向切深，h_f 为侧铣切屑厚度，D 为刀具直径，ω_e 为啮合角，κ 为刀具主偏角。

其中啮合角 ω_e 的计算公式为

$$\omega_e = \arccos\left(1 - 2\frac{a_e}{D}\right) \tag{4-2}$$

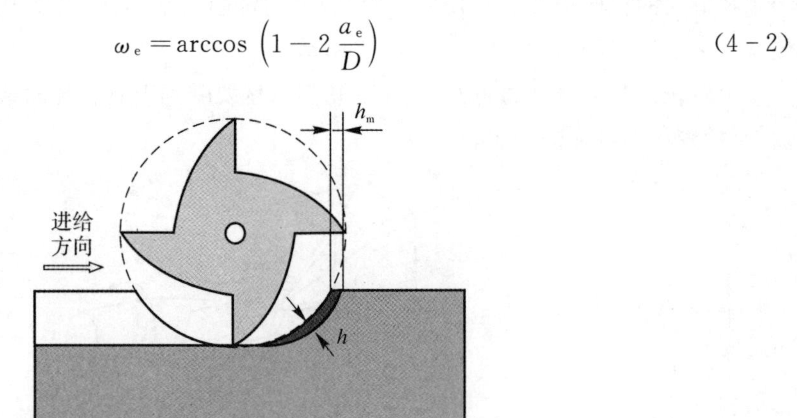

图 4－3　侧铣切屑厚度

图 4－4 所示为插铣加工切屑厚度示意图，可以看出，在一个周期切削过程中，插铣切屑厚度 h 保持稳定，其平均切屑厚度 h_p 计算公式为

$$h_p = f_z \sin \kappa \tag{4-3}$$

因此，在相同的每齿进给 f_z 下，侧铣加工与插铣加工的切屑厚度之比为

$$\frac{h_f}{h_p}=\frac{360a_e}{\pi D\arccos(1-2a_e/D)} \tag{4-4}$$

一般而言，$a_e/D\leqslant 30\%$，当取 $a_e/D=25\%$ 时，则 $h_f/h_p=0.48$，在相同的每齿进给 f_z 下，侧铣加工的切屑厚度约为插铣加工的一半。

由侧铣的切屑厚度动态变化而插铣的切屑厚度保持稳定可知，相对于侧铣加工，插铣切削过程稳定，不易产生颤振。

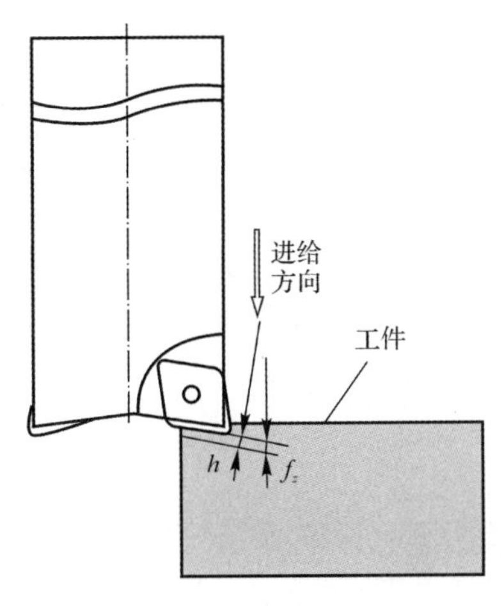

图 4-4　插铣切屑厚度

4. 刀具挠度对比分析

图 4-5 所示为侧铣加工时刀具挠度模型，图中把刀具理解为悬臂梁结构，认为侧铣刀具轴向切深 a_p 段受均布载荷 q 的作用。

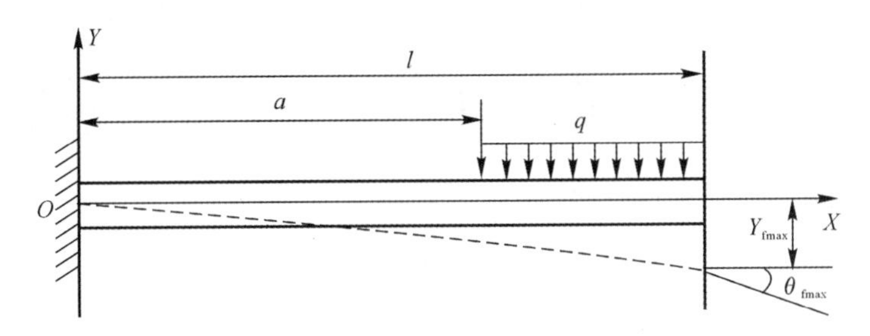

图 4-5　侧铣加工刀具挠度分析图

在图 4-5 所示的侧铣加工刀具挠度模型中，侧铣加工的轴向切深为

$$a_p=l-a \tag{4-5}$$

均布载荷 q 为

$$q=F_f/a_p \tag{4-6}$$

式中，F_f 为侧铣加工径向切削力。

该模型的转角 θ_f 曲线方程为

$$\left.\begin{aligned}\theta_f&=\left[\frac{1}{2}(l-a)qx^2-\frac{1}{2}(l^2-a^2)qx\right]/EI, \quad 0\leqslant x\leqslant a\\ \theta_f&=\left[\frac{1}{2}(l-a)qx^2-\frac{1}{2}(l^2-a^2)qx-\frac{1}{6}(x-a)^3q\right]/EI, \quad a\leqslant x\leqslant l\end{aligned}\right\} \tag{4-7}$$

式中,E 为杨氏模量,I 为惯性动量。

该模型的挠度 y_f 曲线方程为

$$\left.\begin{aligned} y_f &= \left[\frac{1}{6}(l-a)qx^3 - \frac{1}{4}(l^2-a^2)qx^2\right]/EI, \quad 0 \leqslant x \leqslant a \\ y_f &= \left[\frac{1}{6}(l-a)qx^3 - \frac{1}{4}(l^2-a^2)qx^2 - \frac{1}{24}(x-a)^4 q\right]/EI, \quad a \leqslant x \leqslant l \end{aligned}\right\} \tag{4-8}$$

当 $x=l$ 时,即在刀尖处取得模型的最大转角 θ_{fmax},最大转角 θ_{fmax} 为

$$\theta_{fmax} = \left[\frac{1}{6}(l-a)ql^3 - \frac{1}{4}(l^2-a^2)ql^2 - \frac{1}{24}(l-a)^4 q\right]/EI \tag{4-9}$$

当 $x=l$ 时,即在刀尖处取得模型的最大挠度 y_{fmax},最大挠度 y_{fmax} 为

$$y_{fmax} = \left[\frac{1}{12}(l+a)ql^3 - \frac{1}{8}(l+a)^2 ql^2 - \frac{1}{24}(l-a)^4 q\right]/EI \tag{4-10}$$

图 4-6 所示为插铣加工时刀具挠度模型,同样图中把刀具理解为悬臂梁结构。

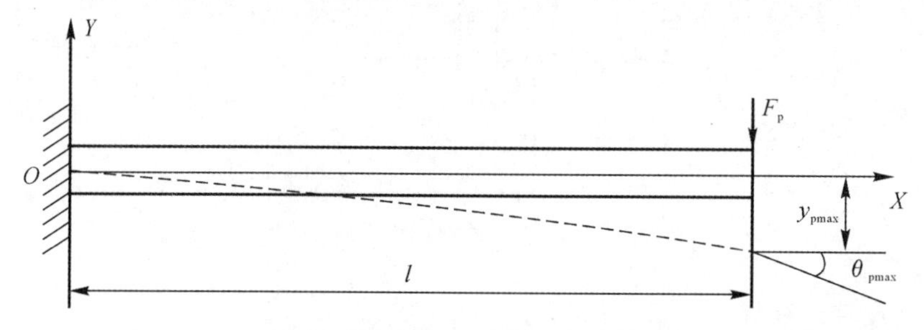

图 4-6　插铣加工刀具挠度分析图

在图 4-6 所示的插铣加工刀具挠度模型中,该模型的转角 θ_p 曲线方程为

$$\theta_p = -\frac{F_p x}{2EI}(2l-x) \tag{4-11}$$

式中,F_p 为插铣加工的径向切削力。

该模型的挠度 y_p 曲线方程为

$$y_p = -\frac{F_p x^2}{6EI}(3l-x) \tag{4-12}$$

当 $x=l$ 时,即在刀尖处取得模型的最大转角 θ_{pmax},最大转角 θ_{pmax} 为

$$\theta_{pmax} = \frac{F_p l^2}{2EI} \tag{4-13}$$

当 $x=l$ 时,即在刀尖处取得模型的最大挠度 y_{pmax},最大挠度 y_{pmax} 为

$$y_{pmax} = \frac{F_p l^3}{3EI} \tag{4-14}$$

当取侧铣轴向切深 $a_p=0.1l$ 时,此时侧铣挠度模型的最大转角与插铣挠度模型的最大转角之比为

$$\frac{\theta_{fmax}}{\theta_{pmax}} = 0.903\frac{F_f}{F_p} \tag{4-15}$$

因为侧铣加工的径向切削力 F_f 远大于插铣加工的径向切削力 F_p,即 $F_f \gg F_p$,则插铣挠

度模型的最大转角 θ_{pmax} 要小于侧铣挠度模型的最大转角 θ_{fmax}，即 $\theta_{pmax} < \theta_{fmax}$。

侧铣挠度模型的最大挠度与插铣挠度模型的最大挠度之比为

$$\frac{y_{fmax}}{y_{pmax}} = 0.925\frac{F_f}{F_p} \tag{4-16}$$

由于 $F_f \gg F_p$，则插铣挠度模型的最大挠度 y_{pmax} 要小于侧铣挠度模型的最大挠度 y_{fmax}，即 $y_{pmax} < y_{fmax}$。

由 $\theta_{pmax} < \theta_{fmax}$，$y_{pmax} < y_{fmax}$ 可知，相对于侧铣加工，插铣加工刀具振动较小。

4.1.2 切削力、温度和振动测试分析

为准确获取侧铣和插铣两种工艺方法切削力、切削温度及振动的差异，在保证相同材料切除率的前提下，采用相同的切削参数，在 JOHNFORD VMC-850 型三坐标立式加工中心上进行实验，冷却方式为水冷，试件材料为 TC4。为提高两种加工方式的可比性，采用两把参数完全相同的 K40 整体硬质合金立铣平底刀分别进行侧铣和插铣，刀具直径为 20 mm，齿数为 2，如图 4-7 所示。

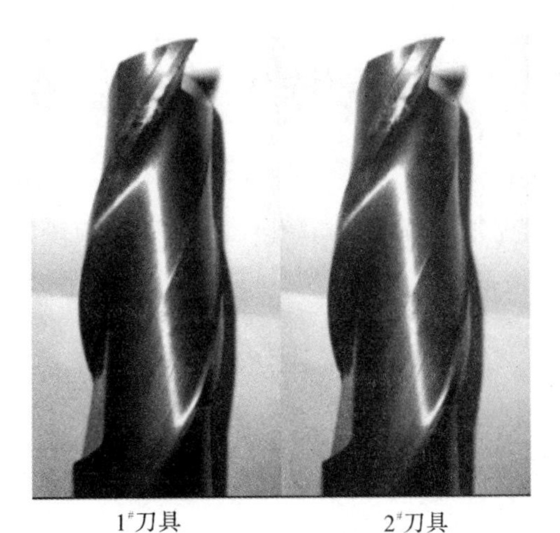

1#刀具　　2#刀具

图 4-7　实验选用刀具

插铣和侧铣实验切削参数选取见表 4-1。侧铣工艺采用顺、逆铣两种切削方式，而插铣加工进给方向由于始终沿轴向，不存在顺、逆铣问题。

表 4-1　实验切削参数

分组	主轴转速/(r·min^{-1})	每齿进给量/(mm·齿$^{-1}$)	侧吃刀量/mm	背吃刀量(侧)或侧向步距(插)/mm	
				第一组	第二组
1	750	0.08	5	12	18
2	1 000	0.06	5	12	18
3	1 500	0.04	5	12	18

采用 Kistler 9255B 测力仪、5019B 电荷放大器和 3010DEWE 处理系统，进行切削力的采集处理；将振动加速度传感器 Kistler 安装到机床主轴套上，使传感器间接传递主轴与刀具的振动加速度，从而实现刀具振动的测量。切削力和振动的测量方案如图 4-8 所示。

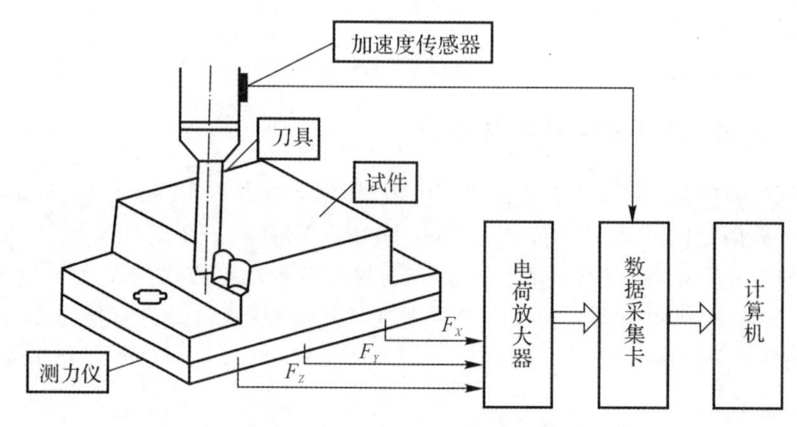

图 4-8　切削力、振动测试方案

切削温度测量采用日本红外测温仪 AVIO TVS-MKⅡ，其测试原理和方法见相关参考文献。在测试过程中，对每种工况连续提取初始段、稳定段、结束段的热像图，热像图代表了被测表面的二维辐射能量场。根据传热反求算法就可准确求得切削过程中工件和刀具的温度变化规律及动态分布。

1. 切削力对比分析

提取第一组切削力数据，在侧铣工艺方式下，顺铣时的切削力波形如图 4-9(a)所示，逆铣时的切削力波形如图 4-9(b)所示，插铣工艺切削力波形如图 4-9(c)所示。顺铣、逆铣与插铣的作用力 F_a、轴向力 F_o 幅值比较如图 4-10 所示。

从图 4-9 可以看出，顺铣方式下三向分力最大峰值为：$F_{X\max}=3\ 080$ N，$F_{Y\max}=840$ N，$F_{Z\max}=560$ N；逆铣方式下三向分力最大峰值为：$F_{X\max}=3\ 200$ N，$F_{Y\max}=1\ 320$ N，$F_{Z\max}=570$ N；插铣三向分力最大峰值为：$F_{X\max}=800$ N，$F_{Y\max}=580$ N，$F_{Z\max}=1\ 000$ N。侧铣方式三向分力幅值差异较大，逆铣三向分力略大于顺铣；插铣方式三向分力差异不大，表现为轴向力 $F_{Z\max}$ 最大；在同种切削参数下，插铣与侧铣相比，X 方向和 Y 方向分力小；顺铣、逆铣方式轴向力 $F_{Z\max}$ 差异不大，但总体比插铣轴向力小。由图 4-10 可知，顺铣时作用力 F_a 是插铣的 3.2 倍左右，逆铣时作用力 F_a 是插铣的 3.5 倍左右，其他两组参数也表现出相同的特点。

作用力 F_a 增大会增加对刀具和机床主轴的径向作用，引起刀具和机床振动，加剧机床主轴系统和刀具的磨损。由于插铣作用力 F_a 远小于侧铣作用力，所以插铣可应用于切深大、刀具直径相对较小(长径比大，大直径刀具使用受限制)情况下难加工材料的大余量粗加工。

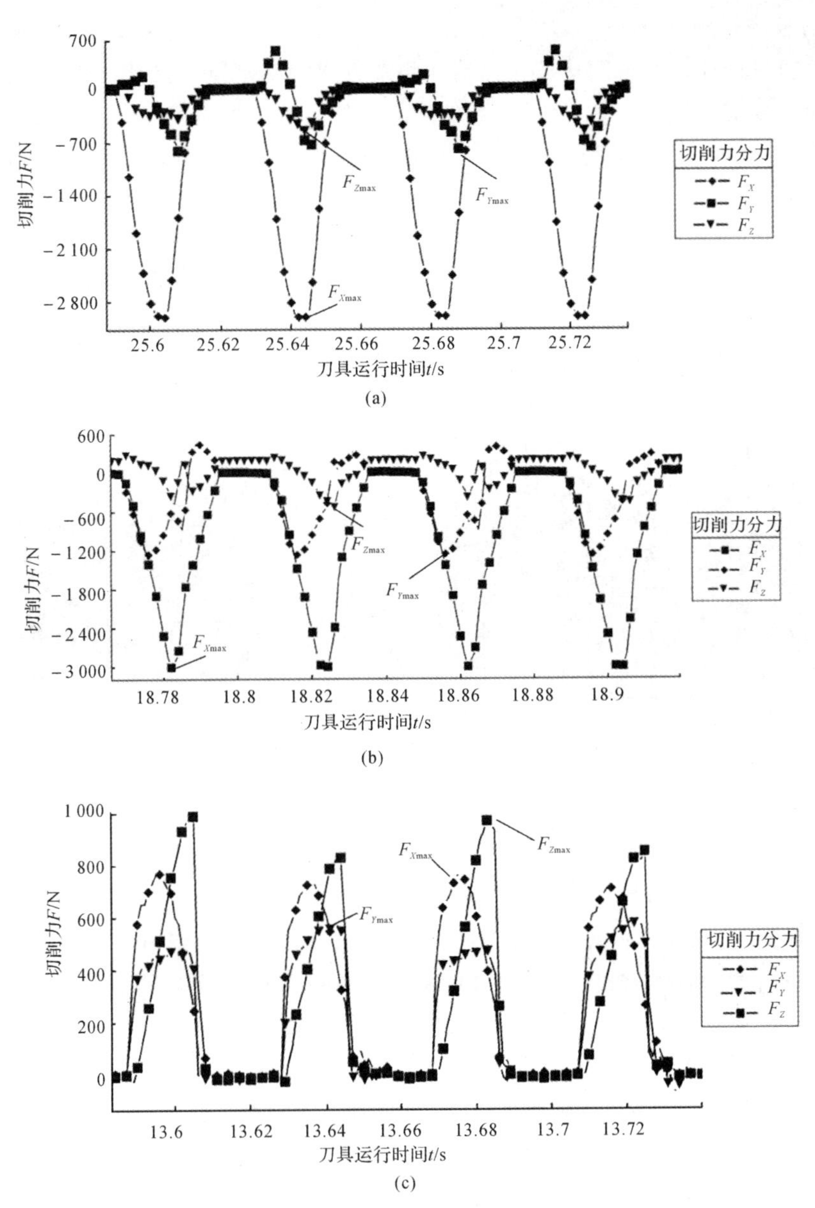

(a)

(b)

(c)

图 4-9　第一组切削参数下的切削力波形图

(a) 顺铣;(b) 逆铣;(c) 插铣

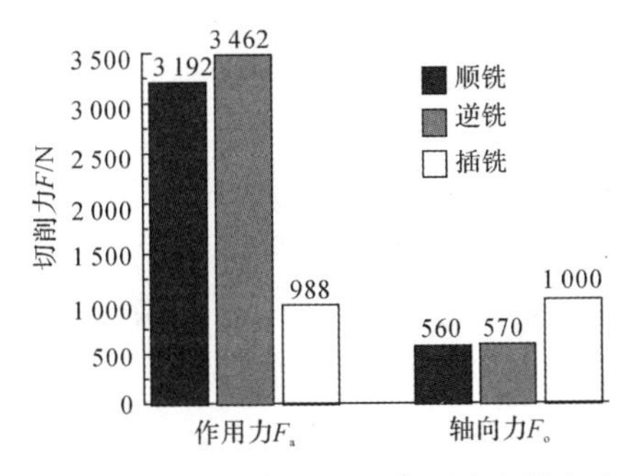

图 4-10　第一组切削参数下的作用力和轴向力直方图

2. 切削振动对比分析

课题组通过振动加速度间接比较插铣和侧铣之间振动差异，不具体研究振动位移量大小，所以未对加速度信号进行处理，测试得到信号的单位为重力加速度 g，$g \approx 9.8\ \mathrm{m/s^2}$。

图 4－11 所示为在相同切削参数（$n=750$ r/min，$f_z=0.08$ mm，$a_e=5$ mm，$a_p=S=18$ mm）下，侧铣和插铣的振动加速度图谱。在背吃刀量（侧向步距）为 12 mm 时，侧铣振动幅值最大为 $100g$，插铣振动幅值最大为 $80g$，振动相差不大；背吃刀量（侧向步距）增大到 18 mm 时，侧铣振动幅值最大为 $600g$，而插铣振动幅值最大为 $240g$。可见随着切削用量的加大，侧铣振动明显大于插铣振动，其他两组参数也表现出相同的特点。另外，在加大刀具悬伸量时，侧铣振动更是明显大于插铣振动。

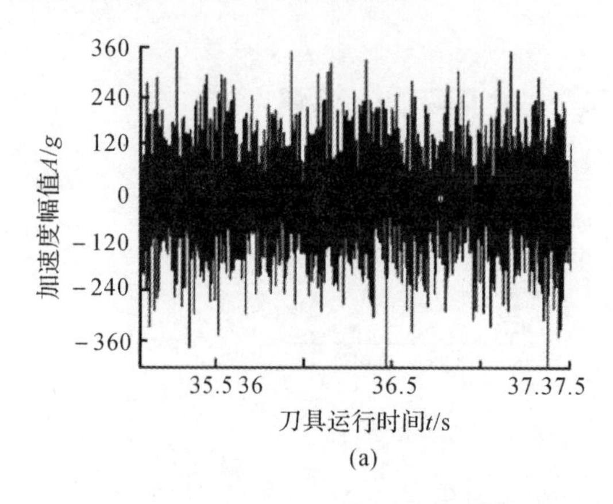

(a)

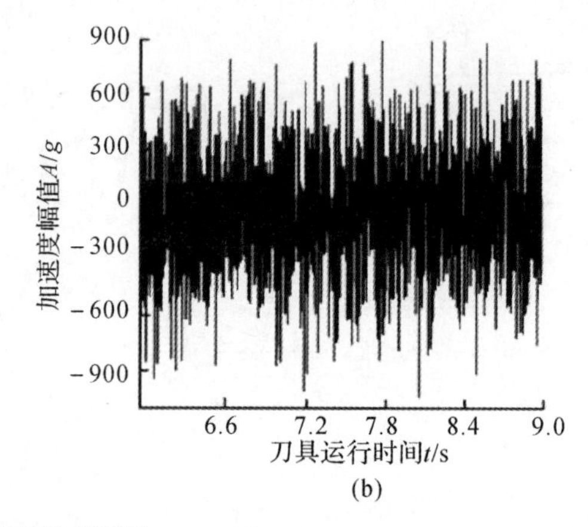

(b)

图 4－11　振动加速度图谱

(a) 插铣；(b) 侧铣(顺)

振动增大对刀具、机床的使用寿命和加工的稳定性都有很大影响。由于插铣的进给方向为刀轴方向，这恰好利用了机床主轴和刀具在其轴向刚性和承载力最强这一特性，因此，插铣加工比侧铣过程振动小，可有效解决刀具大悬伸量的粗加工刚性问题。

3. 切削温度对比分析

由于通过红外测温方法获得的为试件侧面的温度，并非切削区的实际铣削温度，所以必须通过下式换算求得切削区工件表面温度：

$$t_m = E\delta/\lambda + t_s \tag{4-17}$$

式中，t_m 为铣削作用区温度，℃；E 为试件单位面积上的辐射能量，$\mathrm{W/m^2}$；δ 为试件壁厚，m；λ 为 试件导热系数，W/(m・℃)；t_s 为试件侧面测试温度，℃。

由斯蒂芬・玻尔兹曼定律知，E 与辐射单元绝对温度 T 的 4 次方成比例，即

$$E = \varepsilon\sigma T^4 \tag{4-18}$$

式中，ε 为试件辐射单元的表面辐射率，取决于试件材料及其表面属性。

实验试件光照表面喷涂了黑色哑光漆，经测定其辐射率为 $\varepsilon=0.95$；σ 为斯蒂芬・玻尔兹曼常数，$\sigma=5.67\times10^{-8}$；T 为试件辐射单元的绝对温度，$T=t_s+273.16$ K。本实验中试件壁厚为 $\delta=1.8\times10^{-3}$ m，TC4 钛合金的导热系数为 6.8 W/(m・℃)。根据测量所得温度，利用式(4－17) 和式(4－18) 可得实际切削区温度的计算公式为

$$t_m = 1.43\times10^{-11}\times(t_s+273.16)^4 + t_s \tag{4-19}$$

在切削参数 $n=750$ r/min，$f_z=0.08$ mm，$a_e=5$ mm，$a_p=18$ mm($S=18$ mm)下，插铣和侧铣切削温度的红外热像图如图 4-12 和图 4-13 所示。插铣切削起始段，切削区工件表面温度换算后为 174℃，如图 4-12(a) 所示；进入稳定切削段，切削区工件表面温度约为 207℃，如图 4-12(b) 所示；切削结束段，切削区工件表面温度则降低为 195℃，如图 4-12(c) 所示。侧铣起始段，切削区工件表面温度换算后为 260℃，如图 4-13(a) 所示；进入稳定切削段，切削区工件表面温度为 326℃，如图 4-13(b) 所示；切削结束段，切削区工件表面温度为 307℃，如图 4-14(c) 所示。

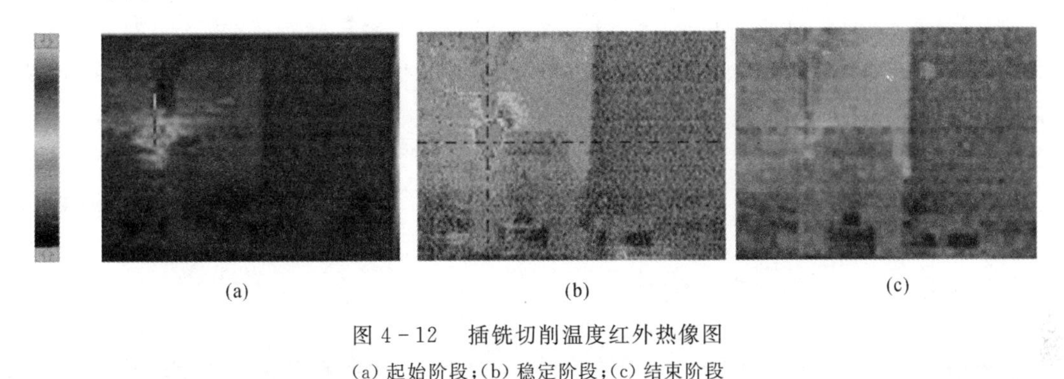

(a) (b) (c)

图 4-12 插铣切削温度红外热像图

(a) 起始阶段；(b) 稳定阶段；(c) 结束阶段

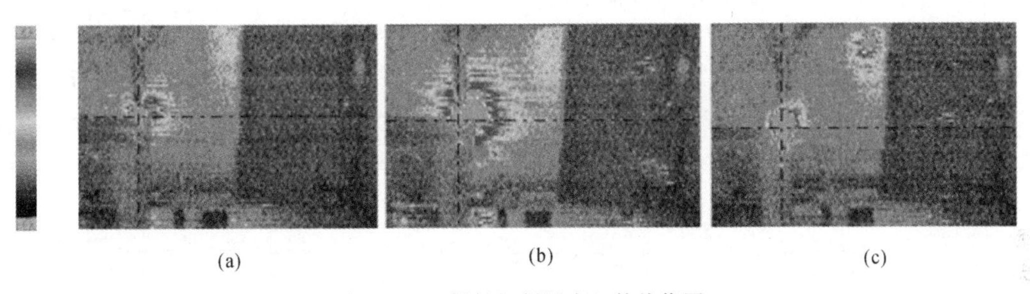

(a) (b) (c)

图 4-13 侧铣切削温度红外热像图

(a) 起始阶段；(b) 稳定阶段；(c) 结束阶段

实验结果表明，在相同切除率情况下，侧铣切削温度要高于插铣，其他两组切削参数中，侧铣和插铣的温度变化也表现出相同规律。这主要是由于侧铣的铣削力大于插铣，消耗功率大。切削温度越高，刀具磨损越严重，而插铣切削温度低，这对难加工材料大切削用量的加工是有利的，可以大幅度提高刀具耐用度，降低对工件表面质量的影响。

4.1.3 插铣工艺参数优化

参照金属切削原理研究结论，在机床特征和刀具几何参数确定的前提条件下，切削力与切削参数之间存在复杂的指数关系，影响插铣切削力的三个主要因素包括径向切深 a_e，每齿进给量 f_z 和切削速度 v，即

$$\left.\begin{aligned} F_X &= K_X a_e^{a1} f_z^{a2} v^{a3} \\ F_Y &= K_Y a_e^{b1} f_z^{b2} v^{b3} \\ F_Z &= K_Z a_e^{c1} f_z^{c2} v^{c3} \end{aligned}\right\} \tag{4-20}$$

式中，K_X，K_Y，K_Z 表示修正系数。

将式(4－20)两边求对数得

$$\left.\begin{array}{l}\lg F_X=\lg K_X+a_1\lg a_e+a_2\lg f_z+a_3\lg v\\ \lg F_Y=\lg K_Y+b_1\lg a_e+b_2\lg f_z+b_3\lg v\\ \lg F_Z=\lg K_Z+c_1\lg a_e+c_2\lg f_z+c_3\lg v\end{array}\right\}\tag{4-21}$$

以式(4－21)为例，设$Y=\lg F_z$，$B=\lg K_z$，$X_1=\lg a_e$，$X_2=\lg f_z$，$X_3=\lg v$，则式(4－21)可化为

$$Y=B+c_1X_1+c_2X_2+c_3X_3\tag{4-22}$$

应用多元线性回归法进行拟合，对式(4－22)进行回归分析，然后反求式(4－21)各个系数可得出指数形式切削力经验公式。采用统计分析软件SPSS进行回归分析和检验，得到以下切削力经验公式：

$$\left.\begin{array}{l}F_X=225.424a_e^{1.5145}f_z^{0.6072}v^{0.0447}\\ F_Y=306.055a_e^{1.1285}f_z^{0.4998}v^{0.0706}\\ F_Z=92.257a_e^{1.7932}f_z^{0.2858}v^{0.1395}\end{array}\right\}\tag{4-23}$$

同理得到切削表面温度的经验公式：

$$t=31.117a_e^{0.3793}f_z^{-0.3104}v^{0.0895}\tag{4-24}$$

由经验式(4－23)和式(4－24)可以看出，径向切深a_e、切削速度v、每齿进给量f_z的指数表示着其对三向切削力以及切削表面温度的影响程度。

在TC11钛合金插铣过程中，径向切深a_e对三向切削力及切削表面温度的影响最大，影响指数分别为1.514 5，1.128 5，1.793 2和0.379 3。根据式(4－23)和式(4－24)，可以得到在切削参数$f_z=0.07$ mm/齿，$v=87.97$ m/min下，切削力和切削表面温度随径向切深的变化规律，如图4－14(a)和图4－14(b)所示。可以看出，随着径向切深的增大，三向切削力以及切削表面随之增大，且增加幅度迅速。

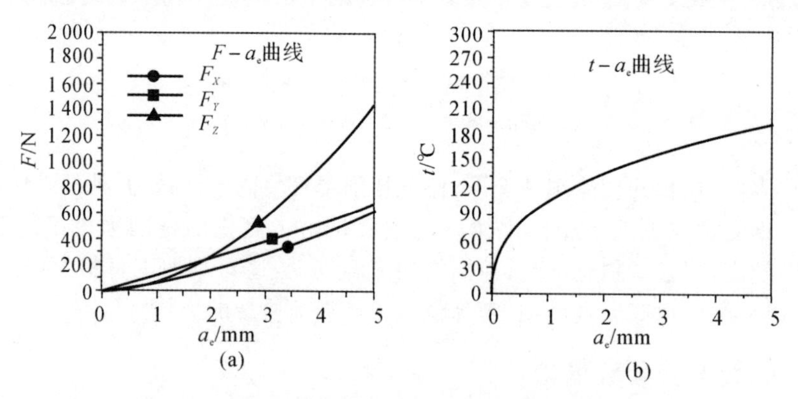

图4－14　切削力和切削表面温度随径向切深的变化规律

(a) 切削力曲线；(b) 切削温度曲线

每齿进给量f_z对三向切削力和切削表面温度的影响次之，影响指数分别为0.607 2，0.499 8，0.285 8和－0.310 4。可得到在切削参数$a_e=4$ mm，$v=87.97$ m/min下，切削力和切削表面温度随每齿进给量的变化规律，如图4－15(a)和图4－15(b)所示。可以看出，三向切削力随着每齿进给量增加而变大，而切削表面温度随着每齿进给量增加而变小，其原因可能为：① 当其他切削参数不变时，随着每齿进给量的增大，相同时间内排出的切屑增多，带走了大部

分的热量，导致工件表面的切削温度降低。② 插铣加工主切削刃为底刃，随着每齿进给量的增大，在相同时间内刀片底刃圆角处切触过的试件切削表面面积增大，导致传递到单位切削表面的热量减少，从而引起切削表面温度降低。这与文献中得到的每齿进给量与切削表面温度规律是一致的。

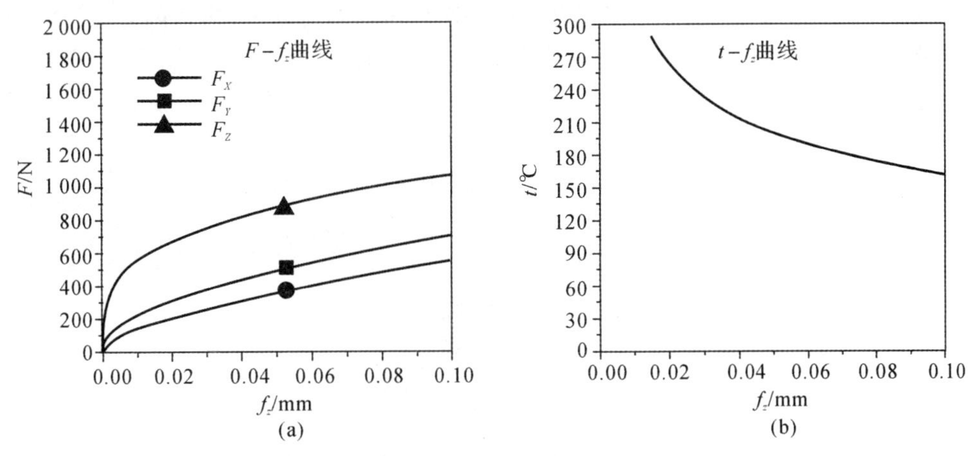

图 4－15 切削力和切削表面温度随每齿进给量的变化规律

(a) 切削力曲线；(b) 切削温度曲线

切削速度 v 对三向切削力及切削表面温度影响最小，影响指数分别为 0.044 7，0.070 6，0.139 5 和0.089 5。可得到在切削参数 f_z＝0.07 mm/ 齿，a_e＝4 mm下，切削力和切削表面温度随切削速度的变化规律，如图 4－16(a) 和图 4－16(b) 所示。可以看出，三向切削力及切削表面温度都随切削速度增加而变大，但增加幅度平缓。

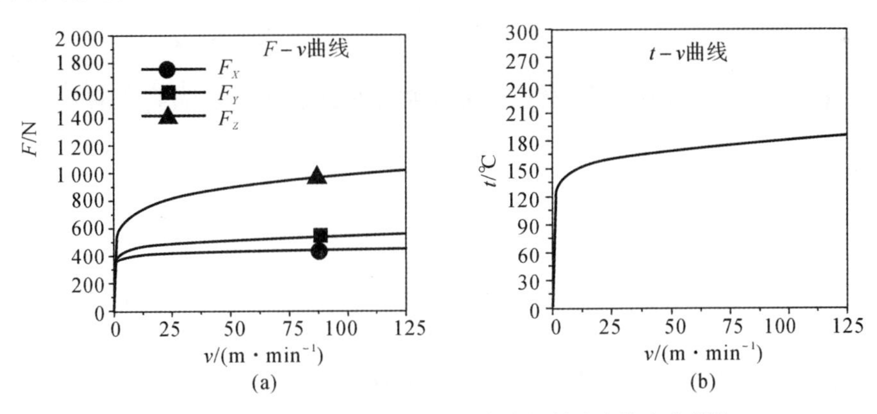

图 4－16 切削力和切削表面温度随切削速度的变化规律

(a) 切削力曲线；(b) 切削温度曲线

优化的目标应与生产企业需要完成的技术经济指标一致。在机械制造领域内，生产中的技术经济指标主要有质量、成本、生产率等。决策者总是希望在保证加工质量的同时，尽可能地降低加工成本，提高生产率，而最大材料切除率与生产率有着直接的关系，因此，课题组把最大材料切除率作为切削用量优化的目标函数。

插铣加工的材料切除率为

$$Q=\frac{A_{\mathrm{T}}vzf_z}{\pi D} \tag{4-25}$$

式中，z 为刀具齿数，D 为刀具直径，A_{T} 为插铣进给方向的切削横截面积。

插铣进给方向的切削横截面积 A_{T} 与插铣径向切深 a_{e} 和侧向步距 S 以及刀具直径 D 有关。插铣加工中，改变 S，其只是改变了刀具每齿连续切削的时间，其对切削力和切削表面温度几乎无影响，因此在插铣粗加工中应尽可能选择大的侧向步距 S。插铣加工中选择侧向步距 S 等于刀具直径 D，则插铣进给方向的切削横截面积 A_{T} 只与插铣径向切深 a_{e} 和刀具直径 D 有关。

插铣进给方向的切削横截面积 A_{T} 如图 4－17 所示，其计算公式为

$$A_{\mathrm{T}}=\frac{\arcsin\ (a_{\mathrm{e}}/D)}{360}\pi D^2+\frac{1}{2}a_{\mathrm{e}}\sqrt{D^2-a_{\mathrm{e}}} \tag{4-26}$$

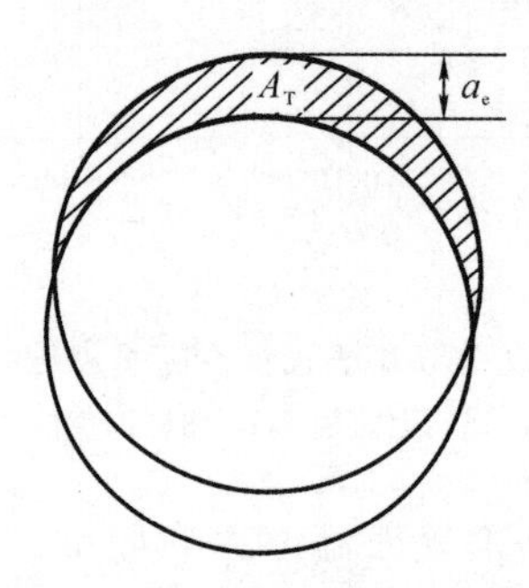

图 4－17　插铣进给方向的切削横截面积 A_{T} 示意图

则最大材料切除率目标函数为

$$Q_{\max}=\frac{\pi D^2\arcsin\ (a_{\mathrm{e}}/D)/360+0.5a_{\mathrm{e}}\sqrt{D^2-a_{\mathrm{e}}}}{\pi D}vzf_z \tag{4-27}$$

要通过目标函数寻求优化方案，必须考虑各种约束条件的制约，实际加工中切削用量可能变化范围受到下列约束的限制。

1）机床功率的约束条件。

$$p_{\max}=\frac{F_Z v}{1\ 000}\leqslant P_{\mathrm{E}}\eta \tag{4-28}$$

式中，F_Z 为插铣主切削力，v 为切削速度，P_{E} 为机床电机功率，η 为机床传动效率（一般 $\eta=0.75\sim0.85$）。

2）刀具挠度的约束条件。插铣加工过程中，刀具受到径向切削力 F_{XY} 作用会产生挠曲变形，当刀具挠度 y 超过一定值时会导致刀具磨损加剧，为保证刀具使用寿命，应使最大刀具挠度 $y_{\max}$ 小于刀具使用寿命临界挠度 y_{c}，即

$$y_{\max}=F_{XY}l^3/3EI\leqslant y_{\mathrm{c}} \tag{4-29}$$

式中，l 为刀具悬伸量，E 为弹性模量，I 为惯性动量。

3）切削用量的约束条件。

$$\begin{aligned} v_{\min}&\leqslant v\leqslant v_{\max}\\ f_{z\min}&\leqslant f_z\leqslant f_{z\max}\\ a_{\mathrm{emin}}&\leqslant a_{\mathrm{e}}\leqslant a_{\mathrm{emax}} \end{aligned} \tag{4-30}$$

由最大材料切除率目标函数公式(4-25)可知,插铣切削参数每齿进给量 f_z 和切削速度 v 对最大材料切除率 Q_{max} 影响指数相同且都为1,而径向切深 a_e 对最大材料切除率 Q_{max} 影响指数要小于1,因此在插铣切削参数优化时,应优先选择每齿进给量 f_z 和切削速度 v,最后确定径向切深 a_e。

(1) 每齿进给量 f_z 选择。由4.1.2节可知,插铣切削参数对切削力与切削表面温度影响规律可知,由于随着每齿进给量增加,三向切削力随之增大,而切削表面温度随之减小,为保证切削力、切削温度都不能过大,因而要选择适中的每齿进给量 f_z。实验中所用专用插铣刀具的刀片推荐每齿进给量为 0.04 ~ 0.10 mm/齿,因此可选择居中的每齿进给量 f_z = 0.07 mm/齿。

(2) 切削速度 v 选择。由式(4-29)中刀具挠度的约束条件可知,插铣径向切削力 F_{XY} 应满足

$$F_{XY} \leqslant 3y_c EI/l^3 \tag{4-31}$$

即径向切削力 F_{XY} 要小于一定的值,因此在插铣加工中需控制径向切削力 F_{XY}。

所得的插铣正交实验 F_X 和 F_Y 数据进行均值处理,处理结果见表4-2。

表4-2 插铣正交实验 F_X 和 F_Y 数据数据均值处理

因素	v	f_z	a_e	统计结果
F_X 均值1	362.1	222.3	130.9	F_X 主次因素:a_e,f_z,v 优化结果:a_e1f_z1v3
F_X 均值2	351.1	319.7	290.5	
F_X 均值3	310.5	372.3	389.1	
F_X 均值4	315.6	425	528.8	
F_X 极差	50.6	202.7	397.9	
F_Y 均值1	422.6	298.1	213.3	F_Y 主次因素:a_e,f_z,v 优化结果:a_e1f_z1v3
F_Y 均值2	417.7	395.5	362.1	
F_Y 均值3	399.3	445.8	473.8	
F_Y 均值4	400.9	501.1	591.3	
F_Y 极差	23.3	203	378	

由表4-2可以看出,当切削速度取 v=87.97 m/min时,切削力 F_X 和 F_Y 均最小,因此为控制插铣径向切削力 F_{XY},选择插铣切削速度 v=87.97 m/min。

(3) 径向切深 a_e 选择。在确定每齿进给量 f_z 和切削速度 v 后,可根据公式(4-12)计算径向切削力 F_{XY},从而根据切削力经验公式(4-10)反推确定径向切深 a_e。

ϕ20 专用插铣刀具使用寿命临界挠度为 y_c = 0.05 mm,当 v = 87.97 m/min,f_z = 0.07 mm/齿,刀具悬伸量 l = 100 mm时,求得径向切深 $a_e \leqslant$ 4.868 mm,因此可取径向切深 a_e = 4.5 mm。

4.1.4 整体叶盘插铣数控编程方法

1. 开式整体叶盘通道开槽四轴插铣刀位轨迹计算

(1) 插铣临界控制面设计。开式整体叶盘四坐标插铣开槽是沿叶盘半径由外向里进行

钻、铣加工，其每刀插铣加工开始和结束的位置应由临界面控制。根据插铣进刀的安全距离 Δd，在离叶尖子午线 Δd 处作与叶盘同轴的回转面，作为进刀临界控制面；根据粗加工内轮毂需留的加工余量 Δs，将叶盘内轮毂面向外偏置 Δs，作为退刀临界控制面，如图 4-18 所示。

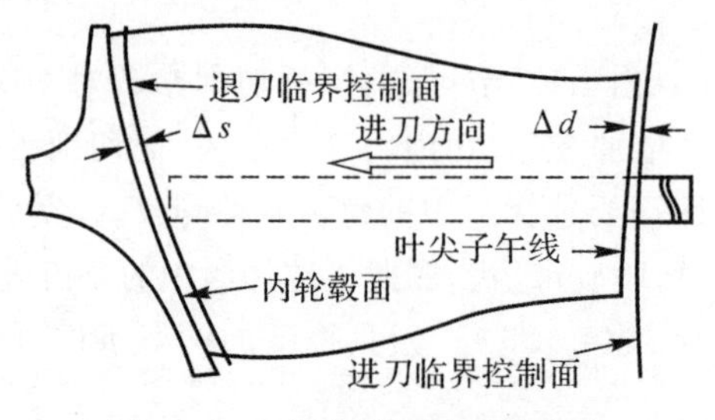

图 4-18　插铣临界控制面设计

(2) 四轴插铣刀位轨迹规划。基于通道两侧叶背、叶盆偏置面的直纹包络面以及两个临界控制面，可规划四轴通道开槽加工的刀位轨迹，具体步骤如下：

1) 根据插铣每层切深 a_e，在点 P_z 和 P_b 之间等 X 划分叶盘轴向，得到 $n+1$ 个轴向高度 $X_j(j=0,1,\cdots,n)$。

2) 在 X_j 高度上作一垂直于叶盘轴向平面，求该平面与叶背、叶盆偏置面的直纹包络面以及两个临界控制面的交线，分别记为 C_1,C_2,C_3,C_4，其中 C_1,C_2 为叶背、叶盆偏置面的包络直母线。C_1,C_2,C_3,C_4 四条线就构成了一个截面内的刀位轨迹待规划区域，如图 4-19 所示。

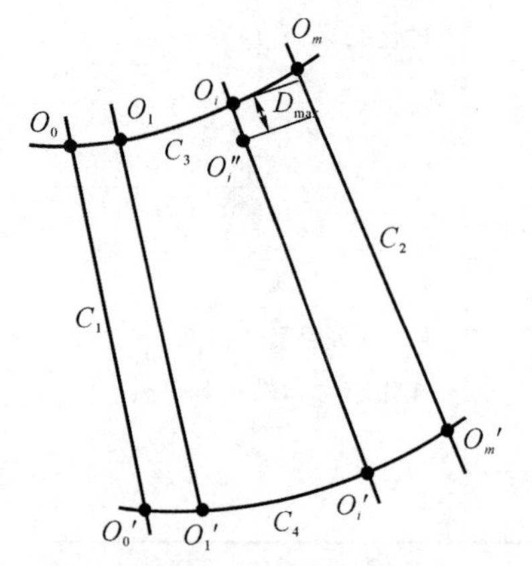

图 4-19　四轴插铣加工走刀轨迹生成示意图

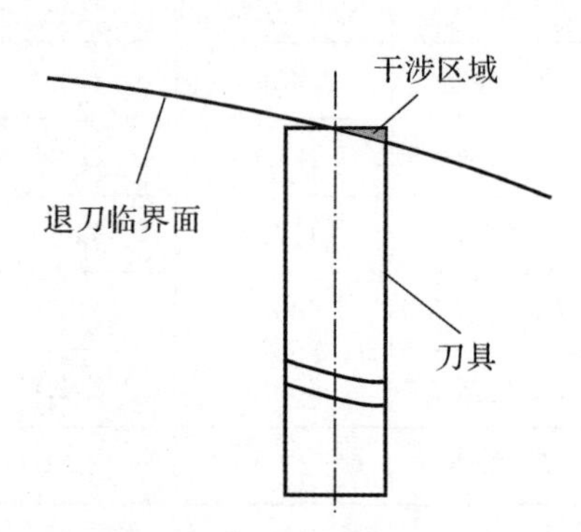

图 4-20 干涉区域示意图

3) 根据插铣侧向步距，采用等弧长方法将交线 C_3 离散为 $m+1$ 个点，记为 $O_i(i=0,1,\cdots,m)$。同理，将交线 C_4 也离散为 $m+1$ 个点，记为 $O'_i(i=0,1,\cdots,m)$。

4) 连接 O_i 和 O'_i，得到刀轴方向 $O_iO'_i$。若以 O_i 为刀位点，刀位轨迹会与退刀临界控制面发生干涉，如图 4-20 所示，需对刀位点进行干涉修正，修正方法见下节，记修正后的刀位点为 O''_i，如图 4-19 所示。

5) 重复步骤 4) 可得到 $m+1$ 条刀位轨迹，按照从通道中间向两侧叶型扩槽的原则对这 $m+1$ 条刀位轨迹排序，得到一层的插铣加工刀位轨迹。

6) 重复步骤 2)～5)，得到 $n+1$ 层插铣加工刀位轨迹，即为一个气流通道内的插铣加工刀位轨迹，如图 4-21 所示。

(3) 刀位点修正算法。设刀轴方向 $O_iO'_i$ 为向量 $n=(A,B,C)$，O_i 点坐标为 (x_0,y_0,z_0)，则过 O_i 点，以 n 为法线方向的平面 Γ 方程为

$$A(x-x_0)+B(y-y_0)+C(z-z_0)=0 \tag{4-32}$$

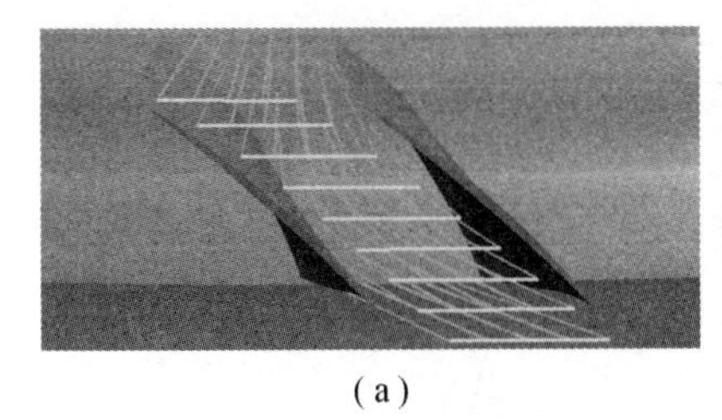

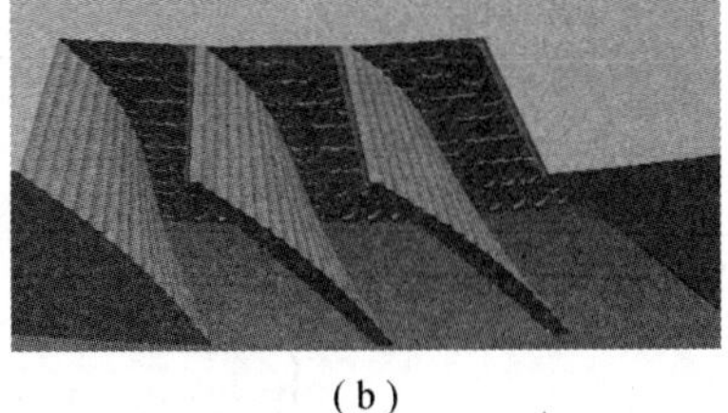

(a)　　　　(b)

图 4-21　开式整体叶盘四轴插铣刀位轨迹

(a) 加工轨迹；(b) 仿真效果

以刀具半径 R 为半径，以刀轴方向 $O_iO'_i$ 为轴线方向的圆柱面方程为

$$\boldsymbol{S}(u,v)=\boldsymbol{r}(u)+v\cdot\boldsymbol{n} \tag{4-33}$$

式中，$\boldsymbol{r}(u)$ 为圆柱面的准线。

退刀临界控制面为内轮毂面的等距面，其与内轮毂面同为绕 Z 轴的旋转面，设其方程为

$$z=f(\sqrt{x^2+y^2}) \tag{4-34}$$

式中，$z=f(x)$ 为退刀临界控制面的一条母线。

则圆柱面与退刀临界控制面的交线方程为

$$\left.\begin{aligned}&\boldsymbol{S}(u,v)=[\boldsymbol{x}(u,v),\boldsymbol{y}(u,v),\boldsymbol{z}(u,v)]=\boldsymbol{0}\\&z-f(\sqrt{x^2+y^2})=0\end{aligned}\right\} \tag{4-35}$$

得到交线 $c(w)=[x(w),y(w),z(w)]$，则交线 $c(w)$ 到平面 Γ 的最大距离为

$$d_{\max}=\max_w\frac{|A(x(w)-x_0)+B(y(w)-y_0)+C(z(w)-z_0)|}{\sqrt{A^2+B^2+C^2}} \tag{4-36}$$

则修正后的刀位点 $\boldsymbol{C}_p$ 为

$$\boldsymbol{C}_p=\boldsymbol{C}_p-\frac{\boldsymbol{n}}{\|\boldsymbol{n}\|}d_{\max} \tag{4-37}$$

2. 开式整体叶盘通道开槽五轴插铣刀位轨迹计算

开式整体叶盘通道开槽五轴插铣的临界控制面设计。基于通道两侧叶背、叶盆偏置面的直纹包络面以及两个临界控制面，可规划五轴通道开槽加工的刀位轨迹，具体步骤如下：

(1) 计算点 P_z 和 P_b 之间距离 d，根据每层插铣切深 a_e 对刀位轨迹规划区域进行分层，层数 $N=floor(d/a_e)+2$，令 $n=N-1$。

(2) 根据最小平均距离法找出叶背偏置直纹包络面上 $n+1$ 条直母线 $L_{1i}(i=0,1,\cdots,n)$，同理找出叶盆偏置直纹包络面上 $n+1$ 条直母线 $L_{2i}(i=0,1,\cdots,n)$。

(3) 直线连接直母线 L_{1i} 和 L_{2i} 两端点，记为直线 L_{3i} 和 L_{4i}，如图 4-22 所示。根据插铣侧向步距，采用等弧长方法将直线 L_{3i} 离散为 $m+1$ 个点，记为 $O_i(i=0,1,\cdots,m)$。同理，将交线 L_{4i} 也离散为 $m+1$ 个点，记为 $O'_i(i=0,1,\cdots,m)$。

(4) 连接 O_i 和 O'_i，得到刀轴方向 $O_iO'_i$。若以 O_i 为刀位点，刀位轨迹会与退刀临界控制面发生干涉，需对刀位点进行干涉修正，修正方法同上节，记修正后的刀位点为 O''_i，如图 4-22

所示。

(5) 重复步骤(4) 可得到 $m+1$ 条刀位轨迹，按照从通道中间向两侧叶型扩槽的原则对这 $m+1$ 条刀位轨迹排序，得到一层的插铣加工刀位轨迹。

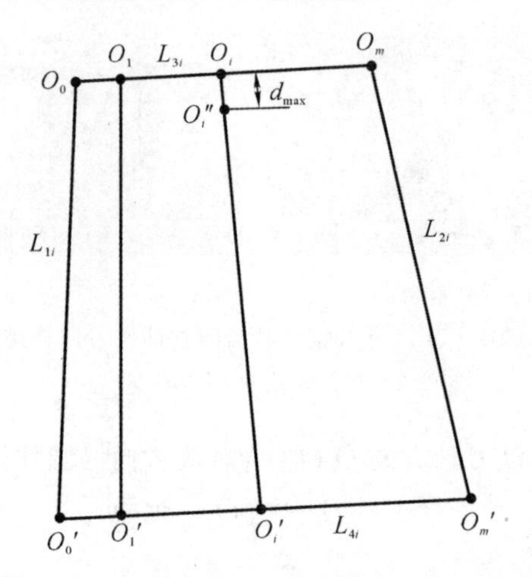

图 4-22　五轴插铣加工走刀轨迹生成示意图

(6) 重复步骤(2) ~ (5)，得到 $n+1$ 层插铣加工刀位轨迹，即为一个气流通道内的插铣加工刀位轨迹，如图 4-23 所示。

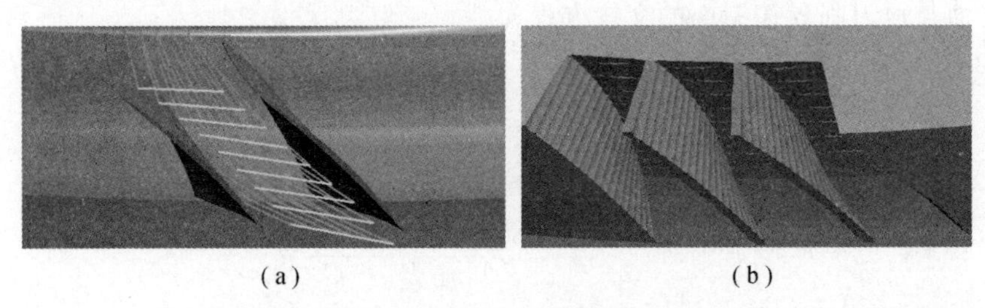

(a)　　(b)

图 4-23　开式整体叶盘五轴插铣刀位轨迹

(a) 加工轨迹；(b) 仿真效果

3. 闭式整体叶盘通道开槽五插铣刀位轨迹计算

(1) 插铣对接加工区域划分。闭式整体叶盘通道的可插铣加工区域是通道内的相邻叶背、叶盆面的偏置面和内、外轮毂面的偏置面构成的封闭区域，其中偏置距离为插铣刀具半径与粗加工余量之和，如图 4-24 所示。闭式整体叶盘通道是一个封闭的区域，相邻叶片长、弯曲大且相互遮挡，一般不能从一侧完成通道加工，因此必须对通道进行划分并采用五坐标双侧对接加工方式。本文依据近似等刀具长度对插铣通道进行划分，具体方法如下所述。

取可插铣区域内的任意交线(此处以内轮毂偏置面和叶背偏置面的交线为例)，将交线 C 三等分并取中间部分为 C_1，然后在 C_1 上按一定精度提取点集 $\sum P$。取点集内一点作为刀位点，其和交线 C 两端点的连线作为刀轴方向。依次计算点集 $\sum P$ 内各点到通道两侧的刀具长度，记其中到两侧所需刀长接近的点为分界点。采用相同的方法计算其余三条交线的分界点，然后用这四个分界点即可确定对接加工分界面，这样通道被分为进气边加工区和排气边加工区，如图 4-25 所示。

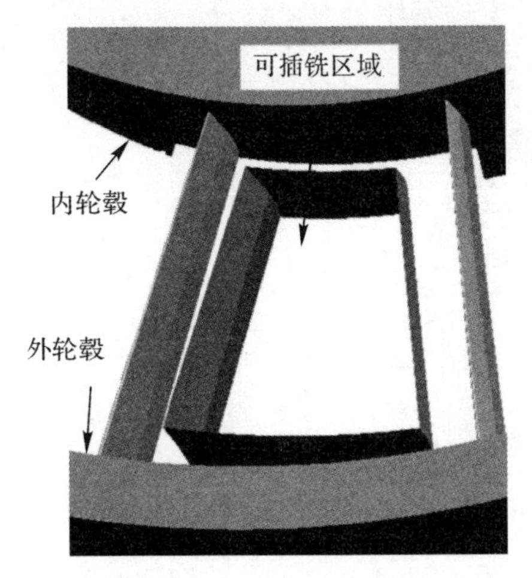

图 4-24　可插铣区域

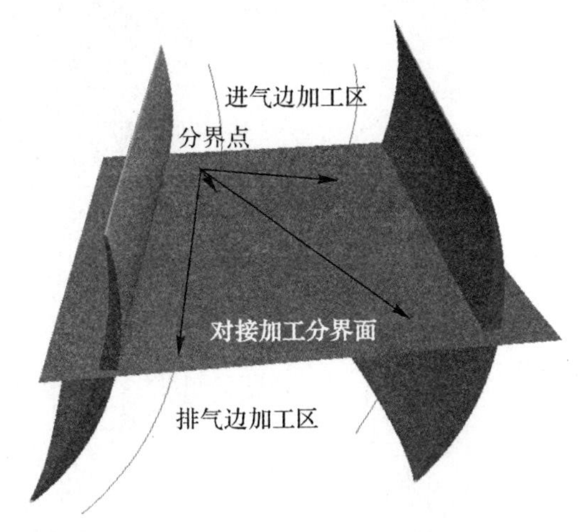

图 4-25　对接加工区示意图

(2) 分层插铣方法。闭式整体叶盘叶片弯扭大,采用单层插铣至对接加工中分面时会造成残留的余量过大,造成精加工余量过大,对加工效率不利,如图 4-26(a) 所示。因此为了获得最大的材料切除效果,同时保证后续加工工序的余量一致且最小,需对进(排) 气边加工区采用分层插铣方式。如图 4-26(b) 所示,分层插铣既可保持较小的残留余量并增加插铣刀轴矢量的选择范围,还可以减小刀具因一次插铣到对接加工中分面时由连续铣削量过大、热力耦合引起的刀具磨损,从而提高刀具耐用度和刀具寿命。

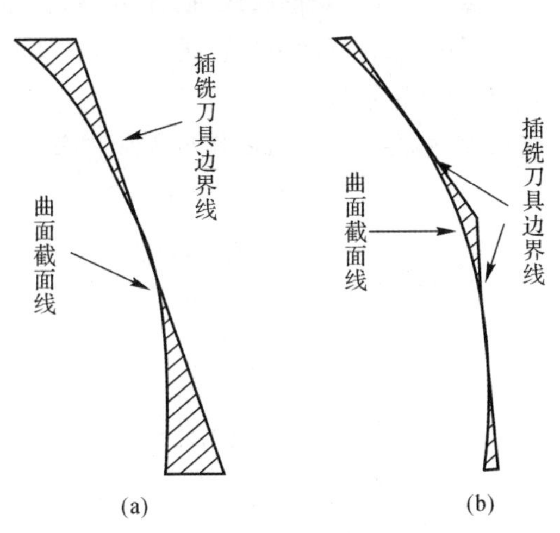

图 4-26　插铣粗加工余量示意图

(a) 单层; (b) 多层

对于已经进行对接加工区域划分后的通道,依据单侧加工区(排气边加工区 / 进气边加工区) 的深度划分单侧插铣分层数目。同时过多的分层将导致编程效率的大大降低,一般采用两层插铣。为了使每层插铣时刀具切深比较均匀,通常采用中间划分的方法获得分层插铣区域,如图 4-27 所示(以排气边加工区为例)。

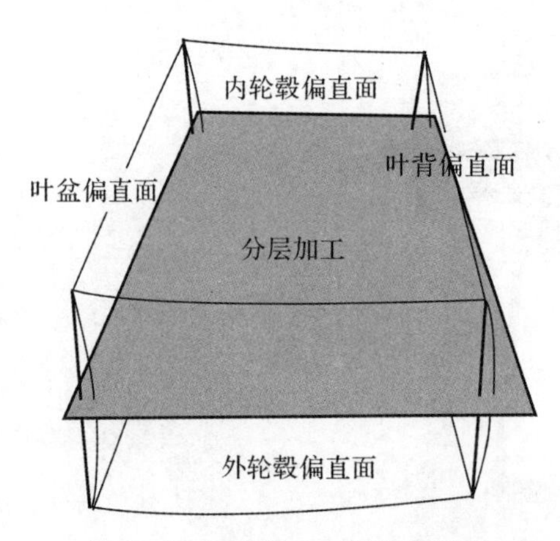

图 4-27　插铣加工分层示意图

划分双侧插铣层时，既要考虑每层插铣深度的均衡，还要考虑叶片偏置面的曲率变化程度。基于加工余量最小原则，对于单侧插铣区域的叶片偏置面曲率变化较大的，分层面应选择曲率变化最大处；对于叶片偏置面曲率变化较小的，简便起见，分层面可选择按中间面取得。

(3) 插铣轨迹线计算。由插铣工艺可知，插铣加工时刀具所做运动是轴向直线进给运动，而闭式整体叶盘叶片曲面为自由曲面，无法根据其直接生成插铣刀位引导线，因此需计算插铣加工的轨迹线。

课题组通过曲面求交得到的截交线的最佳逼近直线来获得边界插铣加工轨迹线，而对于插铣加工通道中间区域则通过插铣直纹面获得插铣加工轨迹线，具体算法如下所述。

在插铣加工轨迹线生成过程中，截交线的最佳直线逼近是其核心算法，最佳逼近直线的求取原则是：在不干涉的前提下获得残留余量最小。

截交线是自由曲面的截面线，通常为三次或三次以上的样条曲线，记为 C_{ACB}。建立临时直角坐标系，连接曲线两端点得直线 l_{AB} 并以直线 l_{AB}（由 A 到 B）为 X 轴正方向，Y 轴方向：在过曲线 C_{AB} 两端点和曲线中点的平面内做垂直于直线 l_{AB} 的直线规定为 Y 轴方向，同时使 Y 轴正方向指向通道以确保求出可用的最佳逼近直线。此临时直角坐标系与叶盘加工坐标系之间的关系可以通过空间变换得到。

求取最佳逼近直线的过程都是在临时直角坐标系内进行的。设曲线 C_{ACB} 的方程为 $y=f(x)$，A 点坐标为 $(x_1, 0)$，B 点坐标为 $(x_2, 0)$。根据曲线 C_{ACB} 的凹凸性和其与直线 l_{AB} 的位置关系，当曲线 C_{ACB} 与 X 轴交点个数不大于 4 时，曲线 C_{ACB} 共有如下六种形式，如图 4-28 所示。

根据曲线 C_{ACB} 与 X 轴的交点个数，分为以下几种情况求取最佳逼近直线。

1) 曲线 C_{ACB} 与 X 轴交点为 2 个时，如图 4-28(a)(b) 所示，又由直线 l_{AB} 与曲线 C_{ACB} 的包络侧的关系分为以下两种情况：

a) 直线 l_{AB} 在曲线 C_{ACB} 的包络，且曲线 C_{ACB} 为单凹。满足此情况的条件为：对任意 $x \in [x_1, x_2]$ 均满足 $y=f(x) \leqslant 0$，如图 4-29 所示。由图可以看出，只有当取直线 l_{AB} 时，曲线 C_{ACB} 与直线 l_{AB} 所围面积最小，所以直线 l_{AB} 即为所求的最佳逼近直线。

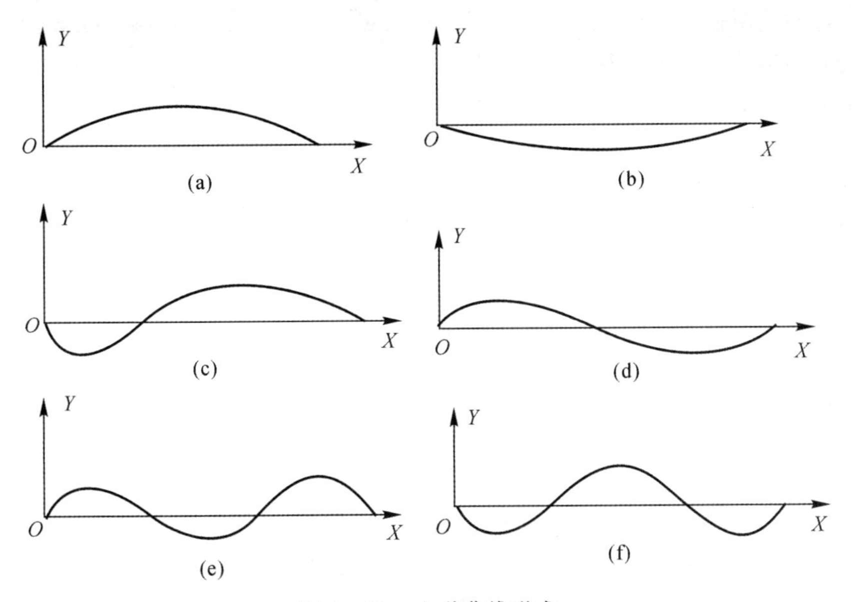

图 4-28　六种曲线形式

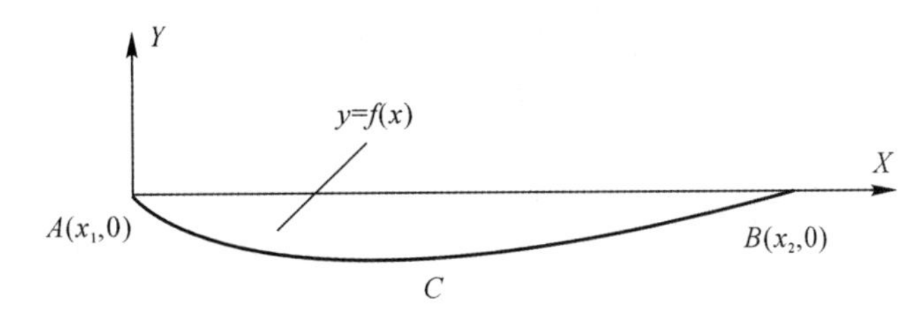

图 4-29　直线 l_{AB} 位于曲线 C_{ACB} 的包络侧

b) 直线 l_{AB} 不在曲线 C_{ACB} 的包络侧，且曲线 C_{ACB} 为单凸满足此情况的条件为：存在 $x \in [x_1, x_2]$ 使得 $y=f(x)>0$ 成立，且对任意 $x \in [x_1, x_2]$ 均满足 $f''(x)<0$，如图 4-30 所示。在此情况下，需求出与曲线 C_{ACB} 所围面积最小的切线作为曲线 C_{ACB} 的最佳逼近直线，要求切线与曲线 C_{ACB} 所围阴影部分面积最小，也就是求出使曲边四边形 $ACBDE$ 的面积最小的切线作为最佳逼近直线。

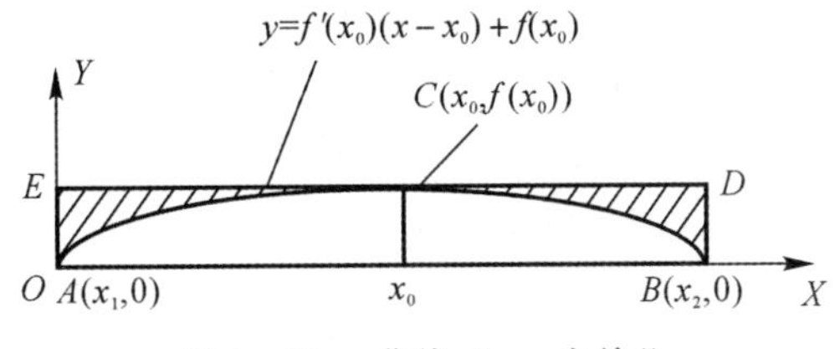

图 4-30　曲线 C_{ACB} 为单凸

过曲线 C_{ACB} 上任意一点 $(x_0, f(x_0))$ 的切线方程为

$$y=f'(x_0)(x-x_0)+f(x_0)$$

该切线的两端点为 $E(x_1,\ f'(x_0)(x_1-x_0)+f(x_0))$，$D(x_2,\ f'(x_0)(x_2-x_0)+$

$f(x_0))$，结合曲线两端点 $A(x_1,0)$，$B(x_2,0)$ 构成梯形 $ABDE$，为使直线 ED 与曲线 C_{ACB} 所围曲边四边形 $ACBDE$ 的面积最小，只需使曲边四边形 $ACBDE$ 的面积和曲线 C_{ACB} 与 X 轴所围的面积的和最小，即梯形 $ABDE$ 的面积最小。

梯形 $ABDE$ 的面积为

$$S_{ABDE}=(AE+BD)AB/2$$

令 $t=AE+BD$，而 AB 为固定值，则梯形 $ABDE$ 的面积与 t 成正比。所以当 t 最小时，梯形 $ABDE$ 的面积最小。

$$t=f'(x_0)(x_1-x_0)+f(x_0)+f'(x_0)(x_2-x_0)+f(x_0)= \\ f'(x_0)(x_1+x_2-2x_0)+2f(x_0)$$

当 t 存在极值时，$t'=f''(x_0)(x_1+x_2-2x_0)=0$，因为单凸曲线满足 $f'(x)<0$，所以当 $x_0=(x_1+x_2)/2$ 时，t 取极小值，也即所求最佳逼近直线就是过曲线上的点 $((x_1+x_2)/2,f((x_1+x_2)/2))$ 的切线。

因此求取此类曲线的最佳逼近直线的方法是：求 AB 的中点，过中点作 AB 的垂线交曲线 C_{ACB} 于一点，然后过此点作曲线 C_{ACB} 的切线，此切线就为所求的最佳逼近直线。

2) 曲线 C_{ACB} 与 X 轴交点有 3 个时，如图 4-31 所示。此类曲线为非单凸曲线，可通过曲线凹区间端点向曲线 C_{ACB} 的凸区域作切线的方式将其变成非凹的曲线，图 4-28(c) 与图 4-28(d) 性质一样，以图 4-28(d) 为例说明，如图 4-31 所示，过点 B 作曲线 C_{ACB} 的切线 BE，则曲线 C_{AEB}（这里的 C_{AEB} 为曲线 AE + 线段 EB）即为单凸曲线。

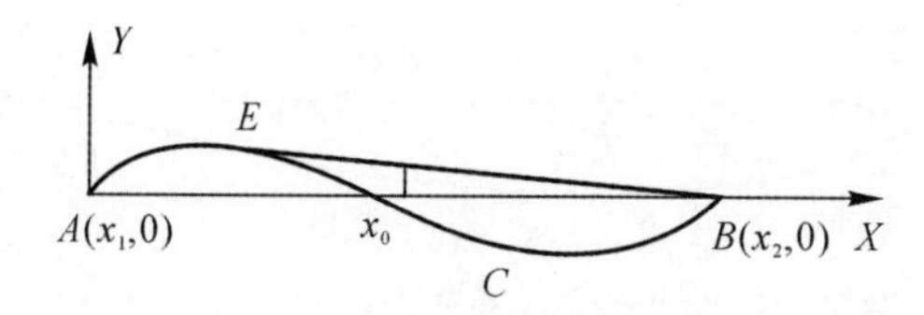

图 4-31　非单凸曲线情形

令 $t=g(x)=f'(x)(x_1+x_2-2x)+2f(x)$，则 $g'(x)=f'(x)(x_1+x_2-2x)$，因此当 $x<(x_1+x_2)/2$ 时，$g'(x)<0$，$g(x)$ 在区间 $(x_1,(x_1+x_2)/2)$ 内单调递减；当 $x>(x_1+x_2)/2$ 时，$g(x)$ 在区间 $((x_1+x_2)/2,x_2)$ 内单调递增，所以 $x=(x_1+x_2)/2$ 时 $g(x)$ 最小。也就是说，对于切点不在中点处的切线，该切线在中点处的 Y 值比曲线在中点处的 Y 值都大，而梯形面积等于该取值和直边的乘积。

因此，对于此类曲线，可通过弥补切线的方式将曲线 C_{ACB} 变成非凹的曲线，记端点为 P_1，切点为 P_2。然后取区间 $[x_1,x_2]$ 的中点 x_0，判断 x_0 与 P_1，P_2 的 X 坐标值的范围的关系。如果 $x_0\in[x(P_1),x(P_2)]$ 或者 $x_0\in[x(P_2),x(P_1)]$，则取中点的切线作为最佳逼近直线，如图 4-32(a) 所示；如果 $x_0\notin[x(P_1),x(P_2)]$ 或 $x_0\notin[x(P_2),x(P_1)]$，则取过端点的切线作为最佳逼近直线，如图 4-32(b) 所示。

根据上述算法，可以得出此类情况的最佳逼近直线。

3) 曲线 C_{ACB} 与 X 轴交点有 4 个时，如上图 4-28(e)(f) 所示。对于此类情形也可以通过两端点作曲线的切线将曲线补为非凹曲线，如图 4-33 所示。依据上文所述，还取过直线中点与曲线和切线的交点判断，方法同 2) 所述。

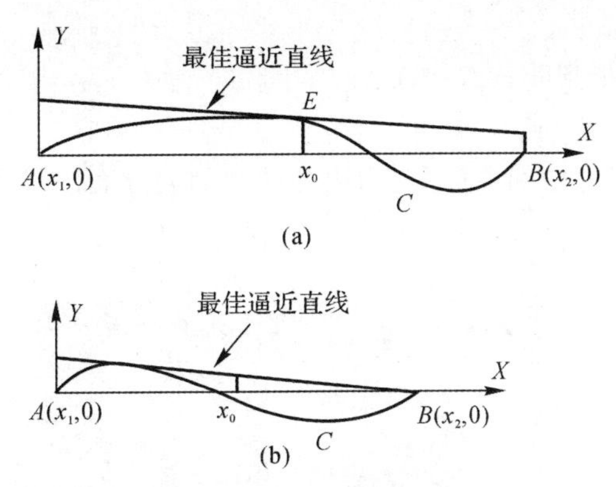

图 4-32　最佳逼近直线

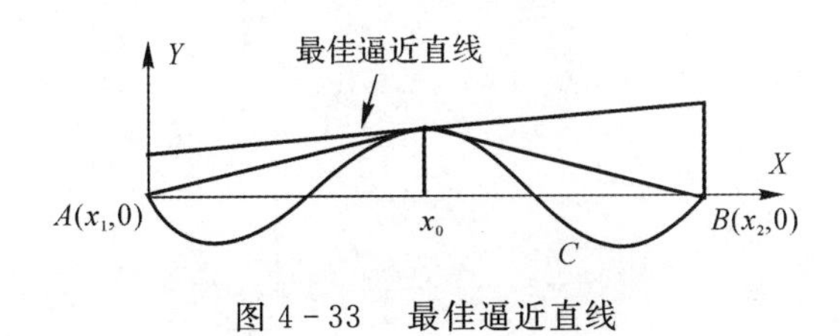

图 4-33　最佳逼近直线

对于曲线更弯曲（曲线 C_{ACB} 与直线 l_{AB} 的交点大于 4 个）的情况，基于本文所提分层插铣方法，可以将其进行分层逼近。

需要注意的是，在求中间层的逼近直线时要将外侧的曲线段考虑在内以避免产生干涉。

(4) 分层插铣加工轨迹计算。确定分层插铣加工区域后，便可对每层上计算插铣加工轨迹。由于插铣是沿进给方向直线运动到刀位点，所以其加工轨迹为直线。课题组最佳逼近直线的求取原则是在不干涉的前提下获得残留余量最小，插铣轨迹线计算流程如图 4-34 所示。

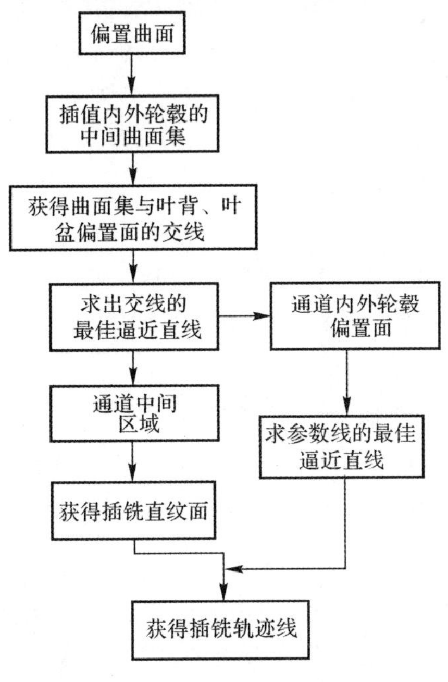

图 4-34　插铣轨迹线计算流程图

算法具体如下：

1）偏置通道内曲面，得到叶背偏置面 S_{YB}、叶盆偏置面 S_{YP}、内轮毂偏置面 S_{IN}、外轮毂偏置面 S_{OUT}，如图 4－35 所示。

2）插值获得内外轮毂的中间曲面集：由内外轮毂的偏置面按行距要求插值得到中间曲面集 $\sum S_i$，i 为按行距计算中间插值曲面的个数，如图 4－35 所示。

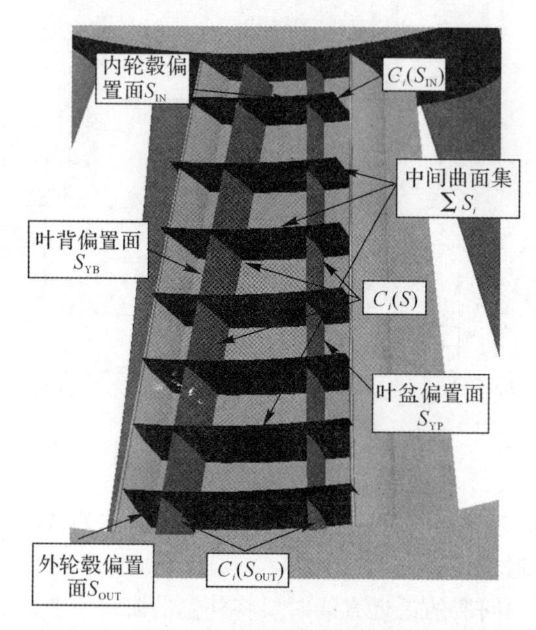

图 4－35　获得中间曲面集

3）截交线：分别求出中间曲面集 $\sum S_i$ 和内外轮毂偏置面 S_{IN}，S_{OUT} 与叶背偏置面 S_{YB}、叶盆偏置面 S_{YP} 的交线，依次记为 $C_i(S)$，$C_i(S_{IN})$，$C_i(S_{OUT})$。

4）针对闭式整体叶盘通道特征，求取最佳逼近直线分为以下两类情况：

a）$C_i \in C_i(S)$，即叶片偏置面 S_{YB}，S_{YP} 与内外轮毂偏置面 S_{IN}，S_{OUT} 不相交的中间区域；

b）$C_i \in C_i(S_{IN}) \cup C_i(S_{OUT})$，即内、外轮毂偏置面 S_{IN}，S_{OUT} 和其与叶片偏置面 S_{YB}，S_{YP} 的相交区域。

5）对于第一种情况，以截交线 C_i 的两端点的连线作为 X 轴，作过截交线 C_i 的两端点和其中点的平面 S，在 S 内作 X 轴的垂线作为 Y 轴，并以指向通道侧方向设为 Y 轴正方向，将 C_i 绕 X 轴回转与平面 S 求交得到待逼近直线 C_i'，采用上一小节的逼近直线算法，求出各个待逼近直线 C_i' 的最佳逼近直线 L_i。

将最佳逼近直线 L_i 回转与中间曲面 S_i 求交并截取 S_i 上、下边界的有效边界曲线 $C_i(1)$，$C_i(2)$，然后分别用此有效边界曲线 $C_i(1)$，$C_i(2)$ 构造直纹面，此即为插铣轨迹直纹面。在此直纹面内按插铣步距要求生成中间插铣轨迹线 $\sum L_{ij}$，结合这样插铣轨迹既满足无干涉又保证最小残留余量，如图 4－36 所示。

6）对于（4）中第二种情况，用第一种情况的方法得到直纹面后，再在此直纹面上按插铣步距提取曲线集，然后对曲线集的各曲线分别采用（5）中方法求取最佳逼近直线，此即为插铣轨迹线。这样就得到所有插铣轨迹线，如图 4－37 所示。

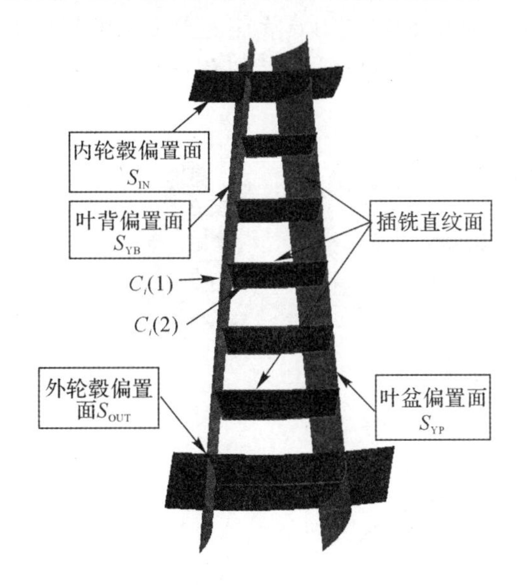

图 4－36 获得插铣直纹面示意图

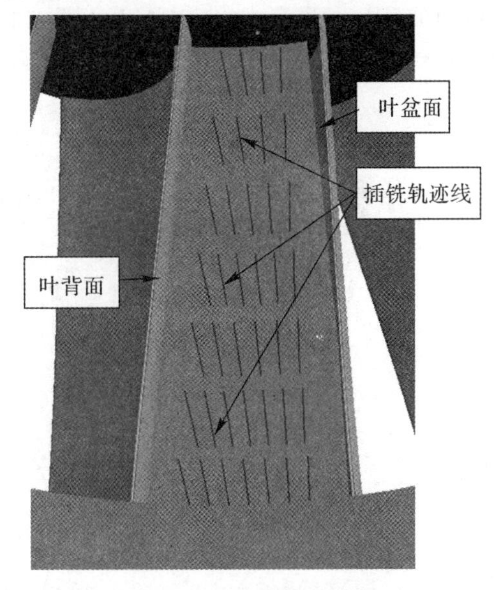

图 4－37 插铣轨迹线示意图

4.2 整体构件快速铣工艺及应用

4.2.1 快速铣工艺概述

1. 快速铣削基本概念

快速铣削加工也称为大进给铣削(high feed end milling)，主要是为提高金属切除率，以提高生产率和缩短加工时间而开发的一种粗加工方法。快速铣削的原理就是采用较小的轴向切削深度，通常不超过 2 mm，产生较薄的切屑，这些切屑能从切削刃上带走大量切削热。快速铣削的每齿进给量通常可高达常规铣削的 5 倍以上。这种铣削方式可以减少产生的切削热，从而延长刀具寿命，并提供更高的金属切除率，比传统铣削方式快 1～3 倍。能取得这个效果，关键在于把浅的轴向切削深度和高的每齿进给量成对使用，在降低切削温度延缓刀具磨损的同时，获得了高的金属切除率。

目前，大进给铣削主要应用于端面铣削，在仿形铣削、螺旋插补铣削和插铣中也有很好的表现。它主要在轻合金、钢等材料的铣削加工中具有较为广泛的应用，在钛合金加工中也有优异的表现。

通过上述介绍，可以看出快速铣削的基本原理是通过改变刀具的主偏角而形成更薄的切屑，因此具有以下优点：

(1)加大切削刃和零件的接触线长度，降低刃口的应力，因而提高刀片寿命。

(2)减少径向切削力，减少振动和主轴偏移，保证刀片与零件的稳定接触。

(3)提高进给速度，从而提高金属去除率。

2. 快速铣削基本原理

快速进给铣刀(见图 4－38)在进行曲面加工时类似环形刀，由于它的刀具底面没有刀刃，为了避免刀具底面中心与加工表面接触及切削刃与加工表面发生干涉，应将刀轴置于加工表面法向矢量 $\boldsymbol{n}$ 与进给方向切向矢量 $\boldsymbol{t}$ 所在的摆刀平面内，同时使刀具底面的刀刃圆弧与加工表面接触，且将刀轴沿进给方向与加工表面法向矢量倾斜一个角度 β（后跟角），如图 4-39 所示。其中 $\boldsymbol{T}_a$ 为单位刀轴矢量，O 点为刀盘上刀片分布的中心点。

图 4-38　常用快速铣刀

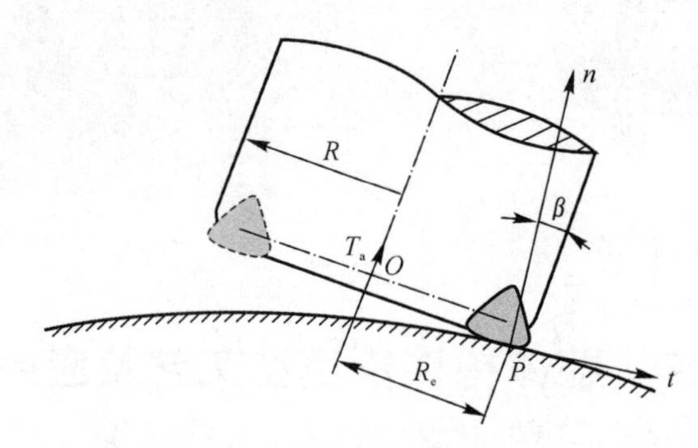

图 4-39　快速铣刀曲面加工基本原理

由图 4-39 可以明显看出，快速进给铣刀进行曲面端铣加工时，加工表面在切触点 P 的单位法向矢量 $\boldsymbol{n}$ 不再通过刀片的几何中心，这是与环形刀最大的不同。

图 4-40 所示快速铣铣刀刀片与其他铣削加工刀片的对比。其中，图(a) ～ 图(d) 代表常见的 4 种平面加工刀片，图(e) 代表具有大圆弧切削刃的大进给刀片。5 种刀片具有相同的内切圆半径($r_c=9.525$ mm)，图(a) 中 A 列为 5 种铣刀片的主偏角角度 κ_i ($i=1,\cdots,5$)，对于平行四边形刀片 $\kappa_1=90°$，对于方形刀片 $\kappa_2=45°$，对于六边形刀片 $\kappa_3=30°$，对于圆形刀片 $\kappa_4=23.4°$，对于大进给刀片 $\kappa_5=12°$。图(d) 和图(e) 中的弧形切削刃主偏角可以表示为

$$\kappa=\frac{1}{2}\arccos\frac{R-d_{oc}}{R} \tag{4-38}$$

式中，d_{oc} 是切削深度(图中选用 1.5 mm)，R 是切削刃的曲率半径(圆刀片为 $R=r_c/2$，快速进给刀片为 $R=17.35$)，图 4-40 中 B 列假设所有 5 种刀片采用相同的进给率和同样的切深。在此条件下所获得平均切屑厚度 T_i ($i=1,\cdots,5$) 与每齿进给量的关系近似为

$$T_i=\sin\kappa_i\cdot f_z \tag{4-39}$$

显然，主偏角 κ_i 越小，平均切屑厚度 T_i 越薄。图 4-40(e) 中 C 列为使用快速(图(e)) 的等同进给率，其计算按照等同其他铣刀(图(a) ～ 图(d)) 所获得的平均切屑厚度近似为

$$f_{\text{Z-HF}}=\frac{T_i}{T_5}\cdot f_z=\frac{\sin\kappa_i}{\sin\kappa_5}\cdot f_z \tag{4-40}$$

将平行四边形刀片与快速进给刀片比较，快速进给刀片将进给率提高到近 5 倍，而其平均

切屑厚度和平行四边形刀片在一样前提下，这样，即使在使用较小的切削深度（例如从 1.5 mm 降低到 1 mm）依然可以降低加工时间。最后，D 列的 L_e 为刀片切削刃与工件的切削接触长度，对于直线切削刃，有

$$L_e = \frac{d_{oc}}{\sin \kappa_i} \tag{4-41}$$

对于弧线切削刃，有

$$L_e = \frac{\pi R}{180} \arccos \frac{R - d_{oc}}{R} \tag{4-42}$$

从 D 列中明显可以看出，快速进给刀片具有最长的切削刃接触长度，从而减小切削应力并提高刀片寿命。

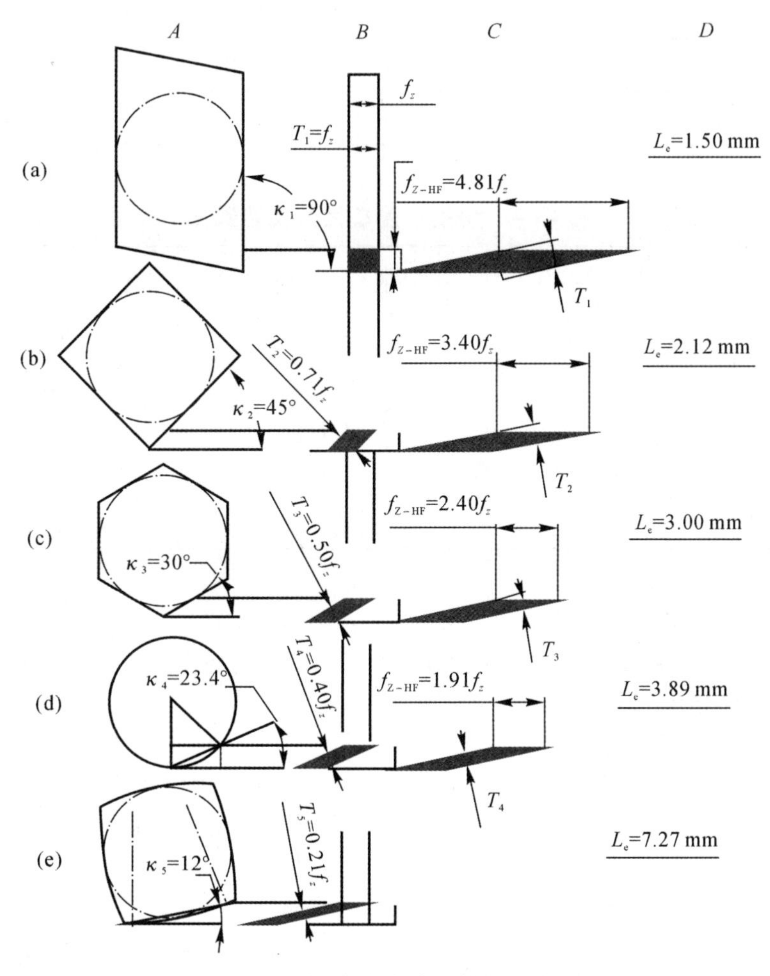

图 4-40　快速铣削与常规铣削工艺对比

4.2.2　快速铣削力和快速铣削温度测试分析

1. 切削力测试分析

为了说明快速铣削的优越性，共进行两组单因素实验，分别是 PCD 刀具大进给铣削钛合

金 TC11 单因素实验和 PCD 刀具高速铣削钛合金 TC11 单因素实验。

在快速进给中采用了京瓷公司 NDCW150308FRX 硬质合金刀片，优选角度径向前角为 2°、轴向前角为 4°、后角为 15°，在高速切削单因素实验中所使用的刀片为京瓷公司生产的牌号为 KPD010 刀片。两种刀片所使用刀杆同为京瓷公司生产的牌号为 DMC320H 的刀杆，且每把刀杆上只能安装一个刀片。单因素试验切削参数设计见表 4－3 和表 4－4。

表 4－3　进给量单因素实验数据

序号	切削速度 v m/min	每齿进给量 f_z mm/齿	切削深度 a_p mm	径向力 F_X N	切向力 F_Y N	轴向力 F_Z N
1	150	0.3	0.08	151.4	136.7	53.7
2	150	0.4	0.08	168.5	158.7	51.3
3	150	0.5	0.08	247.9	211.2	65.9
4	150	0.6	0.08	358.8	312.4	68.4

表 4－4　切削速度单因素实验数据

序号	切削速度 v m/min	每齿进给量 f_z mm/齿	切削深度 a_p mm	径向力 F_X N	切向力 F_Y N	轴向力 F_Z N
1	210	0.1	0.12	48.8	48.8	14.6
2	270	0.1	0.12	39.1	36.6	9.8
3	330	0.1	0.12	70.8	65.9	17.1
4	390	0.1	0.12	188	168.5	51.3

通过两组不同的实验数据，分别得出进给量、切削速度的改变对各个切削力的影响曲线，如图 4－41 所示，其中图(a)为大进给单因素实验中切削力的变化曲线；图(b)为切削速度单因素实验中切削力的变化曲线。

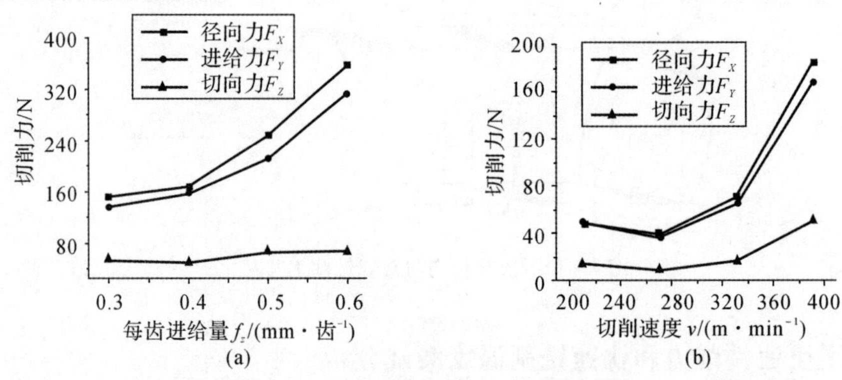

图 4－41　切削力的随切削用量变化曲线

(a)进给单因素实验切削力的变化曲线；(b)高速单因素实验切削力的变化曲线

从图 4-41 所示的两张曲线图中可以看出，无论是进给量单因素实验还是切削速度单因素实验，切削力的总体变化趋势都是随着进给量和切削速度的增大而增大的。并且在两组实验中径向力和进给力的大小几乎都是切向力的两倍左右，且当每齿进给量大于 0.4 mm，切削速度大于 270 m/min 以上时切削力增加较快。从两组实验的切削力变化曲线还可以对比出进给量的单因素实验中切削力比切削速度单因素实验中的大两倍以上，这是由于两组实验中由于刀尖圆弧半径中进给量单因素实验中的为 1.6 mm，而高速实验中的只有 0.4 mm，所以有效切削刃的增大导致了振动增大，从而引起了摩擦力的增大。

从图 4-41(a)中可以观察出每齿进给量 f_z 的增大导致切削功增大，所以切削力也随之增大。进给量超过 0.4 mm 以后，切削面积增加的幅度越来越大，导致变形力和刀具与工件之间的摩擦力越来越大，同时随着摩擦力的增大，磨损也不断加剧，尽管切削功的增大使得切削温度升高，使工件一定程度上软化，但远阻止不了切削力的不断增大。

从图 4-41(b)中可以观察到在切削速度为 200～330 m/min 的范围内切削力几乎没有太大的变化，而切削速度超过 330 m/min 后切削力迅速增加。这是由于在切削速度超过 330 m/min 后切削温度急剧上升，而钛合金在高温下发生化学反应，使切削刃发生损坏所导致的。从图中还可以看出，在切削速度为 200～270 m/min 的范围内，径向力和切向力出现了小幅度的下降，这是由于切削速度在一定范围内增加后，摩擦因数 μ 减小，剪切角增加，变形系数减小，从而使切削力减小。

2. 切削温度测试分析

从 4-42 图可以看出，当切削速度由 120 m/min 增大到 240 m/min 时，切削温度主要维持在 500～600℃之间，并没有出现大的增幅；同样，当每齿进给量从 0.8 mm/齿增至 2.4 mm/齿时，切削温度基本维持在 400～500℃之间。分析其原因，由于大圆弧刃形的切屑厚度减薄效应以及增加的切削刃实际接触长度，铣削钛合金的切削温度对铣削速度和每齿进给量的敏感度远低于传统的侧刃铣削，由此为钛合金粗加工达到更高的切削速度提供了可能。在现有冷却液润滑的条件下，在铣削钛合金时，在 100 m/min 的切削速度一下，选择合适的快速铣刀可以获得满足现场应用的刀具寿命，如果再引入低温冷却技术，大进给铣削钛合金的切削速度有望达到更高的切削速度和去除率。

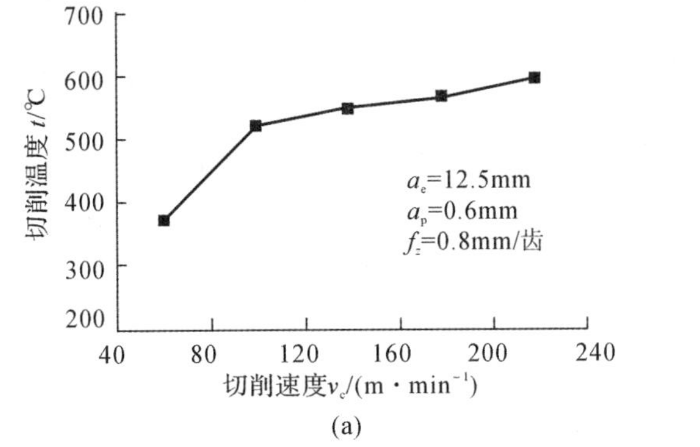

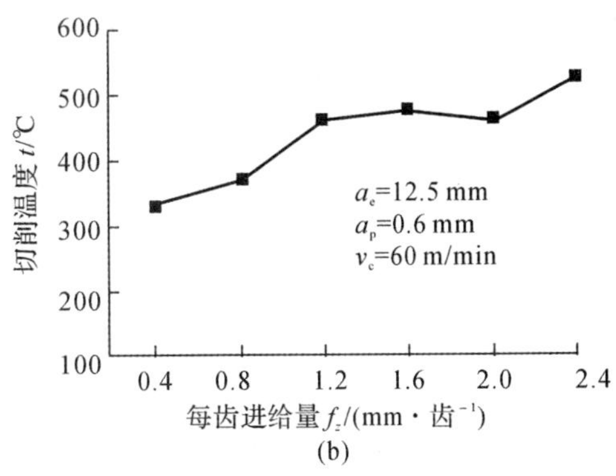

图 4-42 快速铣削的切削温度

(a)切削速度对切削温度的影响；(b)每齿进给量对切削温度的影响

通过上述对切削力与温度的分析也可以看出，快速铣具有以下特点：

(1)随着每齿进给量和轴向切深的增加,切削力呈现增大的趋势,且切削力的增长和每齿进给量的增加呈现近似线性的关系。

(2)切削速度对切削力的影响并不显著;切削力随径向切深的增加呈现轻微上升的趋势,但增长幅度不明显。

(3)随着每齿进给量的增加和切削速度的提高,切削温度均呈现升高的趋势,且在进给量和切削速度处于较低参数范围内变化时切削力变化更加明显,而在较高参数范围内增加幅度不大。

4.2.3 快速铣削工艺参数优化

快速铣削主要是为提高金属切除率,以提高生产率和缩短加工时间而开发的一种粗加工方法。经过课题组实际切削验证,快速铣削采用较小的切削深度(通常不超过 2 mm),产生较薄的切屑,这些切屑能从切削刃上带走大量切削热。大进给铣削的每齿进给量通常可高达常规铣削的 5 倍。这种铣削方式可减少产生的切削热,从而延长刀具寿命,并提供更高的金属切除率——超过 1 000 cm^3/min,比传统铣削方式快 1～2 倍。采用小切深的快速铣粗铣加工能够加工出接近成品要求形状的近净外形,因此常常可以省略半精加工工序,从而简化数控编程。另外,快速铣削加工不需要增加机床的转速。

针对快速铣削这一特点,刀具制造商设计出了能在装备有轻型主轴、具有先进的“前瞻”控制等功能的机床上使用的大进给量铣削刀具。大进给量铣削策略显示出了以下潜在技术优势:在具有更好经济性的轻型机床上进行粗铣加工时,可获得很高的金属切除率。使用一致性好、可预测使用寿命的刀具,能实现高可靠性加工。经过粗铣加工的零件可获得更接近最终形状的加工精度要求。目前,这种复合型大进给量快速铣刀的设计开发主要沿着两个方向:一是采用大半径圆弧切削刃(可看作是大半径球头铣刀的一部分);二是采用小倾角的直线切削刃。这两种刀具的共同特点是具有小的切入角,能在加工中形成切屑减薄效应,实现大进给切削。在刀具结构上,采用了可转位刀片和可换刀头结构,以降低刀具制造成本。

Sandvik 公司新开发的 CoroMill210 大进给量铣刀采用了直线切削刃和 10°的切入角,刀具的每齿进给量提高 6 倍以上,达到 1～1.5 mm/齿。在这样的进给量条件下,产生的切屑厚度为 0.18～0.25 mm。由于 CoroMill 210 优化了切削性能,只要不超过最大切深量,直线切削刃就能持续实现切屑减薄效应。CoroMill 210 铣刀的刀体、刀片座和刀片结构也进行了优化,将两种不同的加工方式——大进给量铣削和插铣集成在了同一把刀具上。当具有 10°切入角的铣刀沿切线方向进给时,可采用小的轴向切深实现大进给量铣削;而在轴向进给时,采用大的径向切深进行插铣,也能实现很高的金属切除率。

Iscar 公司新开发了两种大进给铣刀,其刀具优选参数为:一种是 Multimaster FeedMill 可换刀头式小直径铣刀(可用于加工尺寸为 10 mm,12 mm 和 16 mm 的模具型腔);另一种是 FeedMill 可转位刀片式铣刀(包括直径范围为 25.4～152.4 mm 的立铣刀和套式铣刀)。对于 FeedMill 铣刀,Iscar 公司采用先进的刀片压制技术,在刀片上压制出一个可与刀座上的凹窝相互嵌合的凸台。这种独特的结构设计使刀片和刀具可以吸收切削力,减轻作用于刀片紧固螺钉(通常是可转位刀具最薄弱的部位)上的应力。

Emuge 公司开发的 Time-S 可转位刀片式立铣刀,其刀具优选参数为:①刀片切削刃采用双圆弧结构,可使切削力沿切削刃全长均匀分布;②刀具几何形状具有减薄切屑功能,可减小功率消耗、加工振动和刀具磨损；③主要用于加工铸铁和硬度至 HRC44 的淬硬钢，使用直径 80 mm 的刀具加工时，金属去除率可达 2 458 cm^3/min 以上。

Seco 公司设计开发的大进给铣刀采用了可产生较小切入角的圆弧刃刀片，其主要设计理念是构成较小的安装角，以获得合适的切屑厚度。刀具几何形状的设计可使大部分切削力传入主轴，可以减小刀具变形和振动，从而允许采用较大的切削参数。Seco 公司的大进给铣刀不仅可用于端面铣削，也能进行圆弧插补或螺旋插补加工、通孔螺纹加工和 3D 轮廓加工。为了提高模架的加工效率，模具车间采用淬硬的工件毛坯，用大进给铣刀进行等高分层铣削，达到半精加工所能达到的精度，最后利用放电加工(EDM)进行精加工。

Ingersoll 公司除了采用传统的以小切入角实现大进给切削的方法外，还不断开发以高密度(多切削齿)和大刀尖圆弧半径实现大进给铣削策略的新型铣刀。Ingersoll 的大进给铣刀，其优选参数为：分别采用 2 个、3 个、6 个(双面，每面各 3 个)和 10 个切削刃，直径范围为 9.5～152.4 mm。最新开发的 Hi FeedDEKA 铣刀系列每个刀片上都有 10 个切削刃(双面，每面各 5 个)，刀具可以 1.5 mm 的切深量和 0.51 mm 的刮削量实现半精加工。

ATI Stellram 公司推出了 7792VXD 大进给铣刀系列。该刀具可以在小切深(最大切深 2.5 mm)、高进给率条件下进行加工，与传统的平面铣削、型腔铣削、铣槽和插铣加工相比，金属切除率可以提高 90%。该系列刀具为套式铣刀或采用莫氏锥柄，刀片尺寸为 9 mm 和 12 mm，共有 4 个切削刃。ATI Stellram 公司正在将该刀具系列扩展到包括采用圆柱刀柄和模块式刀头(采用 6 mm 刀片，每个刀片 4 个切削刃)的小直径铣刀。它可使切削力沿轴向传入主轴，从而可减小主轴磨损，提高加工稳定性。X400 刀片是该刀具系列的标准牌号，是加工淬硬钢的首选刀具。ATI Stellram 公司还为用户配备了切削软件，可以针对各种不同工件材料的加工推荐切削用量以及计算机床功率、扭矩和切削力等数据。

Walter 美国公司设计了 F2330 大进给高效铣刀，其刀具优选参数为：①选用经 CVD 或 PVD 涂层处理、有 3 个切削刃的多边形刀片，可用于铣削钢和铸铁；②刀尖圆弧半径分别为 0.8 mm，1.2 mm 和 2 mm；③可提供直径为 1.9～76.2 mm 的内冷却铣刀，能有效降低切削温度；④最大切深为 2 mm，安装角为 0°～15°；⑤具有强大的插铣功能，非常适合用于高效模具加工，铣刀长径比可达 8 倍，大进给量铣削策略显示出了许多技术优势。

课题组在机匣的数控粗加工过程中，对某型号机匣 1Cr11Ni2W2MoV 高强度不锈钢，分别选用了 Sandvik 和株钻快速铣刀，采用快速铣粗加工工艺，其效率很高。通过实验可知，1Cr11Ni2W2MoV 高强度不锈钢快速铣时，刀片加工 120～150 min 后需要更换。

4.2.4 机匣型面快速铣削数控编程

机匣主体如图 4－43 所示，其周向分布着许多形状特征，包括岛屿、凸台、腔槽等特征，制造难度大，并且材料难加工，余量大，易变形。机匣粗加工是机匣外形数控铣加工的第一个工序，在机匣外形粗车后进行，机匣按照最小包络圆柱面粗车后，除安装边余量稍小外，其回转面外形区域最大余量为 29 mm，平均余量达 20 mm，余量较大，采用普通方法——不论是分行铣削、分层铣削还是插铣等方法，工时均在 60 h 以上，效率难以满足当前工程需求，并且凸台位置所留余量偏大，增加了精加工的余量。

为大幅有效提高加工效率，课题组针对该机匣粗加工引入了快速铣削方法，构建了快速铣削刀轨导入机匣特征造型中，作为加工程序的控制曲线，将机匣选为检查面，在保证无干涉的情况下，生成了余量去除最多、效率最高的快速铣削开槽加工程序，并在凸台部位进行了清根加工。

(a) (b)

图 4-43 机匣结构示意图

(a)燃烧室机匣；(b)风扇机匣

1. 外回转面粗铣数控编程方法

外回转面余量大且分布不均匀，是粗加工中面积最大、去除余量最多的区域。为提高效率，采用了 $\phi32$ 的快速铣削刀具进行快铣加工。根据外回转面粗铣前的外形生成快铣外轮廓，根据机匣粗铣最终外形生成快铣内轮廓，在内、外轮廓之间构造竖直方向的等距线，使等距线距离等于行距 0.5，等距线即作为加工程序的刀具中心线。在 UG 编程模块中，将等距线作为驱动，将零件面作为检查面，检验刀位轨迹和机匣的干涉性。对于发生干涉的区域，通过使用机匣表面刀具半径偏置面对刀位轨迹进行裁剪，保留非干涉轨迹，生成回转面粗铣加工程序。在外圆轴向旋转一定角度作为粗铣时的行距，一周生成 36 行加工程序。图 4-44 所示为部分快铣回转面程序。

2. 外回转面清根方法

在回转面上、下两端，由于刀具半径过大、残留的行距方向的余量较大，必须清根。顶端和底端均采用刀具垂直于外圆横向切削的方式，刀具轨迹为同心等距圆弧。

3. 凸台清根数控编程方法

外圆面粗铣完毕后，由于凸台之间距离较近而外圆面铣削时行距较宽，部分凸台之间的槽仍为铣开。另外由于机匣凸台较众多，包括集气盒在内共 14 个凸台，为保证精加工时凸台周围余量较小，粗铣加工中凸台必须清根。为保证粗铣效率，未采用小尺寸整体刀具，仍采用 $\phi32$ 快铣刀进行快速铣削清根。采用凸台外表面的回转面偏置面作为驱动面，在经过干涉面裁剪之后，用 UG CAM 模块中的 FIX CONTOUR，将裁剪后的偏置面作为驱动面，工件体选定为检查面生成刀位轨迹，如图 4-45 所示。

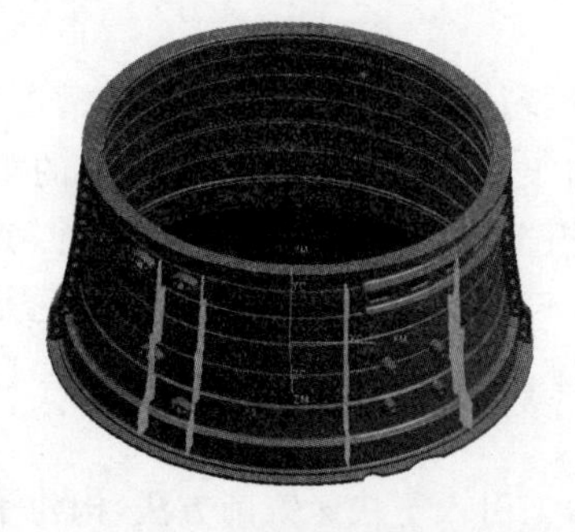

图 4-44 部分快铣回转面程序示意图

图 4-45 凸台清根数控编程示意图

4.3 整体构件高速铣削工艺及应用

4.3.1 高速铣削工艺概述

1. 高速铣削基本概念

高速铣削一般采用高的铣削速度、适当的进给量、小的径向和轴向铣削深度，铣削时，大量的铣削热被切屑带走，因此，工件的表面温度较低。随着铣削速度的提高，铣削力略有下降，表面质量提高，加工生产率随之增加。但在高速加工范围内，随铣削速度的提高会加剧刀具的磨损。由于主轴转速很高，切削液难以注入加工区，通常采用油雾冷却或水雾冷却方法。

由于高速铣削的特性，高速铣削工艺相对常规加工具有以下一些优点：

1)生产率高；

2)工件的加工精度和表面质量高；

3)实现整体结构零件加工；

4)有利于使用直径较小的刀具；

5)有利于加工薄壁零件和高强度、高硬度脆性材料；

6)可部分替代其他某些工艺，如电加工、磨削加工等；

7)经济效益显著提高。

高速铣削是一项新技术，尚存在许多不足值得改进，包括：

1)高速铣削机床较昂贵，对刀具的切削性能、精度和动平衡等要求较高，固定资产投资较大，刀具费用高；

2)加减速度时，加速度较大，主轴的启动和停止加剧了导轨、滚珠丝杆和主轴轴承磨损，引起维修费用的增加；

4)需要特别的工艺知识、专门的编程设备和快速数据传输接口；

5)调试周期较长，安全要求很高；

6)机床必须使用具有防弹功能的防护板和防弹玻璃，必须控制刀具伸出量，不能使用“重的”刀具和刀杆，要定期检查刀具、刀杆和螺钉的疲劳裂缝。

2. 高速铣削基本原理

高速铣削时常用的刀具是立铣刀，在铣削过程中，铣刀刀片的主切削刃与副切削刃同时参与切削，但是由于高速铣削采用高转速小进给，相对于切削深度而言，每齿进给量要小得多，副切削刃参加切削的长度比主切削刃的长度要小得多。因此，通常忽略副切削刃的切削力，只要考虑主切削刃上的切削力。立铣刀刀片的切削刃通常有一定的倾斜角度，故可以看作是斜角切削。

由金属切削理论可知，切削层的截面积 (A_D) 等于切削宽度(b_D) 与切屑厚度(h_D) 之乘积，即

$$A_D = h_D b_D \tag{4-43}$$

并且

$$h_D = f_z \cos\psi \sin\kappa_r \tag{4-44}$$

$$b_D = a_p / \sin\kappa_r \tag{4-45}$$

由图 4-46 可知 $\kappa_r=90°$，因此

$$h_D=f_z\cos\psi \tag{4-46}$$

$$b_D=a_p \tag{4-47}$$

以上各式中，f_z 为每齿进给量(mm/齿)，a_p 为切削深度(mm)，κ_r 为主偏角，ψ 为刀齿瞬时位置角。其中 h_D 随刀齿的转动变化，初始切入时，ψ 最小，为 $\delta/2$。

$$h_{Dmin}=f_z\cos\delta/2 \tag{4-48}$$

当刀齿转动到工作中线时，$\psi=0°$，此时 h_D 最大，有

$$h_{Dmax}=f_z \tag{4-49}$$

剪切面上的切削合力为

$$R=\frac{\tau A_D}{\sin\varphi\cos(\varphi+\beta-\gamma_0)} \tag{4-50}$$

在主切削刃法剖面内，有

$$\left.\begin{aligned}F_n&=R\sin(\beta-\gamma_0)\\F_\tau&=R\cos(\beta-\gamma_0)\end{aligned}\right\} \tag{4-51}$$

将刀具法剖面上的力转化到 X,Y,Z 坐标系得到三个方向的铣削力，其中

$$\left.\begin{aligned}F_X&=F_n\cos\psi+F_\tau\cos\lambda_s\sin\psi\\F_Y&=F_n\sin\psi-F_\tau\cos\lambda_s\cos\psi\\F_Z&=F_\tau\sin\lambda_s\end{aligned}\right\} \tag{4-52}$$

式中，τ 为剪切面上的剪应力；b_D 为切削宽度，h_D 为切屑厚度，β 为当前面与切屑间的摩擦角；γ_0 为前角，φ 为剪切角，λ_s 为主切削刃刃倾角。

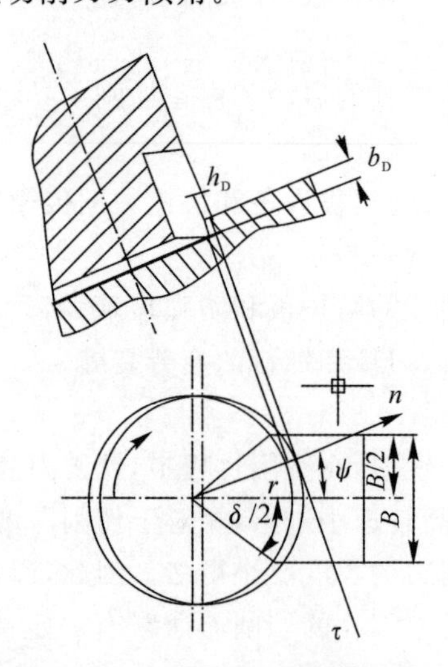

图 4-46 立铣刀对称铣削层剖面

由式(4-52)可知，在一个刀齿参与切削加工过程中，X,Y 方向的分力随着刀齿的瞬时位置的变化而变化，而 Z 方向的分力变化较小。

根据材料力学实验，可知真实剪应力与应变的关系为

$$\lg\tau=\lg\tau_s+\tan\xi\lg\varepsilon \tag{4-53}$$

即

$$\tau=\tau_s\varepsilon^n \tag{4-54}$$

式中，τ_s 为材料的剪切屈服强度；n 为材料的强化系数，$n=\tan\xi$。

则

$$R=\frac{\tau_s\varepsilon^n A_D}{\sin\varphi\cos(\varphi+\beta-\gamma_0)} \tag{4-55}$$

由式(4-55)可以看到，影响切削力的因素有工件材料、刀具材料、刀具几何角度、切削用量等。

$$F_\tau=\frac{\tau_s\varepsilon^n A_D\cos(\beta-\gamma_0)}{\sin\varphi\cos(\varphi+\beta-\gamma_0)}=\tau_s\varepsilon^n A_D[\cot\varphi+\tan(\varphi+\beta-\gamma_0)] \tag{4-56}$$

令

$$\varepsilon^n[\cot\varphi+\tan(\varphi+\beta-\gamma_0)]=\mu$$

则

$$F_\tau=\tau_s A_D\mu \tag{4-57}$$

由金属切削原理可知

$$\mu=a\Lambda_h+b$$

式中，a，b 为与工件材料和刀具角度密切相关的参数，Λ_h 为切削变形系数。

高速切削一个重要的特点就是切削速度进入高速区后(切削速度大于，对不同材料来讲，不同的)，材料切削变形系数小，并且随着切削速度提高，切削变形系数有减小的趋势。而由金属切削理论可知，切削变形系数通常都是大于1的数，假设切削速度超过某一个数值时，变形系数接近一个常数，则

$$F_\tau=\tau_s A_D(ka+b) \tag{4-58}$$

由式(4-58)可以看出，在高速铣削时，对指定的工件材料、刀具参数、切削深度以及切削进给量、切削速度大过某一个值后，切削力并不是无限地减小，而是趋向于一个恒力。这也就是高速切削能实现稳定切削的原因。

4.3.2 高速铣削工艺及其应用

1. 高速铣削编程工艺特点

高速切削中的编程代码并不仅仅局限于切削速度、切削深度和进给量的不同数值。NC编程人员必须改变他们的全部加工策略，以创建有效、精确、安全的刀具路径，从而得到预期的表面精度。高速切削对数控编程的具体要求如下所述。

(1)保持恒定的切削载荷。首先保持金属去除量的恒定。如图4-47所示，在高速切削过程中，分层切削要优于仿形加工。

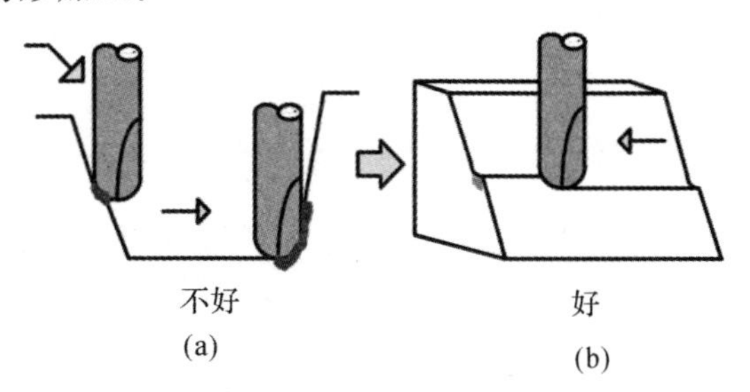

图4-47 仿形加工与分层切削对比示意图

(a)仿形加工； (b)分层加工

其次,刀具要平滑地切入工件。如图 4-48 所示,在高速切削过程中,让刀具沿一定坡度或螺旋线方向切入工件要优于让刀具直接沿 Z 向直接插入。

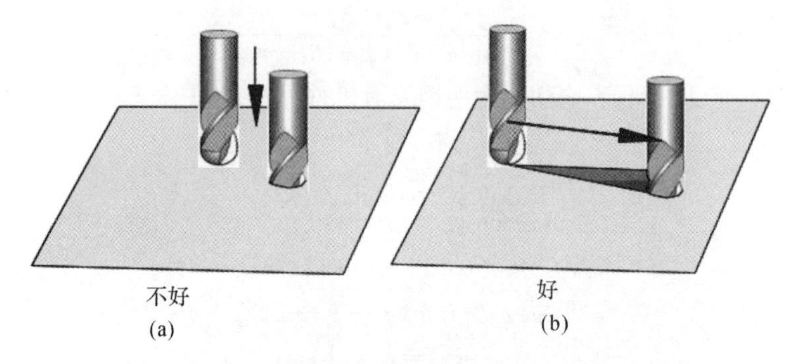

图 4-48 Z 向直接插入与斜坡/螺旋切入对比示意图

(a)Z 向插入; (b)斜坡/螺旋

再次,保证刀具轨迹的平滑过渡。刀具轨迹的平滑是保证切削负载恒定的重要条件。螺旋曲线走刀是高速切削加工中一种较为有效的走刀方式,如图 4-49 所示。

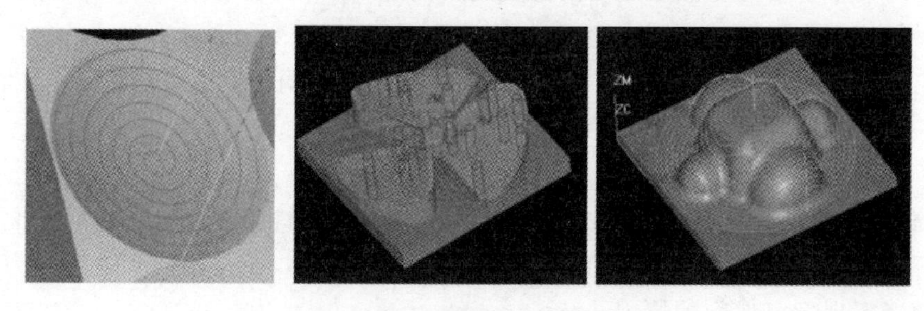

图 4-49 Z 螺旋曲线走刀方式

最后,在尖角处要有平滑的走刀轨迹。如图 4-50 所示,(c)图所示的刀具轨迹最好。图 4-51所示则为消除尖角示意图。

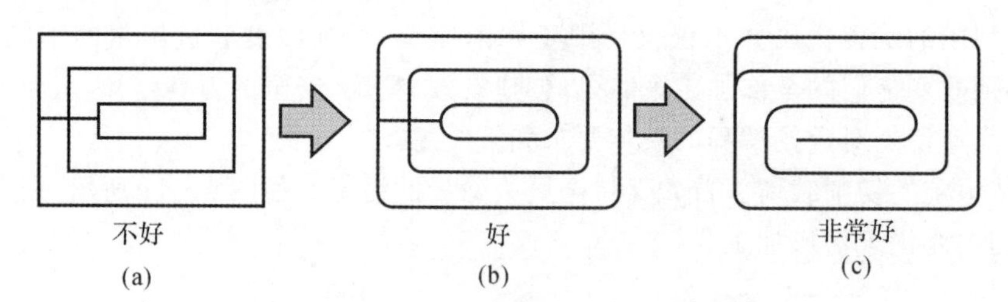

图 4-50 尖角处刀具轨迹对比示意图

(a)不好;(b)好;(c)非常好

(2)保证工件的高精度。为了保证工件的高精度,最重要的一点就是尽量减少刀具的切入次数。如图 4-52 所示,该图显示了如何尽可能地减少刀具切入次数的有效方法。

(3)保证工件的优质表面。在高速切削过程中,过小的步进(进给量)会影响实际的进给速率,其往往会造成切削力的不稳定,产生切削振动,从而影响工件表面的完整性。图 4-53 所示即为采用不同步进对工件加工表面质量的影响示意图。从该图可以看出,在高速切削条件下，采用较大的进给量，则会产生较好的表面加工质量。

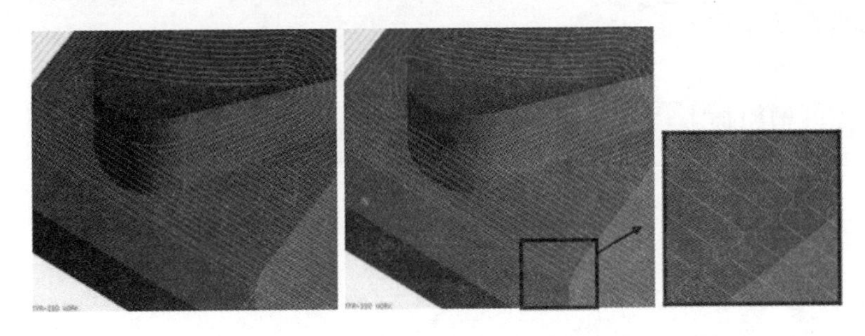

图 4-51　消除尖角走刀示意图

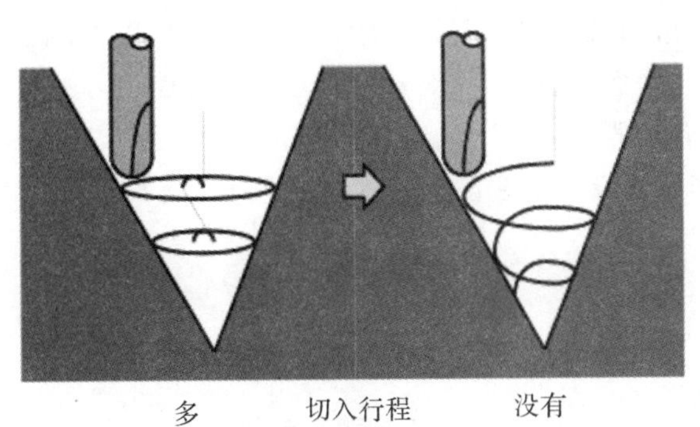

多	切入行程	没有
多	定位	没有
很多	空行程	很少

图 4-52　减少刀具切入次数示意图

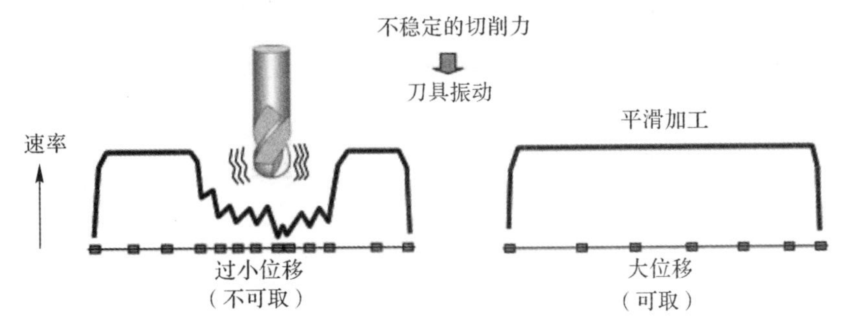

图 4-53　不同进给量对工件加工表面的影响

2. 斜流式叶轮零件高速铣削

(1)叶轮高速铣削工艺分析。斜流式叶轮根据叶片结构形式的不同可以分为自由曲面叶轮和直纹面叶轮。直纹面叶轮由于造型及加工相对简单，在工业中有着广泛的应用。但直纹面叶轮只能控制叶尖和叶根两条流线质点的流动状态，与自由曲面叶轮的所有流体质点完全可控相比，显然自由曲面叶轮的优势更为明显，尤其是当叶片高度比较大的时候，自由曲面叶轮的优势更为明显。但是相邻叶片之间相互遮掩，通道约束较多，且叶片型面一般为空间自由曲面，所以不能采用直纹面叶轮侧铣一刀成形的加工方式，只能使用行切点铣的加工方式。

根据上述高速铣削特点，叶轮的数控编程一般工艺过程安排如下：

1)叶轮基本回转体加工；

2)叶轮流道开槽加工；

3)叶轮通道开槽粗加工；

4)叶轮叶片的粗加工；

5)叶轮叶片的精加工；

6)轮毂精加工；

7)叶根精加工。

(2)叶轮高速铣削精加工工艺规程。

1)刀轴方向控制与刀位点确定。课题组在机床运动学的基础上，根据机床结构类型建立运动学方程来精确地求解刀轴方向。不失一般性，这里以使用 AC 型机床(Mikron UCP1350五轴数控加工中心)加工为例，给出如何规划各摆刀平面内控制刀轴方向的方法。根据机床旋转轴的行程范围，这里合理假定 $A \in [A_0, A_1]$，$-\pi < A_0 < A_1 < \pi$，$C \in [0, 2\pi)$。

摆刀平面内与参考矢量 $\boldsymbol{T}_0$ 的夹角为 θ 的单位刀轴矢量 $\boldsymbol{T}_\theta$ 可表示为

$$\boldsymbol{T}_\theta = \frac{\sin(1-t)\varphi}{\sin(\varphi)}\boldsymbol{T}_0 + \frac{\sin t\varphi}{\sin\varphi}(\boldsymbol{n}_i \times \boldsymbol{T}_0) \tag{4-59}$$

式中，$t = \dfrac{\theta}{\pi/2}$，$\theta \in (-\pi, \pi]$，$t \in (-2, 2]$。

将工件坐标系下的刀轴矢量 $\boldsymbol{T}_\theta$ 变化为加工坐标系下的刀轴矢量 $\boldsymbol{T}_{\theta(M)}$，可得

$$\boldsymbol{T}_{\theta(M)} = \boldsymbol{T}_\theta \cdot \boldsymbol{M}_{WCS \to MCS} \tag{4-60}$$

式中，$\boldsymbol{M}_{WCS \to MCS}$ 为工件坐标系转化为加工坐标系的变换矩阵。

不失一般性，这里选择 $\boldsymbol{T}_{\theta(M)}$ 在加工坐标系 MCS 下的第一卦限，如图 4-54 所示。加工坐标系下的刀轴矢量与旋转轴具有以下关系：

$$\boldsymbol{T}_{\theta(M)} = \begin{bmatrix} T_{MX} \\ T_{MY} \\ T_{MZ} \end{bmatrix} = \begin{bmatrix} \sqrt{\dfrac{1}{1+\sin^2 C\tan^2 A}}\cos C \\ \sqrt{\dfrac{1}{1+\sin^2 C\tan^2 A}}\sin C \\ \sqrt{\dfrac{1}{1+\sin^2 C\tan^2 A}}\sin C\tan A \end{bmatrix} \tag{4-61}$$

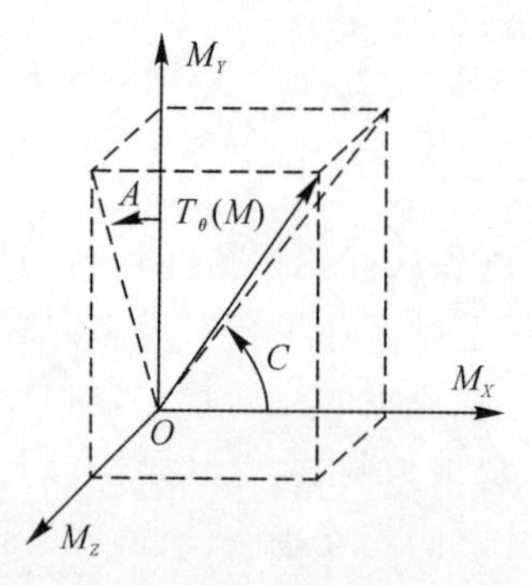

图 4-54　加工坐标系下的刀轴矢量与旋转角分量的关系

联立式(4-59) ~ 式(4-61),可得

$$\boldsymbol{T}_{\theta(M)}(\boldsymbol{n}_i,\theta)=\boldsymbol{T}_{\theta(M)}(A,C)$$

即

$$f(\boldsymbol{n}_i,\theta,A,C)=0 \tag{4-62}$$

对于某给定的摆刀平面,即 $\boldsymbol{n}_i$ 已知,根据干涉判断结果,得到该摆刀平面无干涉区间内的刀轴可摆动区间为 $\Theta(\boldsymbol{n}_i,P,(\theta_{\min},\theta_{\max}))$,由函数 $f(n_i,\theta,A,C)=0$,在 AC 平面内可以得到一条曲线,对于所有的 m 个摆刀平面可以得到 m 条这样的 AC 曲线,如图 4-55 所示。

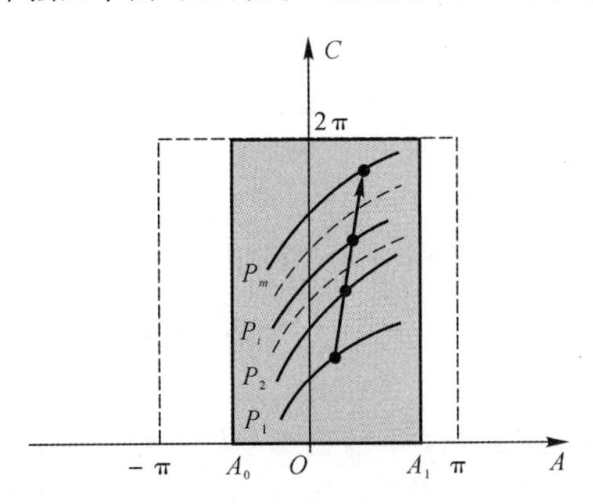

图 4-55 AC 平面内的旋转角变化曲线

根据 AC 平面内的无干涉 AC 参数线,本文从机床运动学考虑,提出刀轴矢量规划原则:

原则 1:在可能的情况下,尽量使 AC 均单调变化;

原则 2:AC 变化较小。

在 AC 平面内的无干涉 AC 参数线内规划刀轴矢量的过程为:

步骤 1 分别以机床旋转轴转角 C,A 和切触点轨迹累计弧长 s 为第一、二、三维坐标,建立空间直角坐标坐标系。设切削行内共有 n 个切触点,记第 i 个切触点的旋转坐标可行域为 Φ_i,切削行各切触点的旋转坐标可行域按顺序依次记为 $\Phi_1,\Phi_2,\cdots,\Phi_n$,如图 4-56 所示。

步骤 2 记切削行各切触点的旋转坐标公共可行域 $\Psi=\Phi_1\cap\Phi_2\cap\cdots\cap\Phi_n$,若 Ψ 非空,则说明此切削行可以定轴加工,即所有切触点均可采用相同的刀轴方向。

步骤 3 若 Ψ 为空集,将 Φ_1 内的所有网格节点(假设有 p 个)与 Φ_n 内的所有网格节点(假设有 q 个)进行关联,则在 Φ_1 与 Φ_n 间总共可以建立 $p\times q$ 个对应关系。

步骤 4 针对每一个对应关系做如下处理:在中间 $n-2$ 个($i=2,3,\cdots,n-1$)切触点所对应的可行域内,以当前对应关系中 Φ_1 与 Φ_n 内的点为边界,对表示刀轴方向的 A 角和 C 角进行线性插值,如图 4-56 中直线所示。如果 $n-2$ 个平面内所得的插值点的 A 角和 C 角都位于其所对应的旋转坐标可行域内,记 Φ_1 与 Φ_n 内当前对应关系的集合为 Π。

步骤 5 若 Π 不为空集,则判断 Π 中每个对应关系下的插值直线是否“超限”。直线“超限”是指直线上存在相邻两个切触点的旋转轴坐标变化超出了机床所容许的最大变化角度。切触点轨迹上,弧长为 d 的两个相邻切触点之间机床所容许的最大旋转轴角度变化量记为 $\theta(d)$,第 i 个切触点的两个旋转坐标分量分别为 A_i 和 C_i,则第 $i(i=1,2,\cdots,n-1)$ 和 $i+1$ 个切触点旋转坐标之间应当满足下式:

$$\sqrt{(A_{i+1}-A_i)^2+(C_{i+1}-C_i)^2}<\theta(d) \tag{4-63}$$

若插值直线不“超限”,则该直线对应的一组刀轴矢量为一个可行刀轴序列。

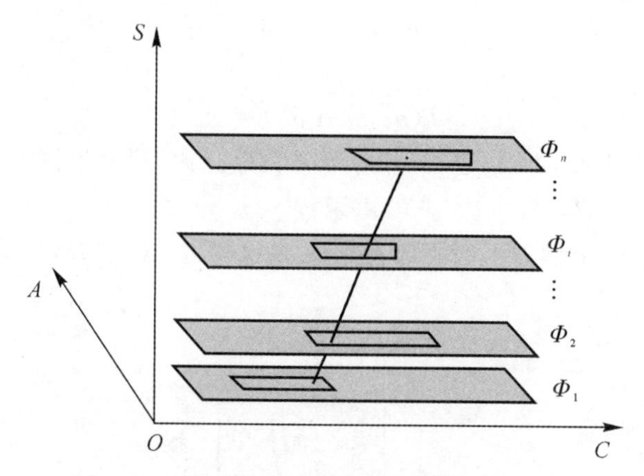

图 4-56　旋转坐标可行域及插值直线示意图

步骤 6　若 Π 为空集或 Π 中每个对应关系下的插值直线均“超限”,则采用下面的方法求解其非直线可行刀轴序列。以 Φ_1 内的一个刀轴方向 $\boldsymbol{v}_{1,1}$ 为例,找出 Φ_2 中满足式(4-62)的刀轴方向 $\boldsymbol{v}_{2,1}$ 和 $\boldsymbol{v}_{2,2}$,记 $\boldsymbol{v}_{1,1}$ 与这些刀轴方向的链接为可行链接,如图 4-57 所示。找出所有相邻切触点的两个刀轴可行空间内的所有可行链接,从 Φ_1 通过这些可行链接到达 Φ_n 的路径对应的一组刀轴矢量即为非直线的可行刀轴序列,其集合记为 Λ。

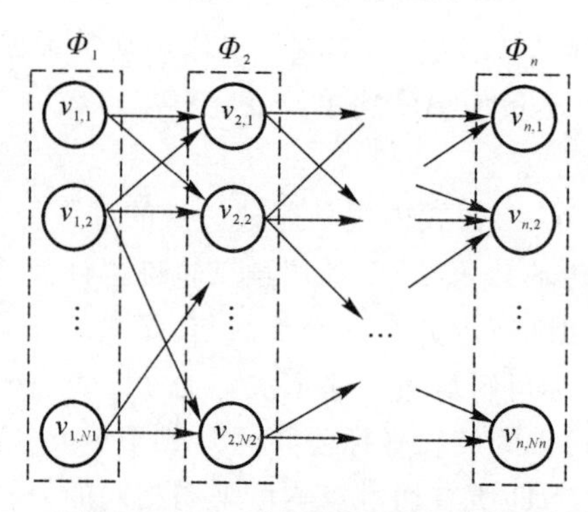

图 4-57　刀轴方向的可行链接

步骤 7　对于一个切削行,其所有可行刀轴序列的集合即为 $\Psi \cup \Pi \cup \Lambda$。如果可行刀轴序列集合为空集,可重新规划切触点轨迹并进行刀轴矢量规划,进而完成五轴加工。

由上述步骤可知,在刀轴可行空间中插值一条直线即可确定刀轴的方向。

2) 刀位点确定。在同一摆刀平面内,从叶尖点到叶根点的刀位点分布在所有切削行内。摆刀平面内刀轴落点固定,则同一摆刀平面内所有型面点刀轴方向均指向该点。为使摆刀平面内刀位点加工同一性较好,应使各刀轴方向接近,并且相互之间均匀缓慢地变化,即从叶尖到叶根刀轴方向是单向变动的,只要叶型参数连续,刀轴变化也是连续的,刀轴变化范围越小,刀轴平均变化率越小。

摆刀平面内刀轴变化的区间边界就是叶尖点和叶根点的刀轴方向,叶尖点和叶根点刀轴方向的夹角即为此区间,夹角越小,刀轴变化率越小。如图 4-58 所示,点 A,B 分别为加工型面内外轮毂点,刀轴落点为 O_1 点,两刀轴为 AO_1 和 BO_1,$\angle AO_1B$ 为刀轴变化区间角度,考察

当 O_1 点变化时夹角的变化规律。设有 O_2 点为另一刀轴落点，且 $\angle AO_1B=\angle AO_2B$，构造三角形 AO_1B 的外接圆 O，可知当 O_2 点落在圆 O 上时，$\angle AO_1B$ 和 $\angle AO_2B$ 均与弧 AB 相等，且 $\angle AOB=2\angle AO_1B$。由此可知，在直线 AB 中垂线上取一点，过此点作通过 B 点的圆，此点距离 AB 越远，则在此圆上的刀轴落点构成的摆动范围越小，且圆上的刀轴落点构成的摆动范围相同。

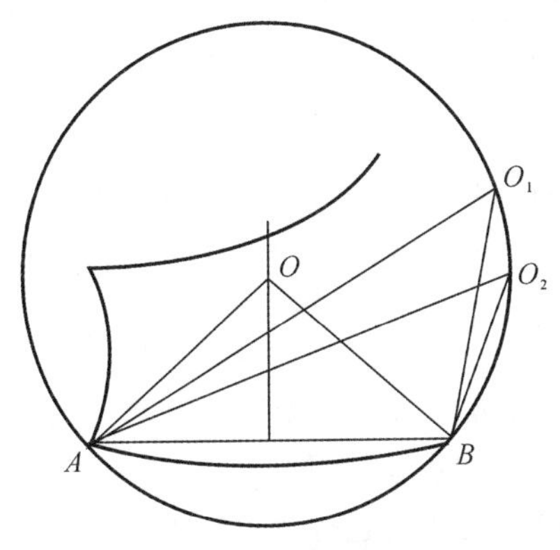

图 4-58　刀轴变化范围

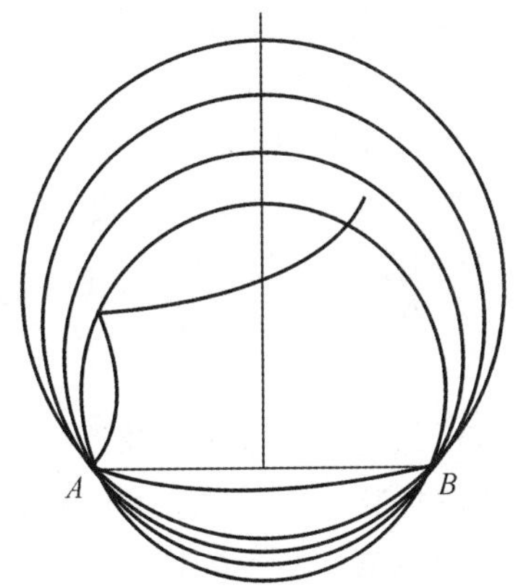

图 4-59　等摆角区间落点分界线

如图 4-59 所示的等摆角区间刀轴落点域分界线，在刀轴落点域中，距离外轮毂越远且越靠近加工面端点连线的延长线的点，其所构成的刀轴平均摆角变化率越小。一般情况下，选取刀轴控制点和外轮毂的距离不大于通道深度，按照经验选取通道深度的 2/3，距离过远对通道参数影响不大。

根据上节的叙述就可以确定刀轴的方向和刀轴控制点的位置。

用光滑的三次样条将所有刀轴控制点依次连成一条光滑的曲线，此曲线即为五轴无干涉刀轴控制线，如图 4-60 所示。控制线可以表示为

$$W(u)=\sum_{i-1}^{n-1}V_iB_{i,s}(u) \tag{4-64}$$

式中，V_i 为 B 样条曲线 $W(u)$ 的控制顶点；n 为控制顶点的数量；s 为曲线的幂次；为 B 样条基函数，由幂次 s 和节点矢量确定。

图 4-60　生成的五轴加工刀轴控制线

基于控制线的五轴刀轴矢量仅与控制线的光滑性有关，因此需要对控制线进行光滑处理，

以保证沿着流道方向的刀轴变化缓慢。采用控制线的平均能量来表征其光滑性以优化控制点的距离。这里，曲线曲率平方和形式的能量函数为

$$\bar{E}_{\text{curve}}=\frac{1}{n-1}E_{\text{curve}}=\frac{1}{n-1}\int\left(\sum_{i=1}^{n-1}V_iB''_{i,s}(u)\right)^2\mathrm{d}u \tag{4-65}$$

以使能量函数达到最小的控制线作为最终刀轴控制线。

3) 行距确定与型面精加工轨迹规划。课题组提出的参数曲线非等参数化问题可以表示为：给定一条参数曲线 $p(t)(t\in[0,1])$，在参数曲线上按照近似等弧长的方法离散一系列点，同时这些点即可作为刀位点。

在非参数化离散刀位点的过程中，近似弧长参数化的精度通常由切矢模与单位量的偏差平均值给出，即

$$\varepsilon=\frac{1}{n}\sum_{t=0}^{1}(|p'(t)-1|) \tag{4-66}$$

在构造近似弧长参数化的曲线中，给定 ε，对于不满足精度的相邻两点之间，则必须插值额外的数值点；同时，为了避免增加数据点的盲目性，数据点应尽可能地少。

给定平面点集 $p_i(i=0,1,\cdots,n-1)$，p_0，p_{n-1} 依型值变化趋势取单位矢，弦矢 $p_{i+1}-p_i$ 两端的弦切角 α_{i0}，$\alpha_{i1}\in(-\pi,\pi)$。对于任何两相邻的数据点 p_i 和 p_{i+1}，如果相应曲线的精度 ε 不能满足要求，则添加新的数据点，使得精度达到要求。为此按照当前弦切角 α_{i0} 和 α_{i1} 的值，分三种情况讨论。

a) 当 $\tan\alpha_{i0}\tan\alpha_{i1}<0$ 时，如图 4-61 所示。从 p_i 到 p_{i+1} 应无拐点。设在曲线上相对于弦矢 $p_{i+1}-p_i$ 弦切角为 $(\alpha_{i0}+\alpha_{i1})/2$ 的点为 q_i，q_i 为新数据点。q_i 的求解可采用二分法，因为 p_ip_{i+1} 为连续曲线，其斜率变化也是连续的，所以新增数据点的斜率 ρ 一定满足 $\rho_{p_{i+1}}\leqslant\rho_{q_i}\leqslant\rho_{p_i}$。

可以用二分法求解 q_i 的近似解序列，首先取 $[p_i,p_{i+1}]$ 的中点 $t^{(1)}=(p_i+p_{i+1})/2$，若 $\rho_{t^{(1)}}\leqslant\rho_{q_i}$，由斜率函数的单调性知 ρ_{q_i} 一定属于 $[t^{(1)},p_{i+1}]$，否则属于区间 $[p_i,t^{(1)}]$，记该区间为 $[a_1,b_1]$，显然 $b_1-a_1=(p_{i+1}-p_i)/2$。

按照上述方法继续迭代，假设 q_i 所在区间为 $[a_k,b_k]$，则取 $[a_k,b_k]$ 的中点 $t^{(k+1)}=(a_k+b_k)/2$，若 $\rho_{t^{(k)}}\leqslant\rho_{q_i}$，有斜率函数的单调性知 ρ_{q_i} 一定属于 $[t^{(k)},p_{i+1}]$，否则属于区间 $[p_i,t^{(k)}]$，记该区间为 $[a_{k+1},b_{k+1}]$，设所要满足的精度为 ε，由上可知，只要经过有限次的迭代，闭区间 $[a_{k+1},b_{k+1}]$ 一定同时收敛到同一点 q_i，即可找到满足要求的点 q_i。

b) 当 $\tan\alpha_{i0}\tan\alpha_{i1}=0$，如图 4-62 所示。从 p_i 到 p_{i+1} 应有一个拐点，q_i 为曲线上切线相对于弦矢 $p_{i+1}-p_i$ 平行的点，即 $\rho_{q_i}=0$，q_i 为新的插值数据点。采用如上所述的二分法迭代求解出 q_i。

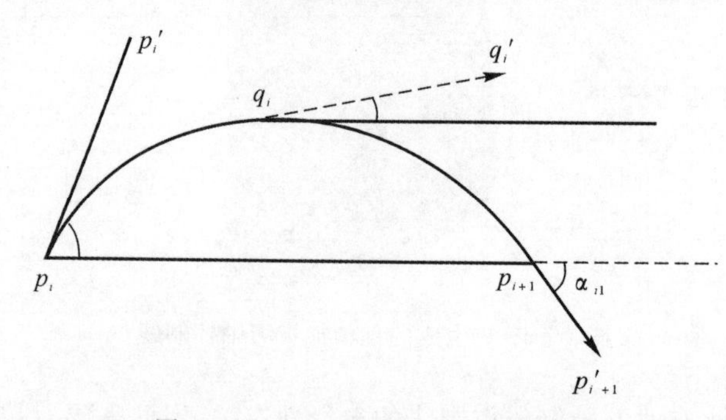

图 4-61 $\tan\alpha_{i0}\tan\alpha_{i1}<0$ 的情况

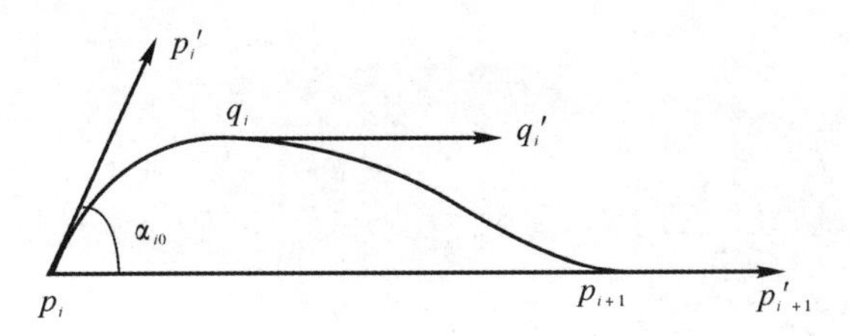

图 4-62　$\tan\alpha_{i0}\tan\alpha_{i1}=0$ 的情况

c) $\tan\alpha_{i0}\tan\alpha_{i1}>0$，如图4-63所示。从 p_i 到 p_{i+1} 应有一个拐点，为此，增加两个点 q_i 和 q_i'，首先 q_i' 点为直线 $p_{i+1}p_i$ 中点所对应的曲线上的点，q_i 点位于 p_i 与 q_i' 之间，按照(a)的方法确定。

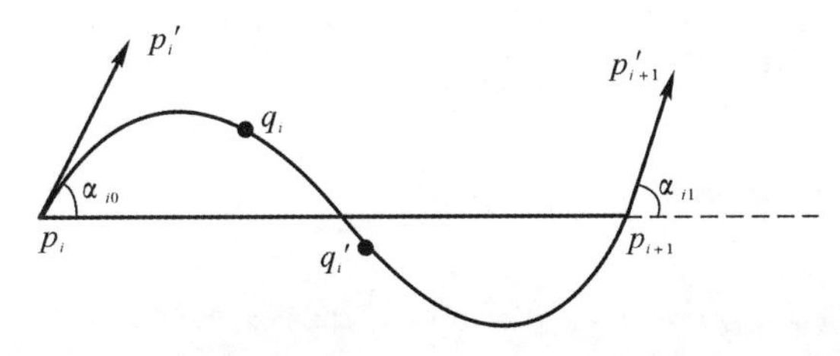

图 4-63　$\tan\alpha_{i0}\tan\alpha_{i1}>0$ 的情况

插值后的曲线相对于原曲线是保形的。

完成了上述参数曲线的近似等弧长参数化后，可以对参数曲线进行非等参数离散，生成刀具路径。

记曲面的参数表示形式为 $p(u,v)$，首先根据等弧长的方法离散参数曲面，如图4-64(a)，得到各离散型值点 $p_{i,j}(u_i,v_j)(i=0,1,\cdots,m;j=0,1,\cdots,n)$，设 $u_i(v)$ 和 $v_j(u)$ 分别为等参数离散后的以 v 和 u 为参数的曲线，简称为 v 线和 u 线。

然后按照下面过程生成非等参数的刀具路径：

a) 对于 v 线 $u_i(v)$ 按照上述增加插值点的近似等弧长的方法，在 v 方向离散数据点，得到各型值点 $u_i(v_j)(i=0,1,\cdots,m;j=0,1,\cdots,n)$，如图 4-64(b) 所示。

b) 构造新的 u 向参数曲线，沿 u 向顺序连接 v 线 $u_i(v_j)(i=0,1,\cdots,m)$ 中的第 0,1,2,…，n 个近似等弧长的离散型值点，然后根据这些数据点构造新的 u 向的B样条参数曲线 $c_j(u)$ $(j=0,1,\cdots,n)$，$u\in[0,1]$，如图 4-64(c) 所示。

c) 对于新构造的 u 向参数曲线 $c_j(u)$ 根据增加数据点的近似等弧长参数方法进行离散，得到新的离散型值点 $c_j(u_k)(j=0,1,\cdots,n;k=0,1,\cdots,n)$，如图 4-64(d) 所示。

d) 求离散型值点 $c_j(u_k)$ 在曲面上的最近点。由于在构造 u 向B样条曲线时新的参数曲线不属于曲面上的参数线，对其进行非等参数离散后的点列 $c_j(u_k)$ 已经失去了原有的坐标，可能已经不在曲面上，因此用点到曲面的投影的方法求点 $c_j(u_k)$ 在曲面上的投影点来代替各离散点，得到各数据点的位置和坐标。

求得数据点的位置和坐标后，这些数据点即可以作为加工过程中的刀位点，在精加工过程中刀具沿着新的 u 向参数曲线走刀，生成加工刀具路径，如图 4-65 所示。

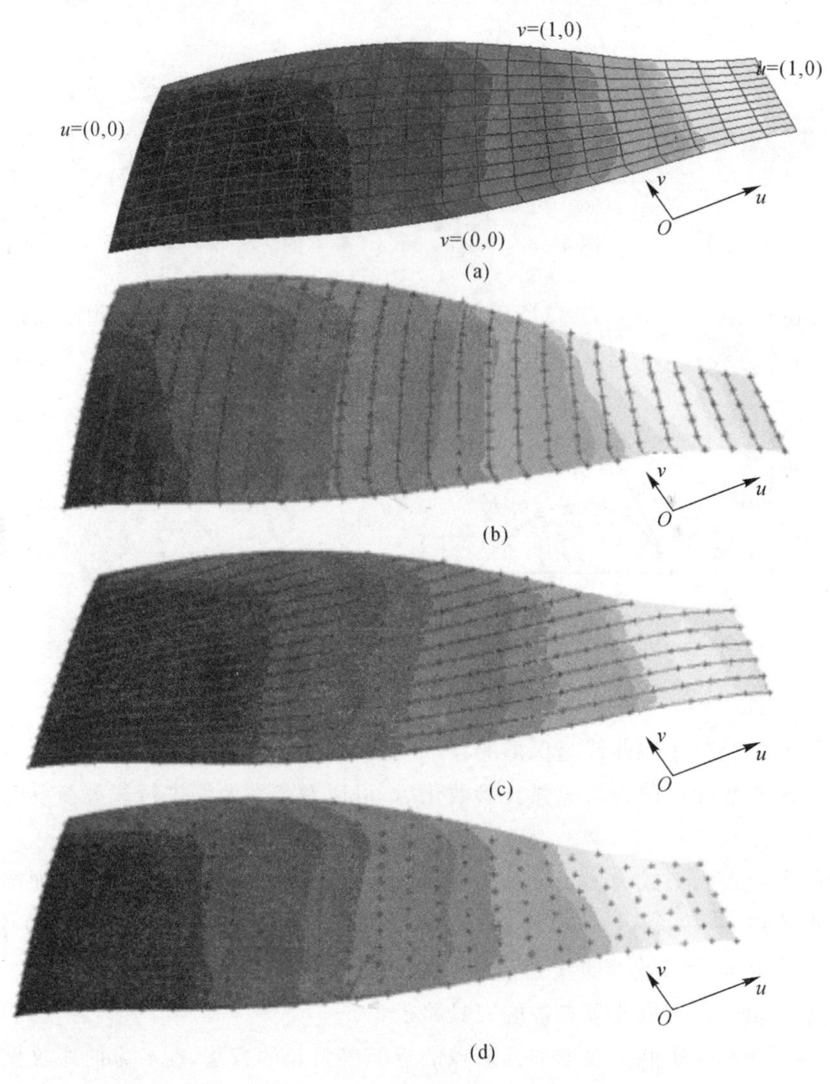

图 4-64　曲面近似等弧长离散过程

(a)曲面的等参数离散；(b)v 线近似等弧长离散；(c)构造新的 u 向曲面的参数曲线；(d)u 向近似等弧长离散

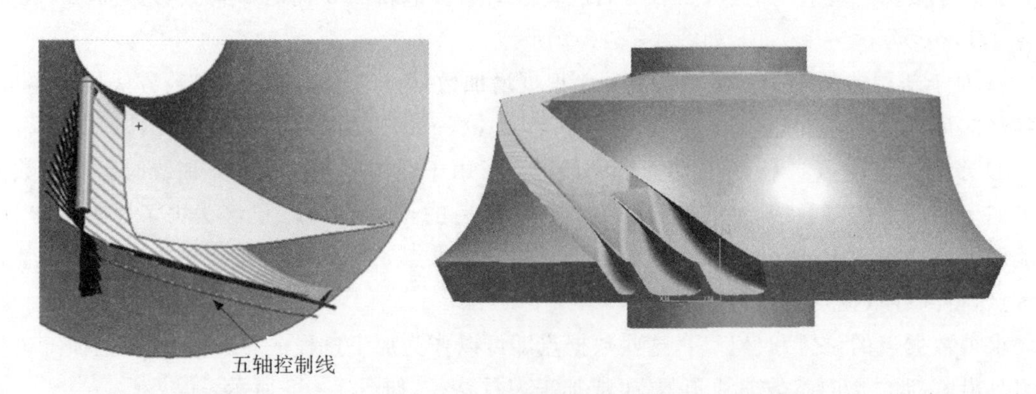

图 4-65　加工仿真示意图

参考文献

[1] 任军学，杨大望，姚倡锋，等. 基于控制线的开式整体叶盘叶片四轴数控加工刀轴控制方法[J]. 航空学报，2012，33(8)：1515－1523.

[2] 任军学，何卿功，姚倡锋，等.闭式整体叶盘通道五坐标分行定轴加工刀轴矢量规划方法研究[J]. 航空学报，2012，33(10)：1923－1930.

[3] 田荣鑫，杨海成，梁永收. 五坐标机床数控加工程序多目标转换算法[J]. 计算机集成制造系统，2010，16(12)：2617－2623.

[4] 任军学，田卫军，姚倡锋，等. 钛合金整体结构件高效插铣工艺实验研究[J]. 中国机械工程，2008，19(22)：2758－2761.

[5] 任军学，谢志丰，梁永收，等. 闭式整体叶盘五坐标插铣刀位轨迹规划[J]. 航空学报，2010，31(1)：210－216.

[6] 任军学，姜振南，姚倡锋，等. 开式整体叶盘四坐标高效开槽插铣工艺方法[J]. 航空学报，2008，29(6)：1692－1698.

[7] 王晶，张定华，罗明，等. 复杂曲面零件五轴加工刀轴整体优化方法[J]. 航空学报，2013，34(6)：1452－1462.

[8] 任军学，张定华，王增强，等. 整体叶盘数控加工技术研究[J]. 航空学报，2004，25(2)：205－208.

[9] 李珊珊. 斜流式叶轮精加工数控加工算法研究[D].西安：西北工业大学现代设计与集成制造技术教育部重点实验室，2014.

[10] 田荣鑫. 开式大小叶片整体叶盘数控加工编程技术研究[D]. 西安：西北工业大学，2009.

[11] 谢志丰.开式整体叶盘叶片数控加工方法研究[D]. 西安：西北工业大学，2011.

[12] 杨大望.开式整体叶盘叶片四轴加工刀轴控制方法[D]. 西安：西北工业大学，2012.

[13] 田荣鑫，任军学，史耀耀，等. 直摆头与斜摆头五坐标机床数控加工程序互换求解算法[J]. 航空学报，2010，11:27.

[14] 罗明，吴宝海，李山.自由曲面五轴加工刀轴矢量的运动学优化方法[J].机械工程学报，2009，45(9)：158－163.

[15] 白瑀，张定华，等. 叶片类零件四坐标高效螺旋数控编程方法研究[J]. 机械科学与技术，2003，22(2)：177－182.

[16] 单晨伟. 薄壁曲面叶片类零件多轴数控加工过程优化[D]. 西安：西北工业大学，2008.

[17] 何卿功. 闭式整体叶盘通道精铣刀轴控制方法研究[D]. 西安：西北工业大学，2012.

第5章 薄壁件加工变形控制技术

在航空航天产品中，薄壁零件日益得到广泛采用薄壁结构。由于其零部件具有轻量化的要求，故大量采用铝合金、钛合金等密度较低的材料。薄壁结构在制造过程中由于其刚度较低、加工工艺性差，在切削力、装夹力、切削振颤等因素作用下极易发生变形、失稳和振动等问题，制造难度极大。加工变形已成为航空制造技术中影响加工精度与质量的关键因素，严重地阻碍了航空制造业的发展，因此，对薄壁结构的切削加工变形的控制方法进行研究具有重大的理论意义和工程应用价值。本章将以航空典型薄壁件为例，重点介绍薄壁件加工过程中变形误差的控制问题。

5.1 薄壁结构加工变形概述

5.1.1 航空典型薄壁结构件

薄壁零件主要是指零件的壁厚小于 2 mm 的零件，由于质量轻、比强度高等特点，已被广泛应用于航空航天领域。特别是在航空工业中，无论是早期的螺旋桨推动式飞机还是后来不断发展、变化的喷气式飞机，无论是军用飞机还是民用飞机，薄壁零件一直是飞机结构中不可缺少的重要组成部分。可以预见，随着航空工业的进一步发展，薄壁零件的应用会更加广泛，质量需求也会进一步提高。

飞机上采用的薄壁零件种类繁多，形状和性能各异，结构和工艺特点也各不相同。总的来说，主要分为飞机机身结构中的薄壁零件、装配机载设备的框架壳体类薄壁件以及飞机发动机结构中的薄壁零件等。具有代表性的的几类薄壁零件如图 5-1 和图 5-2 所示。

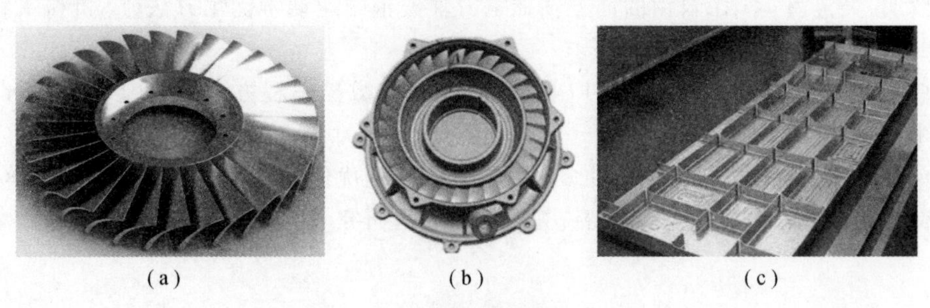

(a)　　(b)　　(c)

图 5-1　典型航空薄壁件 1

(a)叶盘；(b)机匣；(c)框体

(1)航空发动机结构中的薄壁零件。航空发动机中的薄壁零件种类繁多、结构复杂，主要有叶片、盘类零件、机匣结构零件、空心细长轴类零件以及鼓筒类轴、环形件等。

(2)框体类零件。框体类零件主要是由侧壁和腹板组成,是飞机机体横向结构的主要承力薄壁零件,同时也是形成和保持机身径向外形的主要结构件。

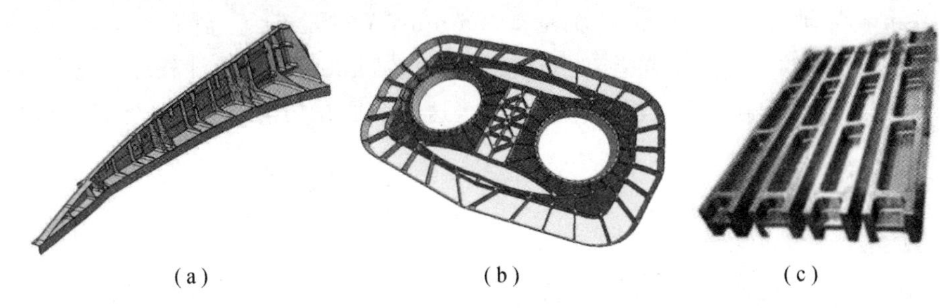

(a)　　(b)　　(c)

图 5-2　典型航空薄壁件 2

(a)梁类零件;(b)壁板类零件;(c)缘条类零件

(3)梁类零件。梁类零件是飞机重要的受力薄壁零件,其构型复杂,常见的有工字型、U字型以及更为复杂的异形截面梁。

(4)整体壁板。整体壁板主要由筋条、凸台和蒙皮等部分组成,是一类广泛应用于现代飞机的承力薄壁零件。

(5)缘条、长桁类零件。这类零件主要是作为机身、机翼纵向结构重要的受力薄壁零件。

薄壁结构件在加工中的变形问题已成为普遍关注的难题。在西方发达国家,针对薄壁零件的结构特点和加工工艺特点,通过有限元技术对薄壁结构加工变形进行分析,得到零件的变形规律,采用误差补偿技术进行变形补偿,以此提高零件的加工精度,加工效率也大大提高。而我国在薄壁结构加工变形方面的研究尚处于起步阶段,对于结构的变形机理研究尚浅,变形控制缺乏理论依据。在实际生产中,主要通过基于定性分析和经验基础上的一些工艺措施来控制和减小加工变形。以航空发动机叶片为例,航空发动机薄壁叶片在加工中存在较大的变形问题,目前这类叶片大多采用数控加工和手工打磨相结合的工艺手段,即叶片数控加工仅限粗加工和半精加工阶段,精加工余量采用手工打磨抛光的方法来去除,并以样板和标准样件来检测叶片曲面精度。由于手工打磨过程无冷却液,靠样板控制叶片截面形状,故表面精度低、波纹度大,易烧伤、质量不稳定,无法满足薄壁叶片对壁厚和精度的要求,且制造周期长,难以满足新机研制的需求。

课题组开展的叶片精密数控加工技术是以锻造毛坯为基础,经过粗、半精、精加工等多道加工工序,以数控铣削方式将叶型加工至最终尺寸,可实现叶片曲面的无余量成形,能有效保证叶片曲面获得很高的精度和一致性,而且制造周期短。由此可见,开展航空发动机薄壁结构加工变形的研究对于提高加工精度与加工效率非常重要,在薄壁结构加工变形机理、数值仿真技术及变形补偿技术方面尚有大量的工作需要开展和进行。

5.1.2　薄壁结构加工误差分析

数控机床加工误差的主要来源如图 5-3 所示,包括机床几何与运动控制误差、机床热变形误差、切削力引起的让刀变形误差、残余应力导致的工件扭曲变形误差、刀具与工件系统的耦合振动现象装夹变形误差、刀具磨损以及数控编程误差等。近些年来,大量研究工作致力于如何确定并消除所有这些误差来源。一方面,随着设计方法的不断改进,利用先进的主轴技术以及无间隙线性滚柱导轨技术等，现代数控加工中心本体具有很高的刚度和精确的运动控制，能够满足大部分加工任务的需求。以 Mikron UCP 1350 为例，该机床的定位精度分别为：X 轴是 0.010 mm，Y 轴是 0.008 mm，Z 轴是 0.008 mm，A 轴是 $6''$，C 轴是 $8''$。另一方面，切削力、残余应力等导致的加工变形误差却不是仅仅通过改进机床结构设计就可以完全避免的，从而在很大程度上限制了高精度数控机床的应用。这些矛盾在切削加工薄壁零件的过程中尤为显著。

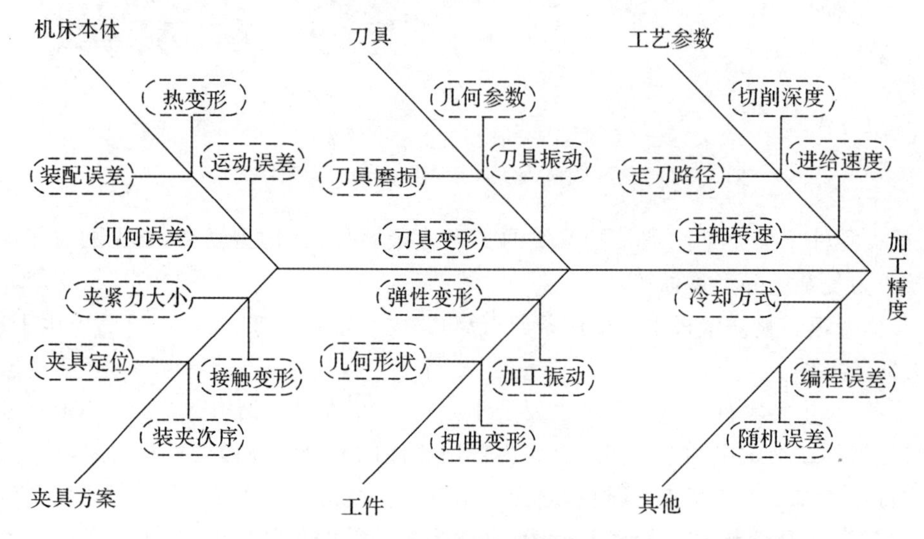

图 5-3　数控机床加工误差分布

从切削加工的角度来看，整体叶盘叶片等钛合金薄壁零件具有形状复杂、刚性差、切削力大的特点。加工实践表明，切削力作用下的刀具-工件弹性变形、切削表层残余应力引起的扭曲变形以及刀具-工件系统加工振动是影响薄壁零件数控加工精度和加工效率的三个最为突出的因素。

1. 切削力及弹性让刀变形

在切削力的作用下，刀具、工件可能发生较大的弹性变形，刀触点处实际切深小于理论值，于是产生让刀变形误差。尤其是对于薄壁复杂形状零件，欠切现象严重，往往需要进行多次重复精加工，加工效率低、精度难以保证的问题比较突出。

数控加工薄壁零件时，工件因刚度不足引起的加工变形成为影响尺寸精度的主要矛盾。薄壁框类零件加工简化示意图如图 5-4 所示。使用立铣刀铣削薄壁面，应该切除阴影部分，但由于切削力的作用，使薄壁件产生弹性变形，A、C 两点分别移到新两点，A'、C'假设刀具刚度远大于薄壁件的刚度，则刀具仅切除部分的材料。走刀过后薄壁弹性恢复，残留部分材料未被切除，造成了壁厚加工误差。因此薄壁件加工壁厚超差主要是由于让刀而少切了一块材料。课题组由此提出薄壁件加工变形控制的新思路，即通过有限元分析计算出薄壁的变形量，再利用数控加工补偿的方法，将残留部分的材料切除掉。侧壁弹性恢复后，工件壁厚正好达到公差要求。因此，问题的关键是解决一定加工条件下薄壁件加工变形的分析计算方法。

2. 残余应力及扭曲变形

切削表层残余应力的非平衡状态导致零件产生显著的弯扭变形，尤其是对于航空工业中普遍使用的薄壁结构影响更大。在薄壁件切削加工过程中,由于切削力和切削热的作用,切削表层产生残余应力,引起工件的扭曲变形,严重时引起零件报废,对薄壁件的高精密加工十分不利。关于精密加工残余应力变形的控制技术,是一个迫切需要解决的工艺难题。

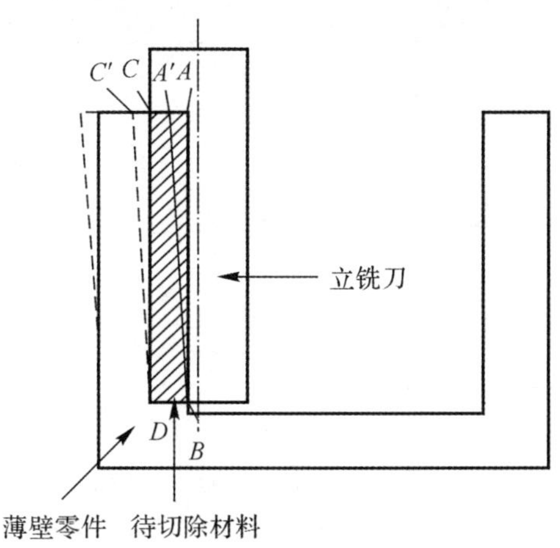

图 5-4 薄壁件加工示意图

以开式整体叶盘为例,开式整体叶盘叶片属于典型的薄壁件,再加上其为悬臂结构,抗变形能力极差。叶片传统精加工工艺方法一般采用单面铣削工艺,当开始精加工叶片的一侧时,由于切削力和切削热的作用,在叶片表层逐步产生了新的残余应力,同时该侧半精加工形成的残余应力被逐渐释放,叶片原来的残余应力平衡不断被打破。叶片的一侧精铣完成后,残余应力重新进行了分布,为达到新的残余应力平衡必然会引起叶片变形。同样,在加工另外一面时必然带来同样的问题。传统的单面铣削工艺,叶片两侧型面切削层残余应力由于不对称产生和释放,引起叶片明显的扭曲变形,造成叶片局部“多肉”或“缺肉”现象,从而严重影响叶片的加工精度。

3. 刀具-工件系统加工振动

刀具-工件系统振动对于切削加工表面质量以及尺寸精度均有不良影响,刀具也容易磨损而降低使用寿命。对于薄壁复杂结构零件而言,传统采用辅助支撑以增加结构刚性的工艺手段,难以满足高精度的加工要求,且操作复杂,效率低下。

薄壁零件在切削力作用下的弹性变形是无法避免的,这也是影响薄壁件加工精度的最主要因素。加工变形的准确预测,是进行薄壁件加工变形补偿,提高加工精度的前提与保证。通过进行薄壁零件切削过程的数值模拟研究,准确预测加工变形,揭示薄壁件在切削力作用下的变形规律,对有效地实现薄壁件加工变形补偿具有重要的价值。

5.2 弹性变形误差补偿技术

5.2.1 薄壁结构加工弹性变形有限元分析

薄壁件在加工过程中,由于零件的低刚度特性,其在切削力的作用下将发生弹性变形,其变形情况如图 5-5 所示,使得零件的名义径向切深与实际径向切深不一致。当加工完成后,零件将发生弹性回复，导致加工表面与设计要求之间存在偏差，影响零件的加工精度，严重时导致零件报废，而运用有限元分析薄壁件加工弹性变形可以有效实现让刀误差的补偿。

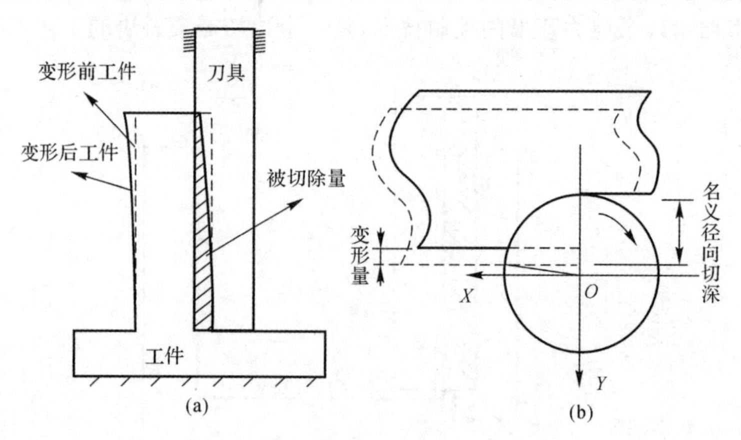

图 5-5 薄壁件加工变形示意图

(a)沿刀具进给方向观察；(b)沿刀具轴向观察

在薄壁件的加工过程中，切削力决定了刀具和工件的变形，是影响工件加工表面质量和尺寸精度的关键因素。因此，建立准确的切削力模型非常关键，它直接关系到切削力计算是否准确，进而影响加工变形预测的准确性。

1. 铣削力模型的建立

国内外许多学者在切削力建模方面做了大量的研究，提出了许多切削力力学模型，应用比较多的力学模型如下所述。

(1)Kline 平均铣削力模型。图 5-6 所示为 Kline 平均铣削力模型示意图，该模型的思想是将总的切削面积划分为如图 5-6 所示的微单元，通过计算所有处于切削区域的各微单元的受力状况，再将所有处于切削区域的单元力相加，即可得到总的切削力。

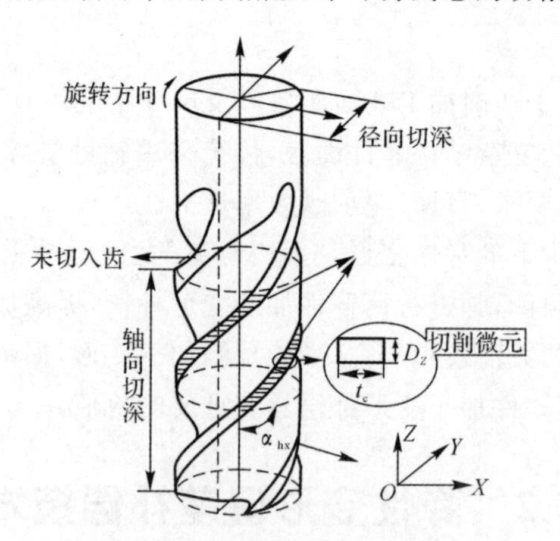

图 5-6 铣削过程分析示意图

微单元的切削力可以分解为切向切削力和径向切削力，并有如下关系：

$$\left.\begin{aligned} DF_T &= K_T D_Z t_c \\ DF_R &= K_R DF_T \end{aligned}\right\} \tag{5-1}$$

式中，DF_T，DF_R 分别表示微元的切向和径向切削力；K_T，K_R 为切削力系数，在切削用量确定后，可以认为它们为常数；D_Z 是微元的宽度；t_c 是微元的瞬时未变形切屑厚度，可表示为

$$t_c = f_z \sin\left[\eta(i,j,k)\right] \tag{5-2}$$

式中，$\eta(i,j,k)$ 表示当刀具处于第 j 个角度增量位置时，第 k 个刀齿上第 i 个个微元所处的空间角度，可表示为

$$\eta(i,j,k) = \left[-\theta(j) + \gamma(k-1)\right] + \left[(i-1)D_Z + D_Z/2\right]\tan(\alpha_{hx})/R \tag{5-3}$$

式中，α_{hx} 为刀具螺旋角，将微元切削力分解到 X，Y 方向，并积分求和，可以建立平均铣削力公式为

$$\left.\begin{aligned}\bar{F}_X &= \sum_{j=1}^{N_\theta}\sum_{i=1}^{N_Z}\sum_{k=1}^{N_f}\{-K_RK_TD_Zf_z\sin^2[\eta(i,j,k)] + K_TD_Zf_z\cos[\eta(i,j,k)]\sin[\eta(i,j,k)]\}/N_\theta \\ \bar{F}_Y &= \sum_{j=1}^{N_\theta}\sum_{i=1}^{N_Z}\sum_{k=1}^{N_f}\{K_RK_TD_Zf_z\sin[\eta(i,j,k)]\cos[\eta(i,j,k)] + K_TD_Zf_z\sin^2[\eta(i,j,k)]\}/N_\theta\end{aligned}\right\} \tag{5-4}$$

式中，N_θ 为每齿角度空间划分的角度个数，N_Z 为微元个数，N_f 为刀具刀齿数，f_z 为每齿进给量。通过设计平均切削力实验，综合实验结果，建立 K_T，K_R 关于切削参数的模型，并求解各个系数的值。这样，利用式(5-4)即可预测 X 向、Y 向的平均切削力。

(2) 三维铣削力模型。三维铣削力模型是将切削面积离散成微单元进行分析，将单元切削力分解为前刀面上的法向力与摩擦力，并将法向力和摩擦力向 X 向、Y 向、Z 向进行分解，得到这三个方向的单元切削力，最后综合切削区域所有单元力，即可得到三维铣削力计算公式为

$$\left.\begin{aligned}F_X(j) &= \sum_k\sum_i F_x(i,j,k) \\ F_Y(j) &= \sum_k\sum_i F_y(i,j,k) \\ F_Z(j) &= \sum_k\sum_i F_z(i,j,k)\end{aligned}\right\} \tag{5-5}$$

式中，$F_x(i,j,k)$，$F_y(i,j,k)$，$F_z(i,j,k)$ 分别表示微单元的 X 向、Y 向、Z 向的切削力。通过实验建立切削系数与切削用量的关系模型，就可以进行任意瞬时的三向切削力的预测。

(3) 基于经验公式的铣削力模型。平均铣削力模型预测稳定性好，精度较高，但是其模型常量的求解需要大量的实验，因此成本较高，计算也很复杂。而基于经验公式的铣削力模型考虑比较全面，根据铣削力的影响因素构建了切削力与切削参数之间的指数关系表达式，综合考虑了刀具材料、工件材料、切削参数、铣削方式等因素，在加工条件确定的情况下预测精度较好，而且计算量较小。根据理论，三向切削力采用指数形式，考虑影响切削力的四个因素，建立铣削力经验公式为

$$F_X = K_X a_e^{a1} f_z^{a2} n^{a3} a_p^{a4} \tag{5-6}$$

$$F_Y = K_Y a_e^{b1} f_z^{b2} n^{b3} a_p^{b4} \tag{5-7}$$

$$F_Z = K_Z a_e^{c1} f_z^{c2} n^{c3} a_p^{c4} \tag{5-8}$$

式中，K_X，K_Y，K_Z 表示修正系数。

将式(5-6)～式(5-8)两边取对数得

$$\lg F_X = \lg K_X + a_1\lg a_e + a_2\lg f_z + a_3\lg n + a_4\lg a_p \tag{5-9}$$

$$\lg F_Y = \lg K_Y + b_1 \lg a_e + b_2 \lg f_z + b_3 \lg n + b_4 \lg a_p \tag{5-10}$$

$$\lg F_Z = \lg K_Z + c_1 \lg a_e + c_2 \lg f_z + c_3 \lg n + c_4 \lg a_p \tag{5-11}$$

以式(5-11)为例,设$Y=\lg F_Z$,$B=\lg K_Z$,$X_1=\lg a_e$,$X_2=\lg f_z$,$X_3=\lg n$,$X_4=\lg a_p$,则式(5-11)可化为

$$Y = B + c_1 X_1 + c_2 X_2 + c_3 X_3 + c_4 X_4 \tag{5-12}$$

根据实验采集切削力数据,应用多元线性回归法进行拟合,然后反求式(5-8)中各个系数,可得指数形式铣削力经验公式为

$$\left.\begin{aligned} F_X &= 736.0376\, a_e^{0.1202} f_z^{0.0978} n^{-0.1960} a_p^{0.6559} \\ F_Y &= 24.9459\, a_e^{0.1788} f_z^{0.1182} n^{0.1436} a_p^{0.5698} \\ F_Z &= 167.61\, a_e^{0.0069} f_z^{0.0105} n^{-0.0126} a_p^{0.4612} \end{aligned}\right\} \tag{5-13}$$

2. 有限元数值模型的建立

由于切削加工过程非常复杂,利用有限元技术并不能完全准确地模拟工件的切削过程,为了便于分析工件的加工变形,必须对其进行简化。考虑到薄壁件的精铣加工过程,切屑厚度很小,加工引起的工件塑性变形可忽略不计,将工件加工变形视为纯弹性变形。由于工件刚度很低,可认为刀具、工装系统均不变形,于是建立了以下假设条件:

1)只考虑薄壁件由于发生弹性变形所产生的加工误差,所以不考虑材料的塑性行为;

2)假设刀具始终锋利,即不考虑刀具磨损造成的影响;

3)切削时的瞬时加工变形量和加工完成后的回弹量大小一致,方向相反;

4)切削力对工件的作用等效为沿进给方向动态移动的集中载荷;

5)忽略材料的去除对整体刚度的影响。

根据上述假设条件,利用有限元软件进行工件的网格化,然后定义边界条件,如约束条件、载荷条件等,经过加载之后,整个有限元模型就建立起来了。通过之前建立的基于经验公式的切削力模型可以得到切削力,并通过边界条件来控制载荷的动态变化以实现刀具的切削进给。逐步在每一个切削位置施加切削力,并通过后处理技术提取此切削位置的加工变形。此后切削力移动,并依次提取相应切削位置的加工变形。切削完成后,即得整个工件表面的加工变形,最后进行变形分析。其有限元模拟流程如图5-7所示。

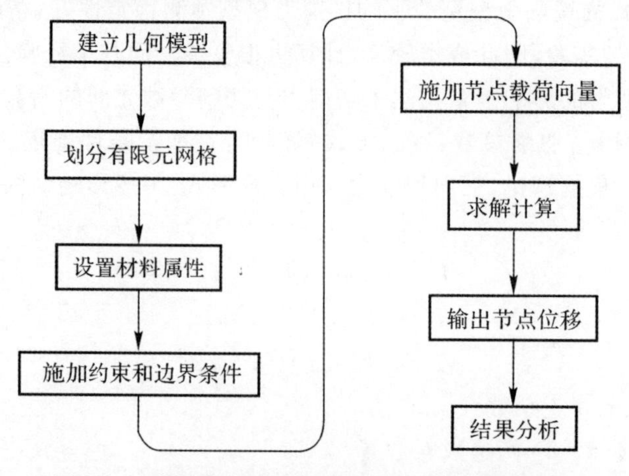

图5-7 薄壁件加工弹性变形有限元数值模拟流程

工件在受力状态下的弹性变形属于有限元理论中结构强度力学分析的内容,在知道各个刀位点的切削力的大小和方向后,采用有限元计算方法可以精确计算相应的位移。

由于同时伴随进给运动和旋转运动,铣削过程的加载非常复杂,为简化分析过程,可将每一个切削位置的铣削载荷简化为一个集中载荷,并施加在刀具与工件接触线的中点来完成切削力的加载,如图 5-8 所示。添加约束边界条件时,由于薄壁矩形板下端固定在夹具上,因此对矩形板下端添加固定端边界条件。建立的矩形板有限元模型如图 5-9 所示。

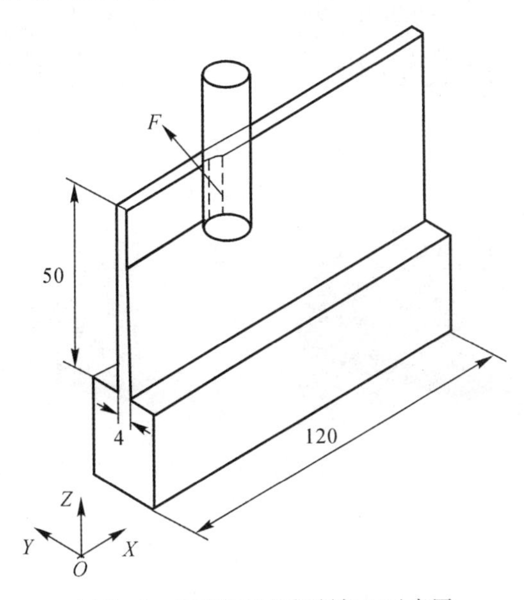

图 5-8　薄壁矩形板切削加工示意图

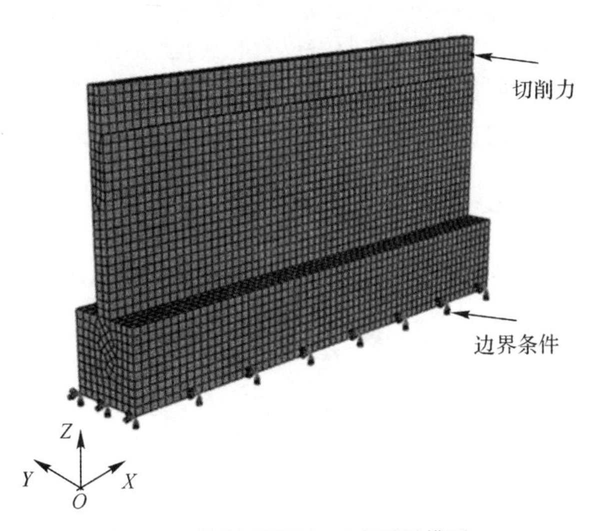

图 5-9　薄壁矩形板加工有限元模型

有限元模拟完成后,进行求解计算,可得到矩形板各个切削位置的变形量,如图 5-10 所示。可以看出,Y 向变形远远大于其他两个方向的变形。从工件结构特点来分析,由于矩形板的厚度相对于它的长度和宽度要小得多,在厚度方向刚性最弱。因此,相对于厚度方向产生的变形，在长度和宽度方向的变形非常小，可以忽略，这与有限元分析的结果是相符合的。下面沿工件长度方向对工件的加工变形进行分析。

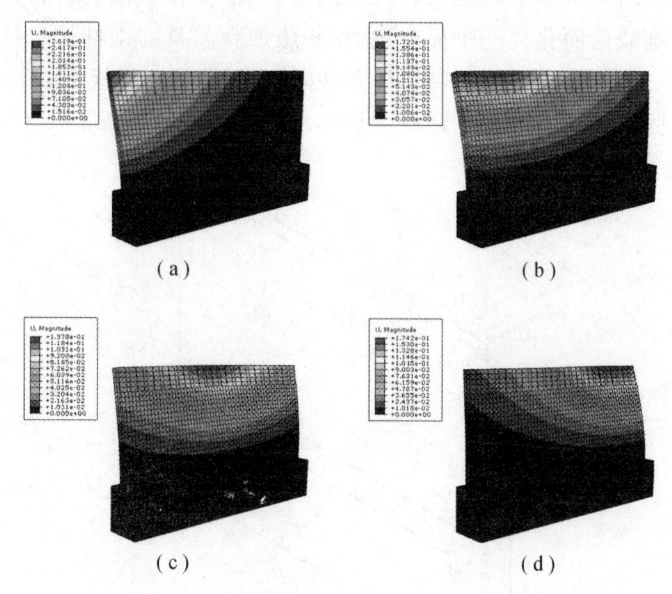

图 5-10　不同切削位置时工件的变形云图

(a)X=0 mm 处的变形云图；(b)X=30 mm 处的变形云图；

(c)X=60 mm 处的变形云图；(d)X=90 mm 处的变形云图

工件沿长度方向的变形曲线图如图 5-11 所示，可以看出沿工件长度方向每一层的变形趋势大体一致，都是两边较大，从两端到中间位置变形由大变小，成近似抛弧线变化，在工件中间位置变形最小。这是由于当铣削工件两端位置时，切削点处仅受一边材料的约束，因此刚性较弱，变形较大。而铣削中间位置时，切削点受到两边材料的共同约束，因此该位置刚性最大，变形最小。在切出端由于材料的去除，刚性最小，因此该位置变形最大。

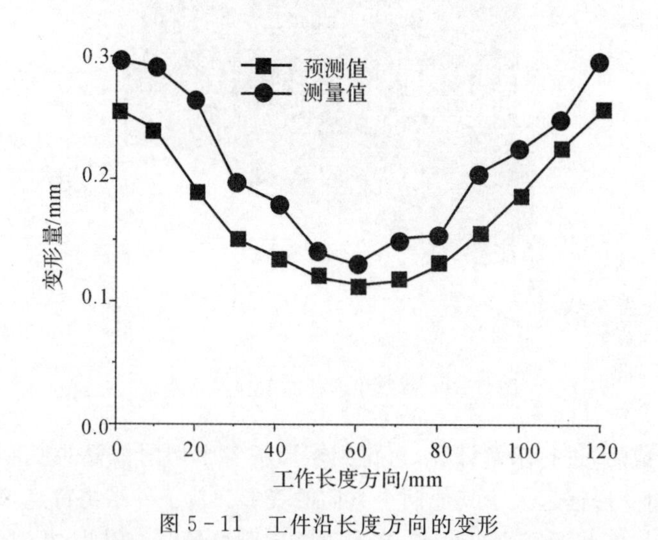

图 5-11　工件沿长度方向的变形

5.2.2 叶片加工弹性变形规律

航空发动机叶片是典型的复杂结构件，高精度、弱刚性是其主要的特点。在加工过程中，叶片在切削力作用下产生的弹性变形是影响叶片加工精度、加工效率和表面质量的关键性制约因素。因此，为了加工出满足精度和质量要求的叶片，就必须进行叶片加工弹性变形规律的研究，以此作为制定变形控制工艺措施和进行变形补偿的依据和基础。

1. 切削力的测量

以某型号航空发动机导向叶片为例，进行叶片叶背曲面精加工变形有限元分析，叶片模型如图 5-12 所示。该叶片加工采用分面铣削方法，铣削方式为固定轴点铣加工，图 5-13 所示为叶片铣削加工示意图。

图 5-12 叶片模型

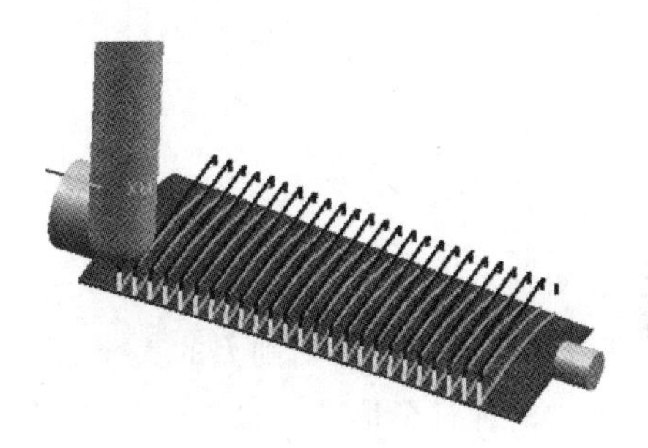

图 5-13 叶片铣削加工示意图

叶片材料为典型的航空钛合金 TC11，材料弹性模量 $E=115$ GPa，泊松比 $\gamma=0.3$。刀具选择球头刀，刀具材料为硬质合金，刀具直径 $D=10$ mm，螺旋角为 30°。铣削参数选为：主轴转速 $n=1\ 000$ r/min，切深 $a_p=0.3$ mm，行距为 0.5 mm，每齿进给量 $f_z=0.03$ mm。

由于叶片采用的是球头刀点铣加工，因此建立的平底刀侧铣加工铣削力经验模型不适用于叶片切削力的计算。为了得到叶片精加工中切削力大小，通过切削实验进行切削力的测量。切削参数与上面叶片加工参数保持一致，切削力大小由三向测力仪 KISTLER 9255B 测定，试验装置的基本结构如图 5-14 所示。

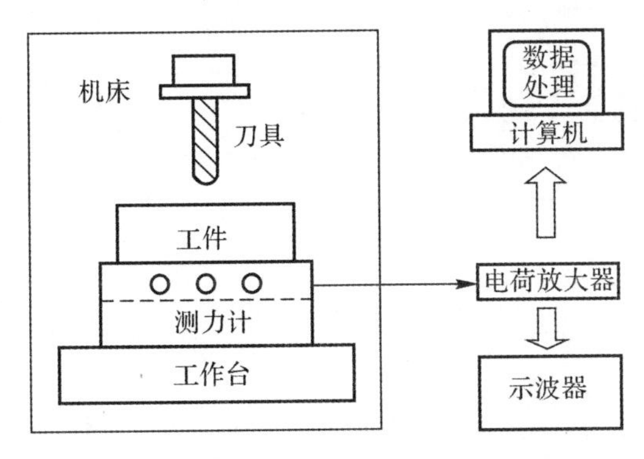

图 5-14 切削力测量实验装置示意图

采集得到的切削力如图 5-15 所示。由图可以看出，在加工稳定后，切削力成周期性变化，且 Z 向切削力最大。在叶片点铣加工中，Z 向切削力引起叶片厚度方向的变形最大，这是决定叶片表面误差的主要因素。因此，有限元模拟中仅考虑 Z 向切削力引起的变形。

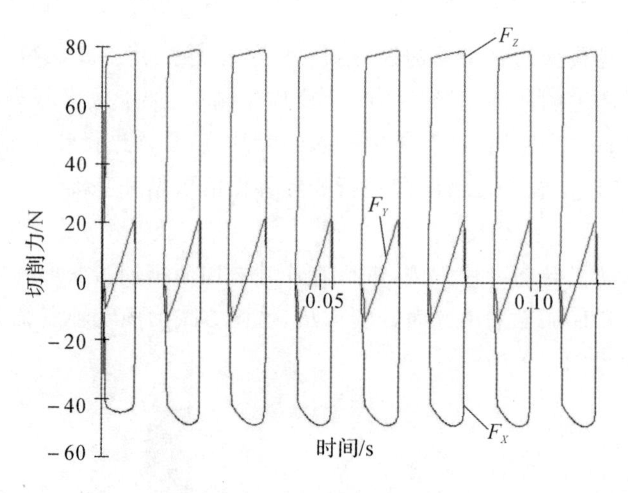

图 5-15　切削力实测图

2. 叶片变形有限元分析

叶片切削过程中，切削力的大小、方向和作用点是随时间改变的，这样很不利于研究叶片在加工中的弹性变形。假设在叶片切削过程中切削力连续变化，在连续刀位点之间切削力的变化很小，则可认为在单个刀位点上切削力是固定不变的，根据在各个刀位点的切削力大小，可以通过有限元法中静力学方法计算出该刀位点上弹性变形的数值。

叶片属于低刚度薄壁零件，根据之前介绍的薄壁件变形分析方法，对叶片进行有限元变形分析。与前一节中薄壁矩形板的分析类似，这里仅考虑刀具轴向（即 Z 向）切削力引起的沿叶片厚度方向的变形。

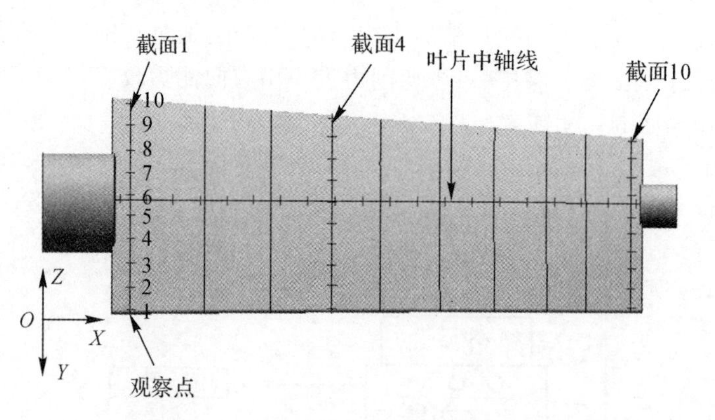

图 5-16　叶片变形观察点选取示意图

由于叶片型面属于空间自由曲面，叶片的长度和宽度远远超过其厚度，因此可以认为在刀具轴向切削力作用下所产生的弹性变形主要由沿叶片截面的扭转变形和沿叶身长度方向的弯曲变形构成。从沿叶片截面方向和叶身长度方向两个方向来分析叶片的变形规律。如图 5-16 所示，该导向叶片有 10 条设计截面，选取截面 1、截面 4、截面 10 和叶片中轴线所对应的叶背曲线为对象，在每条截面叶背曲线上取10个点，在中轴线所对应的叶背曲线上取20个点进行分析。

通过变形云图来观察叶片的变形。如图5-16所示，当刀具处于1,6,10这三个观察点处时，叶片的变形云图如图5-17所示。

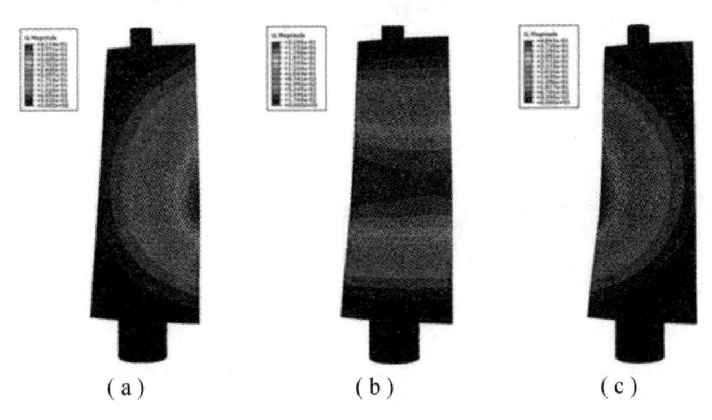

图5-17 不同观察点处叶片的变形云图

(a)观察点1处变形云图；(b)观察点6处变形云图；(c)观察点10处变形图

以截面1为例，其上10个观察点的变形值见表5-1。从表中数据可以看出，观察点1的变形最大，其值为0.208 mm，观察点6的变形最小，其值为0.134 mm，变形平均值为0.170 mm。

表5-1 截面1上各观察点的变形量

观察点	1	2	3	4	5	6
变形值/mm	0.208	0.187	0.170	0.153	0.141	0.134
观察点	7	8	9	10	平均值	
变形值/mm	0.143	0.168	0.191	0.201	0.170	

同样可以分析得到叶片每个截面的变形情况，本文由于篇幅所限，仅分析截面1、截面4和截面10的变形。为了直观地反映沿叶片截面方向的变形规律，根据得到的变形数据，绘制截面1、截面4和截面10位置的变形曲线图，如图5-18所示。由图可以看出，三条变形曲线近似呈抛弧线，越靠近叶片缘头处，变形越大，叶片中间位置变形较小，叶片其他截面也有相同的变形特点。截面4变形大于其他两条截面。主要原因在于越靠近叶片缘头，壁厚越薄，刚性越弱，变形也就越大，在壁厚相对较厚的中间部位，变形较小。叶片变形曲线并不是规则的抛物线，而是在靠近缘头的区域变形比较剧烈。沿叶身方向，叶根和叶尖区域变形很小，叶片中间位置变形较大。这是由于叶片加工时，叶根和叶尖固定在夹具上，因此这两个区域的刚性很强，而越靠近中间位置，受到的约束越少，刚性也就越弱。根据有限元分析结果可以得到整个叶片曲面的加工变形分布情况，图5-19所示为叶片曲面总体变形曲面图。

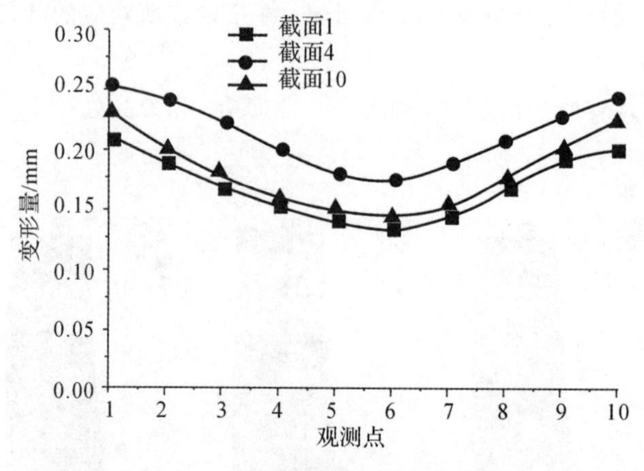

图 5-18　叶片沿截面方向的变形

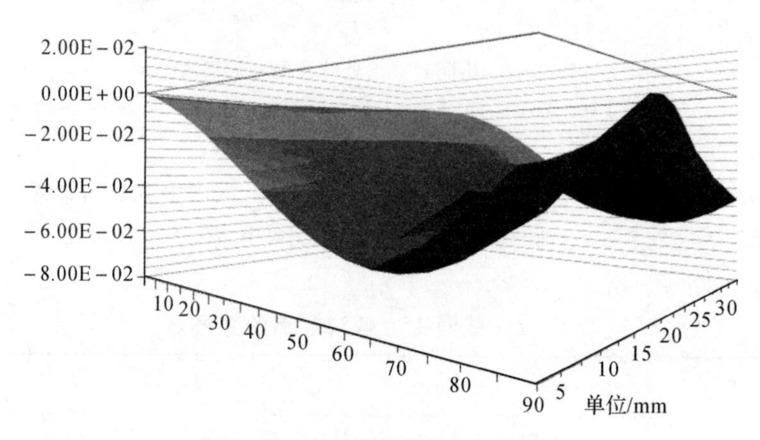

图 5-19　叶片曲面总体变形曲面图

5.2.3　叶片加工弹性变形补偿方法

1. 叶片弹性变形补偿的基本原理

根据叶片的曲面总体变形图可知，在叶片的进气边和排气边区域壁厚增厚较大，而在中轴线位置壁厚增厚较小。这是由于叶片进气边和排气边区域壁厚很薄，刚性很弱，在加工时产生的弹性“让刀”变形较大，而中轴线位置壁厚较厚，刚性较强，产生的弹性“让刀”变形较小。

薄壁件加工变形补偿技术是基于反变形的思想，属于离线变形补偿技术。它是在准确预测工件变形量的基础上，修正数控程序或名义刀具路径，补偿因变形而产生的让刀量，来达到提高加工精度和效率的目的。该方法不会增加额外的工序，避免了在精加工阶段要通过手工打磨抛光的手段来去除余量，从而实现了零件的精密数控切削加工成型。图 5-20 所示为薄壁零件加工变形补偿示意图。

其补偿的一般步骤如下：

(1)将名义刀具路径离散成 n 个刀位点。刀位点的密度根据路径上的变形程度确定，变形大的区域刀位点的数目也相应密集化。

(2) 根据有限元模拟结果，计算每个刀位点 X_i 处的变形误差 U_i。

(3) 根据下式反方向修正各个刀位点,得到新的刀位点 X'_i。

$$X'_i = X_i - U_i \tag{5-14}$$

(4) 连接新的刀位点 X'_i,进行重整,就可得到补偿后的刀具轨迹。

根据离线误差补偿原理,只要能够准确预测加工变形的大小,通过误差分析得到变形规律,并据此修正刀位轨迹,即可有效消除工件变形引起的加工误差。

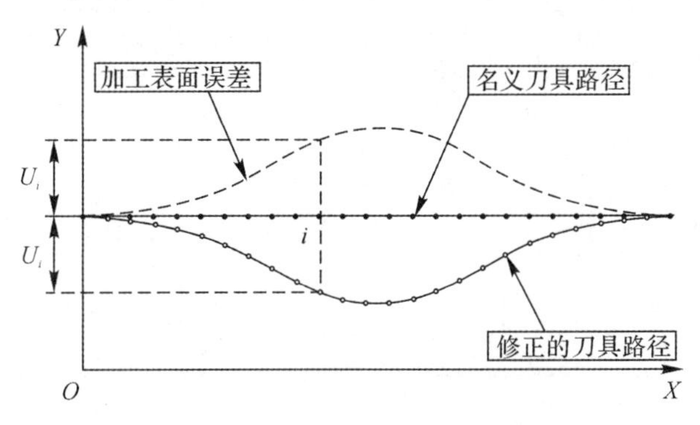

图 5-20 薄壁件加工变形补偿示意图

2. 单次误差补偿本方法

叶片加工变形误差补偿是基于上述反变形补偿的思想。由于叶片结构复杂,采用优化刀具轨迹补偿变形非常复杂且不易操作。根据叶片的设计特点,通过修正叶片模型,得到新的补偿了变形的实体模型,并以此模型为对象规划刀具轨迹,以达到误差补偿的目的。该方法工作量小,操作简单可靠。

叶片加工变形误差补偿方法具体步骤如下:

(1)通过有限元分析得到叶片各个设计截面的加工误差分布规律,确定截面上每个位置的变形补偿量,按照式(5-14)进行反变形修正得到新的位置点。

(2)拟合这些点后得到叶片补偿截面,进行曲面重构得到补偿后的叶片实体模型。

(3)以此模型规划刀位轨迹,进行数控补偿加工。

图 5-21 所示为叶片单次误差补偿示意图。这种方法只用对变形误差进行一次补偿,且补偿量等于变形量,适合于刚度较好、厚度适中、变形相对稳定的叶片精密数控加工。

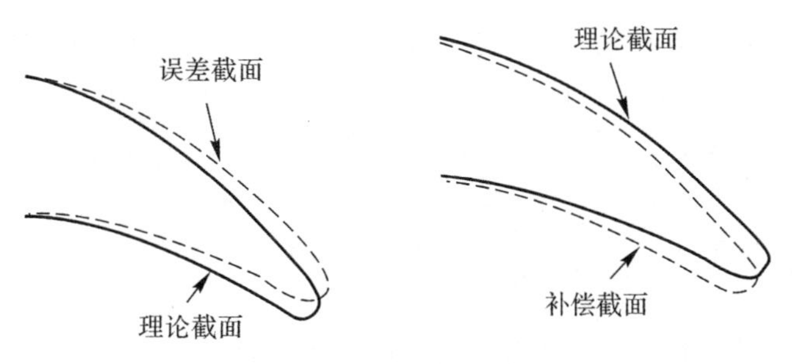

图 5-21 叶片单次误差补偿示意图

在航空薄壁叶片加工中,加工变形将导致零件实际加工表面与理论值之间出现偏差,降低刀位轨迹计算的有效性;采用试切法反复修正数控加工程序以补偿加工变形误差的方法,十分耗时且代价昂贵。为此,利用切削受力变形分析预测零件加工表面的静态误差分布,并补偿数控加工变形误差，修正加工的刀位轨迹具有重要的意义，图 5-22 所示为薄壁叶片加工表面静态单次误差的预测与补偿系统。

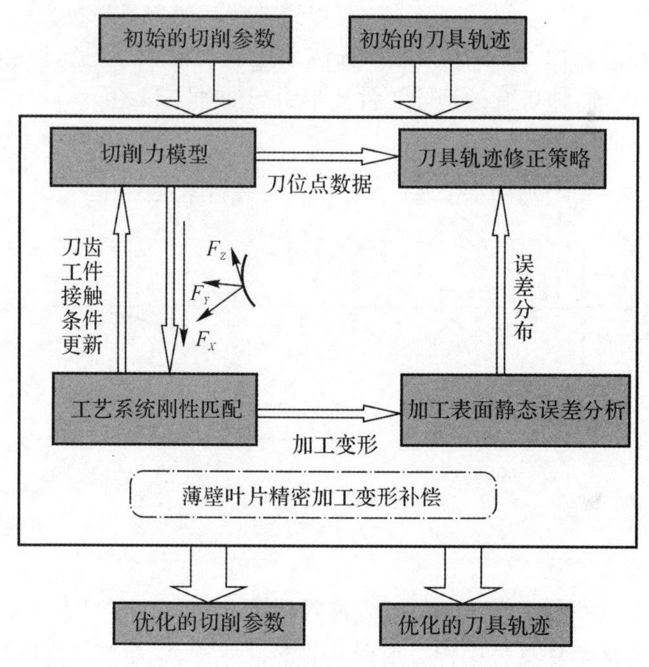

图 5-22　叶片加工变形补偿技术路线

3. *多次误差补偿方法*

叶片单次误差补偿虽可以提高叶片的加工精度，但是不能够完全消除加工误差，多数情况下只采用一次误差补偿的方法，很难达到精度要求。因为叶片经单次误差补偿后，零件刚性与各个切触点处的切削状态发生了改变，切削力大小也随之发生非线性变化，从而导致零件变形难以一次性补偿到位，形成新的加工误差。因此，对于制造精度要求很高的航空发动机叶片来讲，单次误差控制显然不能满足要求，必须进行叶片多次误差补偿技术的研究。

多次误差补偿是在单次补偿试切的基础上，综合考虑前次补偿引起的再生变形，对变形补偿量进行反复修正迭代的一个过程，直到满足精度要求。其流程如图 5-23 所示。

叶片加工变形多次误差补偿方法的思想是对变形补偿量进行修正，重新生成加工程序进行加工，经过试切后的零件如果合格则误差补偿成功，否则再次循环，确定合适的补偿量。

叶片多次误差补偿算法如下：

设叶片截面为 $Y_i(i=1,2,\cdots,n)$，其中 i 为叶片截面编号。

(1) 获取初次补偿量 δ_i。根据加工变形有限元分析结果，计算得到叶片截面 Y_i 的平均误差值 δ_i，即初次补偿量。

(2) 对截面 Y_i 按初次补偿量 δ_i 进行补偿，并进行模型重构。以重构模型来规划刀位轨迹，进行数控试切加工，然后获取已加工叶片截面 Y_i 的最大误差值 δ_i^*。

(3) 按下式计算叶片截面 Y_i 的变形系数 k_i。

$$k_i=\frac{\delta_i+\delta_i^*}{\delta_i} \tag{5-15}$$

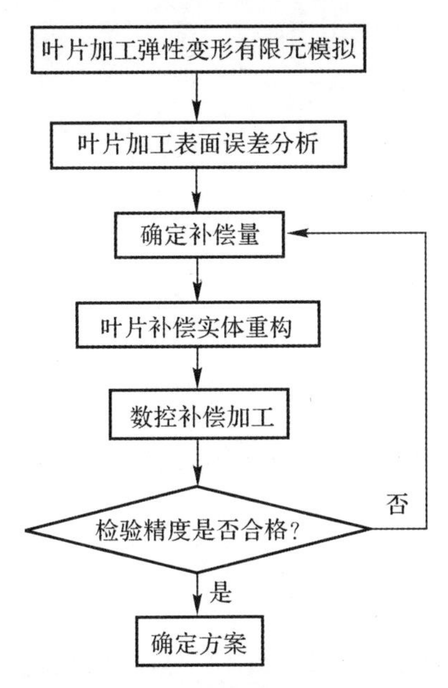

图 5-23　叶片多次误差补偿流程

(4) 按下式计算叶片截面Y_i的精确变形补偿量S_i,并进行变形补偿加工,如果两次补偿不能达到精度要求,可以再次重复上述(2) ～ (4) 过程,直到精度满足设计要求。

$$S_i = \frac{1}{k_i}\delta_i \tag{5-16}$$

按初次补偿量进行补偿加工,可以提高零件加工精度,但不一定能够满足设计精度要求。通过多次误差补偿加工能够大大地提高加工精度,改善曲面加工质量。工程实用上,对于批量生产的情形,在形成相对稳定的制造工艺规范之后,工况及其他切削条件保持不变,则零件的加工弹性变形误差分布具有很强的规律性和可重复性。因此,通过实际测量一定数量加工样件的误差分布状况,进而确定修正补偿方案不失为一种较为可行的途径。

4. 叶片几何重构

叶片加工变形误差补偿的核心是叶片截面的误差补偿,对叶片截面进行误差补偿后得到叶片补偿截面,最后通过曲面放样生成叶片补偿实体模型。由于叶片补偿截面是通过叶片理论截面根据变形误差经过调整得到的,这就导致补偿截面线往往会出现截面不光滑、截面参数紊乱、截面线曲率扰动等问题,如图 5-24 所示。由图可以看出,由于该截面光滑性差,其上各点的曲率变化无常,尤其在缘头区域曲率变化异常剧烈。

叶片截面是曲面造型的基础,如果直接采用这样的截面线进行曲面造型,会导致叶片曲面出现起伏现象、不光滑、在叶片缘头区域发生扭曲,严重影响曲面造型质量。以这样的曲面进行数控加工时,曲面质量直接影响走刀轨迹,易造成走刀轨迹紊乱,如图 5-25 所示,而且在缘头处易发生啃切或加工不到位,严重影响加工质量。由此可见,叶片补偿实体的高质量重构技术是叶片误差补偿中的重要研究内容。

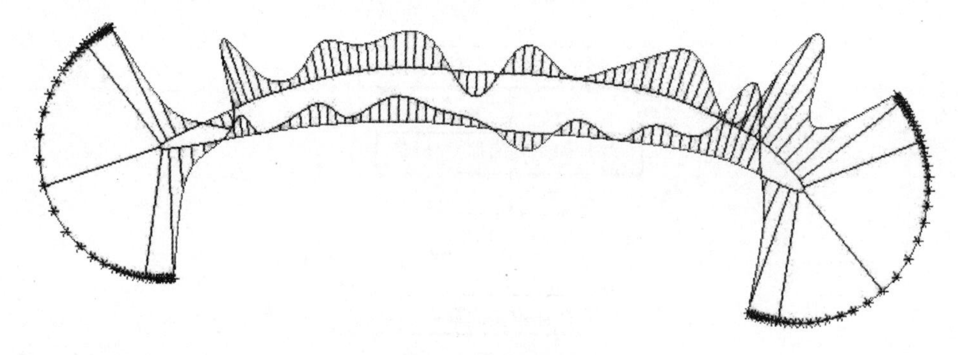

图 5-24 截面曲率

误差补偿后生成的新补偿曲面应该满足叶片设计的基本形状要求：

1)曲线具有一定程度的光滑；

2)无多余拐点，凸凹要符合设计要求；

3)若无特殊要求，曲率变化较为均匀。

曲线曲面造型技术是计算机辅助几何设计(CAGD)的重要研究内容，是 CAD/CAM 技术的重要支撑技术。曲线造型方法主要有贝齐尔(Bezier)方法、B 样条方法和 NURBS 方法。NURBS 样条既可以用统一的方式表达 B 样条和 Bezier 样条，又能够精确表示二次曲线弧，但是其权因子的选择、调整以及数据点参数的选择很不容易控制，对于叶片表面这样复杂的自由曲面，采用简单形式的 B 样条曲线、曲面进行拟合造型更容易控制质量。所以在对曲线形状变化调整的情况下选择 B 样条方法对叶身截面线进行造型。

为了得到高质量的叶片补偿曲面，就必须要对补偿截面线进行重整，即叶片截面线参数化方法。其过程如下：

(1)叶片截面线离散。叶身曲线采用基于中弧线的离散方法，缘头拼接曲线采用双贝齐尔曲线离散方法，得到叶片截面离散数据点。离散后得到的叶身截面数据点由四部分组成，如图 5-26 所示。

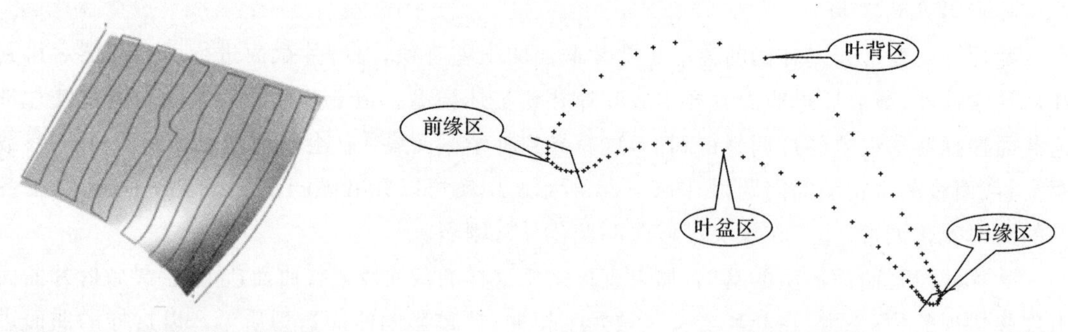

图 5-25 叶片加工刀位轨迹　　图 5-26 叶片截面离散数据点

(2)设叶片各截面线前缘点对应的参数值均为零 $u_{q,i}(i=0,1,\cdots,m-1)=0$，各截面线后缘点的参数为 $u_{h,i}(i=0,1,\cdots,m-1)$，其中 m 为截面线数目，后缘点参数值的求解采取求平均值的方法，则可将各截面线后缘点的参数统一为

$$u_h=\frac{\sum_{i=0}^{m}u_{h,i}}{m}\quad(i=0,1,\cdots,m-1)\tag{5-17}$$

(3) 对各叶背和叶盆截面数据点进行参数域变换，设截面线数据点参数序列为 $u_j(j=0,1,\cdots,n)$，其中叶背数据点为 n_b，叶盆数据点为 $n-n_b-2$，并设参数变换后得到的新的数据点参数序列为 $t_j(j=0,1,\cdots,n)$。对叶背数据点的参数变换方法为

$$t_j=\frac{u_h}{u_{h,i}}u_j\quad(j=1,2,\cdots,n_b)\tag{5-18}$$

叶盆数据点的参数变换方法为

$$t_j=u_h+\frac{1-u_h}{1-u_{h,j}}(u_j-u_{h,j})\quad(j=n_b+1,n_b+2,\cdots,n-1)\tag{5-19}$$

(4) 合并调整后的各数据点参数，得到该截面线数据点的参数序列 $u_i(i=0,1,\cdots,n)$。对所有截面的数据点均采用同样的方法进行参数调整，并各自进行插值生成截面线。

经过上述参数调整过程，叶片各截面线上数据点的参数得到了规范化处理，因此对参数化后的叶片截面线进行放样，得到的重构叶身曲面的扭曲现象有了很大改善，曲面质量显著提高。由于补偿了叶片的变形，数控加工后可以获得很好的补偿效果，加工精度大大提高。

5.2.4 叶片加工弹性变形误差预测实验

根据叶片加工变形的有限元模拟结果，采用之前提出的叶片多次误差补偿方法，进行叶片补偿加工实验，实验对象与5.2.2节中研究的叶片相同。实验条件及切削参数如下：

叶片材料：航空钛合金 TC11。

实验设备：四坐标数控机床 JOHNFORD VM850C，三坐标测量机 GLOBAL STATUS 121510，测头半径为1 mm。

刀具：4齿硬质合金刀具，刀具直径 $D=10$ mm。

切削参数：主轴转速 $n=1\ 000$ r/min，切深 $a_p=0.3$ mm，行距为0.5 mm，每齿进给量 $f_z=0.03$ mm。

上述叶片按照多次误差补偿理论补偿加工后，测量叶片各个截面线的加工误差分布情况，测量方法与5.2.2节中的方法相同。对测量数据进行分析处理后，可得到补偿加工后的叶片各截面的最大误差、最小误差和平均误差，如图5-27所示。

从图5-27可以看出，误差补偿后叶片各截面的最大误差、最小误差和平均误差大大减小，加工精度得到显著提高。从表5-2所示的叶片补偿加工后的实测结果与补偿前预测结果的比较中可以看出，经多次误差补偿后，叶片曲面的平均误差控制在0.1 mm以内，即补偿前的1/3以内，完全满足图纸设计要求，达到了变形补偿的目的。由此可见，在叶片加工中采用误差补偿方法是行之有效的，对控制叶片的加工变形和提高加工精度具有指导意义。

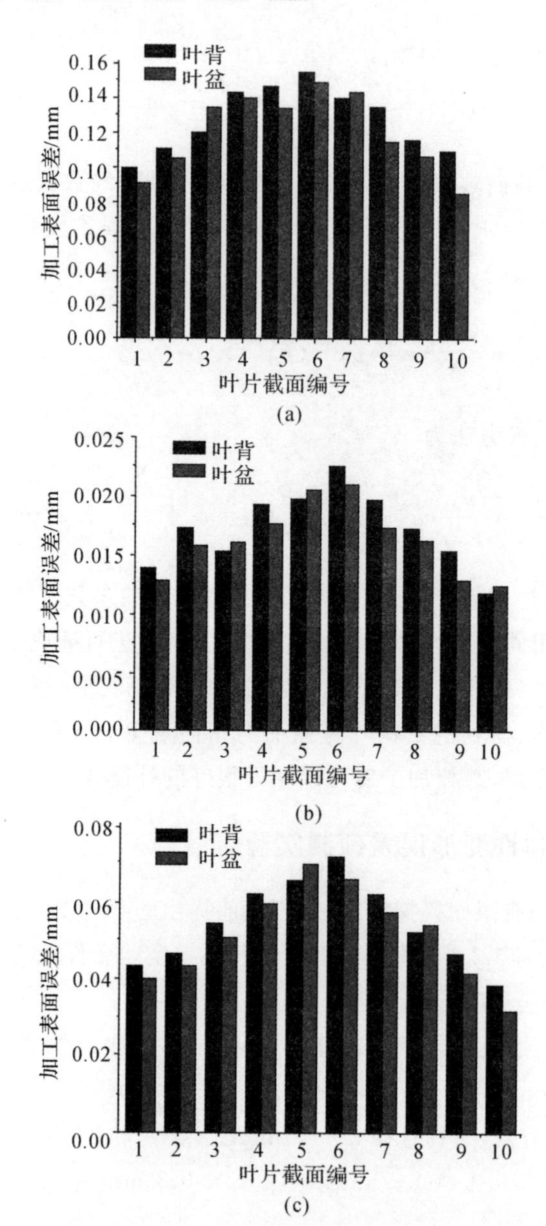

图 5-27　叶片截面线加工误差

(a)叶片截面线最大误差;(b)叶片截面线最小误差;(c)叶片截面线平均误差

表 5-2　叶片平均误差预测值与补偿后测量值对比

叶　背				叶　盆			
截面编号	补偿前预测值/mm	补偿后测量值/mm	比值	截面编号	补偿前预测值/mm	补偿后测量值/mm	比值
1	0.170	0.043	25.3%	1	0.166	0.04	24.1%
2	0.174	0.047	27%	2	0.179	0.043	24%

续表

叶背				叶盆			
截面编号	补偿前预测值/mm	补偿后测量值/mm	比值	截面编号	补偿前预测值/mm	补偿后测量值/mm	比值
3	0.20	0.055	27.5%	3	0.186	0.051	27.4%
4	0.216	0.062	28.7%	4	0.224	0.06	26.8%
5	0.223	0.066	29.6%	5	0.218	0.07	32.1%
6	0.218	0.072	33%	6	0.203	0.067	33%
7	0.192	0.062	32.3%	7	0.190	0.057	30%
8	0.176	0.052	29.5%	8	0.187	0.054	28.9%
9	0.182	0.047	25.8%	9	0.179	0.042	23.5%
10	0.177	0.039	22%	10	0.171	0.037	21.6%

针对航空发动机薄壁叶片在数控加工中的加工变形问题，提出了基于反变形补偿原理的叶片加工变形多次误差补偿方法，讨论了叶片补偿实体重构问题，并给出了具体算法。最后，叶片实际的数控补偿加工表明该方法能够满足叶片的加工精度要求，证明了叶片加工变形多次误差补偿方法的有效性和可行性。

5.3 加工残余应力变形控制技术

在薄壁件切削加工过程中，由于切削力和切削热的作用，切削表层产生残余应力，引起工件的扭曲变形，严重时引起零件报废，对薄壁件的高精密加工十分不利。关于精密加工残余应力变形的控制技术，是一个迫切需要解决的工艺难题。

5.3.1 加工残余应力的影响因素分析

通过X-ray衍射测试切削表面残余应力的大小与分布，并结合有限元切削仿真，通过对比和综合分析，建立残余应力与切削参数、刀具参数、刀具涂层、刀具磨损、冷却方式、走刀方式等影响因素的关系。

基于切削实验方法，采用8组试样，如图5-28所示，分别进行残余应力实验研究。

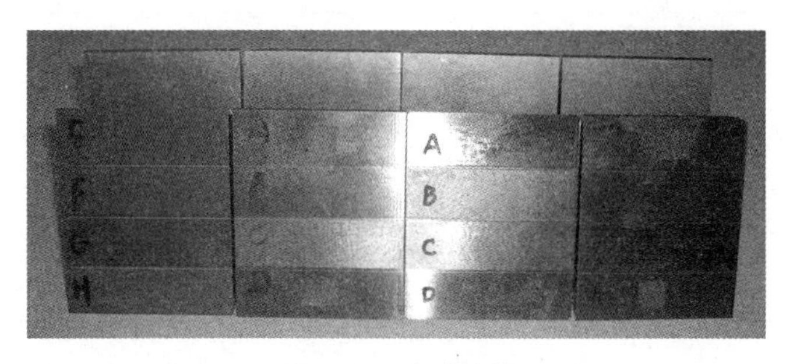

图5-28 实验试样

1. 刀具几何参数对残余应力的影响

实验条件如下：

试件材料：TC17。

试件编号：3#，4#。

切削参数：切削速度 $v=109.9$ m/min（主轴转速：$n_{\phi7}=5\ 000$ r/min；$n_{\phi5}=7\ 000$ r/min；$n_{\phi10}=3\ 500$ r/min；），$a_e=0.3$ mm；$a_p=0.2$ mm；$f_z=0.05$ mm/齿。

刀具悬伸量：$L=45$ mm。

刀具直径：7 mm，5 mm，10 mm。

机床：VMC-850。

残余应力测试仪：日本理学 D/max-2200PC 型 X 射线衍射仪。

切削试件及刀具几何参数见图 5-29 和表 5-3。

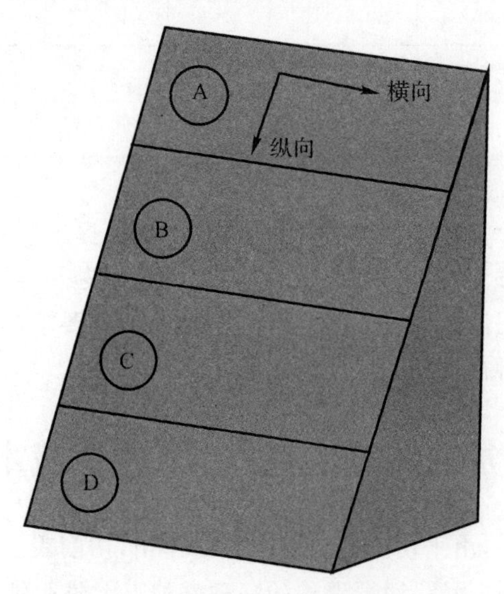

图 5-29 切削试件

表 5-3 刀具几何参数表

试件	区号	直径/mm	前角/(°)	后角/(°)	螺旋角/(°)
3#	A	7	6	10	35
	B	7	8	10	35
	C	7	12	10	35
	D	7	8	12	35
4#	A	7	8	10	25
	B	7	8	10	40
	C	5	8	10	35
	D	10	8	10	35

实验结果及分析：由图5－30(a)可以看出，当增大前角时是有利于工件表面的应力分布的，当大于7°时，在$X-Y$方向都呈现出压应力状态。这主要是因为，前角γ愈大，切削时刃口愈锋利，切削愈轻快，从而可以避免钛合金产生过多切削热和二次硬化。另外，前角增大时，剪切角也随之增大，切屑流出时的阻力减小，切屑变形减小，变形系数ξ降低。所以在保证切削刃强度的前提下，增大刀具前角对改善切削过程是有利的，否则前角选择太小，会导致工件表面出现拉应力状态。从图5－30(b)可以看出，随着后角的增大，残余应力随之增大。这主要是因为，当后角增大时，在切削过程中刀具后刀面与工件界面的相互摩擦作用减小，降低了切削力和切削热的作用。但后角也不易过大，后角增大会降低刀具的强度，减少刀具的寿命。从图5－30(c)可以看出，螺旋角β越大，越有利于降低表面残余应力。这主要是因为随着螺旋角的增大，刀刃越锋利，切削力、切削热随之降低，另外随着螺旋角的增大，在切削过程中的散热面积增大，降低了切削热对表面残余应力的影响。但螺旋角也不是越大越好，螺旋角超过40°后，其耐磨性大大降低，工件表面的应力状态也可能由压应力改变为拉应力，这点对零件的抗疲劳性能非常不利。从图5－30(d)可以看出，随着刀具直径的增大，在相同切削参数下刀具与零件的切触面积增大，切削力随之增大，从而强化切削热效应，残余应力随之减小。

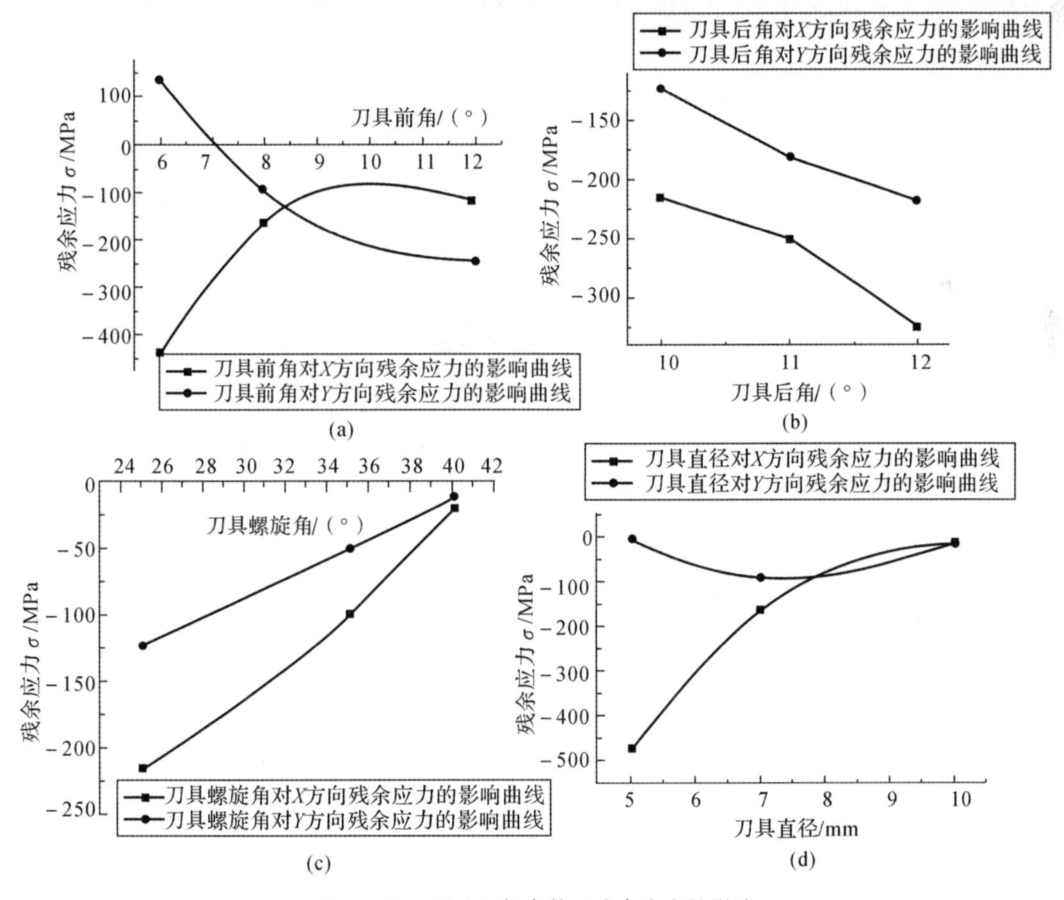

图5－30　刀具几何参数对残余应力的影响

(a)刀具前角对残余应力的影响；(b)刀具后角对残余应力的影响；

(c)刀具螺旋角对残余应力的影响；(d)刀具直径对残余应力的影响

2. 刀具涂层对残余应力的影响

实验条件如下:

工件材料:TC11。

刀具材料:硬质合金 K44UF/K55SF,分别采用无涂层、TiC 涂层和 TiAlN 涂层。

刀具参数:直径 7 mm,前角 10°,后角 10°,螺旋角 40°,齿数 4 齿。

铣削参数:主轴转速 5 000 r/min,切削深度 0.2 mm,切削宽度 0.2 mm,每齿进给量 0.2 mm/齿,顺铣。

实验结果及分析:从图 5-31 中可以看出,除了 TiAlN 涂层引起拉应力外,其他两种情况均表现为压应力,并且对应力的影响大小差异较大。其中传统的 TiAlN 涂层铣刀在加工过程中,其涂层材料 Ti 成分与被加工钛合金材料在切削力和切削热的作用下,互相浸和,致使被加工表面产生很大的残余拉应力,这也是导致被加工零件在工作过程中提前失效的主要原因之一,所以传统的含钛成分的涂层是不可取的;而对于新涂层——凤凰涂层,其成分中不含钛成分,引起了相对较小的残余压应力,该涂层具有高显微硬度(≥HV3 500)、低切削阻力、良好的抗高温(≥900℃)与摩擦磨损等性能,对于改善切削条件和提高刀具耐用度是有利的。所以,在延长被加工零件寿命和提高被加工零件质量方面,涂层应该优选新材料的涂层——凤凰涂层。

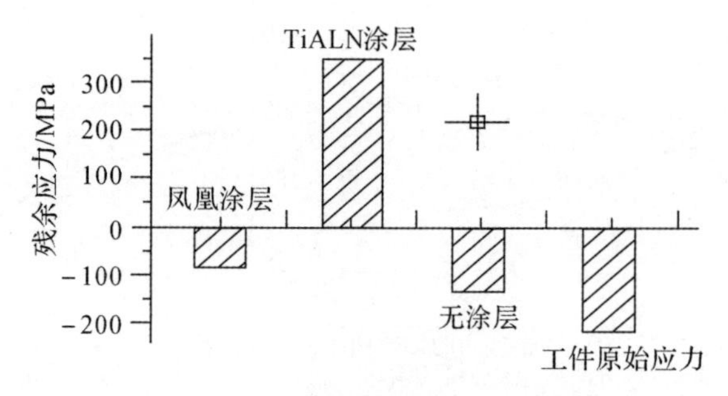

图 5-31　刀具涂层对残余应力的影响

3. 切削用量对残余应力的影响

实验条件如下:

工件材料:TC11。

刀具材料:硬质合金 K44UF/K55SF,凤凰涂层。

刀具参数:直径 7 mm,前角 10°,后角 10°,螺旋角 40°,齿数 4 齿。

冷却方式:乳化液。

铣削参数选择:见表 5-4。

铣削工艺:加工试件采用隔离槽划分为 4 个切削区域,切削过程采用锥形块和球头铣刀组合形式,主要目的是反映出叶片实际加工过程中的工况(见图 5-32)。

实验采用正交方法,对切削速度、每齿进给量、切削深度和切削宽度 4 个因素选取 3 个水平,采用标准正交(见表 5-4),最后对残余应力随切削参数的变化情况建立了经验公式。

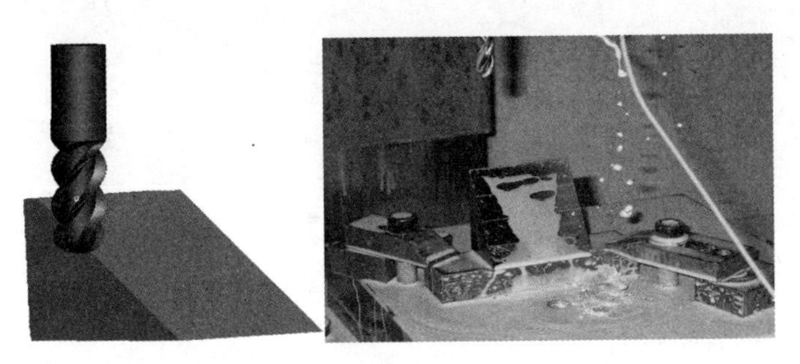

图 5-32 实验工艺方案

表 5-4 切削用量正交表

切削参数 序号	主轴转速 n r/min	切削深度 a_p mm	每齿进给量 f_z mm/齿	切削宽度 a_e mm	残余应力 σ MPa	
					X 向	Y 向
1	3 000	0.15	0.15	0.15	120	79
2	3 000	0.20	0.20	0.20	185	106
3	3 000	0.35	0.35	0.30	228	198
4	5 000	0.15	0.20	0.30	250	115
5	5 000	0.20	0.35	0.15	276	167
6	5 000	0.35	0.15	0.20	218	103
7	10 000	0.15	0.35	0.20	361	339
8	10 000	0.20	0.15	0.35	336	268
9	10 000	0.35	0.20	0.15	312	195

实验结果及分析:在不同切削速度下,沿速度方向和垂直于切削速度方向上的表层残余应力分布情况如图 5-33 所示。从图中可以看出,随着切削速度的提高,工件表层的在 X 方向和 Y 方向残余应力呈现出增大趋势,且工件表层都表现为拉应力状态。其次,沿切削速度方向,刀具切削速度对残余应力的影响要大于垂直于切削速度方向的残余应力,这主要因为随着切削速度的增加,切削力有所减小,但是切削温度出现累积效应,切削热成为了影响残余应力的主要因素。

在不同切削深度下,沿两个方向的残余应力分布情况,如图 5-34 所示,随着切削深度的加大,残余应力呈现出上升趋势,沿切削速度方向的影响要大于垂直方向。这主要是因为,随着切削深度的增大,切削力会有所增加,切削力的增大导致对工件的作用力增加,所以表现出增加趋势。

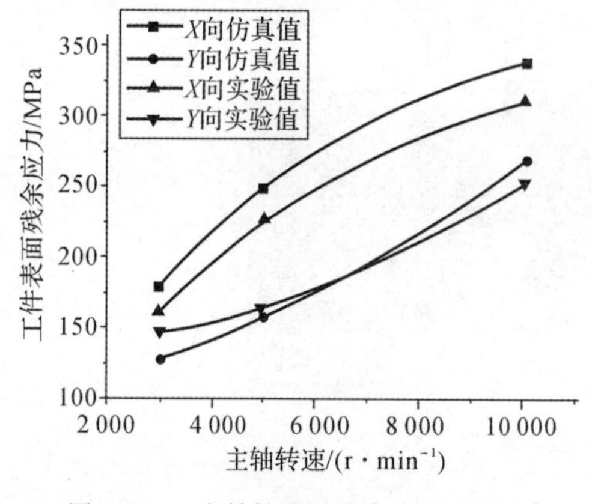

图 5-33 主轴转速对残余应力的影响

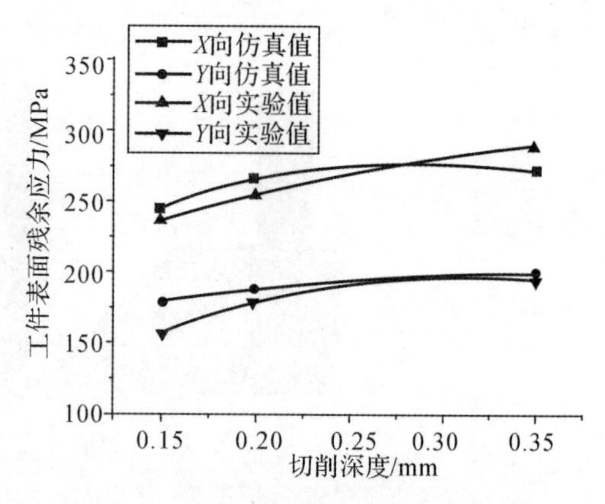

图 5-34 切削深度对残余应力的影响

从图 5-35 和图 5-36 可以看出，随着每齿进给量和切削宽度增加都会引起残余应力的增加，并且殊余应力在 X 方向数值要大于在 Y 方向数值。切削宽度也表现出相同的结果，并且每齿进给量对残余应力的影响的增加要小于切宽对残余应力的影响。

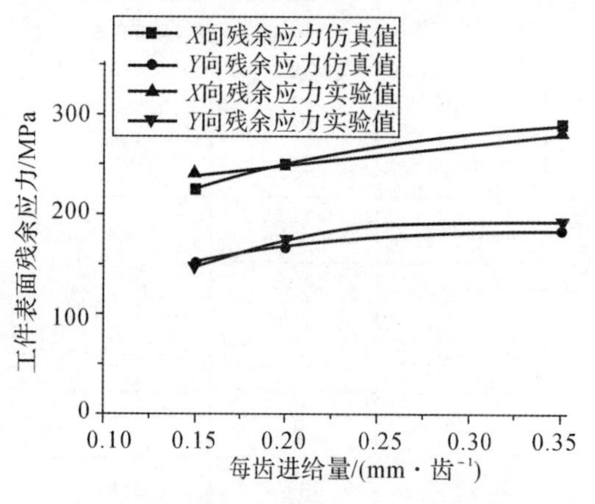

图 5-35 每齿进给量对残余应力的影响

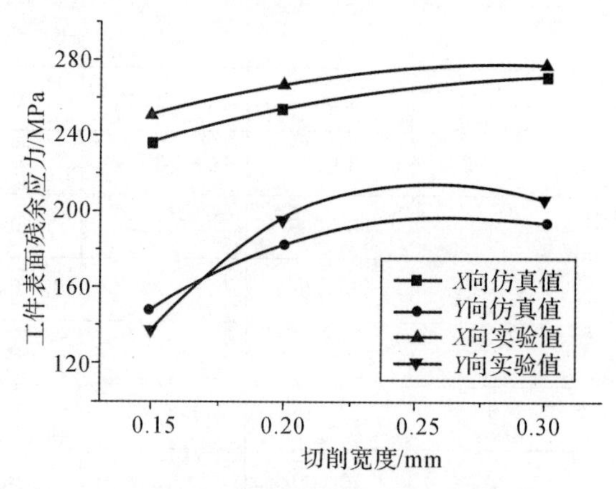

图 5-36 切削宽度对残余应力的影响

根据传统理论，影响工件表面残余应力 σ 的 4 个因素为径向切宽 a_e、切深 a_p、每齿进给量 f_z、切削速度 v。在多因素考核中，采用正交实验方法可以用最少的实验次数获得最满意的实验结果。既能科学地确定多因素考核中考核指标的影响程度，又能够准确地找出最佳条件组合。本文采用 Taguchi 正交实验法，该方法既能大幅度减少实验次数，又不会降低实验可信度。实验采用了 4 个因素 3 个水平正交设计，利用正交实验结果，可得经验公式模型为

$$\left.\begin{aligned}\sigma_X &= a_1 v^{b1} a_p^{d1} f_z^{e1} a_e^{r1}\\ \sigma_Y &= a_2 v^{b2} a_p^{d2} f_z^{e2} a_e^{r2}\end{aligned}\right\}\tag{5-20}$$

式中，系数 a 取决于工件材料和刀具材料；指数 b,d,e,r 与切削参数有关。对式(5-20)两边求对数线性化后，得到

$$\ln\sigma_X = \ln a_1 + b_1\ln v + d_1\ln a_p + e_1\ln f + r_1\ln a_w \tag{5-21}$$

$$\ln\sigma_Y = \ln a_2 + b_2\ln v + d_2\ln a_p + e_2\ln f + r_2\ln a_w \tag{5-22}$$

然后采用最小二乘法对正交实验结果进行拟合，求出经验公式中的待定系数，得出残余应

力在 X 和 Y 方向上与切削速度、切深、每齿进给量及切宽的经验公式，即

$$\left.\begin{aligned}\sigma_X&=3.6225v^{0.6788}a_p^{0.0725}f_z^{0.6823}a_e^{0.4151}\\ \sigma_Y&=4.0466v^{0.5505}a_p^{0.1137}f_z^{0.3594}a_w^{0.2920}\end{aligned}\right\}\tag{5-23}$$

对正交实验结果进行分析以及从经验公式可以看出，切削速度和每齿进给量是影响残余应力的主要因素，切深对残余应力的影响很小，考虑切宽的变化幅度及其指数因子，得出切宽对残余应力的影响也是很小的。对残余应力的控制主要是对切削速度和每齿进给量进行优化控制。

4. 刀具磨损对残余应力的影响

实验条件如下：

1）工件材料：TC11。

2）刀具材料：K44UF，分别采用无涂层和凤凰涂层。

3）刀具参数：刀具直径 7 mm，前角 10°，后角 10°，螺旋角 40°，齿数 4 齿。

4）铣削参数：主轴转速 5 000 r/min，切削深度 0.2 mm，切削宽度 0.2 mm，每齿进给量 0.2 mm/ 齿。

5）铣削方式：顺铣。

实验结果及分析：关于试件表面的残余应力，在 Y 方向的残余应力总是呈压应力的，并且没有显示出与刀具后刀面磨损宽度存在任何关系。在 X 方向的残余应力是压应力，并且在刀具磨损的早期阶段是减小的，当刀具严重磨损时，变成了压应力。同时，当 X 方向残余应力由拉应力向压应力转变时，加工表面质量是各种情况中最糟糕的。刀具磨损量增大，在工件表层则拉应力值增大，在离表层较深处的压应力值也增大，即残余应力影响的深度层增加。这主要是由于刀具的最小磨损程度对应着后刀面最小摩擦因数、最小的加工硬化深度和程度、最小的表面层金属塑性变形程度。因此，刀具后刀面磨损增大，会导致残余应力 σ_{max} 及其存在的深度 L 增大。实验表明，刀具后刀面磨损接近 0.10～0.12 时，刀具磨损程度加快。所以在实际应用中要保持刀具磨损不大于这些值，否则此时切削力、表面粗糙度和残余应力会随着刀具磨损而明显地增长。

5. 冷却方式对残余应力的影响

实验条件如下：

1)工件材料：TC11。

2)刀具材料：K44UF，无涂层。

3)刀具参数：刀具直径 7 mm，前角 8°，后角 10°，螺旋角 40°，齿数 4 齿。

4)铣削参数：主轴转速 5 000 r/min，切削深度 0.2 mm，切削宽度 0.2 mm，每齿进给量 0.2 mm/齿。

5)铣削方式：顺铣。

分别采用乳化液冷却、干切削、微量润滑；4 喷头。

实验结果及分析：冷却液的使用以及压力的大小对刀具寿命和加工参数的优化以及加工表面质量也是一个重要的影响因素，在确定冷却液的参数时主要考虑到冷却液采用的冷却剂、冷却压力、冷却方式和冷却头数目等。

压力在 10MPa 和标准冷却液实验对比表明，在提高刀具寿命方面有所不同，10 MPa 时的效果要好。但是在 20MPa 实验中刀具的磨损率几乎和采用 10 MPa 压力时得到的相同。也

就是说，压力超过 10 MPa 时，冷却压力即使再高，也不会有效地提高刀具寿命。MQL 的使用对于改善切削有利，但是却增加了切削温度，结果降低了刀具寿命，残留有较高的残余应力，导致低表面质量，所以不适合。干加工残余应力比加普通冷却液的加工残余应力要高。综合上述特点，选择乳化液冷却对于降低残余应力的效果要明显。

实验结果同时还表明，在不同切削液的方式下，刀具的磨损对残余应力影响是有差异的。通常冷却状况下，对于新刀具产生 $\sigma=100\sim200$ MPa 的残余拉应力，而干切削和 MQL 由于会在刀刃和工件接触的区域导致温度的升高，所以会导致更高的拉应力 $\sigma=300$ MPa。但是有一个共同特点，就是对所有的冷却方法，随着刀具的磨损增大，其引起的残余应力数值也会渐进增大，其中干切削和 MQL 引起的残余应力最大可达到 $\sigma\approx600$ MPa。当刀具磨损 $V_b>0.12$ mm 时，磨损会出现加剧，即使润滑条件再好，由于在切削刃和工件材料间的高摩擦力导致的切削热成为引起高残余应力的主导因素，此时的残余应力将会进一步增加，如图 5-37 所示。

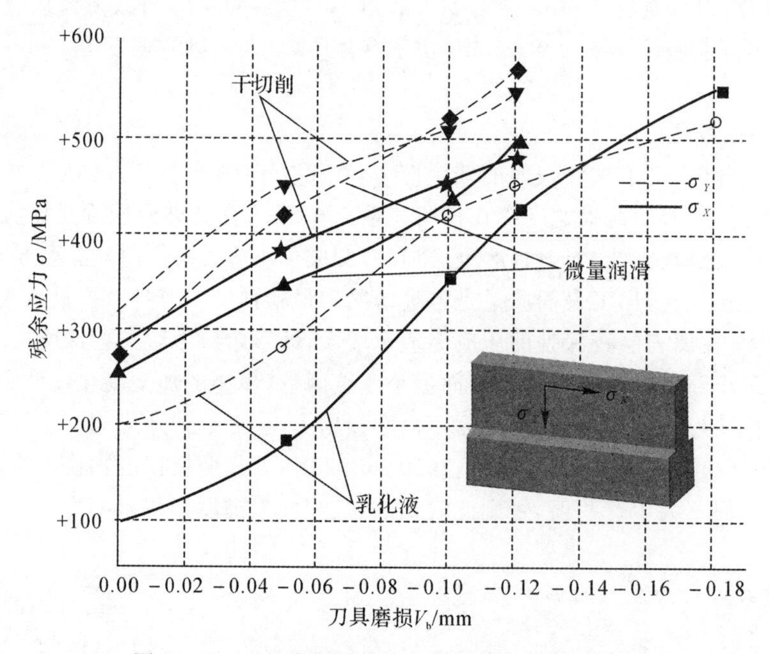

图 5-37　刀具磨损与冷却方式对残余应力的影响

6. 加工工艺路线对残余应力的影响

逆铣加工时，切屑厚度从零开始逐渐增大，当实际前角出现负值时，刀齿在加工表面上挤压、滑行，不能切除切屑，既增大后刀面的磨损，又使工件表面产生较严重的冷硬层。当下一个刀齿切入时，又在冷硬层表面上挤压、滑行，加剧了铣刀的磨损，使工件加工后的表面残余应力增大，粗糙度值也随之增加。顺铣加工时，刀具是以与工作台进给方向相同的方向旋转，刀具产生一个向下压紧工件的作用力。刀齿的切屑厚度从最大开始，避免挤压、滑行现象，且垂直分力 F_V 始终压向工作台，使切削平稳，降低表面残余应力，提高铣刀耐用度和加工表面质量。另外实验还表明，顺铣可提高铣刀耐用度 2～3 倍，工件的表面粗糙度值可降低些，尤其在铣削难加工材料时，效果更为显著，如图 5-38 所示。

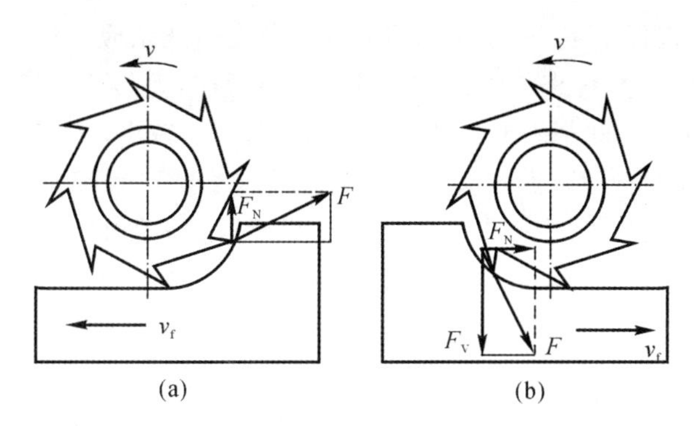

图 5-38 逆铣和顺铣示意图
(a)逆铣；(b)顺铣

5.3.2 薄壁结构残余应力变形综合控制策略

根据以上分析可知，薄壁叶片加工残余应力变形是影响薄壁叶片数控加工效率、精度和表面质量的关键性制约因素。针对悬臂叶片残余应力的控制，可以通过工艺参数优化和工艺路线优化，如图5-39所示。具体就是在前面工艺参数优化的基础上，在数控加工中，采用双面环切工艺方式，沿着叶尖至叶根的方向，在刀具的一个环绕周期内，同步切除叶背和叶盆型面的加工余量，从而保持叶片铣削表层残余应力始终处于平衡状态，来确保残余应力引起的变形最小。

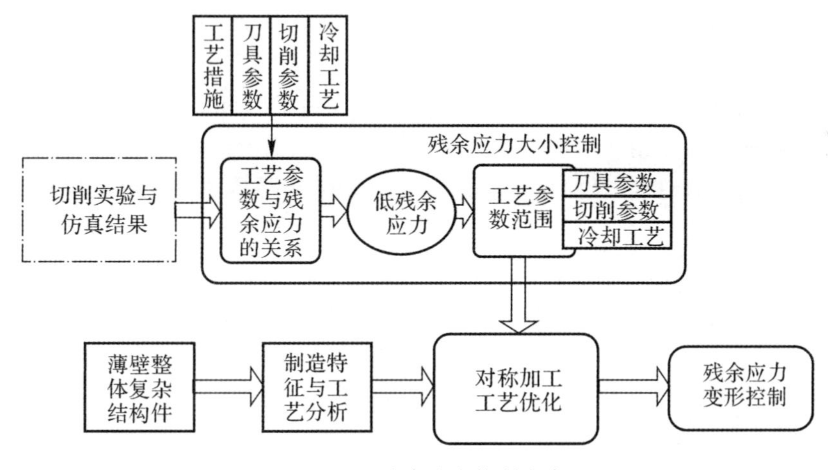

图 5-39 残余应力控制方案

1. 基于工艺参数优化的变形控制方法

基于实验分析研究表明，切削过程中的热力耦合是导致薄壁件变形的主要原因，所以在薄壁叶片的切削加工过程中切削参数和刀具几何参数的选择就与常规零件加工有着很大差异，基于工艺参数的优化进行变形控制，其核心就是通过控制切削时的工艺参数和外部条件，实现切削热和切削力的控制，最终能够降低残余应力以达到控制变形的目的。

通过残余应力的影响因素综合可以看出，切削热和切削力的控制主要从以下几个方面实现。

(1)刀具几何参数选择。基于5.3.1节刀具几何角度对残余应力的影响分析可知,螺旋角优选40°,前角优选10°,后角优选10°,从残余应力角度考虑,刀具直径在刚性满足的条件下应优选小直径刀具7 mm。在此基础上,主偏角κ_r选择时应当减小,使切削宽度a_e增大,切屑深度a_p减小,可使切削温度下降。而刀尖圆弧半径r_e在0～1.5 mm范围内变化,基本上不影响切削温度。由于负倒棱宽度及刀尖圆弧半径的增大,塑性变形区的塑性变形会增大,但这两者都能使刀具的散热条件有所改善,传出的热量也有所增加,两者趋于平衡,所以对切削温度影响很小。尤其要注意的是,在后刀面的磨损值达到V_b数值后,对切削温度的影响增大,切削速度愈高,影响就愈显著,所以要注意控制刀具的磨损。

(2)刀具磨损的控制。由5.3.1节可知,刀具磨损是对残余应力影响最大的因素之一,当刀具的磨损达到$V_b=0.12$ mm时,残余应力可达到新刀具的2～3倍。根据刀具与残余应力曲线,在叶盘叶片的加工过程中应严格控制刀具的磨损,使刀具的磨损量应控制在$V_b=0.04$ mm以下,才可使叶片在整个加工过程中不因为刀具磨损产生过大的残余应力。

(3)切削参数的选择。由5.3.1节可知,随切削速度的增加,残余应力略有下降,所以切削转速在条件允许的条件下应尽量选大;由于随着每齿进给量、径向切宽、轴向切深的增大,残余应力都会有不同程度的增加,所以在叶盘叶片的加工中都应在较小的范围中选择。考虑到加工效率和叶片的表面粗糙度,以ϕ7球头刀为例,每齿进给量为0.04～0.05 mm;径向切深应为0.15～0.5 mm;轴向切深应为0.2～0.35 mm。

(4)冷却方式的选择。通过实验可知,虽然油雾冷却方式获得的残余应力比普通乳化液和高压冷却方式小得多,但该残余应力为拉应力。由于压应力为首选,这就排除了该种冷却方式。而乳化液高压和普通冷却方式虽然获得的均为残余压应力,但高压冷却可延长刀具的寿命,所以冷却方式应优化选择高压冷却方式。

(5)刀具涂层的选择。由5.3.1节可知,TiN,TiC,TiCN,TiAlN等含钛涂层在切削过程中,切屑-刀具-材料界面在相互作用过程易产生钛亲和,从而导致切削表面产生较大的残余拉应力,并加剧刀具磨损,所以含钛涂层不易选取。而凤凰涂层是一种新型涂层材料,不仅形成残余应力小,而且为压应力,所以应首选该材料进行刀具涂层处理。

2. 基于对称铣削工艺变形的控制方法

(1)对称铣削工艺原理。在薄壁件——叶片的扭曲变形中,加工路线规划对变形的影响十分重要。本小节通过有限元的方法对两种走刀轨迹引起的变形进行了对比,并对提出的“对称”铣削工艺控制方案从应力引起的变形角度进行分析说明,如图5-40所示。

卸载前的残余应力状态$\boldsymbol{\sigma}$应该是切削过程中某一瞬时材料的流动应力,则$\boldsymbol{\sigma}_e$是去除切削力、工件表层温度回复至室温后的线弹性应力。切削过程中的瞬态流动应力$\boldsymbol{\sigma}$可以由下式得到:

$$
\begin{aligned}
\mathrm{d}\{\sigma\} &= [D^{ep}](\mathrm{d}\{\varepsilon\} - \mathrm{d}\{\varepsilon^T\}) + \mathrm{d}\{\sigma^T\} + \mathrm{d}\{\sigma^{V'}\} = \\
&[D^{ep}]\mathrm{d}\{\varepsilon\} + (\mathrm{d}\{\sigma^T\}) - [D^{ep}]\mathrm{d}\{\varepsilon^T\}) + \mathrm{d}\{\sigma^{V'}\} = \\
&f_1(H') + f_2(H',T') + f_3(H',V') \qquad (5-24)
\end{aligned}
$$

该式表示流动应力受塑性应变、应变率和温度影响,材料的应力-应变关系本构方程。式中包含三项:第一项是在流动应力受应变硬化影响,由Prandtl-Reuss流动理论确定的应力增量;第二项反映了流动应力受温度和应变硬化同时作用而引起的表观应力增量;第三项反映了流动应力受应变速率和应变硬化同时作用的影响而引起的表观应力增量。式中的硬化曲线,即弹塑性矩阵等随温度、应变率变化关系可通过动力学实验测定。

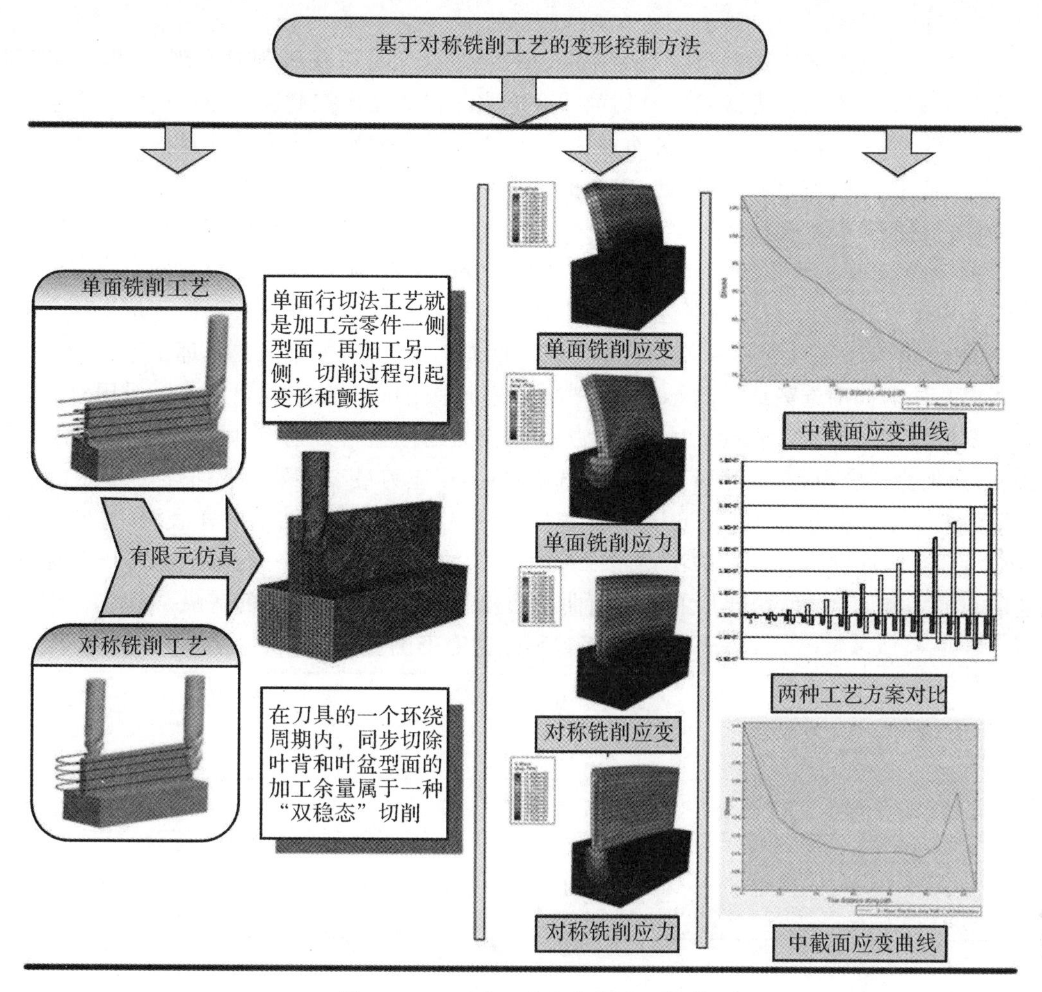

图 5-40　两种工艺方案有限元仿真

而工件表面卸载后的线弹性恢复应力 $\boldsymbol{\sigma}_e$ 可由弹性力学得到。

卸载后各单元弹性应力为

$$\boldsymbol{\sigma}_e = \boldsymbol{D}^e \boldsymbol{B} \boldsymbol{\delta} \tag{5-25}$$

式中，$\boldsymbol{B}$ 表示几何矩阵，$\boldsymbol{D}^e$ 表示弹性矩阵。

总之，工件表层残余应力的性质是由 $\boldsymbol{\sigma}_F$ 和 $\boldsymbol{\sigma}_T$ 热-力耦合综合作用的结果。

由于在每一层均采用环形对称同步切削，所以在叶片两个表面很小的区域均会产生相同的 $\boldsymbol{\sigma}_e$ 应力，$\boldsymbol{\sigma}$ 为半精加工的残余应力。在工件表面经过精加工后，在叶盆、叶背的最终分布的残余应力 $\boldsymbol{\sigma}_r = \boldsymbol{\sigma} - \boldsymbol{\sigma}_e$ 就应该大小相等、方向相反，从应力分布计算这个角度来看，最终引起的变形最小。

从环形对称铣削工艺特点来看，其沿叶尖至叶根的方向，在刀具的一个环绕周期内，同步切除叶背和叶盆型面的加工余量。应力是逐步释放、同步平衡的一个过程。其次，对称环形铣削时，刀具从一条刀具轨迹转换到下一条刀具轨迹的过程中，刀具从加工表面单行走刀以后采用退出叶面形式，然后才快速进行换向动作，在整个加工过程中，可以实现刀轴矢量的优化，所以能够保证叶盆和叶背刀轴矢量近似对称，使得引起的应力分布一致，同时也可以避免在叶型表面产生残留的纵向进刀痕迹。

环形对称铣削工艺方案既可以避免振动、平衡加工，又可以在铣削时实现“双稳态”切削，所以环形对称加工方式成为薄壁叶片切削残余应力与扭曲变形控制问题的最优解决方案。

实验同样也表明，对叶片进行单面加工后，由于叶片表面残余应力和叶片内应力的非对称释放，将引起叶片的弯扭变形。因此，常规的叶片粗加工和半精加工，为保证变形后的叶片有足够的最小精加工余量，留给精加工的余量往往太大，由此造成精加工切除量大且非常不均匀，并导致精加工变形难以控制。而采用双面环切铣削技术，则可减小不对称残余应力引起的变形。采用该项技术，不仅控制了粗加工、半精加工后叶片内应力非对称释放和加工残余应力引起的加工变形，还可以进一步减少粗加工和半精加工余量，省去中间热处理工序。

两种不同的铣削方案结果测绘见表 5-5，叶片 1 采用单面铣削方式，叶片 2 采用双面环切铣削方案，通过 X 射线法测量应力分布。从残余应力的测量可以看到，采用环形对称铣削方案，应力表现为压应力，在各测量点与单面铣削对比，压应力最小。采用双面环切铣削工艺，扭曲变形降低 90%，残余应力减小 60%。在三坐标测量机上的检测结果同样表明，薄壁叶片叶尖区域沿厚度方向的最大数控加工误差由单面铣削工艺的 0.1 mm 一级降低至环形对称铣削工艺的 0.01 mm 一级，薄壁叶片的加工扭曲变形控制问题得到了较好的解决。

表 5-5　单面铣削工艺变形测量数据

部位	叶片 1/μm	叶片 2/μm
1 位	−433	−252
2 位	−321	−341
3 位	−494	−262
4 位	−469	−301
5 位	−469	−316
6 位	−469	−354

(2)对称刀位轨迹控制算法。通过对称环形铣削技术完成叶片的精加工，进一步抑制半精铣后的残余应力引起的变形。环形对称铣削加工的首要步骤就是构造刀具沿叶身型面的对称切触点轨迹。

设叶身曲面用样条曲面表示为 S_0，沿叶片截面线的方向定义为 u 参数方向，沿叶片径向线的方向定义为 v 参数方向，参数域方向参数为$[u,v]$，在 S_0 内的取值范围均被规范化为$[0,1]$，如图 5-41 所示。

若叶身曲面 S_0 与轮毂端面和叶尖端面的交线分别为 C_0 和 C_1，则叶身曲面的有效区域边界由 C_0 和 C_1 两条交线确定，为了使对称环行线经过 m 圈后从 C_0 过渡到 C_1，可在 S_0 上构造等 u 参数线族 $T:\{T_i, i=1\sim n\}$，对 C_0 和 C_1 两条交线进行重新离散。

设离散后得到的 T 与 C_0 的交点集合为 $P:\{P_i, i=1\sim n\}$，T 与 C_1 的交点集合为 $Q_i:\{Q_i, i=1\sim n\}$。设以 P 和 Q 为边界将 T 进行 m 等分后得到的网格结点集合为 $L:\{L_{ij}, i=1\sim n, j=1\sim m$，其中 $L_{0i}=P_i, L_{mi}=Q_i\}$，则螺旋线上位于第 i 行、第 j 列的子网格内的插值点

$A_{ij}(u,v)$ 可用下列公式之一来计算：

$$\left.\begin{aligned}&A_{ij}(u,v)=L_{(i-1)j}(u,v)+\frac{L_{nj}(u,v)-L_{0j}(u,v)}{n}\times i\\&(0\leqslant i\leqslant n;0\leqslant j\leqslant m)\end{aligned}\right\}\tag{5-26}$$

$$\left.\begin{aligned}&A_{ij}(u,v)=L_{(i-1)j}(u,v)+\frac{L_{nj}(u,v)-L_{0j}(u,v)}{n}\times(n-i)\\&(0\leqslant i\leqslant n;0\leqslant j\leqslant m)\end{aligned}\right\}\tag{5-27}$$

说明：按式(5-26)计算可得到一条向右旋转的环形线，按式(5-27)计算则可得到一条向左旋转的环形线。

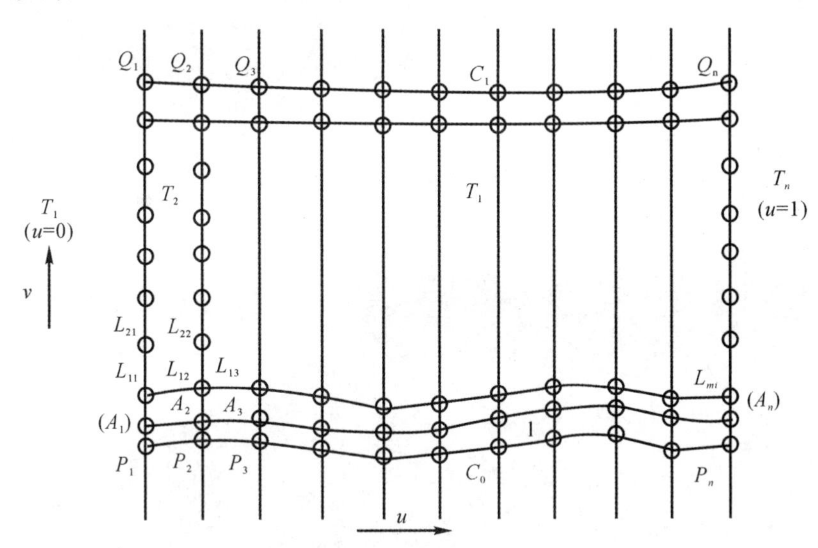

图5-41　参数域内控制曲线、等分点和网格

按照 v 先 u 后的顺序，使两个参数分别从0递增到1，计算出所有的插值点 $A_{ij}(u,v)$。然后，按顺序连接所有的点，即可在参数域内生成一条连续的环形线。

刀轴矢量控制线，其特征是根据待加工叶片两侧相邻叶片的叶盆、叶背面延长叶片长度的60%～80%后的叶尖边线构造一个曲面，主要是防止加工叶尖时刀轴与相邻叶片干涉。通过延拓曲面的最外两条边线，构造控制曲面。将该控制曲面定义在与叶盘同轴线的回转面内，则刀轴控制线就落在该控制曲面内，而控制曲面参数网格线即为控制网格，来实现刀轴的对称控制，如图5-42所示。

对称铣削算法具体如下：

(1) 将叶盆、叶背刀位轨迹线沿叶盘径向按照由里至外原则排序，分别记为曲线 $CP_i(i=0,1,\cdots,n)$，$CB_i(i=0,1,\cdots,n)$，如图5-43所示。

(2) 将曲线 CP_i，CB_i 按照等弧长原则各离散为 $m+1$ 个点，分别记为点 $P_{P_{i,j}}(j=0,1,\cdots,m)$，$P_{B_{i,j}}(j=0,1,\cdots,m)$。

(3) 根据刀具在任意刀位点的可摆动区间计算方法分别计算叶盆面上 $P_{P_{i,j}}$ 点处刀具可摆动区间 $\varphi_{i,j}\in[A_{i,j},B_{i,j}]$ 和相应的叶背面上 $P_{B_{i,j}}$ 点处刀具可摆动区间 $\beta_{i,j}\in[C_{i,j},D_{i,j}]$，为保证对称，加工叶盆面上 $P_{P_{i,j}}$ 点时刀具和叶盆面夹角 $\varphi_{i,j}$ 要等于加工叶背面上 $PB_{i,j}$ 点时刀具和叶背面夹角 $\beta_{i,j}$，即

$$\varphi_{i,j}=\beta_{i,j} \tag{5-28}$$

取 $C_{i,j}$,$A_{i,j}$ 中较大的值记为 $E_{i,j}$,取 $D_{i,j}$,$B_{i,j}$ 中较大的值记为 $F_{i,j}$,因此可取

$$\varphi_{i,j}=\beta_{i,j}=\lambda\in[E_{i,j},F_{i,j}] \tag{5-29}$$

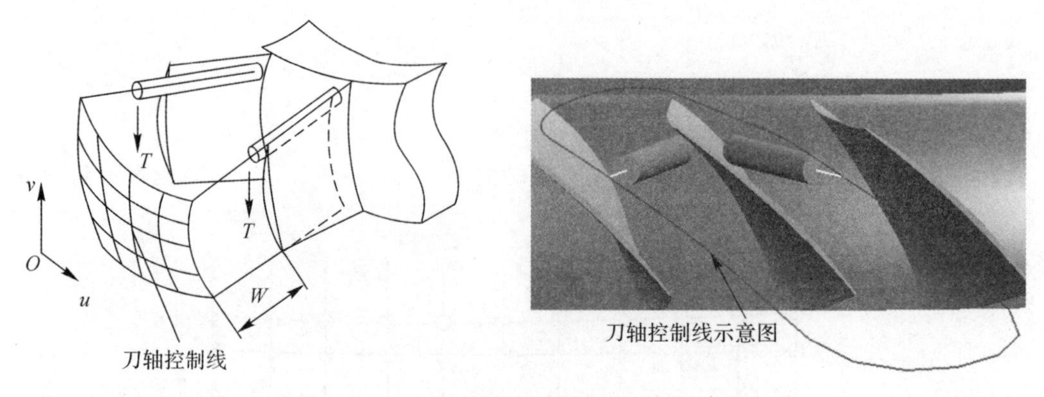

图 5-42　刀轴控制网格示意图及刀轴控制线

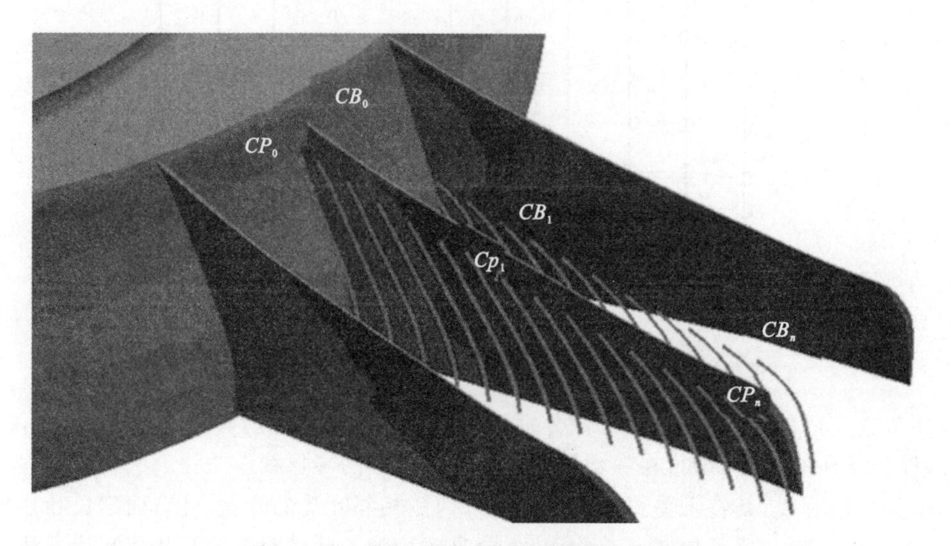

图 5-43　叶盆、叶背刀位轨迹线排序示意图

(4) 重复步骤(3),得到各 $m+1$ 个 $E_{i,j}(j=0,1,\cdots,m)$ 和 $F_{i,j}(j=0,1,\cdots,m)$,取数列 $\{E_{i,0},E_{i,1},\cdots,E_{i,m-1},E_{i,m}\}$ 中最大值记为 E_i,取数列 $\{F_{i,0},F_{i,1},\cdots,F_{i,m-1},F_{i,m}\}$ 中最小值记为 F_i。为改变刀具的切削状态,降低刀具磨损带来的影响,采取同一刀位轨迹线 CP_i,CB_i 上刀具与叶片之间夹角 θ_i 固定,而从叶根到叶尖的每条刀位轨迹线之间按线性插值均匀增大 θ_i,因此在刀位轨迹线 CP_i,CB_i 上 θ_i 可取

$$\theta_i=\theta\in[E_i,F_i] \tag{5-30}$$

(5) 重复步骤(2)～(4),确定 $n+1$ 个刀具与叶片之间夹角可取范围 $\theta_i\in[E_i,F_i]$ $(i=0,1,\cdots,n)$,确定 $\theta_0=D_0=(E_0+F_0)/2$,然后通过线性插值确定其他的 $\theta_i(i=1,\cdots,n)$,从而完成整体叶盘四坐标对称铣削,如图 5-44 所示。

通过实验可知:

(1)采用环形对称铣削工艺方案,对称切除叶背和叶盆型面的加工余量,从而保持叶片铣

削表层残余应力始终处于“平衡”状态，能够较好地控制加工过程中薄壁叶片的扭曲变形问题，显著提高叶片型面的加工精度。

(2)系统地实现了叶片环形对称铣削的数控编程技术，所提出的刀心对称环形轨迹曲线及刀轴驱动线构造方法具有灵活、方便的特点。

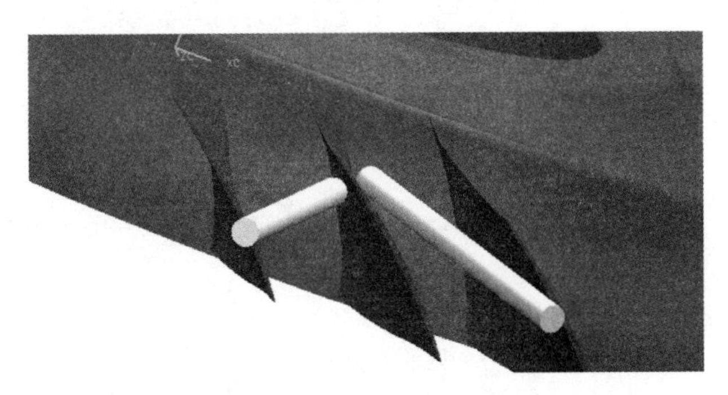

图 5-44 整体叶盘四坐标对称铣削示意图

3. 基于同步半精铣-精铣工艺的变形控制方法

叶片常规加工工艺是半精加工完成后再进行精加工，这种异步半精铣-精铣技术，在半精加工后薄壁叶片的扭曲变形较大，精加工余量不能留得太小。而同步半精铣-精铣技术则采用分段加工的思想，在刀具两个连续的螺旋周期内，分别完成半精加工和精加工，这样每次相当于通常的清根加工，从而有效地利用了靠近叶根支撑部位的未切削部分的抵抗残余扭曲变形的能力。

按单面铣削工艺和同步半精铣-精铣铣削工艺分别加工叶片实验件，其他切削参数保持完全相同。图 5-45 所示为叶片样件加工表面的测量数据点集与理论模型之间的对比。在三坐标测量机上的检测结果表明，叶片单面铣叶尖部位的最大加工误差达到了 0.17 mm，而同步半精铣-精铣情形叶尖部位的最大加工误差仅为 0.026 mm。同步半精铣-精铣铣削方式有利于保持叶片切削表层残余应力的平衡状态，有效抑制了叶背和叶盆残余应力非对称释放所引起的薄壁叶片扭曲变形现象，并且利用精铣“飞刀”切除半精铣残余应力层，在抑制半精铣后残余应力变形的同时，大大改善叶片的精加工表面完整性。

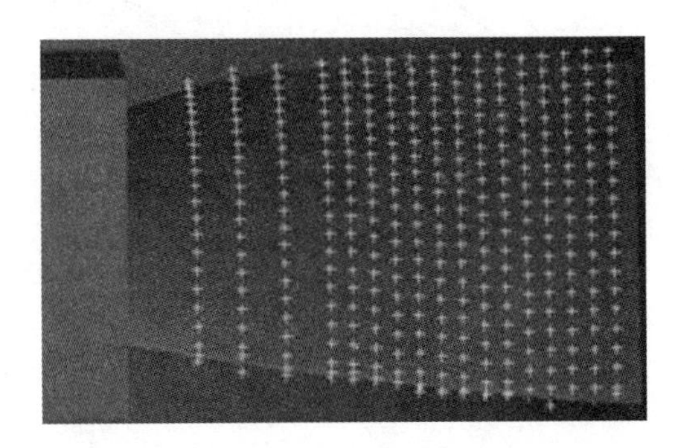

图 5-45 叶片样件加工表面测量数据点集

5.3.3 薄壁叶片残余应力扭曲变形控制实验

对叶片进行曲面造型分别采用单面式加工方式和环形对称铣削方式进行了叶片的精加工，并通过叶片铣削实验研究了加工过程中各切削参数对加工质量与加工效率的影响规律，验证了叶片铣削环形对称铣削加工工艺方案的优势。

实验条件如下：

机床：SAJO数控加工中心。

刀具：硬质合金K44UF；凤凰涂层，直径 $\phi=7$ mm；螺旋角 $\beta=40°$，前角 $\gamma=10°$，后角 $\alpha=10°$。

切削参数：$n=5\ 000$ r/min，$f_z=0.04$ mm，$a_e=0.15$ mm，$a_p=0.2\sim0.35$ mm。

冷却方式：S201乳化液。

被加工工件（见图5-46）：材料TC11。

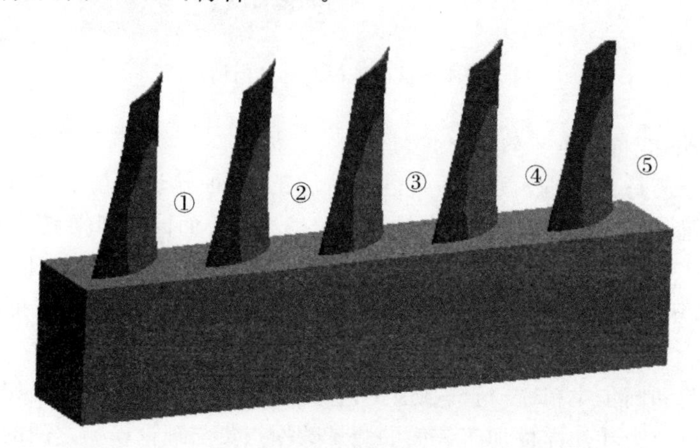

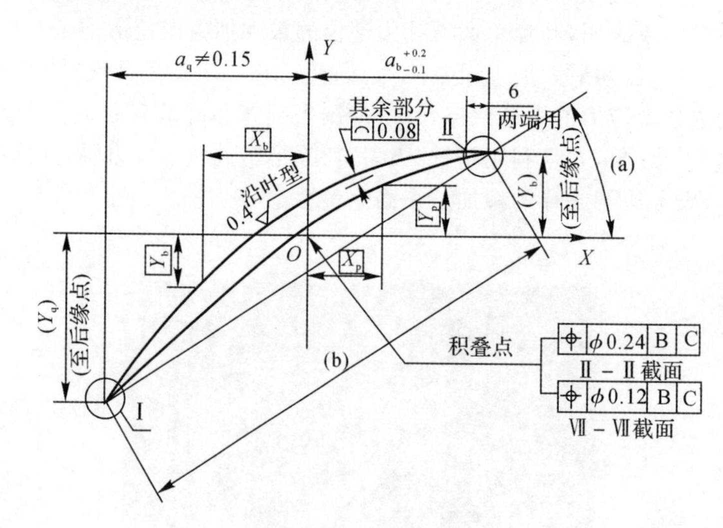

图5-46 实验样件

实验工艺方案：

(1)采用单面行切法加工完零件一侧之后测量整体变形情况，如图5-47所法。

(2)采用双面对称环切法加工至一半时测量零件整体变形情况。把叶身曲面分为四张曲面加工,分别为进气边、排气边、叶盆曲面、叶背曲面;把叶片缘头加工按照进气边和排气边参数分为两部分,分别为进气边盆侧、进气边背侧、排气边盆侧、排气边背侧四个区域;在对叶片型面进行半精加工或者精加工时,整个叶身曲面按照先加工缘头(进、排气边),然后叶盆叶背的方式加工;加工时按照以上顺序各个区域先加工一个循环,然后再按照以上顺序加工第二个循环,直至缘头加工完成,每个循环中每次可进行一个行切加工,也可进行两个行切动作,但是各个区域的行切数目应该相等;然后进行叶盆叶背曲面加工,采取类似的刀位控制方式,每一切削循环中,按照叶盆进气边→叶背进气边→叶盆排气边→叶背排气边的顺序进行加工,直至曲面对接完成,曲面加工结束时,最后的接刀部位保留在积叠轴附近。

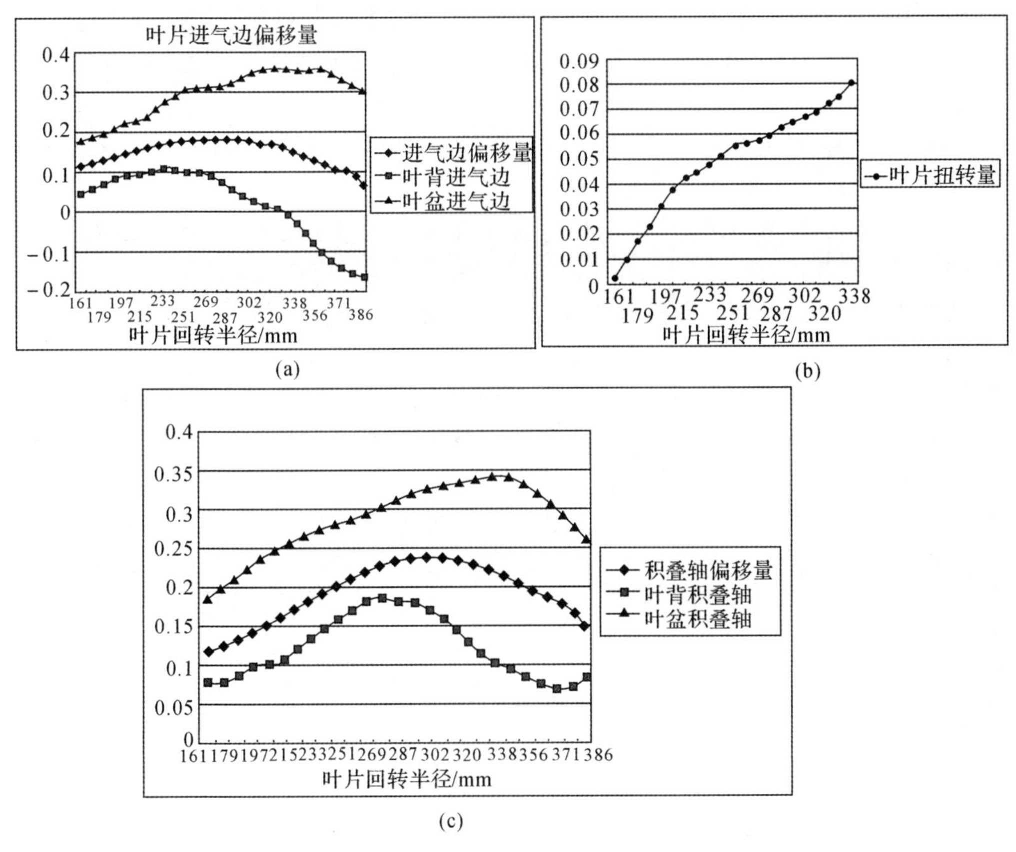

图5-47 叶片加工变形示意图

(a)进气边公差分布图;(b)排气边公差分布图;(c)积叠轴公差分布图

实验结论:

(1)切削走刀路径的对称可有效保证切削刚性变化的对称性,避免了单面切削的变形误差积累,切削应力的对称释放可将叶片变形控制在尽可能小的范围内。

(2)叶片精加工后缘头部位厚度只有0.3~0.4 mm,刚性非常弱,而留给精加工的余量仅在0.3 mm左右,对称铣削可将缘头加工刚性提高50%~200%,有效减小颤振。

(3)沿叶身的环形对称走刀可保证机床较小的转角速度,保证切削过程的平稳性,也可灵活调整刀具姿态,以保证良好的切削状态,既提高了航空发动机整体叶盘的加工精度和型面质量，又提高了数控加工的效率。

参考文献

[1] 刘维伟，张定华，史耀耀，等.航空发动机薄壁叶片精密数控加工技术研究[J].机械科学与术，2004，23(3)：329－331.

[2] 王增强，孟晓娴，任军学，等.复杂薄壁零件数控加工变形误差控制补偿技术研究[J].机床与液压，2006(4)：61－63.

[3] 王增强.高性能航空发动机制造技术及其发展趋势[J].航空制造技术，2007(1)：52－55.

[4] 任军学，张定华，胡创国，等.航空发动机材料切削参数优化模型[J].2004(10)：85－87.

[5] 白瑀，张定华，刘维伟.叶片螺旋铣弹性变形分析[J].机械科学与技术，2005，24，(7)：800－802.

[6] 孙杰，柯映林.残余应力对航空整体结构件加工变形的影响分析[J].机械工程学报，2005，41(2)：117－121.

[7] 胡创国，张定华，汪文虎.难加工材料切削机理研究的新进展[J].力学进展，2004，34(3)：373－378.

[8] 刘维伟，张定华，白瑀，等.叶片造型网格扭曲的校正方法研究[J].机床与液压，2004(1)：65－67.

[9] 施法中.计算机辅助几何设计与非均匀有理B样条[M].北京：高等教育出版社，2001.

[10] 李杰光.航空发动机薄壁叶片加工变形补偿技术研究[D].西安：西北工业大学现代设计与集成制造技术教育部重点实验室，2009.

[11] 赵明.航空薄壁叶片精密数控加工变形预测及规律研究[D].西安：西北工业大学现代设计与集成制造技术教育部重点实验室，2009.

第6章 薄壁件加工颤振抑制技术

航空典型薄壁结构件,具有高精度、弱刚性、切料难加工等特点,切削加工过程中刀具、工件系统很容易发生颤振现象,即在工件和刀具的切削刃之间,除了名义上的切削运动外,还会出现一种周期性的相对运动。产生振动时,工艺系统的正常切削过程便受到干扰和破坏,从而使零件加工表面出现振纹,降低了零件的加工精度和表面质量。强烈的振动将加速刀具磨损,严重时会产生崩刃、机床受损和切削无法进行等问题。为此实际加工中常被迫采用降低切削用量的方法避免颤振发生,致使机床、刀具的工作性能得不到充分的发挥,限制了生产率的提高。因此研究薄壁件切削颤振机理,分析切削颤振的影响,并提出有效的切削振动抑制方案,对提高其加工质量和加工效率具有重要的现实意义。

6.1 颤振抑制技术现状

目前,关于切削颤振的研究内容可概括分为四个方面:一是颤振机理与模型的研究,主要包括颤振产生的物理原因、线性或非线性数学模型、稳定性条件等;二是系统动态特性的研究,主要包括机床结构的动态特性、切削过程的动态特性、机床切削系统的辨识、机床动态的评价等;三是颤振预防与控制的研究,主要包括机床结构的设计与改进、吸振器或附加减振装置的研制、切削参数(如主轴转速、进给量、刀具几何角度等)的调整策略等;四是颤振的在线监测与控制,主要包括颤振预防的特征与判别、在线控制策略等。

1. 切削颤振的机理与模型

1907年Taylor在阐述颤振产生的理论时认为,形成不连续切削的周期与工件、刀架或者机床的传动机构中的任一部分振动的固有周期相同,是产生颤振的主要原因之一。切削过程中的颤振问题按其物理形成原因可分为再生型颤振、摩擦型颤振和振型耦合型颤振三大类,其中再生型颤振在实际加工中最为常见,对其研究也比较成熟。

再生颤振的产生是由切屑厚度变化效应所引起的,是指在上次切削中由于振动的原因残留在加工表面上的波纹,与本次切削到同一个地方时产生的振动位移之间存在相位差,导致刀具切屑厚度的不同而引起颤振,从而使切削力产生变动。1954年,Robert S. Hahn在研究内圆磨削情况时首次提出再生颤振的概念,认为切削力的大小不只由砂轮当前的位置所决定,而且还受前一周期砂轮位置的影响。此后,一大批研究者进行了大量的研究,在线性模型范围内发展了一整套较为完善的理论与方法。再生型颤振的非线性理论自发现有限振幅不稳定性现象后开始研究,考虑了切削过程中的非线性因素(如后角限制、刀具振离工件表面等)与机床结构的非线性因素(如机床结构的非线性刚度等)。师汉民等人考虑了切削过程中的两个基本非线性因素:①当振幅足够大时,刀刃运动轨迹的一部分将越出工件材料之外;②切削力与切屑厚度是非线性依赖关系,而机床结构假定是线性的,从而提出了较为完善与正确的非线性理论模型，建立了非线性、变时滞的微分/差分方程。孔繁森和于骏一在机床切削颤振分析中，首次使用了基于可能性分布函数描述的模糊集来表达由语言信息描述的专家知识，通过模糊稳定性分析建立了再生颤振的模糊动力响应分析模型。Fu J. C.和 Troy C. A.阐述了基于振动谱的熵函数分析法，区分了圆柱纵向磨削过程再生型颤振的发生是工件产生的还是砂轮产生的。Minis 和 Yanushevsky 等人在推导铣削稳定性的数学公式中，引入了傅里叶定理和傅里叶级数，使用奈奎斯特稳定性判断依据，从数学的角度解决了稳定性极限图的计算问题。

振型耦合型颤振是指由于振动系统在两个方向上的刚度相近，导致两个固有振型相接近而引起的颤振。1954 年 J. Tlusty 首次提出振型耦合型颤振概念，后来也有学者进行研究，通常都是取两个自由度线性系统为研究对象，采用振动理论中的实模态分析法得到系统的特征方程与稳定性条件。于骏一等人利用振性耦合型颤振模型，研究了机床主轴刚度方位对切削稳定性的影响。一般采用振动理论中的实模态分析方法即可得到系统的特征方程与稳定性条件振型，耦合型颤振的理论对机床设计时考虑如何配备机床各部件在不同方向的刚度具有指导意义。

摩擦型颤振是指在切削速度方向上刀具与工件之间的相互摩擦所引起的颤振，而产生这种相互摩擦的原因较多，如切削速度增大时切削力的下降、切削力相对于切削速度与刀具前角的动态变化的相位滞后等。摩擦型颤振产生机理自 1946 年由 K. N. Arnold 提出以来，对这种颤振的产生原因与物理机理的认识比较一致，大部分的文献都是围绕切削速度变化和切削力的动态特性的研究。刘习军等人结合非线性振动理论，针对机床的刀架弹性子系统和工件弹性子系统在非线性动态切削力耦合下的摩擦颤振现象，利用动力学理论和振型的正交性，建立了多自由度非线性系统的速度型切削颤振理论模型。

2. 切削系统的动态特性

在切削加工过程中，处于切削状态下的机床结构与切削过程构成一个闭环系统。切削过程中的动态切削力使刀具与工件之间发生相对振动，这种振动的存在又使切削过程中的切屑厚度发生变化，从而引起切削力的改变，又反过来影响切削过程中的振动。机床的结构与切削过程之间的这种内部反馈作用，决定了切削过程中的振动是自激振动。对机床切削系统动态特性的研究可分为四个方面：机床结构动态特性的研究、切削过程动态特性的研究、机床切削系统的辨识和机床动态特性的评价。

机床结构动态特性的研究有计算模态分析法与实验模态分析法。计算模态分析法主要采用有限元计算方法得到系统的模态参数。实验分析法主要是采用激振实验进行模态分析，即在机床静止或空转状态下采用正弦激振、随机激振或冲击激振等方法测取单点或多点的振动响应信号，将采集的系统输入与输出信号经过参数识别获得模态参数。

切削过程动态特性的研究主要是研究切削过程中的切削力动态特性，故又称为动态切削力系数研究。这一研究以实验为基础，再根据实验结果确定理论公式。动态切削力系数的实验方法分为静态法和动态法。静态法是利用稳态切削的结果经理论计算而确定动态切削力系数；动态法则是进行动态切削（如造波切削、去波切削或外调制、内调制等）而确定动态切削力系数。近年来的研究大多属于动态法，其中主要研究切削力的频率特性。

机床切削系统的辨识是在切削加工状态下，以机床切削系统为对象，对整个系统进行辨识。许多学者将时序分析与系统辨识相结合，进行机床切削系统动态特性的辨识与分析，开展了大量的研究。时序分析基于机床加工状态下的工作信号进行建模，其应用广泛，主要包括机床结构动态特性的辨识，切削过程动态特性的辨识，表面形貌的辨识，加工误差的预报补偿控制，以及对切削过程的颤振在线监视与控制。

机床动态特性评价主要是对机床抵抗自激振动能力的评价，其中主要是两项指标：一项是机床结构柔度的最大负实部，另一项是极限切削宽度。前者基于再生颤振原理提出，由激振实验确定，最大负实部的绝对值越小越好；后者采用变切宽方式由切削实验确定。由于极限切削宽度指标是在切削加工状态下得到的，较非切削状态下激振实验得到的结果更接近实际，所以我国机床制造厂都广泛采用极限切削宽度指标。

3. 切削颤振的预防与控制

根据颤振控制的方式不同，可归纳为三种不同的控制方式：结构改进与优化设计的预防方法、采用吸振器或附加装置的控制方法和调整切削参数的控制方法。

结构改进与优化设计的预防方法是以增大机床结构的刚度和阻尼为手段的。在设计阶段，考虑机床的抗振性，对机床结构的刚度与阻尼进行合理的配置，特别是增大机床基础件与主振方向上重要部件的刚度与阻尼；或是在机床使用阶段，对机床薄弱环节进行结构改进，增大刚度和阻尼。国内外研究较多的是树脂混凝土在机床上的应用。H. Sugishita 等人用这种材料制造床身、立柱，其固有频率均低于铸铁材料，而阻尼率则高于铸铁材料，且具有较好的降噪特性与较大的热惯性。另外，通过合理调整关键部位的间隙，而不需对机床进行复杂的结构改进，也可以将机床切削系统调整至稳定模态下工作，从而有效地抑制切削颤振。李立等人调整了 M7475B 型平面立轴磨床的主轴轴承间隙，将其系统的振动频率由 169Hz 的第 4 阶模态振动（主轴窜动）改变为 43.3Hz 的第 2 阶模态振动（立柱晃动）。

采用吸振器或附加装置的控制方法根据机床附加的装置性质不同，可将附加装置分为被动型控制的吸振器、主动型控制的吸振器与反馈控制减振器。被动型吸振器是基于两自由度振动系统的原理，在机床结构的主振部位增设一个附加振动系统，把主振部件的振动能量转变为附加系统的运动能量，从而抑制主振部件的振动。被动型吸振器的参数是不可调的，只适用于特定的机床与工艺条件。主动型控制的吸振器可通过检测装置测出机床切削系统的动态特性，自动优化并调整吸振器的参数，以达到最佳的控制效果。反馈控制减振器是应用控制理论，从外部供给能量进行主动补偿控制，其中应用较多的是采用电磁激振器，在刀具与工件之间施加一个与颤振同频率、同振幅但反相位的振动位移，或施加与动态切削力同频率、同振幅、但反相位的激励力，以抵消刀具与工件之间的相对振动。马孝江、于骏一等人在铣削加工中采用电流变材料设计了一种阻尼特性可控的阻尼器以抵制切削颤振；王民、费仁元在镗削加工中采用电流变材料研制颤振抑制装置，提出了电流变液动力吸振器、电流变液体阻尼吸振器和智能型镗杆三种抑制镗削颤振的机构，有效抑制了镗削加工中的颤振现象。

调整切削参数的控制方法主要是通过在线调整主轴转速、进给量、切削深度等切削参数来改变切削刚度与切削阻尼，从而达到抵制切削颤振的效果。由于此方法不需要改变机床结构、不需要附加吸振或消振装置，调节方便、成本低，因而在国内外得到了广泛的应用。E. Budak 采用 Altintas 提出的解析法，通过优化刀具几何参数、主轴转速、轴向切深和径向切深，提出了无颤振材料去除率的方法；同时，对于薄板和工件的不同动态特性在轴向进行了频域仿真，并通过实验进行了验证。李亮根据极限环原理提出了加工稳定性判断标准，推导了铣削用量与加工稳定性的关系；通过实验和理论相结合的方法，推导出径向铣削力与铣削用量之间的经验公式，分析了径向铣削力和铣削用量对薄壁件加工振动幅值的影响；通过实验研究了铣削参数对薄壁零件加工振动的影响;结合实验和理论模型研究了薄壁零件的加工工艺,通过优化加工工艺参数、改进加工工艺控制薄壁零件加工中的振动。汤爱君、马海龙研究了切削速度、进给量、切削深度等切削参数以及前角、后角、主偏角、刀尖圆角半径等刀具几何角度对切削颤振的影响规律。王洪祥、董申等人提出了一种通过合理选择切削参数控制振动对超精密加工表面质量影响的新方法,通过因子实验建立了振幅预测模型,研究了超精密车削铝合金过程中主要切削参数,如切削速度、进给量和切削深度的变化对振动的影响,并利用优化设计中的约束变尺度法进行编程,实现了基于振动控制的切削参数优化选择。

4. 切削颤振的在线监测与控制

切削颤振的在线监测与控制主要是在线监视切削过程中切削力和振动等动态信号,提取颤振预兆作为特征量并进行分类,对颤振进行早期预报,并及时采取措施控制颤振。

颤振的在线监测与控制的关键是选取的特征量的准确性和计算的快速性。Soliman E.介绍了使用超声换能器检测刀尖颤振振幅以及脉冲回波时间的在线控制颤振方法,提出了一种新的 R 值统计指示器,采集切削力信号,利用信号反馈控制主轴转速系统跳跃,调整转速直至颤振减弱或消失,无须改变进给速率,也不需要计算振动频谱。Gradisek J.等人应用人工神经网络的方法,对切削颤振进行预测和控制,得出了较好的预测精度。Taejun Choi 在利用小波参数估计方法的基础上,提出了基于最大可能性算法的小波切削颤振在线监测方法,利用该方法将高维动力学转化为低维动力学,以车削、铣削为对象,实验表明,该技术方法为切削颤振提供了极好的预测精度。Tarng Y. S.提出了一种新的实时监控传感器系统用来检测铣削过程中的颤振,应用基于智能神经网络自适应共振理论的模型识别技术,以切削的谱值作为传感器的反馈参数,实验证明,在其他切削条件不变情况下能够精确检测铣削过程中的颤振。王民、费仁元等人利用电流变材料的电控流变特性,提出了一种变刚度颤振控制理论,设计了一套刚度可在线调控的智能型镗杆,通过在线调控切削系统动态特性以提高切削稳定性,开发了一套可根据实时采集的切削振动信号自适应地快速调整系统动态特性以避免颤振发生的颤振智能监控系统,所提出的变刚度颤振控制方法可以有效地抑制切削加工颤振的发生,而且具有控制方法容易实现和系统结构简单的优点。杨叔子等人针对切削过程即将发生颤振时振动信号在时域上幅值增大、在频域上主频带由高频带向低频带移动的现象,提出利用模式向量作为预报参数来判断切削过程中是否有颤振发生,其模式向量由信号的方差和自相关函数组成,该方法不易设定门限值,预报的准确性差。

6.2 切削颤振机理及抑制策略

6.2.1 薄壁件切削颤振机理

通常机床在工作过程中所发生的振动形式主要包括强迫振动(又称受迫振动)、自激振动和自由振动,如图 6-1 所示。强迫振动是传动机构中的不平衡力、断续切削的冲击力等多种形式的干扰力对机床结构持续作用的结果,其稳态过程是谐振动,只要有激振力存在,振动系统就不会被阻尼衰减掉,这种振动形式在振动中约占 30%。在机床上发生的自激振动类型较多,例如回转主轴(或与工件联系,或与刀具联系)系统的扭转或者弯曲自激振动;机床床身、立柱、横梁等支撑件的弯曲或扭摆自激振动;切屑形成的周期性颤振和整台机床的摇晃。此外,还有机床工作台等移动部件在低速运行时所发生的张弛摩擦自激振动等，这种振动形式在振动中约占65%，其中再生颤振在实际切削过程中最普遍，对数控切削加工的影响最大。而自由振动会因为系统阻尼的存在逐渐消失，它在振动中仅占5%。

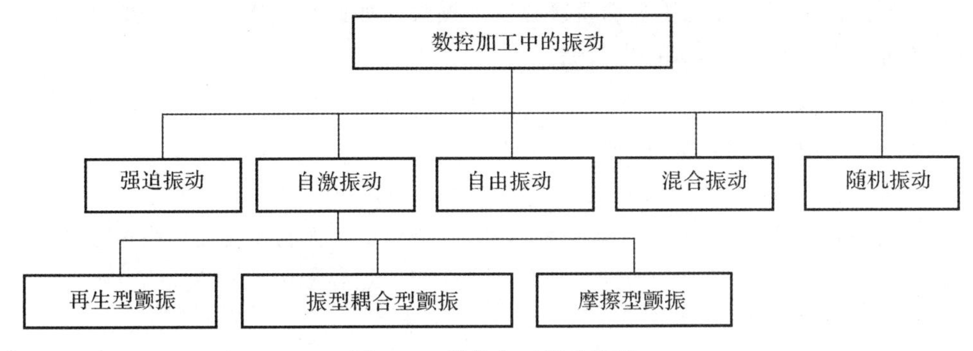

图6-1 数控加工振动类型

根据工件进行切削时的振动形式，可以将切削振动分为以下3种。

(1)受迫振动：在外界周期性的干扰力持续作用下，系统受迫产生的振动称为受迫振动。只要有激振力存在，受迫振动系统就不会被阻尼衰减掉。机械加工中引起工艺系统受迫振动的激振力，主要来自以下几方面：

1)外部振源。由邻近设备(如冲压设备、龙门刨等)工作时的强烈振动通过地基传来，使工艺系统产生相同(或整倍数)频率的受迫振动。

2)机床上高速回转零件的不平衡。机床上高速回转的零件较多，如电动机转子、带轮、主轴、卡盘和工件、磨床的砂轮等，由于不平衡而产生激振力(即离心惯性力)。

3)机床传动系统中的误差。机床传动系统中的齿轮，由于制造和装配误差而产生周期性的激振力。此外，皮带接缝、轴承滚动体尺寸差和液压传动中油液脉动等各种因素均可能引起工艺系统受迫振动。

4)切削过程的不连续。切削过程的间歇特性，如铣削、拉削及车削带有键槽的断续表面等，由于间歇切削而引起切削力的周期性变化，从而激起振动。

(2)自激振动：当系统受到外界或本身某些偶然的瞬时干扰力作用而触发自由振动时，由振动过程本身的某种原因使得切削力产生周期性的变化，并由这个周期性变化的动态力反过来加强和维持振动，使振动系统补充由阻尼作用所消耗的能量，这种类型的振动称为自激振动。切削过程中产生的自激振动是频率较高的强烈振动，通常又称为颤振。

切削加工中的自激振动不同于受迫振动，它不是外加的激振力作用在系统上，而是由系统本身引起的交变力作用而产生的振动。其振动特点如下：

1)自激振动是一种不衰减的振动，外部振源在最初起触发作用，但维持振动所需的交变力是由振动过程本身产生的，所以切前停止时，交变力随之消失，自激振动也就停止。

2)自激振动的频率等于或接近系统的固有频率，即由系统本身的参数决定。

3)自激振动是否产生以及振幅的大小，取决于振动系统在每一个振动周期内从能量源输入到振动系统的能量是否等于振动系统所消耗的能量。当获得的能量大于消耗的能量时，振幅将不断增加，一直到两者能量相等为止；反之，振幅将不断减小。

再生颤振是一种典型的因振动位移延时反馈所导致的动态失稳现象，是金属切削加工过程中发生自激振动的主要机制之一。铣削(车削)加工过程中,前一个刀齿(刀具前一转)在切过工件之后在工件表面留下振纹,在接下来的一个刀齿切削(一转)中,刀具在有振纹的表面上切削,切屑厚度发生变化从而引起切削力的波动,切削力的波动又激起刀具与工件的相对振动,使系统产生振动位移,在加工表面再次残留下振纹。如此重复循环,有可能使开始时较少的振纹波及整个加工表面,形成再生颤振。

其数学模型为

$$\left.\begin{aligned} m\ddot{x} + c\dot{x} + kx(t) &= -f(t) \\ f(t) &= K[x(t) - x(t-\tau)] + C[\dot{x}(t) - \dot{x}(t-\tau)] \end{aligned}\right\} \tag{6-1}$$

在薄壁件铣削加工过程中,由于薄壁件的刚性较差,切削力的变化使切削过程产生振动。在加工开始前,薄壁件表面是光滑的,但由于薄壁件加工过程中的变形与振动,在加工开始后刀具在薄壁件表面留下波纹,如图 6-2 所示。

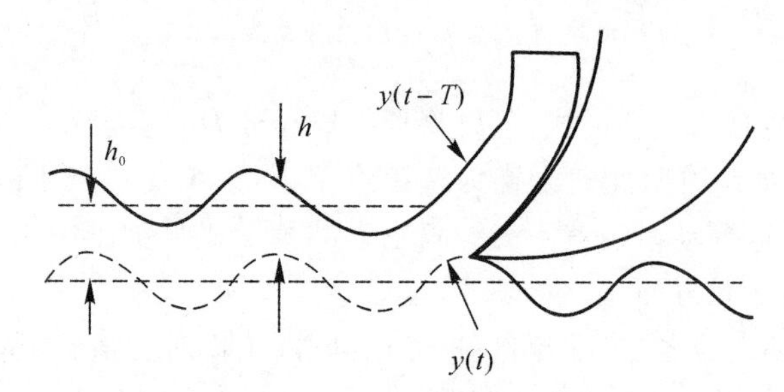

图 6-2 加工波纹的产生

当刀具下一个刀齿开始切削时,加工表面上具有内外两个波纹,内波纹是刀具当前切削不平稳产生的,即内调制 $y(t)$,外波纹是前一个刀齿切削过程中振动留下的,即外调制 $y(t-T)$。因此,此时的切屑厚度不再是固定不变的,而是一个动态变化的厚度,其动态切屑厚度可以表示为

$$h(t) = h_0 - [y(t) - y(t-T)] \tag{6-2}$$

式中,h_0 为理论切屑厚度,它等于铣削加工的径向切深;$y(t)-y(t-T)$ 为由当前时刻 t 的振动与前一个刀齿切削振动产生的动态切屑厚度。假定薄壁件为一个单自由度系统,系统的运动方程可以表示为

$$\begin{aligned} m_y y(t) + c_y \dot{y}(t) + k_y y(t) = F_r(t) = \\ K_r a h(t) = K_r a[h_0 + y(t-T) - y(t)] \end{aligned} \tag{6-3}$$

式中,$F_r(t)$ 为径向切削力,K_r 为径向切削力系数,a 为切削宽度。方程右边力的表达式是当前切削波纹与前一齿切削波纹之间差值 $[y(t)-y(t-T)]$ 的函数,颤振表达式是一个延时微分方程。如果振动幅值过大,刀齿将会跳出切削区域,出现与工件分离的现象,即 $[y(t)-y(t-T)] > h_0$,那么此时切削力和切屑厚度都将变为零。另外,由于刀具跳出切削,将使前一个刀齿在叶片表面留下的振痕对当前切屑厚度计算的影响变得更为复杂。

自由振动:在初始外力作用下工艺系统的平衡遭到破坏,系统仅靠弹性或惯性恢复力借以维持的振动称为自由振动。切削加工时工艺系统常由于受到某种冲击而产生自由振动,由于系统存在阻尼,工艺系统的自由振动会逐渐衰减消失,它与工艺系统的其他类型振动相比是次要的,约占 5%,故在振动分析中一般不予考虑,但自由振动产生的少量振纹却可能导致工艺系统其他类型的振动产生。

6.2.2 薄壁结构切削加工颤振分析

薄壁结构件例如叶片一般比较薄而悬伸量较大，叶片零件的刚性很差。在其精密切削加工中，由于工件的特殊结构往往只能采用细长刀具加工，这样薄壁叶片和细长刀具就构成了一个弱刚性加工工艺系统，超薄叶片与细长刀具在周期性切削力的作用下极易发生非常明显的颤振现象。由薄壁叶片的变形和振动引起的切削系统的颤振非常明显，工件系统与机床系统的刚性相差很多，成为了机床-刀具-工件系统的刚性薄弱环节，在进行振动分析时不能像传统零件加工中那样近似为刚体。因此考虑到工件的弱刚性特性，薄壁叶片加工过程中颤振产生的原因主要有以下几个方面：

(1)机床自身结构特性。机床构件的刚性特性、各旋转部件的动平衡特性、导轨轴承的装配精度等都可能引起切削过程的不稳定。

(2)切削工艺参数。主轴转速、切削深度、每齿进给量等切削参数，前角、后角、主偏角等刀具参数等都会直接影响切削截面积、切屑厚度、切削力的变化，从而造成切削过程的不稳定性。

(3)机床-刀具系统及工件系统工艺刚性。机床主轴-刀具组成的工艺系统的刀具直径、刀具悬伸量、刀具装夹方式，以及工件的装夹方式、工件系统各切削点刚性特性、工件各点加工余量的分布都会引起工艺系统刚度的变化，从而影响切削过程中的平稳性。

(4)加工刀位轨迹。整体叶盘等复杂结构薄壁叶片切削加工过程中，刀具路径规划的优劣、刀轴矢量变化的平稳与否、不同切触点对于刀具的磨损差异等也将直接影响到切削过程中的稳定性。

切削过程中的颤振影响因素涉及工艺系统和切削过程的各个环节，而对于航空发动机叶片等薄壁零件，引起其切削过程中颤振的因素主要表现在切削参数、工艺系统的刚性及加工刀位规划三个方面。

6.2.3 薄壁结构颤振抑制综合方案

针对薄壁叶片加工过程中的颤振问题，本节从加工工艺角度出发，通过转速-切深参数控制域优选、工艺刚度增强和刀位轨迹优化三种措施，研究了加工过程颤振抑制综合策略，如图6-3所示。

1. 基于转速-切深参数控制域的颤振抑制方法

考虑切削时的动态切屑厚度，建立球头刀铣削加工的动态切削力模型，研究切削颤振稳定域的求解方法。通过实验模态分析方法，获取机床-刀具系统和工件系统的模态参数，在频域中利用频率响应函数描述以颤振频率所进行的振动行为，进而绘制铣削稳定性极限图，确定切削系统的稳定性和非稳定性区域，从而确定叶片加工颤振稳定域。在切削过程中运用分段采集工件系统模态参数的方法，建立基于模态变化的切削系统稳定域，优化主轴转速、切深等切削参数。

2. 基于工艺刚度增强的颤振抑制方法

通过对薄壁叶片在相同载荷下各点变形量进行分析，对比叶片各点刚性大小。根据刚性大的地方余量小、刚性小的地方余量大的原则，对叶片进行非均匀余量分布。通过减小叶片叶尖、前后缘部位刚性薄弱处的加工余量，降低其加工切削力，相对增强其工艺刚度；通过增加叶片根部和中间的加工余量，提高叶片加工过程中的整体工艺刚度，从而提高薄壁叶片切削加工过程中的稳定性。

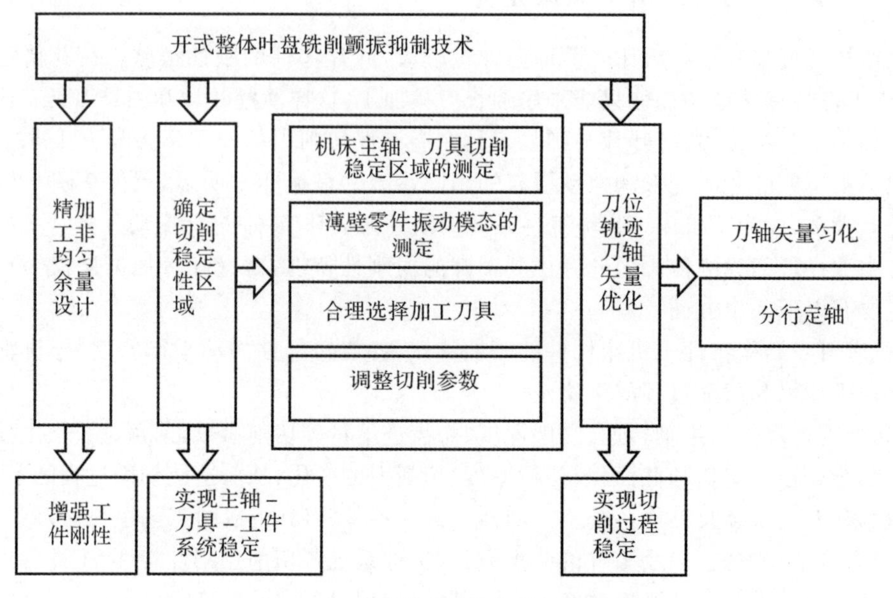

图 6-3 开式整体叶盘颤振抑制技术

3. 基于刀位轨迹优化的颤振抑制方法

在进行刀具路径规划时，考虑对称铣削工艺对于叶片刚性的提高作用和对残余应力变形的抑制作用，在叶片加工中使用对称铣削工艺，提高加工过程稳定性。在切除点顺序规划时，考虑叶片各切削点处的动态工艺刚度，优化走刀路径。对于复杂结构的薄壁叶片，充分考虑切削过程的刀轴矢量变化平稳性，保证整个加工过程的平滑与稳定；使用刀具不同切触点进行切削，避免刀具的快速不均匀磨损，减小因磨损带来的切削力增大对切削稳定性的影响。

6.3 基于转速-切深参数的颤振抑制方法

6.3.1 切削颤振稳定域建立与求解

1. 铣刀力学模型建立

航空叶片实际加工中广泛使用球头铣刀进行曲面半精铣和精铣加工，在薄壁件切削颤振稳定域建立前，须建立基于动态切屑厚度的动态切削力模型。通过对球头铣刀进行动态切削力建模，可以进一步建立铣削加工动力学方程，进而对动态变形和切削过程颤振等进行有效的预测。

为了分析球头铣刀的切削力，依据微分化的思想，将刀具沿着刀具轴线方向划分为若干个切削微元，如图 6-4 所示。在每个轴向段上，针对每个刀齿片上的切削微元，分析其受力情况。在某一时刻，将所有参与切削的切削微元进行矢量求和，从而得到这一时刻刀具上总的切削合力。

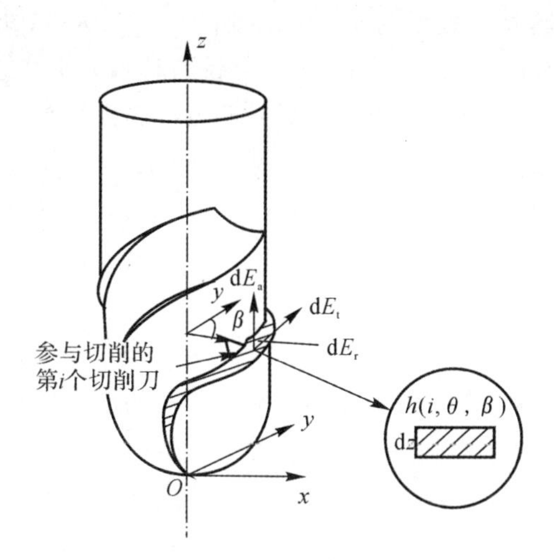

图 6-4 球头铣刀切削微元受力示意图

在图 6-5 中,作用在刀刃微段上的空间铣削力可以分解为微切向力 dF_t、微径向力 dF_r 和微轴向力 dF_a。则动态铣削力与动态切削负载之间的经验公式可表示为

$$\left.\begin{aligned} dF_t(i,\theta,z) &= K_t h(i,\theta,\beta)dz \\ dF_r(i,\theta,z) &= K_r h(i,\theta,\beta)dz \\ dF_a(i,\theta,z) &= K_a h(i,\theta,\beta)dz \end{aligned}\right\} \tag{6-4}$$

式中,i 为切削刃编号;θ 为刀具转角;z 为切削微元距刀尖点高度;β 为切削位置角;dz 为切削微元在 z 方向的切削宽度;$h(i,\theta,\beta)$ 为动态切屑厚度;K_t,K_r,K_a 分别为切向、径向和轴向铣削力系数,通过在斜角切削正交实验中测量剪应力、剪切角和摩擦角识别。

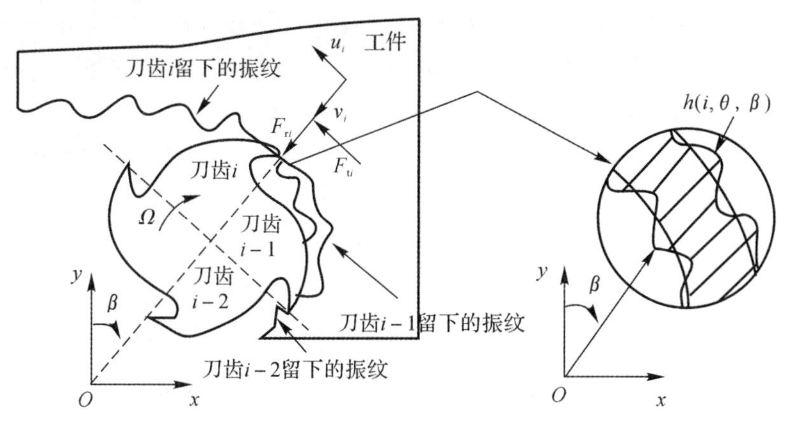

图 6-5 球头铣刀动态切屑厚度

在动态铣削过程中刀具在切削表面形成波纹,由于初始扰动使得铣刀刀齿与工件之间产生相对振动,从而此波纹面将被后续刀齿所切除,切屑厚度呈璃纹状变化。此时,刀刃上各点的瞬时切屑厚度将不再等于稳态切削的切屑厚度,而应该使用动态切屑厚度来进行计算。

在计算球头铣刀切削过程中的动态切屑厚度时,假定铣刀有 P 个螺旋角为 0° 的刀齿,切削力在进给方向(x 向)和法向(y 向)激励加工系统结构,分别引起动态位移 x 和 y,如图 6-5

所示。动态位移经过坐标转换后表示为 $\nu_i = -x\sin\beta(i,\theta,z) - y\cos\beta(i,\theta,z)$，作用在旋转的刀齿 i 的径向或切屑厚度方向，其中 $\beta(i,\theta,z)$ 是铣刀转角为 θ 时，第 i 个切削刃上距刀尖点 z 处切削微元的切削位置角，从法向（y 向）顺时针测量。如果主轴以角速度 Ω 旋转，切削位置角 $\beta(i,\theta,z)$ 随时间的变化为 $\beta(t)=\Omega t$。最终的切屑厚度由两部分组成，一部分是刀具作为刚体运动时的静态切屑厚度部分 $f_z\sin\beta(i,\theta,z)$，其中 f_z 为每齿进给量；另一部分是当前刀齿和前一个刀齿的振动引起的动态切屑厚度变化部分。因为切屑厚度在径向（ν_i 向）进行度量，因此总的切屑厚度可以表示为

$$h(i,\theta,\beta) = [f_z\sin\beta(i,\theta,z) + (\nu_{i,0} - \nu_i)]g(\beta) \tag{6-5}$$

式中，$(\nu_{i,0} - \nu_i)$ 为刀具在前一个刀齿周期和当前刀齿间的动态位移。函数 $g(\beta)$ 是单位阶跃函数，用于确定刀齿是否还处于切削中，即

$$\left.\begin{aligned} g(\beta) &= 1 \qquad (\beta_{st} < \beta_i < \beta_{ex}) \\ g(\beta) &= 0 \qquad (\beta_i < \beta_{st} \text{ 或 } \beta_i > \beta_{ex}) \end{aligned}\right\} \tag{6-6}$$

式中，β_{st}，β_{ex} 分别为刀具切入和切出时的切削位置角。由于切屑厚度的静态部分 $f_z \cdot \sin\beta(i,\theta,z)$ 不影响产生再生振动的动态切屑厚度，切屑厚度的静态部分将不再出现在切屑厚度的表达式中，即

$$h(i,\theta,\beta) = (\nu_{i,0} - \nu_i)g(\beta) \tag{6-7}$$

将 $\nu_i = -x\sin\beta(i,\theta,z) - y\cos\beta(i,\theta,z)$ 代入式(6-7)中，得到

$$h(i,\theta,\beta) = [\Delta x\sin\beta(i,\theta,z) + \Delta y\cos\beta(i,\theta,z)]g(\beta) \tag{6-8}$$

式中，$\Delta x = x - x_0$，$\Delta y = y - y_0$，这里 (x,y) 和 (x_0,y_0) 分别表示刀具当前刀齿和前一个刀齿周期间的动态位移。

将微切向切削力分量 $\mathrm{d}F_t(i,\theta,z)$ 和微径向切削力分量 $\mathrm{d}F_r(i,\theta,z)$ 在 x 向和 y 向进行分解得

$$\left.\begin{aligned} \mathrm{d}F_x(i,\theta,z) &= -\cos\beta(i,\theta,z)\mathrm{d}F_t(i,\theta,z) - \sin\beta(i,\theta,z)\mathrm{d}F_r(i,\theta,z) = \\ &\quad -[\cos\beta(i,\theta,z)K_t h(i,\theta,\beta) + \sin\beta(i,\theta,z)K_r h(i,\theta,\beta)]\mathrm{d}z \\ \mathrm{d}F_y(i,\theta,z) &= \sin\beta(i,\theta,z)\mathrm{d}F_t(i,\theta,z) - \cos\beta(i,\theta,z)\mathrm{d}F_r(i,\theta,z) = \\ &\quad [\sin\beta(i,\theta,z)K_t h(i,\theta,\beta) - \cos\beta(i,\theta,z)K_t h(i,\theta,\beta)]\mathrm{d}z \end{aligned}\right\} \tag{6-9}$$

作用在刀齿 i 向的切向力 $F_t(i,\theta,z)$ 和径向力 $F_r(i,\theta,z)$ 存在如下关系：

$$F_r(i,\theta,z) = K_r F_t(i,\theta,z) \tag{6-10}$$

$$\mathrm{d}F_r(i,\theta,z) = K_r \mathrm{d}F_t(i,\theta,z) \tag{6-11}$$

将式(6-8)和式(6-11)分别代入式(6-9)中得

$$\begin{Bmatrix} \mathrm{d}F_x(i,\theta,z) \\ \mathrm{d}F_y(i,\theta,z) \end{Bmatrix} = \frac{1}{2}K_t \begin{bmatrix} \alpha_{xx} & \alpha_{xy} \\ \alpha_{yx} & \alpha_{yy} \end{bmatrix} \begin{Bmatrix} \Delta x \\ \Delta y \end{Bmatrix} \mathrm{d}z \tag{6-12}$$

其中，随时间变化的定向因子为

$$\left.\begin{aligned} \alpha_{xx} &= -g(\beta)\{\sin 2\beta(i,\theta,z) + K_r[1 - \cos 2\beta(i,\theta,z)]\} \\ \alpha_{xy} &= -g(\beta)\{[1 + \cos 2\beta(i,\theta,z)] + K_r\sin 2\beta(i,\theta,z)\} \\ \alpha_{yx} &= g(\beta)\{[1 - \cos 2\beta(i,\theta,z)] - K_r\sin 2\beta(i,\theta,z)\} \\ \alpha_{yy} &= g(\beta)\{\sin 2\beta(i,\theta,z) - K_r[1 + \cos 2\beta(i,\theta,z)]\} \end{aligned}\right\} \tag{6-13}$$

在某一时刻，即给定转角 θ 时，作用在刀具上的切削合力可通过对所有参与切削的切削微

元的受力进行累加得到，其各向分力为

$$\left.\begin{aligned} F_x(\theta)&=\sum_{i=1}^{P}\sum_{j=1}^{N_i}\int_{z_{j,\min}}^{z_{j,\max}}\mathrm{d}F_x(i,\theta,z)\\ F_y(\theta)&=\sum_{i=1}^{P}\sum_{j=1}^{N_i}\int_{z_{j,\min}}^{z_{j,\max}}\mathrm{d}F_y(i,\theta,z)\\ F_z(\theta)&=\sum_{i=1}^{P}\sum_{j=1}^{N_i}\int_{z_{j,\min}}^{z_{j,\max}}\mathrm{d}F_a(i,\theta,z)\end{aligned}\right\} \tag{6-14}$$

式中，P 为刀具螺旋角个数；N_i 为刀具处于 θ 转角位置时，第 i 个切削刃上参与切削的切削刃微段数；$z_{j,\min}$，$z_{j,\max}$ 分别为某个切削刃上第 j 个参与切削的切削刃微段的轴向最小值和最大值。

由于在薄壁件切削加工中，沿刀具轴向的刚性远远大于沿刀具径向和切向的刚性，且在如图 6-5 所示的薄壁叶片坐标系中，工件 z 向刚性大于 x 向、y 向刚性，因此这里只计算 x 向和 y 向的动态切削力。

将式(6－12) 代入式(6－14) 中得

$$\begin{Bmatrix} F_x(i,\theta,z)\\ F_y(i,\theta,z)\end{Bmatrix}=\sum_{i=1}^{P}\sum_{j=1}^{N_i}\int_{z_{j,\min}}^{z_{j,\max}}\frac{1}{2}K_{\mathrm{t}}\begin{bmatrix}\alpha_{xx} & \alpha_{xy}\\ \alpha_{yx} & \alpha_{yy}\end{bmatrix}\begin{Bmatrix}\Delta x\\ \Delta y\end{Bmatrix}\mathrm{d}z=\frac{1}{2}aK_{\mathrm{t}}\begin{bmatrix}\alpha_{xx} & \alpha_{xy}\\ \alpha_{yx} & \alpha_{yy}\end{bmatrix}\begin{Bmatrix}\Delta x\\ \Delta y\end{Bmatrix} \tag{6-15}$$

式中，a 为轴向切削深度。

2. 切削颤振稳定性叶瓣图数学描述

切削颤振稳定性叶瓣图的建立过程如下所述。

考虑到动态切削力随时间和角速度的变化，将式(6－15) 在时域用矩阵形式表示为

$$\boldsymbol{F}(t)=\frac{1}{2}aK_{\mathrm{t}}\boldsymbol{A}(t)\boldsymbol{\Delta}(t) \tag{6-16}$$

对于铣削加工，$\boldsymbol{A}(t)$ 是以刀具切削频率 $\omega=N\Omega$、周期 $T=2\pi/\Omega$ 为周期的函数。周期函数的傅里叶级数通常被用来对周期系统进行求解，因此将 $\boldsymbol{A}(t)$ 展开成傅里叶级数为

$$\left.\begin{aligned}\boldsymbol{A}(t)&=\sum_{r=-\infty}^{\infty}\mathrm{e}^{\mathrm{i}r\omega t}\\ \boldsymbol{A}_{\mathrm{r}}&=\frac{1}{T}\int_0^T\boldsymbol{A}(t)\mathrm{e}^{-\mathrm{i}r\omega t}\mathrm{d}t\end{aligned}\right\} \tag{6-17}$$

取 $\boldsymbol{A}_0$ 为傅里叶级数展开的平均量，即

$$\boldsymbol{A}_0=\frac{1}{T}\int_0^T\boldsymbol{A}(t)\mathrm{d}t \tag{6-18}$$

则动态切削力表达式可简化为

$$\boldsymbol{F}(t)=\frac{1}{2}aK_{\mathrm{t}}\boldsymbol{A}_0\boldsymbol{\Delta}(t) \tag{6-19}$$

当前时刻 t 和前一个刀齿切削周期 $t-T$ 的振动矢量定义为

$$\left.\begin{aligned}\boldsymbol{r}&=\{\boldsymbol{x}(t)\boldsymbol{y}(t)\}^T\\ \boldsymbol{r}_0&=\{\boldsymbol{x}(t-T)\boldsymbol{y}(t-T)\}^T\end{aligned}\right\} \tag{6-20}$$

在频域可得颤振频率 ω_{c} 处的振动，其描述方程为

$$\left.\begin{aligned}\boldsymbol{r}(\mathrm{i}\omega_{\mathrm{c}})&=\boldsymbol{\Phi}(\mathrm{i}\omega)\boldsymbol{F}(t)\mathrm{e}^{\mathrm{i}\omega_{\mathrm{c}}t}\\\boldsymbol{r}_{0}(\mathrm{i}\omega_{\mathrm{c}})&=\mathrm{e}^{-\mathrm{i}\omega_{\mathrm{c}}t}\boldsymbol{r}(\mathrm{i}\omega_{\mathrm{c}})\end{aligned}\right\}\tag{6-21}$$

则

$$\boldsymbol{\Delta}(\mathrm{i}\omega_{\mathrm{c}})=\boldsymbol{r}(\mathrm{i}\omega_{\mathrm{c}})-\boldsymbol{r}_{0}(\mathrm{i}\omega_{\mathrm{c}})=(1-\mathrm{e}^{-\mathrm{i}\omega_{\mathrm{c}}t})\boldsymbol{\Phi}(\mathrm{i}\omega_{\mathrm{c}})\boldsymbol{F}(t)\mathrm{e}^{\mathrm{i}\omega_{\mathrm{c}}t}\tag{6-22}$$

将式(6-22)代入式(6-19),可得考虑再生效应的动态切削力为

$$\boldsymbol{F}(t)\mathrm{e}^{\mathrm{i}\omega_{\mathrm{c}}t}=\frac{1}{2}aK_{\mathrm{t}}(1-\mathrm{e}^{-\mathrm{i}\omega_{\mathrm{c}}T})\boldsymbol{A}_{0}\boldsymbol{\Phi}(\mathrm{i}\omega_{\mathrm{c}})\boldsymbol{F}(t)\mathrm{e}^{\mathrm{i}\omega_{\mathrm{c}}t}\tag{6-23}$$

式中,$\boldsymbol{\Phi}(\mathrm{i}\omega_{\mathrm{c}})$ 为频率响应函数矩阵,由机床-刀具系统频响函数和工件系统频响函数两部分组成,即

$$\boldsymbol{\Phi}(\mathrm{i}\omega_{\mathrm{c}})=\boldsymbol{\Phi}_{m}(\mathrm{i}\omega_{\mathrm{c}})+[\Phi_{w}(\mathrm{i}\omega_{\mathrm{c}})]=\begin{bmatrix}\Phi_{xx}(\mathrm{i}\omega_{\mathrm{c}}) & \Phi_{xy}(\mathrm{i}\omega_{\mathrm{c}})\\\Phi_{yx}(\mathrm{i}\omega_{\mathrm{c}}) & \Phi_{yy}(\mathrm{i}\omega_{\mathrm{c}})\end{bmatrix}\tag{6-24}$$

令式(6-23)的行列式为零,可得非零解为

$$\det\{\boldsymbol{I}+\Lambda\boldsymbol{\Phi}(\mathrm{i}\omega_{\mathrm{c}})\}=0\tag{6-25}$$

该式即为动态铣削系统的特征方程,其特征值 Λ 的表达式为

$$\Lambda=-\frac{N}{4\pi}aK_{\mathrm{t}}(1-\mathrm{e}^{-\mathrm{i}\omega_{\mathrm{c}}t})\tag{6-26}$$

因为传递函数是复数,其特征值有实部和虚部:

$$\Lambda=\Lambda_{\mathrm{R}}+\mathrm{i}\Lambda_{\mathrm{I}}\tag{6-27}$$

将 $\mathrm{e}^{-\mathrm{i}\omega_{\mathrm{c}}t}$ 按欧拉公式展开为

$$\mathrm{e}^{-\mathrm{i}\omega_{\mathrm{c}}t}=\cos\omega_{\mathrm{c}}T-\mathrm{i}\sin\omega_{\mathrm{c}}T\tag{6-28}$$

将式(6-27)和式(6-28)代入式(6-26)中,得到在颤振频率 ω_{c} 下稳定切削的临界轴向切削深度为

$$a_{\lim}=-\frac{2\pi}{NK_{\mathrm{t}}}\left(\frac{\Lambda_{\mathrm{R}}(1-\cos\omega_{\mathrm{c}}T)+\Lambda_{\mathrm{I}}\sin\omega_{\mathrm{c}}T}{1-\cos\omega_{\mathrm{c}}T}+\mathrm{i}\frac{\Lambda_{\mathrm{I}}(1-\cos\omega_{\mathrm{c}}T)-\Lambda_{\mathrm{R}}\sin\omega_{\mathrm{c}}T}{1-\cos\omega_{\mathrm{c}}T}\right)\tag{6-29}$$

由于在实际加工中 $a_{\lim}$ 必须是实数,故令上式的虚部为零,定义特征值的虚部和实部的比值为

$$\kappa=\frac{\Lambda_{\mathrm{I}}}{\Lambda_{\mathrm{R}}}=\frac{\sin\omega_{\mathrm{c}}T}{1-\cos\omega_{\mathrm{c}}T}\tag{6-30}$$

代入式(6-29)中,可得临界轴向切削深度为

$$a_{\lim}=-\frac{2\pi\Lambda_{\mathrm{R}}}{NK_{\mathrm{t}}}(1+\kappa^{2})\tag{6-31}$$

令 ε 是当前刀齿和前一个刀齿的振纹之间的相移,则在主轴旋转周期 T 内有

$$\omega_{\mathrm{c}}T=2k\pi+\varepsilon\tag{6-32}$$

可得到相应的主轴转速为

$$n=\frac{60}{NT}=\frac{60\omega_{\mathrm{c}}}{N(2k\pi+\varepsilon)}\tag{6-33}$$

式中,k 为叶瓣数。

3. 切削颤振稳定域建立与求解方法

(1) 切削颤振稳定域建立方法。通过对机床结构进行模态参数辨识得到传递函数，在特定的刀具、工件材料和径向切宽的条件下，以主轴转速为横坐标，以轴向切削深度为纵坐标绘制切削颤振稳定性叶瓣图步骤如下：

1) 在主模态附近的传递函数中选择颤振频率；

2) 求解特征值方程式(6-25)；

3) 按式(6-31)计算临界切削深度；

4) 对每个稳定性叶瓣 $k=0,1,2,\cdots$ 按式(6-33)计算主轴转速。

扫描所有模态附近的颤振频率，重复以上步骤，可以得到颤振稳定性叶瓣图，如图6-6所示，其中横坐标为主轴转速，纵坐标为轴向切深。

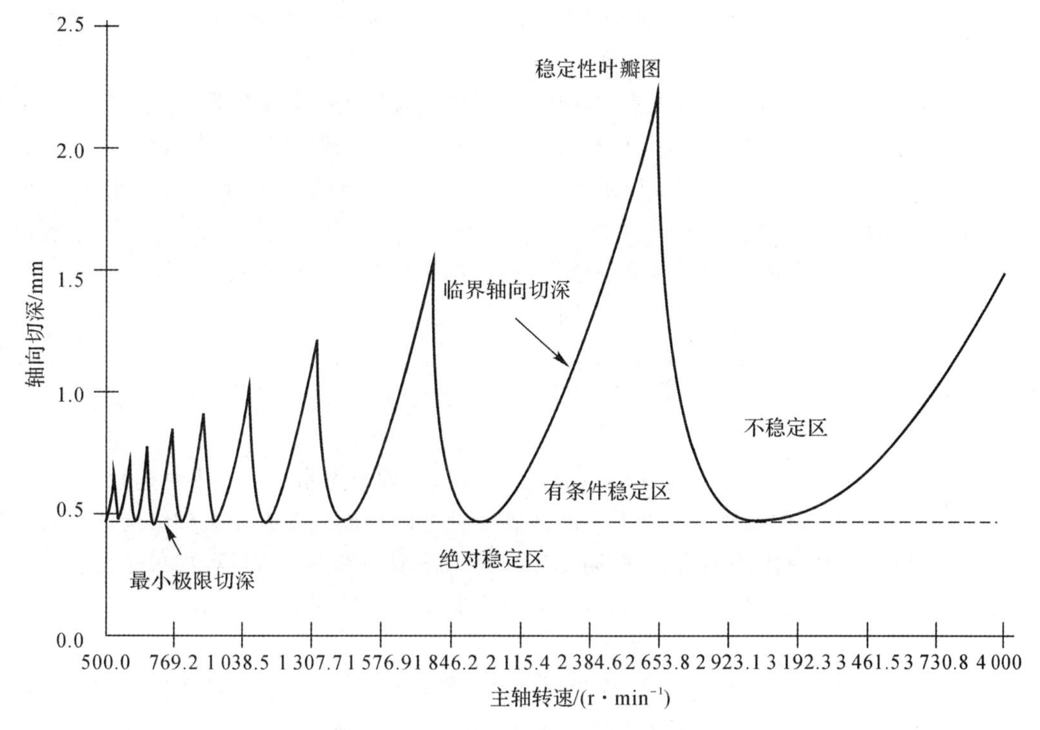

图6-6 切削颤振稳定性叶瓣图

稳定性叶瓣图提供了一种基于切削过程平稳性分析的主轴-转速选择方法，当“主轴-转速”参数组合位于稳定性叶瓣图不同位置时，其切削稳定性不同。按照切削稳定性性质不同，把切削过程分为三个不同的稳定性区域：

1)不稳定区：如图6-6中临界轴向切深曲线上方位置，当“主轴-转速”参数组合位于该区时，切削系统不稳定，发生颤振。

2)绝对稳定区：由临界轴向切深曲线确定的最小轴向切深为最小极限切深，在最小极限切削深度对应的水平线以下的区域称为绝对稳定区。在此切削深度以下，对于任何主轴转速，切削过程都是稳定的。

3)有条件稳定区：在最小极限切削深度对应的水平线以上、临界轴向切深以下的部分为有条件稳定区。有条件稳定区的左、右两侧都是不稳定区，即在此轴向切深范围内稳定区与不稳定区相间出现，当主轴转速增大或减小时，切削过程可能从稳定区进入不稳定区，引起加工过程中的颤振问题。因此，在有条件稳定区域内选择切削参数时，要留有一定的裕度，以防止由于模态参数提取、切削稳定域仿真计算和实际切削的复杂性等因素的影响，在使用稳定性叶瓣图中处于稳定的“主轴-转速”参数组合进行切削时，切削系统不稳定导致切削发生颤振。

(2)基于 CutPro 的颤振稳定域求解过程。CutPro 动态切削仿真软件是一种在时域内或频域内进行铣削加工过程仿真及主轴设计用软件，旨在对切削过程进行离线优化，最终达到提高生产效率和主轴稳定性的目的。本节基于 CutPro 切削仿真软件，研究频域模态分析实验测定机床-刀具系统、工件系统模态参数的方法，从而求解球头铣刀颤振稳定域叶瓣图。

基于 CutPro 的颤振稳定域仿真具体步骤如下：

1)首先通过敲击实验获取机床-刀具系统的动态特性，基于 CutPro MALTF Module 模块进行模态参数识别，保存机床-刀具系统模态参数 *.cmp 留数文件为机床-刀具系统频响函数；以同样的方法获得工件系统频响函数。

2)在 CutPro 频域颤振稳定域仿真模块中，选择铣削模块进行频域颤振稳定域仿真。依次定义刀具类型、刀具材料、刀具几何角度以及工件材料等输入条件，选择动态铣削力力学模型。

3)分别导入机床-刀具系统和工件系统的频响函数，设置铣削方式，输入进给速度、径向切深、顺逆铣等铣削参数。

4)针对铣削过程，在固定切削宽度的条件下，进行频域内稳定域仿真计算。

5)进行仿真运算，输出切削稳定性叶瓣图。

6.3.2 机床-刀具系统模态分析

1. 模态分析概述

模态分析是研究结构动力学特性的一种近代方法，使用模态参数表示系统运动方程，该运动方程可用来分析系统的振动特性及其对系统整体性能的影响。模态是机械结构的固有振动特性，每一个模态具有特定的固有频率、阻尼比和模态振型。模态分析过程如果是由有限元计算的方法取得的，则称为计算模态分析；如果通过实验将采集的系统输入与输出信号经过参数识别获得模态参数，称为实验模态分析。

模态参数识别方法主要有频域法、时域法、时频法及基于模拟进化方法等四大类。这些方法各有其特点，由于本文的研究是建立在已得到工艺系统频率响应函数(Frequency Response Function，FRF)前提下，因此选择频域法。而频域法又可细分为单模态识别法、多模态识别法、分区模态综合法和频域整体识别法等。

单模态识别法使用单个 FRF 就能获得主模态的模态参数，将所有关注模态分别作为主模态进行单模态识别，就可得到系统的所有模态参数。单模态识别法主要有峰值法和导纳圆拟合法两种。前者认为系统的观测数据是准确的，没有噪声和误差，直接由频响函数求取系统的数学模型。该方法适用于单自由度系统的参数识别，对于复杂结构，当各模态耦合不紧密时，也可应用此法对某阶模态进行参数识别。后者属于曲线拟合法，其基本思想是根据实测 FRF 数据，用理想导纳圆去拟合实测的导纳圆，并按最小二乘原理使其误差最小。此方法仅使用最小二乘原理估算出导纳圆半径或振型，而其他模态参数的估计仍然建立在图解法的基础上，故精度不高。

多模态识别方法以频响函数的理论模型为基础，将耦合较重的待识别模态考虑进去，用适当的参数识别方法去估算。它适用于模态较为密集、阻尼较大、各模态间互有重叠的情况。多模态识别方法主要有以下三类:①以频响函数模态展开式为数学模型的非线性加权最小二乘法、直接偏导数法等;②以频响函数有理分式为数学模型的 Levy 法(多项式拟合法)、正交多项式拟合法等;③将非线性函数在初值附近做泰勒展开,通过迭代来改善初值,达到识别参数的优化识别方法,包括误差函数展开法、高斯-牛顿法、牛顿-拉普森法等。

对于小阻尼且各模态耦合较小的系统,使用单模态识别法就能获得较满意的识别精度;而对于模态耦合较大的系统,则必须使用多模态识别法。由于机床系统各连接处的阻尼和刚度分布复杂,加上使用中客观环境条件及具体工况不同,因此很难用解析方法或有限元方法来对主轴和机床系统整个运动链的 FRF 进行准确模拟。而在实际模态分析中,对机床-刀具系统的观测数据采用单模态识别就可以满足要求,直接由频响函数可以求取系统的数学模型。因此本文通过单点模态锤击实验,获取工艺系统 x,y 两个方向的模态参数,从而得到机床-刀具工艺系统动力学特性参数。

2. 机床-刀具系统模态参数识别实验

在 JOHNFORD VMC850 立式加工中心进行锤击实验,使用商用软件 DEWESoft - FQF6.5 提供的模态识别方法——频域法进行模态估计。

采用的主要实验设备如下:

(1) Dytran 5850B 力锤,灵敏度 1 mV/lb(1 lb=0.453 6 kg),10 mV/lb,100 mV/lb,量程 50 lbs,500 lbs,5 000 lbs,共振频率 75kHz,线性度±1%FS(Full Scale,满量程),锤头质量 150 g。

(2) Dytran 3055B 加速度传感器,灵敏度 52.5 mV/g,量程±100 g,频响范围 1~10 000 Hz,线性度±2%FS,质量 10 g,温度范围-60~250℃。

(3) DEWE3010 数据采集系统,8 个 DAQ/PAD 模块插槽,提供 8 通道动态信号输入。

由于铣刀齿数、直径、安装长度等都会对工艺系统模态参数产生影响,为了研究刀具直径对颤振稳定域的影响规律,实验取刀具几何角度相同的 ϕ8 mm,ϕ12 mm,ϕ16 mm 的 4 齿硬质合金球头铣刀各一把,分别对相应的机床-刀具系统进行模态参数提取,刀具几何参数为:前角 8°,后角 12°,螺旋角 35°,刀具装夹悬伸长度 60 mm。

机床-刀具模态参数识别流程如图 6-7 所示,模态测试实验现场如图 6-8 所示。

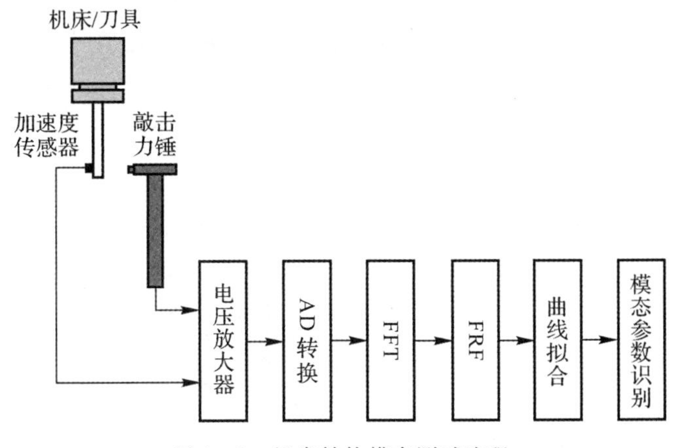

图 6-7 机床结构模态测试流程

图 6-8 机床结构模态测试实验现场

在相同的装夹条件下，对于不同直径的刀具分别按照如下方法进行机床-刀具系统的模态测试实验：

(1)分别使用不同的刀柄将不同直径的刀具安装于机床主轴上，保证每次刀具悬伸量均为 60 mm，进行刀具跳动检查，保证跳动在±0.01 mm 以内。

(2)利用黏结剂将 Dytran 3055B 加速度传感器固定在刀头后刀面部位，使传感器中心正对刀具中心，确保安装可靠。

(3)合理选择力锤。激振力的能量量级和频率展宽取决于操作者用力的大小、力锤的质量、锤头的硬度以及结构上敲击点的可塑性。一般来说，锤头质量越轻、锤头材料越硬，冲击力持续时间越小，频谱越宽。适当选择锤头材料，使冲击力波形有适当的宽度，保证在感兴趣的频率范围内其频谱值下降较慢。

(4)旋转刀具使加速度传感器位于机床 x 负方向，在机床 x 正方向刀具上传感器对应的点进行敲击，如图 3-5 所示。敲击时，保证敲击力度均匀、大小合适，每次敲击后停止 10 s，防止上次敲击余振对本次敲击的影响，共敲击 30 次。记录 x 方向模态信号，得出机床-刀具系统 x 方向的传递函数。

(5) 将机床主轴旋转 90°，以同样方式在 y 方向进行敲击实验，得出机床-刀具系统 y 方向的传递函数。

(6)通过固定在刀具上的加速度计测量系统结构的响应，经过信号分析后获得结构的频率响应函数；然后利用参数识别方法，对频率响应函数进行曲线拟合，得到结构的模态参数。

对模态识别实验采集的信号，在模态分析软件 DEWESoft - FRF6.5 下分别进行分析处理，得到的不同直径刀具与机床组成的机床-刀具系统 FRF 图形。由于机床-刀具系统和工件系统本身都具有无限多个模态，而在实际切削加工中前几阶固有频率集中了工件振动的大部分能量，对工件的振动影响较大。考虑到铣削力的激励频率大小，第二阶模态以上的振动模态受激振力的影响已经微乎其微，因此在分析薄壁零件的动态行为时，仅考虑第一阶模态的振动模式。以 $\phi16$ 刀具为例，对得到的频响函数进行优化拟合，可得到相应的机床-刀具系统结构频响函数曲线，如图 6-9 所示。

根据上述方法，提取的 $\phi8$，$\phi12$，$\phi16$ 刀具对应的机床-刀具系统等效模态参数，见表 6-1。

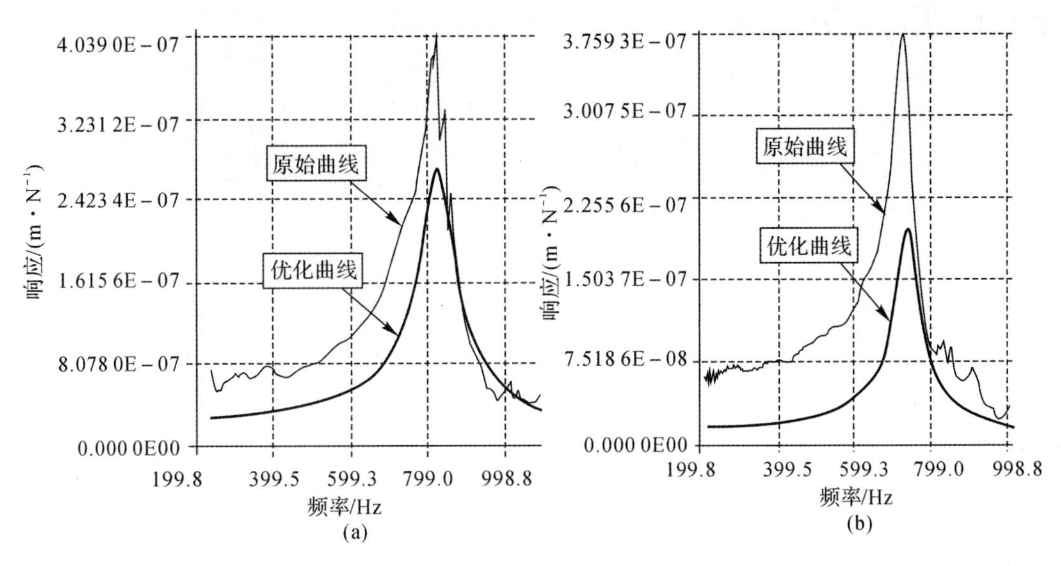

图 6－9　刀尖点频率响应函数曲线

(a)x 向频响函数曲线；(b)y 向频响函数曲线

表 6－1　不同刀具直径对应的机床-刀具系统的等效模态参数

刀具直径	测试方向	频率/Hz	阻尼/(kg·s^{-1})	刚度/(N·m^{-1})	质量/kg
ϕ8	x 方向	8.287 6E＋02	1.686 0E－02	3.593 4E＋07	1.179
	y 方向	7.592 4E＋02	6.472 3E－03	1.026 7E＋08	4.511
ϕ12	x 方向	8.597 0E＋02	2.607 6E－02	5.468 9E＋07	1.874
	y 方向	7.644 2E＋02	1.585 3E－02	1.119 1E＋08	4.851
ϕ16	x 方向	8.782 3E＋02	2.634 5E－02	5.503 0E＋07	2.032
	y 方向	7.684 0E＋02	1.798 4E－02	1.189 4E＋08	4.935

由表 6－1 知，保持铣刀其他参数不变(硬质合金球头铣刀、4 齿、前角 8°、后角 12°、螺旋角 35°、刀具装夹悬伸长度 60 mm)，改变铣刀直径，系统的等效模态参数将发生改变。

3. *刀具直径对模态参数及颤振稳定域影响分析*

刀具直径对系统模态参数的影响如图 6－10 所示，可以看出随着刀具直径的增加，系统的频率、阻尼、刚度、质量也随之增加；刀具直径从 ϕ12 到 ϕ16 时模态参数的变化程度较之从 ϕ8 到 ϕ12 的变化程度平缓，这是因为当使用较小的细长刀具时，机床-刀具系统的模态参数对刀具直径的改变较为敏感，刀具直径的改变更容易引起系统动态特性的改变。

按照颤振稳定域求解方法，分别导入由三种刀具直径对应的机床-刀具系统频响函数和由 6.3.1 节获得的工件系统频响函数，进行薄壁件铣削加工过程颤振稳定域的频域仿真。薄壁工件厚度为 2.1 mm，切削参数为每齿进给量 0.1 mm/齿，径向切深 0.35 mm，采用顺铣切削方式。由此可得到不同刀具直径对应的切削颤振稳定域，如图 6－11 所示，可以看出随着铣刀直径的增加，颤振稳定域图形中对应的临界轴向切深逐渐增加，因此在条件许可的情况下，应尽可能选用较大直径的铣刀以提高切削加工效率和切削过程稳定性。

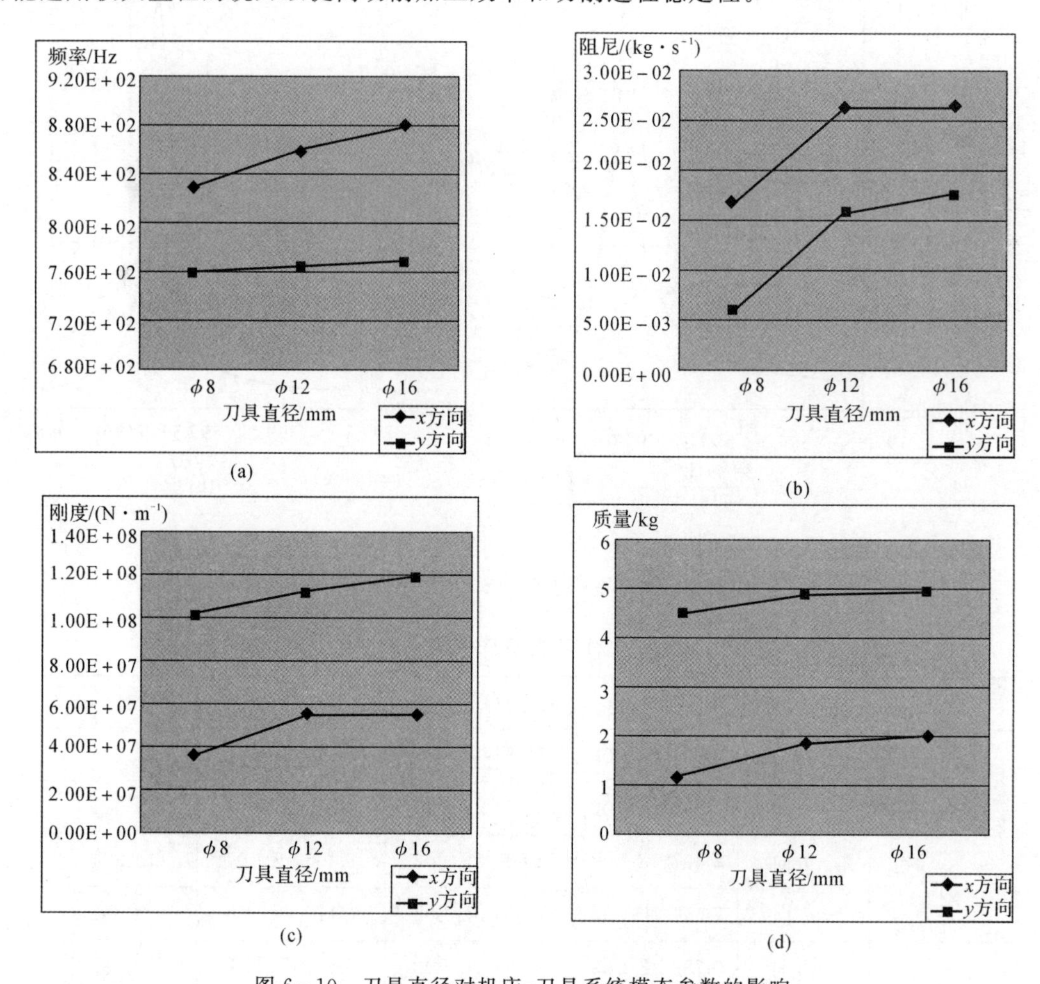

图 6-10 刀具直径对机床-刀具系统模态参数的影响

(a)刀具直径对频率的影响;(b)刀具直径对阻尼的影响;(c)刀具直径对刚度的影响;(d)刀具直径对质量的影响

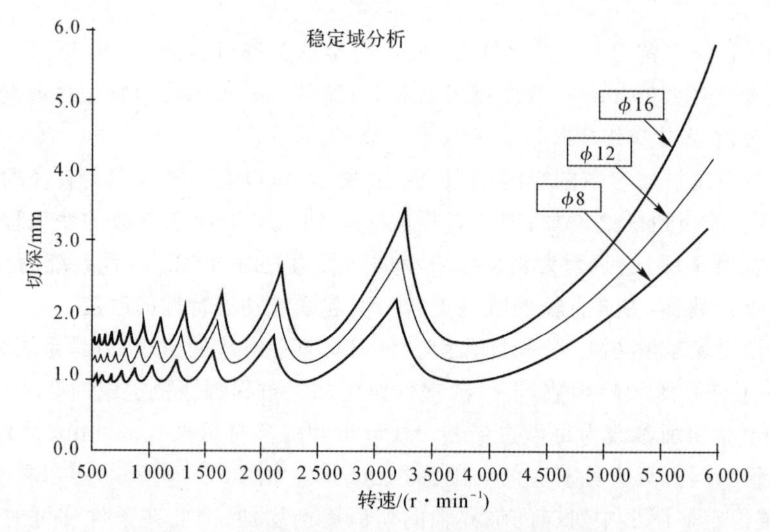

图 6-11 刀具直径对系统颤振稳定域的影响

由于在整体叶盘薄壁叶片的加工过程中，刀具直径的大小受到叶盘通道的进出气口宽度、通道最窄宽度、叶片弦长、叶片展长等因素影响，根据实际加工条件，实际工作均选择 $\phi 8$ 刀具作为研究对象。

6.3.3 基于模态变化的切削系统稳定域建立

由于切削过程中，薄壁件的结构尺寸在不断变化，如果只使用切削前工件结构进行模态参数识别，由于切削材料未去除，工件刚性较好，按照上述方法求得的颤振稳定性叶瓣图会整体偏高，所得的极限切深也会变大，在此区域内选择切削参数时可能会比实际情况偏大，导致加工时发生振动；如果只选择切削后工件结构进行模态参数识别，情况则相反。因此，应该在薄壁件切削过程中进行模态参数识别，这样得到的结果更符合实际加工特点。由于精加工时刀位轨迹较多，如果对整个切削过程每一刀都进行模态参数识别，则工作量大、操作烦琐，可操作性差。本节使用分段采集模态参数的方法，即采集工件在几段切削中的结构模态参数，然后进行稳定域的叠加与优化，其操作较为方便，而且得出的结果也基本符合实际切削情况。

1. 工件系统切削过程的模态参数识别

在进行钛合金薄壁件切削过程模态参数识别时，为了获取工件系统在不同切除状态下的模态参数，将工件两侧沿高度方向分别划分为四个区域，分别进行敲击实验，如图 6－12 所示，通过获得工件铣削完 1,2,3,4 区域后的四组模态参数，可以得到工件切削过程中动态变化的系统模态。

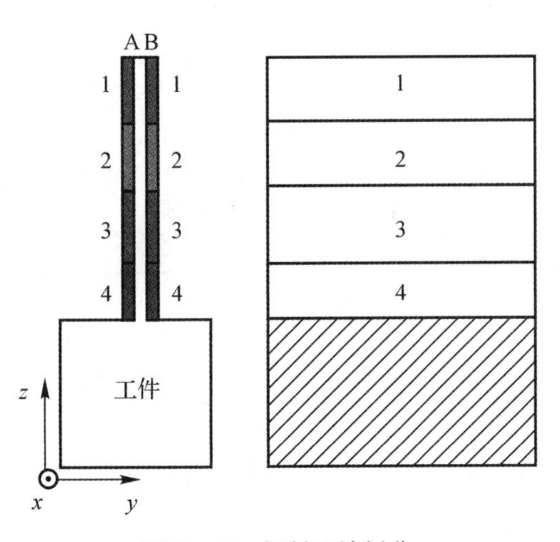

图 6－12 切削区域划分

由于薄壁件两个边缘的刚性与中间部分相比较弱，敲击实验的响应信号和加工过程的振动信号比较明显，因此选择工件边缘处作为加速度传感器的安装位置，进行敲击实验和切削时的振动测量，如图 6－13 所示。为了确保实验数据的准确性，应保证在切削每个区域时，测量所用的加速度传感器始终固定在相同(或等同)的位置。当进行一面切削测量时，传感器固定在当前切削侧的反面；当切削换到工件的另一面时，传感器安装位置也进行相应的换面，传感器所在位置与原位置等同，图 6－13(a)中传感器位置与图 6－13(b)中等同。

在进行薄壁件切削时，使用对称铣削的方法，可以有效改善切削过程中薄壁件的刚性，提高切削稳定性。综合考虑 6.2.3 节中余量优化实验对于在线测量振动的需求，切削时无法实现完全的对称铣削，在此使用分段对称铣削的方法，方便振动测量。

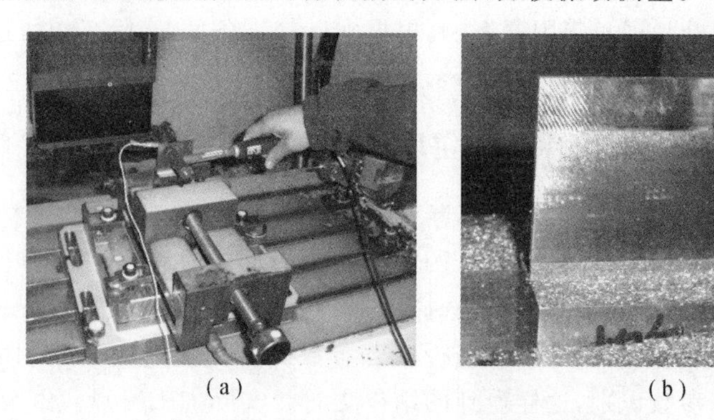

(a)　　(b)

图 6-13　薄壁件切削过程模态参数识别

(a)薄壁件敲击实验；(b)加速度传感器安装位置

分段对称铣削传感器安装位置及切除顺序如图 6-14 所示，方框中为传感器安装位置，下方方括号“[ ]”内为刀具切削加工区域，下方圆括号“( )”内为敲击实验敲击区域。首先将传感器固定在 A 面第 1 分区(以下简称为 A1 区)边缘位置，使用传统的单面行切方法加工 B 面第 1 分区(以下简称为 B1 区)，此时传感器安装在 A 面，不会与刀具产生干涉，可以进行切削振动的在线测量；加工完 B1 区后将传感器固定在 B1 区边缘位置，以同样方法加工 A1 区，并同时进行振动的在线测量。以同一高度上的薄壁件两侧加工区域作为一组(即 A1 区与 B1 区作为第 1 组)，加工完第 1 组后保持传感器位置不变，在 A1 区进行敲击实验，获得第 1 组加工后的工件系统模态参数。然后以同样方法进行第 2 组 A2 区的加工和振动的在线测量，此时传感器安装在 B1 区，按照与第 1 组相同的方法完成第 2 组的加工和测量后，进行模态参数识别的敲击实验。然后进行下一组的加工、测量，按照同样的流程最终完成整个薄壁件的切削、在线测试和敲击实验。

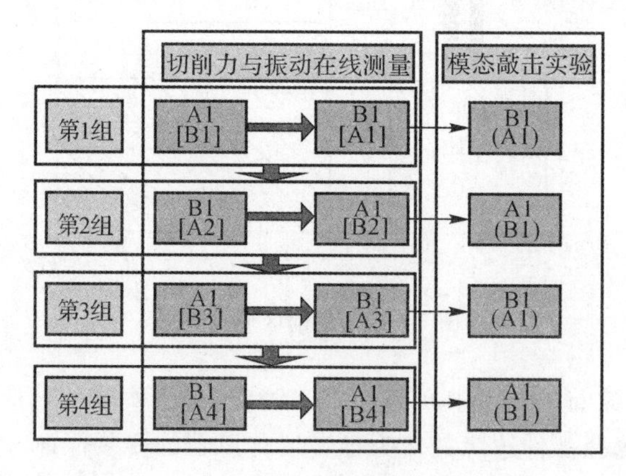

图 6-14　传感器安装位置及切除顺序

由于工件 x 向尺寸远远大于 y 向，其刚度很好，且薄壁件在切削过程中的振动主要是 y 向的振动，因此假设薄壁件 x 向是刚性的，只提取 y 向的模态参数。通过敲击实验提取在进行“第 1 组→第 2 组→第 3 组→第 4 组”的切削过程中，不同切除状态下的工件系统 y 向等效模态参数，见表 6-2。

表 6-2 不同切除状态下的工件系统 y 向等效模态参数

组别	频率/Hz	阻尼/($kg\cdot s^{-1}$)	刚度/($N\cdot m^{-1}$)	质量/kg
第 1 组	3.444 6E+02	4.628 8E−02	3.688 8E+07	2.763
第 2 组	3.243 4E+02	3.068 3E−02	1.067 8E+07	2.571
第 3 组	2.758 2E+02	1.168 6E−02	7.196 1E+06	2.393
第 4 组	2.346 3E+02	1.314 7E−02	5.237 6E+06	2.155

2. 机床-刀具-工件系统颤振稳定域建立

按照颤振稳定域求解方法,进行薄壁件铣削加工过程中机床-刀具-工件系统颤振稳定域的频域仿真,分别导入由机床-刀具系统 x 向、y 向的频响函数和工件系统 y 向的频响函数,工件系统 x 向在仿真时设定为刚性。根据实际加工刀具类型,选择 ϕ 8 mm 的 4 齿硬质合金球头铣刀,刀具前角 8°,后角 12°,螺旋角 35°,刀具装夹悬伸长度 60 mm。工件材料选取钛合金 TC11,采用平均切削力模型。薄壁工件厚度为 2.1 mm,切削参数为每齿进给量 0.1 mm,径向切深 0.35 mm,采用顺铣切削方式。由此可得到薄壁件在不同切除状态下切削颤振稳定域,以第 1 组为例,颤振稳定性叶瓣图如图 6-15 所示。

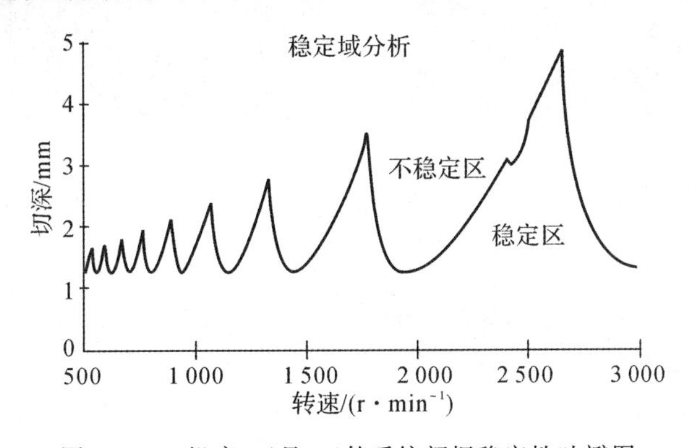

图 6-16 机床-刀具-工件系统颤振稳定性叶瓣图

频率与主轴转速之间换算公式为

$$n=\frac{w_n\times 60}{z} \tag{6-34}$$

式中,w_n 为系统固有频率(Hz),n 为频率 w_n 下的主轴转速(r/min);z 为刀具齿数。

在薄壁件切削完第 1 组之后,通过测量可知其固有频率为 344.46 Hz,对应的转速为 $n=[(344.46\times 60)/4]$ r/min=5 166.9 r/min,即切削时主轴转速在 5 000～5 300 r/min 时容易引起工件系统的共振。粗加工时,主轴转速选择在工艺系统共振频率附近时,相邻两次切削所形成的振动波纹的相位保持一致,工件表面层的材料被均匀地切除,此时如果不受外界干扰,切削过程能够平稳地进行下去,可以得到较高的切削效率;精加工时,如果主轴转速仍选择在工艺系统共振频率附近,虽然切削时前、后两刀的相位差为零,但由于切削振动的存在,切削表面会留下比较明显的波纹,影响工件最终的表面质量和表面粗糙度,因此精加工时选择的主轴转速应尽量避开共振区域。

由于刀具材料的冶炼烧结及热加工中可能会出现的金相组织缺陷，如夹砂、裂纹、气孔等，会使刀具材质不均匀，而刀具制造刃磨过程中存在的尺寸误差、形状误差和位置误差，如刀柄圆度误差、同轴度误差以及深度不等的键槽、螺纹、刀片槽等，或者刀具本身的跳动、刀具切削刃的不等量磨损、刀具装夹误差以及机床本身精度等问题的存在，对切削系统的稳定性影响很大。因此在选取主轴转速时，要充分考虑刀具系统的动平衡性和机床自身的精度。

选定主轴转速后，可按照颤振稳定性叶瓣图进行切深优选。由于敲击实验和计算仿真时存在不可避免的误差，加之实际切削条件的复杂性，选择转速-切深时，应留有一定的裕度，保证切削过程稳定进行。

按照以上方法和原则，可以得到较好的转速-切深参数域，从而达到抑制切削颤振的目的。图 6-17 所示为薄壁件铣削加工中，不同切削参数条件下的表面加工形貌，其中图 6-17(a)中参数选择不当，引起了严重的加工振动，导致工件报废；图 6-17(b)中虽然切削过程也发生了振动，表面出现了振纹，但相比图 6-17(a)中切削参数选择较为合理，切削过程平稳，加工质量较好。

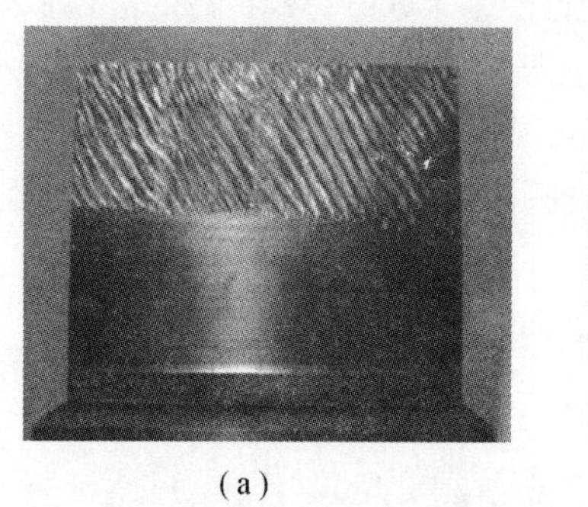
(a)

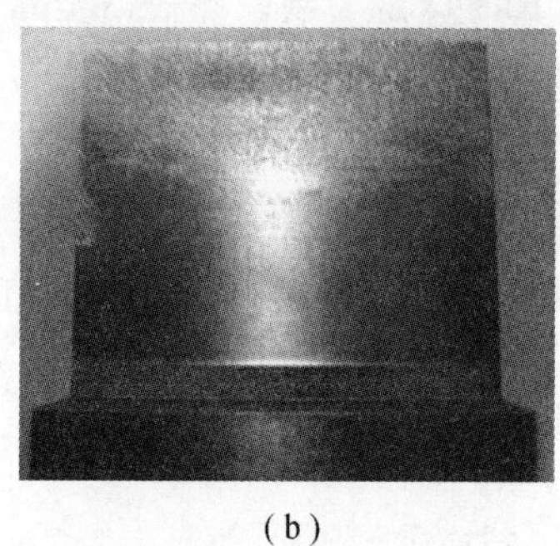
(b)

图 6-17　不同切削参数条件下的表面加工形貌

(a)切削颤振；(b)切削平稳

3. 基于模态变化的切削颤振稳定域求解

通过动态提取工件系统的模态参数，得到了工件切削过程中四个不同时期的切削颤振稳定域，将四个颤振稳定性叶瓣图进行叠加，如图 6-18 所示，可以得到叠加后的切削稳定域。

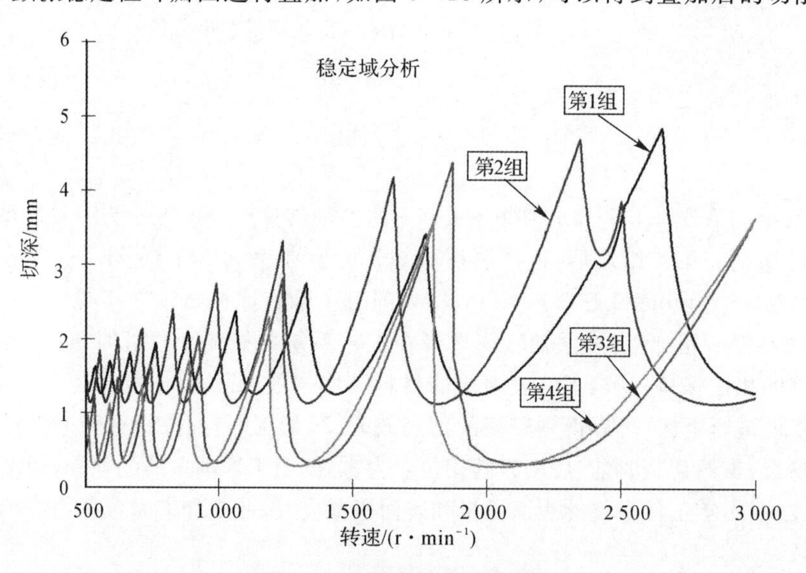

图 6-18　切削稳定域叠加

从图 6-18 中可以看出,在所有稳定性叶瓣图的下方存在一个稳定区域,在这个稳定区域中进行切削时,在整个切削过程中切削系统一直处于稳定状态。按照稳定区域在四个分区的变化趋势,可以在避开机床-刀具系统和工件系统共振频率的前提下,选择绝对稳定区相对较高处的主轴转速,然后按照一定的裕度在下方稳定区域选择适合于整个切削过程的切削深度,实现转速-切深参数优选。

薄壁件切削完第 1 组和第 4 组后的固有频率分别是 344.46Hz 和 234.63Hz,对应的转速分别是 5 166.9 r/min 和 3 519.5 r/min。切削过程中,随着切削材料的去除,工件系统的固有频率不断降低,对应的共振转速也不断降低,其变化范围在初始状态和最终状态对应的共振转速之间,因此在选择主轴转速时应尽量避开这一范围。本节实验所使用的 JOHNFORD VMC850 立式加工中心由于长期使用精度降低,当主轴转速偏高时,即使在空转情况下,机床主轴自身也会发生明显的振动。综合考虑稳定域求解的转速-切深参数域和实验机床自身的精度问题,结合薄壁件加工中的实际情况,选择主轴转速 1 800 r/min,轴向切深 0.40 mm,径向切深 0.2～0.35 mm,每齿进给量 0.08 mm/齿的切削参数,采用顺铣切削方式进行实验切削。实验结果表明,按照基于模态变化的动态切削颤振稳定域求解方法得到的实验结果,可以改善加工过程中的切削稳定性,提高加工效率和加工质量。

6.4 基于工艺刚度增强的颤振抑制方法

6.4.1 薄壁结构刚性分析

航空薄壁叶片的弱刚性是引起叶片加工颤振产生的主要原因之一,因此可以通过提高叶片自身的工艺刚度来抑制叶片加工中的颤振问题。本节通过研究薄壁件在切削载荷下的弹性变形,对其进行刚性分析,从而得到薄壁件整体刚性变化趋势。分别从减小刚性差部位切削用量和增强支撑部位刚性两个方面,对薄壁件非均匀的余量分布方法进行研究,从而提高叶片加工过程中的工艺刚度,提高切削稳定性,抑制加工颤振。

刚度是外界所施加的力与工件所产生的弹性变形量的比值,由叶片的结构可知,叶片在铣削力的作用下产生的变形主要在叶片的法向方向。因此,可以通过分析叶片各点在施加相同切削力下的变形量,来研究叶片在铣削条件下的各点刚性,找出整个叶片的刚性变化趋势,在此基础上对叶片精加工余量分布方法进行优化,减少薄壁叶片精加工过程中的切削变形和振动,从而提高整个叶片在加工过程中的稳定性。

1. 薄壁实验件结构设计

为研究钛合金薄壁叶片各点在外力作用下的弹性变形,将叶片简化为悬臂矩形板,研究在板面上任意点受集中载荷作用后的变形量,薄壁板形状尺寸如图 6-19(a)所示。薄壁板材料为钛合金 TC11,板件夹持部位结构设计尺寸为 60 mm×30 mm×30 mm,板身长 60 mm,宽 55 mm。在进行工艺刚度优化实验验证时,使用球头刀在三坐标数控加工中心上进行行切。如果使用上、下截面面积相等的直板,则当切削工件中部及下部时,由于刀具后刀面与工件已加工表面的摩擦和频繁接触，不仅会使已加工表面因为再次加工而改变形貌，还可能因为频繁接触而引起细长刀具和薄壁工件的振动，影响测量数据和实验结果的准确性。因此，在进行实验设计时，将薄壁板设计为上薄下厚带楔度的薄板，顶部厚 1.0 mm，根部厚 1.3 mm，如图 6－19(b)所示，可计算出此时薄板的锥度角为

$$\angle ACD=\arctan\frac{AE}{(L_{CD}-L_{AB})/2}=$$
$$\arctan\frac{55}{(1.3-1.0)/2}=\arctan 366.67=89.84^{\circ}\qquad(6-35)$$

锥度角接近于 90°，薄板近似于直板。

2. 薄壁件切削加工刚性分析

本节采用有限元分析方法，对薄壁零件各点施加一定的铣削力，获得薄壁件在该载荷下各点的弹性变形量。通过仿真计算相同载荷下薄壁件各点的变形量，即可获得整个薄壁件刚性变化情况，为基于工艺刚度增强的颤振抑制方案提供理论数据。

在进行有限元仿真时，采用与实验相同的切削参数和材料试切 5 刀，得到其三向切削力的大小。使用试切时测量的切削力的算术平均值，作为薄壁件施加的切削载荷，从而对薄壁件进行变形分析。其中薄壁板材料为钛合金 TC11，弹性模量为 123 GPa，泊松比为 0.33，密度为 4.48 kg/cm^3。

在进行载荷加载时，将薄壁件板身沿 z 向等距划分为 5 行，从上至下分别定义为 a～e 行，沿 x 向等距划分 9 列，从左至右分别定义为 1～9 列，在各行列交叉处定义载荷加载点，共计 45 个点，如图 6－20 所示。由于 e 行处于叶根工件夹持部位，其变形量很小，在仿真时假设其不变形，不加载切削力载荷。

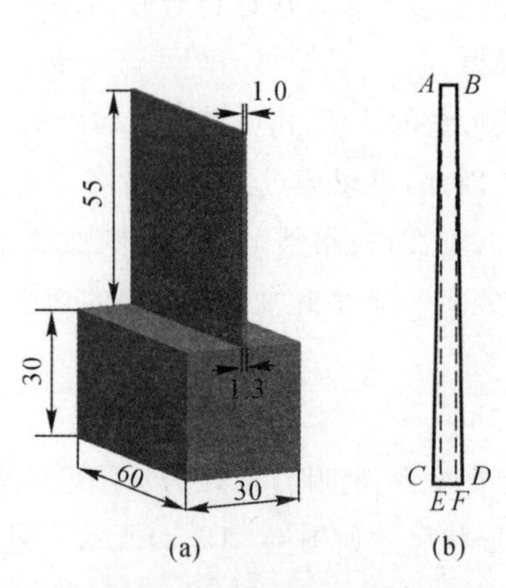

图 6－19　薄板尺寸结构

(a)薄板尺寸形状；(b)锥度角计算

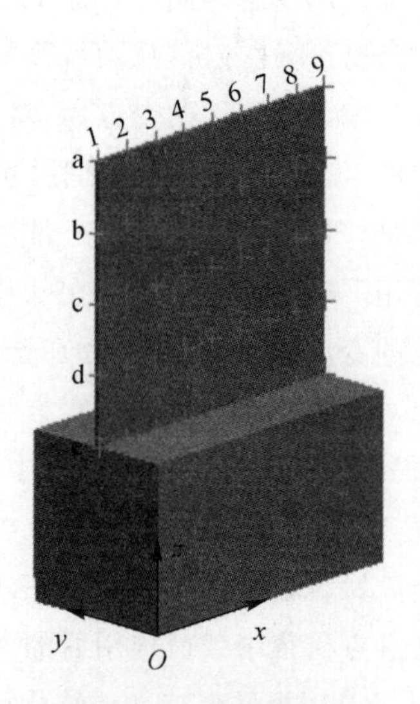

图 6－20　载荷分布点

对工件在相同载荷下各点的变形量进行有限元仿真，得到各点施加载荷时的变形云图。图6-21所示为a行9个点施加载荷时的有限元仿真结果，其他各行仿真图略。

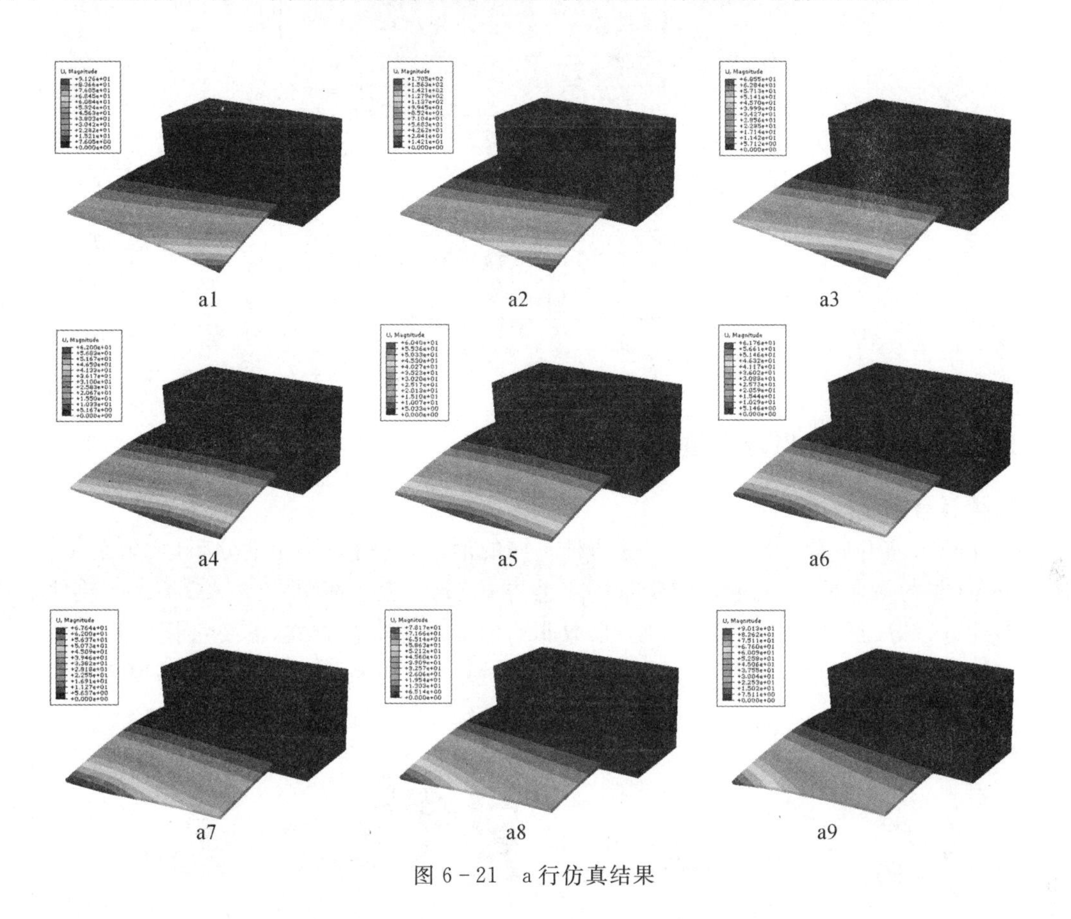

图6-21　a行仿真结果

进行有限元仿真后，得到各点的变形量，见表6-3。

表6-3　有限元仿真下各点的变形量　　单位：mm

序号	1	2	3	4	5	6	7	8	9
a	0.091 1	0.078 5	0.068 6	0.062 0	0.060 4	0.061 2	0.067 6	0.078 2	0.090 0
b	0.055 7	0.048 4	0.041 7	0.037 0	0.035 7	0.036 7	0.041 1	0.047 7	0.055 0
c	0.025 9	0.020 3	0.018 7	0.016 3	0.015 7	0.016 2	0.018 5	0.021 8	0.025 5
d	0.005 6	0.004 5	0.003 6	0.003 1	0.003 0	0.003 1	0.003 6	0.004 4	0.005 5

从表6-3可以看出：在相同载荷下，沿叶根到叶尖、边缘到中间，叶片弹性变形量逐渐增大；在两个叶尖处变形量最大，在叶根中间部位弹性变形量最小。即沿叶根到叶尖、边缘到中间变化时，随着叶片的悬伸量逐渐加大，叶片的刚性逐渐变差，在两个叶尖处刚性最差，在叶根中间部位刚性最好。加载点变形量分布趋势如图6-22所示，其刚性分布趋势与变形量变化趋势相反。

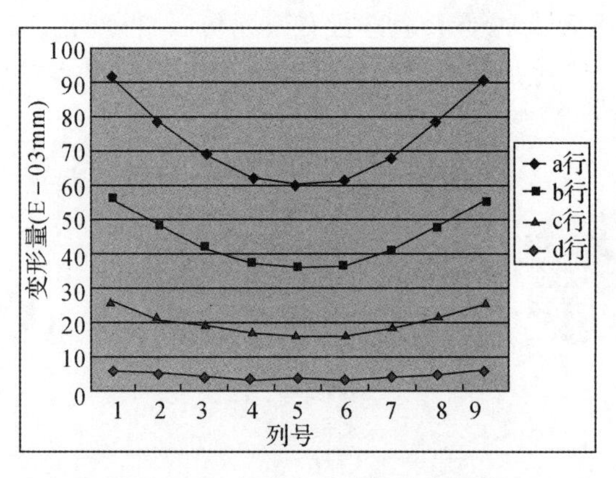

图 6-22 加载点变形量分布趋势

6.4.2 精加工非均匀余量设计方法

1. *薄壁件精加工余量分布方法*

叶片的精加工余量分布状态可以有两种不同的形式,分别是等厚度分布(均匀余量)和变厚度分布(非均匀余量)。采取均匀余量的工艺方式,数学表达简单,在CAD/CAM软件上只需对叶片进行等距偏置,操作简单方便;采取非均匀余量的工艺方式,需要根据叶片上各点刚度的不同,进行相应的余量分布方法优化,操作相对复杂。两种方案余量分布情况示意图如图6-23所示。

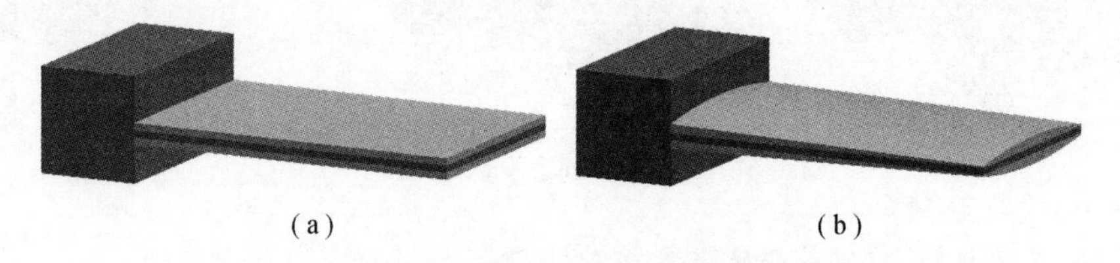

(a) (b)

图 6-23 均匀余量分布与非均匀余量分布方案对比示意图

(a)均匀余量方案;(b)非均匀余量方案

通过对悬臂矩形板任意一点受一集中载荷作用下的弯曲计算和分析可知,在同样的载荷下,板的中间根部挠度最小,板的两边角点处挠度最大,即沿板的固定边到自由边方向挠度呈增大趋势,沿板的中线到两边方向挠度也呈增大趋势。由于铣削加工中的切削力主要由切削深度、切削宽度、每齿进给量等因素决定,在其他条件不变的情况下,精加工余量小的地方,切削深度就小,由此产生的切削力也小。如果按照传统的均匀余量的方法进行薄壁叶片精加工余量分布,则在切削相同余量下产生相近切削力的情况下,叶片刚性薄弱部位的加工变形和振动较大,叶片的加工精度和表面质量较差,当振动加剧时甚至使该部位在加工中丧失精度,加工表面严重恶化;而在刚性较强部位,其加工变形和振动很小,叶片加工精度和表面质量能够得到保障。在这种余量分布方法下,整个叶片切削加工过程中的不同部位加工状况变化较大,叶片的精度和表面质量相差悬殊。因此,在叶片几何条件、设计参数等不受影响的前提下,可以采用精加工非均匀余量分布的方法,一方面通过适当减小刚性较差部位的精加工余量、增加刚性较好部位的精加工余量,来减少叶片加工中切削力引起的加工变形;另一方面这种余量分布方法在根部和中间部位余量较大,在尖部和边缘部位余量较小,使得叶片加工过程中的支撑部位厚度加强,起到了刚性增强的作用,从加工切削力优化和工件刚性优化两个方面提高了切削过程的稳定性。

2. 薄壁件精加工非均匀余量设计过程

对于薄壁件精加工中的非均匀余量设计,本节采用有限元分析的方法,在薄壁零件上施加一定的切削力,获得薄壁件在该切削力下各点的变形情况,然后按照变形大的地方余量小、变形小的地方余量大的原则,结合实际工程中薄壁叶片精加工的余量要求,提出一种切实可行、便于操作的薄壁件精加工非均匀余量分布方法。这种方法对零件形状与几何尺寸依赖性小,灵活通用,不仅可应用于薄板类零件精密加工的非均匀余量设计中,也可应用于航空发动机风扇叶片、整体叶盘叶片等工程应用对象的余量优化设计中。

以薄板零件为例,按照上述原理进行薄壁件精加工的非均匀余量设计,其设计过程如下:

1)采用有限元分析的方法,在薄壁零件各点上施加一定的切削力,获得薄板在该切削力下各点的弹性变形情况,见表 6-3。

2)定义通过薄板截面中点且垂直于薄板的平面为中心面,由表 6-3 可知,每行 9 个点中的第 5 个点皆位于中心面上。中心面将薄板左、右两侧分成对称的两部分,由于薄板上各点加载的切削力是相同的,所以通过有限元仿真得到的中心面两边的变形量也应该相同。由于有限元仿真过程时导入的模型精度问题及仿真中可能存在的误差,中心面两侧的数据并不完全相等,略有偏差,因此分别对两侧对应点的仿真变形量取算术平均值,所得结果作为对应点的计算变形量。

3)以计算变形量为依据,按照变形大的地方余量小、变形小的地方余量大的原则进行余量分布。由于薄壁件实际切削加工中存在的问题十分复杂,为了保证最终的加工质量和加工精度,精加工余量一般较小。如果本节实验按照实际加工采取的工艺方案进行余量分布,则工件在均匀余量和非均匀余量状态下切削过程中稳定性都较好,切削过程的振动差异不明显,无法对比两种余量分布状态的振动情况。因此本节所用的精加工余量在实际加工中余量分布状态的基础上,适当加大,以对比两种方案的差异。根据薄壁件切削颤振稳定域求解方法得到的余量值,结合实际叶片加工中切削余量的取值经验,取工件精加工最大余量为 0.4 mm,最小余量为 0.2 mm。由于叶片变形量和切削力之间、切削力和切削深度之间基本呈现线性关系(在叶片精加工中,切削深度等于精加工余量),可构造一个以叶片变形量为自变量的线性函数来计算切削余量。由于切削变形量比较小,定义变形量放大系数 a,使变形量可以用来对叶片进行余量构造,可得:余量=数值$+a\times$变形量,即 $y=ax+b$。按照第 1 截面第 1 点变形量 0.090 6 mm 对应最小的精加余量 0.2 mm,第 5 截面变形量 0.000 0 mm 对应最大的精加余量 0.4 mm 的方法,解方程组得到余量与变形量的关系式为:$y=0.4-2.208\ 248\ 914x$。这样可以得到符合实际加工的每一点的加工余量,见表 6-4。

表 6-4 非均匀余量分布方法各点加工余量 单位:mm

	1	2	3	4	5	6	7	8	9
a	0.200 0	0.227 0	0.249 6	0.264 0	0.266 6	0.264 0	0.249 6	0.227 0	0.200 0
b	0.277 7	0.293 8	0.308 5	0.318 7	0.321 1	0.318 7	0.308 5	0.293 8	0.277 7

续 表

	1	2	3	4	5	6	7	8	9
c	0.343 3	0.353 6	0.358 9	0.364 0	0.365 3	0.364 0	0.358 9	0.353 6	0.343 3
d	0.387 7	0.390 2	0.392 1	0.393 1	0.393 3	0.393 1	0.392 1	0.390 2	0.387 7
e	0.400 0	0.400 0	0.400 0	0.400 0	0.400 0	0.400 0	0.400 0	0.400 0	0.400 0

最终得到的余量在两个叶片尖点处最小，在叶根中部最大，这样的余量分布方法有利于提高叶片的结构刚度。

4)将得到的切削余量分别加载到 45 个结点上，得到这些结点的精加工非均匀余量值。将每行的 9 个点作为一组参数点，构造三次样条曲线，光滑后即可作为薄壁件在这一截面高度精加工前的轮廓线。将得到的 5 条曲线扫掠成面，就得到了由非均匀余量方法构造的精加工前的叶片曲面。

3. 均匀与非均匀余量对比实验设计

为了对均匀余量与非均匀余量两种余量分布方法进行对比，应使两者精加工所去除的材料总量相同，然后对比其振动、切削力、表面形貌等特征。计算 6.2.2 节中非均匀余量设计得到的叶片精加工前尺寸，得到单面的总精加工余量 $V=1\ 141.47\ \text{mm}^3$。对于均匀余量分布方案，保持其单面总加余量不变，叶片面积 $S=60\ \text{mm}\times 55\ \text{mm}=3\ 300\ \text{mm}^2$，取单边平均切屑厚度 $h=V/S=0.345\ 9\ \text{mm}$，即可得到相同切除体积下均匀余量方法的叶片精加工余量分布情况。

对比实验在 JOHNFORD VMC850 立式加工中心进行，切削实验现场如图 6-24 所示，切削振动和切削力测量如图 6-25 所示。为了方便振动信号测量，使用分段对称铣削方式，按 6.3.1 节中传感器安装位置及切除顺序进行切削；所用刀具参数为：ϕ8 mm 硬质合金球头铣刀，4 齿，刀具前角 8°，后角 12°，螺旋角 35°，刀具装夹悬伸长度 60 mm；为了使两种余量分布方案的切削稳定性对比明显，在切削颤振稳定域内选择靠近稳定性叶辨图处的切削参数，所用切削参数为：主轴转速 1 500 r/min，每齿进给量 0.1 mm/齿，轴向切深 0.35 mm，径向切深 0.35 mm，采用顺铣切削方式；振动测量使用 Dytran 3055B 加速度传感器；切削力测量使用 Kistler 9255B 三向测力平台；表面形貌观测使用 Leica S6D 金相显微镜；表面粗糙度测量使用 TR240 表面粗糙度仪。

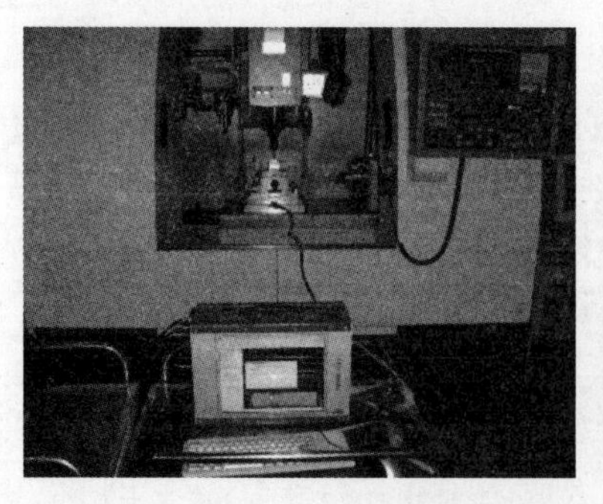

图 6-24 切削实验现场

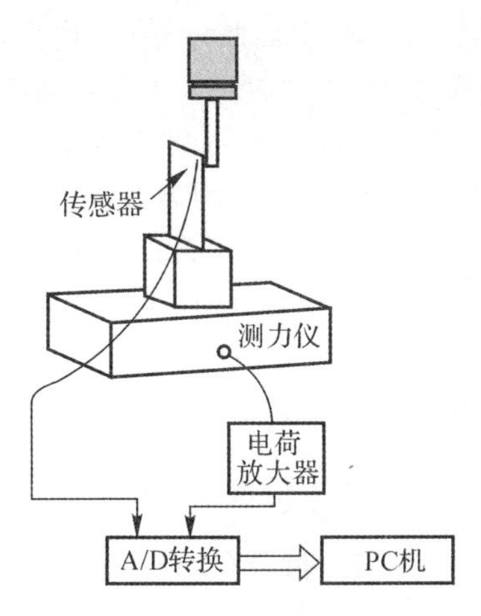

图 6-25 切削振动与切削力测量

6.4.3 薄壁结构均匀和非均匀余量工艺方案对比

按照以上实验规划，分别进行均匀余量和非均匀余量的工艺方案对比实验，从切削力、振动幅值、加工尺寸精度、表面形貌和表面粗糙度等方面，对两种余量分布方案进行对比分析。

1. 切削力对比分析

为了对比分析两种余量状态下的切削力状况，将薄壁件加工区按照图 6-26 中切削时的分组方式，从上至下沿竖直方向的第 1～4 组分别定义为 a～d 行，在每一行中从左至右沿水平方向等距各取 5 个点，定义为 1～5 列。选取第 d 行水平方向的 5 个观测点进行水平方向的切削力对比，选取第 1 列竖直方向的 4 个观测点进行竖直方向的切削力对比，其他行和列对比略。

对比加工 A 面 1 列时两种方案三向切削力沿竖直方向的变化情况，如图 6-26 所示(由于两面变化趋势相近，B 面略)。从图 6-26 中可以看出，沿竖直方向向下切削时，均匀余量方案的三向切削力基本不变，略有增大，非均匀余量方案的三向切削力明显增加；在薄壁件的上半部分，非均匀余量方案的切削力小于均匀余量方案的切削力，随着切削层的下降，非均匀余量方案的切削力逐渐增大，最后超过均匀余量方案的切削力。

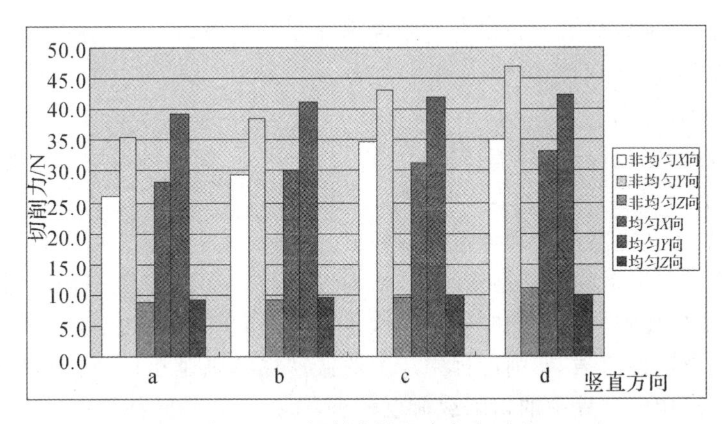

图 6-26 切削力沿竖直方向对比

这是由于在均匀余量方案中，各点的切屑厚度相同，切削过程中产生的切削力也基本相同，但是由于上半部分发生了切削振动，切削刀具与工件在切削过程中不断发生相对位移而离开工件，其切削力相对减小；在非均匀余量方案中，薄壁件上的切屑厚度从顶端向下逐渐增加，因此其切削力也逐渐增加。在叶片上半部分，非均匀余量方案分布的余量小于均匀余量方案分布的余量，因此其切削力比均匀余量方案时小，随着切削层的下降，非均匀余量方案的余量分布越来越大，最终大于均匀余量方案的余量分布，所以在根部，其切削力大于均匀余量方案的切削力。

对比加工 A 面 d 行时两种方案三向切削力沿水平方向的变化情况，如图 6-27 所示。从图 6-27 中可以看出，在一个切削程序中，沿水平方向向右切削时，均匀余量方案的三向切削力基本不变，非均匀余量方案的三向切削力先增大，再减小，基本呈现出关于中间对称的变化趋势。这是因为按照本文提出的非均匀余量分布方法，薄壁件中间部分余量较大，而两侧边缘余量较小，且两侧余量对称分布，从而导致其切削力呈现出中间大、两边小，且两侧基本对称的分布趋势。由于均匀余量方案各点余量值相同，因此其切削力也基本相同。从图 6-27 中也可以看出，在 d 行的 5 个观测点处，非均匀余量方案的切削力均大于均匀余量的切削力，这是因为在薄壁件根部，非均匀余量方案分布的余量相对于均匀余量方案的余量较大，因此切削过程中产生的切削力也较大。

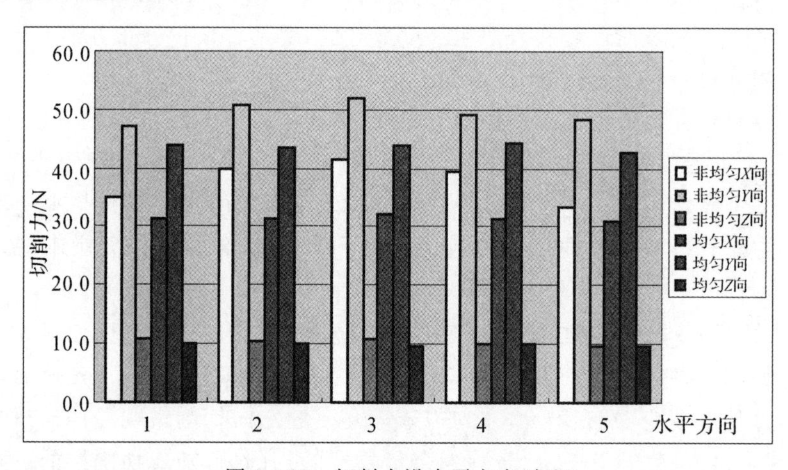

图 6-27　切削力沿水平方向对比

非均匀余量的这种切削力分布符合薄壁件刚性变化趋势，可以增强薄壁件切削加工过程中的工艺刚度，提高系统切削稳定性。

2. 振动幅值对比分析

通过对薄壁件切削过程进行振动测试，可以得到每一层切削的振动加速度谱，振动加速度谱如图 6-28 所示。

对比分析两种工艺方案的振动加速度谱幅值，如图 6-29 所示。可以看出，随着切削层的降低，两种工艺方案的振动幅值都逐渐减小，切削过程逐渐趋于稳定；在同一切削层内，非均匀余量方案的振动幅值比均匀余量的幅值小。这是因为随着切削层的下降，薄壁件的刚性越来越好，切削过程的稳定性增强，切削过程中产生的振动也越来越小；非均匀余量方案由于在顶部和两侧余量较小，切削过程中的切削载荷也较小，而根部和中间部位的较大余量又起到了刚性增强作用，因此其切削过程的稳定性比均匀余量方案好，切削过程中的振动加速度幅值较小。因此，通过采用合理的非均匀余量分布方法，对薄壁件切削过程中的余量分布状态进行优化，可以提高切削过程中的稳定性。

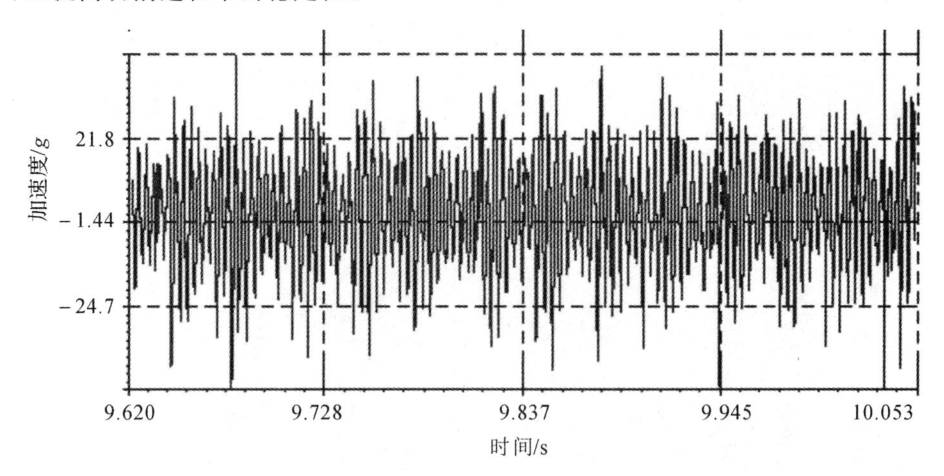

图 6-28　振动加速度谱

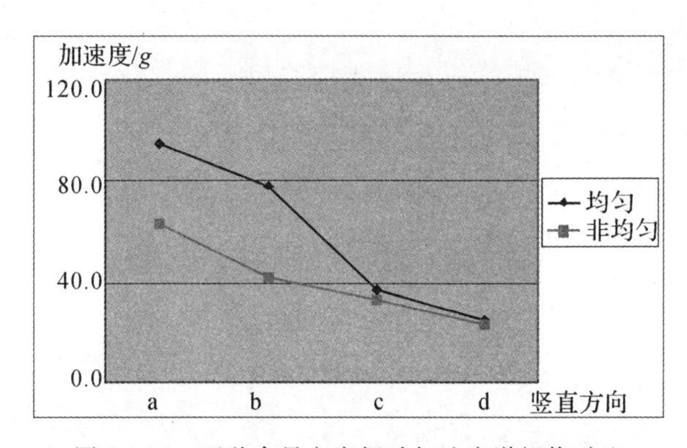

图 6-29　两种余量方案振动加速度谱幅值对比

3. *表面形貌对比分析*

观测均匀余量和非均匀余量两种实验方案加工后的薄壁件表面形貌，图 6-30 所示为均匀余量方案 A 面表面形貌，图 6-31 所示为非均匀余量方案 A 面表面形貌，两种方案 B 面形貌与 A 面相近，图略。为了便于对比观察，将两种方案的薄壁件加工区各划分为 3×3 的区域，从上至下分别定义为 a～c 行，从左至右分别定义为 1～3 列，共计 9 个区。

从图 6-30 和图 6-31 可以看出，均匀余量和非均匀余量的切削加工中都产生了不同程度的振纹，其分布情况为从上到小振纹逐渐减小直至消失，从左、右两侧边缘到中间部位振纹逐渐减少，但变化程度没有上下方向明显。造成这种现象的原因是薄壁件悬臂部分越长，工件的刚性越差，加工过程中的振动越大，而工件沿左右方向由于支撑情况变化不大，其刚性变化比沿上下方向的变化要小，因此加工过程中的振动变化也较小。

对比均匀余量与非均匀余量两种方案的振纹不同，可以看出：均匀余量的振动影响区为 a1，a2，a3，b1，b2，b3 区，非均匀余量的影响区为 a1，a2，a3，b3 区，小于均匀余量的影响区；在振动影响区中，非均匀余量的振动影响范围也明显小于均匀余量，其振纹沿上下方向和左右方向均比均匀余量消失得快，其振纹也比均匀余量振纹弱。这是因为非均匀余量的整体设计方法提高了薄壁件在切削过程中的整体刚性,通过减少工件薄弱环节的余量分布,减小了其切削过程中的切削力,提高了薄弱环节的加工稳定性。

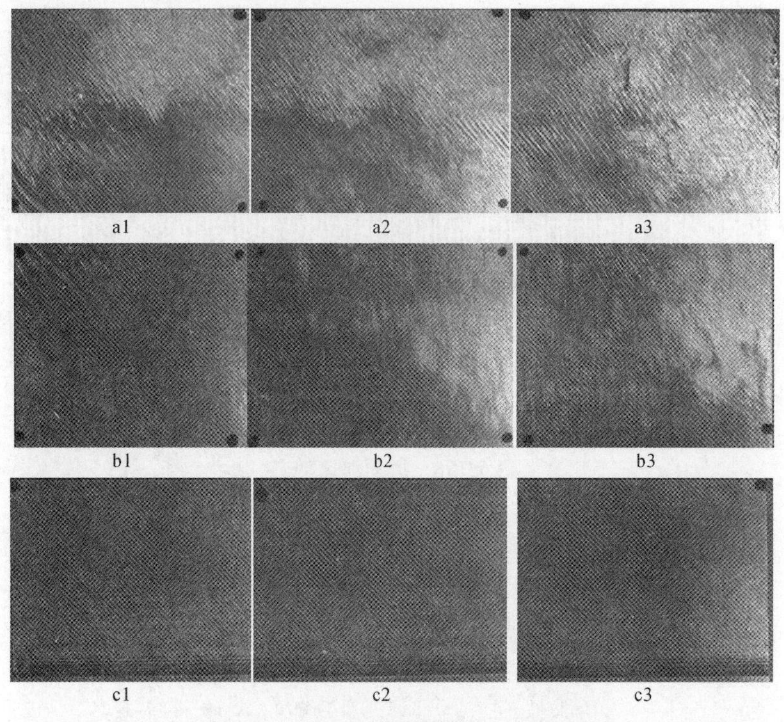

图 6-30　均匀余量方案 A 面表面形貌

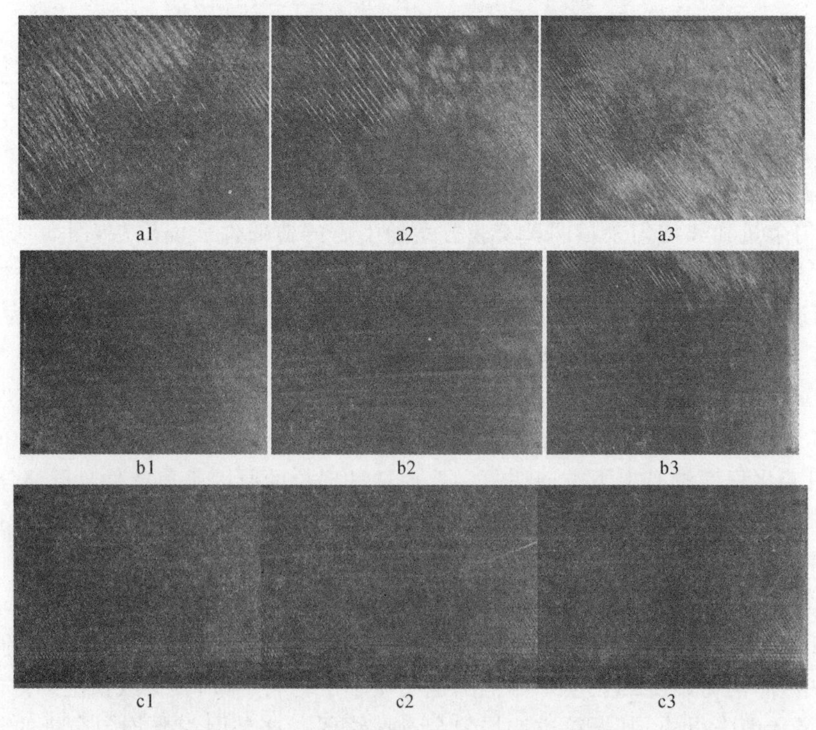

图 6-31　非均匀余量方案 A 面表面形貌

在两种方案的 c1,c2,c3 区均未发生明显的振动情况,两种方案的表面形貌差异不大。这是因为由于叶根处悬伸量较小,薄壁件的刚性较好,刚性对余量分布的敏感性较低,非均匀余量比均匀余量在根部略大的余量分布,未引起加工稳定性的较大变化。

可以看出,使用非均匀余量分布方法,可以较好地改善薄壁件加工过程中薄弱环节的稳定性,虽然在薄壁件根部余量分布变大,但由于其根部较好的加工稳定性以及较大余量对于薄壁件悬伸部分刚性的增强,从整体上来讲,非均匀余量分布方案有助于提高薄壁件加工过程的切削稳定性。

4. 表面粗糙度对比分析

在薄壁件上沿纵向等距分布 4 行测量点,从上至下分别定义为 a～d 行,在横向上等距分布 5 列测量点,从左至右分别定义为 1～5 列,分别在这 20 个测量点上测量均匀余量和非均匀余量两种实验方案加工后的薄壁件表面粗糙度。测量值见表 6-5 和表 6-6,图 6-32 和图 6-33所示分别为均匀余量和非均匀余量方案的表面粗糙度值三维曲线图。

表 6-5 均匀余量方案表面粗糙度值 单位:μm

	1	2	3	4	5
a	4.940	2.276	2.015	2.317	4.345
b	3.078	1.003	1.275	2.799	3.538
c	0.489	0.568	0.612	0.783	0.939
d	0.532	0.559	0.549	0.561	0.459

表 6-6 非均匀余量方案表面粗糙度值 单位:μm

	1	2	3	4	5
a	2.775	1.748	1.737	1.735	3.037
b	2.678	1.102	0.811	1.047	1.641
c	1.271	1.183	0.932	1.129	1.217
d	0.636	0.600	0.495	0.492	0.518

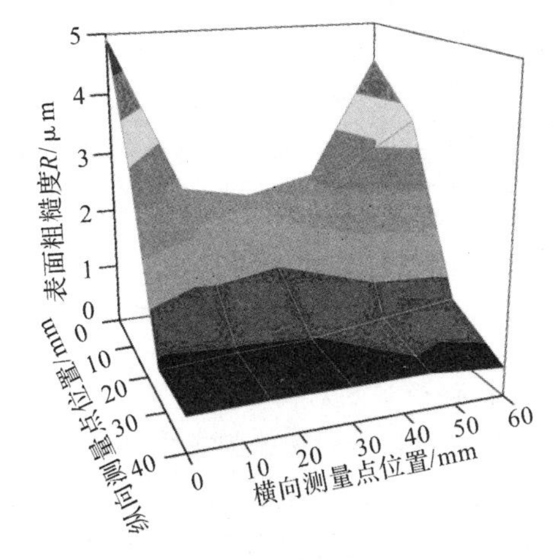

图 6-32 均匀余量表面粗糙度三维曲面图

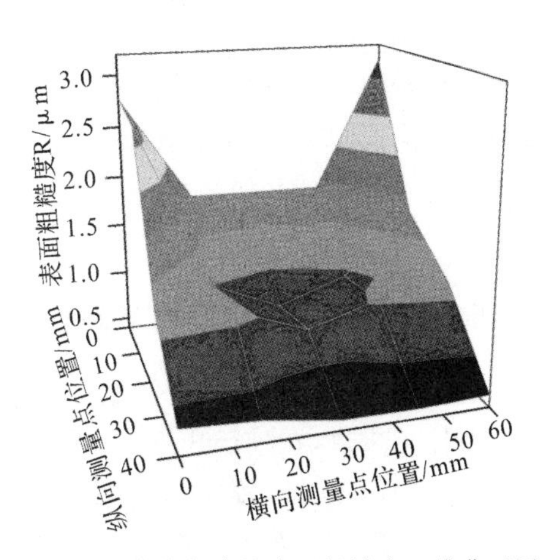

图 6-33 非均匀余量表面粗糙度三维曲面图

从图 6 - 32 和图 6 - 33 可以看出，薄壁件表面的加工质量在两个叶尖点处最差，在叶根中部最好。表面粗糙度的变化趋势为：按照从上到下，从左、右两侧边缘到中间部位的方向，粗糙度值逐渐减小。这是由于薄壁件在顶部和边缘产生了比较明显的振动，导致加工表面产生了较大的波纹，从而粗糙度值急剧变大；而在根部和中间，结构刚性较好，切削过程比较平稳，粗糙度值变化主要由余量大小决定，变化较为缓慢。

对比均匀余量与非均匀余量两种方案的粗糙度值，可以看出：均匀余量方案加工出来的薄壁件粗糙度值整体大于非均匀余量方案的粗糙度值，特别是在薄壁件上半部分，均匀余量方案的表面粗糙度值远远大于非均匀余量时的粗糙度值，表明均匀余量方案加工此处时发生了明显的振动现象，振动的刀具在零件表面留下了凹凸不平的波纹，导致其表面粗糙度值增大；在薄壁件根部和中下部，两种方案的表面粗糙度值都比较小，但均匀余量加工的表面粗糙度值小于非均匀余量加工时的粗糙度值，这是由于在薄壁件的下半区域，两种余量分布状态下的加工过程都比较平稳，表面粗糙度值主要随切削余量的变化而变化，在这一区域均匀余量方案比非均匀余量方案分布的余量小，因此加工表面粗糙度值小。由此可以看出，相比于非均匀余量方案，均匀余量加工过程的稳定性较差，加工过程中的振动导致了较大的表面粗糙度，降低了工件的表面质量。

为了更好地对比两种余量分布方案的影响规律，在实验设计时选择了较大的切削参数，再加上实验时所选用的传感器质量较大，对系统质量、阻尼等模态参数产生了一定影响，因此两种方案都产生了不同程度的振动。但在其他条件相同的情况下，可以明显对比分析出余量分布状态对加工过程稳定性和质量的影响规律，实现了实验对比分析的作用。

6.5 基于刀轨优化的颤振抑制方法

薄壁叶片切削加工时，由于叶片薄而悬伸量大，切削材料的去除对其整体刚性有很大影响，不同的材料去除顺序，会直接导致不同的切削稳定性。在进行整体叶盘等复杂结构的叶片多坐标数控加工时，如果前、后两个刀位点的刀轴矢量变化异常剧烈，出现诸如工作台或机床主轴先后连续多次突然加速旋转、反向运动等情况，细长刀具与超薄叶片在冲击载荷作用下极易发生非常明显的耦合变形和颤振现象。切削过程中刀具磨损导致的刀具参数改变，将使切削过程中切削力增大、切削条件恶化，也会导致加工过程的不稳定，从而可能引起切削颤振问题。本节通过对走刀路径和刀轴矢量进行优化，提高叶片在切削过程中的动态刚性，改善刀具切削过程中的磨损情况，提高切削过程中刀轴变化的平稳性，保证整个加工过程中刀轴平滑而稳定的变化，从而提高切削过程中的稳定性，抑制由刀位轨迹规划不合理引起的切削过程振动。

6.5.1 薄壁叶片加工刀具路径优化方法

在进行薄壁叶片刀具路径优化时，主要考虑不同刀具路径规划对薄壁叶片刚度的影响情况。从整体上来讲，在进行叶片铣削时，使用叶盆、叶背同时铣削的对称铣削方法，可以有效改善切削过程中薄壁件的刚性，提高切削稳定性；从具体叶背或叶盆的加工来讲，使用基于最大动态工艺刚度的叶片精加工走刀轨迹优化，也可以有效提高切削过程中的叶片刚性，改善切削过程的稳定性。

1. 薄壁件对称铣削加工工艺方案

在传统的叶片加工中，常采用分面铣削的方法进行加工，即在一面加工完之后再进行另一面的加工。这种铣削工艺简单易行，但是加工过程中由于单面余量的去除过早地削弱了叶片的整体刚性，使叶片加工时稳定性变差，容易引起切削过程中的振动。

为了避免切削去除材料在切削过程中过早削弱薄壁件的刚性，提高切削过程的稳定性，减少加工变形对加工精度和实验数据的影响，应采用对称铣削的工艺方法。采用对称铣削时，在高度方向按照精加工的行距分层，每一个铣削层作为一个铣削周期。在每个铣削周期内首先加工工件正面，然后加工工件背面，两侧都采用顺铣方式。两刀加工程序组成一层加工程序，完成当前层加工后降到下一层切削。在高度方向从薄壁件尖部开始，逐层向下加工，直到根部为止，可以最大限度地利用叶片的余量增强加工过程中的刚性。

对比分面铣削与对称铣削工艺，如图 6-34 所示。在图 6-34(a)中，采用分面铣削加工薄壁件时，先加工完工件的 A 面，然后再进行 B 面的加工，当加工 B 面时，由于 A 面的材料余量已完全去除(h 变小)，此时薄壁件的整体刚性较差，切削过程不稳定，而且由于两侧材料去除时的切削残余应力不同，也容易引起薄壁件的变形；而采用对称铣削时，工件两侧的材料被依次去除，在进行每层加工时，与薄壁件基体相连的支撑部分材料还处于未加工状态(h 不变)，如图 6-34(b)所示，薄壁件在加工点之下的刚性没有改变，可以提高切削加工中的稳定性。

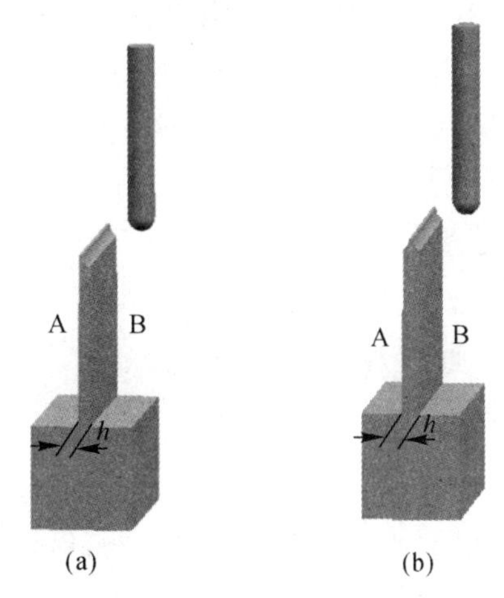

图 6-34　分面铣削与对称铣削工艺对比

(a)分面铣削工艺；(b)对称铣削工艺

因此，在薄壁件切削过程中，通过对称铣削工艺方案进行加工刀具路径规划，对称切除薄壁件两侧的加工余量，可以有效提高工件的刚度；在每层切削过程中，通过控制切削角度使两侧的切削方式对称，使两侧对应的切削点产生对称的残余应力，可以有效控制残余应力变形。

2. 基于最大动态工艺刚度的走刀轨迹优化

叶片加工工艺系统在加工余量切除过程中表现出显著的时变特性，使系统模态变化与走刀轨迹紧密关联。不仅叶片自身工艺刚度随时间而动态改变，而且薄壁叶片－细长刀具工艺系统模态也将随时间而动态改变。由于这一特性在常规刚性零件加工中的影响较小，因此在常规刚性零件加工中一直没有引起广泛关注。但在弱刚性叶片精密加工中，这不仅会引起叶片不同位置的让刀量和切削力改变，而且还会在机床本身处于稳定极限内的情况下，使加工到叶片某些部位时发生难以预测的局部振动。

针对薄壁叶片-细长刀具工艺系统的这一问题，可以从三个方面进行解决：一是根据工艺系统模态动态调整切削参数，避免局部共振，但是这种方法需要进行加工过程中切削参数的动态调整，影响因素多、操作复杂，特别是当使用变速切削时，切削过程中电动机中有很大的瞬时电流，影响其应用推广，而且必须对供电线路及功率放大器的能力、电动机的负荷能力有充裕的考虑；二是通过合理的非均匀余量分布方法，增强叶片加工过程中的局部刚性，提高切削稳定性；三是通过优化叶片余量切除顺序，规划合理的精加工走刀轨迹，使工艺系统的动态刚度最大，达到提高切削稳定性的目的。

在进行基于最大动态工艺刚度的叶片精加工走刀轨迹优化时，首先加工所有切削点中工艺刚性最弱的点集，然后加工剩下切削点中刚性最弱的点集，依次按照这种切削点优选方法，寻找满足优化目标的加工余量去除轨迹 $\{u=U(t), v=V(t)\}$，使得刀具沿着该轨迹加工时，叶片的动态刚度最大。具体优化过程如下：

(1) 叶片网格初始化：沿叶片 U-V 方向将叶片划分为 $m \times n$ 网格，初始化未加工网格集合 $G_1=\{g_{i,j} \mid 全部\ m \times n\ 网格\}$，已加工网格集合 $G_2=\varnothing$。

(2) 网格虚位移计算：对 G_1 中的所有网格施加均匀的虚拟切削力载荷，计算所有网格在此载荷下的虚位移，找出虚位移大于给定阀值的网格作为候选被加工点子集 G_3。

(3) 筛选被加工点：如果为 G_2 为空集，从 G_3 中确定第一个被加工点，否则从 G_3 中确定下一个被加工点。在确定第一个被加工点时，可能存在多个可能的起刀点，应综合考虑实际的工艺方案、切削过程中的进刀位置、顺逆铣等因素选定第一个被加工点。在确定后续被加工点时，也必须考虑走刀方向和轨迹点连续性等因素。

(4) 删除被加工点：将选出的被加工点从 G_1 移到 G_2 中。

(5) 重复上述过程，直到 $G_1=\varnothing$ 。

6.5.2 薄壁叶片多坐标加工刀轴矢量优化方法

在进行薄壁叶片多坐标加工刀轴矢量优化时，一方面使用刀轴矢量光滑方法，使刀轴变化平滑稳定；另一方面通过调整叶片切削过程中刀具与工件的切触点，改善刀具切削过程中的磨损情况，减少切削力波动和表面波纹对切削稳定性的影响，提高切削过程中的稳定性。

1. 基于刀轴变化平稳性的刀轴矢量优化方法

在进行整体叶盘等复杂结构的叶片数控加工时，由于其特殊的通道结构和边界约束条件，无法对其使用传统的三坐标加工，而必须采用四、五轴机床进行多轴联动加工，在加工过程中刀轴的突变往往会引起切削力的突然变化，从而可能引起加工颤振的发生。因此，实现薄壁叶片加工过程刀轴的平稳变化，使得刀轴在叶身的加工过程中呈现出均匀过渡的变化趋势，也是颤振抑制必须考虑的因素之一。

对于曲面的多坐标数控加工程序，如果其转角坐标变化忽大忽小，或有突变，对应的加工过程就会出现前、后两个刀位点的刀轴变化异常剧烈，出现诸如工作台或机床主轴先后连续多次突然加速反向运动、突然加速旋转等情况，这种情况的刀轴变化平稳性差，细长刀具与超薄叶片在周期性切削力的作用下极易发生非常明显的耦合变形和颤振现象，这样的加工条件将会导致叶片表面出现鱼鳞状缺陷或啃切，加速刀具的磨损，严重影响刀具寿命和叶片表面质量。

因此，在进行复杂结构的叶片多坐标编程时，通过优化刀轴矢量，使工作台或摆头的转角坐标变化趋于线性，转角坐标值持续增加或持续减小，或者分段趋于线性且在段与段之间过渡平稳，可以使实际加工中刀轴平稳变化，工作台或摆头接近匀速转动，这样有利于提高加工中的切削稳定性和加工后的叶片表面质量。在复杂薄壁件数控加工中，要获得平稳变化的刀轴矢量，必须在许可范围内进行刀轴矢量优化计算，通过修正刀轴矢量，确保刀轴变化均匀、平稳光滑、无反向，可以实现加工过程中的刀轴优化，达到抑制加工过程中颤振现象的目的。

2. 基于刀具均匀磨损的刀轴矢量优化方法

金属切削过程中，由于材料与刀具前后刀面间存在强烈的摩擦，刀具会逐渐磨损。在叶片的多坐标数控加工中，如果切削时刀具与叶片一直保持相同的夹角，则刀具会一直使用相同的切触点进行切削，这样将会导致固定切触点处刀具的快速磨损。在刀具磨损达到一定程度以后，继续切削会使工件加工精度降低、表面粗糙度增大、切削力加大、切削温度升高，并导致叶片在较大切削力和前一刀表面波纹影响下产生再生振动。固定的刀具切触点，一方面会降低切削过程的稳定性和叶片的表面质量；另一方面，当刀具固定切触点磨损达到磨钝标准时，虽然刀具上其他部位尚处于锋利状态，也必须进行换刀，既增加了切削过程中的刀具成本和加工时间，又会因为频繁换刀导致叶片加工表面出现接刀痕等缺陷。

使用基于均匀磨损的刀轴矢量优化方法，通过在切削过程中不断改变刀具切触点，提高刀具耐用度，改善切削过程中因为刀具磨损不均匀导致的切削稳定性和表面质量较差的情况。所谓的刀具均匀磨损，即在零件加工过程中，随着刀位轨迹在不同切削行变化时，刀具的切触点也逐行均匀变化，从而使刀具的磨损趋于均匀化，如图 6-35 所示。其中，图 6-35(a)中使用相同切触点进行切削，刀具磨损较快，切削过程稳定性较差；图 6-35(b)中使用不同切触点进行切削，刀具磨损均匀，切削过程稳定性较好。

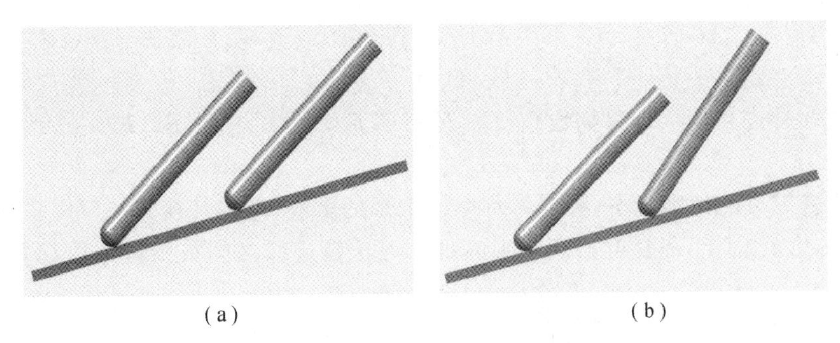

(a) (b)

图 6-35 非均匀磨损与均匀磨损对比

(a)非均匀磨损切触点相同；(b)均匀磨损切触点不同

3. 叶片多坐标加工刀轴矢量优化算法

以开式整体叶盘叶片为例，介绍基于刀轴变化平稳性和基于刀具均匀磨损的叶片多坐标加工刀轴矢量优化方法。开式整体叶盘作为一种典型的航空复杂结构件，其叶片的数控加工不同于单个叶片的加工，相邻叶片之间构成一个狭窄通道。在进行开式整体叶盘叶片的数控加工时，加工刀具必须深入到叶盘通道内部，既要避免刀具与被加工叶片其他部位干涉，还要保证刀具与相邻叶片不发生干涉碰撞，因此必须确定刀具在每个刀位点的可摆动区间。刀具摆动区间受通道大小、叶片扭曲程度、刀具长度、刀具半径等因素影响，是干涉条件下刀轴左右摆动所能达到的最大范围。

在四轴立式加工中心下,以任意刀位点 P 点为基点,作垂直于叶盘轴向的截平面,截平面与叶盆偏置面相交得到曲线 PC,与同一通道内叶背偏置面的叶尖子母线相交于点 B。连接点 P 和点 B 得到直线 L_{PB},连接曲线 PC 两端点得到直线 L_{PC},定义直线 L_{PB} 和 L_{PC} 的夹角为刀具与叶片的最大夹角 $\angle B$。按照叶片偏置曲面截面线的包络直母线逼近方法,求出曲线 PC 在截平面内的最佳逼近直母线 L_{PA},定义直线 L_{PA} 和 L_{PC} 的夹角为刀具与叶片的最小夹角 $\angle A$,从而可以得到在刀位点 P 时,刀具的可摆动区间为 $\varphi \in [A, B]$,如图 6 - 36 所示。

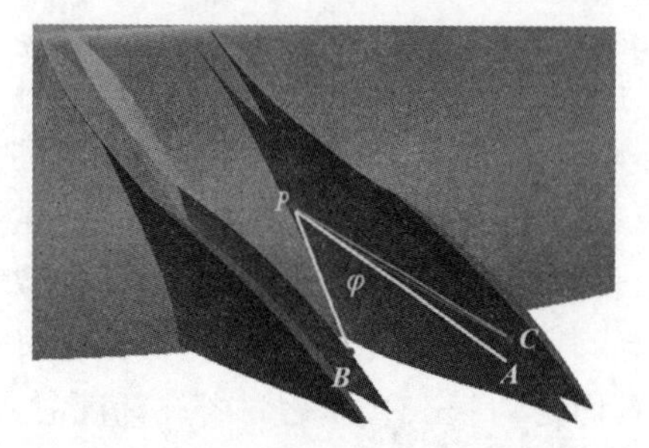

图 6 - 36　刀位点 P 处的刀具可摆动区间

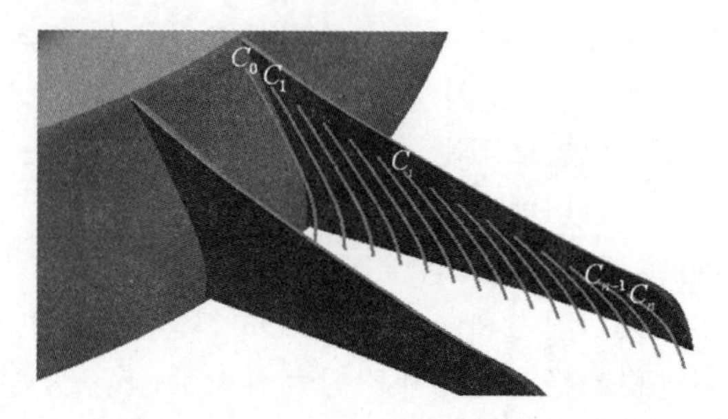

图 6 - 37　叶盆面刀位点轨迹线排序

在得到刀具在任意刀位点的刀具可摆动区间后,根据刀轴变化平稳性原则和基于均匀磨损的刀轴矢量优化方法,进行开式整体叶盘叶片的四坐标刀轴矢量优化。其优化算法如下:

(1) 将叶盆(或叶背)刀位轨迹线沿叶盘径向按照由里至外原则记为曲线 $C_i (i = 0, 1, \cdots, n)$,如图 6 - 37 所示。

(2) 将曲线 C_i 按照等弧长原则离散为 $m + 1$ 个点,记为点 $P_{i,j} (j = 0, 1, \cdots, m)$。

(3) 根据刀具在任意刀位点的可摆动区间计算方法,计算出在 $P_{i,j} (j = 0, 1, \cdots, m)$ 点处刀具可摆动区间 $\varphi_{i,j} \in [A_{i,j}, B_{i,j}]$。

(4) 取数列 $\{A_{i,0}, A_{i,1}, \cdots, A_{i,m}\}$ 中最大值记为 E_i,取数列 $\{B_{i,0}, B_{i,1}, \cdots, B_{i,m}\}$ 中最小值记为 F_i。

(5) 重复步骤(3) ~ (4),得到数列 $\{E_0, E_1, \cdots, E_i, \cdots, E_n\}$ 和 $\{F_0, F_1, \cdots, F_i, \cdots, F_n\}$,其中 $i = 0, 1, \cdots, n$。

(6) 为改变刀具的切削状态,降低刀具磨损带来的影响,令刀具在同一刀位轨迹线 C_i 上与叶片之间的夹角 θ_i 固定,而从叶根到叶尖的每条刀位轨迹线之间按线性插值均匀增大 θ_i,其中 $\theta_i \in [E_i, F_i]$。取 $\theta_{\min} = \max [E_i \mid i = 0, 1, \cdots, n]$,$\theta_{\max} = \min [F_i \mid i = 0, 1, \cdots, n]$,得到 $n + 1$ 个刀具与叶片之间夹角 θ_i 的最大值和最小值。

(7) 令 $\theta_0 = \theta_{\min}$,$\theta_n = \theta_{\max}$,取 $\theta = \theta_{\max} - \theta_{\min}$,在$[\theta_0, \theta_n]$里对 θ_i 进行线性插值。其插值方法如下:

1) 任意选取常数 $w \in [0, m]$,分别提取曲线 C_i 上的第 w 个刀位点,共 $n + 1$ 个。对这 $n + 1$ 个刀位点进行样条曲线拟合,得到曲线 S_w。

2) 曲线 S_w 与曲线 C_i 的交点以 P_i 表示,取变量 $k = 1$。

3) 线性插值确定曲线 C_i 上刀轴矢量角 θ_i 为

$$\theta_i = \theta_0 + \theta \frac{\sum_{i=0}^{k-1} \overline{p_i p_{i+1}}}{\sum_{i=0}^{n-1} \overline{p_i p_{i+1}}} \tag{6-36}$$

式中，$\sum_{i=0}^{k-1}\overline{p_ip_{i+1}}$ 为曲线 S_w 上 P_0 点到 P_k 点相邻两点之间的累加弧长，$\sum_{i=0}^{n-1}\overline{p_ip_{i+1}}$ 为曲线 S_w 的总弧长。

4）令 $k=k+1$，其中 $k=1,2,\cdots,n-1$。

5）判断 $k=n-1$ 是否成立。如果成立，结束插值计算；如果不成立，返回第3）步。

按照上述算法进行计算，即可求解 $n+1$ 条刀位轨迹 $C_i(j=0,1,\cdots,m)$ 的刀轴矢量，从而完成整个叶盆面（或叶背面）的刀轴矢量优化。

6.6 薄壁叶片颤振抑制实验验证

为了验证转速-切深参数控制域优选、工艺刚度增强和刀位轨迹优化的颤振抑制综合方案的有效性和可行性，本节在开式整体叶盘这一典型的钛合金复杂结构上进行叶片的颤振抑制综合方案实验验证。

实验验证的条件如下：

（1）工件：某型压气机第一级整体叶盘，材料为钛合金TC17。

（2）机床：MIKRON UCP1350 五坐标数控加工中心。

（3）刀具：根据工件结构特点，选用 $\phi 7$ 硬质合金球头铣刀，刀具几何参数为：前角10°，后角10°，螺旋角40°，刀具装夹悬伸长度60 mm。

（4）冷却方式：S201乳化液。

1. 优化前整体叶盘叶片加工工艺

在进行转速-切深参数优选、余量分布状态优化和刀位轨迹优化前，按照原先工艺进行整体叶盘叶片加工时，叶片精加工使用均匀余量分布方法，分布余量为0.30 mm。使用的切削参数为：主轴转速2 800 r/min，轴向切深0.15 mm，径向切深0.30 mm，每齿进给量0.04 mm/齿，采用顺铣切削方式进行精加工切削。加工时采用单面行切方法，先加工叶片叶背面，加工完后再进行叶片叶盆面的切削加工。在加工叶片面时，在刀具可摆区间内，使用相同的刀具倾斜角度，方便数控编程，这时刀具以相同切触点进行切削。

2. 整体叶盘叶片颤振抑制综合方案加工工艺

为了抑制整体叶盘叶片加工过程的颤振，半精加工时按照6.4节的余量分布方法，对整体叶盘叶片最终模型进行非均匀余量分布，其中叶尖处分布余量为0.20 mm，叶根中间处分布余量为0.35 mm，将分布好余量的叶片模型作为半精加工的加工几何体，在UG软件下进行数控加工编程。

按照6.3节的转速-切深参数域优选方法，通过敲击实验分别获得机床-刀具系统和工件系统的模态参数，建立颤振稳定域。参照余量分布情况，选择的切削参数如下：主轴转速5 000 r/min，轴向切深0.15 mm，径向切深0.2～0.35 mm，每齿进给量0.04 mm/齿，采用顺铣切削方式进行精加工切削。

叶片精加工时，按照6.5节的刀位轨迹优化方法，从叶尖到叶根采用对称铣削分层加工，在每一层中依次加工叶背面和叶盆面，加工完本层后加工下一层。在加工时保证刀具与叶盘叶片和轮毂不干涉，确定每一层加工时的刀具可摆动区间。为了保证刀轴变化平稳和刀具均匀磨损，在每层内保持刀具与叶片夹角相同，在层与层之间保持夹角平稳递减，使刀具使用不同的切触点进行切削，最终完成整个叶盘叶片面的精加工。实验加工现场如图 6-38 所示。

图 6-38　实验加工现场

3. 实验结果分析

对比两种工艺方案的加工现场情况可以看出，工艺方案优化前整体叶盘叶片加工时发生较为明显的振动情况，特别是加工到叶尖部分时切削振动声音较大。在按照本节的薄壁叶片颤振抑制综合方案进行切削加工时，切削声音清脆，加工过程平稳。

对比两种工艺方案的加工表面，如图 6-39 所示。可以看出，采用原先工艺进行整体叶盘叶片加工时，加工过程刀具相对于工件加工表面发生振动，在工件表面留下了鱼鳞状的刀痕，影响零件的加工表面质量和可靠性，如图 6-39(a)所示。使用颤振抑制综合方案加工整体叶盘叶片时，切削过程平稳，刀具与工件在切削时保持相对稳定，沿进给方向的加工表面刀痕光滑，表面加工质量较好，如图 6-39(b)所示。

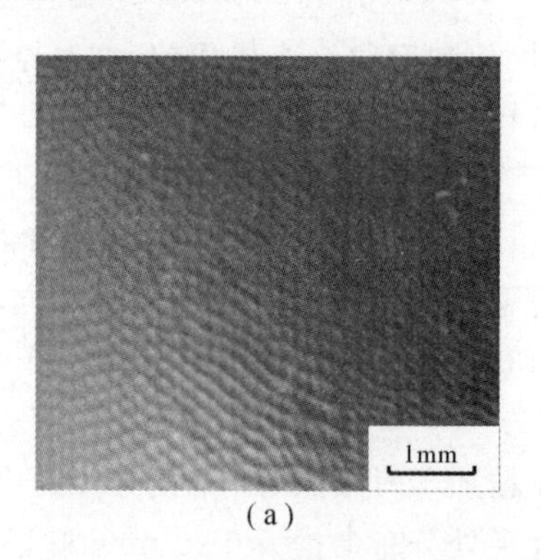

(a)

(b)

图 6-39　加工表面质量对比

(a)原先工艺方案加工表面；(b)颤振抑制方案加工表面

在使用两种工艺方案加工的整体叶盘中分别随机选择四个叶片，在每个叶片上选定 10×10 个点作为测量点，在 GLOBAL STATUS 121510 三坐标测量机上对叶片厚度进行测量，经分析四个叶片的误差分布基本一致，其测量的叶片尺寸误差如图 6-40 所示。

由图 6-40(a)可知，使用原先工艺方案进行切削加工时，叶尖处叶片实际加工后的厚度略小于理论尺寸厚度，而且在叶尖处沿进气边到排气边方向，加工尺寸误差变化较大。这说明使用原先工艺方案加工叶片时，在叶尖处发生了颤振，刀具相对于工件的振动使叶片在叶尖处出现了过切现象，从而使叶尖处厚度变小，由于振动的不规律性和叶片表面凹凸不平的振纹的影响，导致了三坐标测量得到的加工尺寸误差出现跳动。由图 6-40(b)可知，使用颤振抑制工艺方案进行切削时，叶片加工误差从叶尖到叶根、从两侧到中间逐渐减小，整个误差分布较为规律，加工过程处于稳定状态，叶片加工误差主要由叶片加工时的残余应力变形引起。

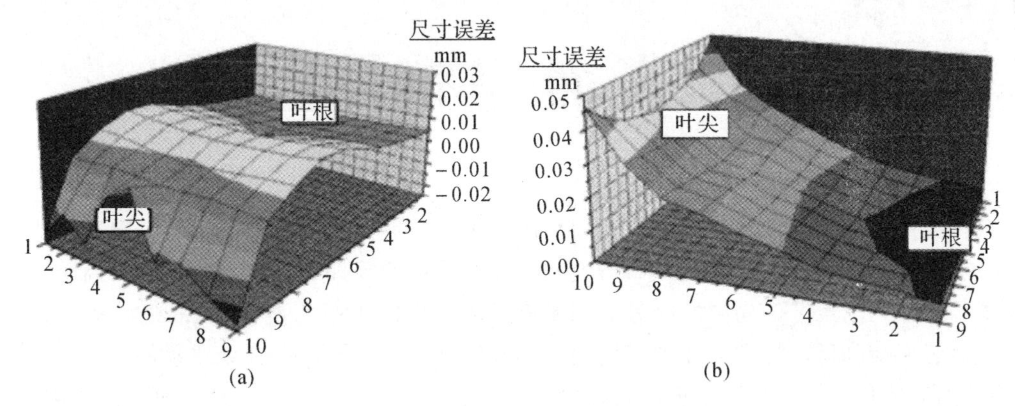

图6-40 加工尺寸误差对比

(a)原先工艺方案尺寸误差;(b)颤振抑制方案尺寸误差

参考文献

[1] 师汉民.关于机床自激振动的一个非线性理论模型:第一部分[J].应用力学学报,1984,1(1):1-14.

[2] 师汉民.关于机床自激振动的一个非线性理论模型:第二部分[J].应用力学学报,1984,1(2):75-88.

[3] 师汉民.影响机床颤振的几个非线性因素及其数学模型[J].华中工学院学报,1984,12(6):101-112.

[4] 任军学,姜振南,姚倡锋,等.开式整体叶盘四坐标高效开槽插铣工艺方法[J].航空学报,2008,29(6):2961-8961.

[5] 梁永收.钛合金薄壁叶片精密切削颤振抑制技术研究[D].西安:西北工业大学现代设计与集成制造技术教育部重点实验室,2010.

[6] 高晓娟.薄壁叶片切削颤振分析和抑制技术研究[D].西安:西北工业大学现代设计与集成制造技术教育部重点实验室,2013.

[7] 蔡元元.航空薄壁叶片铣削过程颤振预测控制技术研究[D].西安:西北工业大学现代设计与集成制造技术教育部重点实验室,2013.

[8] 胡创国.薄壁件精密切削变形控制与误差补偿技术研究[D].西安:西北工业大学现代设计与集成制造技术教育部重点实验室,2013.

第7章 高速铣削表面完整性控制

机械加工表面完整性是指零件加工后形成的无控份或强化的表面层状态。随着现代机械制造工业的发展,对机械零件的要求日益提高,一些重要的零件必须在高速、高温、高压和重载条件下工作。切削工艺的局限性会影响到最终成品零件的表面完整性,可最终导致关键旋转零件的疲劳寿命降低。切削力和加工期间所形成的高温的共同作用会导致零件微观结构的改变,进而引起零件表面下显微硬度、塑性变形以及残余应力的变化。表面层的任何缺陷,直接影响到零件的工作服役性能,使零件加速磨损、腐蚀和失效,因此必须重视表面完整性控制问题。

7.1 高速铣削工艺及其特点

7.1.1 高速切削的概念

高速切削的定义:高速切削是指在比常规切削速度高出很多的速度下进行的切削加工,因此,有时也称为超高速切削(ultra - high speed machining)。

高速切削的起源可追溯到20世纪20年代末期。德国的切削物理学家萨洛蒙(Carl Salomon)博士于20世纪30年代进行了大量的高速切削实验。1931年,他发表了著名的超高速切削理论,提出了高速切削假设。萨洛蒙指出,如图7-1所示,在常规切削速度范围(A区)内,切削温度随着切削速度的增大而提高。但是当切削速度达到某一数值 v_c 后,切削温度反而下降,并指出,v_c 值与工件材料有关。对于每一种工件材料,存在一个从 v_i 到 v_h 的速度范围,在这个速度范围(B区)内,由于切削温度太高(高于刀具材料的允许最高温度 t_0),任何刀具都无法承受,切削加工不可能进行,这个范围被称之为"死谷"(valley of death)。如果切削速度能够超越"死谷",而在超高速区(C区)内进行工作,则有可能用现有的刀具进行超高速切削,从而大幅度地减少切削工时,提高生产率。

高速切削加工中的高速是一个相对概念。对于不同的工件材料、刀具材料和加工方法,高速切削时应用的切削速度进行的切削并不相同。目前高速切削加工定义主要有以下几种:

(1)1978年,CIRP切削委员会提出以线速度(500~7 000) m/min的切削速度加工为高速切削加工。

(2)对铣削加工而言,从刀具夹持装置达到平衡时的速度来定义高速加工,根据ISO 1941标准,主轴转速高于8 000 r/min的切削加工为高速切削加工。

(3)德国Darmastadt工业大学的生产工程与机床研究所(PTW)提出以高于5~10倍的普通切削速度的切削加工定义为高速切削加工。

(4)按主轴的 Dn 值区分。Dn 指主轴轴径(或主轴轴承内径尺寸)D(mm)和主轴能达到的

最高转速 n(r/min) 的乘积。Dn 值达到 500 000～2 000 000 mm·r/min 时称为高速切削加工。

(5)从主轴和刀具的动力学角度来定义高速切削加工,这种定义取决于刀具振动的主模式频率。

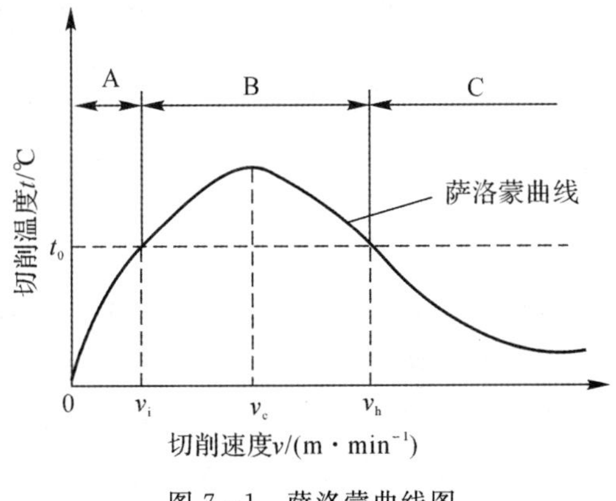

图 7-1 萨洛蒙曲线图

对于不同的材料,其高速切削范围也不尽相同。德国 Darmastadt 工业大学的生产工程与机床研究所(PTW)在 20 世纪 80 年代对钢、铸铁、镍基合金、钛基合金、铝合金、铜合金和纤维增强塑料等材料分别进行高速切削实验,得到一些常用材料适合于高速切削的速度范围。其研究结果得到了国际上的公认,至今仍是被认可的高速切削速度,如图 7-2 所示。从图中可以看出,当切削线速度超过 100 m/min 时,切削钛合金时已经达到了高速切削。

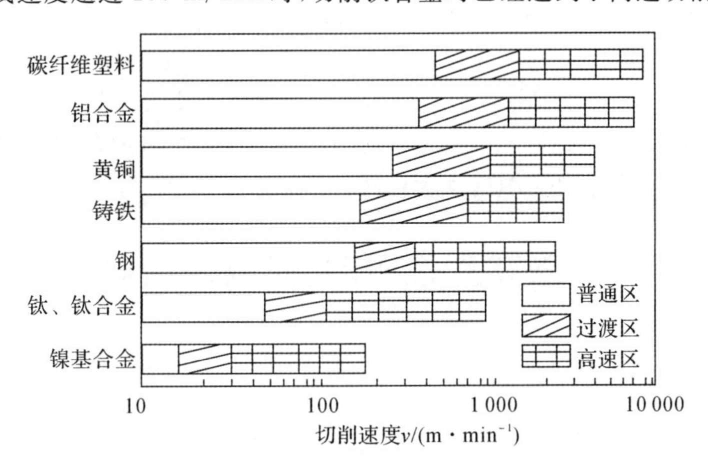

图 7-2 不同工件材料大致的切削速度范围

7.1.2 高速铣削的特点及对表面完整性的影响

1. 高速铣削的特点

高速铣削一般采用高的铣削速度,较小的进给量和径向、轴向铣削深度。高速铣削加工的铣削速度相比常规铣削速度具有大幅度的提高,相比常规铣削,可以表现出如下优越性:

(1)随着铣削速度的提高,单位时间内材料切除量增加,切削加工时间减少,同时机床的快速空行程速度大幅提高,非铣削的空行程时间大幅降低,大幅提高加工效率,降低加工成本。

(2)在高速铣削加工的参数范围内,随着铣削速度的提高,铣削力随之减少,在铣削速度达到一定值时,铣削力可减少30%以上,有利于刚性较差和薄壁零件的加工。

(3)高速铣削时,切屑以高速排出,带走大量铣削热,铣削热90%以上被切屑带走,传给工件的热量大幅减少,这使工件基本可保持冷态加工,有利于减少加工零件的内应力和热变形,提高加工精度和表面质量。

(4)机床高速铣削时,从动力学角度来看,在高速铣削加工过程中,随着铣削速度的提高,使铣削工艺系统的工作激振频率远离"机床-刀具-工件"工艺系统的低阶固有频率,而工件的表面粗糙度对低阶固有频率最敏感,高速铣削可使工件振动小,可得到残余应力小、粗糙度低的表面,获得很好的表面质量。

(5)高速铣削可以加工各种难加工材料。例如镍基合金和钛合金这类材料,这类材料本身强度大、硬度高、耐冲击、加工中容易硬化、切削温度高、刀具磨损严重,采用高速铣削可以有效地减少刀具磨损,并且提高零件表面质量。在许多模具加工中,高速铣削可替代电加工和磨削加工。

(6)随着铣削效率的提高,相对于难加工材料低速铣削的局限性,高速铣削在很多情况下可以大幅降低生产成本。

由于高速铣削对于难加工材料及轻合金材料的加工具有高生产效率、低铣削力、高加工精度与好的表面质量等优势,其在航空航天领域的应用有着重大的意义。

2. 高速铣削对表面完整性的影响

高速铣削加工时,铣削力降低,对于航空航天叶盘、叶片类薄壁零件,铣削力减小,因而振动减小,同时由于高速铣削加工时频率升高,同样可以使机床在加工过程中的振动减小,铣削加工过程中平稳的加工状态可以获得更好的表面粗糙度。高速铣削加工时,铣削热由切削大量排出,工件表面温度降低,这样可以降低铣削加工时由于铣削热造成的残余拉应力,使已加工面获得更好的残余应力状态,并且不会使工件表层显微组织发生熔化、再沉积和相变等现象,能够获得更好的显微组织。因此,高速铣削加工能够获得更好的表面完整性,研究高速铣削条件下的表面完整性对制造业具有重大意义。

7.2 表面完整性概念、表征及检测方法

7.2.1 表面完整性概念

表面完整性是由美国金属切削协会在1964年召开的一次金属座谈会上首次提出的。1989年日本学者K. Tagazawa再次提出表面完整性的概念并进行了相应的研究,取得了若干成果。

表面完整性是描述、鉴定和控制零件加工过程在其加工表面层内可能产生的各种变化及其对该表面工作性能影响的技术指标。随着现代制造技术的飞速发展,对各种机械产品的加工质量要求越来越高。许多零件结构的损坏都是从表面之下几十微米范围内开始的,表面之下的冶金物理和机械性能变化对零件使用性能的影响越来越大。

所谓表面完整性是指零件由加工所形成的无损伤的或强化的表面特征和表层特性。表面完整性是评价零件表面质量的一个重要标准。

表面特征包括表面粗糙度、表面波纹度、表面纹理方向和表面缺陷。

表层特性包括微观组织变化、再结晶、晶间腐蚀、热影响层、微观裂纹、硬度变化、塑性变形、残余应力以及热、电、磁、化学特性的变化。已加工表面及表层的构成如图7-3所示。

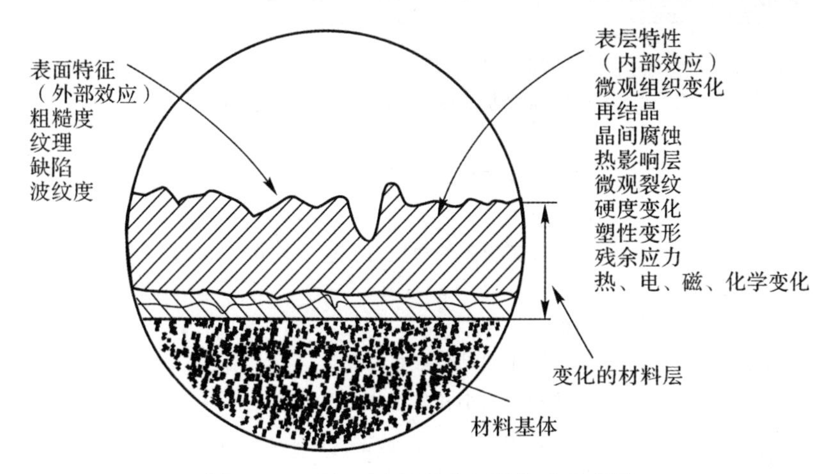

图7-3 已加工表面及表面层构成示意图

1. 表面特征定义与内容

表面特征是指零件已加工表面的几何特征，包括表面粗糙度、表面波纹度、表面纹理方向及表面缺陷四个方面。

(1)表面粗糙度：指零件已加工表面上所具有的较小间距和微小峰谷不平度的微观几何形状的尺寸特征。其数值大小一般取决于所采用的加工方法、加工条件和其他因素。由于所采用的加工方法和工件材料的不同，被加工表面留下痕迹的深浅、疏密、形状和纹理都有差别。表面粗糙度与机械零件的配合性质、耐磨性、疲劳强度、接触强度、振动和噪声等有密切关系，对机械产品的使用寿命和可靠性有重要影响。

(2)表面波纹度：指间距大于表面粗糙度但小于表面几何形状误差的表面几何不平度，属于微观和宏观之间的几何误差。它是零件表面在机械加工过程中，由于机床与工具系统的振动而形成的。表面波纹度直接影响零件表面的机械性能，如零件的接触刚度、疲劳强度、结合强度、耐磨性、抗振性和密封性等。

(3)表面纹理方向：指零件已加工表面上微观结构的走向。通常受所采用的加工方法或其他因素影响。切削加工后零件表面上的刀纹方向就是表面纹理方向。

(4)表面缺陷：指在零件已加工表面的一些个别位置上出现的分布没有规律的表面瑕疵，如划痕、擦伤、裂纹、砂眼等。

2. 表层特性定义与内容

表层是指已加工零件几何表面至材料基体之间，产生一系列复杂变化的薄层。表层的变化是零件加工表面完整性的最重要组成部分，实际上加工中所常见的表层变化有宏观裂纹、微观裂纹、洼坑(弧坑)、塑性变形、麻坑(麻点)、折叠(褶皱)、硬度变化、残余应力、热影响区、再结晶、冶金变化、夹杂、晶间腐蚀、熔化、再沉积材料、局部腐蚀(选择性腐蚀)等。表层特性按产生原因或特性的属性分类见表7-1。

表 7-1　表层变化的主要类型

类型	表层变化
机械	切削加工引起的塑性变形 积屑瘤引起的撕裂、折叠和裂纹等缺陷 硬度变化 宏观裂纹和微观裂纹 残余应力 磨削加工引起的塑性变形残留碎屑
冶金	相变 晶粒大小和晶粒分布的变化 沉淀物的大小和分布状态 外来夹杂 孪晶 再结晶 未回火马氏体或回火马氏体 在溶解或奥氏体转变
化学	晶间腐蚀 晶界氧化 微组分的优先溶解 污染 化学吸附作用引起的氢脆和氯脆 斑点腐蚀或选择性腐蚀 腐蚀 应力腐蚀
热	热影响区 重铸或再沉积材料 二次凝固材料 飞溅金属微粒(溅射)或在沉寂表面上的重熔金属
电	导电率变化 磁性变化 电阻变化

7.2.2　表面完整性表征方法

考虑到实际加工以及现有条件，同时参考美国表面完整性标准数据组，表面完整性表征主要包括以下几项：表面粗糙度、表面形貌、表层残余应力分布、表层微观组织、表层显微硬度分布。

1. 表面粗糙度的表征参数

表面粗糙度一般分为二维表面粗糙度和三维表面粗糙度。

二维(2D)表面粗糙度表征参数见表7-2。

表7-2 2D表面粗糙度表征参数表

参数名称	具体描述与表征	测量方法
高度参数 功能参数	高度参数 ①轮廓算术平均偏差 R_a ②轮廓均方根偏差 R_q ③微观不平度十点高度 R_z ④最大波峰值 R_p ⑤最大波谷值 R_v ⑥轮廓峰谷总高度 R_y 功能参数 ①偏态系数 R_{sk} ②峰态系数 R_{ku}	采用探针型表面粗糙度仪等

三维(3D)表面粗糙度表征参数见表7-3。

表7-3 3D表面粗糙度表征参数表

参数名称	具体描述与表征	测量方法
高度参数 功能参数 空间参数 混合型参数	高度参数 ①3D均方根高度值 S_1 ②3D十点高度值 S_z ③最大波峰值 S_p ④最大波谷值 S_v 功能参数 ①3D偏态系数 S_{sk} ②3D峰态系数 S_{ku} 空间参数 ①表面纹理纵横比 S_{tr} ②表面纹理方向 S_{td} ③最速衰减自相关长度 S_{al} 混合型参数 ①3D均方根斜率 $S_{\Delta q}$ ②展开界面面积率 S_{dr}	采用探针型或光学表面轮廓仪等

2. 残余应力的表征参数

表7-4为残余应力的表征参数表,图7-4所示为对表7-4中符号的描述图。

表 7-4　残余应力的表征参数表

表征参数	具体描述	测量手段
残余应力	①表面残余应力值 σ_{rSur}（深度为 0 时的值） ②峰值拉应力 σ_{TMax}（一定深度时的值） ③反向过渡深度值 h_{r0}（通常深度为几十微米） ④峰值压应力 σ_{CMax}（一定深度时的值） ⑤残余应力的影响深度 h_{ry}	X 光衍射仪等

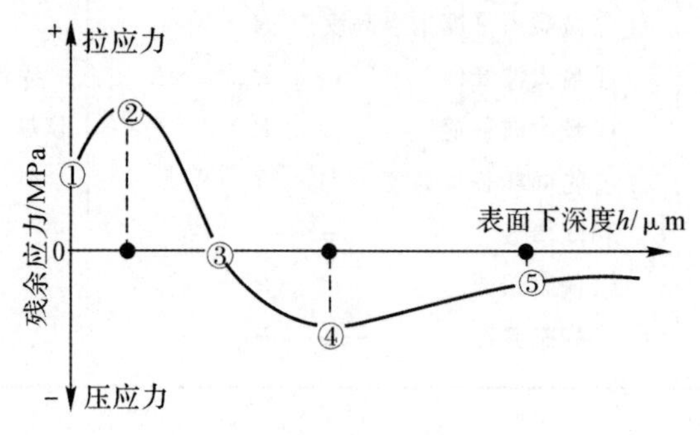

图 7-4　残余应力分布的符号描述

3. 硬度的表征参数

表 7-5 为显微硬度的表征参数表，图 7-5 所示为对表 7-5 中符号的描述图。

表 7-5　显微硬度的表征参数表

表征参数	具体描述	测量手段
显微硬度	①表面显微硬度　HV_1 ②硬化深度　h_1 ③基体显微硬度　HV_0 ④显微硬度沿表面下深度的变化曲线　$HV-h$	采用带有维氏或努氏压头的显微硬度测量仪在金相试件上测量

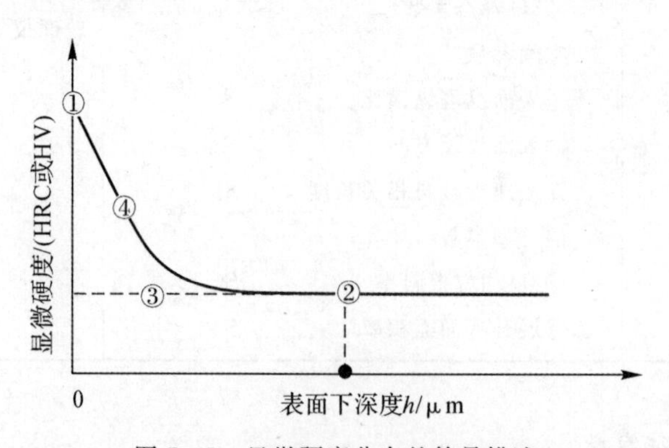

图 7-5　显微硬度分布的符号描述

4. 微观组织的表征参数(见表 7-6)

表 7-6 微观组织的表征参数表

表征参数	具体描述	测量手段
微观组织 (a)微观裂纹 (b)塑性变形 (c)相变 (d)熔化、再沉积 (e)变质层	(a)微观裂纹 ①金相照片 ②微观裂纹深度 h_2 ③开口宽度 d_2 (b)塑性变形 ①晶粒组织扭曲厚度 d_3 ②晶粒扭曲后的纵宽比 k ③金属流线方向 f (c)相变 ①相的体积分数 φ ②TEM 结果(图片) (d)熔化、再沉积 ①熔化颗粒的大小 l_{Xd} ②再沉积面积 s_3 ③沉积高度 h_6 (e)变质层 ①变质层厚度 B ②变质层晶粒度扭曲程度 M	采用 100～1 000 倍的金相显微镜进行观察

7.2.3 表面完整性检测技术

表面完整性的检测技术主要包括表面粗糙度的测量方法、显微硬度的测量方法、残余应力的测定方法和微观组织观测等。

1. 粗糙度的测量方法

随着测量技术的发展,表面粗糙度的测量方法越来越多,测量的精度也越来越高,表 7-7 给出了一些常用的表面粗糙度测量方法。

表 7-7 表面粗糙度测量方法

测量方法	使用仪器	测量范围 $R_a/\mu m$	测量部位
比较法	粗糙度样板	＞0.32	内、外表面
光学法	比较显微镜 光切显微镜 干涉显微镜 激光测位仪	0.32～20.0 0.32～20.0 0.01～0.16 0.01～32.0	外表面
触针法	电感式轮廓仪 电容式轮廓仪 压电式轮廓仪	0.04～5.0 0.63～10.0 0.04～20.0	内、外表面
印模法	上述各仪器	0.04～80.0	内、外表面
电子扫描法	电子扫描显微镜		外表面

2. 显微硬度的测试方法

(1)X射线法。用X射线法测量表层硬度变化有较高的准确性。这种方法的基本原理是:X射线光束照在多晶体金属表面之后,由于晶体的原子面反射,照相底片上就会出现干涉关系。若已知X射线的波长,则根据干涉环直径的大小就可以求出原子面之间的距离。金属塑性变形时,变形的金属组织将反映在X光图上。如果表面层没有产生塑性变形,则干涉点是点状弧线;若发生塑性变形,则晶粒破碎会使这些点增大成为实线,当引起残余应力的金属晶格中晶格参数发生变化时,干射线就会发生位移,而弧线的宽度是由晶粒的大小决定的。

(2)切面法。切面法可分为斜切面法和垂直切面法。

如图7-6所示,斜切面法是在已加工表面的某个部位加工磨出一个1°~3°的斜角β,然后在显微硬度计上选用2~100 g(一般为50 g或100 g)的负荷,在斜面上逐点测量显微硬度,直到出现基体材料的硬度为止。平面试件硬化层深度H的计算式为

$$H=L\tan\beta+R \tag{7-1}$$

式中,L为在斜面上被测实体表面至硬化层深度的水平距离;R为微观不平度十点高度值。

若R值远小于$L\tan\beta$值,则可忽略R值。

如图7-7所示,垂直切面法是将工件沿与加工面垂直方向剖开,然后用显微硬度计直接在剖开的侧面沿深度方向测量显微硬度,直至出现基体材料硬度为止。这种方法主要用于硬度比较大,测量时压痕较小的材料。

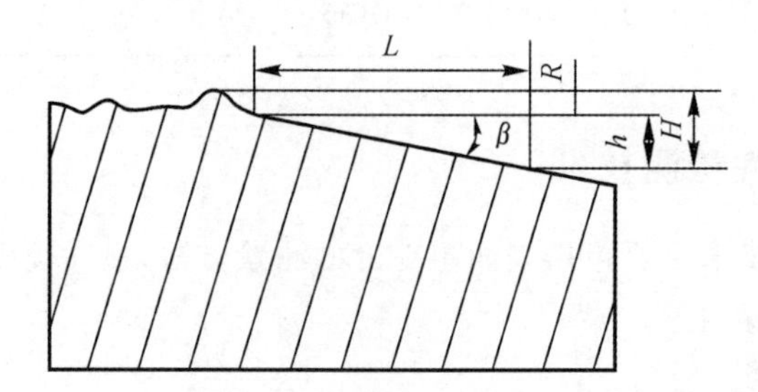

图7-6 斜切面法测定显微硬度变化的平面试件示意图

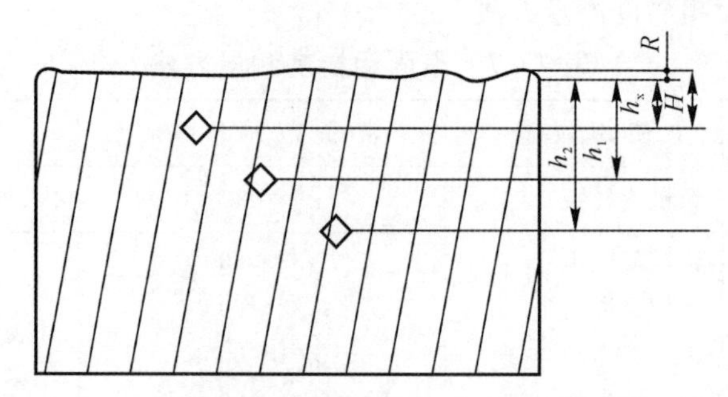

图7-7 垂直切面法测定显微硬度变化的平面试件示意图

试件硬化层深度H的计算式为

$$H=h_x+R \tag{7-2}$$

式中,h_x为被测实体表面至硬化层深度的垂直距离;R为微观不平度十点高度值。

若R值远小于h_x值,则可忽略R值。

3. 残余应力的测试方法

(1)腐蚀去层求变形法。腐蚀去层求变形法是一种力学方法，是从已加工表面上连续腐蚀去层，测出相应变形的大小，然后根据有关公式计算出残余应力的大小及其在不同深度上的分布规律。

(2)X射线衍射法。用这种方法测量表面上的残余应力时，X射线的穿透深度基本上可以达到0.005μm左右，为了得到残余应力沿深度的分布曲线，即得到表面下各个不同深度上的应力，必须腐蚀剥层，同时在每一层去除之后测出残余应力的大小。X射线衍射目前被广泛应用于纳米级表面和表层的残余应力测量，深度与残余应力的关系，刀具接触区的热能对残余应力的影响等方面。

(3)超声波法。超声波技术由于使用灵活、无破坏和低成本等特点，也已成为残余应力的测量手段之一。利用超声波进行应力测量主要依据弹性效应及应变引起的超声波速度的变化。按照声弹性理论，只要变形处在材料的弹性范围之内，则速度与应力即呈线性变化。目前已开发出基于多种不同超声波模式(如纵向波、横向波和表面波)的表面、表层和内部残余应力的测量方法。

4. 显微组织的测试方法

显微组织一般使用金相显微镜(见图7-8)或者扫描电子显微镜(SEM，简称扫描电镜，见图7-9)进行观测，金相显微镜可放大1 000倍，可以对微观裂纹、塑性变形、切削瘤、熔化、再沉积与变质层等的变化情况进行观察记录。扫描电镜是一种新型的电子光学仪器。它具有制样简单、放大倍数可调范围宽、图像的分辨率高、景深大等特点。扫描电镜具有比光学显微镜和透射电镜大得多的景深，所以可以获得其他显微镜无法得到的三维立体形态像，为进一步分析组成相的形成机理及其三维形态特征提供了一种有效的方法。

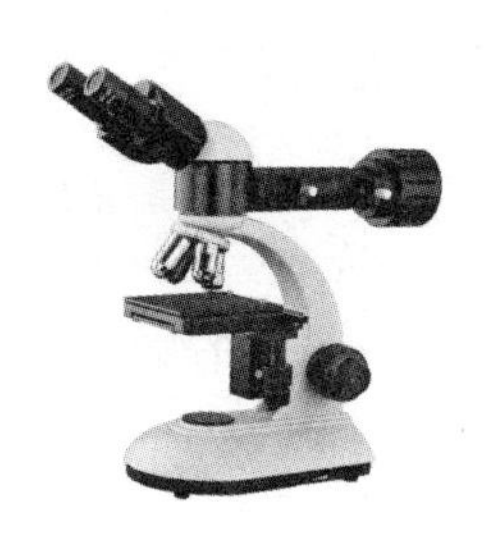

图7-8　MIT100金相显微镜

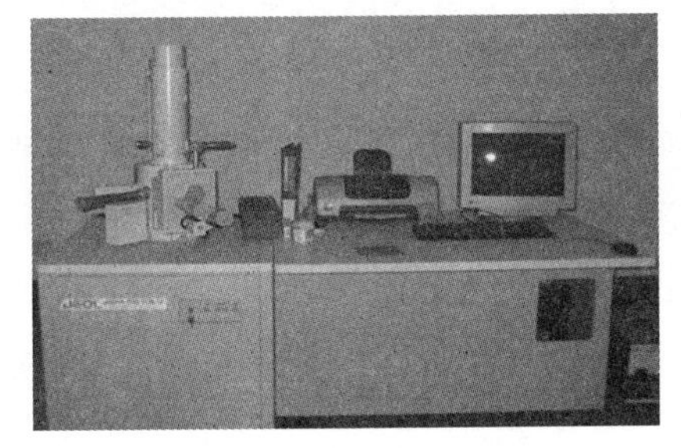

图7-9　扫描电子显微镜

7.2.4　表面完整性评价体系

根据美国表面完整性指南，对表面完整性的评价可以采用最少数据组、标准数据组和扩展数据组3个级别标准，可根据不同情况进行选用。

最少数据组是一种最简洁、最粗糙的判断标准，它所包含的数据最少，主要是微观组织，以及加工硬度和几何误差等。因此，在使用表面完整性评价标准时，它只能作为实验标准，供参考用。

标准数据组是一种比最少数据组更加详细的标准。它包含了最少数据组的所有内容，而且还包括物理力学性能，如残余应力等。

扩展数据组是表面完整性评价的最高标准，它包含了标准数据组的所有数据。扩展数据组提供了由统计学方法所确定的疲劳方案所搜集的数据，同时还可以产生适用于详细设计的数据。它还包括各种机械实验和特种环境下的物理力学性能实验。三种评价方法的组成内容见表7-8。

表7-8 表面完整性评价标准

<table>
<tr><th>评价方法</th><th colspan="2">评价指标</th><th>内容</th></tr>
<tr><td rowspan="3">最少数据组</td><td colspan="2">表面特征</td><td>(1)表面粗糙度测量值
(2)表面纹理方向、符号或照片(表面形貌)</td></tr>
<tr><td rowspan="2">表层特性</td><td>高倍组织(建议1 000倍以上放大剖面检查)</td><td>(1)微观裂纹
(2)塑性变形
(3)相变
(4)熔化、再沉积
(5)变质层</td></tr>
<tr><td>显微硬度变化</td><td>表层显微硬度</td></tr>
<tr><td>标准数据组</td><td colspan="3">(1)最少数据组
(2)物理力学实验：表面层残余应力的大小、方向和分布情况；强度实验(如疲劳强度、极限强度等)</td></tr>
<tr><td>扩展数据组</td><td colspan="3">(1)标准数据组
(2)特定环境下的应力腐蚀实验
(3)各种补充机械实验数据：蠕变实验、裂纹扩展实验、扭矩实验、应力破坏实验、断裂韧性实验、低调疲劳实验、抗拉实验、表面化学实验、其他特殊实验</td></tr>
</table>

表面完整性评价体系的形成，是对精密和超精密加工技术内容的一个重要补充，在研究表面完整性的道路上又进了重大一步，为表面完整性技术的研究奠定了坚实的基础。同时，客观、科学、系统的表面完整性评价标准对我国精密加工技术的快速发展有着较大的理论指导意义。

7.3 高速铣削表面粗糙度与形貌

钛合金作为典型的高强度合金材料，以其优异的综合力学性能、低密度以及良好的耐蚀性，在航空航天及军事上得到了广泛的应用。但是钛合金的切削加工性很差，具体表现为切削过程温度高、切削力大、冷作硬化现象严重、刀具易磨损等，这些切削内部因素对构件表面粗糙度和表面形貌都会造成不利影响，从而影响到钛合金构件的使用性能。

本节以航空发动机整体叶盘、叶片类零件用钛合金TC11为研究对象，开展高速铣削工艺参数对钛合金TC11加工表面粗糙度与表面形貌的影响研究，进而建立了表面粗糙度的经验模型，基于此模型进行了工艺参数区间灵敏度分析，提出了区间优选方法，以及工艺参数稳定域和非稳定域概念，为整体叶盘、叶片类钛合金零件的高速切削提供参数选择依据。

7.3.1 高速铣削表面粗糙度与表面形貌规律

由于零件的表面完整性对其疲劳极限有着重要的作用，因此在制造过程中必须控制其相关工艺参数，以提高其表面完整性特征。研究表明，在诸多的表面完整性特征中，表面粗糙度和表面形貌对疲劳性能的影响最为严重，而且表面形貌纹理对疲劳载荷的作用也有很大的影响。图7-10所示为疲劳极限、表面粗糙度和残余应力之间的综合效应示意图。

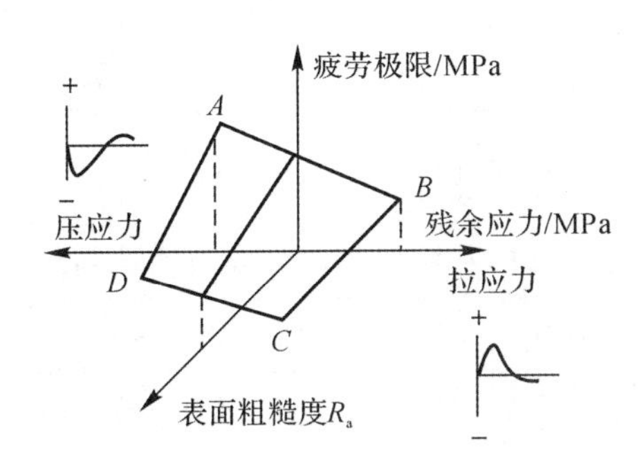

图7-10 疲劳极限、残余应力和表面粗糙度综合效应示意图

因此，在机械加工中，必须首要保障表面粗糙度满足设计要求，同时要注重对表面形貌纹理的研究，发现其规律。对高速铣削中表面粗糙度的工艺进行控制，要从冷却润滑、刀具前角和切削参数等的选择，来进行研究。

1. TC11 高速铣削实验

(1)工件材料。实验工件材料为TC11，是一种α-β钛合金材料。其详细的化学成分为(%)：6.42 Al，3.29 Mo，1.79 Zr，0.23 S，0.025 C，0.096 O，0.003 H，0.077 Fe，0.004 N，余量为Ti。合金常温和高温下的机械力学性能见表7-9。

表7-9 TC11的机械力学性能

常温≥		高温≥	
抗拉强度 σ_b/MPa	1 128	测试温度/℃	500
屈服强度 $\sigma_{0.2}$/MPa	1 030	抗拉强度 σ_b/MPa	765
伸长率 δ/(%)	12	断裂强度 σ_{100}/MPa	667
收缩率 ψ/(%)	35		
冲击值 a_k/(J·cm^{-2})	44.1		

(2)切削实验方案。TC11试样尺寸设计为80 mm×20 mm×20 mm。所有切削实验在Mikron HSM800高速铣削加工中心进行，转速范围为0～36 000 r/min，控制系统为德国的ITNC530系统。切削刀具为K44整体硬质合金4齿立铣平底刀，直径ϕ10 mm，无涂层。切削方式为顺铣。铣削示意图如图7-11所示。

本实验研究冷却润滑条件、刀具结构参数及切削参数对表面粗糙度和表面形貌的影响，实验方案见表7-10。第1～2组实验为不同冷却润滑条件实验；第3～5组实验为不同刀具前角实验;第 6～14 组为不同切削参数下的正交切削实验方案。

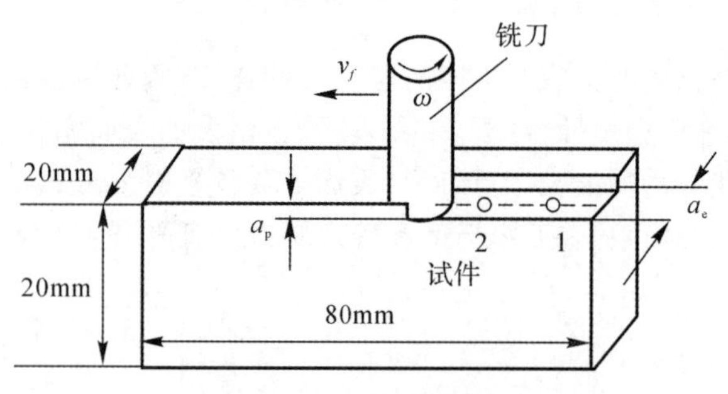

图 7-11 铣削示意图

表 7-10 切削实验方案与测试结果

编号	冷却润滑	刀具结构参数			切削参数				测试结果
		前角	螺旋角	后角	$n/(\mathrm{r\cdot min^{-1}})$	$f_z/(\mathrm{mm}\cdot$齿$^{-1})$	a_p/mm	a_e/mm	$R_a/\mu\mathrm{m}$
1	乳化液	14°	30°	10°	8 000	0.05	0.2	10	0.25
2	干切削	14°	30°	10°	8 000	0.05	0.2	10	0.35
3	油雾	4°	30°	10°	8 000	0.05	0.2	10	0.32
4	油雾	8°	30°	10°	8 000	0.05	0.2	10	0.24
5	油雾	14°	30°	10°	8 000	0.05	0.2	10	0.69
6	乳化液	4°	30°	10°	10 000	0.05	0.3	6	0.43
7	乳化液	4°	30°	10°	12 000	0.07	0.2	6	0.49
8	乳化液	4°	30°	10°	8 000	0.03	0.1	6	0.28
9	乳化液	4°	30°	10°	10 000	0.07	0.1	7.5	0.79
10	乳化液	4°	30°	10°	8 000	0.05	0.2	7.5	0.90
11	乳化液	4°	30°	10°	12 000	0.03	0.3	7.5	0.33
12	乳化液	4°	30°	10°	8 000	0.07	0.3	9	0.77
13	乳化液	4°	30°	10°	10 000	0.03	0.2	9	0.34
14	乳化液	4°	30°	10°	12 000	0.05	0.1	9	0.32

(3)表面粗糙度与表面形貌测试。加工后的表面粗糙度和表面形貌用三维光学表面形貌测试仪 Veeco 测量。在铣削面沿进给方向,等距选取 5 个点,如图 7-11 中的 1 点、2 点到 5 点,测量每点表面粗糙度 R_a 值并求取平均值。测量时放大倍数为 10 倍,测量分辨率为 736×480,测量点取样大小为 830.22 nm×830.22 nm。

2. *不同冷却方式下的表面粗糙度与表面形貌*

在高速切削下的冷却方式有乳化液以及干切削。在切削加工中,乳化液可及时将切削残屑冲出加工区域，降低切屑对加工面的划伤，从而较好地减少加工时刀具与加工面、切屑面间的摩擦；另外，乳化液可较好地起到冷却润滑作用，降低加工区域的温度，减少工件加工变形。在不考虑刀具磨损情况下，高速加工钛合金时采用干切削也可以达到较好的表面粗糙度。但是，实验发现干切削时刀具磨损非常快，因此如要采用干切削，需进一步研究抗磨损的刀具材料和涂层工艺等。

采用乳化液时，由于润滑作用好，加工纹理比较均匀，加工时产生的凸棱脊和凹坑也不十分明显；而采用干切削时，加工纹理间距大，且凸棱脊和凹坑十分明显。因此，采用乳化液明显好于采用干切削的加工表面形貌。

如图 7－12 和图 7－13 所示分别为在主轴转速 8 000 r/min，每齿进给量 0.05 mm/齿，铣削深度 0.2 mm，铣削宽度 10 mm 时，采用乳化液和干切削所获得的表面粗糙度和形貌图。从图 7－12 中可以看出，采用乳化液润滑时表面粗糙度 R_a 最小仅为 0.25 μm，干切削时 R_a 为 0.35 μm。

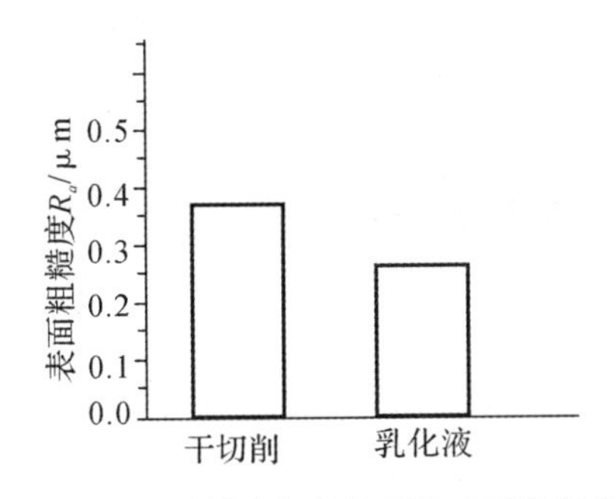

图 7－12　不同冷却条件下的表面粗糙度

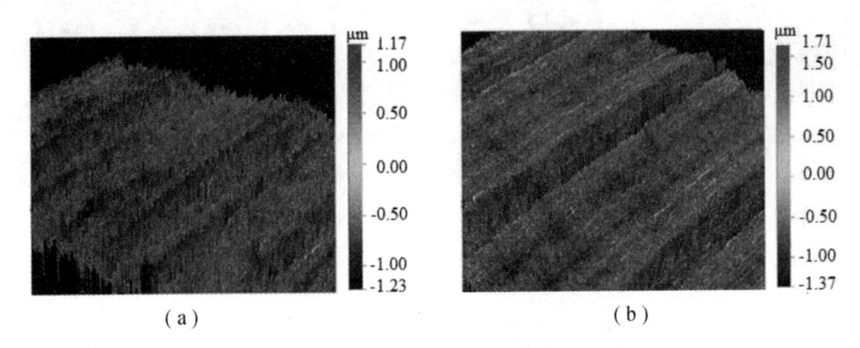

图 7－13　不同冷却条件下的表面形貌

(a)乳化液冷却下的表面形貌；(b)干切削下的表面形貌

3. 不同刀具前角下的表面粗糙度与表面形貌

图 7－14 和图 7－15 所示分别为在主轴转速 8 000 r/min，每齿进给量 0.05 mm/齿，铣削深度 0.2 mm，铣削宽度 10 mm 时，油雾冷却，采用不同刀具前角进行高速加工时所获得的表面粗糙度和形貌图。

从图 7－14 中可以看出，刀具前角为 8°时所得的粗糙度值最小，R_a 仅为 0.24 μm，其次是刀具前角为 4°时的情况，R_a 为 0.32 μm，当刀具前角为 14°时，粗糙度值最大，R_a 为 0.69 μm。

其原因主要是：由于钛合金塑性差，切削时其塑性变形不大，当切削用量一定时，刀具前角的不同会导致切屑与前刀面接触长度的不一样，铣削过程中积屑瘤产生并长大、脱落的过程，以及其大小也不一样，会导致表面粗糙度不同。在刀具前角较小(4°～9°)时，切屑与前刀面接触长度很短，切削刃及刃尖处单位面积受力较大，且单位面积热量分布多，产生的积屑瘤会较小且容易脱落，加工表面粗糙度较好；当前角增大时(9°～14°)，切屑与前刀面接触长度增加，虽然切削刃及刃尖处单位面积受力较小，但单位面积摩擦生热会更多，积屑瘤更易产生且较大，不易脱落，会使加工表面粗糙度变差。另外，在刀具前角较小时，切屑在前刀面发生较大弯扭变形，流出时部分切屑可与已加工表面发生接触，划伤表面，也会使粗糙度值升高；当前角增大，到达14°左右时，切屑流出更加流利，切屑长度增大，流出已偏向于已加工表面一侧，较长的切屑会使粗糙度值有所增大。

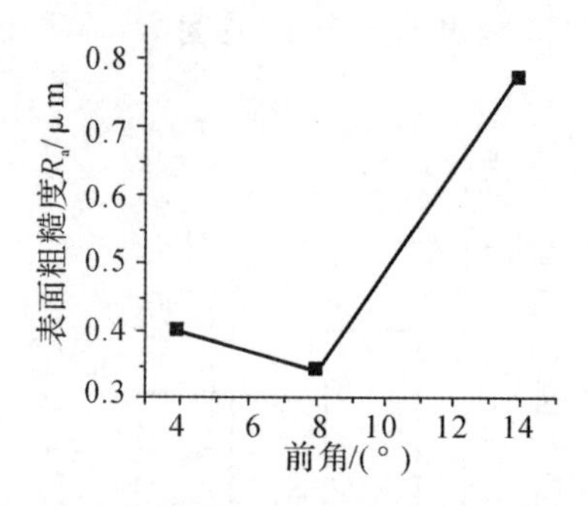

图 7-14 不同刀具前角下的表面粗糙度

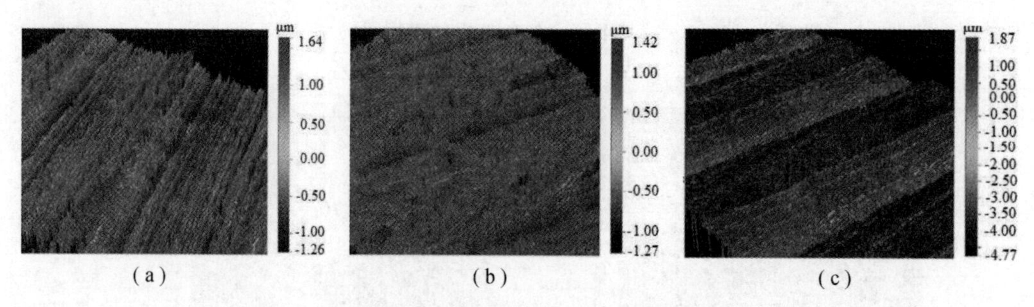

图 7-15 不同刀具前角下的表面形貌

(a)刀具前角 4°；(b)刀具前角 8°；(c)刀具前角 14°

从图 7-15(a)～(c)可以看出，加工时会产生有规律表面纹理，这是由于加工时积屑瘤的生成并长大脱落。从图 7-15(a)可以看出，加工表面纵向纹理与铣削方向一致，纹理宽度与每齿进给量基本相等，但有较明显的凸起高度和凹坑深度，约为 1 μm。与图 7-15(a)相比，图 7-15(b)加工表面纹理比较均匀，表面换齿处凹坑明显，但凹坑深度仅在－0.5 μm 左右。图 7-15(c)中加工表面同样为等距纹理，与铣削方向一致，纹理宽度与每齿进给量基本相等，但有非常明显的凸起和凹坑，凸起高度为 1～1.87 μm，且凸起部分较宽，而凹坑深度约－1.5 μm。刀具前角为 8°时表面形貌最优。

4. 不同铣削参数下的表面粗糙度与表面形貌

对表 7-10 中第 6～14 组切削实验的测试结果，经过正交实验分析，得到图 7-16 所示的不同切削工艺参数对表面粗糙度的影响规律。

图7-16(a)所示为切削速度对表面粗糙度的影响规律。当切削速度从251 m/min变化到377 m/min时,表面粗糙度越来越好,R_a 从0.7 μm变化到0.4 μm,其变化基本呈线性规律。但是,由于钛合金为高强度材料,其切削过程温度高,切削力大,刀具磨损严重,如果采用更高的速度切削加工,会使温升更高,刀具磨损更严重,加剧了加工困难。因此钛合金切削加工中,切削速度也不宜过高。因此,在刀具材料和刀具结构以及机床性能允许情况下,才可采用更高切削速度。

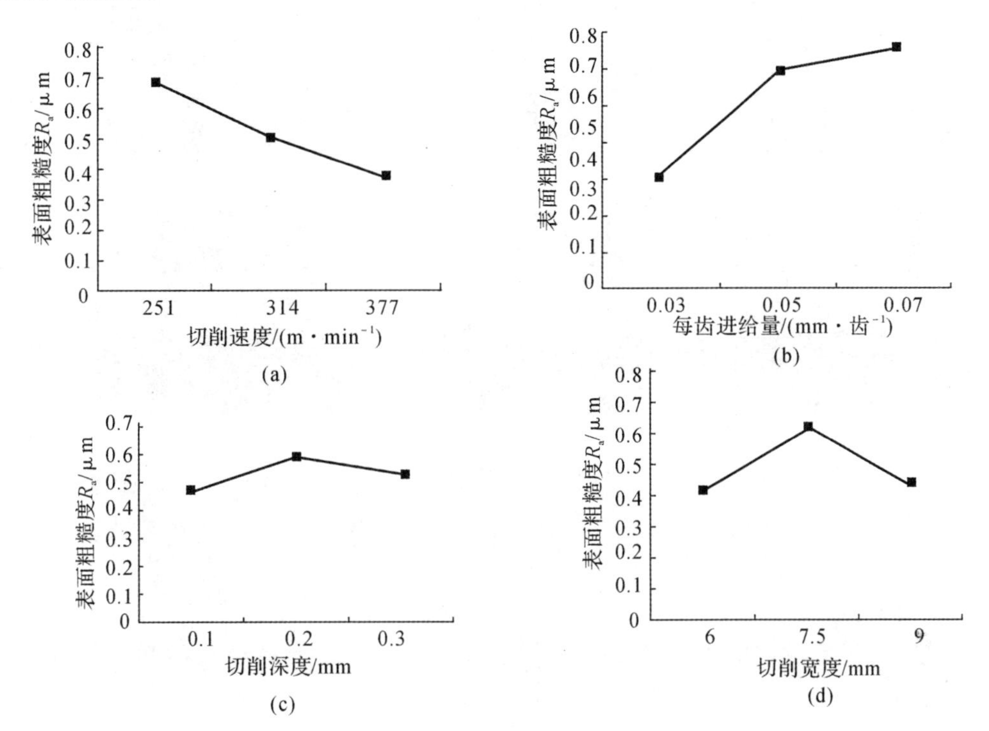

图7-16 切削工艺参数对表面粗糙度的影响曲线

(a)切削速度-表面粗糙度;(b)每齿进给量-表面粗糙度;(c)切削深度-表面粗糙度;(d)切削宽度-表面粗糙度

图7-16(b)所示为每齿进给量对表面粗糙度的影响规律。从几何因素中可知,减小进给量可降低残留面积的高度,可使表面粗糙度值减小。但进给量减小到一定值时,再减小,钛合金的塑性变形渐渐要占主导地位,粗糙度值不会明显下降。因此,在高速加工中尽可能采用较小的每齿进给量。由图7-16(b)可知,当每齿进给量从0.03 mm/齿变化到0.07 mm/齿时,表面粗糙度越来越差,R_a 从0.3 μm变化到0.7 μm,其变化开始较快,每齿进给量达到0.05 mm/齿之后变化趋于平缓。

图7-16(c)所示为切削深度对表面粗糙度的影响规律。可以看出,端铣加工切削深度对加工表面粗糙度的影响是不明显的。但当切削深度很小时(<0.03 mm),由于刀刃不是绝对尖锐而是有一定的圆弧半径,当刀刃挤压滑过加工表面时会在加工表面上引起附加的塑性变形,从而使加工表面粗糙度增大;但过大的切削深度可能会因切削力、切削热剧增而影响加工精度和表面质量。由图7-16(c)可知,在实验研究的高速切削参数范围内,切削深度的变化对

表面粗糙度的影响不大，当切削深度从 0.1 mm 变化到 0.3 mm 时，表面粗糙度 R_a 在 0.45 μm～0.6 μm 之间。

图 7－16(d)所示为切削宽度对表面粗糙度的影响规律。可以看出，端铣加工切削宽度对加工表面粗糙度的影响是不明显的。由图 7－16(d)可知，在实验研究的高速切削参数范围内，当切削宽度从 6 mm 变化到 9 mm 时，表面粗糙度 R_a 在 0.4～0.6 μm 之间。

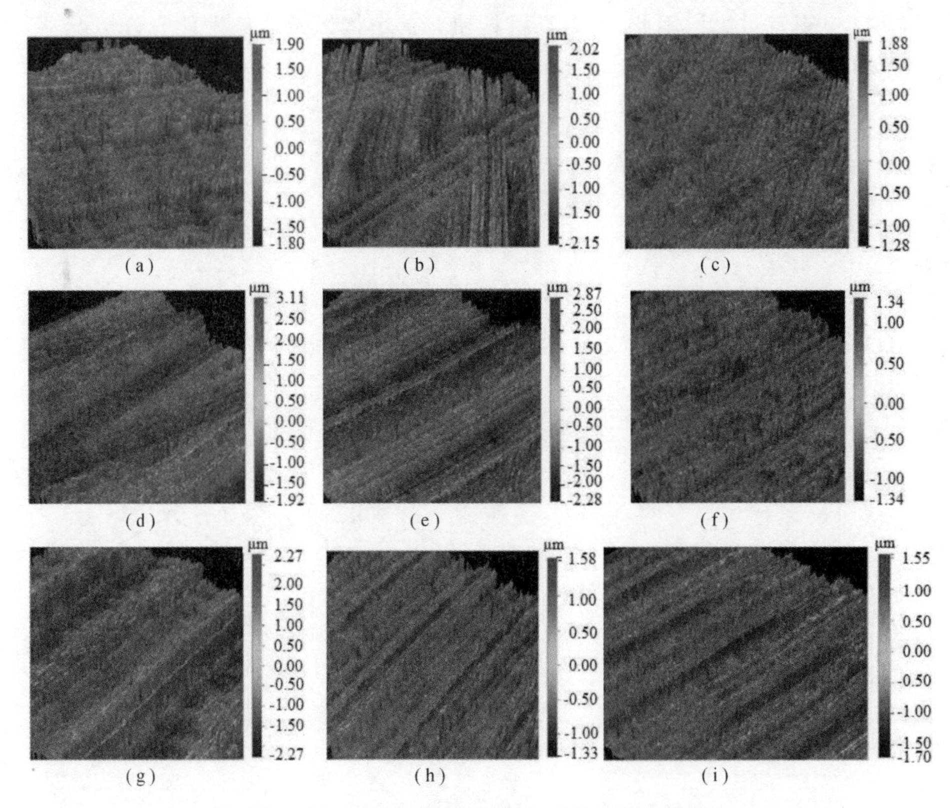

图 7－17　不同铣削参数组合下的表面形貌图

(a)R_a=0.43 μm，n=10 000 r/min，f_z=0.05 mm/齿；a_p=0.3 mm，a_e=6 mm

(b)R_a=0.49 μm，n=12 000 r/min，f_z=0.07 mm/齿；a_p=0.2 mm，a_e=6 mm

(c)R_a=0.28 μm，n=8 000 r/min，f_z=0.03 mm/齿；a_p=0.1 mm，a_e=6 mm

(d)R_a=0.79 μm，n=10 000 r/min，f_z=0.07 mm/齿；a_p=0.1 mm，a_e=7.5 mm

(e)R_a=0.90 μm，n=8 000 r/min，f_z=0.05 mm/齿；a_p=0.2 mm，a_e=7.5 mm

(f)R_a=0.33 μm，n=12 000 r/min，f_z=0.03 mm/齿；a_p=0.3 mm，a_e=7.5 mm

(g)R_a=0.77 μm，n=8 000 r/min，f_z=0.07 mm/齿；a_p=0.3 mm，a_e=9 mm

(h)R_a=0.34 μm，n=10 000 r/min，f_z=0.03 mm/齿；a_p=0.2 mm，a_e=9 mm

(i)R_a=0.32 μm，n=12 000 r/min，f_z=0.05 mm/齿，a_p=0.1 mm，a_e=9 mm

图 7－17(a)～(i)为不同铣削参数组合下的表面形貌图。所有加工表面存在沿铣削方向的加工纹理，呈现一高一低的阶梯状。在图 7－17(b)中，可看到明显的交叉状纹理，分析其原因是采用了较大的每齿进给量 0.07 mm/齿和大的转速 12 000 r/min。在图 7－17(c)中，可看出轻微的交叉状纹理，但表面微观形态没有明显划伤，粗糙度值也为本次实验最小，R_a 约 0.28 μm，其原因是采用的加工参数全部是最小：转速为 8 000 r/min，每齿进给量为0.03 mm/齿。

实验还发现铣削速度和每齿进给量配比组合会影响表面形貌，而铣削深度、铣削宽度对表面形貌影响难以获得有效规律。其中，图7-17(c)～(i)的形貌图表面粗糙度R_a均在0.4 μm以内。由其对应的参数可知，无论铣削速度、铣削深度、铣削宽度在实验范围的取值如何，只要每齿进给量为0.03 mm/齿时，表面粗糙度R_a在0.28～0.34 μm之间；而当每齿进给量为0.03 mm/齿时，随着铣削速度的增加，表面由交叉织网状形貌(见图7-17(c)(h))向无交叉均匀流线状形貌(见图7-17(f))变化。这是由于铣削时铣刀前一齿与后一齿之间会有残留高度，而当每齿进给量保持一致时，铣削速度高时，进给速度也很快，进给产生的残留高度会被后一齿全部及时切除；而铣削速度低时，进给速度也很低，进给产生的残留高度没有被全部及时切除。另外，由图7-17(b)(d)(g)可见，大的每齿进给量和较小转速组合时，较大的每齿进给量增大了纹理宽度，而较低的铣削速度会形成较大的表面粗糙度。

5. 主要结论

(1)不同的冷却方式对TC11钛合金高速铣削表面粗糙度和表面纹理的影响不是很大，但使用乳化液比干切削加工的表面质量要好。

(2)采用硬质合金刀具材料加工TC11钛合金时，刀具前角的变化对表面粗糙度的影响较大，对表面纹理也有一定的影响。选用前角为8°的刀具时，表面纹理比较均匀，一致性好。

(3)钛合金TC11高速铣削时，铣削速度优选范围为314～377 m/min，每齿进给量优选范围为0.03～0.05 mm/齿，可保障表面粗糙度R_a在0.6 μm以内。

(4)铣削速度和每齿进给量配比组合会影响表面形貌，而铣削深度、铣削宽度对表面形貌影响难以获得有效规律。

7.3.2 面向表面粗糙度的工艺参数区间敏感性及优选

1. 表面粗糙度工艺参数灵敏度分析方法

(1)表面粗糙度模型。钛合金高速铣削系统中，决定表面粗糙度的因素有很多，如工件材料、刀具材料、冷却润滑条件、刀具结构、切削用量及相关运动方式等工艺条件。这些条件对表面粗糙度的影响程度是不同的，而且一些条件可进行逐个比较选择，比如冷却润滑条件。而在众多的工艺条件中，切削用量对其影响是最为重要的。

常用的基于正交实验方法获得的铣削零件表面粗糙度经验模型可表示为

$$R_a = f(v_c, f_z, a_p, a_e) = c_0 v_c^{c1} f_z^{c2} a_p^{c3} a_e^{c4} \tag{7-3}$$

式中，v_c, f_z, a_p, a_e分别为铣削线速度、每齿进给量、铣削深度和铣削宽度；c_0, c_1, c_2, c_3和c_4为指数。本节关于表面粗糙度工艺参数灵敏度分析方法的研究正是基于该通用模型展开的。

(2) 表面粗糙度工艺参数灵敏度计算方法。

1) 灵敏度定义。灵敏度是指优化设计目标对各个设计变量的变化的敏感程度(或变化率)，其目的是识别设计变量中对优化设计目标函数影响显著的和薄弱的环节，以准确、有效地控制和优化变量参数修改优化方案，获得优化的目标。

对目标函数$f(x)$，其中$x=\{x_1,\cdots,x_i,\cdots,x_n\}$为设计变量，$i$为整数且从1取到$n$。灵敏度反映目标函数$f(x)$对设计变量$xi$的变化梯度。若$f(x)$可导，其一阶灵敏度$S$在连续系统中表示为

$$S(x_i)=\frac{\partial f(x)}{\partial x_i} \tag{7-4}$$

关于表面粗糙度对工艺参数变化的敏感程度(或变化率),我们提出了表面粗糙度工艺参数灵敏度和相对灵敏度的概念。

2)表面粗糙度工艺参数灵敏度。表面粗糙度工艺参数灵敏度表示表面粗糙度对单一工艺参数变化的敏感程度(或变化率)。

根据灵敏度的数学定义,表面粗糙度对工艺参数(铣削速度、每齿进给量、铣削深度、铣削宽度)的灵敏度模型表示为

$$\left.\begin{aligned}S_{R_a}^{v_c}&=\frac{\partial f(v_c,\bar{f}_z,\bar{a}_p,\bar{a}_e)}{\partial v_c}\\S_{R_a}^{f_z}&=\frac{\partial f(\bar{v}_c,f_z,\bar{a}_p,\bar{a}_e)}{\partial f_z}\\S_{R_a}^{a_p}&=\frac{\partial f(\bar{v}_c,\bar{f}_z,a_p,\bar{a}_e)}{\partial a_p}\\S_{R_a}^{a_e}&=\frac{\partial f(\bar{v}_c,\bar{f}_z,\bar{a}_p,a_e)}{\partial a_e}\end{aligned}\right\} \tag{7-5}$$

由于表面粗糙度模型式(7-3)是由切削实验获得的,其初始设定的工艺参数组合为离散点,因此,在分别计算 $S_{R_a}^{v_c}$,$S_{R_a}^{f_z}$,$S_{R_a}^{a_p}$ 和 $S_{R_a}^{a_e}$ 时,v_c,f_z,a_p 和 a_e 取值为实验所取参数值的平均值 $\bar{v}_c$,$\bar{f}$,$\bar{a}_p$ 和 $\bar{a}_e$。

表面粗糙度工艺参数灵敏度反映的是某一参数范围内表面粗糙度的变化率,即表面粗糙度变化的缓急程度。因此,根据该灵敏度可较理想的获得某一表面粗糙度水平的工艺参数范围。

3)表面粗糙度工艺参数相对灵敏度。表面粗糙度工艺参数灵敏度可较好地反映某一参数范围内表面粗糙度变化的缓急程度,但是,却不能从整体上综合反映表面粗糙度对各工艺参数的敏感程度。而获悉表面粗糙度对哪些工艺参数(如铣削线速度、每齿进给量、铣削深度、铣削宽度)敏感,对哪些不敏感,在进行工艺参数选择时非常重要。对不敏感的工艺参数可以在较大范围内选择,而对于敏感的工艺参数则需要谨慎选取。对此,我们提出了表面粗糙度工艺参数相对灵敏度的概念。

相对灵敏度从整体上综合反映表面粗糙度对各工艺参数的敏感程度(或变化率)。

由式(7-5)可知,表面粗糙度对不同工艺参数的相对灵敏度的量纲是不同的,因为其仅能反映各工艺参数本身的变化对表面粗糙度的影响程度。为从整体上综合比较工艺对表面粗糙度的影响,要对式(7-5)中 $S_{R_a}^{v_c}$,$S_{R_a}^{f_z}$,$S_{R_a}^{a_p}$ 和 $S_{R_a}^{a_e}$ 进行量纲统一化处理。

为此,若目标函数 $f(x)$ 可导,且不等于零,则采用的相对灵敏度模型为

$$S'(x_i)=S(x_i)\frac{x_i}{f(x)}=\frac{\partial f(x)}{\partial x_i}\frac{x_i}{f(x)} \tag{7-6}$$

因此，根据式(7－3)铣削零件表面粗糙度经验模型，表面粗糙度工艺参数相对灵敏度模型为

$$\left.\begin{aligned} S'&=S_{R_a}^{v_c}\times\frac{v_c}{f(v_c,\bar{f}_z,\bar{a}_p,\bar{a}_e)}\\ S'&=S_{R_a}^{f_z}\times\frac{f_z}{f(\bar{v}_c,f_z,\bar{a}_p,\bar{a}_e)}\\ S'&=S_{R_a}^{a_p}\times\frac{a_p}{f(\bar{v}_c,\bar{f}_z,a_p,\bar{a}_e)}\\ S'&=S_{R_a}^{a_e}\times\frac{a_e}{f(\bar{v}_c,\bar{f}_z,\bar{a}_p,a_e)} \end{aligned}\right\} \tag{7-7}$$

显然，对通过正交实验获得的如式(7－3)所示的指数型经验公式，通过式(7－6)和式(7－7)计算，相对灵敏度即为各变量的指数，数学证明略。但是，对通过单因素实验或者响应曲面法实验获得的多项式型经验公式，就需要具体计算。

(3)表面粗糙度工艺参数灵敏度分析的指导意义。工艺参数对表面粗糙度的形成具有决定作用。现有的工艺参数选择时，往往仅注重工艺参数值的具体选取，而许多推荐的加工参数也是很具体的。但是，在实际机械加工中，尤其在对复杂曲面零件加工时，由于其粗加工之后给半精或精加工留有非线性余量，对半精或精加工切削深度应该针对不同余量进行确定。诸如此类，在多轴数控加工中，针对复杂曲面零件加工，会对切削用量，比如铣削速度、每齿进给量、铣削深度、铣削宽度进行不同程度的调整，而调整量如何定，应该在什么范围内进行调整变化，调整之后对表面粗糙度的影响如何，针对该问题，提出了表面粗糙度工艺参数灵敏度分析方法，以获得表面粗糙度的工艺参数区间敏感性。

工艺参数区间敏感性的特点在于，可以在众多工艺参数中，从总体上获悉各工艺对表面粗糙度的作用大小，从单一工艺获悉其变化对表面粗糙度的影响规律，对工艺参数选择和调整非常有意义。其中，表面粗糙度工艺参数相对灵敏度从整体上综合反映表面粗糙度对各工艺参数的敏感程度(或变化率)，为工艺参数的确定提供了计算依据和方法；表面粗糙度工艺参数灵敏度表示表面粗糙度对单一工艺参数变化的敏感程度(或变化率)，为单一工艺的参数选择、调整和变化提供了计算依据和方法。

2. TC11高速铣削实验

(1)切削实验方案。TC11试样尺寸设计为80 mm×20 mm×20 mm。所有切削实验在Mikron HSM800高速铣削加工中心进行，转速范围为0～36 000 r/min，控制系统为德国的ITNC530系统。切削刀具为K44整体硬质合金4齿立铣平底刀，直径ϕ10 mm，无涂层，刀具前角为4°，螺旋角为30°，后角为10°。乳化液冷却润滑条件。切削方式为顺铣。铣削示意图如图7－18所示，v_f为铣削进给速度，n为转速。

本实验研究铣削工艺参数(铣削线速度v_c、每齿进给量f_z、铣削深度a_p、铣削宽度a_e)对表面粗糙度的影响。不同铣削工艺参数下的正交切削实验方案见表7－11。

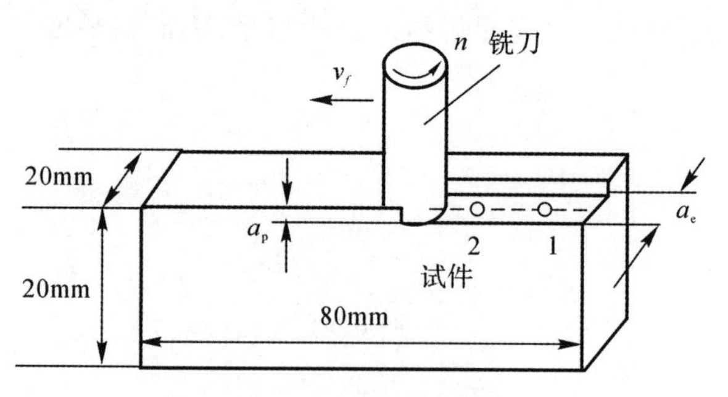

图 7-18 铣削示意图

表 7-11 切削实验方案与测试结果

编号	$n/(\mathrm{r \cdot min^{-1}})$	$v_c/(\mathrm{m \cdot min^{-1}})$	$f_z/(\mathrm{mm} \cdot 齿^{-1})$	a_p/mm	a_e/mm	表面粗糙度 $R_a/\mu m$
1	10 000	314	0.05	0.3	6	0.43
2	12 000	377	0.07	0.2	6	0.49
3	8 000	251	0.03	0.1	6	0.28
4	12 000	377	0.03	0.3	7.5	0.33
5	8 000	251	0.05	0.2	7.5	0.90
6	10 000	314	0.07	0.1	7.5	0.79
7	8 000	251	0.07	0.3	9	0.77
8	10 000	314	0.03	0.2	9	0.34
9	12 000	377	0.05	0.1	9	0.32

(2)表面粗糙度与表面形貌测试。表面粗糙度用接触式 TR240 表面粗糙度仪进行测量。在铣削面沿进给方向等距选取 5 个点,如图 7-18 中的 1 点、2 点直到 5 点,测量每点表面粗糙度 R_a 值并求取平均值,测量取样长度 0.8 mm,评定长度 5.6 mm。经测试和统计计算后的表面粗糙度见表 7-11。

1)TC11 高速铣削表面粗糙度工艺参数区间敏感性分析。根据表面粗糙度工艺参数灵敏度和相对灵敏度定义,进行工艺参数选择时,应该先进行相对灵敏度分析,获得敏感的工艺参数;在此基础上,对敏感的工艺参数进行灵敏度计算,获得使表面粗糙度变化平缓的工艺参数区间范围,即稳定域和非稳定域。

2)表面粗糙度工艺参数相对灵敏度分析。对表 7-11 中的工艺参数数据和表面粗糙度测试数据,通过线性回归分析方法,建立了如式(7-3)所示的高速铣削表面粗糙度经验模型,即

$$R_a = f(v_c, f_z, a_p, a_e) = 10^{3.245} v_c^{-1.061} f_z^{0.883} a_p^{0.155} a_e^{0.411} \qquad (7-8)$$

对通过正交实验获得的指数型经验公式,通过式(7-7)计算,表面粗糙度对各工艺参数的相对灵敏度为各工艺参变量的指数,即 $S'^{v_c}_{R_a} = -1.061$,$S'^{f_z}_{R_a} = 0.883$,$S'^{a_p}_{R_a} = 0.155$,$S'^{a_e}_{R_a} = 0.411$。

由此可知,钛合金高速铣削条件下,表面粗糙度对铣削速度的变化最为敏感,对每齿进给

量的变化敏感次之，再次之为铣削宽度，对铣削深度的变化最不敏感。而在低速或者常规铣削条件下，普遍认为每齿进给量对表面粗糙度的影响最为显著。

(3) 表面粗糙度工艺参数灵敏度分析。

1) 灵敏度模型计算。根据公式(7-5)，表面粗糙度对铣削速度、每齿进给量、铣削深度、铣削宽度的灵敏度模型为

$$\left.\begin{aligned} S_{R_a}^{v_c} &= -1.061\times 10^{3.245}\bar{f}_z^{\,0.883}\bar{a}_p^{\,0.155}\bar{a}_e^{\,0.411}v_c^{-2.061} \\ S_{R_a}^{f_z} &= 0.883\times 10^{3.245}\bar{v}_c^{\,-1.061}\bar{a}_p^{\,0.155}\bar{a}_e^{\,0.411}f_z^{-0.117} \\ S_{R_a}^{a_p} &= 0.155\times 10^{3.245}\bar{v}_c^{\,-1.061}\bar{f}_z^{\,0.883}\bar{a}_e^{\,0.411}a_p^{-0.845} \\ S_{R_a}^{a_e} &= 0.411\times 10^{3.245}\bar{v}_c^{\,-1.061}\bar{f}_z^{\,0.883}\bar{a}_p^{\,0.155}a_e^{-0.589} \end{aligned}\right\} \tag{7-9}$$

在实验参数范围内，$\bar{v}_c=314$ m/min，$\bar{f}_z=0.05$ mm/齿，$\bar{a}_p=0.2$ mm，$\bar{a}_e=7.5$ mm，其灵敏度分别为

$$\left.\begin{aligned} S_{R_a}^{v_c} &= -236.165\ 1v_c^{-2.061} \\ S_{R_a}^{f_z} &= 6.209\ 1f_z^{-0.117} \\ S_{R_a}^{a_p} &= 0.099\ 3a_p^{-0.845} \\ S_{R_a}^{a_e} &= 0.089\ 6a_e^{-0.589} \end{aligned}\right\} \tag{7-10}$$

2)灵敏度曲线分析。图7-19(a)～(d)所示为依据式(7-10)获得的表面粗糙度对铣削速度、每齿进给量、铣削深度和宽度的灵敏度曲线。

由相对灵敏度分析可知，钛合金高速铣削条件下，表面粗糙度对铣削速度的变化最为敏感，对每齿进给量的变化敏感次之，对铣削宽度和铣削深度的变化不敏感。因此，在实验参数范围内可以不考虑进一步对铣削宽度和铣削深度参数的选择，即可以在实验初定的参数范围内任意选取，而对于铣削速度和每齿进给量则需要进一步优化选择。

由图7-19(a)可知，在铣削速度区间[251 m/min，314 m/min]的灵敏度值大于在铣削速度区间[314 m/min，377 m/min]的灵敏度值，即当铣削速度从314 m/min变化到377 m/min时，其表面粗糙度的变化比较平缓。同理，由图7-19(b)可知，当每齿进给量从0.05 mm/齿变化到0.07 mm/齿时，表面粗糙度的变化比较平缓。

(4)工艺参数稳定域和非稳定域。表面粗糙度工艺参数稳定域是指表面粗糙度的变化对工艺参数的变化不敏感的参数范围。表面粗糙度工艺参数非稳定域是指表面粗糙度的变化对工艺参数的变化敏感的参数范围。

对n个因素($N_1,\cdots,N_p,\cdots,N_n$)$m$个水平($M_1,\cdots,M_q,\cdots,M_m$)的正交实验($p$为整数，从1到$n$；$q$为整数，从1到$m$)，我们提出工艺参数稳定域和非稳定域的划分方法：① 根据灵敏度曲线，对因素N_p，计算灵敏度值在[M_1,M_2]，[M_2,M_3]等$m-1$个水平区间内的变化幅值，记为$A_1,A_2,\cdots,A_{m-1}$,；② 计算$m-1$个灵敏度值变化幅值$A_1,\cdots,A_j,\cdots,A_{m-1}$的平均值为$A_0$，定义$A_j>A_0$的区域为非稳定域，$A_j<A_0$的区域为稳定域。

根据表面粗糙度分别对铣削速度、每齿进给量、铣削深度、铣削宽度的灵敏度曲线，获得本节实验参数范围内铣削速度、每齿进给量、铣削深度、铣削宽度的稳定域和非稳定域，见表7-12。

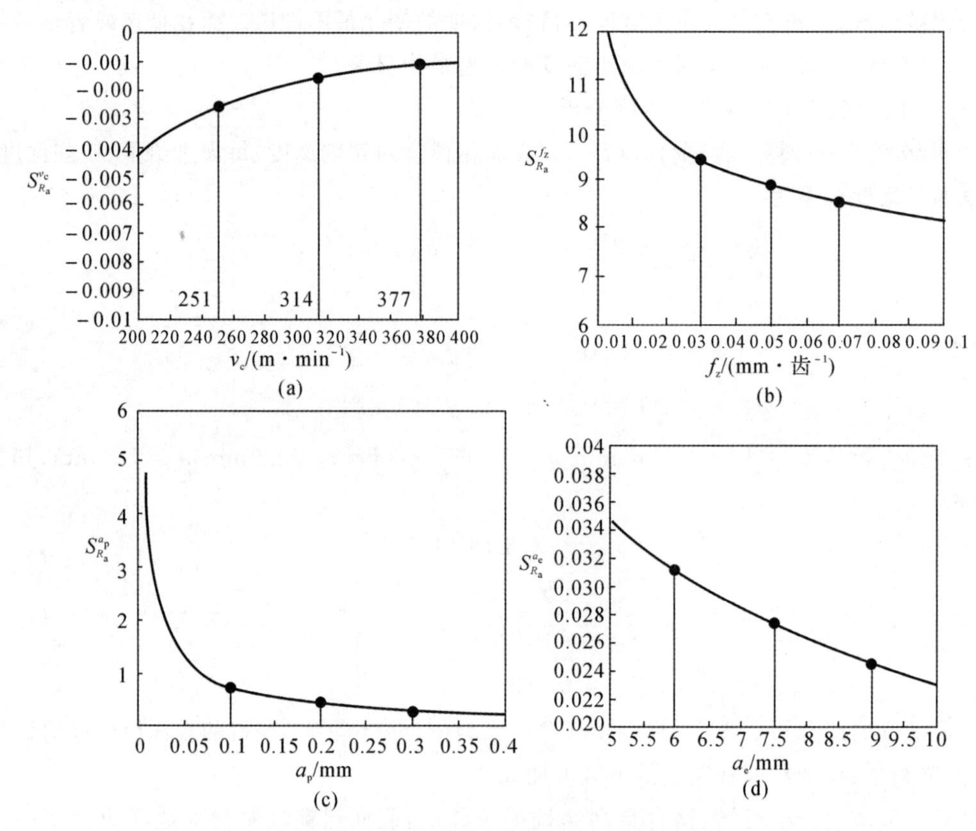

图 7-19 表面粗糙度对工艺参数的灵敏度

(a)表面粗糙度对铣削速度的灵敏度曲线;(b)表面粗糙度对每齿进给量的灵敏度曲线;

(c)表面粗糙度对铣削深度的灵敏度曲线;(d)表面粗糙度对铣削宽度的灵敏度曲线

表 7-12 工艺参数稳定域和非稳定域

工艺类别	工艺参数稳定域	工艺参数非稳定域
铣削速度/($\mathrm{m\cdot min^{-1}}$)	[314,377]	[251,314]
进给量/(mm·齿$^{-1}$)	[0.05,0.07]	[0.03,0.05]
铣削深度/mm	[0.2,0.3]	[0.1,0.2]
铣削宽度/mm	[7.5,9]	[6,7.5]

(5)TC11 高速铣削工艺参数区间优选方法。基于表面粗糙度工艺参数灵敏度分析,并结合原始正交实验数据的直观极差分析,提出了面向表面粗糙度的工艺参数区间选择方法:

1)进行表面粗糙度工艺参数相对灵敏度分析,对工艺因素进行筛选,确定敏感和非敏感工艺因素。

2)对敏感工艺因素进行灵敏度分析,确定敏感工艺因素的参数稳定域和非稳定域,对不敏感的工艺因素选择实验所取的参数范围。

3)基于原始正交实验数据的极差分析法,对敏感工艺因素的参数稳定域和非稳定域,分别计算表面粗糙度值，并进行比较。

4)如果第3)步的稳定域粗糙度值优于非稳定域粗糙度值，则选择稳定域为优选的参数区间。

5)如果第3)步的稳定域粗糙度值劣于非稳定域粗糙度值，则选择非稳定域为优选的参数区间。

6)对第5)步选择出的参数区间，由于是非稳定域，如果进行参数值调整，应在该非稳定域继续规划实验，确定更小范围的稳定域和非稳定域。

针对本节的TC11高速铣削实验，依据上述方法，首先进行表面粗糙度工艺参数的相对灵敏度分析：表面粗糙度对铣削速度的变化最为敏感，对每齿进给量的变化敏感次之，对铣削宽度和深度的变化最不敏感。其次，确定铣削速度和每齿进给量的稳定域和非稳定域，见表7-12；而表面粗糙度对铣削宽度和铣削深度的变化最不敏感，对其参数选择实验所取范围，即铣削深度为[0.1 mm，0.3 mm]，铣削宽度为[6 mm，9 mm]。第三，通过正交实验数据的极差分析法，得到图7-20所示的敏感工艺因素(铣削速度和每齿进给量)在稳定域和非稳定域时表面粗糙度的变化范围，还可以得到非敏感工艺因素(铣削宽度和深度)在所取参数内的变化范围。由图7-20(a)可知，切削速度稳定域表面粗糙度 R_a 在0.5 μm以下，非稳定域表面粗糙度 R_a 在0.5 μm以上；由图7-20(b)可知，每齿进给量稳定域表面粗糙度 R_a 在0.6 μm以上，非稳定域表面粗糙度 R_a 在0.6 μm以下；由图7-20(c)可知，在切削深度实验参数范围，表面粗糙度 R_a 在0.45～0.6 μm之间。由图7-20(d)可知，在切削宽度实验参数范围，表面粗糙度 R_a 在0.4～0.6 μm之间。

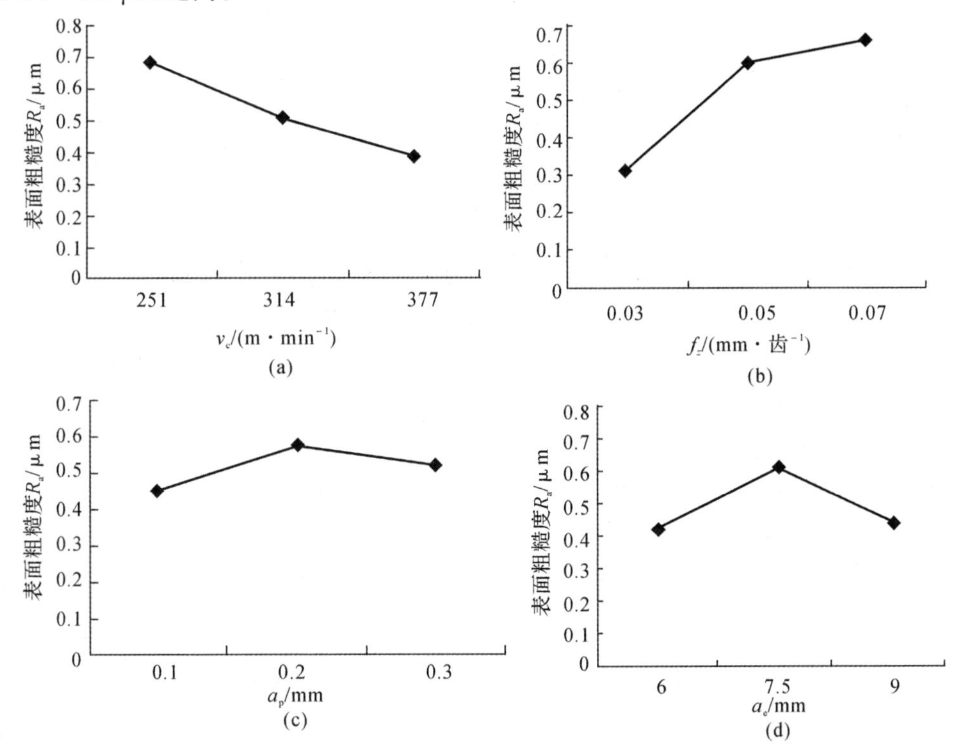

图7-20 切削工艺参数对表面粗糙度的影响曲线

(a)切削速度-表面粗糙度；(b)每齿进给量-表面粗糙度；(c)切削深度-表面粗糙度；(d)切削宽度-表面粗糙度

最后，选择的 TC11 高速铣削工艺参数区间见表 7－13，该区间范围可保障较好的表面粗糙度。每齿进给量的优选区间选在了非稳定域中，由于实验中所得到的非稳定域[0.03 mm/齿，0.05 mm/齿]区间范围已经很小，因此建议优选 0.03 mm/齿。在[0.03 mm/齿，0.05 mm/齿]区间范围，如果要进行参数值调整，需进一步计算稳定域和非稳定域。

3. 主要结论

(1)研究的工艺参数区间敏感性计算及优选方法，可定量获得不同工艺参数对表面粗糙度的灵敏度和相对灵敏度，在此基础上提出了工艺参数稳定域和非稳定域概念，并结合方差分析方法，提出了面向表面粗糙度的工艺参数区间选择方法。

(2)钛合金 TC11 高速铣削条件下，表面粗糙度对铣削速度的变化最为敏感，对每齿进给量的变化敏感次之，对铣削宽度和铣削深度的变化不敏感；铣削速度优选从 314 m/min 到 377 m/min 范围，每齿进给量优选从 0.03 mm/齿到 0.05 mm/齿范围，可以保障表面粗糙度 R_a 在 0.6 μm 以内。

表 7－13　工艺参数优选区间

工艺类别	工艺参数优选区间	稳定域或非稳定域	表面粗糙度 R_a 变化趋势
铣削速度/(m·min^{-1})	[314,377]	稳定域	0.5 μm 以下，线性下降
每齿进给量/(mm·齿$^{-1}$)	[0.03,0.05]	非稳定域	0.6 μm 以下，线性上升
铣削深度/mm	[0.1,0.3]	稳定域	0.45～0.6 μm
铣削宽度/mm	[6,9]	稳定域	0.4～0.6 μm

7.4　高速铣削速度对钛合金表面完整性的影响

高速加工凭借其高的材料去除率、低切削力，以及加工工件精度高、表面质量高等优点，在钛合金的切削加工中显现出了明显的优越性。大量实验表明：钛合金高速加工获得的表面，具有表面粗糙度低、硬化层深度小、残余应力小等特点，因此，高速加工是提高钛合金加工效率、改善表面质量、控制钛合金整体薄壁件变形和延长钛合金构件疲劳寿命的理想加工方法。

整体叶盘是发展高推重比航空发动机的关键技术，目前钛合金压气机整体叶盘主要采用五坐标加工中心直接铣削成型，而最后一道铣削工艺决定了工件最终的表面质量和加工精度，所以本节模拟整体叶盘加工最后一道的铣削环境，采用相关的加工参数进行实验，并着重研究铣削速度对 TC4 钛合金高速铣削已加工表面完整性的影响规律，并借助专业切削加工有限元软件 AdvantEdge，对钛合金高速铣削过程中的温度场进行仿真，进而分析铣削速度对表面完整性影响机理，以期为优化钛合金整体叶盘高速铣削工艺参数，进行表面完整性控制提供相关的实验基础与理论依据。

7.4.1 实验条件及过程

1. 试件材料

试件材料为TC4钛合金，其组成为Ti-6Al-4V，属于(α+β)两相钛合金，化学成分组成见表7-14。TC4钛合金因其高强度、可淬火性以及良好的高温力学性能，在航空工业中得到了广泛应用，其在室温/高温下的力学性能见表7-15。试件尺寸为90 mm×20 mm×7 mm。

表7-14 TC4钛合金的化学成分 单位：%

元素	Al	V	Fe	N	C	O	H	Ti
占比	6.0	4.0	0.3	0.05	0.1	0.2	0.012 5	余量

表7-15 TC4钛合金的力学性能

室温力学性能，≥				高温力学性能，≥			
抗拉强度 σ_b/MPa	屈服强度 $\sigma_{0.2}$/MPa	伸长率 δ/(%)	收缩率 ψ/(%)	冲击韧性 a_k/(J·cm^{-2})	实验温度/℃	抗拉强度 σ_b/MPa	持久强度 σ_{100}/MPa
902	824	10	30	39.2	400	618	569

2. 实验条件

实验所用机床为UCP1350五坐标高速数控加工中心；刀具采用整体硬质合金四刃立铣刀，直径12 mm，螺旋角30°，前角10°，后角12°；铣削方式为顺铣，采用乳化液冷却。切削用量根据整体叶盘最后一道加工时所用的参数进行选择，铣削速度 v_c 依次选择113 m/min，226 m/min，301 m/min，377 m/min，轴向切深 a_p 恒为0.25 mm，每齿进给量 f_z 恒为0.05 mm/齿，径向切深为12 mm。

3. 表面完整性测试

表面粗糙度测量采用英国Taylor-hobson粗糙度仪，分别在铣削表面两边1/2铣刀半径处各取5个点测量取平均值，取样长度为0.8 mm，评定长度为5.6 mm，测量方向沿工件进给方向。表面形貌采用AMRAY-1000B的扫描电子显微镜观察。

将已加工试样沿铣削方向切割，制备金相试样。将切割断面研磨、抛光后进行腐蚀，腐蚀剂配比为硝酸∶氢氟酸∶水=1∶1∶10。采用型号为AMRAY-1000B的扫描电子显微镜对断面微观组织进行观察。

显微硬度的测量采用斜切面法，在已加工表面上距端面5 mm处切割出一个3°的斜角，切割路线如图7-21所示，然后对斜切面进行粗磨、精磨、抛光。在斜切面上逐点测量显微硬度，直到出现基体材料的硬度为止，从而求出硬化程度及其深度。显微硬度的测量采用450SVDTM维氏硬度计，实验力选择9.81 N(1 kgf)，保持载荷时间10s。

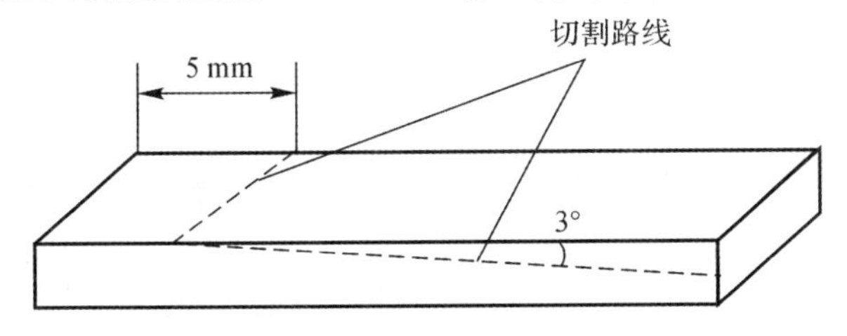

图7-21 测量显微硬度试件切割方法

7.4.2 高速铣削速度对表面粗糙度及表面形貌的影响

图 7-22 所示为表面粗糙度 R_a 的测量结果。从图中可以看出，铣削速度较低时，表面粗糙度较高，随着铣削速度的升高，R_a 呈下降趋势。特别是当铣削速度从 113 m/min 升高到 301 m/min 时，R_a 明显下降，但是当铣削速度升高到 377 m/min 时，R_a 略有升高。最佳表面粗糙度为 0.365 μm，此时铣削速度为 301 m/min。

图 7-23 所示为不同铣削速度下铣削表面中心位置的表面形貌照片。从图中可以看出，当铣削速度从 113 m/min 增加到 301 m/min 时，表面形貌越来越好；而当铣削速度增加到 377 m/min 时，表面形貌变差。表面形貌的观察结果和表面粗糙度的测量结果一致。

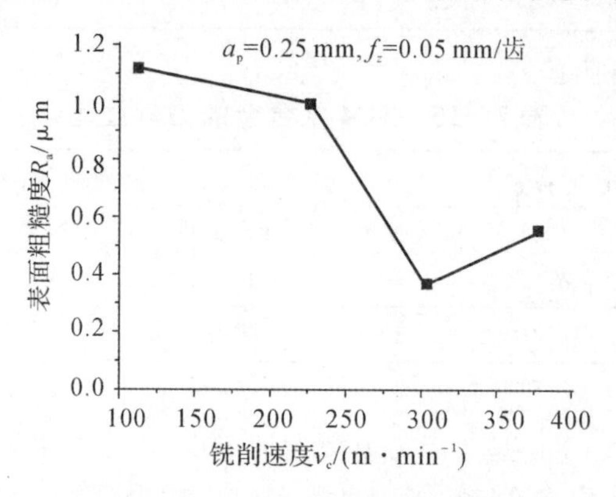

图 7-22 表面粗糙度变化曲线

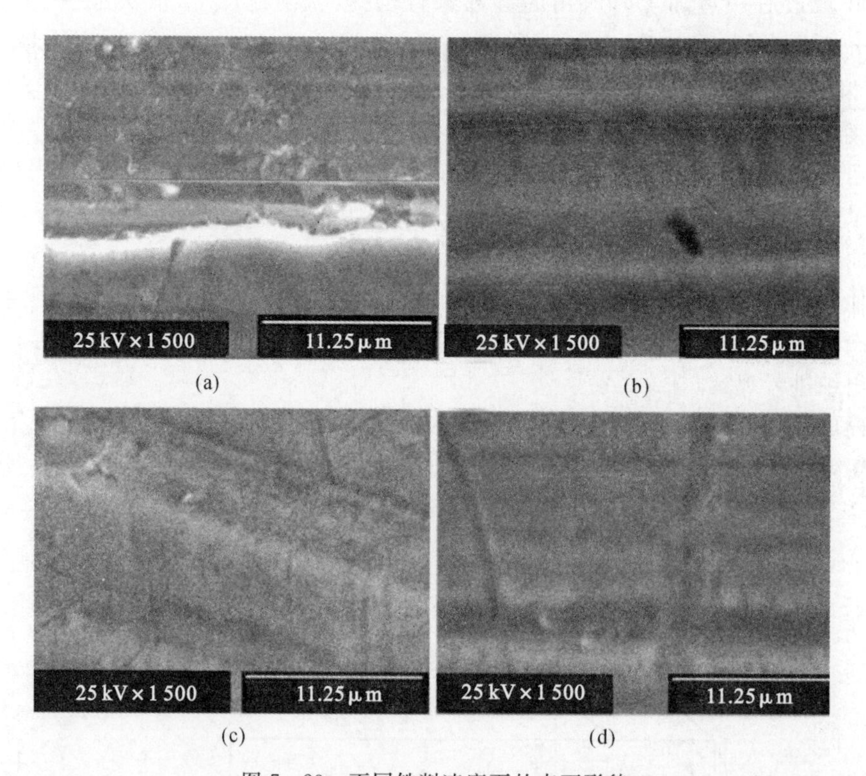

图 7-23 不同铣削速度下的表面形貌

(a)v_c=113 m/min；(b)v_c=226 m/min；(c)v_c=301 m/min；(d)v_c=377 m/min

7.4.3 高速铣削速度对微观组织的影响

图7-24所示为不同铣削速度下铣削表面中心位置表层微观组织照片。从图中可以看出，随着铣削速度的升高，铣削表面表层微观组织变化不大，没发现明显相变。

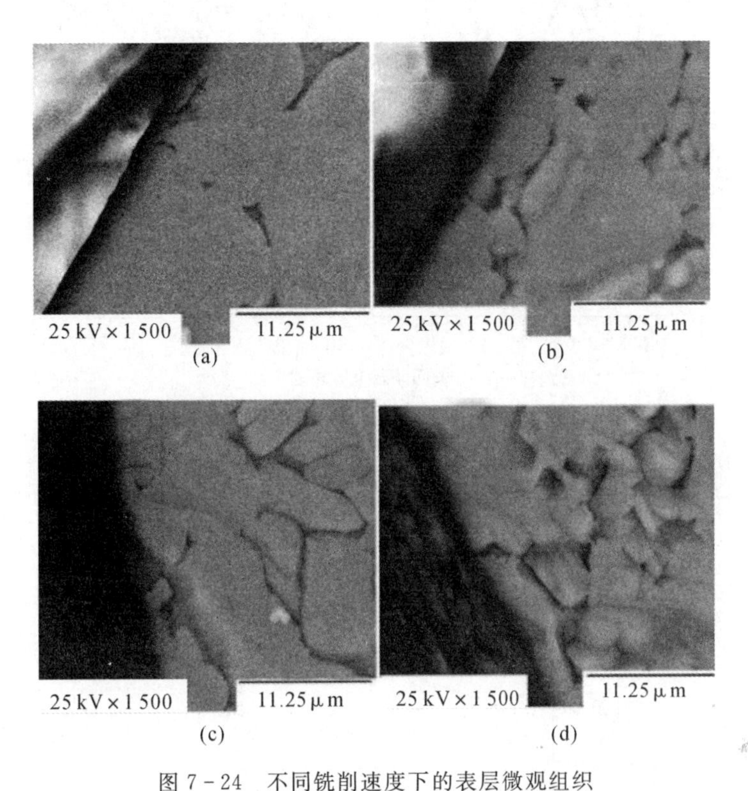

图7-24 不同铣削速度下的表层微观组织

(a)v_c=113 m/min;(b)v_c=226 m/min;(c)v_c=301 m/min;(d)v_c=377 m/min

7.4.4 高速铣削速度对显微硬度的影响

图7-25所示为不同铣削速度下，显微硬度 H 随表面下深度 h 的变化曲线。从图中可以看出，最大显微硬度都出现在已加工表面上，而在表面下深度为0.02 mm左右时，显微硬度急剧下降，然后再次升高，最后呈下降趋势，趋于材料基体硬度值。4块试件的平均基体材料硬度为HV505左右，但是每个试件的基体材料硬度不尽相同，这可能是由于国产钛合金与国外同类合金相比，力学性能不够稳定所致。

图7-26所示和图7-27所示分别为硬化程度和硬化深度随铣削速度的变化曲线。从图中可以看出，硬化程度随铣削速度升高而增大。当铣削速度从113 m/min增加到301 m/min时，硬化深度随着铣削速度的升高而减小，而当铣削速度升高到377 m/min时，硬化深度略有增大。

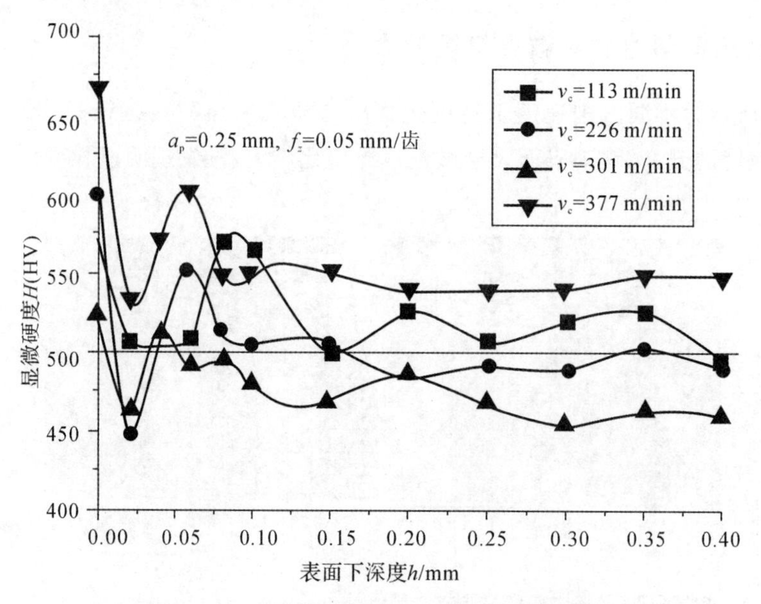

图 7-25　不同铣削速度下显微硬度变化曲线

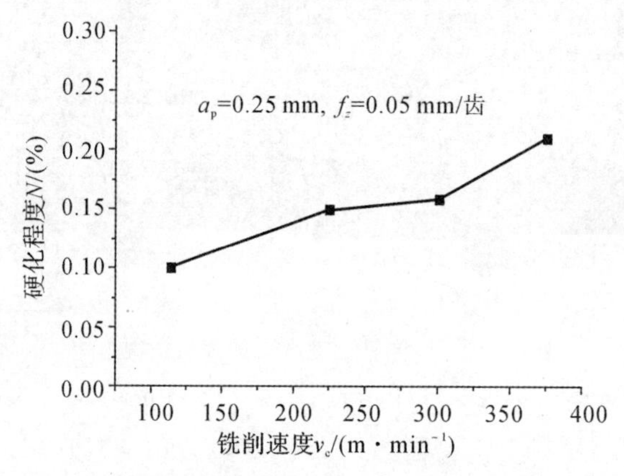

图 7-26　硬化程度随铣削速度变化曲线

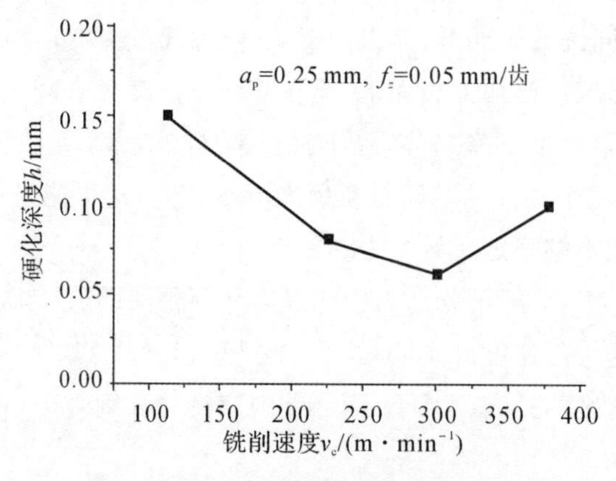

图 7-27　硬化深度随铣削速度变化曲线

7.4.5 影响机理分析

采用美国 Third Wave Systems 公司的 AdvantEdgeTM FEM 专业金属切削有限元仿真软件,对不同铣削速度下高速铣削 TC4 钛合金的过程进行二维模拟仿真。由于表面粗糙度、微观组织和显微硬度主要是由切削区的温度造成的,因此主要对切削区温度场以及最高温度进行仿真。

图 7-28 所示为不同铣削速度下,切削区温度场分布图。从图中可以看出,随着铣削速度的增加,切削区温度升高,而当铣削速度升高到 301 m/min 时,切削区温度有所下降。

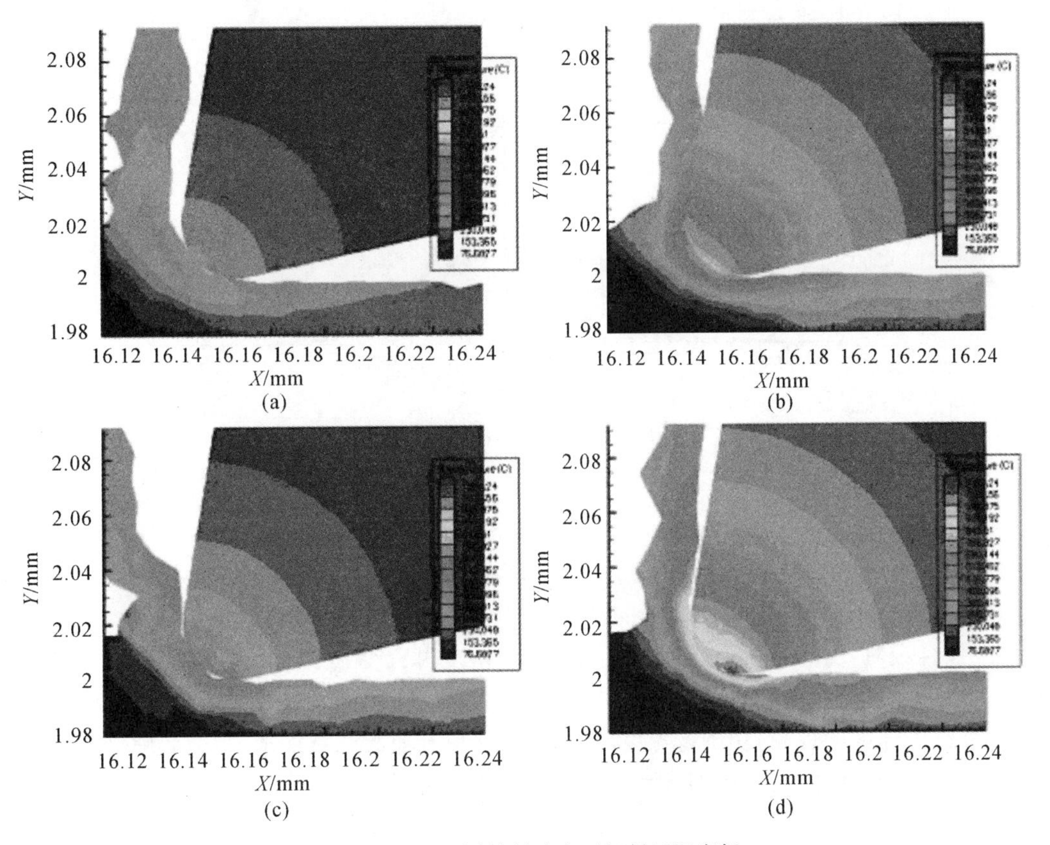

图 7-28 不同铣削速度下切削区温度场

(a)v_c=113 m/min;(b)v_c=226 m/min;(c)v_c=301 m/min;(d)v_c=377 m/min

图 7-29 所示为不同铣削速度下,切削区最高温度示意图。从图中可以看出,不同铣削速度下,切削区最高温度不是发生在刀尖位置,而是发生在刀-屑接触面上,距离刀尖 0.01~0.02 mm的位置。切削区最高温度总体上随铣削速度增加而升高,而当铣削速度为 301 m/min 时,切削区最高温度有所下降。四种铣削速度下,切削区最高温度为 1 116℃。

从切削区温度场分布以及最高温度的仿真结果来看,随着铣削速度的增加,切削区产生的总热量以及最高温度急剧上升。大量实验表明,高速切削过程中,切削区产生的大部分热量被切屑带走,传递给工件和刀具的热量并不多,而且铣削速度愈大,切屑带走的热量愈多,传入工件的热量愈少，相应的已加工表面切削温度升高很少。加上高速切削时，随着铣削速度提高，工件材料塑性变形减小，使得表面缺陷减少，因此，随着铣削速度的升高，试件表面粗糙度降低，表面形貌变好。但随着铣削速度的升高，切削温度升高，使得刀具后刀面剧烈磨损，从而导致铣削速度升高到一定数值后，表面粗糙度有所提高，表面形貌变差。

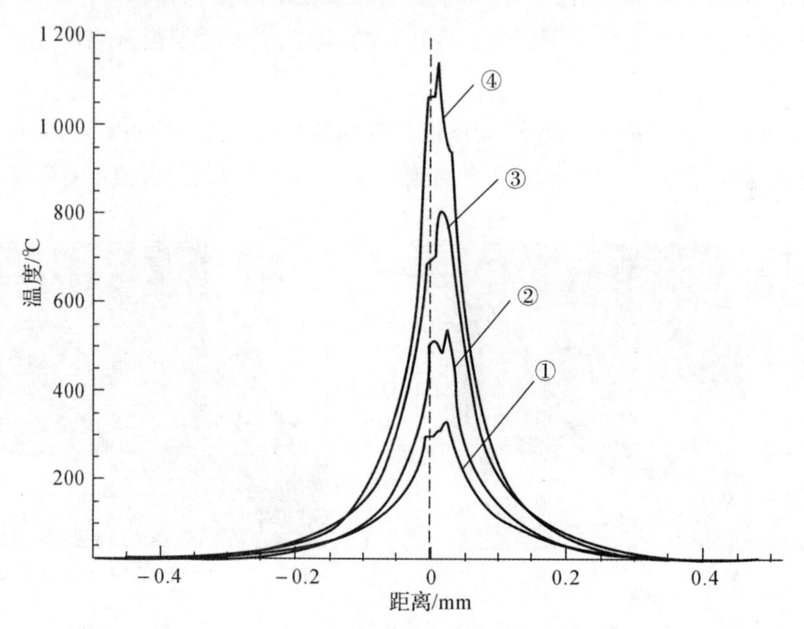

图 7-29 不同铣削速度下切削区最高温度示意图

①v_c=113 m/min；②v_c=226 m/min；③v_c=301 m/min；④v_c=377 m/min

虽然当铣削速度为 377 m/min 时，切削区最高温度为 1 116℃，但是高速切削过程中，产生的热量绝大多数被切屑带走，传递到工件表面的热量很少，而 TC4 的相变温度为 980～990℃，因此不会发生相变。

切削钛合金时，已加工表面的加工硬化是由于切削过程变形引起的硬化以及由于钛吸收大气中的氧等元素引起的脆化两种现象共同作用的结果。硬化程度的变化与切削的周围介质有关，随着铣削速度的提高，切削区温度随之升高，表层金属脆化程度增大，引起硬化程度的增加，因此硬化程度随着铣削速度的升高而升高。随着铣削速度的升高，由于剪切区的缩小，硬化深度也将减小，而铣削速度升高到一定程度，刀具后刀面磨损严重，又会使剪切区增大，导致硬化深度有所增大。

7.4.6 主要结论

通过 TC4 钛合金高速铣削速度对表面完整性影响的研究，可以得出如下结论：

(1)铣削速度从 113 m/min 升高到 301 m/min 时，表面粗糙度随铣削速度的升高呈下降趋势，而当铣削速度升高到 377 m/min 时，表面粗糙度略有升高。当铣削速度为 301 m/min 时，获得最佳表面粗糙度为 0.365 μm。表面形貌观察结果和表面粗糙度测量结果一致。

(2)在不同铣削速度下，没发现明显相变。

(3)在不同铣削速度下，显微硬度最大值都出现在已加工表面上，在表面下深度为 0.02 mm 处材料出现软化现象。硬化程度随铣削速度升高而增大。在铣削速度从 113 m/min 到

301 m/min变化时，硬化深度随着铣削速度升高而减小，而在铣削速度增加到 377 m/min 时，硬化深度有所增大。

(4)在实验参数范围内，当铣削速度为 301 m/min 时，可以获得最好的表面完整性，此时表面粗糙度为 0.365 μm、硬化深度为 0.06 mm、硬化程度为 16%，无相变。

(5)切削区温度及最高温度随铣削速度的提高，整体呈升高趋势，但是当铣削速度为 301 m/min时有所降低。铣削区最高温度发生在刀一屑接触面上，距离刀尖 0.01～0.02 mm。

7.5 立铣刀高速端铣加工工艺对表面完整性的影响

根据表面完整性标准评价体系，进行了 TC4 钛合金高速端铣参数对表面完整性(表面粗糙度、表面形貌、显微硬度和微观组织)的影响的研究，以期为优化钛合金高速铣削参数及进行表面完整性控制研究提供相关的实验数据基础。

7.5.1 TC4 钛合金铣削表面完整性实验

实验所用机床为 UCP1350 五坐标高速数控加工中心；刀具采用 K35 整体硬质合金 4 齿平底铣刀，直径 12 mm，螺旋角 30°，前角 10°，后角 12°；铣削方式为顺铣，采用乳化液冷却。本实验旨在分析主轴转速和轴向切深对表面完整性的影响，铣削参数选择见表 7－16。试件尺寸及实验方案如图 7－30 所示。

表 7－16 实验铣削参数

转速 $n/(\mathrm{r \cdot min^{-1}})$	3 000，6 000，8 000，10 000
轴向切深 a_p/mm	0.15，0.25
径向切深 a_e/mm	12
每齿进给量 $f_z/(\mathrm{mm}\cdot$齿$^{-1})$	0.05

表面粗糙度测量系统采用英国 Taylor－hobson 粗糙度仪，分别在铣削表面两边 1/2 铣刀半径处各取 5 个点测量粗糙度取平均值，取样长度为 0.8 mm，评定长度为 5.6 mm。表面形貌采用 AMRAY－1000B 的扫描电子显微镜观察。

显微硬度的测量采用斜切面法，在已加工表面距离端面 5 mm 处切割出一个 3°的斜角，然后对斜切面进行粗磨、精磨、抛光。研磨斜面使其不能产生附加的塑性变形层，且保证已加工表面与斜切面之间的交角不出现圆角。在斜切面上逐点测量显微硬度，直到出现基体材料的硬度为止，从而求出硬度变化及其深度。显微硬度的测量采用 WOLPERT 测量仪器公司生产的 450SVDTM 维氏硬度计，实验力选择 9.81 N，保持载荷时间 10 s。

沿着已加工试样铣削方向和垂直于铣削方向切割，制备金相试样。将切割断面研磨、抛光后进行腐蚀，腐蚀剂配比为硝酸：氢氟酸：水＝1：1：10。采用型号为 AMRAY－1000B 的扫描电子显微镜对断面微观组织进行观察。

加工完的试件如图 7－31 所示，从左到右转速(r/min)依次为 3 000，6 000，8 000，10 000，轴向切深为 0.15 mm。

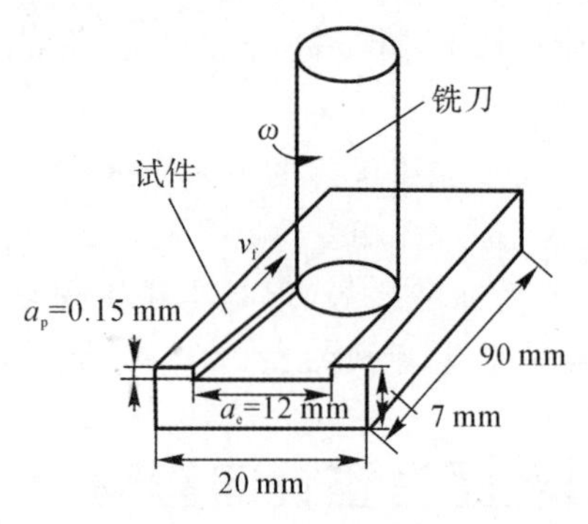

图 7-30 实验方案示意图

图 7-31 加工完的试件

7.5.2 表面粗糙度及表面形貌

1. 主轴转速对表面粗糙度及表面形貌的影响

表 7-17 为表面粗糙度 R_a 的测量结果，从表中可以看出 a_p 分别为 0.15 mm 和 0.25 mm 时，随着转速的升高 R_a 并不是一直降低，转速 n 从 3 000 r/min 升高到 8 000 r/min 时，R_a 随着转速的升高明显降低；当转速升高到 10 000 r/min 时，R_a 略有升高。

表 7-17 表面粗糙度测量结果

主轴转速 $n/(r\cdot min^{-1})$	轴向切深 a_p/mm	表面粗糙度 $R_a/\mu m$
3 000	0.15	0.820
	0.25	1.117
6 000	0.15	0.418
	0.25	1.006
8 000	0.15	0.313
	0.25	0.362
10 000	0.15	0.384
	0.25	0.549

图 7-32 所示为 a_p 为 0.15 mm 时，不同主轴转速下的铣削表面中心位置的表面形貌照片。从图中可以看出，铣削表面同一区域的表面形貌并不是随着转速的上升而越来越好，转速 n 从 3 000 r/min 到 8 000 r/min 变化时，表面形貌越来越好，而在转速为 10 000 r/min 时表面形貌有所降低，在转速为 8 000 r/min 时表面形貌最好，与表面粗糙度的测量结果一致。

高速切削过程中，随着主轴转速的升高，产生的切削总热量增大，但大部分切削热被切屑带走，传递给切削区表面的热量并不多，切削区表层温升不大，再加上高速切削时切削区塑性变形小，使得表面缺陷减少，因此，随着主轴转速的升高，试件表面粗糙度降低，表面形貌变好。但随着转速的升高，切屑与刀具的摩擦热增大，刀具前刀面及刀刃区的温升变大，导致刀具磨损加剧，特别是后刀面磨损更强烈，从而导致转速升高到一定数值后，表面粗糙度有所提高，表面形貌变差。

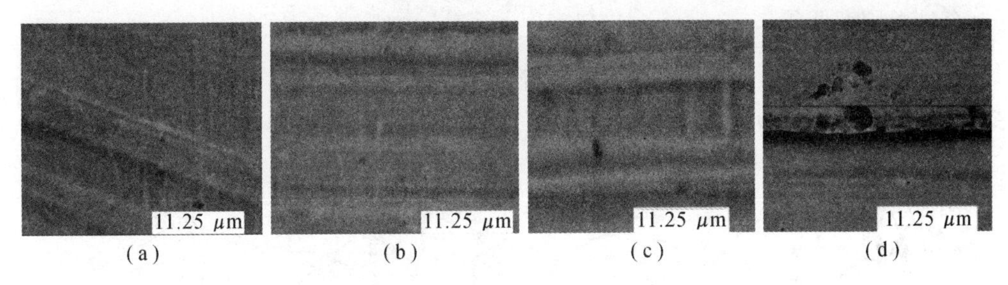

(a) (b) (c) (d)

图 7-32 不同转速下表面形貌

(a)n=3 000 r/min;(b)n=6 000 r/min;(c)n=8 000 m/min;(d)n=10 000 r/min

2. 轴向切深对表面粗糙度及表面形貌的影响

从表 7-17 可以看出，轴向切深 a_p 为 0.15 mm 时的 R_a 整体上比 a_p 为 0.25 mm 时要低；图 7-33 所示为转速 n 为 6 000 r/min 时，不同轴向切深下的表面形貌照片，从图中可以看出，a_p 为 0.15 mm 时的表面形貌比 a_p 为 0.25 mm 要好。这是由于随着轴向切深的增加，切削面积增大，切削力增加，导致试件的表面粗糙度增加，表面形貌变差。

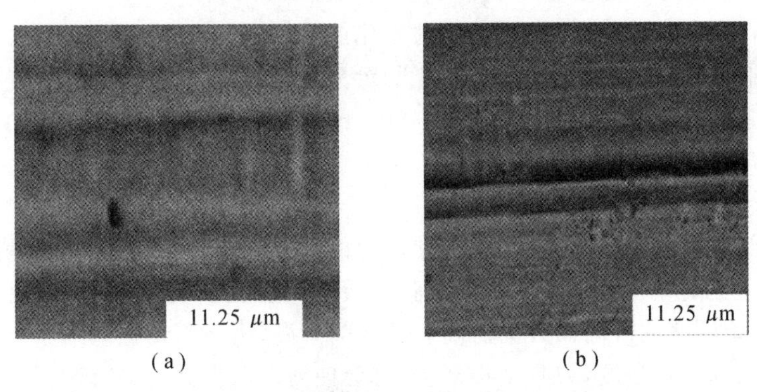

(a) (b)

图 7-33 不同轴向切深下表面形貌

(a)a_p=0.15 mm; (b)a_p=0.25 mm

7.5.3 显微硬度

1. 显微硬度的变化规律

图 7-34 所示为不同转速下，显微硬度 H 随表面下深度 h 变化曲线。从图中可以看出，在同一轴向切深时，显微硬度随表面下深度的变化趋势基本一致，最大显微硬度都出现在已加工表面上，而在很浅的深度层内显微硬度急剧下降，出现一个低谷，然后再次升高达到一个峰值，最后呈下降趋势，趋于材料基体硬度值。以轴向切深 a_p 为 0.25 mm、转速 n 为 10 000 r/min 为例，如图 7-34(a)所示，最大显微硬度值 HV669 出现在已加工表面上，而在深度为 0.02 mm 处显微硬度值出现一个低谷 HV574.8，随后又继续增大，在 0.06 mm 处再次出现一个峰值 HV602，然后呈下降趋势，趋向于材料基体硬度值。

在空气中切削钛合金时，由于钛合金中的钛在一定温度下吸收空气中的氧和氮等元素，形成氧化钛或氮化钛薄膜，使表面层变脆，从而引起试件表面上显微硬度最大。切削过程中，切削热会使钛合金表层金属出现软化现象，再加上钛合金较差的导热性，致使热量在表层很浅的深度内被保留一段时间，导致试件在表层很浅的深度处显微硬度急剧下降，呈现如图 7-34 所示的一个显微硬度低谷。

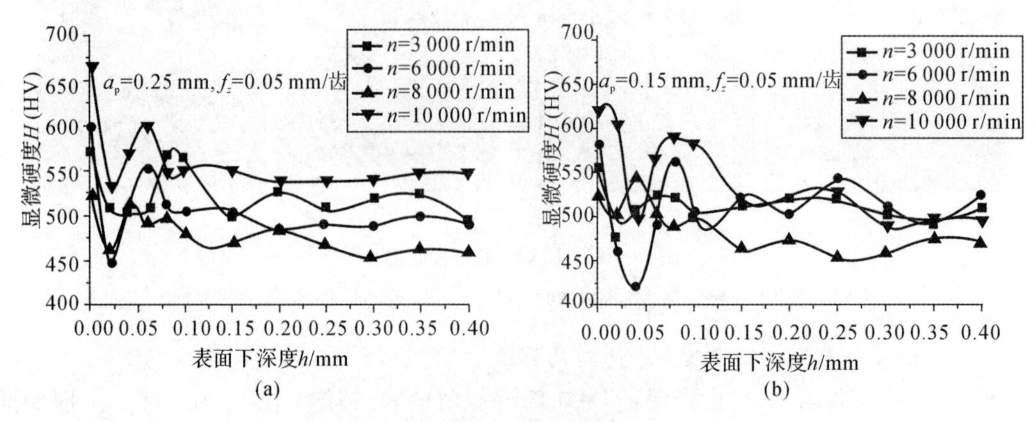

图 7-34 不同转速下显微硬度变化曲线

(a)a_p=0.25 mm; (b)a_p=0.15 mm

2. 主轴转速对硬化程度及硬化深度的影响

图 7-35 所示为硬化程度随主轴转速的变化曲线，从图中可以看出，在两种轴向切深下，硬化程度随主轴转速升高而增大。图 7-36 所示为硬化深度随主轴转速的变化曲线，从图中可以看出，当转速从 3 000 r/min 变化到 8 000 r/min 时，硬化深度随着转速的升高而减小，而在转速为 10 000 r/min 时，硬化深度却又有所增大。

切削钛合金时，已加工表面的加工硬化是由于切削过程变形引起的硬化以及由于钛吸收大气中的氧等元素引起的脆化两种现象共同作用的结果，硬化程度的变化与切削的周围介质有关，随着转速的提高，切削区温度随之升高，表层金属脆化程度增大，引起硬化程度的增加，因此硬化程度随着转速的升高而升高。随着转速的升高，由于剪切区的缩小，硬化深度也将减小，而当转速升高到一定程度，刀具磨损严重，又会使剪切区增大，导致硬化深度有所增大。

3. 轴向切深对硬化程度及硬化深度的影响

从图 7-35 和图 7-36 中可以看出，a_p 为 0.25 mm 时硬化程度比 0.15 mm 略大，总体上轴向切深对硬化程度和硬化深度影响不大。

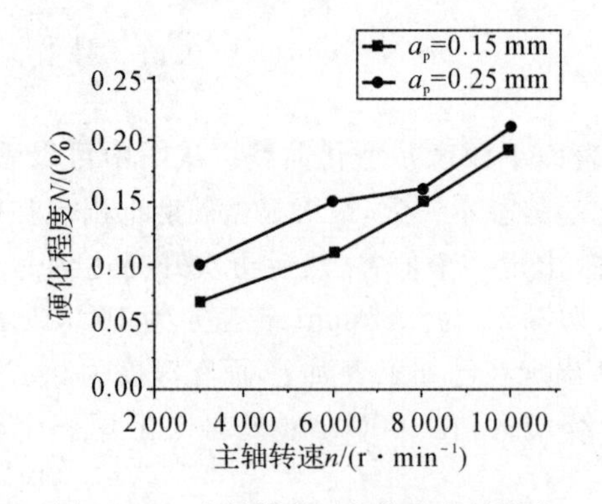

图 7-35 主轴转速对硬化程度的影响

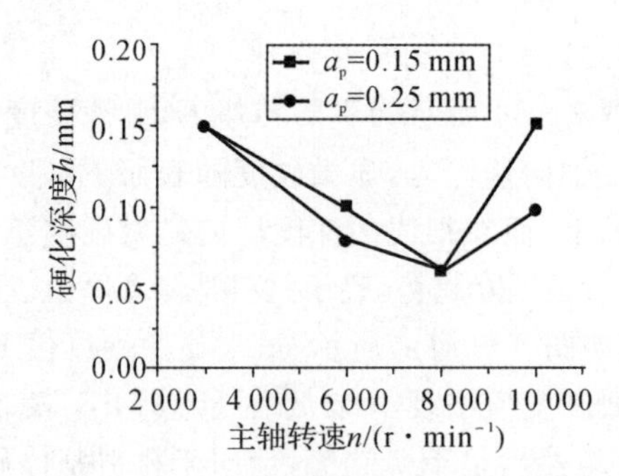

图 7-36 主轴转速对硬化深度的影响

7.5.4 微观组织

图 7-37 所示为轴向切深 a_p 为 0.15 mm 时，不同转速下铣削表面中心位置表层微观组织

照片。从图中可以看出，随着转速的升高，铣削表面表层微观组织变化不大，没发现明显相变、晶粒歪曲。图7-38所示为转速为6 000 r/min时，不同轴向切深下表层微观组织照片。从图中可以看出，随着轴向切深的变化，微观组织变化不大，其他转速下也是一样。

在高速切削的条件下切屑会由带状切屑转变为单元切屑，切屑与前刀面的摩擦将不再是切削力和切削热的主要来源之一。虽然切削点产生了瞬时最大温升，但在进给方向上即将被切削但尚未切削的部位，由于热源的迅速运动缩短了切削热向工件传导时间，因而切削前部位温升甚微，向工件传热减少。因此在高速切削时，主要的切削热将由切屑带走，工件和刀具的温升都非常小。这就很大程度上降低了在铣削过程中力和热对工件表面的作用，因此在高速铣削表面很少产生，甚至不会产生微观组织变化。

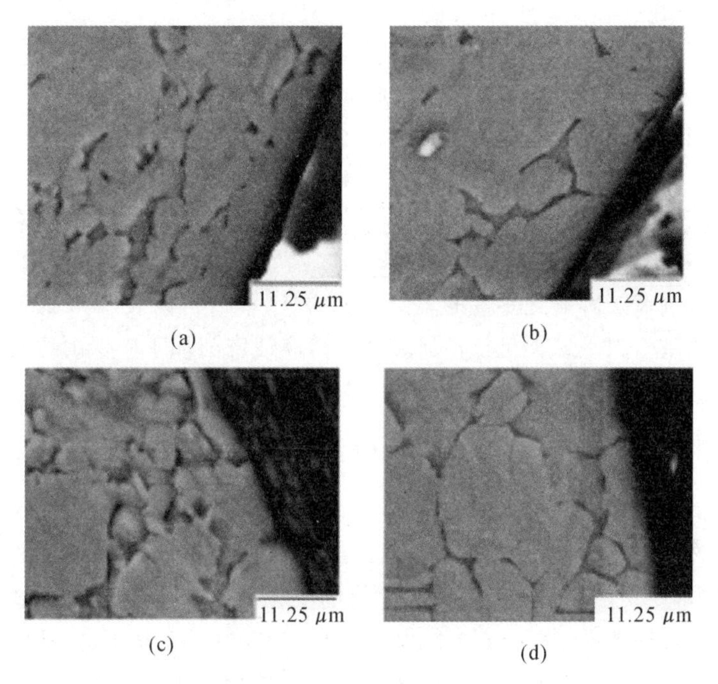

图7-37 不同转速下表层微观组织（中心位置，a_p=0.15 mm，放大1 500倍）

(a)n=3 000 r/min；(b)n=6 000 r/min；(c)n=8 000 r/min；(d)n=10 000 r/min

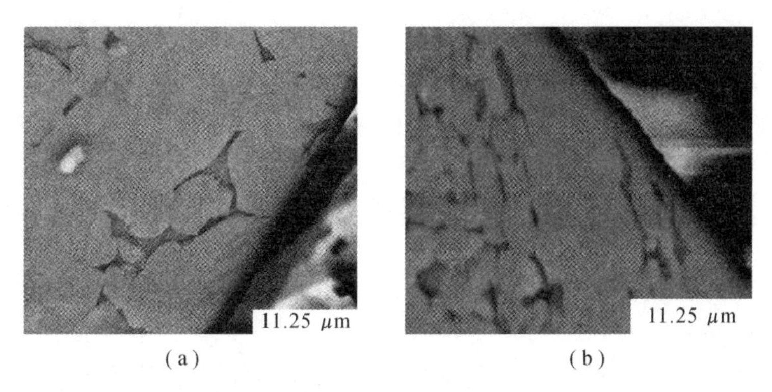

图7-38 不同轴向切深下表层微观组织（中心位置，n=6 000 r/min，放大1 500倍）

(a)a_p=0.15 mm；(b)a_p=0.25 mm

7.5.5 主要结论

通过对 TC4 钛合金高速铣削参数对表面完整性影响的研究，可以得出如下结论：

(1)转速从 3 000 r/min 升高到 8 000 r/min 时，表面粗糙度随转速的升高呈下降趋势，而当转速为 10 000 r/min 时表面粗糙度略有升高。最佳粗糙度为 0.313 μm。轴向切深为 0.15 mm 的表面粗糙度整体上优于轴向切深 0.25 mm。表面形貌观察结果和表面粗糙度测量结果一致。

(2)在不同转速下，显微硬度随深度的变化趋势基本一致，在很浅的表面层处呈现出材料软化现象。硬化程度随转速升高而增大。转速从 3 000 r/min 到 8 000 r/min 变化时，硬化深度随着转速升高而减小，而在转速为 10 000 r/min 时，硬化深度有所增大。轴向切深对硬化深度和硬化程度的影响不大。

(3)主轴转速和轴向切深对微观组织变化影响不明显。

(4)在实验参数范围内，当转速为 8 000 r/min、轴向切深为 0.15 mm、每齿进给量为 0.05 mm/齿时，可以获得最好的表面完整性。

7.6 球头刀高速铣削加工工艺对表面完整性的影响

零件的切削参数直接影响到零件的表面加工质量，本节将以表面粗糙度、表面形貌、残余应力、显微硬度、显微组织等为评价指标研究球头刀高速铣削加工中切削速度、每齿进给量、切削深度对钛合金表面完整性的影响规律。

7.6.1 钛合金高速切削单因素实验设计

钛合金的高速切削在国内外已经开展了一些的研究，在实验方法上，大多数研究者均采用了正交实验方法，但正交实验方法在实验设计上本身具有局限性。正交实验法一般采用的水平较少，很难准确得到切削过程中某一因素大范围变化时所产生的基本规律，因此，为了研究高速切削钛合金时切削速度、每齿进给量、切削深度、冷却条件对切削力、切削温度和表面完整性影响的基本规律，实验采用单因素实验，为钛合金零件高速切削加工的参数优化选择提供实验依据。

1. 实验条件

(1)试件材料。实验采用 TC17 钛合金楔形试件。试件高 65 mm，宽 63 mm，夹角 30°，在实验前全部进行尺寸标准化处理，然后进行时效处理去除残余应力，如图 7－39 所示。

(2)机床参数。实验机床采用 MIKRON HSM 800 高速铣削加工中心，如图 7－40 所示。该机床的相关技术参数见表 7－18。

(3)刀具参数。通过对钛合金切削刀具的材料与结构参数的研究，实验刀具选用 ϕ8 mm 整体硬质合金 4 刃球头铣刀，前角 10°，后角 12°，螺旋角 35°，刀具长 100 mm，刃长 19 mm，切削时刀具装夹悬伸长度 45 mm，刀具材料牌号为 K44UF。实验中每组实验均采用相同刀具进行切削。

(4)实验测试与分析设备。实验中，切削力采用瑞士奇石乐仪器的 KISTLKER 9255B 测力平台进行测量；表面粗糙度使用北京时代集团的 TR240 表面粗糙度仪进行测量；表面形貌与显微组织使用德国莱卡公司的 Leica DMI 5000M 金相显微镜进行观测；残余应力使用芬兰

Stresstech 公司的 XStress3000 X 射线应力分析仪进行测量；显微硬度使用德国 ZEISS 公司的 MHT－4 显微硬度计进行测量。

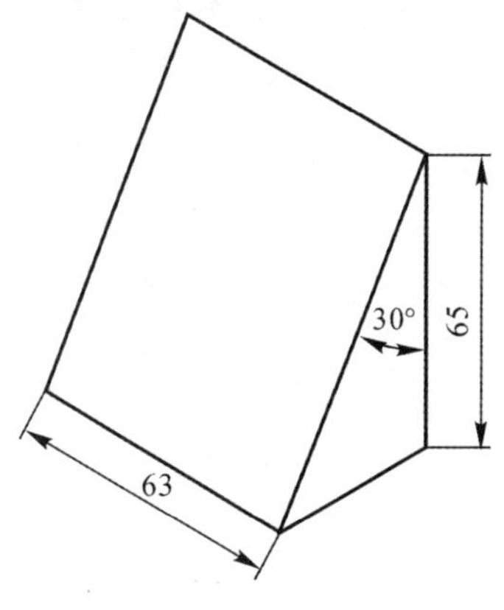

图 7－39 实验试件

图 7－40 MIKRON HSM 800 高速铣削加工中心

表 7－18 MIKRON HSM 800 高速铣削加工中心相关技术参数

参数名称	技术参数
转速/$(r \cdot min^{-1})$	0～42 000
功率/kW	8.8～22
定位精度/mm	0.008
最大进给速度 $X/Y/Z/(m \cdot min^{-1})$	20
最大快速进给速度 $X/Y/Z/(m \cdot min^{-1})$	40
工作行程 $X \times Y \times Z$/mm	800×600×500
加工中心具有油雾冷却与乳化液冷却两种形式	

(5)实验控制参数选择。本实验以研究整体叶盘、叶片类零件用 TC17 钛合金的高速精加工为研究目标,所选实验参数为铣削速度 v_c、切削深度 a_p、每齿进给量 f_z,由于切削宽度 a_e 对表面粗糙度影响过大,因此本文不对切削宽度 a_e 进行研究。本实验采用单因素实验,实验中采用统一行距,即切削宽度 a_e 均选用 0.1 mm。根据实际加工经验,铣削参数见表 7-19~表 7-21。

表 7-19　不同切削速度的实验切削参数设计

实验序号	主轴转速 n	切削速度 $v_c/(\mathrm{m\cdot min^{-1}})$	切削深度 a_p/mm	行距 a_e/mm	每齿进给量 f_z/(mm·齿$^{-1}$)	进给速度 $v_f/(\mathrm{mm\cdot min^{-1}})$
1	10 000	217.7	0.2	0.1	0.03	1 200
2	12 000	261.2	0.2	0.1	0.03	1 440
3	14 000	304.7	0.2	0.1	0.03	1 680
4	16 000	348.2	0.2	0.1	0.03	1 920
5	18 000	391.7	0.2	0.1	0.03	2 160
6	20 000	435.3	0.2	0.1	0.03	2 400
7	22 000	478.8	0.2	0.1	0.03	2 640
8	24 000	522.3	0.2	0.1	0.03	2 880
9	26 000	565.8	0.2	0.1	0.03	3 120
10	28 000	609.4	0.2	0.1	0.03	3 360
11	30 000	652.9	0.2	0.1	0.03	3 600
冷却方式采用乳化液						

表 7-20　不同每齿进给量的实验切削参数设计

实验序号	主轴转速 n	切削速度 $v_c/(\mathrm{m\cdot min^{-1}})$	切削深度 a_p/mm	行距 a_e/mm	每齿进给量 f_z/(mm·齿$^{-1}$)	进给速度 $v_f/(\mathrm{mm\cdot min^{-1}})$
1	16 000	348.2	0.2	0.1	0.01	640
2	16 000	348.2	0.2	0.1	0.02	1 280
3	16 000	348.2	0.2	0.1	0.03	1 920
4	16 000	348.2	0.2	0.1	0.04	2 560
5	16 000	348.2	0.2	0.1	0.05	3 200
6	16 000	348.2	0.2	0.1	0.06	3 840
7	16 000	348.2	0.2	0.1	0.07	4 480
8	16 000	348.2	0.2	0.1	0.08	5 120
冷却方式采用乳化液						

表 7-21 不同切削深度的实验切削参数设计

实验序号	主轴转速 n	切削速度 v_c/(m·min^{-1})	切削深度 a_p/mm	行距 a_e/mm	每齿进给量 f_z/(mm·齿$^{-1}$)	进给速度 v_f/(mm·min^{-1})
1	16 000	348.2	0.1	0.1	0.03	1 920
2	16 000	348.2	0.15	0.1	0.03	1 920
3	16 000	348.2	0.2	0.1	0.03	1 920
4	16 000	348.2	0.25	0.1	0.03	1 920
5	16 000	348.2	0.3	0.1	0.03	1 920
6	16 000	348.2	0.35	0.1	0.03	1 920
7	16 000	348.2	0.4	0.1	0.03	1 920
8	16 000	348.2	0.45	0.1	0.03	1 920
冷却方式采用乳化液						

2. 实验过程设计

实验切削过程示意图如图 7-41 所示，其中 O_1 为第一刀切削位置，O_2 为第二刀切削位置，试件与刀具夹角为 30°，切削深度 a_p 为与沿试件加工面垂直方向切削用量；图中 A 点处线速度 v_{max}，而实际的切削线速度为 B 点处，$v_c = v_{max}\cos 30°$。

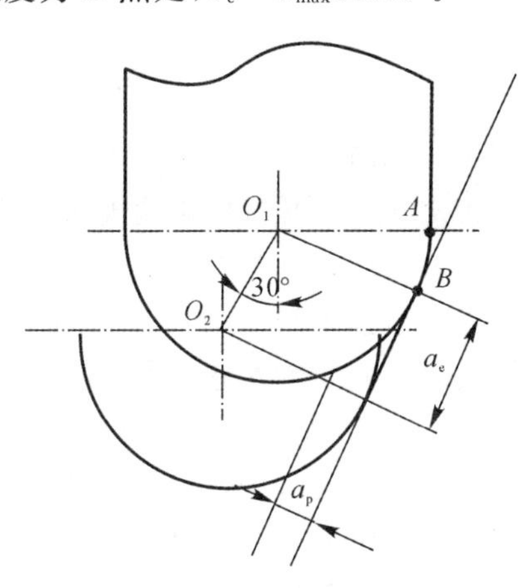

图 7-41 切削过程示意图

在实验过程中，将试件加工面设计等分为 4 个区域，完成一组切削参数的实验需要使用多个试件，如图 7-42 所示，在 A,B,C,D,E,F,G,H 等位切削区域，实验均采用顺铣方式，切削现场如图 7-43 所示。

7.6.2 切削参数对表面粗糙度的影响规律

如图 7-44 所示，在试件已加工面上，沿进给方向上平均选取 5 个点，测量与进给垂直方向的表面粗糙度，求取平均值，取样长度为 0.8 mm，评定长度为 5.6 mm。

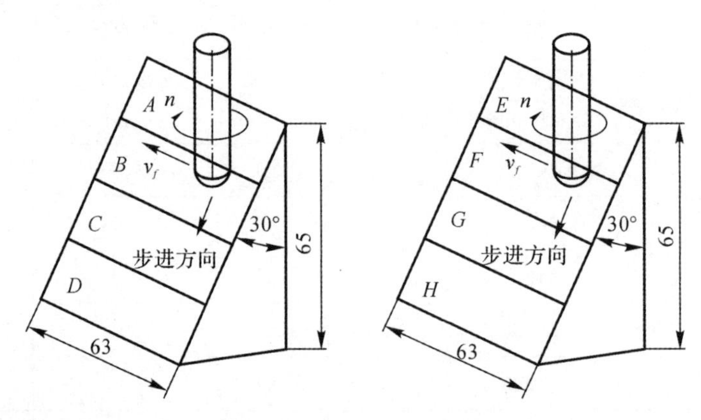

图 7-42　实验方案示意图

图 7-43 切削现场图

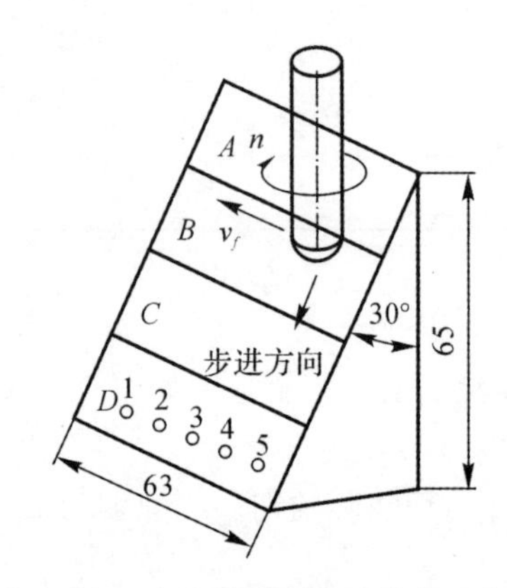

图 7-44　表面粗糙度测量方案示意图

1. 切削速度对表面粗糙度的影响规律

实验采用 8 个水平的切削速度对表面粗糙度的影响规律进行研究，实验参数见表 7-19，切削速度 v_c(m/min)选用：217.7，261.2，304.7，348.2，391.7，435.3，478.8，522.3。

图 7-45 所示为表面粗糙度随切削速度的变化曲线。从图中可以看出，切削速度从 217.7 m/min 到 522.3 m/min 变化时，表面粗糙度整体呈下降的趋势，表面粗糙度由 0.459 μm 变化到 0.266 μm。在切削速度从 217.7 m/min 到 261.2 m/min 过程中，表面粗糙度急剧下降；在切削速度从 261.2 m/min 到 478.8 m/min 过程中，表面粗糙度是一个十分平缓的下降过程；当切削速度从 478.8 m/min 到 522.3 m/min 时，表面粗糙度略有上升。其产生的原因如下：①随切削速度的提高，切屑以很高的速度排出，流向已加工表面的切屑大量减少，不会划伤已加工表面，使表面粗糙度值减小。②在高速加工时，不易产生积屑瘤与鳞刺，使表面粗糙度值降低。③切削力与表面粗糙度变化规律相近，切削力大时造成切削时刀具振动较大，使表面粗糙度变差，随着切削力减小，振动减小，则表面粗糙度值减低。

为了获得更好的表面粗糙度，在参数选择时应选择更大的切削速度。

2. 每齿进给量对表面粗糙度的影响规律

实验采用 8 个水平的每齿进给量对表面粗糙度的影响规律进行研究，实验参数见表 7-20，每齿进给量 f_z(mm/齿)选用：0.01，0.02，0.03，0.04，0.05，0.06，0.07，0.08。

图 7-46 所示为表面粗糙度随每齿进给量的变化曲线。从图中可以看出，每齿进给量 f_z

从 0.01 mm/齿到 0.03 mm/齿变化时，表面粗糙度呈平缓下降趋势，每齿进给量 f_z 从 0.03 mm/齿到 0.08 mm/齿变化时，表面粗糙度呈上升趋势，在 0.295 μm 到 0.531 μm 范围内变化。在每齿进给量为 0.03 mm/齿时，表面粗糙度为最小值 0.295 μm。在每齿进给量从 0.01 mm/齿到 0.03 mm/齿的过程中，表面粗糙度呈下降趋势，在 0.03 mm/齿时出现拐点；每齿进给量从 0.03 mm/齿到 0.06 mm/齿的过程中，表面粗糙度呈急剧上升趋势；每齿进给量从 0.06 mm/齿到 0.08 mm/齿的过程中，表面粗糙度仍呈上升趋势，但趋势平缓。其产生的原因如下：随着每齿进给量的增加，切削力增大，刀具在加工时振动增大，表面粗糙度值增大。

为了获得更好的表面粗糙度，在参数选择时应选择较小的每齿进给量，其中 0.03 mm/齿附近值可为优选值。

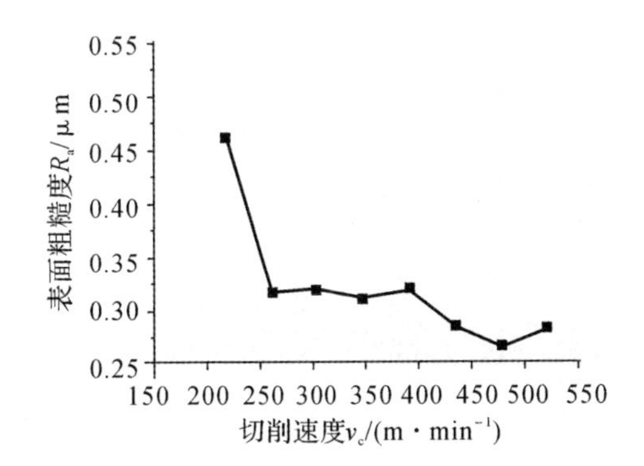

图 7-45 表面粗糙度随切削速度的变化关系

(a_p=0.2 mm；f_z=0.03 mm/齿；a_e=0.1 mm)

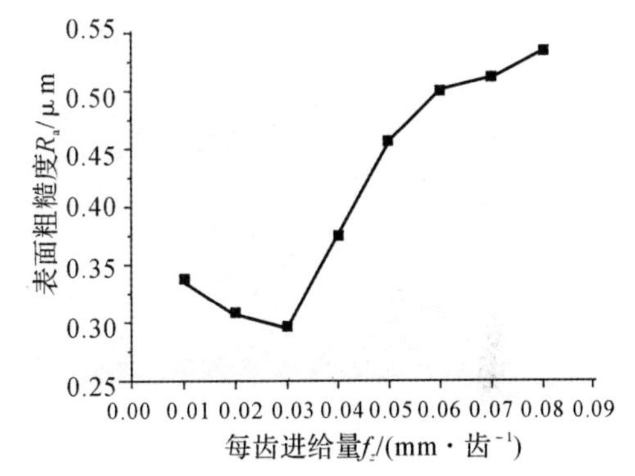

图 7-46 表面粗糙度随每齿进给量的变化关系

(v_c=348 m/min；a_p=0.2 mm；a_e=0.1 mm)

3. *切削深度对表面粗糙度的影响规律*

实验采用 8 个水平的切削深度对表面粗糙度的影响规律进行研究，实验参数见表 7.23，切削深度 a_p(mm)选用：0.1，0.15，0.2，0.25，0.3，0.35，0.4，0.45。

图 7-47 所示为表面粗糙度随铣削深度的变化曲线。从图中可以看出，铣削深度 a_p 从 0.1 mm 到 0.45 mm 变化时，表面粗糙度整体呈上升趋势，在 0.310 μm 到 0.535 μm 范围内变化。在铣削深度为 0.2 mm 时，表面粗糙度为最小值 0.31 μm。在铣削深度从 0.10 mm 到 0.20 mm 的变化过程中，表面粗糙度呈下降趋势；在铣削深度为 0.2 mm 时出现拐点；在铣削深度从 0.20 mm 到 0.45 mm 的过程中，表面粗糙度呈上升趋势，其中铣削深度在从 0.20 mm 到 0.25 mm，0.40 mm 到 0.45 mm 两个区间时，表面粗糙度的上升速度较快，在铣削深度由 0.25 mm 到 0.40 mm 变化时，表面粗糙度上升速度平缓。其产生原因如下：随着切削深度的增加，切削力增大，切削过程中刀具振动加大，表面粗糙度值增大。

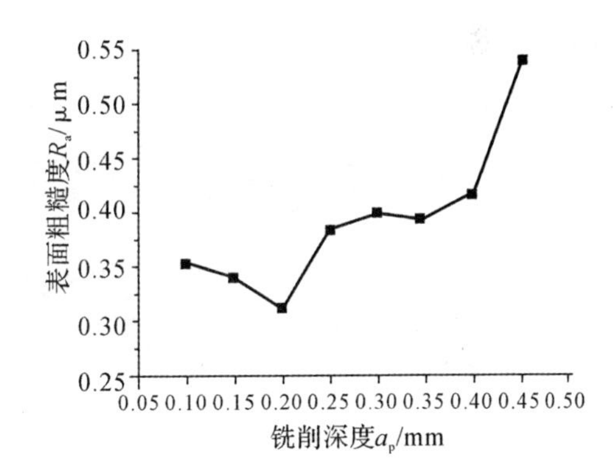

图 7-47 表面粗糙度随铣削深度的变化关系

(v_c=348 m/min；f_z=0.03 mm/齿；a_e=0.1 mm)

为了获得更好的表面粗糙度，在参数选择时应选择较小的切削深度，其中 0.2 mm 附近值为优选值。

7.6.3 切削参数对表面形貌的影响规律

1. 切削速度对表面形貌的影响规律

图 7-48(a)～(c)所示为不同切削速度下 50 放大倍数的表面形貌图。从图(a)中可以看出，有明显的纵向等距纹理，与进给方向平行。纹理宽度约为 100 μm，与切削宽度 a_e 等宽。球头刀铣削平面时，刀具的运动轨迹应与进给方向一致，可以看出此等距纹理为铣削时刀具轨迹的体现，工件表面上复制了刀具切削痕迹，每条均匀间隔突起的棱脊在进给运动方向位移量等于铣削参数中的每齿进给量。随着切削速度的增大，可以看到图像中的等距纹理逐渐变得模糊。其产生的原因如下：随着切削速度的增加，表面粗糙度下降，铣削表面的质量不断提高，加工表面不平度的幅高逐渐减小，表面等距纹理逐渐消失。

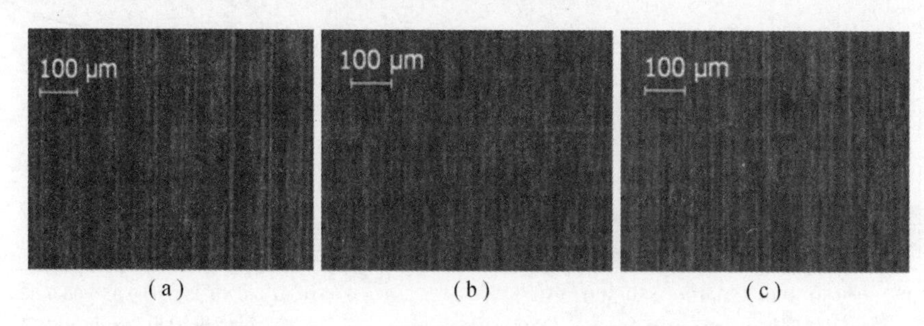

(a) (b) (c)

图 7-48 TC17 不同切削速度下表面形貌(50 倍)

(a)v_c=217.7 m/min；(b)v_c=348.2 m/min；(c)v_c=522.3 m/min(a_p=0.2 mm；f_z=0.03 mm/齿；a_e=0.1 mm)

2. 每齿进给量对表面形貌的影响规律

图 7-49(a)～(c)所示为不同每齿进给量下 50 放大倍数的表面形貌图。图(a)(c)中纵向等距纹理明显，图(b)中的等距纹理不明显。图像表明，随着表面粗糙度值先减小后增大，表面形貌中的等距纹理清晰程度先变得模糊后又变清晰，切削表面形貌可清晰映射出表面粗糙度值的变化规律。

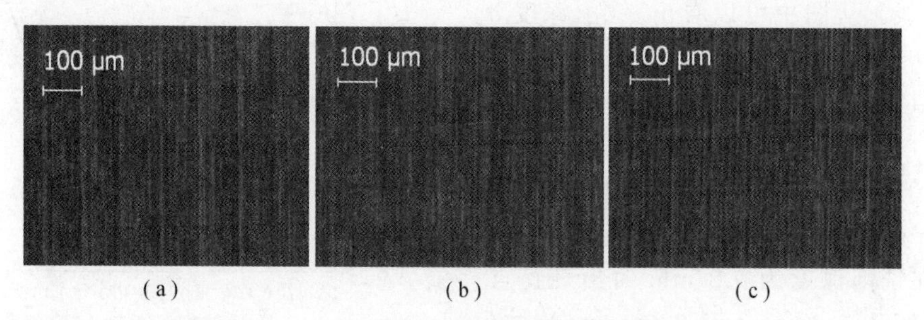

(a) (b) (c)

图 7-49 TC17 不同每齿进给量下表面形貌(50 倍)

(a)f_z=0.02 mm/齿；(b)f_z=0.03 mm/齿；(c)f_z=0.06 mm/齿(v_c=348 m/min；a_p=0.2 mm；a_e=0.1 mm)

3. 切削深度对表面形貌的影响规律

图 7-50(a)～(c)所示为不同切削深度下的表面形貌图。从图(a)(c)中可以看出，有明显的纵向等距纹理，在图(b)中的等距纹理已经很不明显。图像表明，随着表面粗糙度值先减小后增大，表面形貌中的等距纹理由清晰逐渐变得模糊后又变清晰，切削表面形貌可清晰映射出表面粗糙度值的变化规律。

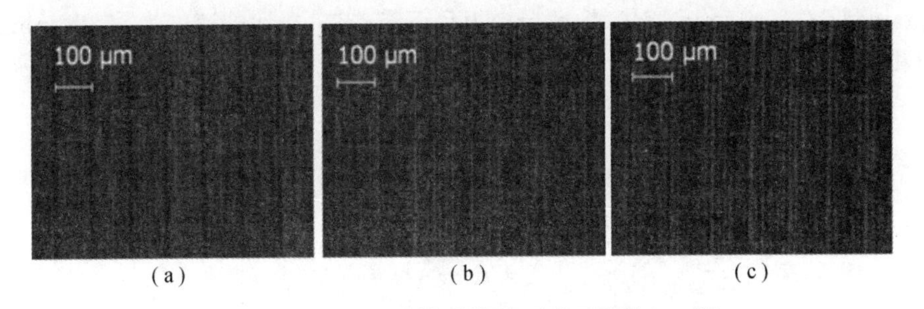

(a) (b) (c)

图 7-50 TC17 不同切削深度下表面形貌(50 倍)

(a)a_p=0.1 mm;(b)a_p=0.2 mm;(c)a_p=0.45 mm(v_c=348 m/min;f_z=0.03 mm/齿;a_e=0.1 mm)

通过表面形貌图的研究,可以看出切削加工后的表面纹理可以清晰地表现出切削加工时刀具运动轨迹,并且也可以看出表面形貌的变化与表面粗糙度变化之间具有映射关系,表面形貌的变化规律与表面粗糙度的变化规律相吻合。

7.6.4 切削参数对残余应力的影响规律

残余应力使用 XStress3000 X 射线应力分析仪进行测量,实验设备如图 7-51 所示。在试件已加工面上,沿进给方向上平均选取 3 个点,测量与进给平行方向的残余应力为 X 方向残余应力,测量与进给垂直方向的残余应力为 Y 方向残余应力,求取平均值,如图 7-52 所示。

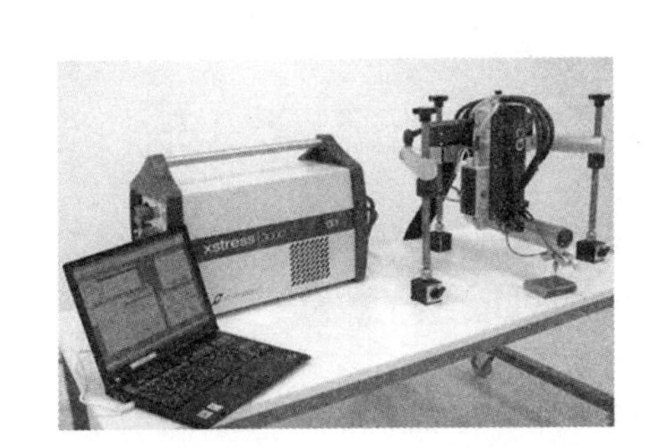

图 7-51 XStress3000 X 射线应力分析仪

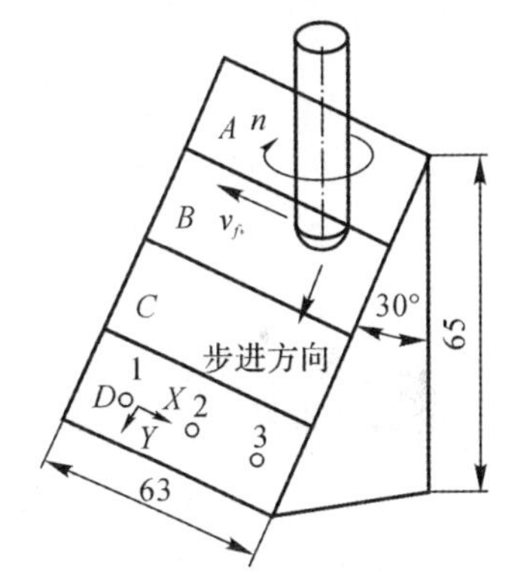

图 7-52 残余应力测量方案示意图

1. 切削速度对残余应力的影响规律

图 7-53 所示为残余应力随切削速度的变化曲线,从图中可看出,残余应力均为压应力。

在 X 方向上,残余应力整体随切削速度的变化无明显规律;切削速度为 217.7 m/min,残余应力值为−66.60 MPa;切削速度从 261.2 m/min 到 391.7 m/min 变化时,残余压应力呈下降趋势,在−131.63 MPa 到−35.10 MPa 区间内变化,且分别为 X 方向最大和最小残余应力值;切削速度从 391.7 m/min 到 478.8 m/min 变化时,残余应力呈上升趋势,当切削速度增加到 522.3 mm/min 时,残余应力略有下降。

在 Y 方向上,残余应力整体随切削速度的变化呈现非线性变化规律;切削速度从 217.7 m/min 到 304.7 m/min 变化时,残余压应力呈下降趋势,在切削速度为 304.7 m/min 时出现残余压应力最小值−42.07 MPa;切削速度从 304.7 m/min 到 391.7 m/min 变化时,残余压应力呈上升趋势,在切削速度为 391.7 mm/min 时出现最大值−154.53 MPa;切削速度从

391.7 m/min到522.3 m/min变化时，残余应力呈下降趋势，在切削速度为478.8 mm/min时，残余应力相比前一点略有上升。

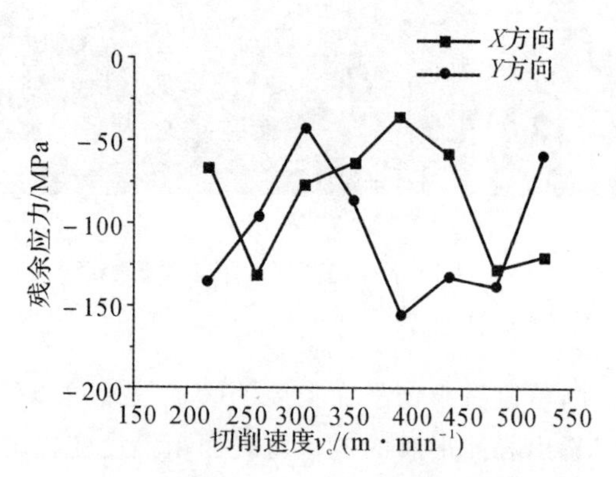

图 7-53　残余应力随切削速度的变化关系

(a_p=0.2 mm；f_z=0.03 mm/齿；a_e=0.1 mm)

2. 每齿进给量对残余应力的影响规律

图7-54所示为残余应力随每齿进给量的变化曲线，从图中可以看出，残余应力均为压应力状态。

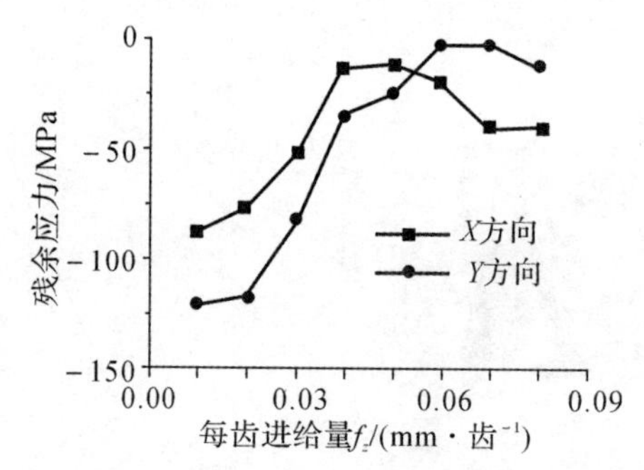

图 7-54　残余应力随每齿进给量的变化关系

(v_c=348 m/min；a_p=0.2 mm；a_e=0.1 mm)

在X方向上，每齿进给量 f_z 从0.01 mm/齿到0.05 mm/齿变化时，残余压应力呈下降趋势，每齿进给量 f_z 从0.05 mm/齿到0.08 mm/齿变化时，残余应力呈平缓上升趋势。在每齿进给量为0.01 mm/齿时，残余应力为最大值－87.40 MPa。在每齿进给量为0.05 mm/齿时，残余压应力为最小值－12.20 MPa。

在Y方向上，每齿进给量 f_z 从0.01 mm/齿到0.06 mm/齿变化时，残余压应力呈下降趋势，每齿进给量 f_z 从0.06 mm/齿到0.08 mm/齿变化时，残余压应力呈平缓增大趋势。在每齿进给量为0.01 mm/齿时，残余压应力出现最大值－121.41 MPa。在每齿进给量为0.06 mm/齿时，残余应力为最小值－2.15 MPa。

3. 切削深度对残余应力的影响规律

图7-55所示为残余应力随切削深度的变化曲线，从图中可以看出，残余应力均为压应力。

在X方向上，铣削深度 a_p 从0.10 mm到0.45 mm变化时，残余应力呈先增大后减小趋势，在-260.83 MPa到-90.47 MPa区间内变化。在铣削深度从0.10 mm到0.35 mm变化过程中，残余应力呈上升趋势，在铣削深度为0.35 mm时出现最大值-260.83 MPa；铣削深度从0.35 mm到0.45 mm过程中，残余应力呈减小趋势。

在Y方向上，铣削深度a_p从0.10 mm到0.45 mm变化时，残余应力呈先增大后减小趋势。在铣削深度从0.10 mm到0.30 mm变化过程中，残余应力呈增加趋势，但在相邻点间，残余应力值出现波动，在铣削深度为0.30 mm时出现压应力最大值-144.40 MPa；铣削深度从0.3 mm到0.45 mm过程中，残余应力呈减小趋势，在铣削深度为0.45 mm时出现最小值-30.22M Pa。

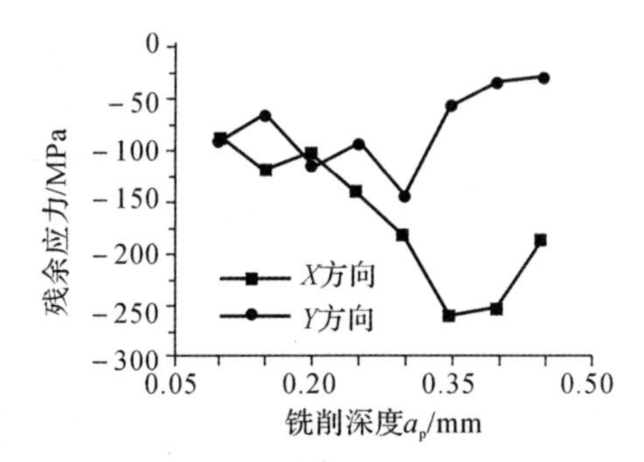

图7-55 残余应力随铣削深度的变化关系

($v_c=348$ m/min；$f_z=0.03$ mm/齿；$a_e=0.1$ mm)

7.6.5 切削参数对显微硬度的影响规律

显微硬度测量方式采用垂直切面法进行测量，如图7-56所示，测试深度方向的尺寸(mm)为0.15，0.45，0.75，0.105，0.135，0.165。在每一个深度层上同时测量三个点的维氏硬度(HV)值并取平均值，载荷为50 g。

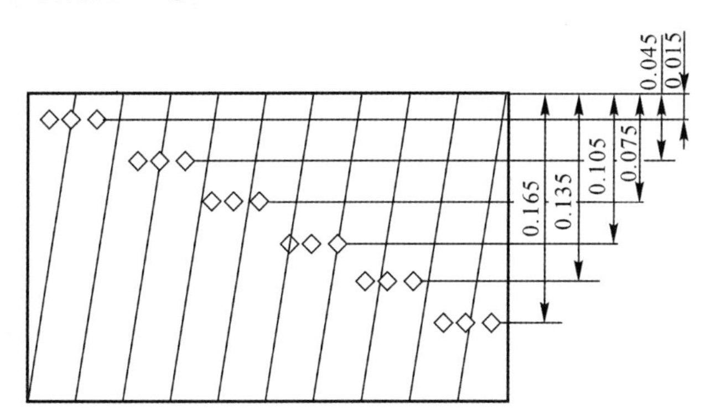

图7-56 显微硬度测量方案示意图

1. 切削速度对显微硬度的影响规律

实验中研究了在不同切削速度条件下工件的显微硬度分布，实验中所选速度为261.2 m/min，391.7 m/min，522.3 m/min。

图7-57所示为在不同的切削速度下已加工表面的显微硬度分布，在图(a)中，切削速度为261.2 m/min时，表面硬度较低。在图(b)(c)中，切削速度为392 m/min和522 m/min时，

表面硬度大于基体硬度，表面发生硬化，其原因可能是钛与空气中的氮发生反应生成氮化钛，使工件表面发生硬化。在深度为 0.015 mm 时，不同切削速度下，硬度值均低于基体硬度，在这一深度层上，材料硬度均变小。这种软化是由于钛合金材料本身导热系数小，切削温度高，产生的切削热不能及时排出，导致切削加工中对这一深度附近的材料发生过时效，硬度降低。在速度为 261.2 m/min 时，表面到 0.015 mm 深度之间发生的过时效现象明显，表面没有发生硬化现象。在 0.045～0.165 mm 之间硬度值与基体硬度值相差不大。从图(c)中可以看出，在切削速度为 522 m/min 时，表面硬化现象最明显。

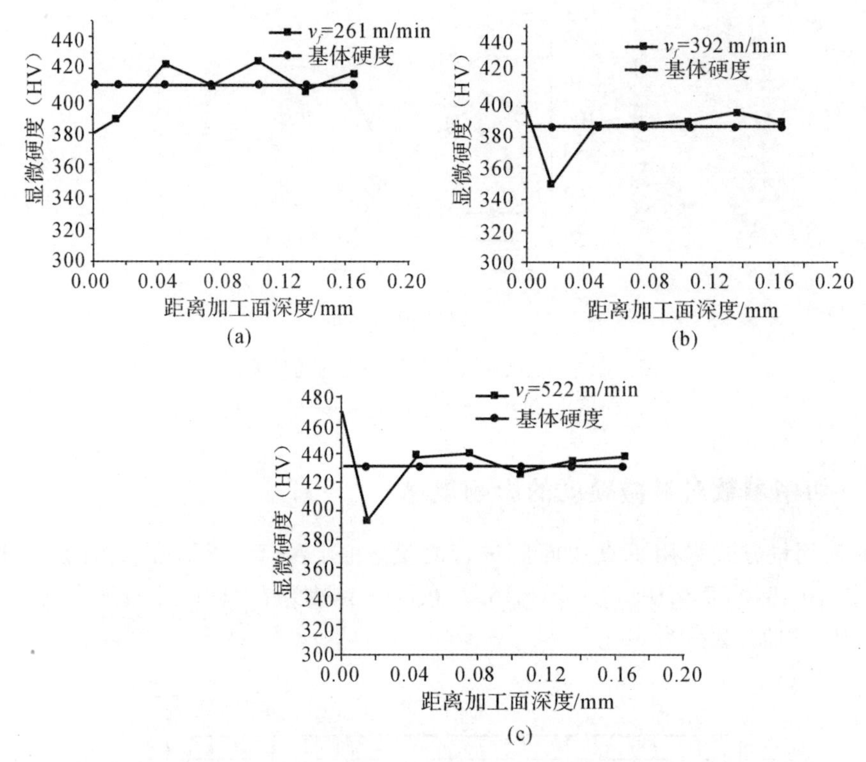

图 7－57　不同切削速度下的显微硬度分布

(a_p=0.2 mm；f_z=0.03 mm/齿；a_e=0.1 mm)

2. 每齿进给量对显微硬度的影响规律

实验中研究了不同每齿进给量时工件表面的显微硬度分布，实验中所选每齿进给量为 0.02 mm/齿，0.05 mm/齿，0.08 mm/齿。

图 7－58 所示为在不同的每齿进给量下已加工表面的显微硬度分布，在图(a)(b)中可以看出，在每齿进给量为 0.02 mm/齿和 0.05 mm/齿时，表面硬度大于基体硬度，表面发生硬化，但硬化程度并不明显。在图(c)中，每齿进给量为 0.08 mm/齿时，表面硬度略低于基体，可能原因是表层发生过时效严重，造成硬度降低。在深度为 0.015mm 时，不同的每齿进给量下，硬度值均低于基体硬度值，在这一深度层附近上，材料均发生软化现象，硬度值降低，导致软化原因应该是在此深度层附近切削时热量不能及时散出，导致温度过高发生过时效。在每齿进给量为 0.08 mm/齿时，在 0.015 mm 深度发生的过时效现象明显。在 0.045～0.165 mm 之间硬

度值在基体硬度值附近变化。从图(c)中可以看出,大的每齿进给量会造成显微硬度变化值跳动较大。

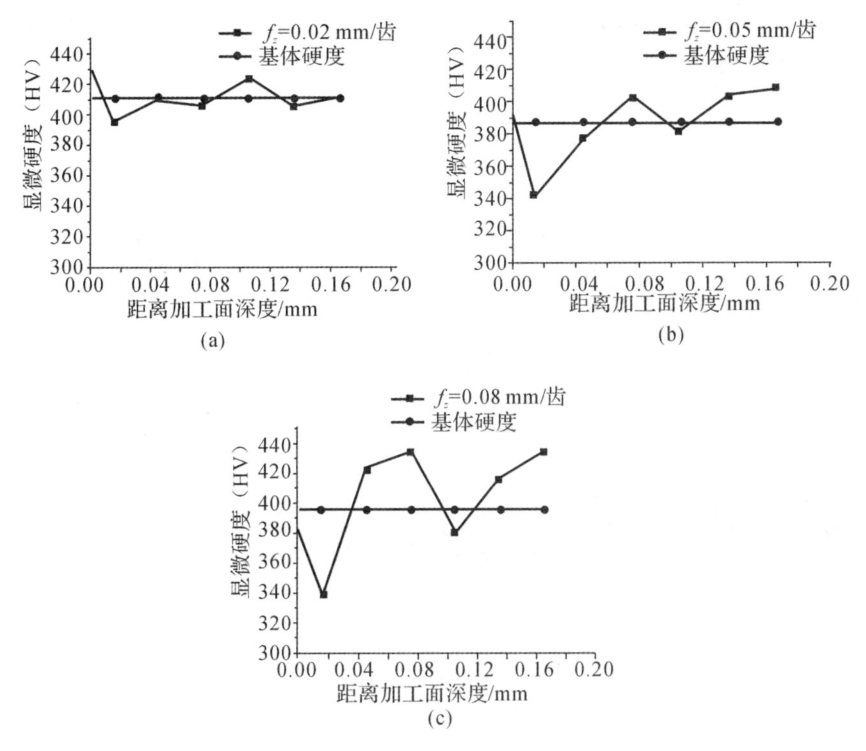

图 7-58 不同每齿进给量下的显微硬度分布

(v_c=348 m/min;a_p=0.2 mm;a_e=0.1 mm)

3. 切削深度对显微硬度的影响规律

实验中研究了不同切削深度条件下工件表面的显微硬度分布,实验中所选切削深度为0.15 mm,0.3 mm,0.45 mm。

图 7-59 所示为在不同的切削深度下已加工表面的显微硬度分布,可以看出在不同的切削深度下,表面硬度均大于基体硬度,表面发生硬化。在深度为 0.015 mm 时,不同切削深度下,硬度值均低于基体硬度值,在这一深度层附近上,材料均发生软化现象,其原因是此深度层附近发生过时效软化,在切削深度为 0.3 mm 时,软化现象尤为严重。在 0.045～0.165 mm 之间,当切削深度为 0.15 mm 时,硬度略大于基体硬度,但变化平稳;当切削深度为 0.3 mm 时,硬度值在基体硬度值附近变化;当切削深度为 0.045 mm 时,硬度开始在基体硬度周围变化,并有缓慢增大的趋势。

7.6.6 切削参数对显微组织的影响规律

通过在高倍显微镜下观察工件试样的显微组织,可以对工件表层微观裂纹、塑性变形、相变、熔化、再沉积、变质层等进行观察,并对其进行分析。实验采用德国 Leica 公司的 DMI 5000M 倒置金相显微镜进行观察,测试仪器与测试现场如图 7-60 所示。

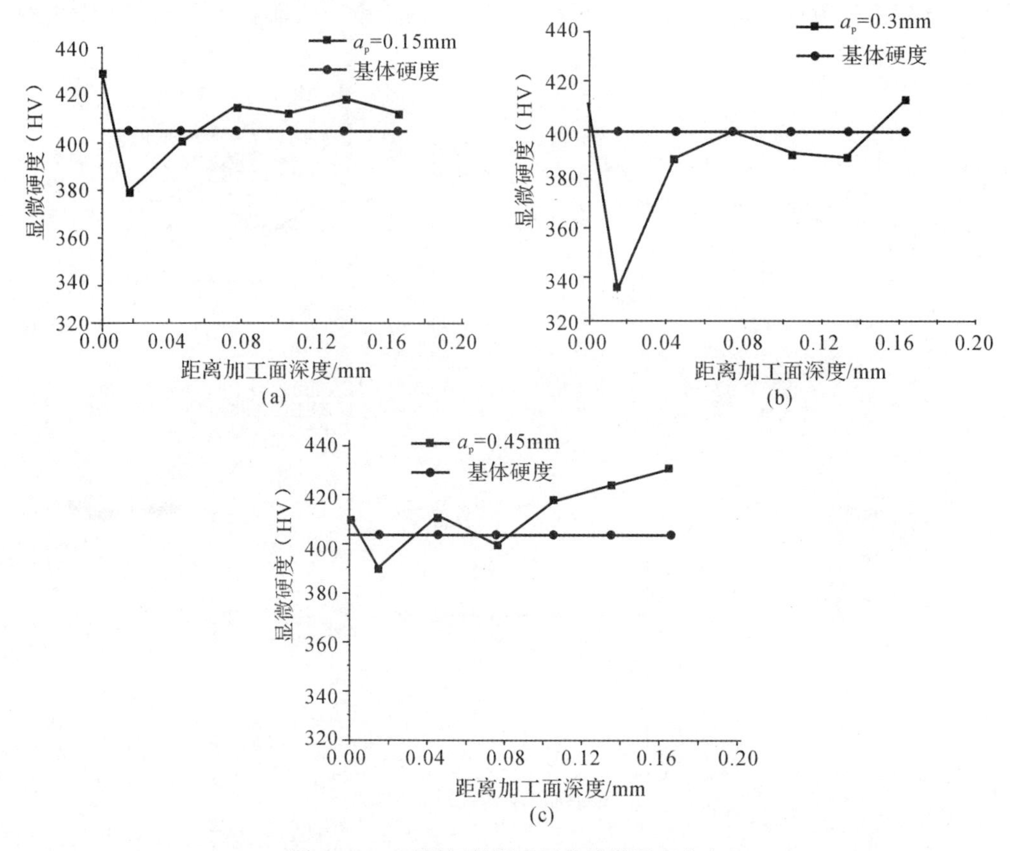

图 7-59 不同切削深度下的显微硬度分布

(v_c=348 m/min；f_z=0.03 mm/齿；a_e=0.1 mm)

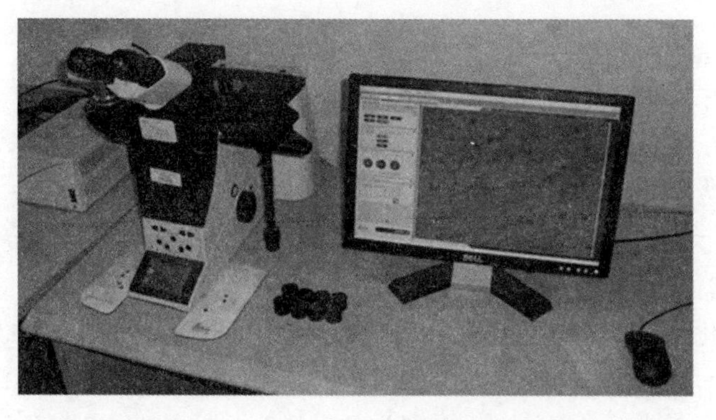

图 7-60 DMI 5000M 倒置金相显微镜

1. 切削速度对显微组织的影响规律

图 7-61(a)～(h)所示为切削速度从 218 m/min 到 522 m/min 变化时的显微组织。从图中可以看出，钛合金 TC17 在高速切削的过程中，显微组织上没有观察到微观裂纹和褶皱现象。晶粒均为直接切断，没有发生晶格的滑移、畸变、扭曲、晶粒拉长与破碎形式的塑性变形。这是因为在高速切削时，刀尖处线速度较大，在工件上快速切过，瞬间将切除部分切掉，在已加工面的拖拽现象弱，并且高速切削时切削力较小，因此无明显塑性变形。通过显微组织可以看

出:高速切削时增大切削速度对显微组织无明显影响。

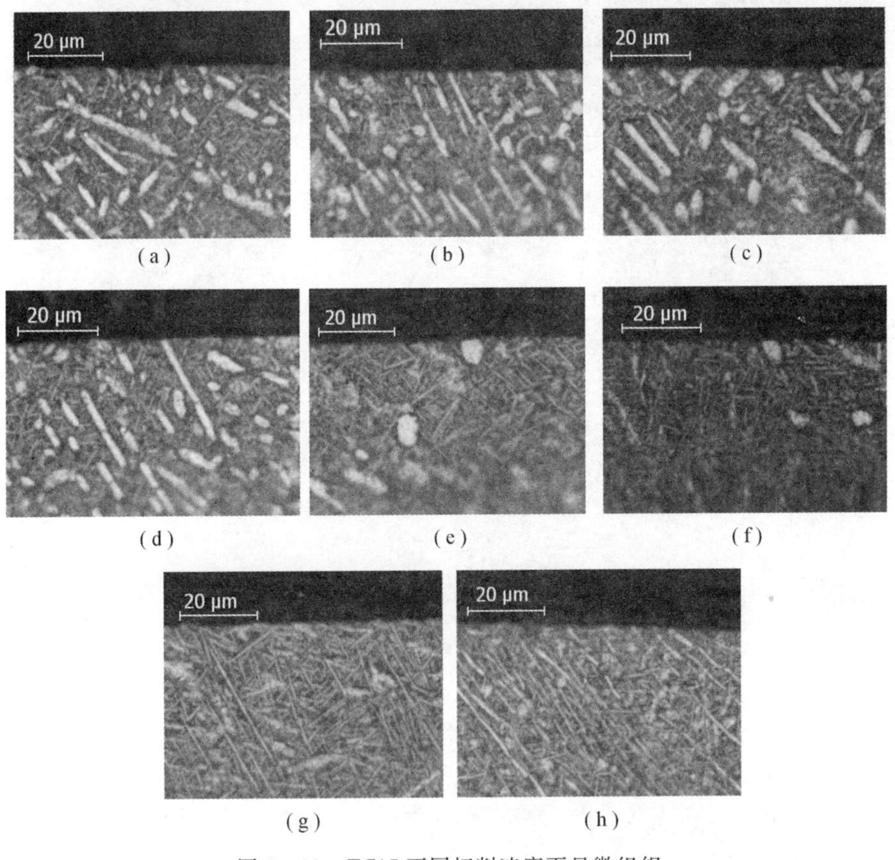

(a) (b) (c)

(d) (e) (f)

(g) (h)

图 7-61 TC17 不同切削速度下显微组织

(a_p=0.2 mm;f_z=0.03 mm/齿;a_e=0.1 mm)

(a)v_c=218 m/min;(b)v_c=261 m/min;(c)v_c=305 m/min;(d)v_c=348 m/min

(e)v_c=392 m/min;(f)v_c=435 m/min;(g)v_c=479 m/min;(h)v_c=522 m/min

2. 每齿进给量对显微组织的影响规律

图 7-62(a)～(h)所示为每齿进给量从 0.01 mm/齿到 0.08 mm/齿变化时的显微组织。从图中可以看出,钛合金 TC17 在高速切削的过程中,随着每齿进给量的增加,显微组织没有发生熔化及再沉积现象,已加工面附近组织与基体组织相同,没有发生金相变化,在显微组织上没有出现白层及热影响区,没有变质层存在,这是由于钛合金相变温度较高,热强度好,高速切削温度并没有达到钛合金相变温度,也没有达到 TC17 的熔化温度。通过显微组织可以看出:TC17 钛合金在高速条件下,随着每齿进给量的增大,高速切削时增大每齿进给量对显微组织无明显影响。

3. 切削深度对显微组织的影响规律

图 7-63(a)～(h)所示为切削深度从 0.1 mm 到 0.45 mm 变化过程产生的显微组织。从图中可以看出,钛合金 TC17 在高速切削过程中,随着切削深度的增加,显微组织没有发现微观裂纹、塑性变形、金相变化、熔化和再沉积现象,无变质层产生。通过显微组织可以看出:高速切削时增大切削深度对显微组织无明显影响。

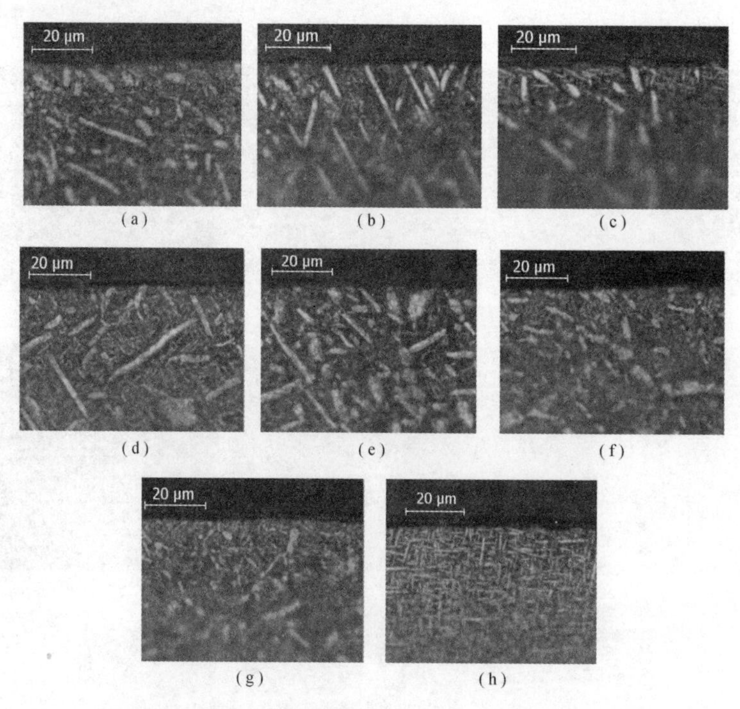

图 7-62　TC17 不同每齿进给量下显微组织(v_z=348 m/min;a_p=0.2 mm;a_e=0.1 mm)

(a)f_z=0.01 mm/齿;(b)f_z=0.02 mm/齿;(c)f_z=0.03 mm/齿;(d)f_z=0.04 mm/齿

(e)f_z=0.05 mm/齿;(f)f_z=0.06 mm/齿;(g)f_z=0.07 mm/齿;(h)f_z=0.08 mm/齿

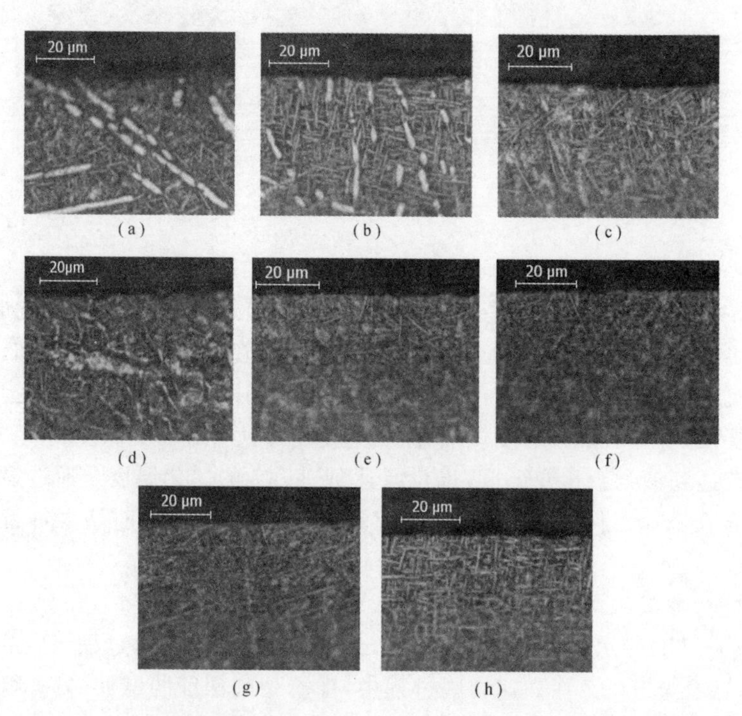

图 7-63　TC17 不同切削深度下显微组织(v_c=348 m/min;f_z=0.03 mm/齿;a_e=0.1 mm)

(a)a_p=0.1 mm;(b)a_p=0.15 mm;(c)a_p=0.20 mm;(d)a_p=0.25 mm

(e)a_p=0.3 mm;(f)a_p=0.35 mm;(g)a_p=0.4 mm;(h)a_p=0.45 mm

7.6.7 主要结论

通过对高速切削钛合金时切削参数(切削速度、每齿进给量、切削深度)对表面粗糙度、表面形貌、残余应力、显微硬度、显微组织的影响研究,得到如下几个结论:

(1)研究了钛合金高速切削时切削参数对表面糙度的影响规律,发现随着切削速度的增大,表面粗糙度呈总体下降的趋势;随着每齿进给量的增大,表面粗糙度呈先下降后上升趋势;随着切削深度的增大,表面粗糙度呈先下降后上升趋势。

(2)研究了钛合金高速切削时切削参数对表面形貌的影响规律,发现切削纹理宽度与每齿进给量相同;表面形貌的变化规律与表面粗糙度的变化规律相吻合。

(3)研究了钛合金高速切削时切削参数对残余应力的影响规律,发现在高速切削时,已加工面应力状态均表现为残余压应力状态;随着切削速度的增大, X 和 Y 方向残余应力均无明显变化规律;随着每齿进给量的增大,X 和 Y 方向残余应力均呈现先减小后增大趋势;而随着切削深度的增大,X 和 Y 方向残余应力均呈现先增大后减小的趋势。

(4)研究了钛合金高速切削时切削参数对显微硬度的影响规律,发现所有试件在 0.015 mm 深度均发生过时效软化现象,在 0.045～0.165 mm 深度范围内,硬度与基体的硬度相差不大,在试件表层大部分试件发生均硬化现象。

(5)研究了不同切削参数下的显微组织,发现在高速条件下,显微组织上没有观察到微观裂纹与褶皱现象,晶粒均在高速下直接被切断,没有发现塑性变形、熔化和再沉积现象,没有发生金相变化,无变质层产生,高速切削条件下切削参数的变化对显微组织无明显影响。

参考文献

[1] 张伯霖.高速切削技术及应用[M].北京:机械工业出版社,2002.

[2] SCHULZ H. High - speed machining[J]. Annals of the CIRP,1992,41(2):637 - 642.

[3] 艾兴.高速切削加工技术[M].北京:国防工业出版社,2003.

[4] 耿国盛.钛合金高速铣削技术的基础研究[D].南京:南京航空航天大学,2006.

[5] 王贵成,洪泉,朱云明,等.精密加工中表面完整性的综合评价[J].兵工学报,2005,26(6):820 - 824.

[6] 杨振朝,张定华,姚倡锋,等.TC4 钛合金高速铣削参数对表面完整性影响研究[J].西北工业大学学报,2009,27(4):1 - 6.

[7] 姚倡锋,张定华,黄新春,等.TC11 钛合金高速铣削的表面粗糙度与表面形貌研究[J].机械科学与技术,2011,30(9):1573 - 1578.

[8] 杨振朝,张定华,姚倡锋,等.高速铣削速度对 TC4 钛合金表面完整性影响[J].南京航空航天大学学报,2009,41(5):1 - 5.

[9] 任军学,杨碧琦,姚倡锋,等.球头铣刀结构参数对钛合金铣削表面完整性的影响[J].航空制造技术,2010(1):81 - 84.

[10] 罗远锋.钛合金高速切削表面完整性研究[D].西安:西北工业大学,2010.

[11] 石凯.钛合金整体叶盘薄壁叶片精密切削残余应力变形控制技术研究[D].西安:西北工业大学,2010.